国家科学技术学术著作出版基金资助出版

先进材料的计算与设计

孙志梅　著

科学出版社

北京

内 容 简 介

现代材料研究中,计算材料学已经成为与实验同等重要的研究方法。材料计算与设计对改变传统材料研发模式至关重要,在降低材料研发成本、缩短材料研发周期、揭示极端条件下材料行为等方面具有不可或缺的重要作用。

本书基于作者的长期科研与教学实践,以相变/阻变存储材料、二维过渡金属碳化物、异质结等材料体系为实例,详细介绍了第一性原理计算在理解材料行为、预测材料性质和设计新材料等方面所发挥的重要作用。本书共8章,涵盖了计算材料学的基本理论和新材料预测及性质计算的多种方法,包括总能与晶体结构预测、点缺陷研究、材料中的扩散问题、非晶与第一性原理分子动力学、材料中的输运问题、材料中新奇量子性质的计算与调控、范德瓦耳斯异质结与界面光电子性质、新型光电子材料设计等。

本书兼具前沿性和实用性,内容既覆盖前沿的理论方法和物理模型,又重视研究性学习,将先进材料计算方法与材料科学的前沿研究热点相结合,并提供了丰富的材料计算及设计范例。本书可作为高等学校的材料、物理、化学等高年级本科生及研究生的学习教材,也可为从事相关领域研究的科研工作者提供实践指导。

图书在版编目(CIP)数据

先进材料的计算与设计 / 孙志梅著. —北京:科学出版社,2021.3

ISBN 978-7-03-064666-8

Ⅰ.①先… Ⅱ.①孙… Ⅲ.①材料—计算 ②材料—设计 Ⅳ.①TB3

中国版本图书馆 CIP 数据核字(2021)第 028051 号

责任编辑:许 健 / 责任校对:谭宏宇
责任印制:黄晓鸣 / 封面设计:殷 靓

科 学 出 版 社 出版
北京东黄城根北街 16 号
邮政编码:100717
http://www.sciencep.com

南京展望文化发展有限公司排版
广东虎彩云印刷有限公司印刷
科学出版社发行　各地新华书店经销

＊

2021 年 3 月第 一 版　开本:787×1092　1/16
2024 年 5 月第八次印刷　印张:26 1/4
字数:622 000

定价:200.00 元
(如有印装质量问题,我社负责调换)

序

过去二三十年里,科学家研究物质世界的方式发生了巨大变化。纳米结构合成和电子显微技术的进步,使人们能够在从前无法想象的原子和分子水平上进行组装及探测,一个原子一个原子地操控材料已不再是幻想,这意味着人们比以往任何时候都需要在原子和分子水平上理解材料的性质和行为。大规模计算的出现,使得从原子尺度上理解材料行为、预测材料性质和设计新材料等成为一种普遍的研究方式。时至今日,原子尺度的计算和模拟,已经发展成为材料研究中一个非常活跃的研究领域,并且正在成为与传统的理论和实验研究手段同等重要的科学研究方法。

现在人们通过计算来分析和解决一些以前被认为是难以解决的物质的基本问题。基于电子结构理论的第一性原理计算,能够在没有任何实验输入的情况下对材料性质进行精确预测。这种对材料性质的精确描述正在极大地改变理论和计算研究的模式,并可以补充甚至增强实验观察能力,在一定程度上可以克服现实实验的可行性或成本问题。第一性原理方法的精确性是基于人们对相互作用电子和原子核体系的量子力学行为的理解。密度泛函理论(1998 年诺贝尔化学奖工作)的提出和超级计算机的普及极大促进了第一性原理计算的发展。目前,尽管还有一些算法和理论上的瓶颈问题有待解决,第一性原理方法为研究和表征新材料提供了定量且准确的第一步,而且能够前所未有地精确描述成百上千原子尺度上的分子结构,设计出一些有前途且未被发现的性质,其对材料研究的革命性作用已经得到充分体现。例如,本书基于第一性原理电子结构方法,设计出了具有磁性可调且光吸收性能优异的单层三磷化铟;预测了具有高居里温度的二维本征铁磁半导体 CrOCl;预测了在锂离子电池和电催化领域极具应用潜力的新型二维过渡金属硼化物;等等。这些预测的材料均已被实验实现或证实。毋庸置疑,第一性原理方法为解决物理、化学和材料科学中的重要问题提供了新见解,已成为材料研究的有力工具。

目前,有多本英文著作介绍了电子结构计算,如 Richard M. Martin 教授的 *Electronic Structure: Basic Theory and Practical Methods* 等。但是,国内在这方面的著作还比较匮乏,尤其是缺乏结合计算方法和应用实例的指导性著作。

孙志梅教授长期从事电子结构计算领域的科研和教学工作。基于这些工作,本书中以相变/阻变存储材料、二维过渡金属碳化物、范德华异质结等为实例,阐述了电子结构计算在理解实验现象、预测材料性质和按需设计新材料等方面所发挥的举足轻重的作用。本书在简要介绍电子结构计算的基本理论以及光、电、磁、力等材料性质计算方法的基础上，针对实际材料所涉及的结构与性质，重点论述了晶体结构预测、点缺陷、材料中的扩散问题、非晶结构与非晶晶化机理、输运性质、材料中新奇量子性质的计算与调控、范德华异质结与界面光电子性质、新型光电子材料设计等内容。本书将先进材料计算方法与材料科学的前沿研究热点相结合，提供了丰富的材料计算及设计范例，不仅可供材料、物理、化学等专业的研究生参考，而且还可为从事相关领域研究的科研工作者提供指导。本书的出版将有助于我国计算材料学的发展。

需要指出的是，电子结构的基础理论和计算方法仍在快速发展，现在还难以直接计算或模拟材料中的实际问题，在不久的将来亦可能得到解决。同时，我们还应认识到，对于实际材料体系的模拟仍面临一些关键问题的挑战，如跨越空间尺度和时间尺度的模拟等。解决这些问题涉及物理、化学、材料、工程和计算机等多个学科，我希望本书的出版能够吸引更多的研究人员进入这一新兴学科，为实现我国计算材料学的发展做出贡献。

清华大学教授
中国科学院院士
2020 年 6 月于北京

前　言

　　新材料设计需要掌握材料的化学成分、结构和工艺条件等,传统的解决方案是反复迭代的试错-纠错(trail and error)法。尽管爱迪生式的试错-纠错模式在以往的材料研发中获得了巨大成功,但其周期长、成本高,难以满足现代社会对高性能新材料的迫切需求。因此,亟须转变材料研发模式,加速新材料研发,降低材料研发成本。美国早期的先进制造计划(Advanced Manufacturing Initiative)、集成计算材料工程(Integrated Computational Materials Engineering, ICME)和2011年6月奥巴马政府颁布的材料基因组计划(The Materials Genome Initiative, MGI)等极大促进了材料研发新模式的进步。其中,材料基因组计划的影响最为广泛。材料基因组计划的提出是计算材料学、物理学、化学、计算机、数学等多学科交叉并迅速发展的必然结果。继美国颁布材料基因组计划之后,欧盟、日本、印度、中国等也先后启动了相应的研究计划,以促进材料研发新模式的发展。材料基因组计划以变革传统研发模式为理念,以实施快速、低耗、创新发展为目标,将加速先进材料的发现、发展、开发、应用和产业化的进程,蕴含着巨大的挑战和历史机遇,孕育着材料科学走向创新时代。材料基因组计划高度集成实验技术、计算模拟、数据库技术,从而实现从爱迪生式的试错-纠错模式向计算模拟驱动(simulation driven)乃至数据驱动(data driven)的创新研发模式转变,加快材料研发速度,降低材料研发成本。

　　在创新材料研发模式中,材料的计算模拟与设计占据举足轻重的地位,对改变爱迪生式的材料研发模式至关重要,在降低材料研发成本、缩短材料研发周期、揭示极端条件下材料行为等方面具有不可或缺的作用。尤其是电子结构理论和计算的最新进展,使得材料研究能力达到了前所未有的水平。第一性原理电子结构计算是一个活跃的、不断发展的领域,对材料研究具有巨大的影响。

　　在固体电子结构研究中,第一性原理计算的核心是求解薛定谔方程,计算过程中不需要使用任何经验参数,只需要一些基本物理量,即可得到材料的基本物理性能参数。但是薛定谔方程在描述真实复杂系统时,求解非常困难。直到密度泛函理论(density functional theory, DFT)的建立,以电荷密度代替波函数,才使得求解复杂体系的薛定谔方程成为可能。在分子结构演化研究中,分子动力学方法是通过给定的原子间相互作用势,在一定边界条件和热力学条件下,求出原子所受到的力,建立体系粒子的牛顿运动方程,进而求出原子在每一时刻的位置和速度,最后对体系进行统计平均而得到宏观物理量。但是由于缺乏有效势函数,传统分子动力学难以处理复杂体系。R. Car和M. Parrinello成功地将第一性原理计算和分子动力学方法集成起来,提出了第一性原理分子动力学计算方法,即在精确描述电子状态和作用于各原子间力的基础上进行分子动力学模拟。这种方法使得有限温度下的精确分子动力学模拟成为可能,而且随着计算机计算能力的不断提高和算法的进步,第一性原理分子动力学方法在理解材料服役性能的研究中将发挥越来越重要的作用。总之,从原子到器件(或零部件)的跨尺度模拟将成为加速新材料发现的有效设计方法,而基于密度泛函理论的第一性原理计算是跨尺度模拟的基石。第一性原理计算在理解实验现象和材料行为、预测新性质、按需设计新材料等方面展示了强大的作用,已经成为与实验同等重要的研究手段,并且还在不断发展和进步。因此,非常需要系统的著作来介绍这一领域,指导相关的材料计算研究。

本书主要内容来源于作者在电子结构计算领域长期积累的科研成果;本书的出版得到了国家科学技术学术著作出版基金的资助;本书研究内容是在国家自然科学基金委员会、科学技术部、教育部和福建省科学技术厅等的项目资助下完成的。另外,非常感谢陈难先院士、谢建新院士和刘明院士在推荐作者申报国家科学技术学术著作出版基金时所给予的支持和帮助;感谢北京航空航天大学周健研究员、缪妈华副教授、司晨副教授、祝令刚副教授、福州大学萨百晟副教授、河北工业大学郭忠路副教授、北京航空航天大学博士研究生黄永达、李开旗、彭力宇等老师和同学对本书的校稿和编辑工作。

最后,需要特别指出的是,由于作者水平有限,经验不足,加之时间仓促,书中难免存在疏漏或不妥之处,恳请读者提出宝贵意见。

孙志梅

北京航空航天大学

2020 年 5 月

目　　录

第 1 章　第一性原理计算中的总能

It is important to realize that in physics today, we have no knowledge of what energy is.

—— Richard Feynman

常温常压下金属钛结晶于密排六方结构,将其升温超过 882.5℃ 时密排六方钛发生转变并稳定于体心立方结构;而与之相邻的金属钒,虽然其外层电子仅比钛多一个,但却结晶于体心立方结构。还有我们耳熟能详的碳,单质碳有多种结构亦即同素异形体:金刚石、石墨、石墨烯、碳纳米管、富勒烯、炭黑等。自然界中类似的现象枚不胜数,从而造就了千姿百态的材料世界。寻根结底,各种物质的稳定结构或者发生相变的物理本质,是由系统的总能决定的。另外,总能还是研究材料性质的基石,例如,基于材料的线弹性理论,对材料施加极小的变形,材料因形变而存储的能量与应变呈二次方程关系。因此,通过计算任意极小变形状态的系统总能,就可以严格计算出材料的弹性模量。本章将介绍基于第一性原理的总能计算方法及其在材料模拟中的应用范例。

1.1　系统总能与薛定谔方程

结构与性能关系是材料研究的基本任务,精确描述系统总能是获得结构与性能关系的一个重要前提。为此,我们需要寻求一种函数(或者泛函),给出材料的几何结构描述,就可以基于描述这个几何结构的运动学方程获得材料系统的总能。从微观理论的角度看,总能的计算需要关于原子位置的描述。在此情况下,我们需要寻求一种可靠的函数 $E_{tot}(\{R_i\})$,这里的 $\{R_i\}$ 是指描述微观尺度的几何构型的一组所有原子核的坐标。更完全地分析,除了几何构型外,总能的函数中还应该考虑电子的自由度,这时,系统总能函数可以写成 $E_{tot}(\{R_i, r_n\})$,这里坐标 $\{r_n\}$ 代表电子的传统描述法。在密度泛函理论框架下,总能对电子自由度的依赖是通过对电子密度 $\rho(r)$ 来实现的,由此系统总能写作 $E_{tot}[\rho(r); \{R_i\}]$。

从量子力学的视角,任何分析总能的出发点都是系统的相关哈密顿算符。我们当前关注的是固体的内聚力,因此,需要考虑的哈密顿算符必须表征系统中所有原子核和电子的运动及其之间的所有相互作用。也就是说,这个哈密顿算符不仅包含原子核和电子的动能,还包含由库仑势体现的所有粒子间的相互作用,具有以下形式:

$$H = \sum_i \frac{P_i^2}{2M} + \sum_j \frac{p_j^2}{2m} + \frac{1}{2}\sum_{ij} \frac{e^2}{|r_i - r_j|} - \sum_{ij} \frac{Ze^2}{|r_i - R_j|} + \sum_{ij} \frac{Z^2e^2}{|R_i - R_j|}$$

$$(1-1)$$

这个哈密顿算符中从左至右的各项分别是原子核动能、电子动能、电子-电子库仑相互作用、电子-原子核库仑相互作用和原子核-原子核库仑相互作用。这里我们仅关注单一成分的系统，所以仅假设了单一质量 M。

方程(1-1)所蕴含的自由度耦合问题极其复杂，由此便诞生了几种降低自由度的策略。这些策略可以粗略地分为两类，第一类是去掉电子自由度并将其埋藏在粒子间的有效相互作用中。在这种情况下，精准总能用如下形式近似：

$$E_{exact}(\{R_i, r_n\}) \rightarrow E_{approx}(\{R_i\})$$

$$(1-2)$$

传统对势描述、对函数和团簇函数等一大类关于总能的描述都列入此类近似策略中。

第二类常用策略是对全哈密顿算符的更高级近似，一般都显式地体现电子自由度。在这种情况下，准确的总能近似有如下形式：

$$E_{exact}(\{R_i, r_n\}) \rightarrow E_{approx}(\{R_i, r_n\})$$

$$(1-3)$$

或者用电子密度函数 $\rho(r)$ 描述电子自由度：

$$E_{exact}(\{R_i, r_n\}) \rightarrow E_{approx}[\rho(r), \{R_i\}]$$

$$(1-4)$$

以下主要讨论用密度泛函理论将全哈密顿近似成更容易处理的形式。第一步是将原子核与电子运动分离的 Born-Oppenheimer 近似，其物质基础是原子核质量 M 远远大于电子质量 m。相对于电子来说，原子核几乎是静止的，电子可以依据原子核的位置变化而迅速运动并完成瞬时调整，使体系达到新的平衡。根据 Born-Oppenheimer 近似，在薛定谔电子方程中原子核坐标仅作为参数处理。利用全哈密顿方程(1-1)求解的薛定谔方程具有以下形式：

$$H\psi(\{R_i, r_n\}) = E\psi(\{R_i, r_n\})$$

$$(1-5)$$

在 Born-Oppenheimer 近似下，总波函数可以写成电子波函数和原子核波函数的乘积：

$$\psi(\{R_i, r_n\}) = \psi_e(\{r_n\}; \{R_i\})\psi_n(\{R_i\})$$

$$(1-6)$$

其中，ψ_e 和 ψ_n 分别是电子和原子核的波函数。更准确地说，$\psi_e(\{r_n\}; \{R_i\})$ 是方程(1-7)的解：

$$(T_e + V_{ee} + V_{en})\psi_e(\{r_n\}; \{R_i\}) = E_e\psi_e(\{r_n\}; \{R_i\})$$

$$(1-7)$$

这里 T_e、V_{ee} 和 V_{en} 描述的分别是电子动能、电子-电子相互作用和电子-原子核相互作用。此外，方程(1-7)是在基态(0 K)下固定原子核坐标的前提下求解的。在这种情况下，原子核在电子运动的时间尺度上是被有效冻结的。这种近似的最后一步是求解原子核的薛定谔方程：

$$(T_n + V_{nn} + E_e)\psi_n(\{R_i\}) = E_n\psi_n(\{R_i\})$$

$$(1-8)$$

注意，在这里由求解电子薛定谔方程(1-7)获得的能量本征值成为原子核问题中有效势的一部分。

1.2　密度泛函理论

1.2.1　Hohenberg 和 Kohn 定理

即使根据 Born-Oppenheimer 近似将电子和原子核的运动分离,我们面临的问题仍然极度复杂。这是因为系统真实的波函数可以写作 $\psi(r_1, r_2, r_3, \cdots, r_N)$,其中 N 可以是阿伏伽德罗常数的倍数关系。而且,如果我们尝试变量分离法,会发现第 i 个电子的薛定谔方程非线性地依赖于所有其他电子的单电子波函数。尽管为应对这些困难做了不少尝试,但这里我们只关注密度泛函理论,也正是这个重要的概念性突破,使得解决这些问题的系统方法成为可能。前面提到根据密度函数理论假定,系统总能可用 $E_{exact}(\{R_i, r_n\}) \rightarrow E_{approx}[\rho(r), \{R_i\}]$ 代替。尤其是,Hohenberg 和 Kohn 进一步发展了这种观点,将多电子系统的总能写成电子密度的唯一泛函形式:

$$E[\rho(r)] = T[\rho(r)] + E_{xc}[\rho(r)] + \frac{1}{2}\iint \frac{\rho(r)\rho(r')}{|r - r'|}d^3r d^3r' + \int V_{ext}(r)\rho(r)d^3r$$

$$(1-9)$$

据此,通过最小化这个泛函就可以获得系统基态的总能了。方程(1-9)中不同的项分别解释如下:$T[\rho(r)]$ 是动能项;$E_{xc}[\rho(r)]$ 是交换-关联能,是指源于量子力学的多电子相互作用部分;剩余的项对应于直接的电子-电子相互作用、电子与外界势(包含来自原子核的势)相互作用。上述密度泛函的深刻意义在于它将多体问题映射成一组有效的单粒子方程,唯一的困难是泛函本身是未知的。

1.2.2　Kohn-Sham 方程

定理 $E_{exact}(\{R_i, r_n\}) \rightarrow E_{approx}[\rho(r), \{R_i\}]$ 意味着可以对交换-关联泛函进行近似,这样就会产生一系列准确性极高的单电子近似方程。按照某种近似,我们可以着手寻找能够最小化密度 $\rho(r)$ 的总能,这是通过对泛函求导进而获得最小化泛函来实现的:

$$\delta E[\rho(r)]/\delta\rho(r) = 0 \qquad (1-10)$$

这样便产生了一组单粒子方程,也就是著名的 Kohn-Sham 方程:

$$-\frac{\hbar^2}{2m}\nabla^2\psi_i(r) + V_{eff}(r)\psi_i(r) = \epsilon_i\psi_i(r) \qquad (1-11)$$

其中有效势:

$$V_{eff}(r) = V_{ext}(r) + \int \frac{\rho(r')dr'}{|r - r'|} + \frac{\delta E_{xc}}{\delta\rho(r)} \qquad (1-12)$$

至此,我们已经将求解原始多体问题转变成一系列有效单粒子薛定谔方程。针对上述提出的基本思想,实际上有若干不同的特殊实现方法来求解 Kohn-Sham 方程。其中,交换-关联能量代表的是源自纯粹量子本质的电子-电子相互作用部分,因此,在各种实际计算技术中,关于密度泛函理论框架下的电子密度近似都是围绕交换-关联能这一项进行的。

1.2.3 近似交换-关联泛函

1.2.3.1 局域密度近似

上述论断的关键是系统基态总能对应于最小化方程(1-8)泛函的密度。但是,除非有 $T[\rho(r)]$ 和 $E_{xc}[\rho(r)]$ 的具体形式,否则我们还是没有获得系统总能的可行性方案。接下来的关键步骤是再引入一种近似,这种近似将原始问题转变为在有效外势下电子间没有任何相互作用的虚拟系统的问题,即系统的电子密度近似认为是均匀电子气(homogeneous electron gas,HEG)。这种重要近似称为局域密度近似(local density approximation,LDA)。在这种近似下,交换-关联能量密度依赖于局域电荷密度,它是由均匀电子气在每一个密度值的结果中得出的:

$$E_{xc}^{LDA}[\rho] = \int \varepsilon_{xc}[\rho(r)]\rho(r)\mathrm{d}r \tag{1-13}$$

最初,局域密度近似是在 Kohn 和 Sham 的原创工作中被引入的。局域密度近似的基本思想是假定交换-关联泛函可以用已知的均匀电子气的交换-关联泛函 $\varepsilon_{xc}(\rho)$ 来近似。局域密度近似适用于空间密度变化缓慢的体系,如果固体中电子的局域行为类似于同样密度下均匀电子气的行为,那么这种泛函就可以用于固体材料。但是,如果电子气密度是不均匀的,或者处于不是过高就是过低的极限条件,那么就可以基于满足已知约束条件的参数化,然后在介于其间的密度区域内寻求插值公式,所需要的信息可以通过量子蒙特卡罗计算得到。最后,值得指出的是,局域密度近似的广泛应用促进了密度泛函理论的飞速发展,同时也奠定了其他电子交换-关联近似泛函的发展理论基础。

1.2.3.2 广义梯度近似

为了更准确地处理系统中电子密度在空间分布的变化,在局域密度近似基础上引入描述空间每一点电荷密度变化的梯度函数 $|\nabla\rho|$,从而可以更精确地处理交换-关联泛函中电子的非局域性,这种方法称为广义梯度近似(generalized gradient approximation,GGA)。GGA 框架下的电子交换-关联近似泛函可以写成:

$$E_{xc}^{GGA}[\rho] = \int \varepsilon_{xc}^{GGA}[\rho(r), \nabla\rho(r)]\rho(r)\mathrm{d}r \tag{1-14}$$

LDA 只需要一个变量 (ρ),GGA 需要两个变量 $(\rho$ 与 $\nabla\rho)$,并且原则上还可以计算扩展变量。到目前为止,研究者已经发展了多种形式的 GGA 泛函,其中 Perdew-Wang(PW91)是第一个合理的 GGA 泛函,它需要一个经验参数。Perdew-Burke-Ernzerhof(PBE)是基于 PW91 发展的,但它不需要任何经验参数,是目前应用最广泛的一种 GGA 泛函。

1.2.3.3 轨道依赖的泛函(LDA+U)

虽然 LDA 和 GGA 泛函获得了巨大的成功,但是它们在处理电子趋向于局域化和强相互作用的材料时遇到了严重问题,如含 d 电子的过渡金属氧化物和含 f 电子的稀土元素及化合物。为了解决这一问题,研究者对其进行一些扩展和修正,发展了 LDA(GGA)+U 方法。LDA(GGA)+U 方法是在原来泛函的基础上加上了一个额外的轨道依赖的相互作用,这个附加的相互作用通常只考虑在同一位置上高度局域化的原子轨道,即与 Hubbard 中的"U"相互作用具有相同的形式。这个附加项的作用使得定域轨道相对于其他轨道发生偏移,从而试图纠正通常的 LDA 或 GGA 计算中已知的较大错误。这里的参数"U"通常取自"约束密度泛函"计算,因此理论中不包含可调参数。

LDA(GGA)$+U$ 方法可以成功地描述一些强关联体系,文献中有许多关于"LDA$+U$"的计算例子,其中典型的例子是磁性氧化物。一个典型的例子是 CoO,根据通常的 DFT 计算它是金属性的,而 DFT$+U$ 计算则是一种带隙为 2.4 eV 的绝缘体。另一个著名的例子是 CuO 超导体的母体化合物,通常的 LDA 和 GGA 计算表明它是非磁性的金属,而"LDA$+U$"计算则给出了正确的反铁磁绝缘体的解答。

1.2.3.4　杂化泛函

为了解决"带隙问题",研究者提出了杂化泛函(hybrid functionals)的解决方案,其基本思想是"混合"Hartree-Fock 和 Kohn-Sham 方程中的交换-关联能。构造这类"混合"泛函的基础是交换-关联能的耦合常数积分的形式:

$$E_{\mathrm{xc}}[n] = \int_0^{e^2} \mathrm{d}\lambda \left\langle \boldsymbol{\varPsi}_\lambda \left| \frac{\mathrm{d}V_{\mathrm{int}}}{\mathrm{d}\lambda} \right| \boldsymbol{\varPsi}_\lambda \right\rangle - E_{\mathrm{Hartree}}[n] = \frac{1}{2}\int \mathrm{d}^3 r n(\boldsymbol{r}) \int \mathrm{d}^3 \boldsymbol{r}' \frac{\bar{n}_{\mathrm{xc}}(\boldsymbol{r}, \boldsymbol{r}')}{|\boldsymbol{r}-\boldsymbol{r}'|}$$

$$(1-15)$$

这是因为它们是轨道依赖的 Hartree-Fock 和显式密度泛函的组合。通过基于两个端点的信息和耦合常数 λ 的依赖形式来近似积分方程(1-15),就出现了混合配方。特别地,$\lambda = 0$ 时的能量只是 Hartree-Fock 交换能量,这很容易用"交换空穴"(exchange hole)来表示,"交换空穴"能从轨道计算中得出。另外,Becke 认为 LDA 或 GGA 泛函的势能部分在全耦合 $\lambda = 1$ 时最合适,并建议积分方程(1-15)可以通过假设一种耦合常数 λ 的线性依赖来近似,这导致了"对半"形式:

$$E_{\mathrm{xc}} = \frac{1}{2}(E_{\mathrm{x}}^{\mathrm{HF}} + E_{\mathrm{xc}}^{\mathrm{DFA}})$$

$$(1-16)$$

这里 DFA 代表 LDA 或者 GGA 泛函。随后,Becke 提出了对许多分子计算都很精确的参数化形式,如"B3P91",一个混合了 Hartree-Fock 交换、Becke 交换泛函(B88)和 Perdew-Wang 的关联性的三参数泛函(PW91)。就能量而言,杂化泛函是目前最精确的泛函,也是化学计算领域的首选方法。

目前被广泛用于半导体材料,也是比较著名的一种杂化泛函是 Heyd-Scuseria-Ernzerhof(HSE)杂化泛函,以 HSE06 杂化泛函为例,其基本表达式为

$$E_{\mathrm{Total}} = \frac{1}{4}E_{\mathrm{Hartree\text{-}Fork}}^{\mathrm{short\text{-}ranged\ exchange}} + \frac{3}{4}E_{\mathrm{PBE}}^{\mathrm{short\text{-}ranged\ exchange}} + E_{\mathrm{PBE}}^{\mathrm{long\text{-}ranged\ exchanged}} + E_{\mathrm{PBE}}^{\mathrm{correlation}} \quad (1-17)$$

其中,$E_{\mathrm{Hartree\text{-}Fork}}^{\mathrm{short\text{-}ranged\ exchange}}$ 是通过精确求解 Hartree-Fock 方程得到的电子短程相互交换能;$E_{\mathrm{PBE}}^{\mathrm{short\text{-}ranged\ exchange}}$ 和 $E_{\mathrm{PBE}}^{\mathrm{long\text{-}ranged\ exchanged}}$ 分别为利用 GGA-PBE 泛函求解 Kohn-Sham 方程得到的电子短程和长程相互交换能。由此可知,HSE06 在处理电子短程交换能时,Hartree-Fork 占据了 1/4 的比例,Kohn-Sham 方程占据了 3/4 的比例。而电子的长程交换都是通过基于 GGA-PBE 泛函求解 Kohn-Sham 方程得到的。另一个类似的杂化泛函形式是 PBE0,它

通过基于实验的参数调整 Hartree-Fock 和 Kohn-Sham 方程在处理电子交换能的权重 λ,即

$$E_{\text{Total}} = \lambda E_{\text{Hartree-Fock}}^{\text{exchange}} + (1 - \lambda) E_{\text{PBE}}^{\text{exchange}} + E_{\text{PBE}}^{\text{correlation}} \qquad (1-18)$$

HSE06 和 PBE0 杂化泛函为精确处理电子能带结构提供了有效途径,能够计算出接近实验值的能带带隙,在半导体和绝缘体等的第一性原理计算中发挥重要作用。

1.3　密度泛函理论的总能计算

　　一旦获得了有效单粒子方程组,从发展不同求解方案的角度,几乎有无限的可能性来求解多体相互作用的运动方程。可以认为,如果采用第一性原理方法的不同实施方案所进行的计算都是正确的,那么这些不同实施方案所得出的预测结论应该是相同的。另外,需要特别指出的是,在物理上能量通常没有精确的绝对值,而只有两个态的能量差具有明确的物理意义。

1.3.1　原子核-电子相互作用

　　我们在处理 Kohn-Sham 方程时,假定了一个表征原子核与电子相互作用的外势 $V_{\text{ext}}(\boldsymbol{r})$ [方程(1-12)]的存在。如果我们模拟固体材料的性质,$V_{\text{ext}}(\boldsymbol{r})$ 将以构成固体物质的每一个原子核的势叠加的形式出现。在最直接的物理图像中,我们可以想象这样处理固体物质,即对每一个原子,叠加其"裸"原子核势,随后求解每一个电子的分布。这种处理方法是各种"全电子"方法的基础。

　　非常重要的是,我们要认识到在固体的形成过程中,那些低能的原子态,亦即那些与原子核紧密结合的内壳层电子,极少受到干扰。这里假定从原子状态到固体中原子核和它的内壳层电子(芯电子)不会随着环境变化而变化,由此发展的赝势(pseudopotential)方案就是通过创造一种有效势来试图充分利用这种特性。在这种有效势中,原子核和芯电子一起对外层电子产生影响。核心思想是选择能够重复出已知性质的赝势,这些性质可以是原子波函数或者是与全电子势相关的散射性质。

1.3.2　基函数的选择

　　下面阐述如何选择 Kohn-Sham 方程(1-11)中的波函数 $\psi(\boldsymbol{r})$。事实上,现有方法都具有相同的特点,都假定波函数是某一组基函数(basis function)的线性组合,一般写成以下形式:

$$\psi(\boldsymbol{r}) = \sum_n \alpha_n b_n(\boldsymbol{r}) \qquad (1-19)$$

其中,α_n 是第 n 个基函数 $b_n(\boldsymbol{r})$ 的权重。因此,求解相关方程就变成寻求一组未知系数而非未知函数了。

　　现行密度泛函理论代码的不同实现形式就是与基函数的不同选择相关的。例如,在紧束缚(tight-binding)模型下,基函数是由局域于每一个原子位置的函数构建的。或者,我们可以从电子气的物理本质获得提示,尝试以类自由电子的形式展开总波函数。如果

采用平面波基组,那么由波矢 $\boldsymbol{k}$ 所表征的态的通用波函数可写成如下形式:

$$\psi_k(\boldsymbol{r}) = \sum_G \alpha_{k+G} e^{\mathrm{i}(k+G)\cdot r} \tag{1-20}$$

在这里,矢量 $\boldsymbol{G}$ 是一组倒易晶格矢量,式(1-20)实际上相当于一组三维傅里叶级数。由此,求解 Kohn-Sham 方程便简化成求解这些未知系数 α_{k+G}。唯一的困难是方程中的势取决于其实现形式,但是这可以借助迭代求解策略来解决。

1.3.3　计算电子结构和总能

一旦完成对 Kohn-Sham 方程的求解,我们就可以计算材料本身的能量、受力和电子结构了。特别地,有了能量本征值 ε_i 和相应的波函数 $\psi_i(\boldsymbol{r})$,我们就可以通过显式算法计算系统的总能。最终,在第一性原理计算中,只要有了系统的原子核坐标,就可以计算出系统的相应能量。从计算材料学的视角,这一步非常重要,因为它是考察结构和材料中各种缺陷热力学的关键,进而解释这些结构如何影响材料的性质。值得指出的是,当前电子结构和相关总能的第一性原理计算已经发展成为常规计算方法。

1.3.4　范德瓦耳斯修正的密度泛函理论

通常来说,LDA 高估系统的结合能,虽然 GGA 通过引入电荷密度梯度的方法修正了 LDA 对系统结合能高估的问题,但是无论 LDA 还是 GGA,这两种方法都没有恰当考虑原子间弱相互作用力的长程密度涨落效应。而这种原子间的长程弱相互作用力往往在范德瓦耳斯(vdW)力结合的系统中起到很关键的作用。在 c 轴方向以弱范德瓦耳斯力结合的石墨就是这样一个典型的例子。如果我们利用 LDA 和 GGA-PBE 方法计算石墨中两层相邻碳(C)原子层之间的作用力(图 1-1),可以发现交换-关联泛函的重要作用。GGA-PBE 不能准确地描述两层相邻 C 原子之间的弱范德瓦耳斯力[图 1-1(a)];而 LDA 由于其总是系统性地高估物质中原子间的结合能,这个高估的量恰好与原子间的弱相互作用力在数量级上一致,所以 LDA 可以描述出石墨中两层相邻 C 原子之间的弱范德瓦耳斯力[图 1-1(a)]。另外,分析电子局域函数[ELF,图 1-1(b)]可见,GGA-PBE 计算出的 C-C 层间大 π 键强度几乎为 0,而 LDA 计算出的 C-C 层间大 π 键稍强。

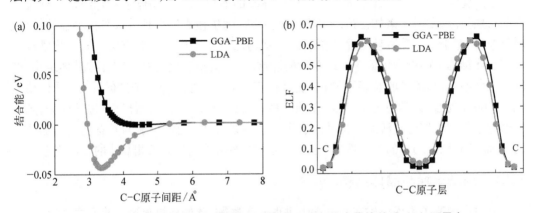

图 1-1　(a) 石墨中两层相邻碳(C)原子的距离与结合能的关系,(b) 石墨中两个位于不同原子层的 C 原子间的电子局域函数(ELF)分布

为了能够在保证 GGA 计算精度的前提下正确地描述弱范德瓦耳斯力,一种成功的方法是在所研究的系统的能量泛函中加上一个校正色散的项,这种方法称为色散校正密度泛函理论(DFT-D),其系统的总能定义为

$$E_{\text{DFT-D}} = E_{\text{DFT}} + E_{\text{disp}} \tag{1-21}$$

DFT-D 方法中影响较大的是由 Grimme 提出的 DFT-D2 和 DFT-D3 校正,可以应用于各种已有的泛函。以 GGA-PBE 修正的 PBE-D2 为例,其系统总能可写为

$$E_{\text{PBE-D2}} = E_{\text{PBE}} + E_{\text{disp}} \tag{1-22}$$

其中,E_{PBE} 是采用 GGA-PBE 方法自洽解 Kohn-Sham 方程所得到的系统总能,E_{disp} 是通过半经验方法拟合得到的色散校正能,其具体表述如下:

$$E_{\text{disp}} = -\frac{1}{2} \sum_{i=1}^{N_{\text{at}}} \sum_{j=1}^{N_{\text{at}}} \sum_{L}{}' \frac{C_6^{ij}}{(r^{ij, L})^6} f_{d, 6}(r^{ij, L}) \tag{1-23}$$

其中,$C_6^{ij} = \sqrt{C_6^i C_6^j}$ 为色散系数;$f(r^{ij})$ 为色散校正衰减函数:

$$f_{d, 6}(r^{ij}) = \frac{s_6}{e^{-d/(r^{ij}/s_R R^{ij}-1)} + 1} \tag{1-24}$$

其中,$R^{ij} = R^i + R^j$ 为范德瓦耳斯半径(van der Waals radius),$s_6 = 0.75$、$s_R = 1.00$、$d = 20$(均为半经验参数)。从方程(1-23)中可见,这种方法对于原子间的长程弱相互作用给出了一个符合 $\frac{C}{r^6}$ 长程色散关系的校正项,而对于短程作用,这种校正在衰减函数的作用下会趋近于 0,也就是回归到了 GGA-PBE 泛函的原始形式,这样 PBE-D2 方法仍保持 GGA-PBE 泛函本身较好描述短程相互关联的优点。

1.4　系统总能计算与结构预测范例

给定化学成分,确定其结构是理解材料性质的前提。确定晶体结构曾经是凝聚态科学的长期挑战,发展了诸如模拟退火法、遗传算法、随机搜索等多种方法来预测晶体结构。时至今日,基于第一性原理的计算预测晶体结构已经发展成为常规方法。同一化学成分不同晶体结构之间的竞争源于系统总能的涨落。通常,给定化合物的成分和晶体结构,若原子堆垛不同,则体系的总能不同,总能最低者最稳定;再结合声子谱的计算(晶格稳定性)和 Born 判据(力学稳定性)就可以预测稳定的原子堆垛结构。若只有化学成分,则可以通过遗传算法搜寻过渡态结构并结合第一性原理计算,确定可能的基态稳定的晶体结构,进而计算稳定结构的各类性质。此外,还可以根据总能计算预测晶体的磁性组态。

1.4.1　原子堆垛与晶体结构

晶体中的原子堆垛结构在晶体学中讲得非常透彻,此处不再赘述。简言之,面心立方晶体沿密排方向的原子堆垛顺序是 ABCABC,六方晶体沿密排方向的原子排布是 ABAB。

以 $Ge_2Sb_2Te_5$ 为代表的 $nGeTe·mSb_2Te_3$(GST,m、n 为整数)硫族化合物的原子排布问题堪称晶体结构研究的典型范例。GST 一般有两种晶态结构,即低温亚稳立方相和高温稳定六方相。沉积态的 GST 薄膜是非晶相,将其在较低温(50~150℃)退火后得到岩盐结构的亚稳相,继续在较高温(200~300℃)退火后可得到六方结构的稳定相。如果将其升温至600℃以上,亚稳相或稳定相熔化。而在纳秒级的脉冲加热下,GST 可发生在非晶与岩盐结构之间的快速且可逆的转变。这种可逆相变仅在几纳秒内发生,可以被用来实现数据的写和擦,因此称为相变存储,GST 也由此被称为相变存储材料。相变存储的原理很简单:施加适当的激光或电脉冲,将相变存储材料升温到熔点以上,然后快速冷却到非晶态即可完成数据写入。在晶态背底(0 状态)上的一个非晶点(1 状态)即为一个记录的二进制数据。因为晶态和非晶态 GST 的光学和电学性质差异显著,所以读取数据就很容易了。而把非晶态转变为晶态则只需施加另一个适当的激光或电脉冲,将非晶相加热至略高于玻璃化转变温度,快速实现原子的重新排列,从而再结晶回到立方晶相。

Ovshinsky 早在 20 世纪 60 年代就发现了这种现象,并提出了基于这种性质变化来实现存储开关的想法。20 世纪 90 年代,各类光盘包括 CD-R、CD-RW、DAD-RW 和 DVD-RAM 等,先后实现了商业化。早期的光盘一般是红光存储,现在已实现蓝光存储,而且存储密度更高、擦写速度更快。最新的研究发现,以硫族化合物为存储介质的相变随机存储器(PCRAM)是最具竞争力的下一代非易失性存储器,可望实现存储计算一体化。目前,美国 IBM 和韩国三星均已制备出 PCRAM 原型器件。尽管 PCRAM 研究已经取得了长足的进步,但仍存在功耗高、擦除时间长等问题。PCRAM 器件性能与相变材料的性能密切相关,器件的可靠性、功耗、分辨率、擦写速度和循环寿命等分别与材料的非晶与晶相的稳定性、材料熔点和晶化温度、非晶与晶相的电阻率差异、可逆相变速度、可逆相变次数等密切相关,因此,阐明硫族化合物的晶相、非晶结构及其之间的快速可逆相变机制,探索提高PCRAM 工作性能的有效途径,是相变存储领域的研究热点。

1.4.1.1　$Ge_2Sb_2Te_5$ 中的类马氏体相变

在硫族化合物中,$Ge_2Sb_2Te_5$ 获得了尤其多的关注,将其用于 DVD-RAM 时展现了最优异的速度和稳定性,$Ge_2Sb_2Te_5$ 也是 PCRAM 原型器件的存储材料。$Ge_2Sb_2Te_5$ 的室温热稳定性高,高温结晶速率高(可以在小于 50 ns 的激光加热脉冲下结晶),非晶和晶相之间转变的可逆性极好(超过 10^5 次循环)。$Ge_2Sb_2Te_5$ 有两种晶相结构:低温亚稳立方相和高温稳定六方相,有趣的是用于信息存储的是亚稳立方相与非晶相之间的快速可逆相变。亚稳立方相是 NaCl 结构,其中的 4(a)位置完全被 Te 原子占据,4(b)位置则由 Ge 原子、Sb 原子和 20% 的空位占据,而关于 $Ge_2Sb_2Te_5$ 结构争议的焦点是 Ge 原子、Sb 原子和 20% 的空位是如何排布的。早期 X 射线衍射(XRD)的研究认为 Ge、Sb 原子和 20% 的空位是随机分布的;而随后高分辨透射电子显微镜的分析表明 Ge 和 Sb 原子倾向于有序排布在特定的平面内。$Ge_2Sb_2Te_5$ 稳定六方相的空间群是 $P\bar{3}m1$,其层状堆垛结构可以看成是由 9 个原子层组成的九重原子堆垛。同样,六方相也存在 Ge 和 Sb 原子堆垛方式的争议,基于实验结果研究者提出了三种构型,即 Te-Ge-Te-Sb-Te-Te-Sb-Te-Ge-(Kooi-Hosson 构型,简称 GST-Ⅰ)、Te-Sb-Te-Ge-Te-Te-Ge-Te-Sb-(Petrov 构型,简称GST-Ⅱ)、和 Te-Sb/Ge-Te-Sb/Ge-Te-Te-Sb/Ge-Te-Sb/Ge-(Matsunaga 构型,简称GST-Ⅲ)。与 GST-Ⅱ 构型相比,GST-Ⅰ 构型中 Sb 和 Ge 原子交换了位置,而 GST-Ⅲ 构型中 Sb 和 Ge 原子随机排布在同一层。

另外,立方 $Ge_2Sb_2Te_5$ 在250℃左右可以很容易地转变为六方结构,表明这个相变过程中没有发生较大的原子重排。因此,可以猜想立方 $Ge_2Sb_2Te_5$ 与其六方相在原子排布方面存在某种内在关联。基于密度泛函理论(DFT)的第一性原理计算提供了研究原子排布与相稳定性的准确而有效的方法。因此,我们可以先从较为简单的六方结构出发,考虑上述三种构型,利用第一性原理计算研究原子排布与相稳定性的关系。基于投影缀加波(PAW)-广义梯度近似(GGA91)的计算结果表明(表1-1),GST-I构型总能最低,在能量上是最稳定的构型。然而,这三种构型之间的能量差极小,GST-I构型与GST-Ⅲ构型的能量差只有2 meV/atom,说明GST-Ⅲ构型也是非常可能获得的。再对比优化后三种构型的晶格常数,发现 a 都大于实验值(对于GST-I和GST-Ⅱ,PAW-GGA91分别高估约1.65%和约1.06%),而 c 都小于实验值(分别低估1.52%和0.39%),可见PAW-GGA91计算的GST-Ⅱ的晶格常数更接近实验的报道值。这种反常现象是GGA91交换-关联泛函造成的,而近年来GGA91已经被PBE取代,后面将单独讨论交换-关联泛函的影响。最后对比优化后三种构型的原子位置与实验值(表1-2),发现GST-I构型与GST-Ⅲ构型的原子位置都与实验符合得很好,其中GST-I构型的符合度最高,说明这两种构型实验上都有可能获得。

表 1-1 六方 $Ge_2Sb_2Te_5$ 的计算结果:总能、晶格常数和键长(PAW-GGA91)

原子构型	$E_0/$ (eV/atom)	$a_0/Å$	$c_0/Å$	Te-Ge 键长/Å	Te-Sb 键长/Å	Te-Te 键长/Å
a	-3.787	4.295	16.977	3.00,3.02	3.06,3.21	3.51
b	-3.767	4.270	17.172	2.87,3.16	3.07,3.20	3.54
c	-3.785	$a_0=4.294$ $b_0=4.290$	17.176	2.89~3.23	2.96~3.26	3.54~3.65
实验值		4.22[1], 4.225[2]	17.18[1], 17.239[2]			3.75

a. Te-Ge-Te-Sb-Te-Te-Sb-Te-Ge-(GST-I)

b. Te-Sb-Te-Ge-Te-Te-Ge-Te-Sb-(GST-Ⅱ)

c. Ge 与 Sb 在同一面内混排:Te-Sb/Ge-Te-Sb/Ge-Te-Te-Sb/Ge-Te-Sb/Ge-,结构优化后得到略微畸变的立方相,其中 $\alpha=89.99°$, $\beta=89.92°$, $\gamma=120.05°$(GST-Ⅲ)

[1] Friedrich I, Weidenhof V, Njoroge W, et al. 2000. Structural transformations of $Ge_2Sb_2Te_5$ films studied by electrical resistance measurements. Journal of Applied Physics, 87(9): 4130-4134.

[2] Matsunaga T, Yamada N, Kubota Y. 2004. Structures of stable and metastable $Ge_2Sb_2Te_5$, an internetallic compound in $GeTe$-Sb_2Te_3 pseudobinary systems. Acta Crystallographica Section B, 60: 685-691.

表 1-2 优化后六方 $Ge_2Sb_2Te_5$ 的原子位置(与实验值对比)(PAW-GGA91)

原 子	占 位	x	y	z	z(参考)
Te1	1(a)	0[a,b] 0.004[c]	0[a,b] 0.009[c]	0[a,b] -0.003[c]	
Ge(Sb), Ge/Sb	2(d)	2/3	1/3	0.102[a], 0.119[b], 0.110[c]	0.106 [1][2] 0.106 [3]

（续表）

原　子	占　位	x	y	z	z（参考）
Te2	2(d)	1/3	2/3	$0.209^a,0.225^b,0.208^c$	0.212 [1][2]
					0.2065 [3]
Sb(Ge),	2(c)	0	0	$0.321^a,0.340^b,$	0.317 [1][2]
Ge/Sb		0.003	−0.001	0.328^c	0.3265 [3]
Te3	2(d)	2/3	1/3	$0.427^a,0.426^b,0.426^c$	0.421 [1][2]
					0.4173 [3]

a. Te−Ge−Te−Sb−Te−Te−Sb−Te−Ge−(GST-Ⅰ)

b. Te−Sb−Te−Ge−Te−Te−Ge−Te−Sb−(GST-Ⅱ)

c. Ge 与 Sb 在同一面内混排：Te−Sb/Ge−Te−Sb/Ge−Te−Te−Sb/Ge−Te−Sb/Ge−，结构优化后得到略微畸变的立方相，其中 $\alpha=89.99°$，$\beta=89.92°$，$\gamma=120.05°$（GST-Ⅲ）

① Petrov I I, Imamov R M, Pinsker Z G. 1986. Electron-diffraction determination of the structures of $Ge_2Sb_2Te_5$ and $Ge_1Sb_4Te_7$. Kristallografiya, 13：417−421.

② Kooi B J, de Hosson T M. 2002. Electron diffraction and high-resolution transmission electron microscopy of the high temperature crystal structures of $Ge_xSb_2Te_{3+x}(x=1,2,3)$ phase change material. Journal of Applied Physics, 92(7)：3584−3590.

③ Matsunaga T, Yamada N, Kubota Y. 2004. Structures of stable and metastable $Ge_2Sb_2Te_5$, an intermetallic compound in $GeTe-Sb_2Te_3$ pseudobinary systems. Acta Crystallographica Section B, 60：685−691.

在 NaCl 结构的 $Ge_2Sb_2Te_5$ 中，Ge 原子、Sb 原子和 20%的空位占据 Na 位置。因为难以获得单晶相变材料，所以很难确定 Na 位置的原子组态；而理论计算至少需要 800 个原子的模型（含 80 个空位），使得 Ge 原子、Sb 原子和空位的排列组合极多，难以解决。考虑到立方相 $Ge_2Sb_2Te_5$ 的晶体结构可看作(111)平面沿[111]方向密堆而成，通过晶体结构变换，如图 1-2 所示，同时考虑 Ge 原子、Sb 原子和空位排布的多种可能性，包含空位层状有序排列和与 Ge 原子、Sb 原子混排的情况，重新构建 NaCl 结构的 $Ge_2Sb_2Te_5$，这个模型中只含有 27 个原子，极大地简化了问题。然后，进行第一性原理计算（表 1-3，PAW-GGA91），预测立方 $Ge_2Sb_2Te_5$ 的原子排布。有趣的是，总能最低的立方相堆垛与六方相的构型一致。表 1-3 中所有构型的晶格常数均与实验值 6.02 Å 很接近，其中最大值 $a=6.054$ Å 比实验值高了约 0.6%，这个结果是在 GGA 高估误差范围内的；而采用局域密

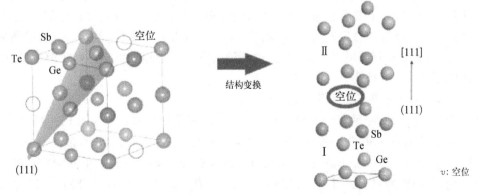

Te−Ge−Te−Sb−Te−v−Te−Sb−Te−Ge−

图 1-2　NaCl 结构的 $Ge_2Sb_2Te_5$ 及其变换的结构模型

度近似方法(PAW-LDA)计算的结果是 $a = 6.018$ Å，与实验值符合得很好。此外，Ge 原子、Sb 原子混排在同一层的构型发生了微小的畸变，其总能较能量最低构型仅仅高了 8 meV/atom。因此，与六方相类似，Ge 原子、Sb 原子混排在同一层内的构型在实验中也是容易获得的，而这两种构型的空位都是高度有序，且沿[111]方向呈层状排布的。

表 1-3 立方 $Ge_2Sb_2Te_5$ 的计算结果：总能、晶格常数和键长(PAW-GGA91)

原子构型	$E_0/(eV/atom)$	$a_0/Å$	Te-Ge 键长/Å	Te-Sb 键长/Å
a	−3.797	6.054	2.99, 3.03	3.02, 3.21
b	−3.779	6.020	2.84, 3.25	3.03, 3.20
c	−3.767	6.046	2.83~3.23	3.00~3.30
d	−3.789	单斜相($\beta = 103.1°$)	2.78~3.30	2.86~3.37
e	−3.784	单斜相($\beta = 114.3°$)	2.88~3.27	2.92~3.34

a. Te-Ge-Te-Sb-Te-v-Te-Sb-Te-Ge-；b. Te-Sb-Te-Ge-Te-v-Te-Ge-Te-Sb-；c. Te-Ge-Te-Sb-Te-Ge-Te-v-Te-Sb-；d. Te-Ge/Sb-Te-Ge/Sb-Te-v-Te-Ge/Sb-Te-Ge/Sb-，其中 Ge 与 Sb 在同一面内混排；e. Te-Ge/v-Te-Sb/v-Te-Ge/v-Te-Sb/v-Te-，其中 Ge 和 Sb 分别与空位在同一面内混排。

由上述计算结果可见，$Ge_2Sb_2Te_5$ 的立方相与六方相的原子堆垛沿密排方向是非常相似的，很可能正是这种相似性导致立方相到六方相的转变容易进行，没有原子扩散，仅仅是类马氏体相变的切变过程。可以想象：在晶化过程中，施加激光或电脉冲于非晶 $Ge_2Sb_2Te_5$ 时，由于实验条件不同，如果晶化后的立方相中 Ge 原子、Sb 原子混排在同一(111)面(表 1-3 中的构型 d)，那么后续加热获得的六方相就会具有 GST-III 构型；而若获得的立方相中 Ge 原子和 Sb 原子分别按层状排布于不同(111)面(表 1-3 中的构型 a)，则其转变成的六方相是 GST-I 构型。显然，第一性原理计算不仅揭示了 $Ge_2Sb_2Te_5$ 的原子堆垛与相变机制，而且可以解释不同实验结果的分歧。

进一步地，在第一性原理计算结果的基础上，可以推测亚稳立方相到稳定六方相转变的微观机制。首先对比立方相和六方相中相似构型的键长(表 1-1 和表 1-3)，可以看到 $Ge_2Sb_2Te_5$ 由长短键构成，Te-Ge 键较短，Te-Sb 键较长；且两种结构中 Te-Ge 键和 Te-Sb 键的键长都非常接近。这表明当立方结构转变为六方结构时，化学键的键长变化相对较小，也没有发生较大的原子重排。图 1-3 为亚稳立方和稳定六方 $Ge_2Sb_2Te_5$ 的原子堆垛结构。显然，图 1-3(a)下部的区域 I 与六方相相应的部分[图 1-3(b)]非常相似，只是上半部分稍有不同。计算结果发现将立方 $Ge_2Sb_2Te_5$ 的区域 II 相对 I 沿[210]方向滑移便可获得与六方 $Ge_2Sb_2Te_5$ 相同的结构。因此，这两种结构之间的相变可能不是扩散相变，而是类马氏体相变的切变相变。

1.4.1.2 Te-Te 类范德瓦耳斯力

$Ge_2Sb_2Te_5$ 是 GeTe-Sb_2Te_3(GST)伪二元线上研究最广泛且已商业化的硫族化合物。除 $Ge_2Sb_2Te_5$($2GeTe \cdot Sb_2Te_3$)外，还有 $Ge_3Sb_2Te_6$、$GeSb_2Te_4$ 和 $GeSb_4Te_7$ 等多种化合物。与 $Ge_2Sb_2Te_5$ 类似，$Ge_3Sb_2Te_6$($3GeTe \cdot Sb_2Te_3$)也是富 Ge 的 GST 化合物，但其稳定相是三方层状结构，空间群为 $R\bar{3}m$，不同于六方 $Ge_2Sb_2Te_5$ 的 $P\bar{3}m1$。$Ge_3Sb_2Te_6$ 晶胞中有 33 个原子层，由 3 个十一层原子堆垛的 $Ge_3Sb_2Te_6$ 组成。与 $Ge_2Sb_2Te_5$ 类似，$Ge_3Sb_2Te_6$ 原子堆垛也存在争议：高分辨透射电子显微镜观测显示 Ge-Te-Ge-Te-Sb-Te-Te-Sb-Te-Ge-Te-原子

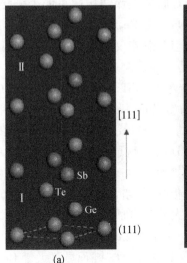
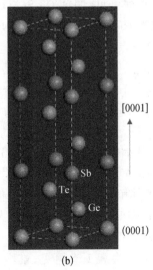

图 1-3　**Ge₂Sb₂Te₅** 的原子堆垛结构图：(a)(111)面沿[111]
方向堆垛的亚稳立方相；(b) 稳定六方相

堆垛；XRD 显示 Ge 与 Sb 以一定比例在同一个阳离子层随机排布，形式为 Ge/Sb-Te-Ge/Sb-Te-Ge/Sb-Te-Te-Ge/Sb-Te-Ge/Sb-Te-。

与六方 $Ge_2Sb_2Te_5$ 的情况类似，为确定层状 $Ge_3Sb_2Te_6$ 的原子堆垛，首先应该穷尽其原子堆垛的各种可能性，然后进行第一性原理计算，进而通过对比总能、化学键，并考虑实验结构，最终确定最稳定的原子堆垛形式。考虑到实验已经提出的两种层状 $Ge_3Sb_2Te_6$ 的原子堆垛，假设其结构中存在 Ge 或者 Sb 原子占据 Te 原子的反位原子排序，系统的总能将会由于 Ge-Sb、Ge-Ge、Sb-Sb 等同极键的存在而升高，导致结构更不稳定。因此，综合多种因素，对于 $Ge_3Sb_2Te_6$，研究表 1-4 所列出的四种原子层状堆垛即可。

表 1-4　六方 $Ge_3Sb_2Te_6$ 的计算总能和晶格常数(对比实验值)(PAW-PBE)

原子构型	$E_0/$ (eV/atom)	a_0/Å				c_0/Å			
		GGA	LDA	实验[1]	实验[2]	GGA	LDA	实验[1]	实验[2]
I	−3.793	4.287	4.191	4.25	4.213	63.123	60.281	62.52	62.309
II	−3.781	4.264	—	—	—	64.391	—	—	—
III	−3.788	4.278	—	—	—	63.486	—	—	—
IV	−3.797	4.670	—	—	—	46.106	—	—	—

I：Ge1-Te3-Ge2-Te1-Sb-Te2-Te2-Sb-Te1-Ge2-Te3-(GST-I 构型)；II：Ge1-Te3-Sb-Te1-Ge2-Te2-Te2-Ge2-Te1-Sb-Te3-(GST-II 构型)；III：Ge1-Te3-Sb1-Te1-Ge2-Te2-Te2-Sb2-Te1-Ge3-Te3-；IV：2×2×1 超胞建成 Ge 与 Sb 混排于同一原子层内：Ge1-Te3-Sb/Ge3-Te1-Ge/Sb2-Te2-Te2-Sb/Ge2-Te1-Ge/Sb3-Te3-(GST-III 构型)，该结构优化后发生了畸变：$\alpha=81.94°$，$\beta=90.06°$，$\gamma=120.17°$。

① Kooi B J，de Hosson T M. 2002. Electron diffraction and high-resolution transmission electron microscopy of the high temperature crystal structures of $Ge_xSb_2Te_{3+x}$($x=1$, 2, 3) phase change material. Journal of Applied Physics，92(7)：3584-3590.

② Matsunaga T，Kojima R，Yamada N，et al. 2007. Structural investigation of $Ge_3Sb_2Te_6$，an inter metallic compound in the GeTe-Sb_2Te_3 homologous series. Applied Physics Letters，90(16)：161919.1-161919.3.

分析表 1-4 数据可见，四种 $Ge_3Sb_2Te_6$ 原子堆垛结构的总能十分接近，能量最低者与最高者的差仅为 16 meV/atom，其趋势与立方 $Ge_2Sb_2Te_5$ 类似（表 1-3）。其中 GST-IV 构型总能最低，这一点不同于 $Ge_2Sb_2Te_5$，但其总能仅仅比 GST-I 构型低 4 meV/atom，而且经过优化后，晶胞发生较大畸变，尤其是 α 角度畸变较大（从 90° 变成 81.94°），晶格常数 a_0 和 c_0 也都远大于实验值。因此，综合考虑，GST-I 构型应该是层状 $Ge_3Sb_2Te_6$ 最可能的构型，与 $Ge_2Sb_2Te_5$ 总能最低的构型遵循类似的原子堆垛方式，即两个相邻 Te 原子层的两侧都连接 Sb 原子。此外，由表 1-4 可见，$Ge_3Sb_2Te_6$ 的计算晶格常数都略大于实验值。由于 GGA 总是高估固体的晶格常数，而 LDA 总是低估晶格常数，因此，精确计算固体的晶格常数可以取 GGA 和 LDA 的平均值。如对于 GST-I 构型，其晶格常数 a 的平均值是 4.239 Å，非常接近其相应实验值 4.25 Å。但是，晶格常数 c 的平均值是 61.702 Å，偏离实验值 62.52 Å 约 1.3%，下面将讨论这种较大偏离的原因。

为理解 PAW-PBE 计算的 $Ge_3Sb_2Te_6$ 晶格常数 c 较大偏离的原因，首先可以通过分析化学键进行推测。由表 1-5 可见，堆垛 I 中，Te-Te 键长显著大于 Ge-Te 和 Sb-Te 键长；堆垛 II 中，即 GST-I 构型的 Ge、Sb 交换原子位置，Te-Te 键长也出现相同的特征。实际上，Sb 的原子半径略大于 Te 的原子半径，而 Te-Te 键长比 Sb-Te 键长长约 1 Å，说明 Te-Te 键强应该很弱。进一步通过计算键能可见，Te-Te 键能远低于 Sb-Te 和 Ge-Te 的键能。GST-I 构型的 Te-Te 键能为 19.9 meV/atom，与石墨的 C-C 原子层间范德瓦耳斯力决定的大 π 键的键能非常相近；而 GST-II 构型中的 Te-Te 键能更低，只有 12.2 meV/atom。换言之，$Ge_3Sb_2Te_6$ 中 Te-Te 键的特征与石墨中的范德瓦耳斯键相类似，是一种类范德瓦耳斯键，这种分析适用于所有层状 GST 化合物相变存储材料。

表 1-5　GST-I 构型及其 Ge、Sb 交换原子位置 GST-II 构型的层状 $Ge_3Sb_2Te_6$ 中不同化学键的键长和键能（PAW-PBE）

原子构型	化学键	键长/Å	键能/(meV/atom)
GST-I	Te2-Te2	4.058	19.9
	Sb-Te2	3.012	1669.3
	Sb-Te1	3.029	737.8
	Ge2-Te1	2.994	962.6
	Ge2-Te3	3.031	881.1
	Ge1-Te3	3.013	946.2
GST-II	Te2-Te2	4.008	12.2
	Ge2-Te2	2.824	1918.3
	Ge2-Te1	3.315	133.7
	Sb-Te1	3.018	1336.6
	Sb-Te3	3.201	679.0
	Ge1-Te3	3.002	865.2

此外，进一步分析表 1-5 中的键能大小，发现层状 $Ge_3Sb_2Te_6$ 中化学键强弱分布极不均匀，进而可以推测各类堆垛构型的稳定性。例如，在 GST-I 构型中（Ge1-Te3-Ge2-

Te1-Sb-Te2-Te2-Sb-Te1-Ge2-Te3-)，相邻 Te2-Te2 类范德瓦耳斯键的 Sb-Te2 键能最大，与其紧邻的 Sb-Te1 的键能则不到 Sb-Te2 键能的一半，Sb-Te 的强弱键特征非常明显；而距离 Te2-Te2 类范德瓦耳斯键较远的 3 种 Ge-Te 键的键能大小比较接近。在堆垛 Ⅱ GST-Ⅱ 构型（Ge1-Te3-Sb-Te1-Ge2-Te2-Te2-Ge2-Te1-Sb-Te3-）中，与 Te2-Te2 类范德瓦耳斯键紧邻的 Ge2-Te2 键能为 1918.3 meV/atom，是最强的化学键，而与之相邻的 Ge2-Te1 键能则不到 Ge2-Te2 键的 7%，这种巨大的化学键强差异应该是导致 GST-Ⅱ 构型结构不稳定的根本原因。堆垛 Ⅲ 和堆垛 Ⅳ 具有类似 GST-Ⅱ 构型的化学键特征。因此，从化学键的角度看，GST-Ⅰ 构型是最稳定的，这个结论与上述 PAW-GGA91 的计算结果一致，可见，类似的分析也适用于其他层状 GST 化合物相变存储材料。

1.4.2　交换-关联泛函的影响

层状 GST 化合物中 Te-Te 键是一种结合力很弱的类范德瓦耳斯键，GGA 和 LDA 能否准确地描述这类化合物的交换-关联作用有待进一步研究。下面将深入探讨层状 GST 化合物中的 Te-Te 类范德瓦耳斯键及作用力。

两个原子间的作用力可以用 Lennard-Jones 势来描述。根据层状 GST 化合物的特征，作者在 Matsunaga 等的基础上，提出了适用于层状 GST 化合物中类范德瓦耳斯力的修正的 Lennard-Jones 势 $V(r)$：

$$V(r) = 4\varepsilon\left[\left(\frac{R}{r}\right)^e - \left(\frac{R}{r}\right)^6\right] + V_0 \tag{1-25}$$

其中，V_0 是系统总能与 Lennard-Jones 势之间的差值；ε 是 Lennard-Jones 势的势阱深度；R 是 $V_0 = 0$ 时的原子层间距；e 是无量纲指数；$\left(\frac{R}{r}\right)^e$ 和 $\left(\frac{R}{r}\right)^6$ 分别是原子层与层之间的排斥力和吸引力。图 1-4 为利用 LDA 和 GGA-PBE 计算的 Sb_2Te_3 和 GST 层状化合物的总能与 Te-Te 原子层间距的关系，其中所有层状 GST 化合物的原子堆垛均采用 $Ge_2Sb_2Te_5$ 和 $Ge_3Sb_2Te_6$ 能量最低的堆垛方式（GST-Ⅰ 构型），即 Sb 原子紧邻着 Te-Te 键的堆垛方式。利用式（1-25）拟合图 1-4 的计算结果，可以得到 Sb_2Te_3 和 GST 中 Te-Te 类范德瓦耳斯键的参数见表 1-6 和表 1-7。

综合分析表 1-6 和表 1-7 的结果发现，层状 GST 化合物中 Te-Te 类范德瓦耳斯力随 Ge 含量的增加而减弱，且均比 Sb_2Te_3 中的 Te-Te 类范德瓦耳斯力弱。LDA 计算的 Te-Te 键能比 GGA-PBE 计算的高 1 个数量级，LDA 计算的 Te-Te 键长比 GGA-PBE 的小 0.4～0.5 Å，参照 $Ge_2Sb_2Te_5$ 中 Te-Te 键长的实验值 3.75 Å，LDA 和 GGA 均没有精确地描述层状 GST 化合物中 Te-Te 的类范德瓦耳斯键。LDA 高估了 Te-Te 键的类范德瓦耳斯力和键能，低估了其键长；而 GGA-PBE 低估了 Te-Te 键的类范德瓦耳斯力和键能，高估了 Te-Te 键的键长。在层状 GST 化合物中，相邻两个 Te 原子通过类范德瓦耳斯力键合，式（1-25）中的 Lennard-Jones 势同时反映了上下两层 Te 原子之间的相互作用力，其势阱深度 ε（单位为 meV/bond）在数值上应该是该体系中范德瓦耳斯键能（单位为 meV/atom）的两倍。对于 Sb_2Te_3 和层状 GST 化合物，由表 1-6 可知，LDA 计算的 Te-Te

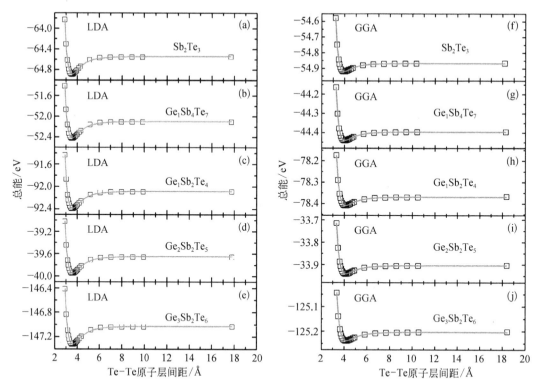

图1-4 GST 层状化合物的总能与 Te-Te 原子层间距的关系,其中空心方点是计算结果,实线为拟合式(1-25)的结果

表1-6 LDA 计算的 GST 化合物中 Te-Te 类范德瓦耳斯键的键长、键能以及根据式(1-25)拟合的参数 ε、R、V_0 和 e

化 合 物	Te-Te 键长/Å	Te-Te 键能/(meV/atom)	ε/(meV/bond)	R/Å	V_0/eV	e
Sb_2Te_3	3.525	168.7	589.6	3.086	-64.543	8.919
$GeSb_4Te_7$	3.542	158.7	570.2	3.098	-52.098	8.834
$GeSb_2Te_4$	3.560	151.5	563.8	3.110	-92.084	8.710
$Ge_2Sb_2Te_5$	3.573	147.0	550.5	3.117	-39.650	8.710
$Ge_3Sb_2Te_6$	3.578	144.4	554.4	3.120	-147.029	8.607

表1-7 GGA-PBE 计算的 GST 化合物中 Te-Te 类范德瓦耳斯键的键长、键能以及根据式(1-25)拟合的参数 ε、R、V_0 和 e

化 合 物	Te-Te 键长/Å	Te-Te 键能/(meV/atom)	ε/(meV/bond)	R/Å	V_0/eV	e
Sb_2Te_3	3.918	26.9	52.2	3.535	-54.868	12.038
$GeSb_4Te_7$	3.984	23.3	46.7	3.589	-44.396	11.627
$GeSb_2Te_4$	4.041	20.9	44.9	3.639	-78.369	11.073
$Ge_2Sb_2Te_5$	4.059	18.7	42.6	3.665	-33.904	10.923
$Ge_3Sb_2Te_6$	4.102	18.5	42.7	3.689	-125.204	10.600

键能的两倍远低于势阱深度 ε，可见 LDA 不能精确描述 GST 化合物中的 Te-Te 类范德瓦耳斯键；由表 1-7 可知，GGA-PBE 计算的 Te-Te 键能的两倍与 ε 值接近，尤其是 $GeSb_4Te_7$ 和 $GeSb_2Te_4$，计算结果和拟合结果非常吻合，虽然对于 Ge 含量较高的 $Ge_2Sb_2Te_5$ 和 $Ge_3Sb_2Te_6$，偏差稍大，但比 LDA 已有较大改善。因此，相对于 LDA，GGA-PBE 虽然不够完美但仍然能够较为全面、准确地描述 GST 化合物中的 Te-Te 类范德瓦耳斯键。

1.4.3　晶格振动模式与性质

1.4.3.1　Grimme's 半经验修正

实际上，层状化合物中存在弱键的情况比较普遍，弱键赋予了层状化合物奇异的电子特性而获得广泛关注，例如，六方氮化硼是制造紫外激光设备的最理想材料，MoS_2 在电催化制氢中展现出优异的活性。二元硫族化合物在拓扑绝缘体和热电材料方面有诱人的潜在应用。但是，标准 DFT 方法难以准确描述这种弱键作用，给理论预测带来不确定性。大量结果表明，标准 DFT 计算 Ge-Sb-Te 的结果在一定程度上和实验结果有出入，如标准 DFT 计算得到层状 $Ge_2Sb_2Te_5$ 的 Te-Te 键长近 4 Å，而实验结果是 3.75 Å。精确描述层状化合物中的弱键作用对于了解其独特性能和发展性能调控方法是至关重要的。幸运的是，随着理论计算方法的不断完善，现在我们可以利用 DFT 结合 Grimme's 半经验修正（DFT-D 方法）研究具有范德瓦耳斯弱键的层状化合物的结构和晶格动力学性质。值得指出的是，这种方法非常适合于层状的硫族化合物，因为 DFT-D 方法能够更精确地描述 Te-Te 范德瓦耳斯类型的键。针对方程（1-23）中的散射系数 $C_6^{ij} = \sqrt{C_6^i C_6^j}$ 和范德瓦耳斯半径 $R^{ij} = R^i + R^j$，对于层状三元 $Ge_2Sb_2Te_5$，Bučko 等给出了相关参数，即 Ge、Sb 和 Te 的 C_6 值分别为 17.10 J·nm^6/mol、38.44 J·nm^6/mol 和 31.74 J·nm^6/mol，相应的 R 值分别为 1.727 Å、1.811 Å 和 1.892 Å。下面以层状 $Ge_2Sb_2Te_5$ 为例，主要考虑 GST-I 和 GST-II 这两种原子堆垛构型，重新计算其结构信息。图 1-5（a）和（b）分别给出了 GST-I 和 GST-II 两种堆垛形式的层状 $Ge_2Sb_2Te_5$ 的晶体结构和层状堆垛方式示意图。GST-III 构型可以看作是 GST-I 和 GST-II 的混合结构，其物理化学性质原则上可以通过 Vegard 定律由 GST-I 和 GST-II 的对应性质评估。众所周知，GGA-PBE 总是高估晶格常数，由表 1-8 中计算的结构信息可见，GGA-PBE 计算的 GST-I 和 GST-II 的 a 和 c 的值均比实验值偏大；而考虑范德瓦耳斯修正后计算得到的晶格常数和实验结果则非常接近。其中 GST-I 的 c 值比 GST-II 的 c 值更接近实验值。通过对比 GGA-PBE 与 PBE-D 两种方法计算得到的 Te-Te 类范德瓦耳斯键的键长发现，PBE-D 方法将 GST-I 中 Te-Te 键长从 4.092Å 减小到 3.842Å，将 GST-II 堆垛中的 Te-Te 键长从 4.024Å 减小到 3.850Å。对比 3.75Å 的实验值，PBE-D 方法的计算误差大大减小。由表 1-8 中的 Te-Te 键能可以看出，利用 PBE-D 方法计算得到的键能比 GGA-PBE 方法计算的高一个数量级。采用 PBE-D 方法计算得到的 GST-I 和 GST-II 的 Te-Te 键能分别为 195.3 meV/atom 和 192.9 meV/atom，换算为单位面积的结合能分别为 25.411 meV/$Å^2$ 和 24.059 meV/$Å^2$。系统性的理论研究发现，典型的范德瓦耳斯键的键能大小大约在 20 meV/$Å^2$。显然，PBE-D 方法计算的结果比 GGA-PBE 更合理。换句话说，PBE-D 方法能够更好地描述层状 $Ge_2Sb_2Te_5$ 中的 Te-Te 类范德瓦耳斯键。

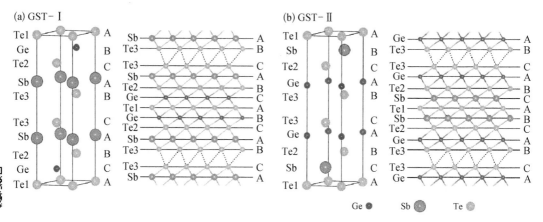

图 1-5　层状 $Ge_2Sb_2Te_5$ 的晶体结构和层状堆垛方式示意图

其中蓝色的小号圆球代表 Ge 原子,红色的大号圆球代表 Sb 原子,绿色的中号圆球代表 Te 原子。
Te-Te 类范德瓦耳斯键由虚线表示。

表 1-8　$Ge_2Sb_2Te_5$ 的晶格常数 a、c、Te-Te 键长以及 Te-Te 键能

原子构型	计算方法	a/Å	c/Å	Te-Te 键长/Å	Te-Te 键能/ (meV/atom)
GST-I	GGA-PBE	4.295	17.595	4.092	19.9
	PBE-D	4.213	17.185	3.842	195.3
GST-II	GGA-PBE	4.268	17.987	4.024	16.5
	PBE-D	4.190	17.529	3.850	192.9
文　献	实验值	4.22[1], 4.225[2]	17.18[1], 17.239[2]	3.75[2]	—

① Friedrich I, Weidenhof V, Njoroge W, et al. 2000. Structural transformations of $Ge_2Sb_2Te_5$ films studied by elctrical resistance measurements. Journal of Applied Physics, 87(9): 4130-4134.

② Matsunaga T, Yamada N, Kubota Y.2004. Structures of stable and metastable $Ge_2Sb_2Te_5$, an intermetallic compound in $GeTe-Sb_2Te_3$ pseudobinary systems. Acta Crystallographica Section B, 60: 685-691.

1.4.3.2　晶格振动模式

层状 $Ge_2Sb_2Te_5$ 的空间群符号为 $P\bar{3}m1$,一个晶胞中有 9 个原子,根据晶格动力学原理,$Ge_2Sb_2Te_5$ 有 27 种晶格振动模式,包括 3 支声学振动模式和 24 支光学振动模式。这些光学支晶格振动模式在 Γ 点的不可约表示可归纳为:$\Gamma = 4(A_{1g} + E_g + A_{2u} + E_u)$。其中,$E$ 模式代表振动方向沿着(110)晶面内的光学支晶格振动模式,每一个 E 模式代表两个具有相同振动频率的光学支晶格振动模式的简并;而 A 模式代表沿 〈001〉方向振动的光学支晶格振动模式;A_{1g} 和 E_g 两种振动模式表示的是符合中心对称性的拉曼活性振动模式;A_{2u} 和 E_u 两种振动模式表示的是符合中心反对称性的红外活性振动模式。

表 1-9 列出了超胞法(SCA 方法)和密度泛函微扰理论(DFPT 方法)计算得到的 GST-I 在 Γ 点的晶格振动模式频率,省略了三个声学支在 0 处的频率。这两种计算方法均采用了 GGA-PBE 和 Grimme's 半经验修正(即 PBE-D2)两种交换-关联泛函。Sosso 等采用模守恒 GGA-PBE 赝势计算了三方 $Ge_2Sb_2Te_5$ 的振动性质,未考虑 Grimme's 半经验修正,其结果也列在表中作为对比。考虑到不同赝势之间的差异,我们的 GGA-PBE

计算结果与 Sosso 等的符合得很好。无论 GGA-PBE 还是 Sosso 等的计算结果,GST-I 在 Γ 点的红外色散模式都是负的频率,这种虚频模式表示 GST-I 是不稳定的,这与 GST-I 在动力学上是稳定的结论相矛盾。有趣的是,考虑范德瓦耳斯修正的 PBE-D2 近似后,SCA 方法和 DFPT 方法计算的红外模式 E_u^I 值均由 GGA-PBE 的负值转变为正值,这进一步表明 PBE-D2 近似能够改进对层状 $Ge_2Sb_2Te_5$ 的晶格动力学的描述。此外,实验中层状 $Ge_2Sb_2Te_5$ 的拉曼光谱有两个最明显的特征峰,频率分别为 110 cm^{-1} (3.63 THz) 和 160 cm^{-1} (5.28 THz)。由表 1-9 可知,GGA-PBE 方法计算的对应晶格振动模式频率为 $E_g^{IV} = 3.40$ THz 和 $A_{1g}^{IV} = 4.95$ THz,显然,较之实验结果,GGA-PBE 低估了拉曼活性晶格振动模式的振动频率;而采用 PBE-D2 方法计算的这两个晶格振动模式的振动频率分别为 $E_g^{IV} = 3.67$ THz 和 $A_{1g}^{IV} = 5.15$ THz,与实验值吻合得很好。这个结果也再一次验证了层状 $Ge_2Sb_2Te_5$ 中范德瓦耳斯键的存在。另外,振动频率为 1.5 THz 的拉曼活性晶格振动模式 A_{1g} 是层状三方 $Ge_2Sb_2Te_5$ 稳定相的谱学标志。PBE-D2 计算的对应晶格振动模式 A_{1g}^I 的振动频率为 1.49 THz(表 1-9),与相干声子谱测量的值 1.50 THz 非常接近。最后,值得指出的是 PBE-D2 修正是通过提高振动频率来修正其他声子模式的。

表 1-9　GST-I 在 Γ 点的计算晶格振动模式频率(THz)

振动模式	参考值[①]	GGA-PBE		PBE-D2	
		SCA	DFPT	SCA	DFPT
E_g^I	0.87	0.79	0.76	0.99	0.99
A_{1g}^I	1.20	1.11	1.10	1.49	1.46
E_g^{II}	2.31	2.23	2.22	2.38	2.39
A_{1g}^{II}	2.91	2.88	2.88	3.07	3.05
E_g^{III}	3.00	2.75	2.77	3.16	3.14
E_g^{IV}	3.51	3.40	3.40	3.67	3.64
A_{1g}^{III}	4.68	4.60	4.62	4.91	4.84
A_{1g}^{IV}	4.98	4.95	4.96	5.15	5.20
E_u^I	−0.27	−1.00	−0.98	0.50	0.85
E_u^{II}	1.53	1.50	1.50	1.59	1.59
E_u^{III}	3.06	2.96	2.96	3.23	3.23
E_u^{IV}	3.33	3.23	3.24	3.42	3.41
A_{2u}^I	2.01	1.98	1.98	2.01	2.02
A_{2u}^{II}	3.21	3.24	3.25	3.33	3.42
A_{2u}^{III}	3.57	3.58	3.57	3.72	3.77
A_{2u}^{IV}	4.98	4.93	4.94	5.15	5.12

[①] Sosso G C, Caravati S, Gatti C, et al. 2009. Vibrational properties of hexagonal $Ge_2Sb_2Te_5$ from first principles. Journal of Physics Condensed Matter, 21(24): 245401.

为了进一步研究 GST-I 的晶格动力学性能,利用 GGA-PBE 和 PBE-D2 方法分别计算了 GST-I 在整个第一布里渊区(1BZ)中沿高对称点线性展开的声子色散振动谱,如图

1-6(a)和(b)所示。由图1-6(a)中可见,GGA-PBE计算的虚频振动模式主要是沿 Γ(0,0,0)到 A(0,0,0.5)的方向。我们可以施加一个微小的外压减小 Te-Te 的键长,利用GGA-PBE再计算时发现声子谱中的虚频消失了,这说明导致出现虚频的根源是GGA-PBE方法不能正确估计 Te-Te 弱键。由图1-6(b)可见,在整个声子谱中没有虚频出现,说明PBE-D2方法能精确地描述GST-Ⅰ沿 c 轴方向的晶格动力学性质。这个改进是由于PBE-D2方法修正了相邻 Te 层之间的范德瓦耳斯力。图1-6(c)和(d)分别给出了GGA-PBE和PBE-D2方法计算的GST-Ⅰ的声子态密度图。对比图(c)和(d)可见,PBE-D2对声子谱的影响主要体现在 Te 原子上,而对 Ge 和 Sb 原子的影响极小。例如,在 Te 的声子局域态密度中,GGA-PBE计算得到一个峰值频率在2.5 THz左右的宽峰,而PBE-D2将这个宽峰分裂成了两个峰值频率分别在2 THz和3 THz左右的窄峰。也就是说,范德瓦耳斯修正对 Te 原子声子态密度的影响较大,而对 Ge 和 Sb 的声子态密度几乎没有影响。

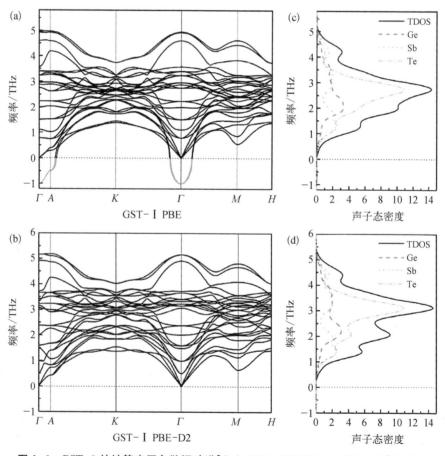

图1-6 GST-Ⅰ的计算声子色散振动谱[(a) GGA-PBE 和(b) PBE-D2]与声子态密度图[(c) GGA-PBE 和(d) PBE-D2]。虚频声子色散用红线标记

表1-10中列出了原子堆垛构型为GST-Ⅱ[图1-5(b)]的 $Ge_2Sb_2Te_5$ 在 Γ 点的晶格振动模式频率,Sosso 等的模守恒GGA-PBE赝势计算结果也列在表中作对比。显然,利用PBE计算的晶格振动模式频率与已有文献的计算结果非常接近。有趣的是对于GST-Ⅱ

在 Γ 点没有虚频(表 1-10)。与 GST-I 相似,PBE-D2 修正了 GST-II 声子振动模式。图 1-7 是采用 GGA-PBE 和 PBE-D2 方法计算的 GST-II 的声子振动谱和声子态密度图。虽然 GST-II 在 Γ 点没有振动频率为负数的光学支晶格振动模式(表 1-10),但在 Γ 点附近[图 1-7(a)和(b)],从 Γ 到 $K(-1/3, 2/3, 0)$ 方向和从 Γ 到 $M(0, 0.5, 0)$ 方向出现数值非常小的声学支虚频。类似的声学支虚频也在面心立方结构的 ThH_2 中发现过。这些虚频振动模式预示着 GST-II 在(110)晶面内有不稳定性,而在 GST-I 中则没有这种不稳定性。也就是说,GST-II 的晶格稳定性比 GST-I 差,这与之前从能量和化学键角度进行的稳定性分析相吻合。然而,GST-II 中这些声学支振动模式的虚频的绝对值非常小,因此,这种微弱的不稳定性可以由环境温度所带来的能量起伏所克服。最后由图 1-7(c)和(d)的声子态密度图可见,与 GST-I 相同,PBE-D2 对 GST-II 计算结果的修正作用也主要体现在对 Te 原子的影响上。

表 1-10　GST-II 在 Γ 点的计算晶格振动模式频率(THz)

振动模式	参考值[①]	GGA-PBE		PBE-D2	
		SCA	DFPT	SCA	DFPT
E_g^{I}	1.05	0.84	0.86	1.04	1.08
A_{1g}^{I}	1.41	1.08	1.07	1.43	1.42
E_g^{II}	1.59	1.40	1.41	1.54	1.58
A_{1g}^{II}	2.22	2.04	2.01	2.24	2.21
E_g^{III}	3.00	2.92	2.92	2.68	2.86
E_g^{IV}	4.29	4.24	4.22	4.43	4.42
A_{1g}^{III}	4.83	4.96	4.88	4.95	4.99
A_{1g}^{IV}	5.37	5.41	5.41	5.58	5.62
E_u^{I}	1.05	0.92	0.91	1.08	1.09
E_u^{II}	2.76	2.51	2.56	2.51	2.72
E_u^{III}	3.00	3.13	3.05	3.06	3.08
E_u^{IV}	4.23	4.20	4.20	4.37	4.36
A_{2u}^{I}	1.44	1.26	1.26	1.46	1.51
A_{2u}^{II}	3.36	3.30	3.28	3.38	3.38
A_{2u}^{III}	4.38	4.55	4.53	4.65	4.69
A_{2u}^{IV}	5.37	5.41	5.40	5.53	5.55

① Sosso G C, Caravati S, Gatti C, et al. 2009. Vibrational properties of hexagonal $Ge_2Sb_2Te_5$ from first principles. Journal of Physics Condensed Matter, 21(24): 245401.

综上所述,对于层状三方 $Ge_2Sb_2Te_5$ 的结构与振动性质的计算,PBE-D2 计算的晶格常数和晶格动力学性质与实验结果更符合。此外,PBE-D2 近似还为 $Ge_2Sb_2Te_5$ 中的 Te-Te 弱键结合提供更精确的描述。PBE 方法计算的声子散射曲线存在负声子模式,而当考虑范德瓦耳斯修正时负声子模式消失,PBE-D2 计算完美地重现了实验结果。因此,对于层状 $Ge_2Sb_2Te_5$ 以及类似的在相邻 Te-Te 层存在范德瓦耳斯弱键作用的化合物,PBE-D2 近似是一种更合适的计算方法。

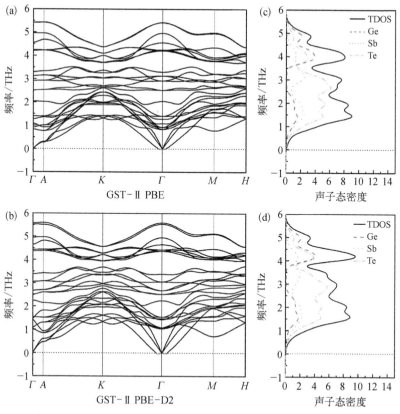

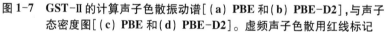

图 1-7 GST-Ⅱ 的计算声子色散振动谱[(a) PBE 和(b) PBE-D2],与声子态密度图[(c) PBE 和(d) PBE-D2]。虚频声子色散用红线标记

1.4.4 堆垛多型化合物

1.4.4.1 原子堆垛多型体及其稳定性

如前所述,立方 $Ge_2Sb_2Te_5$ 具有岩盐对称性(NaCl,空间群号 225),其中 Te 原子占据阴离子位置(4a),Ge、Sb 原子和 20%的本征空位占据阳离子位置(4b)。一直以来,4b 位置的原子排布备受关注。无论实验还是计算都给出了多种可能性。早期的扩展 X 射线吸收精细结构光谱(EXAFS)认为 Ge 原子、Sb 原子和空位随机占据 4b 位置;高分辨透射电子显微镜观察认为 Ge 原子和 Sb 原子更倾向于占据同一特定平面。最近的实验发现,在刚由非晶相晶化而获得的 $Ge_2Sb_2Te_5$ 中,Ge 原子、Sb 原子和空位是无序分布在 4b 位置的,而随着进一步热处理,空位逐渐有序化。有趣的是,在采用脉冲激光沉积技术外延生长的立方 $Ge_2Sb_2Te_5$ 薄膜中,通过高分辨球差校正扫描透射电子显微镜也观察到了随机分布的空位和高度有序的空位层。这些高度有序的空位层极可能是在透射电子显微镜的观察中高能电子束导致的空位有序化,类似热处理的结果。分析相关实验结果不难发现,关于 Ge 原子、Sb 原子和空位不同排布的结论来自不同的实验条件。也就是说,实验条件显著影响了 4b 位置的原子排布。这种实验条件关联的原子构型令人自然联想到:所有这些报道的构型极可能都是 $Ge_2Sb_2Te_5$ 的堆垛多型化合物(stacking polymorph),而这些堆垛多型体可能会对设计更新颖的相变存储材料提供更多选择。

实际上,多型现象普遍存在于材料中。如 Ti_3SiC_2,一种广泛研究的高性能陶瓷,在同一空间群 $P6_3/mmc$ 下具有两种多型体,分别是 α-Ti_3SiC_2 和 β-Ti_3SiC_2,其不同之处在于 Si 原子的对称性不同。其中 α-Ti_3SiC_2 是室温稳定相,在高温下 α-Ti_3SiC_2 会转变成 β-Ti_3SiC_2。甚至无定形 SiO_2 也存在多型体,实质上是两种不同的无定形态。理论上,我们可以首先假定实验中观察到的原子构型都是 $Ge_2Sb_2Te_5$ 的堆垛多型体,然后通过第一性原理计算进行验证。这种计算需要采用更大的超胞(含 108 个原子和 12 个空位,或者 144 个原子和 16 个空位)以及新型的交换-关联泛函,如 PBE 和 PBE-D2,同时考虑立方 $Ge_2Sb_2Te_5$ 所有可能的原子堆垛构型,包括本征空位的层状堆垛和无序分布,利用特殊准随机结构(special quasirandom structure,SQS)构建 Ge 原子、Sb 原子和空位随机占据 4b 位置的无序构型。对于空位层状排列的原子堆垛构型,为了更好地描述其中的 Te-Te 弱相互作用,采用考虑了范德瓦耳斯力的 PBE-D2 方法。分析表 1-11 的计算结果发现:① 空位与 Ge 原子、Sb 原子沿[111]方向以 Te-Ge-Te-Sb-Te-v-Te-Sb-Te-Ge-方式堆垛的构型(构型 a)总能最低,因此应该是最稳定的多型体,而随机混排的 SQS 构型是总能最高的多型态;由此也可以得出,空位的有序化能够降低系统的总能,这与先前的实验结果一致。此外,在构型 a~构型 e 的所有构型中,最高与最低的总能差只有 58 meV/atom,而且,空位有序的所有堆垛构型都比完全无序的构型更稳定。② 所计算的五种原子堆垛构型的晶格常数都非常接近,PBE(PBE-D2)方法计算的值比实验值 6.02 Å 略大(小)。综上可见,立方 $Ge_2Sb_2Te_5$ 的所有这些原子堆垛构型从能量上都是可以存在的。实际上,实验观察到了岩盐结构 $Ge_2Sb_2Te_5$ 随热处理时间和温度的升高空位逐渐有序化的过程:当 $Ge_2Sb_2Te_5$ 加热到 150℃保温 30 min 时,也就是非晶相刚好发生晶化后,高角环形暗场扫描透射电子显微镜(HAADF-STEM)观察到的空位是随机排布的,这种结构对应 SQS 的构型 e;而随着进一步的热处理,空位逐渐分布在(111)面上,展现了类似从构型 e 到构型 a 转变的空位逐渐有序化的过程。因此,可以确定地说,立方 $Ge_2Sb_2Te_5$ 有多种原子堆垛构型,Ge 原子、Sb 原子和空位可能完全无序排布或者有序排布在岩盐结构的 4b 位置。换句话说,所有这些原子堆垛构型实际上是 $Ge_2Sb_2Te_5$ 的堆垛多型体,可以通过不同的实验制备条件来获得。因此,可以认为,当非晶 $Ge_2Sb_2Te_5$ 恰好在晶化温度转变为晶态时,很可能获得一个空位完全无序的原子堆垛结构(构型 e),而随着进一步延长加热处理时间,空位将逐渐有序化,最终转变成从构型 a 到构型 d 中的任何一个原子堆垛构型。

表 1-11　$Ge_2Sb_2Te_5$ 堆垛多型体的结合能和晶格常数

原子构型	$E/($eV/atom$)$		$a_0/($Å/atom$)$	
	PBE	PBE-D2	PBE	PBE-D2
a	-3.776	-4.117	6.106	5.943
b	-3.759	-4.098	6.157	5.900
c	-3.770	-4.109	6.120	5.925
d	-3.766	-4.102	6.151	5.922
e	-3.718		6.149	

a. Te-Ge-Te-Sb-Te-v-Te-Sb-Te-Ge-沿[111]方向堆垛;b. Te-Sb-Te-Ge-Te-v-Te-Ge-Te-Sb-沿[111]方向堆垛;c. Te-Ge-Te-Sb-Te-v-Te-Ge-Te-Sb-沿[111]方向堆垛;d. Te-Ge/Sb-Te-Ge/Sb-Te-v-Te-Ge/Sb-Te-Ge/Sb-沿[111]方向堆垛,其中 Ge 原子和 Sb 原子被混合在同一个层。在 a~d 中"v"代表一个空位层;e. 特殊准随机结构,其中 Ge 原子、Sb 原子和空位随机分布在 4b 位置。

　　通过计算声子色散振动谱也可以进一步分析 $Ge_2Sb_2Te_5$ 堆垛多型体的稳定性,若声子谱出现虚频,则该构型是亚稳的或不稳定的。以 $Ge_2Sb_2Te_5$ 的构型 a 和构型 b 为例,由图 1-8 可见,两种多型体的声子谱中都出现了一些虚频,其中构型 b 的虚频最多。虚频与晶格中的负应力张量有关,预示了晶体结构的动力学不稳定性。实际上,立方 $Ge_2Sb_2Te_5$ 本身就是一个亚稳相,其稳定晶相是六方结构,因此,出现虚频是合理的。由于立方 $Ge_2Sb_2Te_5$ 在非晶化过程中体积膨胀,在非晶化前晶格常数会增加,因此可以推断当 $Ge_2Sb_2Te_5$ 发生非晶转变时,虚频位置会优先发生改变。值得指出的是,在许多材料的声子谱中也观察到了虚频,而这些材料却是能够稳定存在的,如单五层(single quintuple)构型的 Bi_2Te_3、Bi_2Se_3 薄膜和体材料。仔细分析图 1-8 中构型 a 和构型 b 的声子谱可发现显著不同:对于构型 a[图 1-8(a)],虚频主要分布在 $\Gamma(0, 0, 0)$、$K(1/3, 1/3, 0)$ 和 $H(1/3, 1/3, 1/2)$ 等高对称点附近;而对于构型 b[图 1-8(b)],除沿 $M(1/2, 0, 0)$ 到 $K(1/3, 1/3, 0)$ 和沿 $L(1/2, 0, 1/2)$ 到 $H(1/3, 1/3, 1/2)$ 方向没有虚频外,处处有虚频。可见,构型 a 声子谱中虚频的分布范围远小于构型 b,也可以进一步说明构型 a 的原子堆垛更稳定。另外,$Ge_2Sb_2Te_5$ 堆垛多型体的力学稳定性还可以通过计算弹性常数 c_{ij},再根据 Born 稳定性判据来判断,符合以下关系式的构型是力学稳定的:$c_{11} - c_{12} > 0$、$(c_{11} - c_{12})c_{44} - 2c_{14}^2 > 0$ 和 $(c_{11} + c_{12})c_{33} - 2c_{13}^2 > 0$。计算结果发现,构型 a 和构型 b 都满足上述力学稳定性判据,说明立方 $Ge_2Sb_2Te_5$ 堆垛多型体具备力学稳定性。

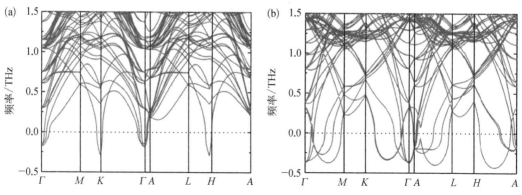

图 1-8　立方 GST 堆垛多型体沿高对称线的声子色散振动谱:(a) 构型 a;(b) 构型 b

　　深入分析电子局域函数(electron localization function, ELF)能够进一步理解 $Ge_2Sb_2Te_5$ 堆积多型体稳定性的微观起源。ELF 是一种严密的化学键分类方法,该方法的基础是关于泡利(Pauli)不相容原理的局域量子力学函数的拓扑分析。对于一个由 Hartree-Fock 或者 Kohn-Sham 方法获得的电子波函数 φ_i,其在三维空间里的 ELF 计算公式为

$$\mathrm{ELF} = \cfrac{1}{1 + \left(\cfrac{D}{D_h}\right)^2} \tag{1-26}$$

其中,

$$D = \frac{1}{2}\sum_i |\nabla\varphi_i|^2 - \frac{1}{8}\frac{|\nabla\rho|^2}{\rho} \tag{1-27}$$

$$D_{h} = \frac{3}{10}(3\pi^{2})^{5/3}\rho^{5/3} \qquad (1-28)$$

D 表征晶体中电子之间的泡利排斥力的大小和在特定方位找到其他自旋方向相同的电子的概率密度,而 D_{h} 则是 D 的归一化参数。根据定义,ELF 是一个无量纲函数,其取值介于 0 到 1 之间。ELF = 1 表示电子完全局域化,ELF = 0 代表电子彻底离域化;ELF = 0.5 表示电子的分布类似于金属中的均匀电子气,亦即原子间成金属键合;ELF 介于 0.5 到 1 时,则表示这一化学键为共价键属性,且 ELF 数值越大,共价性越强,ELF = 1 为完美共价键。利用 ELF 可以直观、准确地分析体系的化学键特性,从而为理解其物理、化学性质提供帮助。

由图 1-9 可见,$Ge_{2}Sb_{2}Te_{5}$ 堆积多型体主要是由强弱相间的共价键构成的。对于构型 a[图 1-9(a)],Te1-Sb 键的共价键强大于 Te2-Sb 键、Te2-Ge 键、Te3-Ge 键;而两种原子间的 ELF 线性分布图[图 1-9(c)]可以给出共价键强的定量描述,ELF 值最大为 0.68(Te1-Sb 键)、最小为 0.51(Te2-Ge 键),差异比较小。对于构型 b[图 1-9(b)和(d)],这 4 种共价键的键强差异显著,Te1-Ge 的共价键最强(ELF = 0.73),Te2-Ge 键强最弱(ELF = 0.38),表现出较大的化学键强不均匀性。这种较大的键强差异预示 Te2-Ge 键最容易断裂,进而导致相变。也就是说构型 b 不如构型 a 稳定,与上述声子色散振动谱计算结果一致。

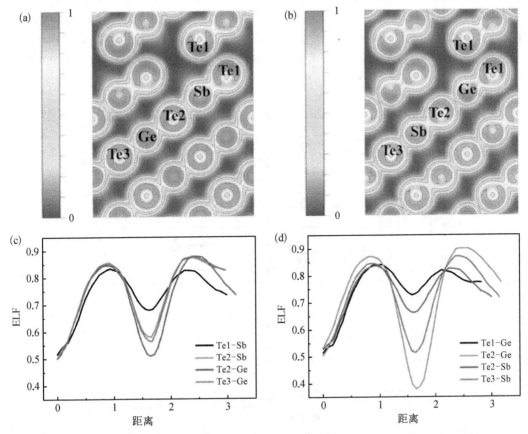

图 1-9　ELF 在(110)面的投影图:(a) 构型 a;(b) 构型 b,其中等值线间隔均为 0.20。Te 和 Ge(Sb)原子之间的线性 ELF 分布:(c) 构型 a;(d) 构型 b

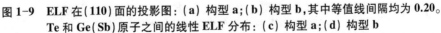

此外,$Ge_2Sb_2Te_5$的离子键特征可以通过计算和分析 Bader 电荷分布来评估。以构型 a 和构型 b 为例(表 1-12),构型 a 和构型 b 的离子性可以分别表示为$(Ge^{0.40+})_2(Sb^{0.54+})_2$ $(Te^{0.38-})_5$和$(Ge^{0.33+})_2(Sb^{0.49+})_2(Te^{0.32-})_5$。显然,这两种构型中都只有少量的电荷从 Ge 和 Sb 原子转移到 Te 原子,揭示了$Ge_2Sb_2Te_5$堆垛多型体具有微弱的离子键相互作用。另外,构型 a 中 Ge 和 Sb 原子向 Te 原子转移的电荷分别是 0.80 e 和 1.08 e,构型 b 中这些数值分别是 0.66 e 和 0.98 e,表明构型 a 中化学键的离子性比构型 b 略强。

表 1-12　亚稳 GST 堆垛多型体中不同原子的平均 Bader 电荷转移 Δq (e)

原子构型	Ge	Sb	Te
a	0.40	0.54	−0.38
b	0.33	0.49	−0.32

a.−Te−Ge−Te−Sb−Te−v−Te−Sb−Te−Ge−堆垛;b.−Te−Sb−Te−Ge−Te−v−Te−Ge−Te−Sb−堆垛。

1.4.4.2　原子堆垛构型对能带结构和化学键合的影响

原子堆垛构型不同,$Ge_2Sb_2Te_5$多型体的能带结构也不同,其电学性质也不同。图 1-10 给出了$Ge_2Sb_2Te_5$多型体的总态密度,可见能带结构的显著差异主要在费米能级(E_F)附近:构型 a 和构型 c 在费米能级处分别呈现出 0.29 eV 和 0.11 eV 的窄带隙,具有 p 型半导体的特征;而构型 b、构型 d 和构型 e 在费米能级处没有带隙,呈金属导电性。因此,可以预见,$Ge_2Sb_2Te_5$多型体的电学性质是不同的。事实上,通过实验也观察到了相似的行为:在电场作用下,立方 Ge−Sb−Te 发生了从绝缘体性到金属导电性的转变,而且伴随着结构的变化。

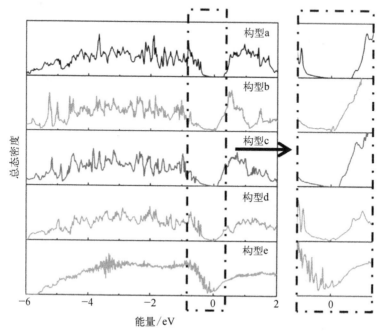

图 1-10　亚稳 GST 多型体的总态密度,其中右边虚线框图是这些构型的 TDOS 在费米能级附近的放大(左边虚线框)

以半导体性的构型 a 和金属性的构型 b 为例,进一步计算和分析能带结构发现,对于构型 a[图 1-11(a)],价带顶(VBM)主要由 Te 的 5p 态占据,而导带底(CBM)主要由 Ge 和 Sb 的 p 态组成,展现出直接带隙;对于构型 b[图 1-11(b)],Te 和 Sb 的 p 轨道穿越费米能级,对费米能级附近的能带做出了主要贡献,导致构型 b 呈金属导电性。

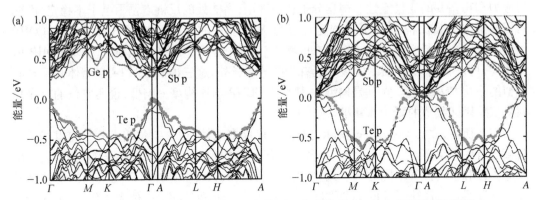

图 1-11　$Ge_2Sb_2Te_5$ 的能带结构:(a)构型 a,(b)构型 b。其中实线图是正常的轨道,点线表示考虑权重的 VBM 和 CMB,点越大表示贡献越大

$Ge_2Sb_2Te_5$ 多型体间的性能不同可以通过计算和分析其晶体轨道哈密顿布居(crystal orbital Hamilton population, COHP)来进一步理解。理论上,COHP 为正值表示成键态,COHP 为负值表示反键态,而 COHP 为 0 表示非键态。图 1-12 是考虑了 $r < 3.5$ Å 范围内所有原子相互作用的结果。对于构型 a[图 1-12(a)],在费米能级附近的 Te-Sb 键和

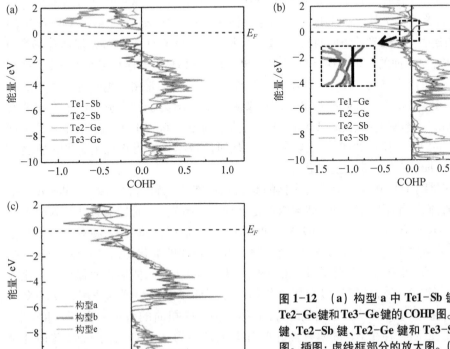

图 1-12　(a)构型 a 中 Te1-Sb 键、Te2-Sb 键、Te2-Ge 键和 Te3-Ge 键的 COHP 图。(b)Te1-Ge 键、Te2-Sb 键、Te2-Ge 键和 Te3-Sb 键的 COHP 图。插图:虚线框部分的放大图。(c)构型 a、构型 b 和构型 e 的平均 COHP 图(考虑 $r < 3.5$ Å 范围内所有原子的相互作用)

Te-Ge 键均在非键区,进一步证明构型 a 具有最佳的电子结构稳定性;从约 -0.5 eV 到 -1.5 eV 之间为反键态;而在 -1.5 eV 以下呈现很大的成键区,预示很强的 Te-Sb 键和 Te-Ge 键。对于 Ge 和 Sb 交换位置的构型 b[图 1-12(b)],在费米能级处,仅有 Te2-Ge 键有少量非键态,而 Te1-Ge 键、Te2-Sb 键和 Te3-Sb 键则都呈现反键态,从而导致轻微的内应力和构型 b 的亚稳定性。根据分子轨道理论,高能处的反键态预示电子不稳定,由此可以理解构型 a 比构型 b 更加稳定。空位无序排布的影响可以通过计算平均 COHP [图 1-12(c),包括空位完全无序排布的状态]来分析。平均键强可以通过平均 COHP 值来体现,可以看到,除在费米能级附近有轻微的差异外,这三种 $Ge_2Sb_2Te_5$ 多型体几乎具有相似的平均 COHP 值。尤其是构型 b,其平均 COHP 值比构型 e 略低,说明空位的有序化对降低反键区数值的影响非常小。

综上所述,立方 $Ge_2Sb_2Te_5$ 实际上有多个堆垛多型体,包含空位随机分布的组态和空位高度有序的组态。立方 $Ge_2Sb_2Te_5$ 多型体由强弱相间的共价键和弱离子键构成,表现出半导体性和金属性等不同的电子结构和性能。$Ge_2Sb_2Te_5$ 多型体可以在不同的实验制备条件下获得。有序化过程的势垒较低,预示在特定热处理条件下空位无序化的 $Ge_2Sb_2Te_5$ 将最终转变成空位层状有序的相。以上结论也适用于稳定的六方 $Ge_2Sb_2Te_5$。这些结果与结论可以帮助我们理解相变数据存储的潜在机制,为设计新型相变材料提供基础。

1.4.5 金属-金属键的稳定过渡金属-氧化物的基态结构

过渡金属-氧化物(TM-MOs)在凝聚态物理中有非常独特的地位,例如,它们被视为研究电子交换-关联作用的原型材料。在这些体系中,其阳离子的 d 轨道被部分占据而使得它们展现出多种物理性质,如反铁磁性、导电性等。确定 TM-MOs 的晶体结构是研究其性能的基础,然而关于其晶体结构至今仍存在诸多争议。Derzsi 等总结了 TM-MOs 的晶体结构:周期表中前半部分(早期)TM-MOs 包括 TiO、VO、CrO、TaO、ZrO 都具有完美的 NaCl(B1)结构;而后面的 TM-MOs 包括 CuO、PdO、PtO 和 HgO 等存在多种对称性,且都可以被视为扭曲的 B1 结构。Derzsi 等发现这些畸变的 B1 结构是由于电子与核之间的相互作用而导致的,例如,CuO 的单斜 $C2/c$ 结构来源于 Cu^{2+} 阳离子的未成对电子之间的反铁磁相互作用。从本质上看,这些 TM-MOs 的扭曲结构源于 Jahn-Teller 效应,也就是说这种晶格畸变消除了八面体配位中的 e_g 轨道简并,从而使得结构变得更稳定。当 e_g 轨道为非偶数占据时,Jahn-Teller 效应更加显著。

考虑到在早期 TM-MOs 中有部分占据的 t_{2g} 轨道和空的 e_g 轨道,其 Jahn-Teller 效应很不明显,因此它们结晶于完美的 B1 结构似乎是合理的。事实上,通过实验已经观测到一些早期 TM-MOs 具有 B1 结构,如 TiO、VO 和 TaO。但是值得注意的是,相对于后半部分的过渡金属,早期过渡金属可以形成更多个阳离子价态不同的氧化物,例如,在 Ti-O 相图中,存在 TiO、Ti_2O_3 和 TiO_2。而对于后半部分的过渡金属如 Cu,只能形成两种金属氧化物 CuO 和 Cu_2O。也就是说,早期过渡金属氧化物中金属原子和氧离子的作用是多种多样的,这也可能是除了 Jahn-Teller 效应之外,高对称结构产生扭曲的另一个诱因。事实上,实验已经证实,低温下存在 $C2/M$ 对称性的单斜 TiO,被称为 α-TiO。最近的实验研究合成了另一种具有 $P62M$ 对称性的 TiO,认为这是最稳定的晶体结构,并将其命名为 ε-TiO。此外,Bi 助溶剂在 ε-TiO 的制造工艺中是必不可少的,这可能就是截至目前这个相一直被忽略的原因。即使有新的 TiO 结构被不断发现,但是完美 B1 结构目前仍然被广泛接受为 TM-MOs 的基态结构,这就使得更加详细地研究其结构特征变得紧迫和必要。此外,对于在元素周期表中与钛紧邻的钒,其一氧化物总是保持立方对称,即使用类似于 TiO 的热处理方法,也不会产生具有更低对称性的结构。因此,早期 TM-MOs 虽然只有 t_{2g} 轨道被占据,但也展现了丰富的物理性质,这些也有待研究。

为了得到早期 TM-MOs 的正确基态结构,我们设计了一个三步过程:第一步,利用 USPEX 软件的进化算法自动进行结构搜索;第二步,基于在过渡金属一氧化物数据库中已经存在的对称性,手动创建一系列几何构型;第三步,考虑自旋-轨道耦合(spin-orbital coupling,SOC)和 d 电子局域化,来判定 B1 相与前两步发现的稳定结构的相对稳定性。计算结果发现周期表前半部分的 TM-MOs 存在比理想的 NaCl 结构更加稳定的构型。TiO、HfO 和 TaO 的新基态的对称性分别是 $P\overline{6}2M$、$I4_1/AMD$ 和 $P\overline{1}$,这些新结构比 NaCl 结构具有更独特的电子结构和性能。由于存在磁有序,VO 的情况更加复杂。在 VO 中,磁存在于 NaCl 结构和新预测的 $P\overline{1}$ 结构中。弛豫后,磁序造成了 NaCl 结构的局部扭曲,产生了 $R\overline{3}M$ 的对称性,因此导致 $R\overline{3}M$ 比 $P\overline{1}$ 结构更加稳定。另外,在新预测的结构中 TM-O 离子键相对于 NaCl 结构中的离子键更弱。可以通过改变最近邻金属原子间的距离来增强金属键,使得预测的基态结构的稳定性更好。上述发现加深了对 TM-MOs 的基态结构的理解,这对于获得完整的 TM-MOs 的物理图像至关重要。

1.4.5.1　B1 结构的软模
由 PBE 计算得到的第一布里渊区中高对称方向的声子色散振动谱可见(图 1-13),

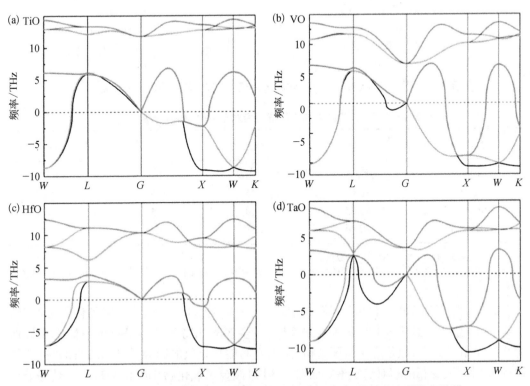

图 1-13　TM-MOs 的理想 B1 结构的声子色散振动谱。频率为负值代表软模

这四种 TM-MOs 都出现了虚频,说明它们的理想 B1 结构在动力学上是不稳定的。显著的虚频主要出现在 $X(1/2, 0, 1/2)$ 和 $W(1/2, 1/4, 3/4)$ 处,这对应于阳离子和阴离子的协同振动。需要指出的是,对于周期表后半部分的 TM-MOs 氧化物,它们的 B1 结构在 $L(1/2, 1/2, 1/2)$ 点有最大的虚频,这对应于氧亚晶格的畸变,而早期 TM-MOs 在 L 点的频率都为正(图 1-13)。也就是说周期表前半部分和后半部分的 TM-MOs 存在显著差异,表明可能存在不同的结构畸变机制。

1.4.5.2 预测的 TM-MOs 新结构

由三步计算过程获得的稳定结构如图 1-14 所示,它们的对称性和能量数据汇总于表 1-13。根据 PBE 的计算结果,在相同的组分下新预测结构比 B1 结构更稳定。再由 PBE 计算的新预测结构的声子色散结果可见(图 1-15),这些新结构中都不存在虚频,说明这些预测的新结构在动力学上是稳定的。

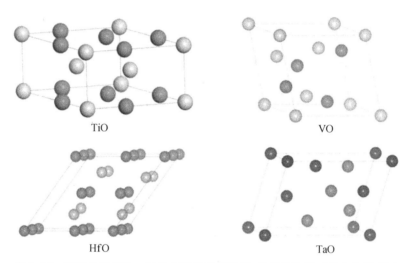

TiO   VO

HfO   TaO

图 1-14 预测的相结构。红色小球代表氧原子,其他颜色的球代表金属原子

表 1-13 新预测结构的空间群与相对于 B1 结构的能量(eV)

成　分	TiO	HfO	VO[a]	TaO
空间群	$P\bar{6}2M$	$I4_1/AMD$	$P\bar{1}$	$P\bar{1}$
PBE	-0.59	-1.15	-0.60	-2.0
PBE+SOC	-0.55	-1.14	-0.56	-2.0
HSE06	-0.66	-1.38	+0.33	-2.4

注:表中数据为平均每个 MO 单元的数值。

a. B1 结构的 VO 在优化后会由于磁矩的变化转变为 $R\bar{3}M$ 结构,故本表中的 VO 能量为 $P\bar{1}$ 结构与 $R\bar{3}M$ 结构的差值。

此外,我们知道 SOC 对 5d 过渡金属氧化物的影响远比 3d 过渡金属氧化物更明显。在这里我们发现,虽然 SOC 的影响使得 5d 过渡金属氧化物 HfO 和 TaO 的总能变化分别为 0.6 eV 和 0.8 eV,但是这对新预测相与 B1 之间能量差值的影响是可以忽略的,也就是说 SOC 没有改变相的相对稳定性。而对于 3d 过渡金属氧化物 TiO 和 VO,SOC 对每个结构的影响都非常小。TiO、HfO、TaO 的新预测结构稳定性可以通过 HSE06 计算进一步证

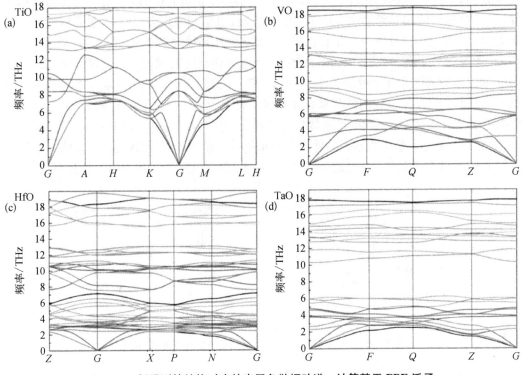

图 1-15　新预测的结构对应的声子色散振动谱。计算基于 PBE 泛函，其中 VO 在 PBE 计算中为 $P\bar{1}$ 对称性

实（表 1-13）。对于 TiO，最近实验观察到的 $P\bar{6}2M$ 结构比 B1 结构更稳定。从能量上看，在 0 K 下 TiO 的 $P\bar{6}2M$ 结构比 $C2/M$ 的低 0.1 eV/TiO。对比考虑温度计算的吉布斯自由能，在 $T = 600$ K 下，$P\bar{6}2M$ 仍然比 $C2/M$ 更稳定。

1.4.5.3　VO 的基态

对具有 3d³ 类型的化合物 VO 的基态结构，PBE 和 HSE06 计算得出的结论截然相反（表 1-13）：PBE 计算表明 $P\bar{1}$ 结构的 VO 更稳定，而根据 HSE06，$R\bar{3}M$（畸变的 B1 结构）更稳定。进一步的研究发现这个差异主要是由磁序引起的。对于 B1 类型的 VO，PBE 计算表明 VO 是反铁磁性（AFM）导体，而考虑 Hartree-Fork 交换作用的 HSE06 计算结果表明 VO 为反铁磁性半导体。将所有结构弛豫后，平行和反平行自旋的原子之间的排斥力和吸引力将导致晶格的非均匀畸变，并最终致使 B1 对称性降低并转变为 $R\bar{3}M$。$P\bar{1}$ 对称性的 VO 可以看作 B1 的有序空位结构，根据 PBE 计算其总能比 $R\bar{3}M$ 结构低，且 PBE 计算没有发现反铁磁性；而 HSE06 泛函计算结果表明 $P\bar{1}$ 的 VO 具有反铁磁性，并且其总能比 $R\bar{3}M$ 的结构略高，说明从能量角度 $P\bar{1}$ 结构的 VO 不稳定。图 1-16 是利用 HSE06 泛函计算得到的 $R\bar{3}M$ 和 $P\bar{1}$ 的 VO 的磁性结构。正常情况下，即使采用精度更高的随机相位近似（random phase approximation，RPA）方法，交换-关联对 TM-MOs 总能的影响也非常小。显然，由电子相关效应引起的磁有序是导致 VO 基态结构演化的主要原因，这也使得 VO 与 TiO 不同。为进一步阐明电子自旋对 VO 结构的影响，我们需要进行自旋极化和非自旋极化的对比计算。计算结果表明，即使采用 HSE06 泛函，$P\bar{1}$ 结构仍然比 B1 稳定，能量差值为 0.67 eV/原胞(即 VO,每个原胞有 2 个原子)。由此得出的结论是电子自旋和磁有序对 VO 晶型的相对稳定性有显著影响。然而,根据实验研究,VO 的电子和磁学性质取决于温度和它的实际成分。正常化学计量比的 VO 是顺磁性金属,而 Austin 发现 VO 在123 K 的温度下变成非金属性。在较宽的成分组成和温度范围内,VO_x 呈现反铁磁性,在7.0 K 和 4.6 K 的温度下 x 分别为 1.25 和 1.147。同时,它们的电导率也强烈地依赖于 x值。研究也已经发现,VO 的低能量激发光谱主要源于其中的非长程自旋涨落,而且实验数据表明,VO 往往会在金属-绝缘体相变点附近产生局域磁矩(Mott-Hubbard 转变)。因此,考虑到在上述实验中观察到的低温下的非金属性和局部磁矩的性质,可以认为采用先进的 HSE06 计算得到的 VO 基态为 $R\bar{3}M$ 结构的反铁磁性绝缘体这一结论是合理的。

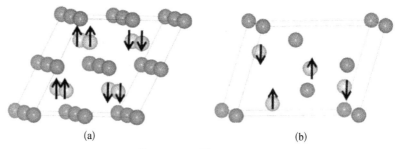

图 1-16　(a) $R\bar{3}M$ 和(b) $P\bar{1}$ 结构的 VO 中的自旋构型

　　综上所述,根据结构搜索结果并考虑磁有序的影响,这些 TM-MOs 基态的对称性可以概括为:$P\bar{6}2M$ 的 TiO,$I4_1/AMD$ 的 HfO,$P\bar{1}$ 的 TaO,具有反铁磁特征的 $R\bar{3}M$ 的 VO。TiO的 $C2/M$ 结构可以看作是 B1 的空位有序结构,在这种情况下,钛和氧离子数量相同;而在最稳定的 $P\bar{6}2M$ 结构中,Ti 原子与氧原子配位形成三角棱柱和常规三角形的原子构型,显示出与 B1 明显不同的几何结构。对于 HfO 和 TaO,预测的结构与 B1 没有明显的相似性,也不能称为畸变 B1。对于 VO,$R\bar{3}M$ 是从理想 B1 结构演化得到的。

主要参考文献

He S, Zhu L, Zhou J, et al.2017. Metastable stacking-polymorphism in $Ge_2Sb_2Te_5$. Inorg. Chem., 56(19):11990-11997.

Hudgens S J.2008. The future of phase-change semiconductor memory devices. J. Non-Cryst. Solids, 354(19/25):2748-2752.

Lee M H, Hwang C S. 2011. Resistive switching memory: observations with scanning probe microscopy. Nanoscale, 3(2):490-502.

Martin R M.2005. Electronic Structure Basic Theory and Practical Methods. Cambridge: Cambridge University Press.

Ovshinsky S R.1968. Reversible electrical switching phenomena in disordered structures. Phys. Rev. Lett., 21(20):1450-1453.

Raoux S, Welnic W, Lelmini D.2010. Phase change materials and their application to nonvolatile memories. Chem. Rev., 110(1):240-267.

Raoux S.2009. Phase change materials. Annu. Rev. Mater. Res., 39:25-48.

Sa B, Miao N, Zhou J, et al. 2010. *Ab initio* study of the structure and chemical bonding of stable $Ge_3Sb_2Te_6$. Phys. Chem. Chem. Phys., 12(7): 1585−1588.

Sa B, Zhou J, Ahuja R, et al. 2007. First-principles investigations of electronic and mechanical properties for stable $Ge_2Sb_2Te_5$ with van der Waals corrections. Comp. Mater. Sci., 82: 66−69.

Sun Z, Zhou J, Ahuja R. 2006. Structure of phase change materials for data storage. Phys. Rev. Lett., 96(5): 055507.1−055507.4.

Wuttig M, Yamada N. 2007. Phase-change materials for rewriteable data storage. Nat. Mater., 6(11): 824−832.

Wuttig M. 2005. Phase-change materials: towards a universal memory? Nat. Mater., 4(4): 265−266.

Yu Y, Guo Z, Peng Q, et al. 2019. Novel two-dimensional molybdenum carbides as high capacity anodes for lithium/sodium-ion batteries. J. Mater. Chem. A, 7(19): 12145−12153.

Zhu L, Zhou J, Guo Z, et al. 2016. Metal−metal bonding stabilized ground state structure of early transition metal monoxide TM−MO (TM=Ti, Hf, V, Ta). J. Phys. Chem. C, 120(18): 10009−10014.

第 2 章　晶体结构中的点缺陷

One of the continuing scandals in the physical science is that it remains impossible to predict the structure of even the simplest crystalline solids from a knowledge of their composition.

——John Maddox

点缺陷是晶体中最常见的缺陷,包括空位、间隙原子和置换原子等。金属中的点缺陷往往使材料的电阻增加和强度提高。此外,金属的扩散、高温蠕变、表面处理、烧结等过程都与空位的运动密切相关。在半导体中,点缺陷对材料的导电性质有重要影响。例如,硼掺杂硅表现为 p 型导电性,而磷掺杂硅表现为 n 型导电性;TiO_2 中的氧空位使其表现为 n 型导电性。又如,在 Bi_2Te_3 化合物半导体中,当 Bi 原子占据 Te 原子位置形成反位缺陷时,材料表现为 p 型导电性,反之,当 Te 原子占据 Bi 原子位置形成反位缺陷时,则为 n 型导电性。研究点缺陷对材料性能的影响有重要意义。然而,由于点缺陷的空间尺度极小,仅为一个到几个原子范围,在实验上直接观察较为困难。而基于密度泛函理论的第一性原理计算方法为研究材料中的点缺陷提供了有力的工具。

2.1　点缺陷形成能计算

晶体中形成点缺陷需要一定的能量,称为点缺陷形成能,由带有点缺陷的晶体与完美晶体的能量差决定。以肖特基空位缺陷为例,当 n 个原子被从晶格位置移走并放在晶体的表面,这样晶体中就产生了 n 个空位。在实际计算中,单个空位的形成能可以简要写成以下形式:

$$E_{(vac)}^{f} = E_{(defective\ structure)}^{total} - E_{(perfect\ structure)}^{total} + \mu \tag{2-1}$$

其中,$E_{(defective\ structure)}^{total}$ 和 $E_{(perfect\ structure)}^{total}$ 分别是含一个空位的结构和完美结构的总能,μ 是缺失原子的化学势。其他点缺陷的形成能计算方法大体类似,基本是在方程(2-1)的基础上演化而来。由于基于密度泛函理论的第一性原理计算中的周期性边界条件要求,在计算缺陷形成能时首先要构建足够大的超胞结构,以确保这个缺陷与其周期性影像没有任何相互作用,同时要将所构建的模型结构进行充分弛豫。而且,还要保证所计算的缺陷形成能相对于模型尺寸、截断能和 k 点都收敛。

2.2　硫族化合物半导体中的点缺陷

2.2.1　GST 化合物中本征空位的起源

如前所述,GeTe-Sb$_2$Te$_3$ 线上的伪二元化合物 nGeTe·mSb$_2$Te$_3$(GST,m 和 n 均为整数),如 Ge$_2$Sb$_2$Te$_5$、GeSb$_2$Te$_4$、Ge$_3$Sb$_2$Te$_6$ 等,是重要的相变存储材料,其可擦写数据存储是通过 GST 的亚稳岩盐结构与非晶相之间快速的可逆相变来实现的。在过去十数年中,研究者进行了深入的实验和理论研究来理解 GST 亚稳岩盐结构中原子和空位的组态。现在已经比较清楚的是 GST 拥有数个堆垛多型体,其中空位可从完全无序到高度有序排列。空位层状有序排列的堆垛多型体总能最低,是带隙约 0.5 eV 的窄带半导体。接下来的问题是亚稳岩盐 GST 中为何总存在大量空位,如 Ge$_2$Sb$_2$Te$_5$、GeSb$_2$Te$_4$、GeSb$_4$Te$_7$ 和 Ge$_3$Sb$_2$Te$_6$ 在 4a 位置分别有 20%、25%、28.6% 和 16.7% 的本征空位,但本征空位的物理根源一直存在争议。对于空位的作用,先前的第一性原理计算证实空位能够减少 GST 中的反键态,其空位是通过手动移除 GeTe 岩盐结构中的原子而获得的,很难准确描述化学计量比 GST 中的本征空位。

第一性原理计算的优势在于,给定初始结构,不需要任何经验参数,通过优化原子位置和晶体结构,便可以精准地获得能量最低的原子构型,并能够确定该原子构型的稳定性与其他性质。因此,我们可以先假定岩盐结构的 GST 中不存在空位来构造原子组态,然后通过第一性原理计算寻找总能最低的组态。在此,以研究最为广泛的 Ge$_2$Sb$_2$Te$_5$(GST225)和 GeSb$_2$Te$_4$(GST124)为例进行研究。我们知道岩盐结构的原子堆垛是沿着 [111] 方向密排的,因此可以基于岩盐结构 GeTe 的 (111) 面沿 [111] 方向构建 GST 的初始构型,初始结构的晶格常数 a 设为 6.02 Å,与 GeTe 的相同。为了简化计算,这里只考虑原子层状排列的组态,原子组态由 -Te-Ge- 和 -Te-Sb-Te-Te-Sb-Te- 两个单元组成。在这种情况下,保持这种构建模块有两种可能:一种可能为部分 Te 原子占据 4(a) 位置,部分 Ge 和 Sb 原子占据 4b 位置(称为 S1-GST),也就是出现岩盐结构的反位原子层;另一种可能是部分 4(a) 原子层被移除,从而使 Ge 原子、Sb 原子和空位占在 4a 原子位和 Te 占在 4b 原子位(称为 S2-GST),即具有 -Te-Ge-Te-Sb-Te-v-Te-Sb-Te- 的原子构型。然后将 S1-GST 和 S2-GST 进行关于原子位置、晶体结构、体积大小等的全面弛豫,充分弛豫后的结构分别表示为 S1r-GST 和 S2r-GST。由第一性原理的计算结果(表 2-1)可见,S1r-GST 的结合能和体积与 S2r-GST 的很接近。S1r-GST225 与 S2r-GST225 之间的能量和体积的差异分别只有 2 meV/atom 和 0.12 Å^3/atom,S1r-GST124 和 S2r-GST124 之间的能量和体积的差异分别只有 3 meV/atom 和 0.12 Å^3/atom,且 S1r-GST225 的结构特征与 S2r-GST225 的也类似。根据空位形成能的计算方法,研究发现 GST225 和 GST124 的空位形成能均为负值(表 2-1)。这个结果表明无空位的 GST 岩盐结构是不稳定的,形成空位可以降低体系的总能。在 GST225 中形成一个空位所需的能量与 GST124 的非常接近,前者是 -1.35 eV/空位,后者为 -1.31 eV/空位,这说明 GST 内的空位形成能与体系的化学计量比几乎无关。此外,空位的形成体积可以定义为含相同原子数目的具有一个空位的晶体和其完美晶体之间的体积差,依次计算得到 GST225 和 GST124 中一个空位的形成体积分别为 32.4 Å³ 和 33.5 Å³(表 2-1)。由 Ge 和 Sb 的原子半径 1.25 Å 和 1.45 Å 可知 Ge 和 Sb 的原子体积分别为 8.18 Å³ 和 12.77 Å³,因此,GST225 和 GST124 中的空位体积足够容纳一个 Ge 或者 Sb 原子。

表 2-1　第一性原理(PAW-GGA-PW91)计算的 S1-GST 优化前 (E_{S1}^l, V_{S1}^l) 和
优化后 (E_{S1}^r, V_{S1}^r) 以及 S2-GST 优化后 (E_{S2}^r, V_{S2}^r) 的结合能、平衡体积

构　型	E_{S1}^l/(eV/atom)	V_{S1}^l/(Å³/atom)	E_{S1}^r/(eV/atom)	V_{S1}^r/(Å³/atom)	E_f/(eV/空位)	V_f/(Å³/空位)	E_{S2}^r/(eV/atom)	V_{S2}^r/(Å³/atom)
GST225	−3.645	27.27	−3.795	30.87	−1.35	32.4	−3.797	30.99
GST124	−3.569	27.27	−3.760	32.06	−1.31	33.5	−3.757	31.94

注:空位形成能 $E_f = E_{S1}^r - E_S^l$,空位形成体积 $V_f = V_{S1}^r - V_S^l$。

为了进一步确定这个空位体积的位置,本节进一步分析了 GST225 一系列构型晶体中 (111) 面的层间距(表 2-2)。优化前,S1-GST225 中 (111) 面的层间距 d_{Te-Te}、d_{Ge-Te} 和 d_{Sb-Te} 都是 1.738 Å,优化后 S1r-GST225 的 d_{Te-Te} 间距增大到 3.109 Å,这一数值与 S2r-GST225 的 3.144 Å 接近。另外,尽管优化后 S1r-GST225 中的层间距 d_{Ge-Te} 和 d_{Sb-Te} 长短不一,但其平均层间距分别是 1.701 Å 和 1.873 Å,这与初始值 1.738 Å 比较接近。由以上结果可知,本征空位体积应该位于相邻的 Te 原子层之间,进而可合理推断出所谓的空位很可能不是一个缺失原子的位置,而是化学键合导致的一个几何空隙。

表 2-2　第一性原理(PAW-GGA-PW91)计算的 S1-GST225、S1r-GST225 和 S2r-GST225 的 (111) 面沿 [111] 方向的层间距

	d_{Te-Te}/Å	d_{Ge-Te}/Å	d_{Sb-Te}/Å
S1-GST225	1.738	1.738	1.738
S1r-GST225	3.109	1.734, 1.688	2.034, 1.713
S2r-GST225	3.144	1.750, 1.677	2.055, 1.730

接下来将通过深入分析 GST 体系的电子态密度(DOS)来阐明其本征空位的起源。由 GST225 和 GST124 总态密度(图 2-1)可见,无空位结构的 S1-GST 在费米能级处没有带隙,而优化后产生空位的 S1r-GST225 和 S1r-GST124 都存在 0.5 eV 左右的带隙,这与 S2r-GST 基本相符。带隙的打开降低了系统总能(表 2-1),是 GST 中形成空位的驱动力。换言之,GST 中本征空位很可能是费米能级处带隙打开和系统总能降低两个因素的共同驱动下形成的。类似地,GeSb 体系中带隙的打开已被广泛认为是其结构转变为无定形态的关键驱动力。

ELF 是衡量晶体结构稳定性和价键类型的重要工具。因此,这里进一步通过基于电子局域函数的拓扑分析来深入理解 GST 中空位的物理属性。通过比较 GST 优化前后的 ELF 等值线图可见:优化前[图 2-2(a)],S1-GST225 由很强的共价键构成,其中 Te-Sb 共价键最强,Te-Ge 和 Te-Te 共价键相对弱些;优化后[图 2-2(b)],S1r-GST225 中相邻 Te 层没有直接的化学键合,之前较强的共价键合消失。进一步计算发现 Te-Te 间的键能

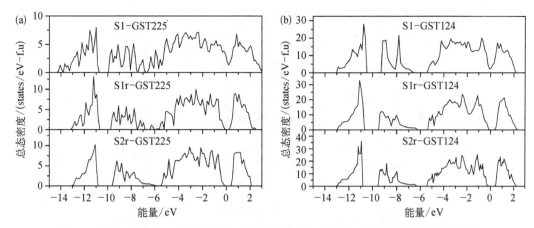

图 2-1　S1-GST、S1r-GST 和 S2r-GST 的总态密度图：（a）GST225；（b）GST124

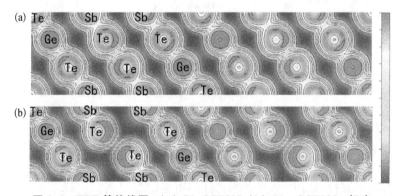

图 2-2　ELF 等值线图：（a）S1-GST225；（b）S1r-GST225。标度
从 0（蓝色）到 1（红色），间隔标度 0.14

只有 5.30 meV/atom，显然，相邻 Te 层之间由非常弱的范德瓦耳斯键键合，其特征与 S2r-GST225 中的非常类似。同样，在 GST124 也发现了类似的现象。

下面通过分析 GST 中各元素的外层电子分布理解孤对电子（lone pair electrons）的作用。为了进一步揭示相邻 Te 层之间空位与 GST 中孤对电子的关系，我们首先利用 ELF 来确认孤对电子的位置。由图 2-3 可知，GST225 的 ELF 最大值从 S1-GST225 的 0.8804 增加到 S1r-GST225 的 0.9099，与 S2r-GST225 的 0.9101 接近，表明 S1r-GST225 具有与 S2r-GST225 相似的化学键合特征。取 ELF 最大值的 98% 作等值图，局域电子出现的位置即为孤对电子的位置。在 S1-GST225［图 2-3（a）］中，球状局域电子主要位于 Ge 原子处，只有很少量的位于 Te 原子周围；而对于 S1r-GST225［图 2-3（b）］，香蕉形状的局域电子位于以 Te-Te 弱键键合的 Te 原子周围，这也与 S2r-GST225 的结果相一致［图 2-3（c）］。这个局域电子位置表明 GST 中的孤对电子位于相邻 Te 层之间。这些孤对电子可能是岩盐结构 GST 中几何空隙或者本征空位的起源。基于以上结果可知，GST 中的空位具有电子根源，是作为孤对电子的填充空间而存在的，并与特定的 Te 原子紧密绑定在一起。同时，孤对电子的存在也赋予这些 Te 原子较高的活性及相邻 Te 层间的弱化学键合，这种特性将在 GST 快速可逆相变过程中起到重要作用。

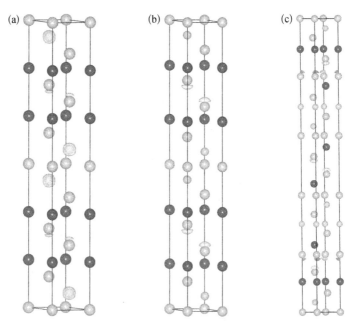

图 2-3 98%th ELF 等值面图：非键区（a）S1-GST225，（b）S1r-GST225，（c）S2r-GST225。绿球代表 Ge，紫色球代表 Sb，灰色球代表 Te

总之，基于目前的结果，GST 中的本征空位实际上是几何空隙，其本质是与弱化学键合的 Te-Te 原子紧密绑定在一起的孤对电子的填充空间。尽管目前的模型过于理想，但是我们可以认为与特定 Te 原子绑定在一起的孤对电子是 GST 相变材料的一个特定特征。这个特征将有利于调控 GST 性质或者寻找性能更好的新材料。实际上，一些实验现象也可以佐证这一结论的可靠性。例如，在立方 GST 空位处掺杂 In、S 或者 Ge 常会导致相分离或者在晶界处有额外的元素积累。这说明尽管相邻 Te 原子间的空位足以容纳外来原子，却很难掺杂进外来元素，进一步证实了空位的本征特征。因此，我们可以得出这样的结论，高度有序的空位极可能源自 GST 的结构对称性，而试图通过在空位位置固溶其他元素来调控 GST 的性质似乎难以实现。

2.2.2 GST 化合物半导体的 p 型电导起源

空位、反位原子和间隙原子等点缺陷对半导体的电学性能有重要影响。例如，在重要半导体 ZnO 中，本征缺陷 Zn_i 和 V_O 是其 n 型导电的起源，也正是 Zn_i 和 V_O 的存在使得技术上难以获得 p 型导电的 ZnO。与 ZnO 不同，目前报道的层状 GST 均为 p 型导电。这些硫族化合物半导体，如 GST225 和 GST147，均是光存储（如 DVD 光盘）和非易失性电存储（即相变随机存储）技术中重要的存储材料。尽管实验表明非晶态、NaCl 结构、六方或三方的 GST 硫族化合物均为 p 型导电，但在相当长的时间内研究者主要注重于相变材料的结构和可逆相变机理的研究，忽视了相变材料的缺陷物理学及 p 型电导的物理根源。但是，理解 GST 的缺陷物理学和 p 型导电起源对于改进存储器性能至关重要。另外，研究也发现稳定的六方或三方 GST 硫族化合物也是一种潜在的热电材料。在热电领域中，理解 p 型导电的起源和缺陷物理学有助于在一种材料中同时实现 p 型和 n 型导电，进而构建

p-n 结等器件。

对于非晶硫族化合物,Valence-Alternation Pairs 模型揭示孤对电子和带电缺陷是其 p 型导电起源。对于晶态 GST,Ge 或 Sb 的空位可能是六方 GST 的 p 型导电的起源。Ge 空位(V_{Ge})和 Sb 反位原子(Sb_{Te})分别是二元化合物 GeTe 和 Sb_2Te_3 中最易形成的缺陷。因此,很自然地可以将 GeTe 和 Sb_2Te_3 中的缺陷物理学应用到 GST 化合物中。据此可以假设,当 $n>m$(如 $Ge_2Sb_2Te_5$,$n=2$,$m=1$),GST 主要缺陷为 V_{Ge};当 $n<m$(如 $GeSb_4Te_7$,$n=1$,$m=2$),GST 的主要缺陷是 Sb_{Te},即随着 n/m 比值的减小,V_{Ge} 浓度减小而 Sb_{Te} 浓度增大。然而,第一性原理计算结果显示上述假设并不完全正确。下面我们以 GST225、$GeSb_4Te_7$(GST147)和 GST124 为例,全面分析和理解层状 GST 半导体中的缺陷和 p 型导电的起源。GST225 和 GST147 的空间群为 $P\bar{3}m1$,GST124 空间群为 $R3m$。此处均选取之前确定的能量最低的原子堆垛构型,即 -Te-Ge-Te-Sb-Te-Te-Sb- 的堆垛方式。GST225、GST124 和 GST147 超胞中分别包含 81、84 和 108 个原子。然后,利用 PAW-GGA 将晶体结构的体积和原子位置全面优化。

一个中性缺陷的形成能可以采用下式计算:

$$\Delta H_f = \Delta E(d) + n_{Ge}\mu_{Ge} + n_{Sb}\mu_{Sb} + n_{Te}\mu_{Te} \tag{2-2}$$

其中,

$$\Delta E(d) = E(d) - E(stoi.) + n_{Ge}\mu_{Ge}^{solid} + n_{Sb}\mu_{Sb}^{solid} + n_{Te}\mu_{Te}^{solid} \tag{2-3}$$

$E(d)$ 和 $E(stoi.)$ 分别是包含和不包含缺陷的 GST 超胞的总能;μ_{Ge}^{solid}、μ_{Sb}^{solid}、μ_{Te}^{solid} 分别是固态 Ge(立方相)、Sb(三方相)和 Te(三方相)的总能;n_{Ge}、n_{Sb} 和 n_{Te} 是为了形成缺陷从超胞中移除的原子数;μ_{Ge}、μ_{Sb} 和 μ_{Te} 分别表示锗、锑和碲原子的化学势。为了保证计算精度并消除因参数设置或模型带来的误差,在所有计算 $E(d)$ 的过程中都采用相同的 k 点、截断能和超胞大小。

由表 2-3 可以得出如下结论:① 一个 V_{Ge} 的形成能总是低于一个反位缺陷的形成能,表明层状 GST 中,中性锗空位比反位缺陷更容易形成;② 在所研究的三种化合物中,GST225 中各类缺陷的形成能基本上都是最低的;③ Sb_{Te} 反位缺陷更容易在弱 Te-Te 键中的 Te 原子层内形成;④ GST225 比 GST124 和 GST147 更容易生成 V_{Sb} 空位。通过进一步计算缺陷对的形成能发现:$V_{Ge}+Sb_{Te1}$ 缺陷对在 GST225 中相距较近与较远时的形成能分别是 0.810 eV 和 0.811 eV,这与表 2-3 中 $\Delta H_f(V_{Ge}) + \Delta H_f(Sb_{Te1})$ 的计算值 0.852 eV 非常接近,说明复合缺陷对的形成能可以由单个缺陷形成能的加和得到。

表 2-3　层状 GST 化合物中一个孤立中性点缺陷的形成能(eV)(PAW-GGA-PW91)

化 合 物	反 位 缺 陷			空 位			
	Sb_{Te1}	Sb_{Te2}	Te_{Sb}	V_{Ge}	V_{Sb}	V_{Te1}	V_{Te2}
GST225	0.502	0.785	0.938	0.350	0.798	1.705	1.503
GST124	0.649	0.922	0.793	0.577	1.539		
GST147	0.676	0.898	0.936	0.565	1.411		

注:Sb_{Te1} 表示位于 Te 和 Sb 层之间 Te 层中的 Sb 反位原子;Sb_{Te2} 表示位于 Ge 和 Sb 层之间 Te 层中的 Sb 反位原子;V_{Te1} 指位于 Ge 和 Sb 层之间的缺失的 Te 原子;V_{Te2} 指位于 Sb 和 Te 层之间的缺失的 Te 原子。

基于表 2-3 中的缺陷形成能,可以通过以下公式计算平衡缺陷浓度:

$$[D] = N_{sites} \exp\left(-\frac{H_f}{k_B T}\right) \qquad (2\text{-}4)$$

其中,$[D]$ 是指平衡缺陷浓度;N_{sites} 是单位体积 GST 中可能的点缺陷数目;H_f 是缺陷形成能;k_B 是玻尔兹曼常数;T 是热力学温度。有趣的是,在这三种化合物中(图 2-4),V_{Ge} 浓度总是最高的,其次是 Sb_{Te1}。Te_{Sb} 和 Sb_{Te2} 的缺陷浓度比 V_{Ge} 和 Sb_{Te1} 的缺陷浓度要低几个数量级,这表明 GST 中的主要载流子是空穴,从而导致 GST 呈 p 型导电性。另外,由图 2-4 中不同温度下的缺陷浓度变化规律可以得出特定温度下的缺陷浓度,如:在 1000 K,GST225、GST124 和 GST147 中 V_{Ge} 的浓度分别为 1.23×10^{20} cm^{-3}、5.44×10^{18} cm^{-3} 和 3.63×10^{18} cm^{-3}。计算得到的 GST225 中空穴的浓度与报道值 3×10^{20} cm^{-3} 一致。此外,GST225 中 V_{Ge} 和 Sb_{Te1} 的浓度比 GST124 和 GST147 中的高了若干数量级,而后两者具有相似的缺陷浓度。

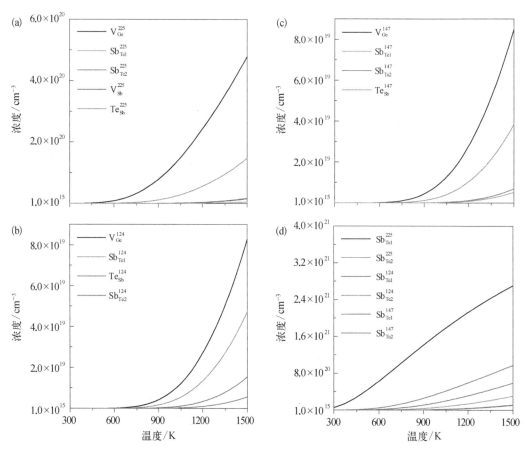

图 2-4 不同合成温度下的缺陷浓度:(a) GST225、(b) GST124、(c) GST147 和 (d) 贫 Te 的环境

进一步分析发现,原子化学势会显著影响 GST 中的缺陷形成能。GST 的三种元素中,Te 具有最高的挥发性而 Ge 为不易挥发的材料。因此,实验中如果利用名义化学组成制备 GST,会首先获得贫 Te 的化学环境,再次是贫 Sb 的化学环境。文献调研显示,大部分实验工作只报道名义化学组成,而进行成分分析获得的则是偏离化学计量比的化合物。

如 Lyeo 等(2006)报道了 GST225 中 Ge : Sb : Te 的摩尔比为 22.5 : 23.3 : 54.2,对这个成分重新进行分析发现,实际上其结果可以写成 Ge : Sb : Te(+Sb$_{Te}$) = 22.5 : 22.5 : 55 = 2 : 2 : 5,也就是说他们所制备的 GST225 中存在 Sb$_{Te}$ 反位原子。相反,另有工作报道了 Ge : Sb : Te 的摩尔比为 2.02 : 1.88 : 5.13,而实际上可以写为 Ge : Sb(Te$_{Sb}$) : Te = 2.02 : 2.01 : 5,即其样品中存在 Te$_{Sb}$ 反位原子。因此,综合考虑贫 Sb 或 Te 的情况,要得到稳定的 GST 缺陷化合物,其形成能需要满足以下条件:

$$n_{Ge}\mu_{Ge} + n_{Sb}\mu_{Sb} + n_{Te}\mu_{Te} = \Delta H_f(Ge_{n_{Ge}}Sb_{n_{Sb}}Te_{n_{Te}}) \tag{2-5}$$

同时要保证没有二元化合物的生成,还需满足以下条件:

$$\mu_{Ge} + \mu_{Te} \leqslant \Delta H_f(GeTe) \tag{2-6}$$

$$2\mu_{Se} + 3\mu_{Te} \leqslant \Delta H_f(Sb_2Te_3) \tag{2-7}$$

此外,还要防止单质 Ge、Sb 和 Te 的析出,这就要求 $\mu_{Ge} \leqslant 0$、$\mu_{Sb} \leqslant 0$ 和 $\mu_{Te} \leqslant 0$。最后,计算得到完美 GST 化合物的形成能如下: $\Delta H_f(GST225) = -1.881$ eV、$\Delta H_f(GST124) = -1.564$ eV、$\Delta H_f(GST147) = -2.464$ eV、$\Delta H_f(GeTe) = -0.364$ eV、$\Delta H_f(Sb_2Te_3) = -1.222$ eV。

当贫 Te 时,GST225、GST124 和 GST147 中 μ_{Te} 原子化学势分别为 -0.376 eV、-0.391 eV 和 -0.352 eV,相应的 Sb$_{Te1}$ 形成能分别是 0.126 eV、0.258 eV 和 0.324 eV。此时,在 1000 K 下合成的 GST225、GST124 和 GST147 中,Sb$_{Te1}$ 浓度分别是 1.66×10^{21} cm^{-3}、4.40×10^{20} cm^{-3} 和 2.38×10^{20} cm^{-3}。因此,Sb$_{Te1}$ 是贫 Te 环境下的主要缺陷,从而导致 GST 呈 p 型导电性。此外,由图 2-4(d)贫 Te 时三种化合物中 Sb$_{Te}$ 浓度随温度的变化曲线可见,GST225 中 Sb$_{Te}$ 浓度是最高的。这不同于早期猜想的 GST 中 Sb$_{Te}$ 浓度随 Sb$_2$Te$_3$ 含量增加而增加。

当贫 Sb 时,GST225、GST124 和 GST147 中 μ_{Sb} 原子化学势分别为 -0.941 eV、-0.782 eV 和 -0.616 eV,相应的 Te$_{Sb}$ 形成能分别为 -0.003 eV、0.011 eV 和 0.317 eV。此时,1000 K 下合成的 GST225、GST124 和 GST147 中 Te$_{Sb}$ 浓度分别是 7.43×10^{21} cm^{-3}、7.74×10^{21} cm^{-3} 和 2.58×10^{20} cm^{-3}。然而,这并不意味着 Te$_{Sb}$ 是主要缺陷,因为贫 Sb 时 V$_{Sb}$ 浓度也会显著增加。如贫 Sb 时, GST225 中一个 V$_{Sb}$ 的形成能是 -0.143 eV,表明 Sb 空位是自发形成的。在这种情况下,1000 K 时 V$_{Sb}$ 浓度是 1.35×10^{22} cm^{-3},远高于 Te$_{Sb}$。同时,由于 GST225 中的高 V$_{Ge}$ 浓度,其主要载流子仍是空穴,因而仍呈 p 型导电特性。而在 GST124 和 GST147 中,V$_{Sb}$ 浓度分别是 1.35×10^{18} cm^{-3} 和 1.01×10^{18} cm^{-3},与 V$_{Ge}$ 同一数量级,但分别比 Te$_{Sb}$ 浓度低了 3 个和 2 个数量级。因此,GST124 和 GST147 中,Te$_{Sb}$ 很可能是主要缺陷形式,因而会形成 n 型导电性。显然,GST225 总是 p 型导电,而 GST124 和 GST147 可以实现 p 型和 n 型导电性。这对于热电应用中追求一种材料同时实现 p 型和 n 型导电是有利的。

总之,GST 中存在电子和空穴两种载流子作用,除 GST225 总是显示 p 型导电性外,GST124 和 GST147 可以通过改变制备条件,调节体系的多数载流子为电子或空穴。

进一步分析总电子态密度(图 2-5)可以看出,理想 GST225 的费米能级位于导带底和价带顶之间;而在缺陷态 GST225 中,若体系存在 V$_{Ge}$ 和 Sb$_{Te1}$ 缺陷,则费米能级处于缺陷态造成的价带顶;若存在 Te$_{Sb}$ 反位缺陷,则费米能级位于导带底。此外,尽管 PAW-GGA 计算总是低估带隙大小,但由图 2-5 得出的趋势是明显的,即带隙因点缺陷的存在而变窄。

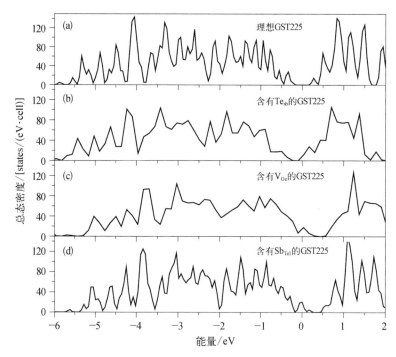

图 2-5　理想 GST225(a)及含有缺陷 $\mathbf{Te_{Sb}}$(b)、$\mathbf{V_{Ge}}$(c)、$\mathbf{Sb_{Te1}}$(d)的 GST225 的总态密度

最后,通过分析电子局域函数(ELF),可以阐明缺陷的引入而导致的化学键的局部细微变化。含 V_{Ge} 空位时[图 2-6(a)],在 Ge 空位附近的 Te1 和 Te2 周围出现了非成键的电子;共价键 Te2-Sb 和 Te3-Te4 弱键都比理想 GST 中的明显增强。含 Sb_{Te1} 反位原子时[图 2-6(b)],$Sb2-Sb_{Te1}$ 表现出很强的共价键性质,$Sb_{Te1}-Te2$ 也比原来的 Te1-Te2 键增强。虽然空位和反位缺陷的存在一般只会使缺陷周围的化学键环境发生细微变化,但是这些细微的变化会导致晶格常数 c 显著减小。

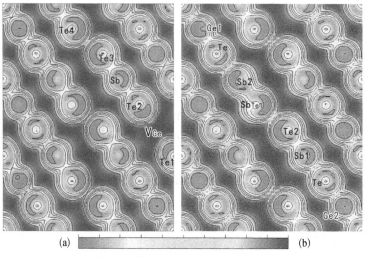

图 2-6　包含缺陷 $\mathbf{V_{Ge}}$(a)和 $\mathbf{Sb_{Te1}}$(b)的 GST225 投影在(110)面的 ELF 等值线图。取值从 0(蓝色)到 1(红色),等值线间隔为 0.14

综上所述,三元硫族化合物 GST 中的主要缺陷种类是 V_{Ge} 和 Sb_{Te},导致了其呈 p 型电导性。在这三种研究体系中,GST225 中各类缺陷的形成能都是最低的,因而具有最高的缺陷浓度。此外,GST225 在不同原子化学环境下均为 p 型半导体,而 GST124 和 GST147 可以通过调节制备条件实现 p 型或 n 型导电。最后,引入缺陷只导致缺陷周围化学键的变化,对远程原子没有明显影响。

2.2.3　带电缺陷形成能与本征载流子

Sb_{Te} 反位原子是二元硫族化合物 Sb_2Te_3 的本征缺陷。实验认为 Sb_{Te} 反位缺陷导致其空穴浓度为 10^{20} cm^{-3},是其 p 型导电的起源。Sb 的外层电子($5s^25p^3$)比 Te($5s^25p^4$)少了一个,因此,Sb 反位占据 Te 的位置形成反位缺陷 Sb_{Te} 时,为保持电中性,这个缺陷应该带一个有效负电荷。由此推断,Sb_2Te_3 应该是 p 型半导体。下面利用基于密度泛函理论的第一性原理计算研究带电状态对缺陷形成能的影响。缺陷 X 在带电量 q 下的形成能定义为

$$E_f[X^q] = E_{tot}[X^q] - E_{tot}[Sb_2Te_3, bulk] - \sum_i n_i \mu_i + q[E_F + E_V + \Delta V] \quad (2-8)$$

其中,$E_{tot}[X^q]$ 是含有一个缺陷或者杂质的 Sb_2Te_3 超胞的总能;$E_{tot}[Sb_2Te_3, bulk]$ 是同样超胞完美 Sb_2Te_3 体材料的总能;n_i 是在超胞中加入($n_i>0$)或者移走($n_i<0$)的缺陷原子数;μ_i 是缺陷的化学势。方程(2-8)所给出的带电缺陷的形成能考虑了电子与费米能级的交换。费米能级 E_F 的参照物是 Sb_2Te_3 体相的价带顶,即 $E_F=0$ 在其价带顶最大能量值 E_V。在超胞方法中由于库仑势的长程特性和超胞方法固有的周期性边界条件,点缺陷或杂质对能带结构有着重要且不可忽略的影响,会造成电势的一个常值漂移。由于在周期性结构中的静电势不存在绝对的参考值,因此这个漂移常值不能从超胞计算结果中估值。因此,我们不能简单地将块体 Sb_2Te_3 的价带顶最大能量值直接看作含缺陷超胞的 E_V。这个问题与计算异质结的能带偏离的情况类似。这里首选的校准静电势的方法是通过检测含缺陷超胞的静电势,并使之与块体 Sb_2Te_3 的静电势对齐,这将导致参考值的一个漂移 ΔV,然后将 ΔV 加到 E_V 中来获得合理的电势校准值。在实际计算过程中通常分两步:通过 Gamma 点的能带结构计算获得块体 Sb_2Te_3 的价带顶值 E_V;然后将含缺陷超胞的静电势与块体 Sb_2Te_3 的静电势对齐。图 2-7(a)是 Sb_{Te} 反位缺陷在不同费米能级下的形成能,由图可知 Sb_{Te} 缺陷在负电荷状态(-1)是最稳定的。

下面再计算转移能级来研究 Sb_2Te_3 中的电荷转移性质。转移能级是最低能量电荷状态发生变化时的费米能级位置,可由形成能差异得出:

$$\varepsilon(q/q') = \frac{E^f(X^q; E_F=0) - E^f(X^{q'}; E_F=0)}{(q-q')} \quad (2-9)$$

计算得到的热力学转移能级如图 2-7(b)所示,可以清楚地看到,从负电荷态到中性电荷态的跃迁能级 $\varepsilon(1-/0)$ 发生在价带顶以下,而且是一个浅受主。因此,Sb_{Te} 反位缺陷确实是导致 p 型导电的起源。

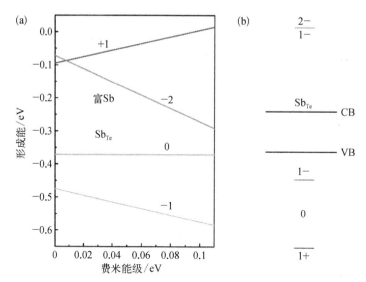

图 2-7 （a）Sb_2Te_3 中 Sb_{Te} 反位缺陷在不同费米能级下的形成能，其中
假设的是富 Sb 条件，费米能级零点参考的是价带顶位置；
（b）由形成能得出的 Sb_{Te} 反位缺陷的热动力学转移能级

2.3 氧空位与阻变存储材料

随着半导体技术的快速发展，未来的存储器应该具有非易失性、存储密度高、读写速度快和功耗低等特点。基于过渡金属氧化物材料的阻变存储器（RRAM）因其价格低廉、结构简单、密度较高、功耗低、速度快，和 CMOS 工艺兼容性良好等优点受到广泛关注，并被认为有望成为新一代主流的非易失性存储器。阻变存储器是基于电流脉冲引起高/低电阻的显著变化实现信息的存储和读取，其基本结构为金属-绝缘体-金属构成的三明治结构。钙钛矿、过渡金属氧化物、固态电解质和有机高分子材料等绝缘体作为阻变存储器中的电阻转变材料已被广泛研究。但是，较低的耐久性和不均一性等缺点仍限制着阻变存储器的实际应用，从原子尺度上深入研究其电阻转变机理将有利于克服这些缺点。关于电阻转变的机理，科学家们提出了一系列的理论模型，包括通过缺陷或载流子的捕获和释放来调制体材料和界面处的电阻、对肖特基势垒的调制和氧空位重排引起的导电通道的形成。例如，Pt/TiO_2 界面电子势垒的改变被认为是通过电场驱动带正电荷氧空位的扩散实现的，同时外电流可以通过控制氧空位的扩散并在 TiO_2 相中形成 Ti_4O_7 亚稳相，从而引起阻变材料电导率的变化。本节以 $SrZrO_3$ 和 HfO_2 等多个阻变材料为例，研究点缺陷在可逆阻变中的作用及其对阻变材料性能的影响。

2.3.1 $SrZrO_3$ 阻变材料中的空位导电机理

$SrZrO_3$（SZO）是一种重要的阻变存储材料，在目前研究的阻变材料中，$SrZrO_3$ 表现了良好应用的前景。实验发现通过控制氧气分压，$SrZrO_3$ 阻变存储器表现了优异的电阻转变特性。此外,在 $SrZrO_3$ 中引入大量的氧空位能提高其电阻转变的循环寿命。研究者还发现在 Cu 调制层中的氧空位能够显著改善 Pt/Cu/Nb：SZO/Ag/Pt 阻变存储器件的阻变特性。然而,氧空位在 $SrZrO_3$ 阻变存储器中电阻转变的作用机理仍然不清楚,即氧空位对 $SrZrO_3$ 电子结构的影响亟须进一步的探索。但是,现有的实验技术仍难以直接表征阻变过程中的氧空位的变化,而第一性原理计算能够在原子尺度提供比较有用的信息。以下将以典型的阻变存储材料 $SrZrO_3$ 为例,系统研究氧空位在阻变存储器电阻转变过程的作用。

2.3.1.1　带电氧空位的形成能

在以 $SrZrO_3$ 为代表的阻变材料中,由点缺陷构成的导电通道的形成与断裂可以导致阻变材料高/低电阻的转变。在这类材料中,点缺陷的带电状态对其形成能有重要影响,不同价态的点缺陷形成能与电子费米能级有关。在特定电子费米能级值下,如果两种价态的缺陷形成能相等,就会发生不同价态点缺陷之间的转变,这个电子费米能级值就是缺陷转变能级。下面将系统计算和分析 $SrZrO_3$ 中的带电氧空位的形成能及其在电阻转变中的作用。首先介绍相关计算采取的理论方法和结构模型。采用第一性原理计算方法,可以选取基于平面波基组赝势的 VASP 软件包或者开源的软件包如 ABINIT 和 QE 等。在阻变存储器件的工作温度内,$SrZrO_3$ 具有正交晶体结构,其一个单胞有 20 个原子。为了研究带电氧空位的问题,需构建至少含 80 个原子的超胞,如图 2-8 所示,然后从超胞中移除氧原子获得氧空位(V_O)。同时,对于带电状态氧空位,通过引入一个平均的背景电荷来维持系统的电中性状态,以+2 价氧空位为例,计算含空位的结构时需要将体系的价电子数减去 2 来模拟带电状态(NELECT,VASP 是通过改变体系的总电子数来模拟缺陷带电状态的)。掺杂时,极小比例的 O 和 Zr 被阴离子和阳离子所替换。利用 PAW-PBE 计算得到 $SrZrO_3$ 的晶格常数为 $a = 5.840$ Å、$b = 5.902$ Å 和 $c = 8.289$ Å,分别与实验值的 5.796 Å、5.817 Å 和 8.205 Å 吻合得较好,误差在 1.5% 以内。

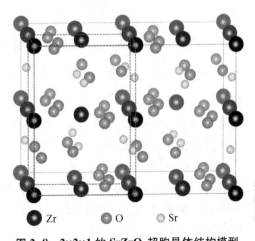

Zr　　O　　Sr

图 2-8　2×2×1 的 $SrZrO_3$ 超胞晶体结构模型

利用 GGA-PBE 泛函计算的完美 $SrZrO_3$ 晶体的能带结构和电子态密度(图 2-9)与文献报道的计算结果也吻合得很好。GGA-PBE 计算的 $SrZrO_3$ 带隙为 3.8 eV[图 2-9(a)],虽然比实验值 5.6 eV 小了 1.8 eV,但仍很好地表征了其绝缘体性质。若采用杂化泛函(HSE)方法会得到与实验值接近的带隙,但带隙大小不是此处的研究重点,为节省计算资源,对 $SrZrO_3$ 体系的研究都采用了 GGA-PBE 泛函。由图 2-9(b)电子态密度图可见,$SrZrO_3$ 的价带顶主要来自 O 的 2p 轨道和极少量 Zr 的 4d 轨道,导带底则主要由 Zr 的 4d 轨道组成。

为研究氧空位形成的难易程度,根据以下公式计算不同带电状态的氧空位缺陷形成能：

$$E_f(nV_O^q) = E(nV_O^q) - E(SrZrO_3) + \frac{n}{2}E(O_2) + nqE_F \qquad (2\text{-}10)$$

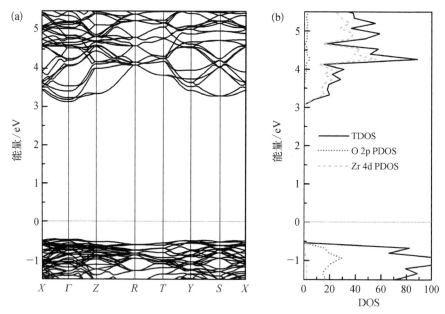

图 2-9   通过 GGA-PBE 计算得到的本征 SrZrO$_3$ 的能带结构(a)和
电子态密度(b)。水平虚线标记的为费米能级位置

其中 $E(nV_O^q)$ 和 $E(SrZrO_3)$ 分别为含有 n 个带电量 q 氧空位（V_O^q）的 SrZrO$_3$ 超胞和无缺陷 SrZrO$_3$ 超胞的总能；$E(O_2)$ 为气态氧气分子的总能，$\frac{n}{2}E(O_2)$ 即为 n 个氧原子的化学势；E_F 为电子费米能级，也就是电子的化学势，其可能的值在 VBM 到 CBM 之间。当 $n=1$ 时，$E_f(nV_O^q)$ 对应单个氧空位[图 2-10(a)]的形成能[图 2-10(f)]。由图 2-10(f)中单个氧空位的形成能曲线可知，当 $0<E_F<4.6$ eV 时带 +2 价电荷的氧空位 V_O^{2+} 最易形成，而当 $4.6<E_F<5.6$ eV 时中性氧空位 V_O^0 最易形成。因此，$E_F=4.6$ eV 就是从 +2 价氧空位到 0 价氧空位的缺陷转变能级。当 $n=2$（体系中含两个氧空位）时，对于 SrZrO$_3$ 的晶体结构，这两个氧空位有三种可能的分布：空位间相距很远、没有相互作用[divacancy-I，图 2-10(b)]，空位间被 Zr 原子分隔[divacancy-II，图 2-10(c)]和两个空位直接相邻[divacancy-III，图 2-10(d)]。由这三种排列状态下氧空位的缺陷形成能[图 2-10(g)~(i)]可知，当费米能级为零时，divacancy-II 的缺陷形成能比 divacancy-I 和 divacancy-III 的高 2 eV。也就是说，当两个完全分开的氧空位通过扩散相互靠近形成空位团簇时，需要外电场提供能量来克服 2 eV 势垒。因此，divacancy-II 中 V_O-Zr-V_O 空位组态可认为是氧空位扩散形成氧空位团簇的中间态。以上结果可以阐明阻变存储器电阻转变需要较高开路电压的根源。在更高氧空位浓度下，如 divacancy-III 构型的两个氧空位附近再引入了两个氧空位，形成一个有序的氧空位列 V_O-row [图 2-10(e)]。在费米能级为 4.60 eV 和 4.92 eV 时[图 2-10(j)]，在有序氧空位列的模型中，氧空位发生了两次电荷转变：(2+/1+)和(1+/0)，说明这些有序氧空位列在 0 eV$<E_F<4.6$ eV、4.60 eV$<E_F<4.92$ eV 和 4.92 eV$<E_F<5.6$ eV 范围内最可能具有的有效电荷分别为 2$^+$、1$^+$ 和 0。

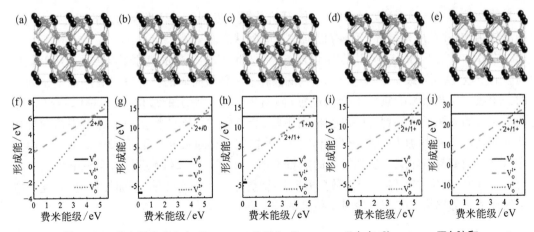

图 2-10　单个氧空位(a)、divacancy-Ⅰ(b)、divacancy-Ⅱ(c)、divacancy-Ⅲ(d)和
V_O-row(e)的晶体结构示意图及其氧空位的缺陷形成能[f~j]

2.3.1.2　电阻转变的微观机理：氧空位导电通道

下面通过分析 $SrZrO_3$ 的能带结构、电子态密度和电子局域函数来阐明阻变存储器中 $SrZrO_3$ 电阻转变的微观机理。由图 2-11(a)包含有序氧空位列的 $SrZrO_3$ 的能带结构可知，氧空位列在体系的带隙中引入几条能带。这些能带具有较大的展宽，并且和导带部分连在一起，导致费米能级处于连续的能带中，表明体系具有金属性特征和相对较高的电导率。由图 2-11(b)的电子态密度可见，这些缺陷导致的能带主要是 Zr 4d 轨道的贡献，即有序氧空位列的存在导致具有导电性的 Zr 金属离子的偏聚，从而使整个体系导电性提高。电子局域函数[图 2-11(c)]给出了更清晰和更直观的图像：在有序氧空位列处有大量的自由电子聚集，形成了一个连续的导电通道，这是在有序氧空位列处形成导电通道的较为直观的证据，与实验结果相符合。基于以上分析可知，有序氧空位列的出现构成了电子的导电通道，从而改变体系的导电性，对应 $SrZrO_3$ 阻变存储器的 ON-state（低电阻状态）。最近，在 TiO_2 阻变存储材料中，计算结果表明相对于金属空位，氧空位在较低的氧

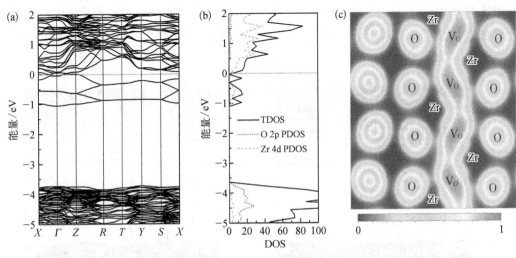

图 2-11　GGA-PBE 计算得到 V_O-row 模型的能带结构(a)、电子态密度(b)、电子局域函数在(001)面上的投影(c)；水平虚线标记的为费米能级位置

化学势条件下更容易形成。在 HfO_{2-x} 中,研究人员也发现了一种半金属性的四方 Hf_2O_3 相的晶体结构,并被用来解释 HfO_2 存储器的低电阻状态。

在外加电场下,氧空位可以在库仑力作用下发生扩散,近邻的氧原子会占据有序氧空位列中的空位,从而导致有序氧空位列结构的破坏。一种最简单的情况就是有序氧空位列中的一个氧空位与近邻的氧原子交换位置,如图 2-12(a)所示的结构 disrupted-row-I。当两个相邻的氧原子迁移到有序氧空位列中时,会有两种不同的构型。计算发现这两种构型的能量差非常小,所以此处只列出其中一种构型 disrupted-row-II[图 2-12(b)]。由无序氧空位构型与有序氧空位列模型的能量差值[ΔE,图 2-12(c)]可知,当氧空位的带电价态为零时,氧空位更倾向于扩散离开有序氧空位列。由此可见,施加外加电场,通过电子的注入和移出可以控制有序氧空位列的破坏和修复。

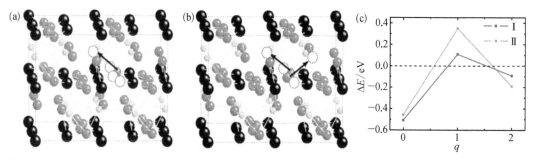

图 2-12 (a) disrupted-row-I 和(b) disrupted-row-II 的晶体结构示意图;(c) disrupted-row-I 和 disrupted-row-II 与有序氧空位列模型能量差值(ΔE)与氧空位带电量的关系

图 2-13 展示了 disrupted-row-I 和 disrupted-row-II 的能带结构和电子局域函数。由图可知,disrupted-row-I 和 disrupted-row-II 在费米能级处的缺陷能带非常平坦,表明此处电子的局域化程度较高,不利于电子的传导。并且由于氧原子进入氧空位列,在费米能级处引入了一个明显的带隙,破坏了氧空位列构成的导电通道,从而导致体系传导电子的能力降低,即体系的电阻率升高。由体系的电子局域函数可以清晰地看出,氧空位列中电子聚集状态被进入空位列中的氧原子破坏,从而影响了空位列传输电子的能力。因此,与有序氧空位列相比,disrupted-row 模型的电导率明显降低,其对应实验中 $SrZrO_3$ 阻变存储器的高电阻状态,即 OFF-state。

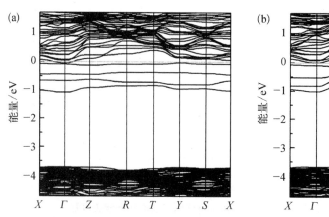
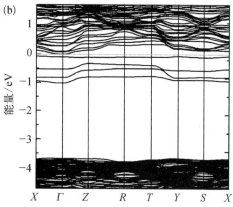

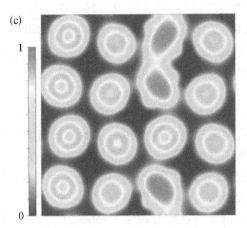
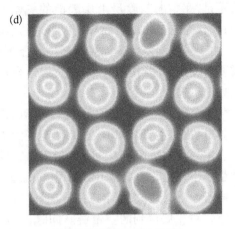

图 2-13　disrupted-row-Ⅰ(a,c)、disrupted-row-Ⅱ(b,d)模型的能带结构和电子局域函数,其中水平虚线标记的为费米能级位置

综上所述,通过研究阻变存储材料 SrZrO$_3$ 中有序氧空位和无序氧空位构型的缺陷形成能与电子结构,并考虑氧空位的带电状态,揭示了其高/低电阻转变的微观机理。有序氧空位列构成的导电通道是导致材料体系高/低电阻转变的决定性因素,即有序氧空位列构成的导电通道显著地提高了体系的导电性,对应 SrZrO$_3$ 阻变存储器 ON-state;而有序氧空位列的断裂破坏了导电通道,对应 OFF-state。施加外电场,通过电子的注入和移出可以控制氧空位列的形成和断裂,从而实现存储器逻辑状态的改变。

2.3.2　表面控制的 HfO$_2$ 电阻转变效应

2.3.2.1　研究背景与计算方法

当电子器件中基本单元尺寸减小至纳米级时,这些电子器件中工作的材料将具有更高的比表面积,因而材料表面将会扮演更重要的角色。例如,在 RRAM 中,材料的表面效应已被研究用于实现器件高/低电阻态的转换。另外,表面本身也可以作为器件,例如,ZnO 纳米线表面上金属原子的分散和团聚会产生阻变开关效应。在诸多过渡金属氧化物中,大量的实验和理论计算表明 HfO$_2$ 是一种非常有前景的阻变存储材料。HfO$_2$ 基 RRAM 的电阻开关机制一般认为是材料中由氧空位形成的导电细丝的生成和断裂,但是关于氧空位导电细丝的微观结构和组成,亦即导电细丝中氧空位的组态尚不清楚。另外,关于 HfO$_2$ 的表面行为方面的信息也非常有限。曾有第一性原理计算研究指出,氧空位在 HfO$_2$ 最稳定表面上有聚集形成氧空位链的趋势。氧空位链在表面形成进而引起非局域缺陷态,意味着低阻态的 HfO$_2$ 具有弱金属导电性,这与实验结果是相符合的。然而,最近研究者通过测量 HfO$_2$ 的热电塞贝克效应,提出了能够解释块体 HfO$_2$ 低阻态导电性的弱极化子跳跃模型,这与先前所提出的金属特性模型相矛盾。这样的不一致性主要源于先前计算模型的构建不能够全面反映表面缺陷的结构和性质。因此,在研究金属性或者极化子跳跃的导电机理时,应该考虑局部氧空位的浓度以及缺陷结构与能量稳定性的关系。也就是说,需要对各种缺陷构型进行充分取样以获得全面可靠的缺陷形成能。因此,采用第一性原理计算研究 HfO$_2$ 导电性与稳定性之间关系时应该包含以下两个方面。第一,由于表面不是"平整的",除最上层表面的氧原子外,次表面层的氧空位也会暴露在空气中,因此,应该充分考虑由表面氧空位形成的导电细丝,由此将会产生大量可能的氧空位链。第二,由于密度泛函理论计算对于过渡金属的 d 轨道电子的处理通常是"去局域"的,因此,需要对交换-关联作用进行修正,以便合理地描述过渡金属氧化物的电子结构,获得可靠的导电机理。

本节研究了基于 HfO_2 的两端型 RRAM 与三端晶体管(图 2-14)中表面空位的作用以及导电机理,主要以 HfO_2 的最稳定表面为研究对象进行了深入的第一性原理计算和分析。主要目的是探索表面在人工生物突触等电子器件中的潜在应用,阐明表面效应对尺寸趋于小型化的两端型 RRAM 影响机理。首先,计算表面单个氧空位和空位对的形成能与电子性质。其次,为了探究导电性与稳定性的联系,研究不同局部氧空位浓度影响下由空位对扩展得到的空位链。同时,对 HfO_2 的电子特性都考虑了 Hubbard U 修正,且研究了修正对导电机理的影响。所有能量计算都是利用作者课题组发展的高通量计算模块完成的。

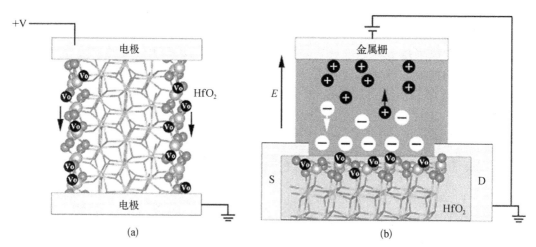

图 2-14　基于 HfO_2 的两端型 RRAM(a)与三端晶体管(b)的示意图

2.3.2.2　模型结构与氧空位

块体 HfO_2 晶体结构具有单斜对称性,其原胞结构如图 2-15(a)所示。首先对这个结构进行弛豫,得到的晶格常数为 $a=5.14$ Å、$b=5.19$ Å 和 $c=5.33$ Å,这与实验结果及其他理论计算结果一致。在 HfO_2 中有两种氧空位类型[图 2-15(a)],这里分别命名为三配位氧空位(V_O3)和四配位氧空位(V_O4)。关于 HfO_2 的表面结构,已经证实($\bar{1}11$)表面是最稳定的。基于此,我们构建了一个包含五层 HfO_2 和 10Å 真空层的周期性层状模型来模拟($\bar{1}11$)表面。同时考虑表面上不同的原子终端面后,得到的最稳定终端面结构如图 2-15(b)和(c)所示。表面体系的晶格常数大约为 7Å,包含 60 个原子。为研究氧空位浓度和氧空位链的形成,我们对这个表面进行了扩展,构建了 2×2×1 包含 240 个原子的超胞表面结构。在优化过程中,不仅对表面结构层中的所有原子都进行弛豫,还测试了材料表面能关于截断能和 k 点的收敛情况。最后,将计算得到的表面能与已有的结果进行比较,这里的计算结果 1.06 eV 与先前的理论计算结果接近。

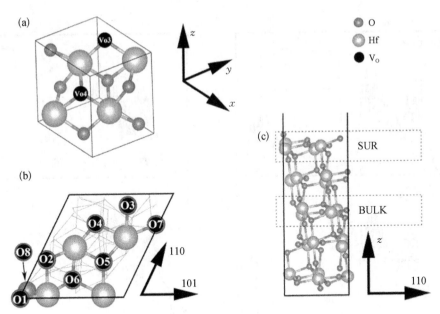

图 2-15　（a）HfO_2 的原胞结构,两种不等价的氧空位被分别标记为 V_O3 和 V_O4;
　　　　（b）$(\bar{1}11)$ 表面的俯视图,此处只显示了暴露在真空层中的氧空位,并标记
　　　　了八个不等价的氧空位;（c）$(\bar{1}11)$ 表面的侧视图,其中表面层和中间
　　　　HfO_2 层被分别标记为 SUR 和 BULK

2.3.2.3　Hubbard U 值对晶体 HfO_2 带隙的影响

众所周知,GGA 会严重低估 HfO_2 的带隙,杂化泛函可以提供准确的计算值,但是杂化泛函对计算资源需求比较大,计算非常耗时,以至于无法计算含复杂氧空位组态的 HfO_2 结构。然而,要分析 HfO_2 缺陷结构的导电机理,我们必须准确地计算其电子结构。这里采用杂化泛函的一种替代方法即 Hubbard U 修正来研究其电子性质。对于这种修正方法,选择一个恰当的 Hubbard U 值来修正 Hf d 轨道是获得准确电子性质的关键。在这个 U 值(此后称作 Ud)未知的情况下,我们可以通过下面的计算来获得。首先,逐渐增大 Ud 来计算其对 Hf d 轨道的修正作用。由图 2-16(a)~(c)可见,随着 Ud 的增大,导带底向高能量区域移动,从而使系统的带隙逐渐增大。带隙在 Ud=6.0 eV 时达到最大值,且继续增大 Ud 后带隙不再变化,其原因是此后导带底将主要由氧原子的 p 轨道贡献[图 2-16(c)中的插图],可见这里系统为电荷转移型绝缘体。然后,固定 Ud=6.0 eV,改变氧原子 p 轨道的 U 值(此后称作 Up),研究其对带隙的影响[图 2-16(d)~(f)],发现 Up=5.4 eV 时获得实验带隙 5.7 eV。因此,确定 Ud=6.0 eV 和 Up=5.4 eV,并用于后续电子结构包括电子态密度和局部电荷等的计算。

2.3.2.4　HfO_2 表面中的单个氧空位和氧空位对

单个氧空位的形成能 E_f 可通过 60 个原子的表面模型来计算:

$$E_f(n) = E(nV_O/HfO_2) - E(HfO_2) + \frac{n}{2}E(O_2) \tag{2-11}$$

其中,$E(HfO_2)$ 和 $E(nV_O/HfO_2)$ 分别为不含氧空位和含有 n 个氧空位的表面结构的总能;$E(O_2)$ 是 O_2 分子的总能。计算得到的不同氧空位的形成能如图 2-17(a)所示。对于晶

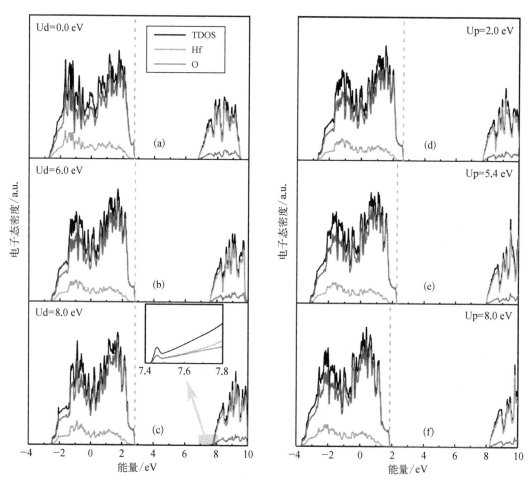

图 2-16 （a～c）不同 Ud 下的（局部）电子态密度；（d～f）保持 Ud=6 eV，
不同 Up 下的（局部）电子态密度；红色虚线表示费米能级

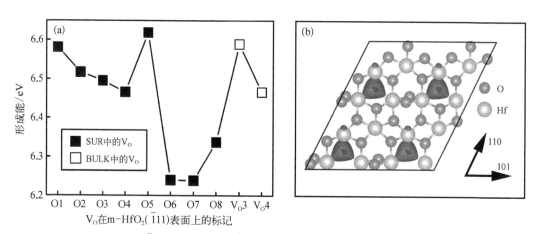

图 2-17 （a）HfO$_2$($\bar{1}$11）表面上不同氧空位以及块体中两种氧空位 V$_O$3 和 V$_O$4 的形成能；
（b）由 O6 引起的多余电子形成的局部电荷密度等值面（0.01 e/Å^3）

体 HfO_2 中的空位，V_O4 的形成能比 V_O3 低了 0.11 eV，因而 V_O4 更稳定，这与其他的理论计算的结果一致。表面结构中 O6、O7 和 O8 的氧空位比体相中的氧空位更容易形成，这意味着氧空位有在表面上聚集的趋势。本节通过采用更大的含有 240 个原子的表面模型进一步证实了该结论。另外，当 HfO_2 中形成一个氧空位时，会产生另外两个多余的电子，它们被限制在由三个 Hf 原子环绕的正电性间隙中，形成一个类 F 中心的结构。例如，在实空间下，由于空位 O6 而导致的局部电荷密度如图 2-17(b)所示。值得一提的是随着 HfO_2 中空位浓度的增大，由此而带来的越来越多的多余电子将局域在靠近氧空位的 Hf 原子周围，从而引起显著的结构弛豫，形成一个所谓的极化子。稍后我们将给出当局部中性空位浓度逐渐增大时，多余的电子将填充在 Hf 原子上，也就是说，高浓度中性空位也会存在极化特性。

氧化物中电阻开关的微观机理可归因于由氧空位团所产生的导电细丝的形成和断裂。为了研究导电细丝的结构与稳定性，需要首先计算紧邻的两个氧空位之间的相互作用：

$$E_{int}(x, y) = E(x, y) + E_0 - [E(x) + E(y)] \qquad (2-12)$$

其中，x 和 y 代表两个氧空位；$E(x, y)$ 是含两个氧空位 x 和 y 的系统总能；E_0 是具有完美表面结构的系统总能；$E(x)$ 和 $E(y)$ 分别代表含空位 x 的系统总能和含空位 y 的系统总能；E_{int} 正（负）号意味着氧空位对之间的相互作用是排斥力（吸引）。在计算两个空位之间的相互作用能时，为避免周期性边界条件的影响，通常需要构建一个较大的超胞来考虑空位对所引起的畸变。这里使用含有 240 个原子的超胞来计算两个空位之间的相互作用能，并系统考虑了两个空位之间距离的影响。计算结果见图 2-18(a)，其中包含了两个空位之间的所有可能的相互作用能。由图可知，第四近邻(4NN)氧空位对之间的相互作用能可以忽略不计。总体而言，表面空位对之间大多是相互吸引的（负相互作用能），这与 TiO_2 的情况类似。空位之间的吸引作用与极化效应有关，即倾向于通过重新分布多余电子而减小它们之间的库仑相互作用。如果使用含 60 个原子的单胞结构，发现除 O1-O6 空位对外（此构型的单胞发生了极大的弛豫），计算的空位对"相互作用能"都约等于 240 个原子超胞中空位对在第一、第二、第三和第四近邻相互作用能之和。显然，对于 60 个原子的单胞，计算的空位对之间的相互作用能含有周期性边界条件的影响。图 2-18(b)给出了空位对的形成能，也存在类似的系统尺寸效应。因此，计算"孤立"空位对的相互作用能或形成能时，60 个原子的模型结构是足够大的。然而，当讨论空位链的形成时，基于 60 个原子单胞结构的空位对的"不准确"形成能反而变得很有意义，这是因为单胞结构中的空位对可等价于超胞结构中的空位链，后续将详细讨论。

2.3.2.5　表面上的氧空位链

与块体阻变材料的情况类似，在 HfO_2 表面上形成的氧空位链也能形成导电通道。空位链的断裂会使材料转变至高阻态。本节将讨论不同的氧空位链并将按照形态和浓度进行分类。

如上所述，对于图 2-15(b)所示的表面原胞结构，空位对与其周期性平移的部分将形成空位链。对于一个 2×2×1 的超胞结构，两个空位链组态分别如图 2-19(a)和(b)所示，并将这种链命名为双链，记为"Type-I"，它们的形成能可直接从空位对的形成能得出。为了比较含有不同氧空位数的空位链的形成能，在以下的描述中，空位链的形成能

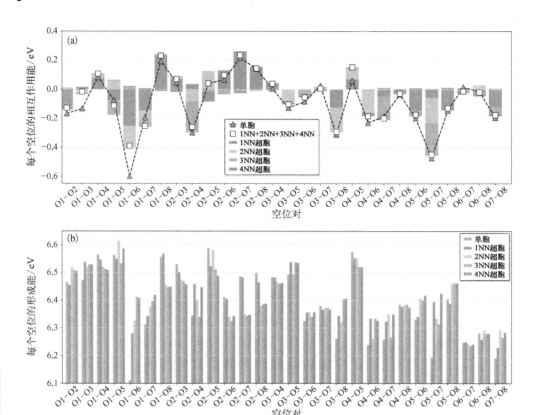

图 2-18　(a) 单胞结构中氧空位对之间的相互作用能和超胞结构中不同距离的两个空位之间的相互作用能;(b) 不同种类空位对的形成能

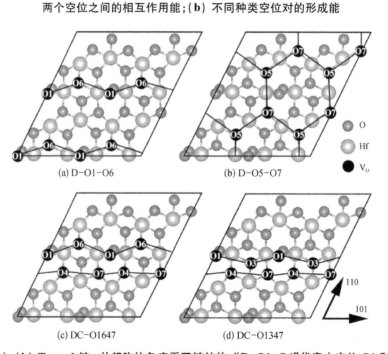

图 2-19　(a)、(b) Type-I 链:从超胞的角度看双链结构;"D-O1-O6"代表由空位 O1 和 O6 组成的双链结构,由空位 O5 和 O7 组成 D-O5-O7。(c)、(d) Type-II 链:"DC-O1647"由链条相邻的空位链 O1-O6 和 O4-O7 组成,而 DC-O1347 由 O1-O3 和 O4-O7 组成

$(E_\text{f-chain})$是平均到每个氧空位的能量。在这种情况下,由空位对形成的链的形成能定义如下:

$$E_\text{f-chain} = \frac{1}{2}E_\text{f}(x - y) = \frac{1}{2}\left[E_\text{f}(x) + E_\text{f}(y) + E_\text{int}(x, y)\right] \qquad (2\text{-}13)$$

其中,空位(对)的形成能以及它们之间的相互作用能的定义见式(2-11)和式(2-12)。

　　所计算的形成能结果如图 2-20 所示。除 Type-Ⅱ 链外,这里所研究的许多空位链都是由两种不同空位组成的,因此,将空位链的形成能看作氧空位(由 60 个原子的单胞结构计算所得)形成能的函数。可以看出,O1-O6 空位对具有最小的形成能,也就是说在表面上最容易形成由这组空位对形成的空位链。这组空位对(链)的稳定性主要归结于空位对之间的强相互吸引作用以及空位 O6 的非常小的形成能。从图 2-19(a)和(b)可以清楚地看到,氧空位链之间可以相距几个原子层的距离或者形成复杂的网络结构。为了增加局部氧空位的浓度,这里创建了具有两条紧邻的氧空位链的模型结构,如图 2-19(c)和(d)所示,并将其称为"Type-Ⅱ"。考虑到 D-O1-O6 是最稳定的 Type-Ⅰ 氧空位链,这里将更多关注含有 D-O1-O6 单元的 Type-Ⅱ 氧空位链结构。因为 Type-Ⅱ 空位链不能简单地看成空位对,因此,可以使用方程(2-11)计算其形成能,同样,形成能是平均到每个氧空位的。Type-Ⅱ 空位链的形成能如图 2-20 左侧所示,其中包含 O1-O6 的三个 Type-Ⅱ 链都比 DC-O1347 更稳定。另外,可以看到,由于很多亚稳态空位的存在,像 Type-Ⅱ 这种含有局部高氧空位浓度的空位链的形成能是增加的,亚稳态的空位对越多,所组成 Type-Ⅱ 链的形成能越高。

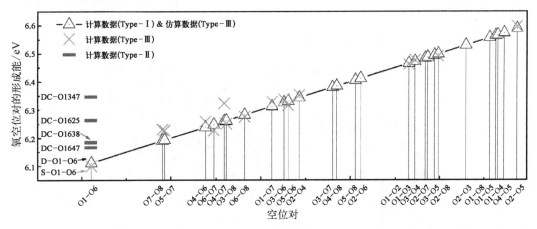

图 2-20　不同空位链的形成能与空位对的形成能之间的关系图。从能量角度看最稳定的 S-O1-O6 (Type-Ⅲ)、D-O1-O6(Type-Ⅰ)以及 Type-Ⅱ 链[如图 2-19(c)和(d)所示的结构]在图中分别被标记出来

　　为了研究这些空位链的导电机理,又计算了双链结构体系(包括 Type-Ⅰ 和 Type-Ⅱ)的电子结构,其中典型的空位双链结构的分波电子态密度(PDOS)如图 2-21 所示。多数双链结构的系统有明显的带隙态,并且所有带隙中的态都主要来自 Hf 的贡献。此外,这些空位链结构展现出不同的磁性:D-O1-O6 是由三个自旋向上电子和一个自旋向下电子组成的,而 D-O5-O7 则没有净磁矩。总体而言,只有 DC-O1347 展现出良好的金属特性,且其带隙能级紧挨导带,因此也只有 DC-O1347 存在一个连续的导电通道,而其他三

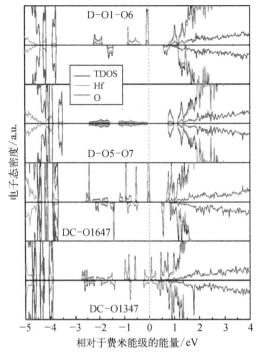

图2-21 链 D-O1-O6、D-O5-O7、DC-O1647 和 DC-O1347 的 PDOS,红色虚线代表费 米能级;对应链的原子结构见图 2-19

种空位链的结构呈现半导体特性。

图 2-22 的分电荷密度图给出了表面结构中的带隙态的电子分布,从中获得的结论与图 2-21 的 PDOS 是一致的,即只有 DC-O1347 结构存在金属导电性并且形成一个连续的导电细丝。此外,如图 2-21(a) 和(b)所示,对于半导体性的氧空位链结构,多余的电子出现在 Hf 原子上,这可归因于空位浓度的升高以及局部的畸变。即极化子跳跃也可能对这类半导体性系统的导电做出贡献,与实验报道的结果一致。对于实际材料,空位的浓度取决于空位形成的驱动力,如电子器件的热稳定性、电场以及由焦耳效应引起的高温。结合前面所述的空位浓度决定了空位链的导电机理,形成一个金属导电通道需要更大的能量和驱动力。如图 2-20 所示,每个空位金属链 DC-O1347 的形成能比由 O1-O6 组成的最稳定的半导体性空位链结构的形成能高 0.25 eV。从器件的能量效率来看,与金属导电性相比,极化子跳跃机理(半导体性)需要较低的能量。而且半导体特性的结构具有相对低浓度的氧空位和较低的形成能,所以更容易在材料的高/低阻态转变中出现。

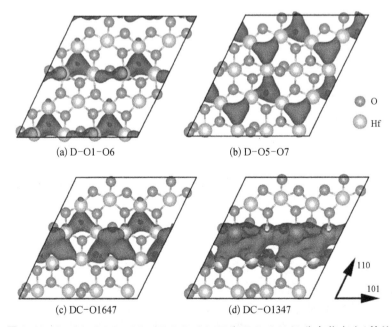

(a) D-O1-O6   (b) D-O5-O7

(c) DC-O1647   (d) DC-O1347

图2-22 D-O1-O6、D-O5-O7、DC-O1647 和 DC-O1347 分电荷密度(等值面: $0.01\ e/\text{Å}^3$);对应图 2-21 中的带隙能级中的电荷密度

2.3.2.6　超胞中的单链结构

极化子形成金属性还是极化子跳跃类型的导电细丝取决于氧空位的局部浓度。本节通过在超胞结构中构建一个孤立的单链结构来研究氧空位的性质,其中超胞结构含有 240 个原子,这种空位链标记为 Type-Ⅲ。四种相对稳定的 Type-Ⅲ 空位链超胞如图 2-23 所示。对于这样一个超胞结构,大量的空位单链结构有很多可能性,而计算这样所有结构的形成能是非常耗时的。Type-Ⅲ 与 Type-Ⅰ(空位对)的不同之处在于前者增加了与其周围链的距离。因此,如果利用 Type-Ⅰ 的形成能来估算 Type-Ⅲ 的形成能是可行的,将会是既简单又省时省力的方法。这里主要研究那些由两种不同类型的氧空位构成的空位链,以便使得估算结果更加可靠。我们可以基于第一性原理计算使用方程(2-13)来获得 Type-Ⅲ 的形成能,而方程(2-13)原本是用来计算 Type-Ⅰ 链结构形成能的。这样一来,就可以通过第一性原理计算出部分结构的形成能来验证估算值的准确性。计算结果显示,这两种方法所得结果的差异很小。因此,超胞中的独立空位链结构的形成能可以用相应更小结构的计算数据来估算,因而便提供了一种快速筛选结构稳定的 Type-Ⅲ 链构型的方法。如图 2-24 中的分电荷密度分布所示,电子局域化没有形成一个连续的导电通道,这一点可支持半导体性的极化子跳跃导电机理。

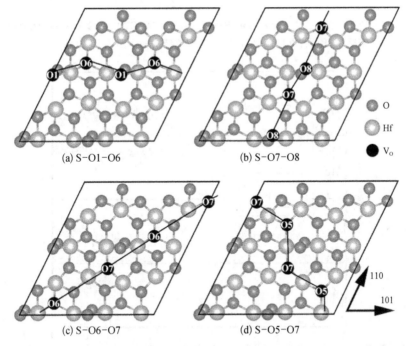

(a) S-O1-O6　　(b) S-O7-O8

(c) S-O6-O7　　(d) S-O5-O7

图 2-23　Type-Ⅲ 空位链的四种最稳定的结构,标记的命名基于构成它们的空位类型

目前传统密度泛函理论计算低估氧化物带隙对于导电机理研究所产生的影响还不清楚。下面以沿[101]方向的空位链结构为例,研究密度泛函理论的 Hubbard U 修正对电子结构的影响。计算的分波电子态密度结果如图 2-25 所示,显然,如果不考虑 Hubbard U 修正,D-O1-O3 链空位的结构展现出金属导电性,其中缺陷能级出现在导带中。考虑 Hubbard U 修正后,体系展现出半导体导电性,带隙态能级顶到导带底的能隙大约为 0.7 eV。因此,对于类似材料体系的理论计算,尤其是当讨论含有缺陷态氧化物的导电机理时,必

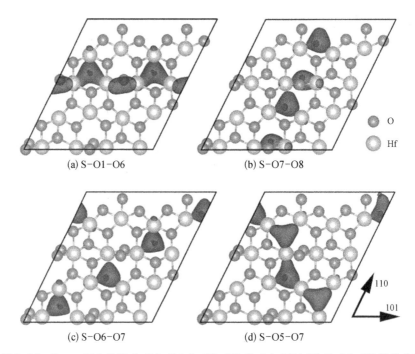

(a) S-O1-O6   (b) S-O7-O8

O
Hf

(c) S-O6-O7   (d) S-O5-O7

110
101

图 2-24　Type-Ⅲ空位链 S-O1-O6、S-O7-O8、S-O6-O7 以及 S-O5-O7 的分电荷
密度(等值面: 0.01 $e/Å^3$);对应的空位结构图如图 2-23 所示

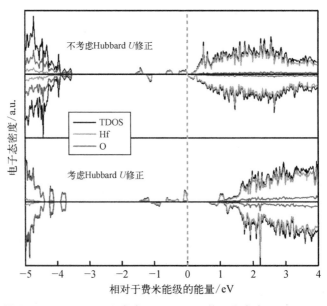

图 2-25　D-O1-O3 不考虑 Hubbard U 修正和考虑 Hubbard U
修正的 PDOS,红色虚线代表费米能级

须考虑 Hubbard U 修正以获得准确的电子结构。

综上所述,本节详细讨论了 HfO_2 表面氧空位组态及其对材料导电性的影响。首先,表面氧空位具有团聚的倾向,并且空位之间的相互吸引作用使得它们比在体相中更容易形成。通过使用局部氧空位浓度较大的空位链来模拟阻变材料的低阻态发现:随着氧空位浓度的增加,大多数空位链结构的导电性是由极化子跳跃引起的;而金属导电性存在于亚稳空位链结构中,其每空位的形成能比相同空位浓度下最稳定结构的形成能高了 0.25 eV。由此可见,形成金属性细丝需要更高的能耗,另外,从能量角度看,不容易形成金属性空位链结构,这与实验发现的极化子跳跃效应决定 HfO_2 的高/低阻态转变是一致的。本节的发现有助于理解表面在 HfO_2 阻变开关效应中的作用以及探索其他基于表面结构的电子器件。

2.4　二维过渡金属碳化物中的金属空位

如上所述,空位是固体中最简单和常见的一种点缺陷,调控材料表面的空位浓度对于控制材料表面性质如电化学储能、催化、阻变存储等有着至关重要的作用。二维材料具有巨大的比表面积和层间表面积,可实现快速的离子迁移和较高的储锂容量,是有前景的锂离子电池(LIB)电极材料。石墨烯的研究推动了二维材料的发展,而且二维材料的家族越来越庞大,包括从最初的石墨烯到过渡金属硫族化合物、六方氮化硼、黑磷、蓝磷、磷烯、硅烯,乃至目前研究的最大的二维材料家族——过渡金属碳化物/氮化物(MXene)等等。众多研究结果表明空位对二维材料的诸多物理化学性质具有重要的调制作用,如空位可以引入缺陷能级、调节能带、提供催化反应的活性位点等。在 MXene 的研究中,实验已经证实在刻蚀制备 $Ti_3C_2T_x$ MXene 的过程中在表面上产生了 Ti 空位。MXene 通常是通过酸性溶液刻蚀其前驱体 MAX 相制备而得的。目前制备出的 MXene 多数是 M_2C 型,其前驱体是 M_2AC 相,其中 M 是过渡金属、A 是 Al 或者 Si 等ⅢA或ⅣA族元素、C 是碳。在 M_2AC 中,M-A 键和 M-C 键都是比较强的共价键与离子键的混合键,但 M-A 键强度比 M-C 键的弱,因而酸性离子可以将 A(大多情况是 Al)选择性地刻蚀掉,从而获得二维 M_2C MXene。但是在制备 MXene 的过程中,为了破坏掉前驱体 MAX 相中的 M-A 键并将 A 刻蚀去除,通常使用氢氟酸等强酸对 MAX 相进行长时间的刻蚀处理。这一过程中,MXene 材料表面的 M 原子在强酸和腐蚀性的环境下也可能脱离其平衡位置,进而产生 M 原子空位。本节将详细讨论 M_2C MXene 中的金属空位缺陷及其稳定性。

2.4.1　M_2C MXene 的晶体结构

这里选取了 10 种 M_2C MXene(M=Sc,Ti,V,Cr,Zr,Nb,Mo,Hf,Ta,W)进行研究,其初始晶体结构都参考实验发现的 Ti_2C 结构来构建。由于 M_2C 的前驱体 M_2AC 都结晶于相同的六方相,因此,二维 M_2C 应该也具有类似的晶体结构,只是晶格常数会略有不同,可见这种构建方法是合理的。初始结构构建后,首先要用第一性原理计算对其结构进行弛豫,优化后体系的总能、MXene 的晶格常数、键长和上下 M 层原子的层间距等信息列于表 2-4。由表可见,这 10 种 M_2C 的晶格常数很接近,在 3 Å 左右,而且其稳定构型类似,这应该归因于这 10 种过渡金属 M 元素在元素周期表中的位置相邻,它们位于第四到第六周期、ⅢBB-ⅣB 副族之间,性质比较接近。表 2-4 括号内的数值是其他文献的计算结果。在这里,首先对晶格常数和键长等数据进行验证可以确保计算的准确性及结论的可靠性。通过比较可见,表 2-4 中计算的晶体结构参数与其他文献数值吻合,误差基本都在 1% 以内,说明初始模型与计算参数的设置是合理的。

表 2-4　计算得到的理想 M_2C 型 MXene 的晶胞参数(a)、M-C 键长和层厚(d)

M_2C	a/Å	M-C 键长/Å	d/Å
Sc_2C	3.313(3.308[a]，3.31[b])	2.256(2.26[c])	2.392
Ti_2C	3.064(3.007[c]，3.082[d])	2.099(2.102[e])	2.260(2.291[c])
V_2C	2.881(2.869[c])	1.99(1.993[e])	2.184(2.165[c])
Cr_2C	2.813(2.787[c])	1.932(1.935[e])	2.092(2.08[c])
Zr_2C	3.257(3.238[c]，3.280[a])	2.269(2.278[e])	2.538(2.522[c])
Nb_2C	3.118	2.161(2.166[e])	2.393
Mo_2C	2.961(2.995[a])	2.09(2.089[e])	2.403
Hf_2C	3.193(3.239[c]，3.211[a])	2.241(2.238[e])	2.548(2.592[c])
Ta_2C	3.07(3.138[c])	2.15(2.154[e])	2.436(2.491[c])
W_2C	2.852	2.126(2.123[e])	2.690

a. Yorulmaz U, Özden A, Perkgöz NK, et al. 2016. Vibrational and mechanical properties of single layer MXene structures: a first-principles investigation. Nanotechnology, 27(33): 335702; b. Lv X, Wei W, Sun Q, et al. 2017. Sc_2C as a promising anode material with high mobility and capacity: a first-principles study. Chemphyschem, 18: 1627; c. Kurtoglu M, Naguib M, Gogotsi Y, et al. 2012. First principles study of two-dimensional early transition metal carbides. MRS Communications, 2(4): 133-137; d. Guo Z, Miao N, Zhou J, et al. 2018. Coincident modulation of lattice and electror thermal transport performance in MXenesvia surface functionalization. Physical Chemistry Chemical Physics, 20: 19689-19697; e. Zhang H, Fu Z, Zhang R, et al. 2017. Designing flexible 2D transition metal carbides with strain-controllable lithium storage. Proc Natl Acad Sci USA, 114(52): E11082-E11091.

2.4.2　M_2C MXene 中的金属空位及形成能

对于 MXene 材料缺陷结构的研究，首先需要基于 3 个原子的 M_2C 单胞构建一个 $4\times4\times1$ 的超胞(含 48 个原子)，然后移除表面 M 层的一个 M 原子以获得 M 空位(V_M)。接下来对理想 M_2C 超胞和含空位的 M_2C 超胞进行弛豫，获得稳定构型后进行后续的缺陷形成能计算。在这里，为了方便表示，将弛豫后含 V_M 的 $4\times4\times1$ M_2C 超胞简写为 M_2C-V_M，如 Mo_2C-V_{Mo}(M=Mo)、Cr_2C-V_{Cr}(M=Cr)等。下面以 M=Mo 为例，展示了弛豫后 Mo_2C 和 Mo_2C-V_{Mo} 结构的俯视图和侧视图(图 2-26)。为了揭示 M 空位对 M_2C 结构的影响，我们

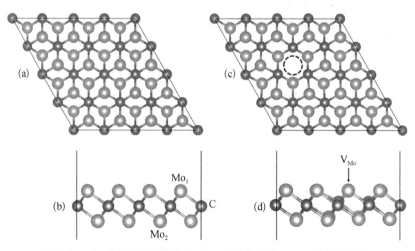

图 2-26　(a,b)结构弛豫后($4\times4\times1$ 超胞)理想 Mo_2C 的俯视图和侧视图；(c,d)Mo_2C-V_{Mo} 的俯视图和侧视图

可以比较一下空位形成前后,空位周围 M 与 C 原子的位置以及 M-C 键长的变化。对于这 10 种二维 M_2C 结构,Cr_2C 除外,形成 M 空位都没有导致 M_2C 结构重构或较大的变形。可见,M 空位的产生对二维 M_2C 结构造成的形变较小,而 M_2C-V_M 的这种刚性结构对于其结构稳定性、理化性质和实际应用是至关重要的。

二维 Cr_2C 的情况比较特殊,在表面产生一个 Cr 空位并进行弛豫后,原本平坦的表面结构坍塌了。如图 2-27 所示,Cr 空位周围的原子位置和 Cr-C 键均发生了显著的畸变。由于在 MXene 的制备过程中难以避免 M 空位的产生,因此,一个 Cr 空位会导致 Cr_2C 表面结构坍塌这一理论发现,或许能解释实验难以获得二维 Cr_2C MXene 的事实,即在实验制备过程中 Cr 空位的形成将导致二维 Cr_2C 的结构不能稳定存在。

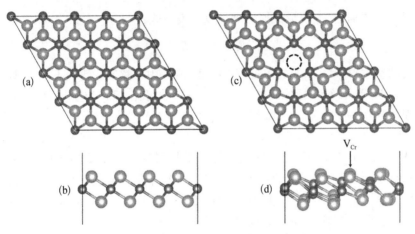

图 2-27 （a,b）结构弛豫后（4×4×1 超胞）Cr_2C 的俯视图和
侧视图；（c, d）Cr_2C-V_{Cr} 的俯视图和侧视图

为了探究形成 M 空位过程中 M_2C MXene 总能的变化及空位形成的难易程度,我们计算了 9 种 M_2C（M=Sc、Ti、Zr、Hf、V、Nb、Ta、Mo 和 W）中 V_M 的空位形成能。对于 Cr_2C,空位的产生导致其结构坍塌,因此未计算其空位形成能。通常,M_2C 中的一个 M 空位的形成能 $E_f(V_M)$ 可用下式计算：

$$E_f(V_M) = E(M_2C - V_M) - E(M_2C) + n\mu_M \tag{2-14}$$

其中,$E(M_2C - V_M)$ 是结构弛豫后含一个 M 空位的 M_2C 超胞的总能；$E(M_2C)$ 是同样大小的但不含空位 M_2C 超胞的总能；μ_M 是 M 原子的化学势；n 代表 M 空位的数目,此处 $n=1$。

在计算空位形成能之前,我们系统研究了 M 空位的形成过程。如图 2-28 所示,移除一个 M 原子产生一个空位需先打断三个相邻的 M-C 键,这样一来,原先与 M 成键的三个碳原子变成裸露原子,其周围存在未成键电子或悬挂键。因此,在这个 M 空位周围也就是这三个碳原子周围必然要发生较大的弛豫,而且会波及邻近的原子。所以,一个 M 空位的形成能 E_f 可以被分解成两部分,即键能 E_b 和重构能 E_r,其中 E_b 是理想结构和未弛豫缺陷结构之间的能量差,E_r 是弛豫后的缺陷结构和未弛豫的缺陷结构之间的能量差。由此可见,不同 M_2C 中 M 空位形成能的不同主要来自 M-C 键的强度和空位周围原子的弛

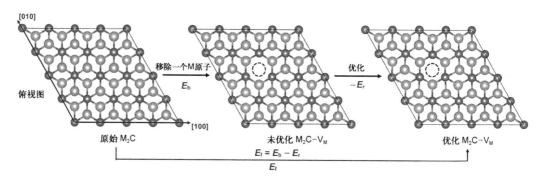

图 2-28　空位形成过程及对应体系总能的变化（空位形成能 E_f、键能 E_b 和重构能 E_r）的示意图

豫情况。根据上述描述，空位形成能应满足以下表达式：

$$E_f + E_r = E_b \tag{2-15}$$

据此计算出的空位形成能 E_f 的具体数值见图 2-29，其中，横坐标代表不同 M_2C 型 MXene 中的过渡金属 M 元素，纵坐标代表能量。由图中数据可见，Mo_2C 中的空位形成能要显著低于其他 M_2C（M = Sc, Ti, Zr, Hf, V, Nb, Ta, W）中一个 M 空位的形成能。V_{Mo} 的形成能为 0.96 eV，表明 Mo_2C 比其他的 M_2C 更易形成金属空位。此外，所有 M_2C 中的金属空位形成能都在 0.96～2.85 eV 范围内，比其他常见二维材料的空位形成能都低。例如，硅烯和石墨烯中的空位形成能分别是 3.77 eV 和 7.69 eV，在单层二硫化钼中一个硫空位形成能是 5.85 eV。较低的空位形成能表明在 MXene 制备过程中容易生成 M 空位，这在一定程度上也阐明了实验观测到 M 空位的根源。

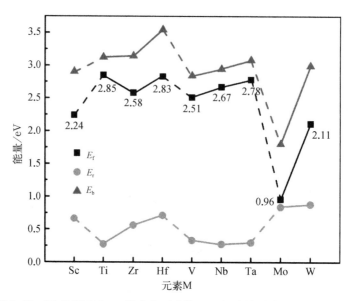

图 2-29　M_2C 型 MXene 的空位形成能 E_f 及相应的键能 E_b 和重构能 E_r

　　另外，结合分析图 2-29 中键能 E_b 和重构能 E_r 的结果，我们可以进一步理解不同 M_2C 中空位形成能的差异。由图中 E_f、E_b 和 E_r 的数值及其之间的相互关系可见，一个 M 空位的形成能 E_f 主要取决于键能 E_b；而重构能 E_r 的数值都较小且不同 M_2C 间的差异不大。

有趣的是,对于二维 Mo_2C,其重构能 E_r 却非常大,位列所研究 M_2C 中的第二位,从而导致在 Mo_2C 中形成一个金属空位的形成能最低。最后,不同 M_2C 型 MXene 材料的空位形成能之间的差异主要来自其 M—C 键强的差异。但 M—C 键混合了共价键和离子键,且有的可能还有金属键的成分,因此理解 M—C 键强的差异性根源也较为复杂。

2.4.3　M_2C MXene 的缺陷化学结构

2.4.3.1　Bader 电荷转移分析

本节所涉及的过渡金属 Sc、Ti、Zr、Hf、V、Nb、Ta、W,其外层电子可以简写为 s^2d^3,s^2d^4 和 s^1d^6。考虑到 M 与 C 金属性和非金属性的巨大差异,当过渡金属与碳(s^2p^2)成键时,除了它们之间有共用的电子(共价键成分)外,还会有部分电子从金属 M 转移到 C。下面我们采用 Bader 电荷来定量分析 M_2C 中 M 原子和 C 原子之间的电荷转移情况,从而深入理解不同 M—C 键的强度差异。Bader 理论对原子的定义完全基于体系的电荷密度并使用零通量的表面来划分原子,在 Bader 体积内的电荷是对原子总电荷的一个很好近似描述。目前已经成功发展了十分有效的计算方法来对 Bader 体积内的电荷密度网格进行分割,对网格点的数量进行线性扩展来有效处理平面波计算所产生的大网格。

从电负性差异的角度来看,M 为金属原子具有较小的电负性,而 C 的电负性较大,所以 M_2C 中 M 的外层电子将会向邻近的 C 原子转移。结合 Bader 电荷分析的结果和 M 原子的价电子数目,计算出在理想二维 M_2C 中,M 原子向 C 原子转移的平均 Bader 电荷数如图 2-30 所示。图 2-30 中的规律性比较明显,即从 M 原子向 C 原子转移的平均 Bader 电荷数与过渡金属 M 在元素周期表中的位置具有很强的关联性。在元素周期表中,同一副族,从上往下(如从 Ti、Zr 到 Hf)转移的电荷数逐渐增加;同一周期,从左至右(如从 Sc、Ti 到 V)转移的电荷数依次降低。因此,M_2C 中 M—C 的离子键强也有着相同的规律,即从上往下离子键强增强,从左至右离子键强减弱。过渡金属 M 原子与 C 原子间的电荷转移越多意味着 M 与 C 之间的相互作用越强,所以从完美结构的二维 M_2C 中移除一个 M 原子

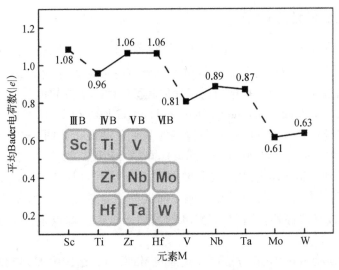

图 2-30　理想 M_2C 型 MXene 中从 M 原子向 C 原子转移的平均 Bader 电荷数

需要克服更大的阻力。此外,由图 2-30 可见,Mo 原子向邻近 C 原子转移的电荷数最少(0.61|e|),这在一定程度上也解释了图 2-29 中 Mo_2C 的键能 E_b 最低(1.74 eV)的根源。由于 Mo_2C 在上述 9 种 M_2C MXene 体系中形成一个 M 空位所需能量最低(0.96 eV),因此下面的研究中将重点围绕 Mo_2C 展开。

2.4.3.2 电子局域函数

电子局域函数主要用来表征电子局域化分布特征,可用于确定成键类型和强度以及分析孤对电子的分布情况。ELF=0 和 ELF=1 分别代表电子完全离域化和完全局域化。下面通过计算分析 Mo_2C 与 $Mo_2C\text{-}V_{Mo}$ 缺陷结构的电子局域函数来深入理解空位对二维 Mo_2C 电子局域分布的影响。如图 2-31(a)所示,二维 Mo_2C 结构中的 Mo-C 键有很强的离子键特性,且 C 原子周围局域着高密度的电子,这些局域电子来自 Mo 原子。也就是说,二维 Mo_2C 表面存在很高密度的局域电子,这些局域电子来自 Mo 原子孤对电子的贡献。因此,Mo 原子呈现出阳离子性,C 原子表现出阴离子性。如图 2-31(b)所示,引入一个 Mo 空位之后,与 Mo 空位紧邻的 C 原子周围的电子在靠近空位处更加局域化,而 Mo 空位表面的电子则更加离域化。

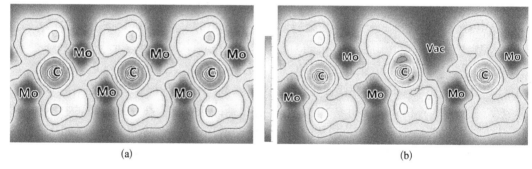

(a)　　　　　　　　　　　　　　(b)

图 2-31　Mo_2C 晶胞(a)和 $Mo_2C\text{-}V_{Mo}$ 晶胞(b)的电子局域函数在(110)面上的投影,其中 ELF 值从 0(蓝色)到 1(红色)变化

2.4.4　金属空位的迁移能垒

前面阐明了在 M_2C 型 MXene 中 Mo_2C 最易产生 Mo 空位,接下来的问题是 Mo 空位的稳定性如何? 空位的扩散行为又是怎样的? 理解这些问题对于材料的实际应用至关重要。这里主要通过模拟空位的扩散行为来评估其稳定性。空位的扩散行为可以使用爬坡式微动弹性带法(climbing image nudged elastic band,cNEB 或 CI-NEB)来研究,即计算 Mo 空位从平衡位置迁移到最近邻的稳定位置的能量变化曲线。如图 2-32(a)所示,CINEB 是对微动弹性带法(nudged elastic band,NEB)的改进,其最高能量的图像点在沿着扩散路径的方向不会受到弹簧力的作用。该图像点在实际受力的驱动下不断弛豫,直至成为在扩散路径上的能量最大值,同时在其他方向上为能量最小值。当该能量图像点收敛时,它将会位于鞍点位置处。因此,CINEB 的最高能量的图像点最终会出现在鞍点(顶点)的位置。

图 2-32(b)是使用 CINEB 方法计算获得的 $Mo_2C\text{-}V_{Mo}$ 结构中 Mo 空位扩散的最小能量路径(minimum energy path,MEP)曲线,中间的插图显示了空位扩散前的初始位置及扩

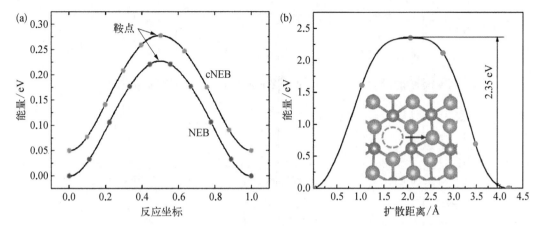

图 2-32　（a）传统 NEB 方法与带爬坡点的 CNEB 方法的对比；（b） Mo_2C-V_{Mo}
MXene 中 Mo 空位从平衡位置迁移到最近邻的稳定位置的能量曲线

散后的末态位置，由鞍点到初末态的能量差可以得出 Mo 空位的迁移能垒为 2.35 eV。在其他广泛研究的二维材料中，如石墨烯的空位迁移能垒为 0.94~1.4 eV，单层 MoS_2 中 S 空位的迁移能为 0.79 eV，磷烯的空位迁移能为 0.49 eV（扶手椅形方向）和 0.4 eV（之字形方向）。显然，Mo_2C 中 Mo 空位的迁移能垒远高于这些常见的二维材料中的空位迁移能垒。因此，Mo 空位较低的形成能和较高的迁移能垒使得其易于生成但难以迁移，从而确保了 Mo_2C-V_{Mo} 缺陷具有良好的结构稳定性。

2.4.5　Mo_2C MXene 中的双空位

以上的结果得出，在所研究的 9 种二维 M_2C 中，Mo_2C 中形成 1 个 Mo 空位形成能最低，仅有 0.96 eV，如果有生成更多空位情况如何呢？下面探究 Mo_2C 中形成双空位的情况。对于双空位的计算，需考虑空位之间的相对位置，因此，首先在 Mo_2C 4×4×1 超胞中构建了六种不同相对位置的双空位模型，并依据其相对距离的远近依次进行标记：同一层 Mo 原子双空位 near 位置（记为 2Mo-SL-near）、同一层 Mo 原子双空位 next 位置（记为 2Mo-SL-next）、同一层 Mo 原子双空位 near2 位置（记为 2Mo-SL-near2）、同一层 Mo 原子双空位 next2 位置（记为 2Mo-SL-next2）、不同层 Mo 原子双空位 near 位置（记为 2Mo-DL-near）和不同层 Mo 原子双空位 next 位置（记为 2Mo-DL-next），其中 near 方向相邻的两个 Mo 原子间距为 2.96 Å，next 方向相邻的两个 Mo 原子间距为 5.13 Å。为了让读者对这些结构有更直观的认识，图 2-33 给出了这 6 个模型结构。

然后对这些结构进行弛豫，计算获得各个结构的总能，利用方程（2-14）计算得到这六种模型的双空位形成能，如表 2-5 所示。综合分析可见，在同一层内，计算得到的 near 和 next 位置的 Mo 原子双空位形成能比较接近，near2 和 next2 位置 Mo 原子双空位形成能大小相等，说明 Mo_2C 沿 near 和 next 这两个方向扩展形成双空位的概率接近。near 和 next 位置的双空位形成能比单个 Mo 空位形成能的两倍略高，这说明 Mo 原子的双空位不易在较近邻的位置形成，趋向于在间隔较远处形成，即更容易以单空位形式存在。另外，同一层内距离较远的 2Mo-SL-near2 和 2Mo-SL-next2 的双空位形成能一样，均为 1.833 eV，这主要是由于这两种结构中的空位距离都较远，空位之间的相互作用较小。对

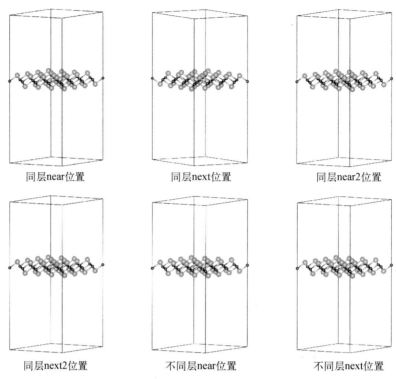

| 同层near位置 | 同层next位置 | 同层near2位置 |
| 同层next2位置 | 不同层near位置 | 不同层next位置 |

图 2-33 构建的 Mo 原子双空位的相对位置示意图(红色原子代表 Mo 空位)

比同一层和不同层 near 位置双空位的形成能可知,Mo 原子双空位趋向于在 Mo_2C MXene 同一层内形成。此外,2Mo-DL-near 位置的双空位形成能为 3.522 eV,要远大于其他相对位置的双空位形成能。这可能是由于当上下层形成相距较近的 Mo 原子双空位后,中间层的 C 原子会不稳定而造成的。综上分析可知,二维 Mo_2C 表面 Mo 原子双空位最容易在同一层且以相距较远的两个单空位形式存在。

表 2-5 不同相对位置的 Mo 原子双空位的形成能

空 位 组 态	E_f/eV	空 位 组 态	E_f/eV
2Mo-SL-near	2.078	2Mo-SL-near2	1.833
2Mo-SL-next	2.116	2Mo-SL-next2	1.833
2Mo-DL-near	3.522	2Mo-DL-next	2.305

2.4.6 空位对 Mo_2C MXene 电子结构的影响

二维 Mo_2C 的潜在应用之一是锂离子电池的电极材料,而导电性对电极材料性能的影响较大。由于电子在空位处的散射和 Li 原子吸附都可能对二维 Mo_2C 材料的导电性质产生显著影响,下面通过计算 TDOS 和 PDOS 来讨论空位和锂原子吸附对 Mo_2C MXene 电子结构的影响。由图 2-34 Mo_2C 和缺陷 Mo_2C-V_{Mo} 在吸附 Li 原子前后的 TDOS 和 PDOS 可见,在理想 Mo_2C、缺陷 Mo_2C-V_{Mo}、吸附 Li 原子的 Mo_2C 和吸附 Li 原子的缺陷 Mo_2C-V_{Mo}

这四种材料中,Mo d 轨道与 C p 轨道都形成了较强的 p-d 轨道杂化,展示出较强的共价键特性。而且这 4 种 Mo_2C MXene 体系均表现出金属导电性,其导电性均主要来自 Mo 4d 电子态的贡献。此外,由 Mo 4d 轨道的 DOS 都呈现较尖锐的峰可知其电子相对比较局域。图 2-34(a)中费米能级(0 eV)两侧的两个尖峰之间的 DOS 值不为 0,此为赝能隙。这个赝能隙比较宽,说明 Mo_2C 成键的共价性较强。而引入 Mo 空位后,这个赝能隙宽度显著减小至不明显[图 2-34(b)],说明 Mo-C 共价性键强度减弱。Mo 空位使得 Mo 4d 轨道的电子态向费米能级靠近,费米能级处的态密度数明显增加,导电性增强。由图 2-34(c)和(d)可见,吸附 Li 原子后,本征 Mo_2C 和缺陷 Mo_2C-V_{Mo} 体系均保持良好的金属导电性,显示 Mo_2C MXene 作为锂离子电池电极材料的巨大潜力。Mo_2C MXene 作为锂离子电池电极材料的离子扩散性能研究将在第 3 章介绍。

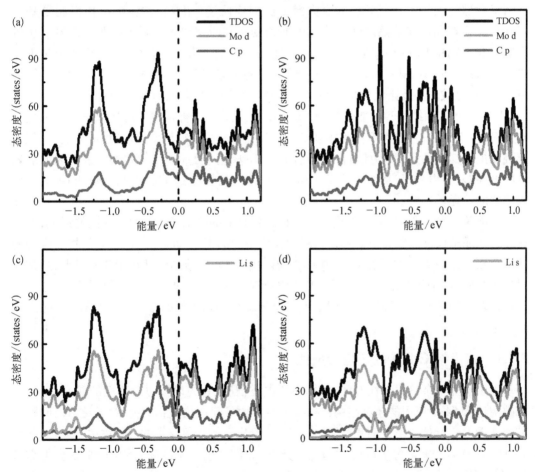

图 2-34　(a) 理想 Mo_2C、(b) 缺陷 Mo_2C-V_{Mo}、(c) 吸附 Li 原子的 Mo_2C 和(d) 吸附 Li 原子的缺陷 Mo_2C-V_{Mo} 的 TDOS 和 PDOS 图;虚线代表费米能级,为了让 C 和 Li 的 PDOS 更清晰可见,将 C 原子的 PDOS 放大了 20 倍,Li 原子的 PDOS 放大了 100

综上所述,在本节研究的 9 种 M_2C MXene 的金属空位形成能为 0.96~2.85 eV,比其他研究广泛的二维材料如石墨烯、二硫化钼和磷烯等更易形成空位。Mo_2C 的空位形成能显著低于其他 8 种 M_2C。对键能 E_b 和重构能 E_r 的分析揭示了空位形成能的差异主要来

源于 M-C 键强的差异。通过 Bader 电荷布居分析发现 Mo_2C 中 Mo 和 C 原子间 Bader 电荷转移最少($0.61|e|$)。此外,Mo 空位扩散的迁移能垒较高($2.35\ eV$),表明空位结构是非常稳定的。最后在单个空位的基础上,研究了 Mo_2C 中形成双空位的情况,结果表明 Mo_2C 中的 M 空位倾向于离散分布。本节的研究结果为全面认识 MXene 材料的金属空位及其形成机理提供了理论基础。

2.5　氧对相变存储材料 GeTe 性能调控的微观机制

微电子技术和物联网的快速发展需要性能优于硅基闪存的非易失存储器,其中相变随机存储器展示了替代闪存的巨大潜力。如前所述,相变存储器的工作机制是基于硫族化合物在晶体和非晶之间的快速可逆相变及其两相间的显著物理性质差异。在诸多硫族化合物中 $GeTe-Sb_2Te_3$ 伪二元化合物是一种最具潜力的相变材料,而掺杂是进一步提高 $GeTe-Sb_2Te_3$ 材料性能的有效方式。有趣的是,通常被半导体工业认为是杂质的氮和氧,却可被作为掺杂元素来提高相变材料的性能。目前的研究集中在探究氮和氧对 $Ge_2Sb_2Te_5$ 和 GeTe 结构和性能的影响,其中 GeTe 是第一个被发现的可快速结晶的相变存储材料,由于 GeTe 相变速度快和非晶稳定性较高而获得了广泛研究。对 GeTe 而言,氧掺杂可以提高其结晶温度,因此可使掺杂后的 GeTe 应用于更高的温度区域。实验表明氧还可以提高 GeTe 电阻率,从而大幅降低 GeTe-O 薄膜的相转变电压,有利于降低 GeTe 相变存储器的功耗。

目前关于氧掺杂 GeTe 微观机理的一种解释是氧的强电负性和 O-Ge 键的形成,但依然缺乏从原子尺度对氧在硫族相变材料中作用机理的深层理解。这包括以下将要阐明的两个方面:① 掺杂氧原子在 GeTe 中的占位。由于 GeTe 结晶温度在 450 K 以上,且结晶过程的时间短(纳秒级别),因此还有必要澄清温度对氧占位的影响;② 氧对 GeTe 电导率的影响及其物理机理。而原子尺度下氧对非晶态结晶动力学的影响及微观机制将在第 4 章讨论。

2.5.1　氧掺杂 GeTe 的缺陷形成能

为了研究掺杂氧原子在 GeTe 结构中的占位情况,首先以棱方对称性的晶态 GeTe 为基础构建含 54 个原子的超胞结构。掺杂氧原子的可能占位包括替换 Ge 或者 Te、间隙区域和靠近 Ge_{Te} 反位缺陷的间隙原子。图 2-35 给出了掺杂氧原子的三种占位:替换 Ge 或 Te(O_{Ge} 或 O_{Te})和间隙位置(O_i)的构型。此外,我们也引入了缺陷对构型,即 O 占据靠近 Ge 的间隙位置的同时存在 Ge 被 Te 替换的反位原子 Ge_{Te}。将结构进行充分弛豫后,发现这种缺陷对构型转变为类似哑铃状的缺陷($O-V_{Te}-Ge$),即 Ge 偏离 Te 位置。之所以提出这种缺陷对构型是因为在 GeTe 非晶的晶化过程中发现了此类缺陷结构的存在。

然后,通过计算并比较缺陷形成能的大小可获得 GeTe 中掺杂氧原子的最可能的占位位置。形成能的计算公式如下:

$$E_{O_{Ge}}^f = E(Ge_{26}Te_{27}O) + \mu(Ge) - E(Ge_{27}Te_{27}) - \mu(O) \qquad (2-16)$$

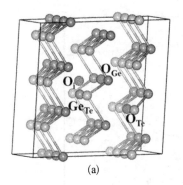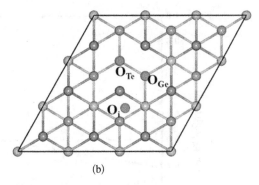

(a)　　　　　　　　　　　(b)

图 2-35　（a）氧在 GeTe 的可能占位；（b）侧视图

$$E_{O_{Te}}^{f} = E(Ge_{27}Te_{26}O) + \mu(Te) - E(Ge_{27}Te_{27}) - \mu(O) \tag{2-17}$$

$$E_{O_i}^{f} = E(Ge_{27}Te_{27}O) - E(Ge_{27}Te_{27}) - \mu(O) \tag{2-18}$$

$$E_{O_i+Ge_{Te}}^{f} = E(Ge_{28}Te_{26}O) + \mu(Te) - E(Ge_{27}Te_{27}) - \mu(O) - \mu(Ge) \tag{2-19}$$

在上述方程中，E 代表超胞的总能，μ 代表相应原子的化学势。由于 Ge、Te 和 O 的化学势是变量，因此很难直接获得缺陷形成能。所以将间隙氧原子的形成能作为参考标准，获得下面的方程：

$$E_{O_{Te}}^{f} - E_{O_i}^{f} = E(Ge_{27}Te_{26}O) + \mu(Te) - E(Ge_{27}Te_{27}O) \tag{2-20}$$

$$E_{O_{Ge}}^{f} - E_{O_i}^{f} = E(Ge_{26}Te_{27}O) + \mu(Ge) - E(Ge_{27}Te_{27}O) \tag{2-21}$$

$$E_{O_i+Ge_{Te}}^{f} - E_{O_i}^{f} = E(Ge_{28}Te_{26}O) + \mu(Te) - E(Ge_{27}Te_{27}O) - \mu(Ge) \tag{2-22}$$

到目前还有两个变量即 μ（Ge）和 μ（Te）没有确定。在 GeTe 中，Ge 和 Te 的化学势满足：

$$E_{GeTe}^{f} + E(Te_{bulk}) \leqslant \mu(Te) \leqslant E(Te_{bulk}) \tag{2-23}$$

$$E_{GeTe}^{f} = \frac{1}{27}[E(Ge_{27}Te_{27}) - 27E(Ge_{bulk}) - 27E(Te_{bulk})] \tag{2-24}$$

$$\mu(Ge) = \frac{1}{27}E(Ge_{27}Te_{27}) - \mu(Te) \tag{2-25}$$

其中上述公式中 $E(Ge_{bulk})$ 和 $E(Te_{bulk})$ 分别是块体材料 Ge 和 Te 的能量。

缺陷形成能的计算结果如图 2-36 所示，由图可见，氧倾向于取代 Te 原子位置，类似现象也存在于 Ge-Sb-Te 系统中。究其主要原因，O 和 Te 都是ⅥA 族元素，具有相近的化学属性。有趣的是，较之 O 作为间隙缺陷存在于富含 Te 的间隙区域，它们更倾向于形成哑铃状的缺陷对（dumbbell-like）。此外，还计算了掺杂氧原子占据不同位置时 GeTe-O 在 Gamma 点处的声子频率：含哑铃状缺陷时 GeTe-O 的声子频率是 487.3 cm^{-1}，含间隙氧时是 627.7 cm^{-1}，O 取代 Te 时是 336.9 cm^{-1}。可见，掺杂原子的占位对 Gamma 点处的声子频率有显著影响，这些振动模式的差异有待于实验研究的进一步验证。

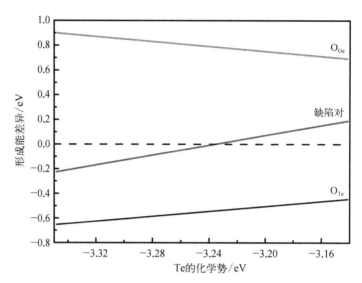

图 2-36 各类缺陷的形成能,以氧位于间隙位置时的情况为参考

2.5.2 氧掺杂对 GeTe 电导率的影响

以上结果表明掺杂氧原子对 GeTe 晶体结构有显著影响,本节将进一步探索其对体系电导率的影响。对电导率的研究采用基于半经验玻尔兹曼传输方程的 BoltzTraP 软件包进行。这里采用的电导率 σ 计算公式如下:

$$\sigma = ne^2\tau/m^* \tag{2-26}$$

n 表示带电量为 e 的载流子浓度;τ 是平均弛豫时间;m^* 是有效质量,可通过能带结构计算得到。计算得到的 300 K 下载流子浓度 n 与 σ/τ 的关系如图 2-37 所示。为了验证计

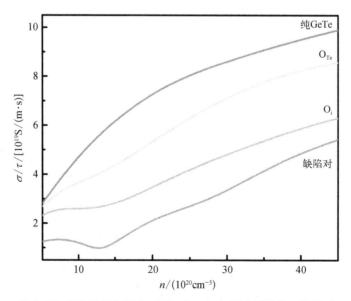

图 2-37 300 K 下氧掺杂 GeTe 中 σ/τ 与载流子浓度 n 的关系

算的准确性,我们也计算了 GeTe 在室温下的电导率:根据 GeTe 相关文献,300 K 下弛豫时间为 5.3 fs,载流子浓度为 21.4×10^{20} cm^{-3},由此根据式(2-26)计算得到的电导率为 3.98×10^{5} S/m,这与实验测得的电导率值 6.67×10^{5} S/m 和 2.09×10^{5} S/m 比较吻合。同时,我们也可以看到,实验结果之间也有巨大差异,这种差异应该主要是由实际材料的成分和缺陷造成的。另外,由图 2-37 可见,对于特定的载流子浓度,加入氧会降低 σ/τ,这意味着氧掺杂的 GeTe 将具有更大的载流子有效质量。

图 2-38 是 GeTe-O 体系的能带结构,可以看出,掺杂氧原子显著改变了体系的带隙状态,尤其是对于氧占据间隙位置的体系[图 2-38(c)]和氧形成哑铃状缺陷时的体系[图 2-38(d)]。更重要的是,无论氧原子占据何种位置,掺杂后 GeTe 费米能级处的能带更平坦,表明体系载流子的有效质量提高。此外,实验结果曾指出 Ge-O 形成会降低载流子浓度 n,从而导致电导率的降低。另外,弛豫时间 τ 代表散射和碰撞的时间间隔,通常认为氧原子掺杂 GeTe 的弛豫时间会缩短。综上所述,降低的 n 和 τ 以及提高的 m^*,必将导致 GeTe-O 电导率显著降低。至此,掺杂氧原子提高 GeTe 电阻率的机制得以阐明。

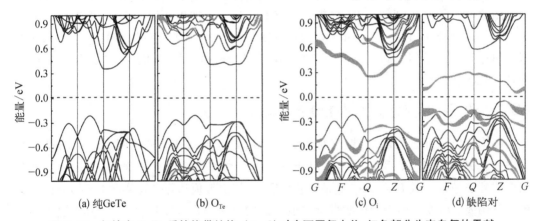

图 2-38　氧掺杂 GeTe 后的能带结构,(a~d)对应不同氧占位,红色部分为来自氧的贡献

2.6　钇掺杂碲化锑

当材料性能不能满足使用需求时,选择合适的掺杂元素来优化或者提升材料的性能是一种最传统和实用的方法。尤其是对于半导体材料,合适的掺杂元素甚至可以显著改变母体材料的性质。这里的掺杂元素或原子也是一种点缺陷,只不过这类点缺陷是研究者根据需求有目的加入的。但是,根据目标性能需求确认最佳掺杂元素却不容易,这往往需要直觉和长时间的试错法。即便如此,试错法时常不尽人意,即使经过长时间寻找仍不能确定最合适的掺杂元素。本节将以相变存储材料 Sb_2Te_3 为例,展示快速获得最佳掺杂元素的研究方法。

2.6.1　相变存储材料 Sb_2Te_3 研究背景

如前所述,以硫族化合物为存储介质的相变随机存储器(PCRAM)是公认的下一代非易失性存储器。PCRAM 利用硫族化合物半导体(也称相变材料)在非晶态(高电阻,RESET 态)和晶态(低电阻,SET 态)之间快速可逆的相变来实现信息存储。由此可见,PCRAM 功耗和寿命与相变材料的熔点、电导率、热导率等物性及结构稳定性息息相关。在 GeTe-Sb$_2$Te$_3$ 伪二元硫族化合物相变材料中,Sb$_2$Te$_3$ 的晶化速率最快,因而其器件的操作速度最快,可达亚纳秒级甚至皮秒级,这比商业化应用的 Ge$_2$Sb$_2$Te$_5$ 要快很多。因此,普遍认为 Sb$_2$Te$_3$ 是非常有前景的相变材料。但是,纯二元 Sb$_2$Te$_3$ 的晶态电阻率较低,因而需要较高的电流或电压才能实现 RESET 即晶态到非晶态的相变,这对降低 PCRAM 的能耗是非常不利的。而且,用纯二元 Sb$_2$Te$_3$ 制成的 PCRAM 器件数据的保持力较差、可靠性较低,这主要归因于非晶态 Sb$_2$Te$_3$ 的热稳定性较低。因此,实验尝试了 N、Si、Zn、Al 和 Ti 等多种掺杂元素以提高 Sb$_2$Te$_3$ 的晶态电阻率和非晶态热稳定性。不幸的是,在器件进行了多次 RESET 和 SET 循环后,所有这些掺杂元素都会导致相变材料发生明显的相分离,即 SET 态除晶相 Sb$_2$Te$_3$ 还有其他杂质相,达不到商业化要求。此外,这些掺杂元素虽然可以通过增强电子散射提高相变材料的电阻率,但也引入了额外的载流子,这对提高电阻率实际上是不利的。因此,我们需要寻找到一种理想的掺杂元素,它不仅能够避免引入额外载流子,还能防止 SET 态的相分离,同时,它还能提高晶态的电阻率和非晶态的热稳定性。显然,通过传统的试错法获得 Sb$_2$Te$_3$ 相变材料的最佳掺杂元素是极其困难和耗时耗力的。

2.6.2 Sb$_2$Te$_3$ 相变材料的最佳掺杂元素

在筛选掺杂元素之前,首先需要明确 Sb$_2$Te$_3$ 的电子结构。先构建 Sb$_2$Te$_3$ 的稳定晶态结构,如第 1 章所示,用第一性原理计算对这个结构进行全面弛豫后,计算它的能带结构或者态密度。简言之,Sb$_2$Te$_3$ 是 p 型半导体,其价带顶和导带底分别由 Te 5p 和 Sb 5p 电子态构成。改变 p 型半导体能带带隙最有效的办法是对导带底进行掺杂,从这个角度看,掺杂能够改变 Sb$_2$Te$_3$ 的导带底意味着这个掺杂元素要占据在 Sb 的位置。有了这些基本认识,就可以基于固体化学制定掺杂策略。假设已经有了最佳掺杂元素 X,把它掺杂进 Sb$_2$Te$_3$ 的晶体后,进行数据擦写循环过程,亦即经过非晶态与晶态之间的无数次可逆相变后,晶态没有发生相分离,也就是说 X-Sb$_2$Te$_3$ 能够永远保持其菱方稳定结构,这意味着 X 与 Te 能结晶于类似 Sb$_2$Te$_3$ 的菱方稳定结构 X$_2$Te$_3$,这是相似性致使最稳定的固体化学思想。再考虑到 X 如果不会引入额外的载流子,那么 X 的价态应该与 Sb 相同。基于这些标准,我们在无机晶体结构数据库(ICSD)中搜索 X$_2$Te$_3$ 相,最后将目标锁定在 Y$_2$Te$_3$。

2.6.3 Y$_2$Te$_3$ 的晶格结构和电学性能

严格意义上讲,虽然 ICSD 中没有菱方结构($R\bar{3}m$)的 Y$_2$Te$_3$,但这并不意味着不存在菱方 Y$_2$Te$_3$。另外,我们通过文献调研发现,曾有报道 YSbTe$_3$ 和 YBiTe$_3$ 的晶体结构与 Sb$_2$Te$_3$ 相同,都是菱方结构。下面假设 Y$_2$Te$_3$ 结晶为菱方结构,然后用第一性原理计算研究其稳定性和电子结构,进而判断钇(Y)能否满足 Sb$_2$Te$_3$ 对掺杂元素的需求。图 2-39(a)给出了菱方晶体结构的 Y$_2$Te$_3$,与 Sb$_2$Te$_3$ 相似,Y$_2$Te$_3$ 的一个晶胞由三个五层原子结构组成,每层沿 c 轴方向依次按 Te-Y-Te-Y-Te 排布。考虑到精确性,在实施第一性原理计算时,选取更多层电子作为 Y 的价电子,即选取 $4p^6 4s^2 4d^1 5s^2$ 作为赝势中 Y 的价电子。将 Y_2Te_3 全面弛豫后分析其结构信息,发现两个紧邻 Te 原子层之间的 Te-Te 键长为 4.025 Å。这比两个 Te 原子的共价半径之和 2.76 Å 大得多,说明与 Sb_2Te_3 及其他层状 Ge-Sb-Te 化合物类似,Y_2Te_3 中的 Te-Te 层之间也是通过范德瓦耳斯力弱键键合的。弛豫后 Y_2Te_3 的晶格常数 a 和 c 分别为 4.298 Å 和 31.306 Å。菱方 Sb_2Te_3 结构弛豫后的晶格常数 a 和 c 分别为 4.243 Å 和 30.928 Å。Y_2Te_3 与 Sb_2Te_3 的晶格常数 a 只相差 0.055 Å,以 Sb_2Te_3 为参照,在 (001) 面内的晶格错配度只有 1.30%。这个极小的晶格错配度保证了层状单晶 $(Y_2Te_3)_n (Sb_2Te_3)_m$ 的结构稳定性,这对于相变存储器的循环稳定性是非常重要的。类似地,我们通过计算发现,实验研究中尝试的其他掺杂元素 X(如 N、Si、Zn、Al、Ti)的 X-Te 化合物与 Sb_2Te_3 的晶格错配度都是非常大的,最小的晶格错配度也高达 11%,这也预示了相变存储器 RESET 和 SET 循环中材料的不稳定性。

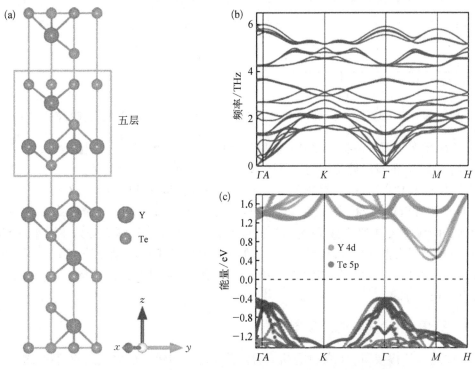

图 2-39　(a) 菱方 Y_2Te_3 的晶体结构,橙色框内代表五层 Te-Y-Te-Y-Te;(b) 声子谱;(c) 投影能带结构,红线和蓝线分别代表 Y 4d 和 Te 5p 电子的贡献,其中费米能级设置为 0 eV

接下来确认菱方 Y_2Te_3 的稳定性。首先用 PHONOPY 计算 Y_2Te_3 的声子谱,如图 2-39(b) 所示,没有任何虚频波矢量出现,说明菱方 Y_2Te_3 在晶格动力学上是稳定的。然后用第一性原理计算 Y_2Te_3 的弹性常数 c_{ij},再结合 Born 力学稳定性判据 $c_{11}-c_{12}>0$、$(c_{11}-c_{12})c_{44}-2c_{14}^2>0$ 和 $(c_{11}+c_{12})c_{33}-2c_{13}^2>0$ 来确认菱方 Y_2Te_3 的力学稳定性。其中,前两个判据对应剪切稳定性,最后的判据对应体积效应。计算结果表明 Y_2Te_3 的弹性常数 c_{ij} 满足上述判据,进而确认了其菱方结构的力学稳定性。最后,菱方 Y_2Te_3 的动力学稳定性还可通过第一性原理分子动力学(AIMD)模拟进一步验证。这里选取了比较高的温度 800 K 进行第一性原理分子动力学模拟,以便加速原子的运动和晶格的破坏。这样一来,如果结构不稳定,可以在短时间内出现晶格坍塌。这里构建了含 240 个原子的菱方 Y_2Te_3 超胞,在 800 K 下进行了 20 ps 的第一性原理分子动力学模拟。图 2-40(a)和(b)分别给出了系统温度和总能随时间的变化,可以看出,系统总能一直为一个稳定的平均值随时间上下波动,这表明菱方 Y_2Te_3 是动态稳定的。总之,以上计算结果表明,使用 Y 掺杂 Sb_2Te_3 只会导致非常小的晶格畸变,且在动力学和力学方面都具有非常好的稳定性。

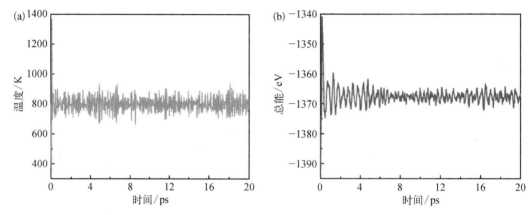

图 2-40　第一性原理分子动力学模拟中 800 K 下温度(a)和总能(b)随时间的变化关系

最后计算菱方 Y_2Te_3 的电子结构,预测 Y 是否能有效调节 Sb_2Te_3 的电学性质。图 2-39(c)给出了 Y_2Te_3 的投影能带结构,可见,菱方 Y_2Te_3 是间接带隙半导体,价带顶位于 Γ 点处,而导带底在 M 点附近,其带隙大小为 0.83 eV,这比 Sb_2Te_3 的带隙(0.28 eV)大得多,预示着掺杂 Y 有望增大 Sb_2Te_3 的带隙。而且,如图 2-39(c)所示,导带边缘态主要来自 Y 4d,而价带边缘态主要来自 Te 5p,这与 Sb_2Te_3 中导带、价带边缘态分别主要来自 Sb 5p 和 Te 5p 的情况类似。Y_2Te_3 和 Sb_2Te_3 的带隙是电荷转移带隙,主要取决于 Y-Te 和 Sb-Te 的键强。上述 Y_2Te_3 和 Sb_2Te_3 能带结构特征的相似性表明用 Y 掺杂来调节 Sb_2Te_3 电子性质的方案是可行的。

2.6.4　钇掺杂 Sb_2Te_3 的形成能

下面进行 Y 掺杂 Sb_2Te_3 的计算机实验。首先需要构建一个比较大的超胞,这里使用了包含 60 个原子的 $2\times2\times1$ 的 Sb_2Te_3 超胞[图 2-41(a)]。对于单个 Y 原子掺杂的系统,存在四种可能的掺杂形式:取代一个 Sb 原子(写成 Y_{Sb}),取代一个位于相邻五层结构界面处的 Te 原子(写成 Y_{Te1}),取代一个五层结构中间的 Te 原子(写成 Y_{Te2}),占据相邻五层结构处的间隙位置(写成 Y_i),取代位置均图示于图 2-41(a)。Y 掺杂 Sb_2Te_3 的形成能由下式计算:

$$E^f[X] = E_{tot}[X] - E_{tot}[bulk] - \sum_i n_i \mu_i \qquad (2-27)$$

其中,$E_{tot}[X]$ 和 $E_{tot}[bulk]$ 代表超胞有、无 Y 掺杂时的总能;n_i 代表掺杂时在超胞中加入($n_i > 0$)或者移除($n_i < 0$)的类型为 i 的原子数量(基体原子或者掺杂原子);μ_i 是这些物质的化学势,取决于实验生长条件可考虑富 Te 或贫 Te(或之间)的情况。Sb 和 Te 的化学势

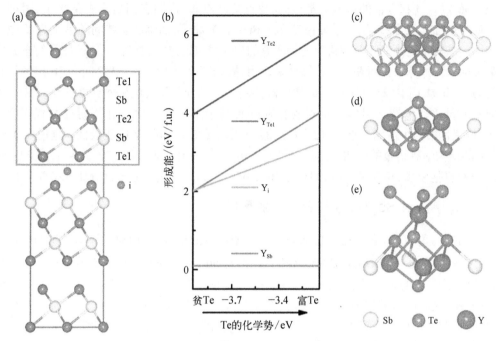

图 2-41　（a）Sb_2Te_3的 2×2×1 超胞晶体结构，由沿 c 轴方向 Te1-Sb-Te2-Sb-Te1 五层构成，其中存在范德瓦耳斯力的 Te 原子记为 Te1，Y 掺杂原子存在三种可能的替换位置，即 Sb、Te1 和 Te2，以及相邻 Te1 原子层之间的间隙位置 i；（b）Sb_2Te_3中不同 Te 化学势下四种占据状态 Y_{Sb}、Y_{Te1}、Y_{Te2} 和 Y_i 的形成能；超胞中增加 Y 掺杂量时的稳定构型：掺杂两个（c）、三个（d）和四个（e）Y 原子

受限于表达式 $2\mu_{Sb}+3\mu_{Te}=E_{tot}[Sb_2Te_3]$，而 Y 和 Te 的化学势受限于表达式 $2\mu_Y+3\mu_{Te}=E_{tot}[Y_2Te_3]$。在富 Te 条件下，Te 的化学势上限 $\mu_{Te}^{max}=\mu_{Te}[bulk]$，从而得到 μ_{Sb} 和 μ_Y 的下限：

$$\mu_{Sb}^{min}=(E_{tot}[Sb_2Te_3]-3\mu_{Te}[bulk])/2 \tag{2-28}$$

$$\mu_Y^{min}=(E_{tot}[Y_2Te_3]-3\mu_{Te}[bulk])/2 \tag{2-29}$$

同样地，在贫 Te 的条件下，Te 的化学势下限为

$$\mu_{Te}^{min}=\max\left\{\begin{array}{l}(E_{tot}[Sb_2Te_3]-2\mu_{Sb}[bulk])/3,\\(E_{tot}[Y_2Te_3]-2\mu_Y[bulk])/3\end{array}\right\} \tag{2-30}$$

从而得到 μ_{Sb} 和 μ_Y 的上限：

$$\mu_{Sb}^{max}=(E_{tot}[Sb_2Te_3]-3\mu_{Te}^{min})/2 \tag{2-31}$$

$$\mu_Y^{max}=(E_{tot}[Y_2Te_3]-3\mu_{Te}^{min})/2 \tag{2-32}$$

计算中，采用 Sb、Te 的三方相和 Y 的六方相作为化学势参考元素的体相，式中的 $E_{tot}[Sb_2Te_3]$ 和 $E_{tot}[Y_2Te_3]$分别是 Sb_2Te_3 和 Y_2Te_3 单胞的总能。Y 掺杂 Sb_2Te_3 的形成能见图 2-41（b），显然，无论富 Te 还是贫 Te 的化学环境，在这四种可能的掺杂组态中，Y 替代 Sb（Y_{Sb}）的形成能总是最低，只有 0.2 eV/f.u. 左右，这个形成能是非常低的，表明 Y 取代 Sb 原子很容易

实现。而 Y_i、Y_{Te1} 和 Y_{Te2} 的形成能都很高,超过 2 eV/f.u.,说明它们的形成要比 Y_{Sb} 困难得多。如果增加 Y 原子掺杂含量,如掺杂 2、3 和 4 个 Y 原子,面临的首要问题是这些 Y 原子在 Sb_2Te_3 结构中是倾向于分散排布还是团聚的。这可以通过构建多种可能的原子组态并实施第一性原理计算来分析获得。计算结果表明,掺杂两个 Y 原子时,替换同一 Sb 层中最近邻的两个 Sb 原子[图 2-41(c)]形成能最低;掺杂三个 Y 原子时,也是替换同一 Sb 层中最近邻的三个 Sb 原子[图 2-41(d)]的形成能最低;而掺杂四 Y 原子时,三个 Y 原子替代三个近邻 Sb 位置且第四个占据邻近 Sb 层中最近的 Sb 原子(图 2-41e)形成能最低。这说明 Y 在 Sb_2Te_3 的结构中有团聚的倾向。此后,采用 $Y_xSb_{2-x}Te_3$ 表示 1、2、3 和 4 个 Y 原子掺杂的 60 个原子的超胞模型,相应的 $x=0.083$、0.167、0.25、0.333(此即原子百分比 6.67% Y)。

2.6.5 钇掺杂对 Sb_2Te_3 本征载流子的影响

前面提到 Sb_2Te_3 中的 Sb_{Te} 反位缺陷是其 p 型导电的根源,下面通过计算对比 Sb_2Te_3 中的 Sb_{Te} 在有和无 Y 掺杂时的形成能,分析 Y 掺杂对 Sb_{Te} 反位缺陷形成的影响。没有任何掺杂时,Sb_{Te} 反位缺陷的形成能为 0.377 eV。引入 Y 掺杂时,Sb_{Te} 的形成能增加(表 2-6),而且,Sb_{Te} 离 Y 越近,形成能越大。考虑到掺杂元素和反位缺陷在实际材料中的浓度和分布,Y 会抑制 Sb_{Te} 反位缺陷的形成。因此,Y 掺杂将减少 Sb_{Te} 反位缺陷的数量进而减小空穴载流子密度,这对提高 Sb_2Te_3 的电阻率是有利的。

表 2-6　Sb_2Te_3 中有和无 Y 掺杂时施主缺陷 Sb_{Te} 的形成能

$x=0.083$	分　布	$\Delta E_{form}/eV$
$Sb_{2+x}Te_{3-x}$	Sb_{Te}	0.377
$Y_{0.083}Sb_{1.916+x}Te_{3-x}$	$d(Y-Sb_{Te}) = 15.384$ Å	0.412
	$d(Y-Sb_{Te}) = 5.387$ Å	0.440
	$d(Y-Sb_{Te}) = 3.029$ Å	0.812

注:Y 和 Sb_{Te} 的距离记作 $d(Y-Sb_{Te})$。

由此分析可以得出,作为掺杂剂,钇不仅可以造成碰撞时间 τ 的减少,而且钇掺杂还可通过两种其他途径进一步降低 Sb_2Te_3 的导电性:① 通过调节 Sb_2Te_3 的能带结构来增加有效质量(后面章节将详细讨论);② 通过抑制 Sb_{Te} 反位缺陷的形成降低载流子浓度。增加有效质量和减小载流子浓度都会导致电导率的下降,这对于高密度数据存储和移动应用中的低能耗需求是非常有利的。

2.6.6 钇掺杂对 Sb_2Te_3 能带结构的影响

为深入理解 Y 掺杂对 Sb_2Te_3 能带结构的影响,将 $Y_xSb_{2-x}Te_3$($x=0$、0.083、0.167、0.25、0.333,简称 YST)的能带结构沿布里渊区中的高对称路径展开并进行第一性原理计算。由图 2-42(a)的能带结构可见,Sb_2Te_3 在 Γ 点有一个大小为 0.12 eV 的直接带隙,这与之前的研究结果相符。值得一提的是,A 点的带隙为 0.52 eV,比 Γ 点的大得多。Y 掺杂后,在 Y 浓度最大情况下即 $Y_{0.333}Sb_{1.667}Te_3$,带隙增大至 0.30 eV,而且 VBM 和 CBM 的位置从 Γ 点转换到 A 点,同时保持了直接带隙特性[图 2-42(b)]。对于 $Y_{0.333}Sb_{1.667}Te_3$,费米能级附近的导带主要来自 Sb 的 5p 轨道和 Y 的 4d 轨道,而费米能级附近的价带由 Te 的 5p 轨道组成,展现出 Sb_2Te_3 与 Y_2Te_3 的混合能带特征。为了进一步理解 Y 掺杂浓度对 Sb_2Te_3 带隙的影响,我们将不同 Y 浓度下的(E_{gap})、A 点带隙(E_{gap}^A)和 Γ 点带隙(E_{gap}^Γ)值以掺杂浓度为横坐标作图[图 2-42(c)]。显然,随 Y 浓度增加,E_{gap}^A 减小而 E_{gap}^Γ 增加,在 $x=0.167$ 时两者的值相等。在 $x=0.167$ 和 0.25 时,掺杂体系都是间接带隙且比 E_{gap}^Γ 和 E_{gap}^A 稍小。在 $x=0.333$ 时,掺杂体系再次转变为直接带隙,但是其最小带隙位置出现在 A 点而不是 Γ 点[图 2-42(b)和(c)]。总体而言,随着 Y 掺杂浓度从 0.083($Y_{0.083}Sb_{1.917}Te_3$)增加到 0.333($Y_{0.333}Sb_{1.667}Te_3$),YST 的带隙大小虽然随着 Y 浓度不是单调递增的,但是均比 Sb_2Te_3 的大得多。其中,$Y_{0.167}Sb_{1.833}Te_3$ 的带隙最大,比 Sb_2Te_3 的带隙值高了 0.21 eV。考虑 SOC 影响下,YST 的间隙仍然有随 Y 浓度增大而增大的趋势。总之,计算结果表明 Y 掺杂能够有效增加 Sb_2Te_3 带隙。

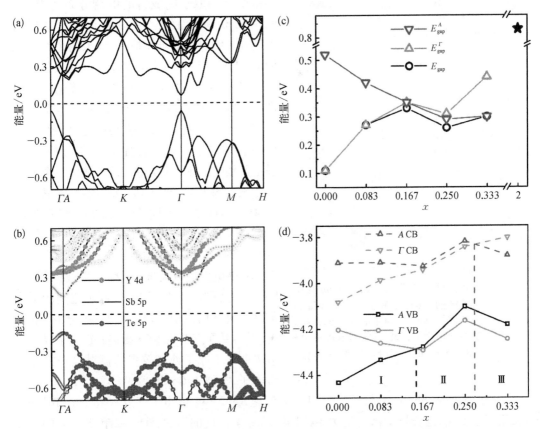

图 2-42　(a) Sb_2Te_3 能带结构,其中 Γ 点处带隙约为 0.12 eV;(b) $Y_{0.333}Sb_{1.667}Te_3$ 投影能带结构,其中红色、黄色和蓝色分别代表 Y 4d、Sb 5p 和 Te 5p 电子贡献;费米能级均设置为 0 eV;(c) $Y_xSb_{2-x}Te_3$ 的带隙,其中五角星表示菱方 Y_2Te_3 的带隙;(d) A 点和 Γ 点的价带(VB)和导带(CB)的演化,根据能带结构不同按 x 划分三个区域,其中区域 I、II 和 III 分别是直接带隙、间接带隙和直接带隙,其转变的临界值 x 分别为 0.153 和 0.269

接下来的问题是 Y 掺杂为什么能够增大 Sb_2Te_3 的带隙,其根源是什么。单从 Y_2Te_3 的带隙比 Sb_2Te_3 大来理解是不足够的。下面首先看看随着 Y 浓度增加,A 点和 Γ 点的 VB

和 CB 的演化,如图 2-42(d)所示,再结合图 2-42(c)可以发现,当掺杂浓度 $x<0.153$ 时,E_{gap}^{Γ} 的增加归因于 Γ 点 CB 随着 Y 浓度增加向上移动而 VB 则随着 Y 浓度增加向下移动;在 A 点处,随着 Y 浓度增加 CB 向下而 VB 向上移动,从而导致 E_{gap}^{A} 减小。根据能带结构特征,可以将其划分为三个区域[图 2-42(d)]。区域 I:$0\leqslant x\leqslant0.153$,直接带隙,CBM 和 VBM 都位于 Γ 点;区域 II:$0.153<x<0.269$,间接带隙,VBM 在 A 点而 CBM 在 Γ 点;区域 III:$0.269\leqslant x\leqslant0.333$,直接带隙,CBM 和 VBM 都位于 A 点。此外,还可以看到,A 点的 CB 和 Γ 点的 VB 对于 Y 掺杂的敏感性相对其他点稍弱,Γ 点的 CB 和 A 点的 VB 随着 Y 浓度增加有增长的趋势,而直接带隙或间接带隙是 A 和 Γ 点的能带边缘态竞争的结果。

下面再从化学键即差分电荷密度(CDD)的角度更深入地理解 Y 掺杂对能带带隙的影响。作为 YST 的典型代表,图 2-43 给出了 $Y_{0.083}Sb_{1.917}Te_3$ 的差分电荷密度。CDD 揭示了结构中近邻原子间成键的电荷分布的差异。利用 CDD 等值面(透明的红色区域)可以展示电荷在三维空间的堆积情况,如果两个原子之间 CDD 堆积多,表明其是共价键且比较强。电荷差异是相对于孤立原子叠加计算的。分析图 2-43 可以得出以下结论:① Sb 与其紧邻的 Te 原子形成了三强三弱的共价键,如图 2-43(b)所示,这与纯 Sb_2Te_3 的情况是类似的,三个强键是较短的 Sb-Te1 键(2.995 Å),三个弱键是较长的 Sb-Te2 键(3.143 Å);② Y 和紧邻的 Te 原子形成了六个同等强度的共价键,如图 2-43(c)所示,这与 Sb-Te 键截然不同,但与 Ti 掺杂的 Sb_2Te_3 情况类似;③ Y-Te 键具有比 Sb-Te 键更大的电荷堆积,表明 Y-Te 键要比 Sb-Te 键更强。Y 原子与 Te 原子之间的更强的共价键作用源于其杂化的 Y 4d 与 Te 5p 轨道,并导致了 YST 带隙的提高;④ 电子局域函数表明 Te1 原子处有较多的孤对电子或非成键电子,类似于 $Ge_2Sb_2Te_5$。

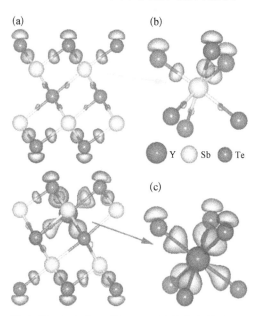

图 2-43 (a) $Y_{0.083}Sb_{1.917}Te_3$ 的差分电荷密度,其中只展示了两个五层;(b) Sb 为中心原子的结构,其中包括三个强键和三个弱键;(c) Y 为中心原子的结构,其中包括六个强键,等值面取固定值 $+0.006$ $e/Bohr^3$(1 Bohr≈0.0529 nm)

另外,Y 掺入 Sb_2Te_3 引起了各类键长的变化,图 2-44 给出了 YST 中的 Sb-Te1、Sb-Te2 和 Te-Te 的键长与 Y 浓度的关系,可见,随着 Y 浓度的增加,Sb-Te2 和 Te-Te 的键长几乎线性增加,而 Sb-Te1 键长则线性减小。较之纯 Sb_2Te_3,Sb-Te1 键长减小了 0.45%,而 Sb-Te2 和 Te-Te 键长分别增加了 0.94% 和 1.20%。键长的变化是键强变化的表象,从而也会导致带隙变化。为了验证这个观点,可以进行如下的计算和分析。首先,假设 Y 掺杂对 Sb_2Te_3 的键长没有任何影响,如使用 Sb_2Te_3 晶格常数与原子坐标位置对 $Y_{0.333}Sb_{1.667}Te_3$ 直接进行第一性原理静态计算,计算结果显示 $Y_{0.333}Sb_{1.667}Te_3$ 能带结构中 A 点和 Γ 点的带隙分别为 0.36 eV 和 0.47 eV。再与弛豫后 $Y_{0.333}Sb_{1.667}Te_3$ 的 A 点(0.30 eV)和 Γ 点(0.44 eV)的带隙对比,发现弛豫对 A 点的带隙影响较大,减小了 16.7%,而 Γ 点的仅减小了 6.4%,影响较小。这个结果间接说明了 A 点的带隙对键长的变化更加敏感,也可以更进一步地理解随着 Y 浓度的增加,YST 带隙的位置从 Γ 点逐渐转换到 A 点。

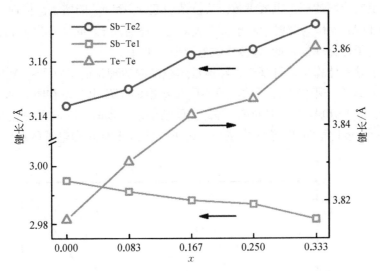

图 2-44　**YST 中 x 从 0 变到 0.333 时 Sb-Te1、Sb-Te2 和 Te-Te 的键长,其随 Y 浓度增加几乎线性变化**

2.6.7　钇掺杂对 Sb_2Te_3 电导率及其存储器 RESET 电流的影响

首先介绍通过微扰论计算有效质量的方法,当体系仅包含两个能带即价带和导带时可以使用以下简化方程:

$$\frac{1}{m^*} = \frac{1}{m} + 2\left(\frac{\hbar^2}{m^2}\right)\frac{|\langle c \mid p \mid v \rangle|^2}{E_g} \tag{2-33}$$

其中,E_g 是能隙,c 和 v 分别表示导带和价带边缘,Y 掺杂引起的 Sb_2Te_3 带隙增大表明载流子的有效质量(m^*)增大。此外,基于能带结构,有效质量也可以通过 $m^* = \hbar^2(\partial^2 E(k)/\partial k^2)^{-1}$ 获得。表 2-7 列出了不同 Y 浓度时的载流子有效质量。可以看出,随着 Y 浓度增加,空穴和电子的有效质量均增大。

表 2-7　计算得到的载流子有效质量(电子质量单位)

	电　子		空　穴	
	A	Γ	A	Γ
Sb_2Te_3		−0.038		+0.051
		−0.054[a]		+0.045[a]
$Y_{0.083}Sb_{1.917}Te_3$		−0.070		+0.059
$Y_{0.167}Sb_{1.833}Te_3$		−0.148		+0.075
$Y_{0.25}Sb_{1.75}Te_3$	−0.138			+0.101
$Y_{0.333}Sb_{1.667}Te_3$	−0.155		+0.104	

a. Yavorsky B Y, Hinsche N F, Mertig I, et al. 2011. Electronic structure and transport anisotropy of Bi_2Te_3 and Sb_2Te_3. Physical Review B: Condensed Matter, 84(16): 165208.

接下来研究 Y 掺杂后电导率的变化。电导率是电子和空穴贡献的总和，$\sigma = (n_e\mu_e + p_e\mu_h)$，其中 $\mu_e = e\tau/m_e^*$，$\mu_h = e\tau/m_h^*$。碰撞时间 (τ)、有效质量 (m_e^*, m_h^*)、载流子浓度 (n, p) 是决定电导率的三个重要参数。Y 掺杂引起 m_e^* 和 m_h^* 的增大。同时，类似之前工作中的 N、O 和 Al，Y 作为散射中心也会大大缩短碰撞时间 τ。m_e^*、m_h^* 的增大和 τ 的缩短均会引起载流子迁移率的降低，直接导致电导率 σ 减小。

体系的电导率计算是通过基于半经典玻尔兹曼输运理论的 BoltzTrap 软件包，其中弛豫时间固定为 12 fs。不同载流子浓度下不同 Y 浓度的 YST 电导率在图 2-45 中展示。显然，计算出的 Sb$_2$Te$_3$ 电导率与 Hinsche 等的实验结果是一致的。随着 Y 浓度增加，相同载流子浓度下（无论正负）的电导率均减小。这可以归因于空穴和电子的载流子有效质量的增大。

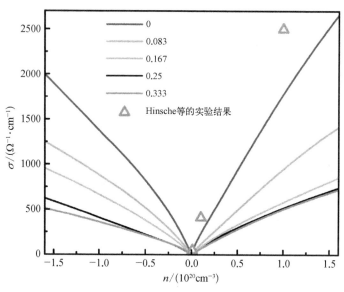

图 2-45 Y$_x$Sb$_{2-x}$Te$_3$ 中 x 分别为 0、0.083、0.167、0.25 和 0.333 时计算得到不同载流子浓度下的电导率，其中正负载流子浓度分别代表 p 型和 n 型掺杂，三角形是实验报道数据

另外，Y 掺杂也会减小 Sb$_2$Te$_3$ 的本征载流子密度。实验上，Sb$_{Te}$ 反位缺陷的存在被认为是空穴浓度为 10^{20} cm^{-3} 的 p 型起源。这里通过计算 Sb$_{Te}$ 反位缺陷的形成能和电荷转移能级来理解 Sb$_{Te}$ 是否为应当考虑的缺陷类型。带电缺陷的形成能表明 Sb$_{Te}$ 缺陷在负电荷状态 (-1) 是最稳定的。转移能级，即最低能量电荷状态变化时的费米能级位置，可由形成能差异得出，这在 2.2.3 节带电缺陷形成能与本征载流子中已经详细讨论过。从图 2-7(b) 得到的热力学转移能级中，可以清晰看到从负电荷态到中性电荷态的跃迁能级 $\varepsilon(-1/0)$ 是在 VBM 以下，且是一个浅受主。因此，Sb$_{Te}$ 反位缺陷确实是导致 p 型掺杂的原因。通过计算对比 Sb$_2$Te$_3$ 中的 Sb$_{Te}$ 在有无 Y 掺杂时的形成能，可以分析 Y 掺杂对于 Sb$_{Te}$ 反位缺陷形成的影响。没有 Y 掺杂时，Sb$_{Te}$ 反位缺陷的形成能为 0.377 eV。引入 Y 掺杂剂时，Sb$_{Te}$ 的形成能大大增加。特别是，Sb$_{Te}$ 离 Y 越近，形成能越大。考虑到掺杂剂和反位缺陷在实际情况的浓度和分布，Y 对 Sb$_{Te}$ 反位缺陷的形成有负面影响。因此，Y 掺杂有

利于减少反位缺陷 Sb_{Te} 的数量从而减小空穴载流子密度。

综上可以看到,除了像其他掺杂剂一样缩短碰撞时间 τ,Y 掺杂剂还会通过两种其他途径降低 Sb_2Te_3 的电导性。第一,通过调节 Sb_2Te_3 的能带结构来增加有效质量。第二,通过抑制 Sb_{Te} 反位缺陷的形成来减小载流子密度。有效质量的增加和载流子浓度的减小都会导致电导率的下降,这对于高密度数据存储和移动应用中的低能耗需求是非常有帮助的。

从非晶态到晶态的相变过程中,相变存储单元可以被视为晶态部分和非晶态部分的结合,这可以被当作两个电阻的串联。RESET 电流可以通过等式 $I = \sqrt{Q / R_c \Delta t}$ 计算,其中 Q 是焦耳热,Δt 是脉冲长度,R_c 是 RESET 过程中相变存储材料晶相区域的平均电阻。仅考虑 Y 掺杂对 Sb_2Te_3 主要载流子即空穴的有效质量的影响,从纯 Sb_2Te_3 到 $Y_{0.25}Sb_{1.75}Te_3$,空穴有效质量翻倍(表 2-7),结果使得 $n = 1 \times 10^{20}$ cm^{-3} 下电阻率升至 3.5 倍(图 2-45)。在这种情况下,RESET 电流会减小 46%,这将允许更大的驱动能力,同时最大限度地减少单元面积,从而提高数据存储密度。

2.6.8　钇掺杂对非晶 Sb_2Te_3 热稳定性的影响

Sb_2Te_3 应用在相变存储方面的限制之一就是室温下较差的非晶态热稳定性。因此,Y 对非晶态热稳定性的影响是需要关注的重要问题。YST 基存储单元的数据保持力和稳定性可以通过比较非晶态 Sb_2Te_3(a-Sb_2Te_3)和 YST(a-YST)的热稳定性得出。与晶态相比,非晶态是高能态,结晶过程通常会导致能量降低。图 2-46 展示了 a-Sb_2Te_3 和 a-YST 在 600 K 下的总能的变化,其中 $Y_{0.333}Sb_{1.667}Te_3$ 作为 a-YST 的代表。这里使用了远高于室温的退火温度(600 K)以加速非晶态的结构变化过程。显然,a-Sb_2Te_3 的总能随着时间单调递减,而 a-YST 的总能变化则很缓慢,这表明 a-YST 比 a-Sb_2Te_3 热稳定性好得多,因此 YST 基存储单元的数据保持力和稳定性应该比 Sb_2Te_3 的更好。

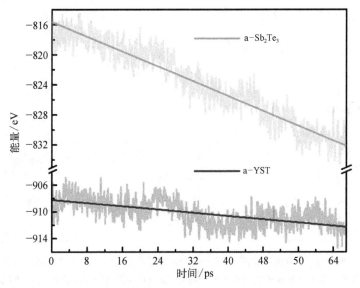

图 2-46　a-Sb_2Te_3 和非晶 $Y_{0.333}Sb_{1.667}Te_3$(a-YST)在 600 K 下
第一性原理分子动力学模拟 66 ps 过程中的总能变化

　　理论上讲,目前的第一性原理计算方法不能计算出非晶态的电阻率。但是,YST 晶态和非晶态的电阻率差异可以通过比较结构来推断。图 2-47 给出了 a-Sb_2Te_3 和 a-YST 在600 K 下退火 66 ps 后的结构快照。在 a-Sb_2Te_3 中可以清晰地看到局部有序且类似晶相的区域,而在 a-YST 中则没有。a-Sb_2Te_3 中晶区的快速出现表明其非晶态比 a-YST 更容易晶化。因此,使用同样的淬火速率得到非晶态时,Sb_2Te_3 中会存在晶核而 YST 中则没有,这些高度有序区域的存在也可以解释实验中 SET 和 RESET 态仅有一个数量级的电阻率差异。另外,a-YST 中不会出现局部晶化的区域将有利于提高 a-YST 的晶化温度及其与晶态的电阻率差异,这对于提高存储器件的数据保持力和窗口是非常有利的。

(a) a-Sb_2Te_3　　　　　　　　　　　　　　　　　(b) a-YST

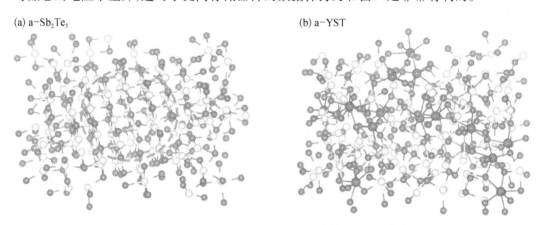

图 2-47　a-Sb_2Te_3(a)和(b)a-YST 退火模拟中的计算模型

　　为了研究 a-YST 热稳定性提高的起源,这里分析了原子间的电子堆积。图 2-48 展示了由熔化淬火技术得到的 a-Sb_2Te_3 和 a-YST 的典型结构。对于 a-YST,Y 原子在系统中随机分布。Y 和 Te 之间的强相互作用对于提高 a-YST 的结构稳定性做出了主要贡献,这可以通过分析 CDD 等值面看出。如图 2-48(b)所示,一个 Sb 原子和三个 Te 原子形成了相对较弱的共价键,而一个 Y 原子和六个 Te 原子形成了强共价键[图 2-48(c)]。

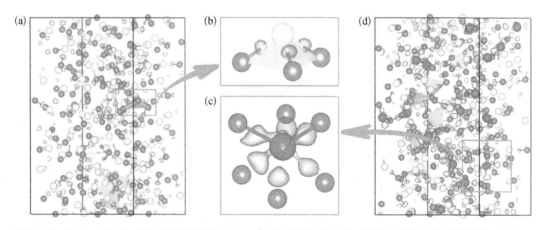

图 2-48　(a) a-Sb_2Te_3 的差分电荷密度;(b) 一个 Sb 原子和三个 Te 原子之间的三个弱共价键;(c) 一个 Y 原子和六个 Te 原子之间的六个强共价键;(d) 非晶态 $Y_{0.333}Sb_{1.667}Te_3$ 的差分电荷密度,其中由三个键与四个原子构成的多面体用绿色表示,最大近邻原子距离设置为 3 Å,等值面设置为+0.008 e/$Bohr^3$

2.6.9　钇掺杂对 a-Sb$_2$Te$_3$晶化的影响

使用模板法模型,即将非晶态夹在晶相中而构造的包含晶相和非晶态的模型结构(第 4 章详细介绍),采用第一性原理分子动力学模拟还可以揭示钇掺杂对 Sb$_2$Te$_3$晶粒生长的影响。图 2-49(a)给出了在 600 K 下退火后 a-Sb$_2$Te$_3$的结构,可以看出,在非晶晶化的过程中没有出现明显的晶格错配和扭转。不同的是,钇掺杂后,在非晶晶化的过程中,发现单个钇原子可以导致晶格扭转,并且阻碍晶化区域的扩展,如图 2-49(b)所示。在 700 K 下模拟的钇掺杂非晶结构演变也出现了类似的晶格错位和晶相区域的生长延缓,如图 2-49(c)所示。值得一提的是,观察到的沿晶面生长钉扎的空间范围达到了整个模型的长度尺度,远远超过了 Y 配合物本身的长度。这可以通过 Sb-Te 和 Y-Te 的键长与键角完全不同的事实来理解。Sb 和 Te 形成三个强共价键和三个相当弱的共价键,而 Y 形成六个等价的强共价键。为了进一步研究钇掺杂原子对结构的影响,在晶体模型中突出显示了 Y 原子周围的原子,如图 2-49(d)所示。与呈 90°角的 Sb-Te 键相比,Y-Te 键没有呈现直角。在晶相生长过程中,接近直角的晶格会在 Y 掺杂处发生扭转或变形,从而导致晶粒细化。

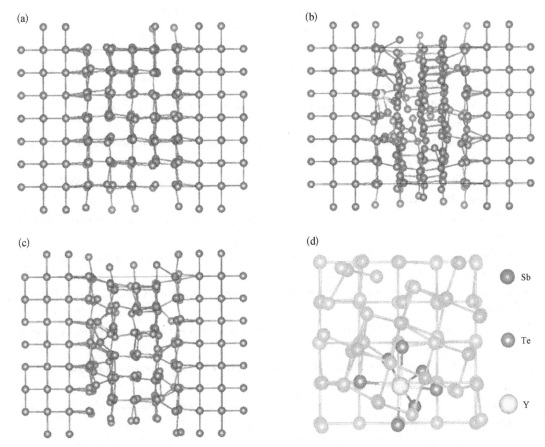

图 2-49　(a) 600 K 下 Sb$_2$Te$_3$、(b) 600 K 下 YST 和(c) 700 K 下 YST 的晶体生长模型;(d) 高亮显示的 Y 附近的原子

　　最后值得一提的是,作者课题组实验制备了 Y 掺杂 Sb_2Te_3（YST）相变材料,不仅实验验证了上述理论预测,而且基于 YST 制备的相变存储器件测试芯片表现出超低器件功耗（约 1.3 pJ）和极具竞争力的操作速度（小于 6 ns）（Liu et al., 2020）。因此,高速、超低器件功耗以及相变材料本身兼具的非易失性等特点使 YST‐相变存储器件有望发展为替代硬盘以及高速缓存的通用信息存储设备。

主要参考文献

Cheng Y, Zhu L, Ying Y, et al. 2018. Electronic structure of strongly reduced (111) surface of monoclinic HfO_2. Appl. Surf. Sci., 447: 618-626.

Cheng Y, Zhu L, Zhou J, et al. 2020. pyGACE: combining the genetic algorithm and cluster expansion methods to predict the ground-state structure of systems containing point defects. Comp. Mater. Sci., 147: 51-58.

Grimvall G. 1999. Thermophysical properties of materials. Amsterdam: Elsevier.

Guo Z, Sa B, Zhou J, et al. 2013. Role of oxygen vacancies in the resistive switching of $SrZrO_3$ for resistance random access memory. J. Alloys. Comp., 580(15): 148-151.

Hu S, Liu B, Li Z, et al. 2019. Identifying optimal dopants for Sb_2Te_3 phase-change material by high-throughput *ab initio* calculations with experiments. Comp. Mater. Sci., 165: 51-58.

Hu S, Xiao J, Zhou J, et al. 2020. Synergy effect of co-doping Sc and Y in Sb_2Te_3 for phase-change memory. J. Mater. Chem. C, 8: 6672.

Liu B, Liu W, Li Z, et al. 2020. Yttrium-doped Sb_2Te_3 phase-change materials: toward a universal memory. ACS Appl. Mater. Interfaces, 12: 20672-20679.

Li Z, Miao N, Zhou J, et al. 2017. Reduction of thermal conductivity in $Y_xSb_2-xTe_3$ for phase change memory. J. Appl. Phys., 122(19): 195107.

Li Z, Si C, Zhou J, et al. 2016. Yttrium-doped Sb_2Te_3: a promising material for phase-change memory. ACS Appl. Mater. Interfaces, 8(39): 26126-26134.

Lyeo H K, Cahill D G, Lee B S, et al. 2006. Thermal conductivity of phase-change material $Ge_2Sb_2Te_5$. Appl. Phys. Lett., 89: 151904.

Martin R M. 2005. Electronic structure basic theory and practical methods. Cambridge: Cambridge University Press.

Sun Z, Pan Y, Zhou J, et al. 2011. Origin of p-type conductivity in layered $nGeTe \cdot mSb_2Te_3$ chalcogenide semiconductors. Phys. Rev. B, 83(11): 113201.

Sun Z, Zhou J, Ahuja R. 2006. Structure of phase change materials for data storage. Phys. Rev. Lett., 96(5): 055507.

Wu H, Guo Z, Zhou J, et al. 2019. Vacancy-mediated lithium adsorption and diffusion on MXene. Appl. Surf. Sci., 488: 578-585.

Zhou J, Sun Z, Pan Y, et al. 2011. Vacancy or not: an insight on the intrinsic vacancies in rocksalt-structured GeSbTe alloys from ab initio calculations. EPL, 95: 27002.

Zhu L, Li Z, Zhou J, et al. 2017. Insight into the role of oxygen in the phase-change material GeTe. J. Mater. Chem. C, 5: 3592-3599.

第3章 材料中的扩散

It is a characteristic of wisdom not to do desperate things.

——Henry David Thoreau

扩散是自然界中普遍存在的现象,通过原子(分子)从一个位置迁移到另一个位置实现。材料中的许多现象和性质都与扩散密切相关。例如,合金的均匀化热处理、固溶热处理和表面热处理等就是通过原子的扩散使合金的化学成分均匀、固溶更多的合金元素以及使合金表面形成耐磨的表层。合金的氧化与腐蚀是由氧分子及盐离子的扩散造成的,可以在合金表面制备涂层,阻碍氧分子和盐离子的扩散,从而提高合金的抗氧化和耐腐蚀性。固态相变中新相的形核与长大更是离不开原子的扩散。在半导体生产中,人们利用杂质原子的扩散,采用区域熔炼方法提纯锗,可获得纯度高达 99.9999% 的高纯锗。在便携的、可充放电的锂离子电池中,锂离子在正、负电极的扩散(脱嵌)决定了电池的循环使用寿命和充放电速率。总之,扩散过程是原子随时间不停地跳跃(hopping)的统计效果。这些原子运动的全部总和就构成了我们所观察到的宏观扩散现象和相应的性质。因此,深入理解扩散在原子尺度上的微观图景对调控材料性质具有重要意义。

3.1 扩散的计算方法

从理论计算的角度,一般有两种方法研究材料中的扩散。一种是过渡态理论(transition state theory),这种方法是 Eyring 和 Polany 等在 1935 年基于统计热力学和量子力学提出的,其基本思想是粒子从初态到末态的扩散过程中要经历一个能量较高的过渡态,并且需要一个激活能来克服这一能量势垒(E),被称为过渡态理论。有了扩散的能量势垒,就可以根据 Arrhenius 激活过程的思想估计扩散系数 D:

$$D = D_0 e^{-E/k_B T} \tag{3-1}$$

其中,D_0 为扩散常数;E 为扩散势垒;k_B 为玻尔兹曼常数;T 为温度。扩散势垒(E)可以用第一性原理计算获得,其中的一个关键问题是过渡态的搜寻。目前流行的过渡态搜索方法是微动弹性带法(NEB)。NEB 的基本思路如下:首先确定已知初始结构状态和最终状态,然后在这两者之间线性地插入数个中间结构状态点,再通过计算弛豫使中间点结构在垂直于扩散路径方向上所受的力为零,且能量为极小值,从而最终获得能量最小的路径,即扩散路径。NEB 计算的收敛性严重依赖于初态和末态的结构与能量,即需要有一个较好的初始假设的扩散路径,这样有利于计算结果更快地收敛和寻找到更准确的扩散路径。

研究扩散问题的另一种计算方法是分子动力学。分子动力学模拟可以产生大量粒子(原子)随时间演化的位置或者坐标,使用均方位移(mean square displacement,MSD)可以很好地描述各个原子随时间的位移情况,即 $MSD(t) = \langle r^2(t) \rangle = \langle |r_i(t) - r_i(0)|^2 \rangle$。MSD (t) 是 t 时刻粒子的均方位移,$r_i(t)$ 表示第 i 个粒子在 t 时刻的位置,$\langle \ \rangle$ 表示对时间及所有粒子求平均值。由均方位移可以评估粒子的扩散系数 D:

$$D = \lim_{t \to \infty} \frac{\langle |r_i(t) - r_i(0)|^2 \rangle}{6t} \qquad (3-2)$$

粒子的均方位移可由分子动力学或第一性原理分子动力学计算获得,第 4 章将详细

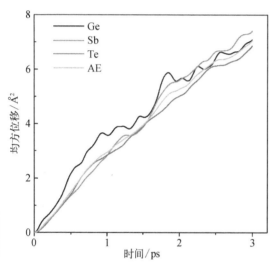

介绍这两种分子动力学方法,尤其是第一性原理分子动力学方法,可以给出准确的液体或非晶结构信息。图 3-1 是液体 $GeSb_2Te_4$ 中不同元素的均方位移曲线。从均方位移随时间近乎线性增加可以看出,$GeSb_2Te_4$ 已经处于液态。为了量化 $GeSb_2Te_4$ 中各种元素的动力学特性,我们可以根据式(3-2)计算扩散系数 D,各种元素的扩散系数估算为:$D_{Ge} \sim 4.04 \times 10^{-5}\ cm^2/s$,$D_{Sb} \sim 5.28 \times 10^{-5}\ cm^2/s$,$D_{Te} \sim 4.06 \times 10^{-5}\ cm^2/s$。可见,在液态 $GeSb_2Te_4$ 中,Ge 与 Te 的扩散系数非常接近,而 Sb 的稍大一些,说明在 $GeSb_2Te_4$ 中这三种元素是以耦合的状态进行扩散的。因此,分析液体或熔融体系中的扩散系数也可以推测元素间的耦合情况。

图 3-1 液态 $GeSb_2Te_4$ 中 Ge、Sb 和 Te 及所有元素的均方位移随时间变化的曲线

分子动力学方法模拟扩散过程首先需要构建一个可模拟的系统,然后对这个系统施加温度并通过某种技术如 Nosé 恒温器保持这个温度,最后通过对运动方程直接积分获得粒子的原子轨迹,从中计算出均方位移,就可估算出这个温度下的扩散系数。但是很多情况下,尤其是扩散的时间尺度超过了分子动力学模拟的尺度(一般为纳秒),例如,阻变存储材料中由点缺陷控制的导电细丝的形成或断裂,锂离子电池中锂离子的吸附和扩散,这些使用过渡态理论方法来研究更为方便,而且在这些方面,扩散能垒的精确计算十分重要。下面以阻变存储材料和锂离子电池等几个典型材料中的扩散问题为案例,详细讨论扩散过程及其对理解材料宏观行为和设计新材料的重要作用。

3.2   阻变存储材料中的点缺陷扩散行为

阻变存储器(RRAM)凭借其结构简单、成本较低、开关速度快、数据密度高及与

CMOS 工艺兼容性良好等优点,成为下一代非易失存储器的重要竞争者。RRAM 的基本结构是金属/绝缘体/金属的三明治结构,其中绝缘体亦即阻变材料对存储器的性能至关重要。在 RRAM 中,电流脉冲引发空位或者离子的扩散从而导致绝缘体的软击穿,进而实现存储器高/低电阻状态的转变。目前广泛的研究发现三元氧化物和二元过渡金属氧化物是 RRAM 阻变材料的优秀候选者。普遍认为阻变材料中氧空位的扩散控制着 RRAM 中的导电通道的形成和破坏,进而引起高/低电阻的转变,由此对存储器的性能起着决定性的作用。例如,实验观测到 TiO_2 作为阻变材料的 RRAM 在外加电场下局部产生了一种有序的亚稳结构 Ti_4O_7,在电场的作用下氧空位反复地在 Ti_4O_7 中迁入和迁出,从而导致体系高/低电阻的转变。由此可见,RRAM 的性能与点缺陷的扩散行为紧密相关。因此,阐明点缺陷扩散的微观机理对于提高 RRAM 的器件性能至关重要。但是,鉴于扩散行为的复杂性,实验观察扩散的原子尺度行为非常困难,导致可逆高/低电阻转变的微观机理不清楚。以下将以几个典型阻变材料为例,利用第一性原理计算结合过渡态理论,阐明阻变材料中点缺陷的扩散机制及阻变的微观机理。

3.2.1　阻变存储材料 $SrZrO_3$ 中氧空位的扩散与调控

第 2 章详细讨论了阻变材料 $SrZrO_3$ 中的空位形成能,在这里,我们利用第一性原理计算结合过渡态搜寻方法,定量研究 $SrZrO_3$ 中氧空位的扩散过程,阐明氧空位带电状态及掺杂元素对氧空位扩散行为的影响关系,建立通过掺杂调控 RRAM 性能参数的基本方法。所有的计算均采用基于密度泛函理论的第一性原理方法,其中需要注意的是,在计算初期要确保所有参数设置的精准性,所用参数至少要相对于总能和力收敛。同时,还应确认所构建的超胞大小合适。具体确认超胞尺寸的过程为:RRAM 中 $SrZrO_3$ 稳定结构的单胞是具有 20 个原子的正交晶体,首先将这个结构进行弛豫,获得 $SrZrO_3$ 的晶格常数为 $a=5.825$ Å、$b=5.884$ Å 和 $c=8.266$ Å,与实验值 $a=5.796$ Å、$b=5.817$ Å 和 $c=8.205$ Å 之间的误差小于 1.2%。然后构建一个 $2×4×1$ 超胞,计算体系的结合能随着体系中"空位-空位"或"掺杂元素-氧空位"距离变化的关系,如图 3-2 所示。显然,当两个氧空位之间的相对距离或者掺杂元素与氧空位之间的相对距离超过 6 Å 或者 4 Å 时,系统的结合能趋

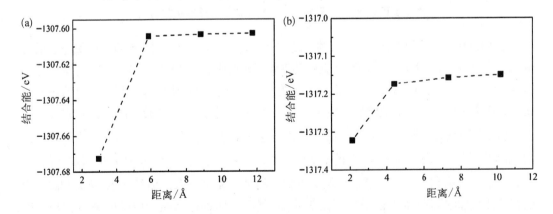

图 3-2　对于 2×4×1 的 $SrZrO_3$ 超胞,体系的结合能与两个氧空位之间距离(a)、掺杂元素与氧空位之间距离(b)的关系

于一个恒定值,说明此时这两个空位之间或者掺杂元素与氧空位之间的相互作用是可以忽略的。因此,构建一个 2×2×1(11.65 Å×11.768 Å×8.266 Å,共含 80 个原子)的超胞能够满足计算所需。

体系中的氧空位是通过移除氧原子来构建的,而对于带电状态的氧空位,则通过引入一个平均的背景电荷来维持体系的总体电中性状态。在掺杂情况下,采用中性的过渡金属原子 M(M=Y、V、Nb 和 Ta)替换 $SrZrO_3$ 中的 Zr 原子。所有的计算都采用了自旋极化,采用 NEB 处理氧空位扩散的问题。$SrZrO_3$ 的结构可以看作是 Zr-O 层和 Sr-O 层相互堆垛的层状结构。图 3-3(a)展示了 $SrZrO_3$ 的超胞结构,其中标记了扩散路径中涉及的氧原子和掺杂将要替换的 Zr 原子。图 3-3(b)展示了 $SrZrO_3$ 中四种可能的氧空位扩散路径,其中路径 A 和路径 B 对应氧空位在 Zr-O 层中的扩散,路径 C 对应氧空位在 Zr-O 层与 Sr-O 层之间的扩散,路径 D 则对应氧空位在 Sr-O 层中的扩散。因此,这四种可能的氧空位扩散路径包含 $SrZrO_3$ 结构中氧空位长程扩散需要的所有的基本扩散。对于掺杂体系,这里用掺杂元素 M 替换图 3-3(a)中标记的 Zr 原子。对于最低能量路径的优化,原子位置和超胞形状都需进行充分的弛豫。

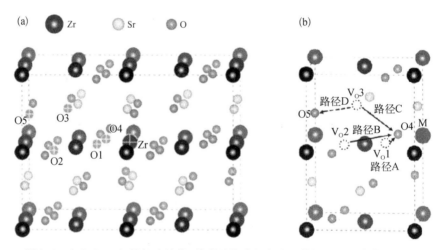

图 3-3 **(a) $SrZrO_3$ 的超胞结构,其中扩散路径中涉及的氧原子和掺杂替换的 Zr 原子已标记,(b) 四种可能的氧空位扩散路径示意图**

在 RRAM 器件中,由于 $SrZrO_3$ 层的厚度非常小,在外电场的作用下 $SrZrO_3$ 中氧空位的带电状态(q)很容易发生转变,因此,计算中还需要考虑带电状态(0、1+和 2+)对氧空位扩散的影响。由图 3-4(a)所示的计算结果可见,氧空位扩散所需要克服的能垒与其带电状态密切相关。这个能垒也就是扩散能量曲线中的最大值,将其定义为扩散激活能(E_{act}),它表示粒子从起点扩散到终点所需要克服的最小能量势垒。对于路径 A[图 3-4(a)],V_O^0 的 E_{act} 最大,而 V_O^{2+} 的最小,表明在 Path-A 的扩散中氧空位最有可能是以 V_O^{2+} 的形式进行扩散的,这与第 2 章中讨论到 V_O^{2+} 是最稳定的氧空位状态的结果完全符合。路径 B、路径 C 和路径 D 的扩散能量曲线与路径 A 的类似。图 3-4(b)展示了四种扩散路径中扩散激活能与氧空位带电状态的关系,由此可得出以下重要规律,即 $E_{act}(V_O^{2+}) < E_{act}(V_O^+) < E_{act}(V_O^0)$。由于路径 D 对应的扩散距离明显大于路径 A、路径 B 和路径 C,且路径 D 的扩散激活能明显

高于其他三种路径（图 b），因此，路径 A、路径 B 和路径 C 是氧空位长程扩散中最容易发生的基本扩散路径。基于以上结果可以得出这样的结论：在 SrZrO₃-RRAM 中，氧空位的扩散主要是以带 2+ 的氧空位在路径 A、路径 B 或路径 C 上扩散完成的。

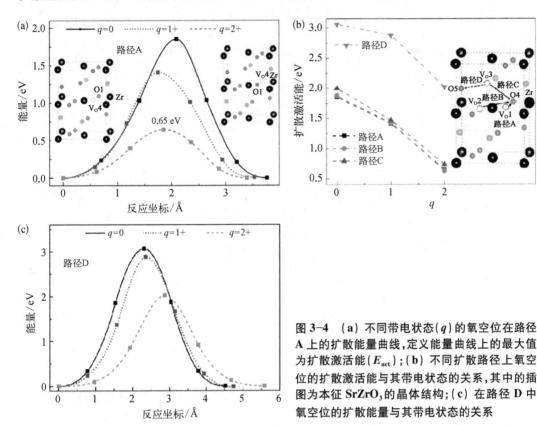

图 3-4　（a）不同带电状态（q）的氧空位在路径 A 上的扩散能量曲线，定义能量曲线上的最大值为扩散激活能（E_{act}）；（b）不同扩散路径上氧空位的扩散激活能与其带电状态的关系，其中的插图为本征 SrZrO₃ 的晶体结构；（c）在路径 D 中氧空位的扩散能量与其带电状态的关系

为研究掺杂对氧空位扩散的影响，进而探索通过掺杂提高 RRAM 服役性能的具体方法，我们进行了掺杂元素对氧空位扩散调制作用的研究。结合 SrZrO₃ 的晶体结构，首先我们可以设置如下扩散路径：氧空位从掺杂元素的第二近邻位置扩散到它的第一近邻的位置（即空位向靠近掺杂元素位置的扩散）及其逆向扩散过程（即远离掺杂元素的扩散）。由于 V_O^{2+} 比另外两种带电状态（1+ 和 0 价）的氧空位展现出更低的扩散激活能，因此这里只考虑了四种常用掺杂元素（Y、V、Nb 和 Ta）替换 Zr 的情况对 V_O^{2+} 扩散的影响。如图 3-5 所示，对于 Y 和 V 的掺杂体系，V_O^{2+} 靠向掺杂元素的扩散激活能分别是 0.32 eV 和 0.41 eV，远低于远离掺杂元素的扩散激活能，表明 V_O^{2+} 更容易通过扩散靠近 Y 和 V。也就是说，带电氧空位易在掺杂元素附近聚集，进而消耗更低的能量形成导电通道，这意味着掺杂 Y 或 V 后 RRAM 器件只需更低的电压便可以完成从高电阻态（OFF-state）到低电阻态（ON-state）的转变，即较低的 $V_{Forming}$ 和 V_{SET} 值。对于远离掺杂元素的逆向扩散，V_O^{2+} 从 Y 的第一近邻位置扩散到第二近邻位置只需克服 0.47 eV 的能量势垒，即带电氧空位可以比较容易地通过扩散远离 Y，因此，对于 Y 掺杂的 RRAM 而言，只需较低的电压 V_{RESET} 即可完成从 ON-state 到 OFF-state 的转换；而对于 V 掺杂的体系，V_O^{2+} 需要克服很大的能量势垒（1.03 eV）才能完成远离 V 的扩散，表明体系从 ON-state 到 OFF-state 的转变需要较大的

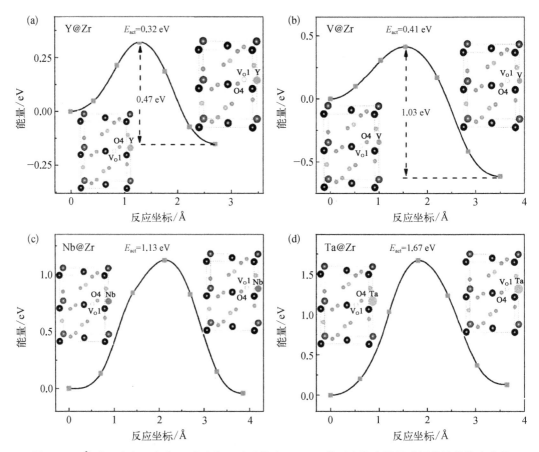

图 3-5　V_O^{2+} 在 Y(a)、V(b)、Nb(c) 和 Ta(d) 掺杂 SrZrO₃ 体系中掺杂原子附近的扩散势垒曲线

外加电压,即较高的 V_{RESET},虽然这意味着高功耗,但同时也意味着较好的数据稳定性。

　　基于上述结果与分析可以得出如下结论,掺杂 Y 将同时降低 SrZrO₃-RRAM 的 V_{SET} 和 V_{RESET},从而降低器件的功耗;而掺杂 V 在降低器件 V_{SET} 的同时,将提高器件的 V_{RESET} 和存储数据的稳定性。更重要的是,由于 Y 和 V 都能降低 V_O^{2+} 靠近掺杂元素方向的扩散激活能,可以预见掺杂 Y 和 V 将有利于带电氧空位导电通道的可控形成。对于 Nb 和 Ta 掺杂的体系,V_O^{2+} 沿着正反方向扩散的激活能相似且都显著高于本征 SrZrO₃ 中的扩散激活能,从而导致掺杂元素附近的氧空位难以扩散,进而升高了器件功耗。但从另一个角度看,掺杂的 Nb 和 Ta 可以构成导电通道形成的障碍,从而抑制氧空位导电通道形成的位置随机性,这对提高器件参数性质的均一性是有利的。

　　下面计算前面得到的三种基本扩散路径下的氧空位扩散激活能,并从掺杂元素的价电子数和原子半径等方面,进一步理解扩散方向、掺杂元素与氧空位扩散激活能的关系。图 3-6(a)是掺杂体系中的带电氧空位在路径 A、路径 B 和路径 C 上的扩散激活能,显然它们的扩散激活能在这三种扩散路径上的变化趋势是一致的,表明掺杂元素对氧空位扩散的调制作用与扩散方向基本无关。由图 3-6(b)所示的掺杂元素的价电子数可见,Y 替换 Zr 属于 p 型掺杂,其中 Y_{Zr}^- 相当于带负电的受主,V_O^{2+} 是带正电的施主。因此,Y_{Zr}^- 和 V_O^{2+} 之间的库仑吸引力导致 V_O^{2+} 较易从掺杂元素的第二近邻位置扩散到第一近邻位置。而 V、Nb 和 Ta 替换 Zr 属于 n 型掺杂，理论上看，这三种掺杂元素都属于带正电的施主，因此它们与带正电的施主（V_O^{2+}）之间的库仑排斥力都应该升高氧空位的扩散激活能，有趣的是，V 掺杂却降低了氧空位的扩散激活能。因此，V 掺杂的这个例外还需要再结合原子半径的大小来理解。由图 3-6（c）可知，Y、Nb、Ta 的原子半径与 Zr 的差别很小，因此掺杂元素的价电子数是对氧空位扩散影响的主要因素。而 V 的原子半径显著小于 Zr 的原子半径，所以对 V 而言，原子半径可能是影响 V_O^{2+} 扩散的主要因素。

电子局域函数是描述电子的局域情况与化学键强度的重要工具，因此，为更深入地理解 V 掺杂对氧空位扩散的反常影响，我们可以进一步计算和分析本征体系与 V 掺杂体系中氧空位扩散的初态和末态的电子局域函数。当氧空位通过扩散靠近图中标记的 Zr 原子时，即从图 3-7（a）到图 3-7（b），Zr 与紧邻的氧原子产生了较小的位置畸变，

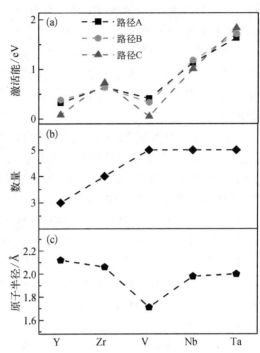

图 3-6 （a）掺杂体系不同扩散路径的扩散激活能；（b）掺杂元素的价电子数；（c）掺杂元素的原子半径

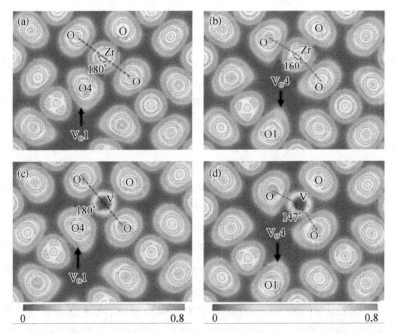

图 3-7 （a）、（b）本征体系氧空位迁移的初态和末态的电子局域函数在（001）面上的投影；（c）、（d）V 掺杂体系氧空位迁移的初态和末态的电子局域函数在（001）面上的投影

O—Zr—O 的角度从初始的 180°减小为 160°。而在 V 掺杂的体系中,如图 3-7(c)和(d)所示,用 V 替换这个 Zr 原子时,O—V—O 的角度为 147°,其畸变显著大于相应本征体系中的畸变。产生这一较大畸变的主要原因是 V 原子的半径比 Zr 原子的更小。而较大的畸变说明在 V 附近形成氧空位时会释放更大的能量,从而导致氧空位扩散靠近 V 更容易,而远离 V 更困难,这也进一步解释了图 3-5(b)中靠近 V(0.41 eV)与远离 V(1.03 eV)时较大的扩散激活能差值。

基于以上计算结果与分析,我们可以得出通过元素掺杂调制氧空位的扩散激活能进而优化 RRAM 性能参数的基本方法。首先,在阻变材料 SrZrO$_3$ 中,氧空位的带电状态决定了氧空位扩散激活能的大小,V$_O^{2+}$ 展现出最低的扩散激活能,因此 SrZrO$_3$-RRAM 中的氧空位扩散是以 2+的带电状态进行的。其次,当掺杂元素的原子半径大于或接近于 Zr 原子时,p 型掺杂将降低氧空位的扩散激活能,从而降低 V_{SET} 与 V_{RESET},延长器件的循环寿命;而 n 型掺杂会升高氧空位的扩散激活能,这对提高器件参数的均一性是有利的。当掺杂元素的原子半径显著小于 Zr 原子半径时,氧空位靠向掺杂元素的扩散激活能较低,而远离掺杂元素的扩散激活能较高,从而导致器件的 V_{SET} 降低和 V_{RESET} 升高,这对增强数据存储的稳定性是有利的。此外,掺杂元素对氧空位扩散激活能的降低有利于可控地形成 RRAM 中的导电通道。最后,基于本节的结果,为获得综合性能更好的 SrZrO$_3$-RRAM,我们可以进行共掺杂,综合多种掺杂元素的优势,如 Y 与 V 共掺杂,可以获得功耗更低、数据稳定性更好的 RRAM。

3.2.2 Ta$_2$O$_5$ 中氧空位与金属间隙原子的协同阻变

在 RRAM 使用的二元氧化物中,氧化钽(TaO$_x$)展现出较好的性能。氧化钽在常态下有两种类型,即二氧化物和五氧化物,考虑到氧空位缺陷存在下的化学计量比,可以分别标记为 TaO$_{2-x}$ 和 Ta$_2$O$_{5-x}$。电极工程以及向金属/绝缘体/金属三明治结构中引入中间层成为提高 TaO$_x$ 基 RRAM 性能的一种有效途径。对于 Ta$_2$O$_5$ 以及其他 TaO$_x$ 基的 RRAM,目前的实验研究主要针对无定形结构,普遍认为其电阻开关的微观机理是阴离子的扩散,例如,氧空位或者离子迁移导致导电通道的形成与断裂。理论上,基于 DFT 的第一性原理计算已被广泛用来研究阻变材料 Ta$_2$O$_5$ 不同晶型结构包括 β-Ta$_2$O$_5$ 和 γ-Ta$_2$O$_5$ 中氧空位的扩散与形成机理。虽然实验中选用的是无定形结构的 Ta$_2$O$_5$,但是事实上,RRAM 器件的电阻开关过程中,在作为阻变存储材料的无定形基体中形成单晶结构或者中间态的晶体结构是非常常见的。另外,研究发现非晶态 Ta$_2$O$_5$ 薄膜的局域结构与结晶态 Ta$_2$O$_5$ 的结构是一致的,因此,获得 Ta$_2$O$_5$ 晶体的性质便可理解实际器件中阻变材料的性能。

3.2.2.1 研究背景与计算方法

关于钽氧化物阻变材料的电阻开关机理,文献中广泛讨论的是氧空位的作用,鲜有研究钽阳离子对电阻开关的影响。最近的实验研究发现,在 Ta/TaO$_x$ 基 RRAM 中,通过在氧化物和电极之间插入石墨烯层减少了氧空位的影响,但仍能观察到高/低电阻转换,这被认为是钽阳离子(假设是间隙 Ta)在 Ta$_2$O$_5$ 中的迁移导致的,这说明除氧空位外,金属间隙原子在电阻开关中也起到重要作用。因此,非常有必要建立完善的 TaO$_x$ 基 RRAM 中电阻开关的微观机理,即从原子尺度上全面理解 TaO$_x$ 的电子结构以及氧空位和钽阳离子的扩散行为是非常必要的。此外,研究 Ta$_2$O$_5$ 中的间隙阳离子扩散通道对于理解其他电子化学金属存储器(ECMs)同样是非常有意义的,例如 Cu/Ta$_2$O$_5$/Pt 器件单元,其导电通道主要是铜离子在 Ta$_2$O$_5$ 中的扩散而形成的。值得指出的是,在完整的电阻开关过程中,在阻变材料局部区域,如导电细丝的形成与断裂的位置,其成分与结构是随之变化的,这种变化对于高速擦写的 RRAM 可在数纳秒内完成。RRAM 中的所有这些特性导致单一的研究方法难以获得全面的结构细节变化,但是,我们相信点缺陷在结构中的扩散问题是研究 RRAM 中电阻开关过程最基本的也是最关键的科学问题。

　　下面以 Ta$_2$O$_5$ 阻变材料为例,阐明氧空位与间隙阳离子在电阻开关中的协同作用。在 Ta-O 相图中从热动力学角度来看 Ta$_2$O$_5$ 是最稳定的,对于其晶体结构,最近又发现了一种新的五氧化二钽结构,称为 λ-Ta$_2$O$_5$,这种结构比其他同素异形体(β-Ta$_2$O$_5$ 和 γ-Ta$_2$O$_5$)更稳定。实际上,这三种晶型都具有非常类似的原子堆垛结构:由二维(2D)Ta$_2$O$_3$ 层和 O$_n$ 层(纯氧层)构成,并沿着 z 轴排列。研究发现,在 Ta$_2$O$_5$ 的基态结构中,局域结构与 λ 构型类似。此外,只有 λ-Ta$_2$O$_5$ 具有实际器件中无定形结构所对应的带隙值。因此,这里采用 λ-Ta$_2$O$_5$ 结构为模型使用第一性原理计算来研究 Ta$_2$O$_5$ 中的点缺陷行为。另外,除氧空位外,氧含量不足的 Ta$_2$O$_5$ 中也会出现间隙 Ta 的形成与扩散,因此这种情况也需考虑在内。最后,考虑到 λ-Ta$_2$O$_5$ 的特殊结构(2D 的 Ta$_2$O$_3$ 层和 O$_n$ 层沿着 z 轴排列),将这类系统中的扩散进行量化是非常有意义和有用的。

　　初始模型结构是基于单胞 λ-Ta$_2$O$_5$ 构建的一个 $2\times2\times3$ 的超胞结构(包含 168 个原子),在此基础上构建了含有氧空位和间隙原子的模型。这里只考虑中性缺陷是合理的,这是因为在 RRAM 的实际工作中有外电场的作用,而外加电场可以补偿系统额外的电荷。虽然整个超胞是保持电中性的,但是系统中离子环境中的所有原子包括引入的 Ta$_i$ 实际上都是带电的。扩散过程的最小能量路径使用基于过渡态理论的 CI-NEB 计算得到,每个扩散路径取 5 个过渡态。在 CI-NEB 的计算中,超胞的形状保持不变,而晶胞内所有的原子都进行弛豫,这是因为研究发现对于使用了较大超胞的计算而言超胞形状的弛豫对能量势垒的影响很小。对于通过 CI-NEB 方法确定的过渡态的类型,早期的振动频率的计算显示它是一级鞍点。我们在计算前,首先对氧空位扩散情况进行了频率测试。利用有限差分方法来构建 Hessian 矩阵。由于 λ-Ta$_2$O$_5$ 超胞中实际扩散离子主要是氧原子,因此这里只考虑了氧原子的位移。通过计算我们发现在过渡态中只存在一个虚频,因此这个得到的过渡态结构是一级鞍点。

　　此外,传统 DFT 计算由于局域 d 轨道电子的影响,通常很难准确描述过渡金属氧化物的电子结构,如低估带隙等。因此,我们这里使用杂化泛函 HSE06 来进行电子结构的计算。由于 HSE06 对计算资源的需求很大,因此我们可以使用一个 $1\times1\times2$ 的超胞进行关于含缺陷 Ta$_2$O$_5$ 的电子结构计算。大体流程如下:首先使用 PBE 将包含 V$_O$/Ta$_i$ 的超胞进行充分弛豫和优化,然后使用 HSE06 进行静态自洽计算,获得态密度和差分电荷密度。值得注意的是,能量数据如迁移能,采用 DFT-PBE 计算就足够了,这是因为研究结果显示,对电子局域化修正的交换-关联泛函对于这些能量数据的影响是比较小的。

　　3.2.2.2　氧空位(V_O)和间隙阳离子(Ta_i)的形成能

　　对于 Ta$_2$O$_5$ 中的这两类缺陷 V$_O$ 和 Ta$_i$,形成能可以通过下式得到:

$$E_f^{V_O} = E(\text{Ta}_{2x}\text{O}_{5x-1}) - E(\text{Ta}_{2x}\text{O}_{5x}) + \mu_O \qquad (3-3)$$

$$E_f^{\mathrm{Ta}i} = E(\mathrm{Ta}_{2x+1}\mathrm{O}_{5x}) - E(\mathrm{Ta}_{2x}\mathrm{O}_{5x}) - \mu_{\mathrm{Ta}}$$

$$\mu_{\mathrm{Ta}} = \frac{1}{2}\left[E(\mathrm{Ta}_2\mathrm{O}_5) - 5\mu_0\right] \tag{3-4}$$

在上面的方程中，E 代表括号中指定系统的能量；μ_0 和 μ_{Ta} 分别代表氧原子和钽原子的化学势。这两种类型的缺陷形成能可以表达成 μ_0 的函数形式，而 μ_0 的范围则从 Ta : $\mathrm{Ta}_2\mathrm{O}_5$ 平衡系统中获得：

$$\frac{1}{2}E_{\mathrm{O}_2} + \frac{1}{5}E_f^{\mathrm{Ta}_2\mathrm{O}_5} \leqslant \mu_0 \leqslant \frac{1}{2}E_{\mathrm{O}_2}$$

$$E_f^{\mathrm{Ta}_2\mathrm{O}_5} = E(\mathrm{Ta}_2\mathrm{O}_5) - 2E_{\mathrm{bulk}}^{\mathrm{Ta}} - \frac{5}{2}E_{\mathrm{O}_2} \tag{3-5}$$

这里，E_{O_2} 是氧分子的总能，$E_f^{\mathrm{Ta}_2\mathrm{O}_5}$ 是 $\mathrm{Ta}_2\mathrm{O}_5$ 的形成能，而 $E_{\mathrm{bulk}}^{\mathrm{Ta}}$ 是稳定 Ta 晶相的总能。根据式（3-5）以及我们的计算结果，μ_0 的范围为 $-8.91\ \mathrm{eV} < \mu_0 < -4.93\ \mathrm{eV}$。如图 3-8（a）所示，在 λ-$\mathrm{Ta}_2\mathrm{O}_5$ 中有三种类型的氧空位：在 $\mathrm{Ta}_2\mathrm{O}_3$ 平面中的两配位和三配位空位（V_{O}）分别标记为 $\mathrm{V}_{\mathrm{O}}1$ 和 $\mathrm{V}_{\mathrm{O}}2$，而在纯氧层中的氧空位则标记为 $\mathrm{V}_{\mathrm{O}}3$。由于 $\mathrm{Ta}_2\mathrm{O}_5$ 的低对称性，多种间隙位置可以容纳 Ta 原子，其中最稳定的四个空隙如图 3-8（b）所示。

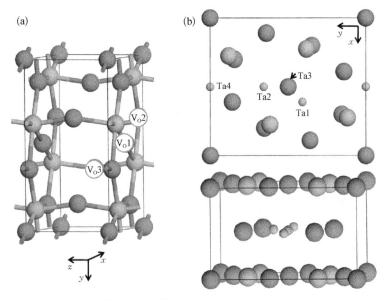

图 3-8　包含缺陷的 $\mathbf{Ta_2O_5}$ 单胞示意图。（a）三类氧空位；（b）较稳定的
4 种 $\mathbf{Ta_i}$ 原子，均在氧原子组成的 $\mathbf{O}_n$ 层。蓝色和红色分别表示
$\mathbf{Ta}$ 原子和 $\mathbf{O}$ 原子，蓝色小球表示 $\mathbf{Ta_i}$ 原子

所计算的两类缺陷形成能与氧原子化学势的关系如图 3-9 所示。对于氧空位，在富氧条件下也就是氧原子化学势等于氧分子总能的一半时，相应的 $\mathrm{V}_{\mathrm{O}}1$、$\mathrm{V}_{\mathrm{O}}2$ 和 $\mathrm{V}_{\mathrm{O}}3$ 的形成能分别为 5.7 eV、4.3 eV 和 5.4 eV，这与文献中其他计算结果比较吻合。其中三配位 $\mathrm{V}_{\mathrm{O}}2$ 的形成能最低，原因在于其显著的晶格弛豫。与氧空位相比，Ta_i 原子的形成在一个较大的 μ_0 范围内都是非常不利的，而在贫氧时，Ta_i 原子的形成则表现出很强的竞争力，尤其是

Ta1,其形成能在非常贫氧时甚至比 V_O2 的还低。再由图 3-8(b)可见,四个最稳定的间隙位置都在 O_n 层,意味着 Ta_i 表现出很强的占据倾向。这主要归因于与近邻的 Ta_2O_3 层相比这个 O_n 层的原子堆垛不紧密。同时,与氧原子近邻也会促使 Ta-O 离子键的形成,这对 Ta_i 缺陷态的稳定性是非常有利的。仔细分析原子堆垛结构发现,对于 Ta_2O_5 晶体格点上 Ta 原子,在 1.9Å~2.1Å 距离范围内,其周围有六个紧邻的氧原子;而对于弛豫后 Ta_2O_5 超胞中的间隙 Ta1,在 2.0~2.2Å 距离范围内,其周围也有六个紧邻的氧原子。

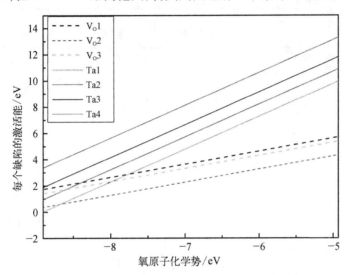

图 3-9　氧空位和 Ta 原子的形成能及其与氧原子化学势的关系,其中不同缺陷的位置参考图 3-8

3.2.2.3　V_O 和 Ta_i 导致的缺陷态

对于无缺陷的 Ta_2O_5,HSE 计算得到的带隙为 3.8 eV,这与其他理论计算和实验结果都是非常吻合的。而引入缺陷后,这里仅考虑最稳定的氧空位和 Ta_i 原子所对应的结构,亦即只考虑 V_O2 和 Ta1(图 3-9),相应的态密度计算结果如图 3-10 所示。引入一个 V_O 会在价带顶产生一个带隙态,在-1.5~-0.5 eV 的能量范围,由两个自旋相反的电子构成[图 3-10(a)]。这与 TiO_2 中氧空位引起的自旋极化现象不同。对于 Ta_i 来说,一个间隙原子为系统引入 5 个额外的价电子,这导致缺陷态扩展在价带顶部上-3.7~-0.7 eV 较宽的能量范围,如图 3-10(b)所示。需要注意的是,一个 Ta_i 会给系统引入一个极化子,这是由于 Ta_i 中存在三个自旋向上的电子和两个自旋向下的电子。从图 3-10(c)的投影态密度图来看,缺陷态主要是 Ta_i 原子及其近邻氧原子的贡献。

为找出真实空间中这些带隙态的位置,我们需要计算差分电荷密度,计算结果见图 3-11。对于 V_O,由图 3-11(a)可见,带隙态主要位于由三个紧邻的 Ta 原子构成的间隙处,而对于 Ta_i,带隙态主要位于间隙原子本身,局限于 Ta_i 原子周围及其第一近邻壳层[图 3-11(b)],这与图 3-10(c)的 PDOS 结果相吻合。在 Ta_2O_5 中,靠近费米能级的态不能形成连续导电通道,但仅仅在点缺陷浓度较高的体系,如 Cu 掺杂的 δ-Ta_2O_5,才能形成导电通道。然而与 V_O 相比,Ta_i 对 Ta_2O_5 电子结构的调控具有更显著的作用,这一点是可以确定的。因此,与氧空位相比较,Ta_i 原子积聚,最终将导致低阻态的生成,这对 RRAM 中导电细丝的形成是非常有利的。

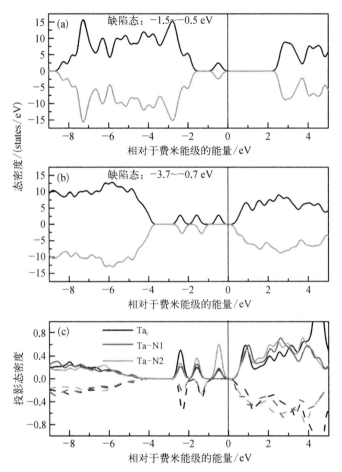

图 3-10   不同缺陷结构的 HSE 计算态密度图：(a) 含氧空位的 Ta_2O_5；(b) 含 Ta_i 原子的 Ta_2O_5；(c) 含 Ta_i 原子的 Ta_2O_5 结构中的 Ta_i 原子及其近邻原子的投影态密度。相关原子的位置可参考图 3-8。垂直线代表费米能级

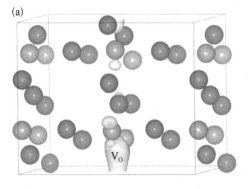
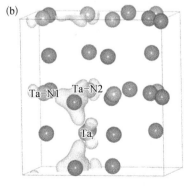

图 3-11   局域电荷（对应缺陷态）的等值图。(a) 和 (b) 分别对应含氧空位和 Ta_i 原子的体系，等值图的电荷密度为 $0.025\ e/Å^3$，红色和蓝色球分别代表 O 原子和 Ta 原子，点缺陷及其近邻原子已标注

最后，为了研究详细的扩散过程，我们需要计算能量局域最小点间的扩散路径以及扩散势垒。考虑到 $\lambda\text{-}Ta_2O_5$ 的层状结构以及在不同层之间的点缺陷的有限占据位，以下将分别讨论氧空位和间隙 Ta 原子在层间和层内的扩散行为。

3.2.2.4　$\lambda\text{-}Ta_2O_5$ 中的点缺陷扩散：氧空位扩散

长距离的扩散应该从近邻位置开始扩散至远处，或者由远处扩散到近邻位置。在 $\lambda\text{-}Ta_2O_5$ 晶体内，Ta_2O_3 层的原子排布相对于 O_n 层是非常紧密的，并且原子间距离非常小，这使得在 Ta_2O_3 层的扩散更为可能。而且，能量最低亦即最稳定的氧空位（V_O2）也在 Ta_2O_3 层中。因此，在接下来的讨论中，层内扩散指的是原子在 Ta_2O_3 层（垂直于 z 轴）内的原子迁移，而层间扩散指的是扩散路径中有垂直于 Ta_2O_3 层的分量。

层内扩散：Ta_2O_3 层的基本单元类似于六边形[图 3-12（a）]，在 Ta_2O_3 层中的基本的独立扩散路径，亦即所谓的长距离扩散也标注于图 3-12（a），计算的能垒见图 3-12（b）。由图可见，氧空位从 V_O1 跳跃到 V_O2 是非常容易的，所需要克服的能垒小于 0.3 eV。而在 Ta_2O_3 层内，V_O2 之间的迁移则需要克服大约 1.5 eV 的能垒。对于一个长距离扩散，通过 DFT 计算和动力学蒙特卡罗（KMC）之间的比较表明，总的能量势垒与最稳定位置和最小能量路径中的最高鞍点之间的能量差密切相关，基于此，Ta_2O_3 层内的长程扩散需要克服的能垒大约为 1.6 eV。为了检验 Ta_2O_3 层间扩散的主导作用，我们又计算了氧空位在 O_n 层内的扩散，亦即 V_O3 之间的扩散（图 3-8）。在这种情况下计算的能量势垒大约为 2.9 eV，远大于氧空位在 Ta_2O_3 层的扩散，从而验证了氧空位的扩散主要在 Ta_2O_3 层内进行的猜想。

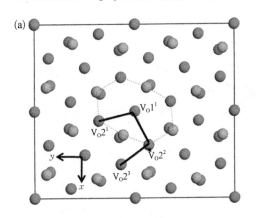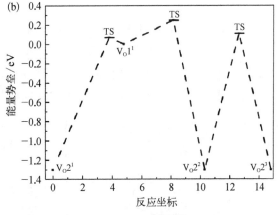

图 3-12　（a）Ta_2O_5 的俯视图，图中看到的原子均在 Ta_2O_3 层。虚线标注了结构中类似于六边形的单元。蓝色小球和红色小球分别代表 Ta 原子和 O 原子，研究涉及的缺陷已标注，其中 V_O2^1、V_O2^2、V_O2^3 代表 V_O2 类型（与图 3-8 中定义相同）的缺陷。黑色实线代表扩散路径，对应计算的能量势垒见图（b），其中 TS 表示过渡态

层间扩散：对于氧空位沿 z 轴方向穿越 Ta_2O_3 层的层间扩散，我们考虑了 Ta_2O_3 与 O_n 层间的扩散（图 3-13 中的路径 A），以及相邻 Ta_2O_3 之间扩散亦即氧空位从一个 Ta_2O_3 层穿过 O_n 层扩散到邻近的 Ta_2O_3 层（图 3-13 中的路径 B）。需要指出的是图 3-13 只给出了能量最低的最近邻扩散路径，而其他路径没有在图中显示。由图 3-13 可见，通过能量最低路径的扩散所需克服的能垒大约为 3.5 eV（路径 A），这比路径 B 所需克服的能垒 4.7 eV 较小。因此，Ta_2O_3 的层间扩散将通过两次连续氧空位跃迁亦即从 Ta_2O_3 到 O_n 再到

Ta_2O_3层的跳跃完成。有趣的是,通过细致的结构分析发现,即使氧空位本身的迁移距离差距很大,如图路径 B,这两条路径 A 与 B 的反应坐标却非常接近。这意味着路径 A 中与 V_O 近邻的其他原子的弛豫是更大的。

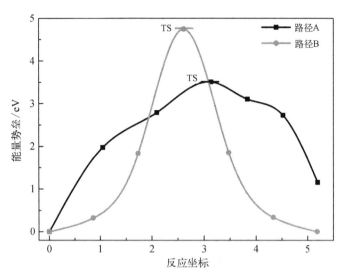

图 3-13　氧空位在 Ta_2O_3 层的扩散势垒。路径 A 代表 Ta_2O_3 层的 V_O2 位置扩散到 O_n 层的 V_O3 位置,路径 B 代表两个邻近 Ta_2O_3 层间通过空位类型 V_O1 的扩散。TS 表示过渡态

3.2.2.5　λ-Ta_2O_5 中的点缺陷扩散:Ta_i 原子的扩散

与 V_O 对比,从总能的角度看 Ta_i 原子更易在 O_n 层内产生,因此对 Ta_i 原子而言,层内扩散意味着 Ta_i 在 O_n 层内的扩散,而层间扩散指的是两个 O_n 层之间的扩散。

层内扩散:扩散路径形成的层内扩散网络都在 O_n 层,如图 3-14(a)所示,这些扩散路

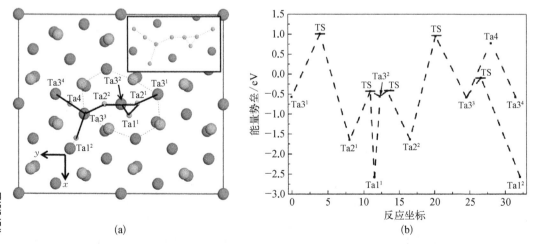

(a)　　　　　　　　　　　(b)

图 3-14　Ta_2O_5 的俯视图,虚线标注出结构中的类六边形单元。蓝色球和红色球分别代表 Ta 和 O 原子,蓝色小球表示 Ta_i 原子。$Ta3^2$ 代表"隐藏"在氧原子后且标号为 2 的 Ta3 类型的间隙(定义参考图 3-8)。黑色实线代表扩散路径,对应的势垒参考图(b),其中 TS 表示过渡态。为更清楚地显示扩散路径,图(a)中的插图只给出了 O_n 层原子

径所需克服的能垒数据见图 3-14(b)。可以看出,亚稳定间隙位 Ta_4 实际上是从 $Ta3^3$ 到 $Ta3^4$ 路径上的鞍点。同样,由最稳定间隙位置与最不稳定间隙位置的能量差,可以得出整个扩散网络的能量势垒大约为 3.7 eV,这个值与氧空位的能量最低路径的层间扩散能垒 3.5 eV 非常接近。

层间扩散:对于 O_n 层之间的层间扩散,中间态一定存在于 Ta_2O_3 层内,即 Ta_i 从一个 O_n 层穿越 Ta_2O_3 层迁移到另一个近邻的 O_n 层。我们首先计算 Ta_i 在 Ta_2O_3 层内间隙位置的缺陷形成能,结果表明在 Ta_2O_3 层内,即使 Ta_i 的最低形成能也比 $Ta1$ 的高了约 4.5 eV。显然,Ta_2O_3 层内的 Ta_i 原子是非常不稳定的,这个不稳定性来源于 Ta 原子引入间隙位置所导致其周围的巨大畸变。由图 3-15 可见,引入一个 Ta_i 原子在弛豫后,周围其他原子的位移发生了较大变化,产生了很大的畸变,而且这一个缺陷原子变成了一个缺陷对。考虑到如此巨大的结构畸变以及 Ta_2O_3 层中 Ta_i 原子的不稳定性,我们由此可以归纳得出,Ta_i 穿过 Ta_2O_3 层的层间扩散不太可能,因此 Ta_i 原子的扩散应该主要在 O_n 层内。

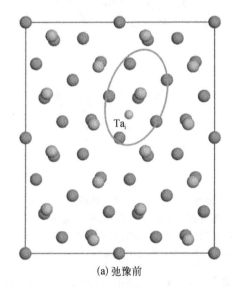 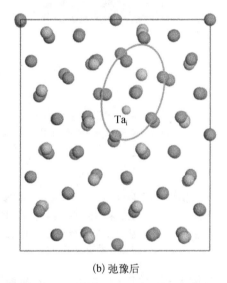

(a) 弛豫前　　　　　　　　　　　　　　　(b) 弛豫后

图 3-15　沿 z 方向观察在 Ta_2O_3 层含一个 Ta_i 原子的结构。(a)和(b)分别表示弛豫前和弛豫后的结构。蓝色球和红色球分别代表 Ta 和 O 原子,蓝色小球表示 Ta_i 原子。红色椭圆标注了畸变较大的区域

3.2.2.6　λ-Ta_2O_5 中的点缺陷扩散:V_O 与 Ta_i 共存及其协同扩散作用

从上面的结果和讨论中可以发现,Ta_i 比 V_O 的扩散要困难得多,这主要是因为 Ta_i 扩散所需克服的能量势垒太高,尤其是在低温条件下。然而,对于价电子变化存储器(valence change memory,VCM)的电阻开关过程,材料中局部温度可以达到很高,甚至可以达到 1000 K,这使得纳米尺度器件中即使扩散势垒较高的扩散也容易发生。此外,VCM 在外电场下工作,外电场的存在将为 Ta_i 提供更多的电荷从而更有利于其迁移。对于 RRAM 来说,极快的电阻开关速度是一个基本的要求,这就要求导电通道的快速形成和断裂。换句话说,这要求 V_O 可以在三维空间中自由扩散。根据计算的 λ-Ta_2O_5 中扩散的能垒数据,为了激发 V_O 的三维扩散,需要给体系至少施加 3.5 eV 的能量,而这个能量也将激发 Ta_i 在某个层中的自由扩散(其能垒为 3.7 eV)。由此可见,Ta_i 原子的扩散也应该被考虑

在 Ta_2O_5-RRAM 的电阻开关过程中。另外,V_O 与 Ta_i 的扩散都容易发生在各自不同的原子层中,这就意味着它们的扩散相互独立,可以同时发生。此外,由 Ta_i 原子扩散所引起的长程弹性膨胀可以通过邻近层中氧空位的产生得到部分补偿。到目前为止,我们可以得出如下结论:Ta_2O_5-RRAM 的电阻开关过程是通过 Ta_2O_5 中 V_O 和 Ta_i 的协同扩散完成的,如图 3-16 所示。需要指出的是,Ta_i 在电阻开关中的贡献可能受电极性质的强烈影响,例如,如果电极可以像钽原子存储池一样不断地提供 Ta 原子,那么 Ta_i 原子的影响将更显著。在 RRAM 中导电通道可以在顶部电极或者底部电极附近形成,这取决于所用的电极材料。另外,实验发现在氧化物中插入中间层可以调节 Ta_i 和 V_O 的贡献。虽然对于中性缺陷 Ta_i 和 V_O 来说,总扩散势垒都比较高,但是通过掺杂电荷或其他金属元素能够有效调节迁移所需的能量,这就使得 Ta_2O_5 更适合用作实际纳米尺度器件中的存储材料。

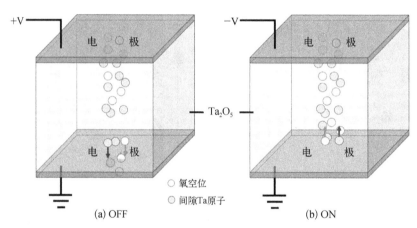

图 3-16 Ta_2O_5 中电阻开关过程中原子扩散示意图。(a) 对应 OFF 状态,由氧空位和 Ta_i 原子组成的导电通道是断开的。(b) ON 状态,导电通道是连接的。箭头方向代表缺陷迁移方向。需要指出的是,在该示意图中,不同的缺陷位置"较近"不代表在实际材料中它们也是近邻的

在本节中,我们针对 Ta_2O_{5-x} 中的两种缺陷,即氧空位和 Ta_i 原子,从缺陷形成能、电子结构的影响以及扩散行为等方面进行了细致的计算和对比。结果显示,随着氧原子化学势的降低,Ta_i 的形成相对于 V_O 将变得容易。考虑到单个缺陷引入的带隙态,Ta_i 对氧化物的电子结构有更显著的影响。对于 V_O 和 Ta_i 的扩散,提出了一种高度各向异性的扩散途径。V_O 的迁移基本上都在 Ta_2O_3 层内,所需克服的能量势垒为 1.6 eV,而 V_O 的层间扩散所需克服的能量势垒则高达 3.5 eV。另外,Ta_i 的扩散被限制在层状结构 Ta_2O_5 的纯氧层(O_n)中,所需克服的能垒为 3.7 eV,而 Ta_i 在 O_n 层之间的扩散则不太可能发生。根据所计算的能垒数据,在 Ta_2O_5-RRAM 器件中,一个实际电阻开关过程中所发生的三维空间内的扩散应该是 V_O 的扩散与 Ta_i 的二维空间扩散协同完成的。再结合 Ta_i 原子对氧化物电子结构的重要影响,可以预见 Ta_i 原子对电阻开关过程的重要贡献。本节理论计算的发现与最近实验发现的 TaO_x-RRAM 中阳离子的迁移行为相吻合。需要指出的是,这里我们在计算中忽略了一些因素,如局域成分的变化、外电场的影响和焦耳热的影响等,这些影响都存在于实际 RRAM 器件的电阻开关过程中。但是,为了考虑这些影响因素,我们需要更先进的计算技术,如发展跨尺度模拟方法,而这需要软件开发者、材料科学家和存

储器件工程师等跨学科人才一起合作完成。

3.2.3　金红石二氧化钛中过渡金属原子的反常扩散行为

3.2.3.1　研究背景与计算方法

金红石二氧化钛是一种宽禁带半导体,在光催化/光电子器件、阻变型随机存取存储器等方面有着广泛的应用。此外,金红石二氧化钛还是钛合金表面的抗腐蚀层。金红石二氧化钛是各向异性显著的典型代表材料,理解其基本性质无论对于基础研究还是技术应用都是至关重要的。通常,金红石是一种非化学计量化合物(TiO_{2-x}),其主要的本征点缺陷是间隙钛原子和氧空位。通过比较不同氧气压力下的扩散系数,已经确定氧与钛的原子迁移分别是空位机制和填隙机制。此外,过渡金属掺杂作为一种有效调控带隙的方法,扩大和改善了金红石二氧化钛的应用。掺杂元素的热力学和动力学行为对材料的总体性能有很大影响,而化学计量比对掺杂元素的扩散性能有很大影响,但这是否归因于迁移缺陷的电荷、内部缺陷捕获或其他机制尚不清楚。

在金红石二氧化钛中,每个钛被六个氧原子包围,形成一个轻度扭曲的八面体。这些八面体通过棱和角连接起来,每个八面体的中心有一个钛原子,这些钛原子一列一列地沿 c 轴方向平行排列。如果我们沿着 c 轴方向看过去,就会看到这些被八面体环绕的较为开放的"扩散通道"。因此,金红石二氧化钛的结构具有很强的各向异性:沿 c 轴([001])方向的扩散通道可能会成为间隙杂质扩散的"高速公路"。然而,垂直于 c 轴方向就没有这样的通道,因此这个方向的扩散与自扩散一样是通过填隙机制进行的,其中涉及一系列的钛原子与钛间隙缺陷的位置置换。在掺杂的情况下,一个等效的"填隙过程"实际上包含了钛原子与杂质原子的同时迁移,这两种不同的机制就意味着金红石中杂质的扩散是各向异性的。

多种元素在金红石中的扩散已经有了充分的实验研究和文献资料。放射性元素示踪技术全面研究了 Sc、Cr、Mn、Fe、Co、Ni 和 Zr 的扩散行为,发现 Co 和 Ni 的原子迁移具有十分鲜明的各向异性,沿 c 轴方向的扩散速率远大于垂直 c 轴方向的扩散速率;而其他元素的阳离子扩散则没有表现出如此明显的各向异性,其各向异性的程度与钛原子的自扩散情况相同。通过研究不同氧压和温度下的扩散系数,实验得出了阳离子的扩散机制:对于 Sc、Zr 和 Cr,其扩散系数与间隙钛原子的浓度密切相关,表明这几种元素的阳离子是通过填隙机制扩散的;Nb 的扩散与 Ti 的自扩散行为完全相同,表明也是填隙扩散行为占主导。然而,与这些元素不同的是 Co 和 Ni,它们在通道内的直接迁移被认为是沿 c 轴快速扩散的根本原因。

虽然我们可以根据实验数据得出一些推断,但对于构建掺杂元素扩散的完整图像仍然缺少一些关键信息。首先,从金红石二氧化钛的结构来看,存在垂直和平行于 c 轴方向的两种不同的扩散机制,分别为填隙扩散和间隙扩散。因此,对于没有明显各向异性扩散行为的元素,这两种机制势必共存。这就产生了一个有趣的问题:在填隙机制中,掺杂原子推开 Ti 原子进而从一个取代缺陷变成了一个间隙缺陷原子;而后能继续迁移的是 Ti 原子而不是之前的掺杂原子。相比之下,沿通道的间隙迁移允许同一原子的重复跳跃。掺杂元素有可能在取代位置被捕获意味着金红石二氧化钛中的两种主要扩散机制是相关的。但是,这两种扩散的耦合或竞争机制难以通过实验技术来区分和研究,此时便是第一性原理计算发挥作用的时候了。关于金红石中固有缺陷扩散的理论研究文献也很丰富,遗憾的是对于不同掺杂元素的扩散行为仍缺乏全面的理解。因此,以下我们通过第一性原理计算和过渡态理论,揭示 Sc、Ti、V、Ni、Nb、Zr 和 Co 等过渡金属在金红石二氧化钛中各向异性扩散的微观机制。为实现这种理论研究,我们首先需要构建一个大的超胞,这个超胞含有 240 个原子,超胞晶格矢量沿单胞的[001]、[110] 和 [1̄10] 的方向。这个超胞的大小足够包含一个由间隙缺陷聚集而产生的畸变区域。在结构优化过程中,超胞保持固定而只弛豫原子坐标,同时要确保 k 点和截断能都足够大,这里我们使用了 $2×2×2$ 的 k 点网格和 400 eV 的平面波截断能。同时,所有计算都采用自旋极化。金红石中间隙和填隙的扩散机制如图 3-17 所示。采用 NEB 方法计算扩散路径和扩散能量势垒。对于这些过渡金属元素,还应该考虑 3d 电子局域化的影响,为此,我们用 GGA+U 和杂化泛函 HSE06 来进行比较计算,并验证 GGA 计算结果的有效性。

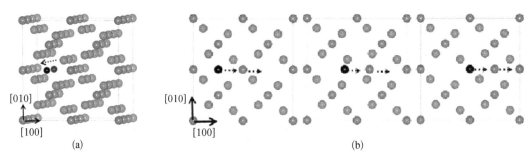

图 3-17　金红石 TiO_2 中的扩散机制。(a) 沿 c 方向的间隙机制,(b) 垂直于 c 方向的填隙机制。红色球和绿色球分别代表 O 原子和 Ti 原子,黑色小球代表扩散原子

3.2.3.2　掺杂原子沿 c 轴方向的扩散

c 轴方向的扩散是指掺杂原子沿着 c 轴方向的通道进行的间隙扩散。图 3-18(a) 和 (b) 显示了在扩散通道中的两种高对称性的间隙位置,即八面体位置和四配位位置。八面体位置通常是间隙原子的稳定位置,四配位位置通常是扩散原子在相邻两个八面体位置之间跳跃的过渡态。图 3-18(c) 给出了 GGA 计算的过渡金属原子的迁移能垒,并以掺杂原子的半径为横坐标,以便研究迁移能垒与过渡金属的关联。为验证我们计算结果的可靠性,以可查询到的 Ti 的自扩散为例,这里计算的能垒为 0.61 eV,这与文献报道的计算结果(0.70 eV)吻合。由图 3-18(c) 可以发现一个令人惊讶的特点,扩散能垒不随掺杂原子半径的增加而线性增加,反而原子半径较大的掺杂元素却有较低的扩散能垒,这意味着这些掺杂原子扩散得更快,这是反直觉的,也与实验相矛盾。例如,由图 3-18(c) 可知,ⅣB 族第三周期 Ti 的扩散能垒比第四周期 Zr 的大得多,而同样的趋势也体现在 ⅤB 族元素 V 和 Nb 之间。再对比同属第三周期的元素,原子半径较大的 Sc 的扩散能垒反而比原子半径较小的 Ti 小得多;在 Sc、Ti、V 中,V 的原子半径最小,但其扩散能垒却最大;而原子半径最小的 Co 和 Ni 的扩散能垒与原子半径最大的 Sc 的扩散能垒相差不多。此外,与其他掺杂元素不同的是,Ni 占据四面体间隙时是最稳定的,而占据八面体间隙时则是过渡态。这个特点可归因于 Ni 原子半径比较小,这就像在 Fe 中原子半径小的 H 通常占据四面体间隙而原子半径较大的 C 和 P 则占据八面体间隙的情况一样。

过渡金属氧化物的电子结构计算可能会受到强电子关联效应的影响。为了检验 d 电子的影响,我们使用 Hubbard U 修正计算了 Ni 和 Ti 扩散的能垒。U 参数值取自文献,具体数值如下:Ti,$U=2$ eV、$J=1$ eV;Ni,$U=3.4$ eV、$J=1$ eV。最终使用 Hubbard U 修

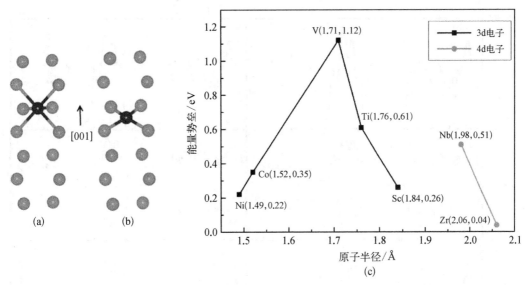

图 3-18　[001]方向通道中的间隙位置。(a) 八面体间隙,(b) 四配位间隙,其中红色球和黑色球分别代表 O 原子和扩散原子。(c) GGA 泛函计算的掺杂元素的扩散势垒与其原子半径的关系图,括号内的数据是原子半径和能垒的具体数值

正计算的 Ti 和 Ni 的能垒分别为 0.81 和 0.24 eV,分别比 PBE-GGA 计算值大 0.2 eV 和 0.02 eV。尽管 Hubbard U 计算的结果偏大,但是并没改变图 3-18(c)的趋势和结论,因此下面的讨论都是基于 GGA 计算的结果。

接下来我们将深入讨论沿 c 轴反常扩散的物理起源,亦即为什么大原子半径的 Sc、Nb 和 Zr 等元素沿 c 轴方向扩散的能垒很低但实际表现出较低的扩散速率。对类似现象进行文献调研发现,在金属 Ti 和 CdTe 等半导体中也发现过类似的反常现象,而对于这些材料中的反常扩散现象通常被归因于初态和末态之间存在着间接的扩散通路,或者基体和杂质之间存在轨道耦合效应。在这里金红石二氧化钛的研究中,我们发现间隙掺杂原子的扩散通路都是平行于[001]方向的,而且所有掺杂元素都是具有局域 d 电子结构的过渡金属,所以文献报道的机理不适用于金红石中的反常扩散行为。因此,一种更可能的原因就是所有八面体和四面体间隙位置都具有较高且相近的能量,因此,即使在本征 Ti 间隙原子存在的情况下,对于大原子半径的掺杂元素来说置换位置是更稳定的。所以,如果八面体和四面体间隙位置都是亚稳的,那么只有一小部分的掺杂原子会进入这种间隙位置。概括而言,扩散系数小是因为掺杂原子很难进入扩散通道。

为了进一步理解这种反常扩散行为的物理根源,我们可以计算并比较初始状态和过渡态的电子态密度(DOS)。金红石二氧化钛的价态是 Ti^{4+} 和 O^{2-},阳离子的 d 轨道是空的,氧离子的 s 和 p 轨道被电子占据。当引入一个间隙杂质原子之后,它将引入额外的 d 电子。这些额外电子或者束缚在杂质原子周围成为带隙态(gap state),或者成为巡游电子占据导带底部。图 3-19 中红色部分是过渡金属掺杂所引入的新能态。由图 3-19 可见,当掺杂 Ni 时,无论占据八面体间隙还是四面体间隙都产生了一系列的带隙态,Ni 占据八面体间隙时(即 NEB 计算中的过渡态),导带被电子部分占据,而占据四面体间隙时(右图),-1 eV 附近的一个局域化能级被电子占据。这与前面的四面体间隙更稳定而八面体间隙是过渡态的结论相符合。当掺杂 V 或 Ti 时,掺杂原子占据八面体间隙位置时,在导

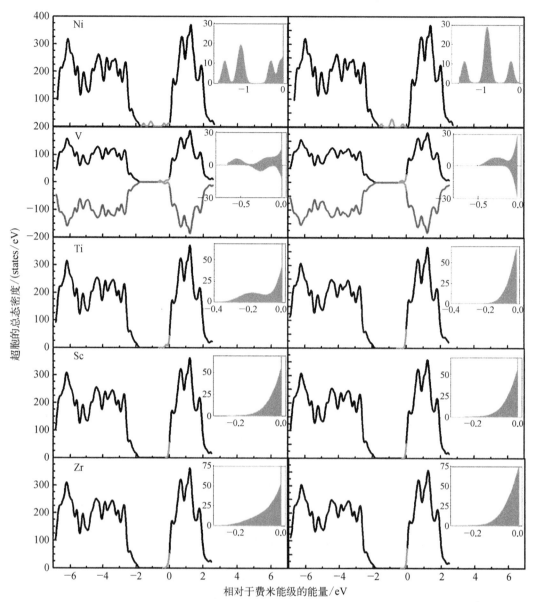

图3-19　含不同掺杂元素 TiO₂体系的总态密度。左侧图对应掺杂元素处于八面体间隙时的 DOS，右侧图对应处于四面体间隙的情况。红色部分是掺杂元素引起的电子态，其放大图见插图

带附近都出现带隙态(V 的在-0.5 eV,Ti 的在-0.2 eV)。当掺杂原子扩散到四面体间隙的过渡态时,相应的带隙态移动到能量更高处。当掺杂原子半径为更大的 Sc 和 Zr 时,初态和过渡态的 DOS 非常相似,所引入的额外电子总是占据导带底,导致这两个态的能量差别较小,这与其都具有很低能垒的结果一致。事实上,近年来研究表明,类似这样大体积点缺陷却具有低迁移能垒的现象在 Ti、Fe 和 AlN 单晶中都有发现,这说明这种反常扩散现象在自然界中不是稀有现象。

带隙态与迁移离子的带电态有关。在 DFT 框架下,带隙态与迁移离子的带电态的关系可以用投影态密度(PDOS)来分析。图3-20 给出了掺杂原子占据不同位置时的态密

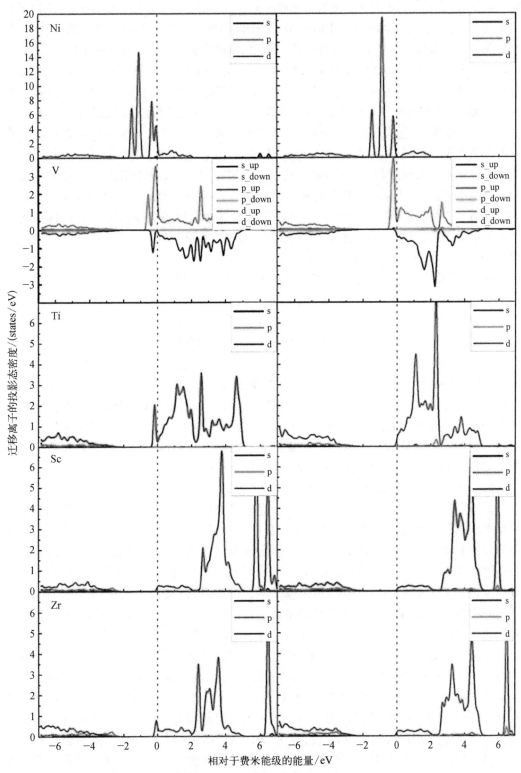

图 3-20　TiO₂中扩散原子的投影态密度。左侧图对应掺杂元素在
八面体间隙的 DOS，右侧图表示占据四配位间隙的情况

度。对于金红石的情况,PDOS 虽然不能唯一确定带电态,却可以描述出迁移粒子和间隙离子的带电情况。由图 3-20 的 PDOS 可见,任何阳离子上基本上没有剩余的 s 电子,这就排除了任何根据 s-d 耦合作用的解释。Sc 和 Zr 在带隙中几乎没有 d 电子特征,因此它们应该分别是带正三价和正四价的阳离子。通过对 PDOS 积分,我们发现 V 在带隙态中仍有一个 d 电子,所以是 4+价的阳离子,而 Ni 在带隙态中保留了 6 个 d 电子,也表现为 4+。最后,对于这里所研究的掺杂元素,间隙态与迁移态之间的电荷状态没有显著差异。

由于化学势可能对扩散产生影响,这里我们又考虑了几个带电元素的扩散情况。在大多数情况下,迁移能垒没有变化(如 Sc),但也有个例外,即 Ti。正如图 3-20 所示,Ti 占据八面体间隙位置时导带下方 0.3 eV 处有一个带隙态,而当 Ti 占四配位间隙位置则没有这个间隙态。因此,为了在非化学计量的金红石中迁移,就必须有一个电子被激发到导带(Ti^{3+} 变成 Ti^{4+})。对于低化学势的计算(也就是计算中使用了含少量电子的超胞),间隙态未被占据,那么就没有必要激发电子了,迁移能垒也被降到 0.3 eV。由此我们可以推断实验中 Ti 的自扩散对材料的成分应该非常敏感。

通常,迁移能垒越小则迁移速率越快。例如,由图 3-18(c)中,Zr 沿 c 轴方向扩散应该比 Ni 和 Co 快得多。然而实验观测结果却与此相反。这里有一个关键的因素我们没有考虑,就是缺陷的形成能,这对于扩散过程也是非常有必要的,举例来说,对于空位调制的扩散,空位的形成能决定了有多少空位可以用于扩散,但是间隙缺陷的形成能有时会被忽略,这是因为间隙杂质的浓度与温度无关,而是由化学计量比决定的。在金红石中,通常情况下取代位置对于阳离子来说是最稳定的位置;然而,如果有过量的阳离子,那么它们中的一小部分将被挤入间隙位置。因此,间隙原子既可能是内部的 Ti 缺陷,也可能是掺杂阳离子。我们可以定义一个"踢出过程"来描述这种情况,这个过程描述了取代型掺杂原子通过本征间隙 Ti 原子形成间隙掺杂原子。间隙掺杂元素的浓度很大程度上取决于"踢出过程"所需要的能量,这将在下面的章节中详细研究。

3.2.3.3 间隙掺杂原子与取代掺杂原子

如上面所述,非化学计量比金红石中预先存在的间隙 Ti 原子通过"踢出机制"亦即填隙机制激活了垂直于 c 轴方向的原子迁移。通过填隙机制,在扩散通路中掺杂原子在间隙位置和取代位置之间不断切换。将"踢出能量"E_{diff} 定义为一个含间隙杂质的系统与一个含间隙 Ti 及取代杂质的系统的能量差,负值表示杂质更倾向于占据间隙位置而不是取代位置。图 3-21 展示了 E_{diff} 与掺杂原子半径的关系,显然比 Ti 原子半径小的掺杂原子,如 Ni、Co、V 占间隙位置时系统更加稳定,而比 Ti 原子半径大的掺杂元素,如 Sc、Nb、Zr 则倾向于取代 Ti,同时将 Ti 挤到间隙位置。图 3-21 所展示的趋势还可以用 HSE06 泛函计算做进一步的验证。分析计算结果发现,对于掺杂原子占据沿 c 轴方向间隙位置的金红石体系,GGA 和 HSE06 计算得出不同的磁性结论:GGA 计算显示,除掺杂 Co 外,其他掺杂系统都是非磁性的,而 HSE06 结果表明所有掺杂的金红石系统都是有磁性的。然而,对于掺杂元素的占位倾向,HSE06 与 GGA 则得出相同的结论。这就意味着当用两种结构能量差做判据时,如 E_{diff} 或者迁移能垒,GGA 与 HSE06 和 DFT+U 同样都是可靠的。

对于平行于 c 轴方向的扩散,间隙杂质的数量很关键,E_{diff} 决定着掺杂元素占据间隙位置的分数。如图 3-21 所示,Sc、Nb、和 Zr 倾向于取代位置,因此它们大部分时间都被卡在取代位置上,但是一旦进入间隙位置就会以很快的速率迁移。因为创造间隙原子需要

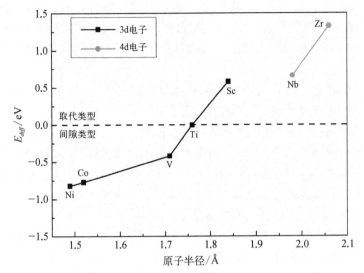

图 3-21　E_{diff} 和原子半径的关系。正值表示掺杂元素倾向于取代 **Ti**,同
时把 **Ti** 挤到间隙位置,而负值表示元素倾向占据间隙位置

热激发,所以对于这些元素来说有效的迁移能垒是 E_{diff} 与扩散能垒之和。

3.2.3.4　填隙机制产生的间隙杂质:垂直于 c 轴方向的扩散

下面以 Ti、V、Sc、Nb 和 Zr 这几种元素为例来研究垂直 c 轴方向的扩散。图 3-22

是通过填隙过程迁移的能量曲线。可以
清楚地看到,几乎所有能量曲线都有一个
明显的局部极小值,这个极小值对应着
图 3-17(b) 中间的结构。对于 Ti,垂直于
c 轴扩散的迁移能垒是 0.6 eV,比沿着 c 轴
扩散的略小,这与实验数据和其他计算数
据相一致。V 原子从稳定的间隙态迁移到
取代位置的过渡态需要克服一个高达
1.42 eV 的能垒,而反向的逆扩散过程则
需克服 0.94 eV 的能垒。Sc、Nb 和 Zr 从稳
定的取代位置扩散到间隙位置需要分别克
服 0.93 eV、1.16 eV 和 1.52 eV 的能垒,但
是反向的逆扩散过程所需克服的能垒分别
就只有 0.35 eV、0.5 eV 和 0.19 eV。

3.2.3.5　计算结果对比实验结果

上述计算结果展示了在金红石二氧化
钛中杂质沿着 c 轴通过间隙机制扩散,而
填隙扩散则是垂直于 c 轴方向的主要扩散
方式。下面将本节计算结果与实验观测进
行比较,以进一步验证计算的可靠性。

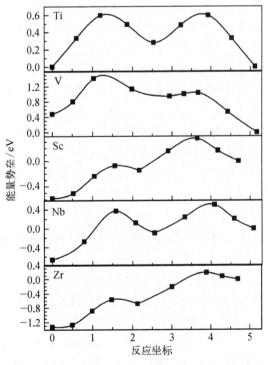

图 3-22　掺杂元素在垂直于 c 轴的扩散。扩散
势垒曲线被分成两部分,分割点对应的
结构可参考图 3-17(b) 中间的图

（1）Ti 的自扩散：在平行于 c 轴方向 Ti 原子通过间隙机制进行扩散，其扩散能垒为 0.61 eV，而在垂直 c 轴方向 Ti 原子通过填隙机制进行扩散，其扩散能垒 0.60 eV。因此，Ti 在金红石二氧化钛中的自扩散展现出极弱的各向异性，基本是各向同性的，这与实验数据十分相符。

（2）Co 和 Ni 沿着 c 轴方向通过间隙机制进行扩散，其扩散能垒分别为 0.35 eV 和 0.22 eV。此外，Co 和 Ni 更倾向于占据非化学计量比金红石的间隙位置，这意味着它们都不太可能把 Ti 从其格点上挤走并进行垂直于 c 轴方向的迁移。因此，Co 和 Ni 沿 c 轴方向的扩散速率相对非常快，其扩散展现出很强的各向异性，这与实验现象吻合。

（3）尽管 V 也更倾向于占据金红石结构中的间隙位置，但 V 原子平行于 c 轴方向和垂直于 c 轴方向扩散的能垒分别是 1.12 eV 和 1.42 eV，展现出较小的扩散各向异性，说明 V 的各向异性没有 Co 和 Ni 的各向异性显著。

（4）Sc、Nb 和 Zr 沿 c 轴方向扩散的能垒很小。然而，由图 3-21 的数据来看，沿 c 轴方向扩散通道的间隙位置对于它们来说是不稳定的。因此，Sc、Nb 和 Zr 沿 c 轴方向的迁移需要通过一个填隙过程来创造一个间隙位置，一旦进入这个间隙位置，这些元素就可以快速迁移。再从图 3-22 的数据看，这个由填隙机制产生间隙位置的过程需要很高的能量。这表明无论在哪个方向扩散，填隙过程都是速率控制步骤，而且体系中必须预先存在间隙 Ti 原子。这与先前的实验结果相吻合。

综上所述，利用第一性原理计算和过渡态理论可以获得过渡金属在金红石二氧化钛中扩散的微观理解。过渡金属在平行和垂直于 c 轴方向的扩散分别是由间隙和填隙机制控制的。而且 c 轴方向的扩散能垒则展现出反常的趋势，即半径越大的过渡金属，扩散能垒越小。然而，对这些大半径的金属原子来说，沿 c 轴方向的总体扩散却被垂直于 c 轴方向的"填隙"即产生间隙原子的过程抑制了。无论对于 Co 和 Ni 等各向异性显著的元素还是对于 V、Ti、Sc 和 Zr 等各向异性弱的元素，这都提供了一个非常全面的理论图像。更重要的是，对于 Sc、Nb 和 Zr 在金红石中的扩散，无论是垂直和平行于 c 轴的扩散，填隙过程都是非常重要的，因此，这两个方向的扩散都与金红石中预先存在的间隙 Ti 原子的含量密切相关。最后，本节的计算结果成功地解释了实验所观察到的过渡金属在金红石中的扩散速率不同及各向异性的根源。可以预见，本节所阐明的扩散机理在很多其他氧化物中也会存在，它们同样也展现出扩散数据对化学计量比的敏感性。

3.3 氢和氧在面心立方钴中的吸附与扩散

钴和钴基合金是涡轮发动机热部件中最重要的工业材料之一。传统的钴基合金在高温腐蚀环境中服役，但其高温强度低于具有嵌入面心立方 γ 基体中的 L1$_2$ 化合物（γ'）的镍基合金。近年来，一种类似于 γ/γ' 镍基高温合金、具有 γ/γ' 组织的新型钴基高温合金引起了广泛关注。与镍基合金相比，这些新型的钴基合金不仅高温强度高，而且具有优良的抗腐蚀能力。因此，对钴基合金相关性能的研究成为近年的研究热点，其中，钴基合金中溶质原子的扩散行为是评价材料性能（如延展性、氢脆、氧化、蠕变、腐蚀等）最重要的指标之一。扩散的热激活过程可以被描述为一个溶质原子从一个局部最小能量的位置迁移到另一个位置。

钴基合金的基体面心立方钴中不可避免地存在氢和氧,它们主要通过两种途径存在于块体合金中。一方面,在冶炼过程中金属吸附氢和氧,另一方面,由于金属和其他氢、氧媒介之间的相互作用,从而引入了氢和氧。氢和氧在钴表面的吸附和从表面到亚层及其体相的扩散对理解钴基合金氢脆的微观机理和氧化过程中的动力学起着重要的作用。很久以前就有实验研究了氢在面心立方钴中的扩散,在 400~500℃ 的温度范围内测得的扩散激活能是 0.51 eV。但是,由于样品纯度的多样性以及表面污染等因素,实验测得的数据大多比较分散,所以氢在钴中的扩散能垒有待进一步核实。而且,氢和氧在面心立方钴表面上的吸附以及从表面扩散到亚层的机制仍不完全清楚。此外,氧的扩散能垒和扩散系数尚不清楚,迫切需要进一步地明确。针对上述基本科学问题,相较于实验技术,基于密度泛函理论的第一性原理计算方法为全面理解氢和氧在钴中的扩散行为提供了可靠而快捷的途径。本节利用第一性原理计算研究氢和氧原子在钴(111)面上的吸附以及它们从表面扩散到亚层的过程,进而研究氢和氧在体相中的扩散过程,并估算扩散系数。本节关于金属钴中氢和氧的吸附与扩散理论将为理解和改善钴基合金的组织演变与力学性能提供有价值的帮助。

3.3.1　模型构建与计算参数

为研究上述基本科学问题,首先要构建合适的计算模型。在这里,关于氢和氧在 Co(111) 表面的吸附,构建一个含有 6 个原子层(3×3)和厚度为 15Å 真空层的模型即可。在优化结构时只对上下两个表面层和吸附层的原子进行弛豫,而将其余层的原子保持固定。结构弛豫的收敛准则是由作用在原子上的力控制的,当作用在每个原子上的力小于 0.02 eV/Å 时结构弛豫收敛。对于氢原子和氧原子从表面扩散到亚层和体相的计算,与上节相同,我们使用 CI-NEB 方法获得扩散路径及相应的能量势垒。在最小能量路径的优化过程中,允许原子坐标弛豫,而保持模型结构的形状和体积不变。固定初态和末态,中间态采用阻尼分子动力学的快速最小法优化,所有的构型都得到充分优化,直到作用于每个原子上的最大力小于 0.05 eV/Å。

关于基于 DFT 的第一性原理计算的参数设置,这里我们选用投影缀加波(PAW)赝势,交换关联泛函使用 PBE-GGA 和 LDA。同时截断能和 k 点要尽可能大,这里设置平面波基组的截断能为 500 eV,使用 3×3×1 和 6×6×6 的 k 点 Monkhorst-Pack 网格分别用于 6 层(3×3)的面心立方钴(111)表面和 2×2×2 的超胞结构。设置基本参数之后,首先用它们计算面心立方 Co 的晶格常数以便进一步验证其可靠性。这里采用 PBE-GGA 和 LDA 方法计算的晶格常数分别是 3.518 Å 和 3.422 Å,这与实验值 3.568 Å 和理论计算值 3.518Å 吻合得较好。

3.3.2　扩散系数的计算方法

间隙溶质原子在固溶体中的扩散主要是通过间隙机制,原子从间隙位置迁移到另一个间隙位置。原子的扩散系数与温度的关系遵循 Arrhenius 形式:

$$D = D_0 \exp(-E_a/k_B T) \tag{3-6}$$

式中，D_0 是扩散常数；E_a 是扩散能垒；k_B 是玻尔兹曼常数；T 是热力学温度。根据过渡态理论，原子在固体中的跃迁率的表达式为

$$\Gamma = \nu \exp(-E_a/k_B T) \tag{3-7}$$

式中，ν 是 H、O 原子的振动频率。考虑到原子振动频率，扩散系数可以表示为

$$D = l^2 \nu \exp(-E_a/k_B T) \tag{3-8}$$

式中，l 是原子每次跃迁的距离。基于 C. Wert 和 C. Zener 所提出的理论，振动频率 ν 可近似表示为

$$\nu = (2E_a/ml^2)^{1/2} \tag{3-9}$$

式中，m 代表每个间隙原子的质量。将 ν 从式(3-9)代入式(3-8)，因此，扩散系数 D 可以用以下公式计算：

$$D = l\left(\frac{2E_a}{m}\right)^{1/2} \exp\left(-\frac{E_a}{k_B T}\right) \tag{3-10}$$

3.3.3　氢和氧原子在面心立方 Co(111) 面的吸附及从表面到亚表面的扩散

关于 H 原子和 O 原子在面心立方 Co 密排面(111)表面的吸附，我们首先计算了 H 原子和 O 原子在不同吸附位点时的总能，并据此计算结合能以确定 H 原子和 O 原子在(111)表面的占位倾向。H 或 O 在 Co(111) 表面上有四种可能的高对称吸附点，如图 3-23 所示。为理解 H 原子和 O 原子占据不同吸附点的热力学性质，我们定义系统的结合能 E_b 如下：

$$E_b = (E_{Co} + E_M) - E_{Co-M} \tag{3-11}$$

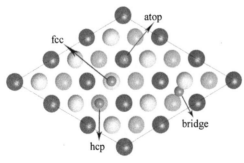

E_{Co} 和 E_{Co-M} 分别是未吸附和吸附 H 原子或 O 原子的 Co(111) 表面的总能；E_M 是 H 原子的总能(-1.117 eV)或 O 原子的总能(-1.907 eV)。结合能是描述 H(或者 O)与周围 Co 原子相互作用的一个重要指标，E_b 越大，H 原子或 O 原子的吸附位置越稳定。表 3-1 列出了 H 原子和 O 原子吸附在不同表面位置上的结合能，显然，H 和 O 最稳定的表面吸附构型分别为占据 fcc 和 hcp(三重空心)的位点。桥位(bridge)上的吸附 H 原子或 O 原子在弛豫后分别迁移到 fcc 或 hcp 的稳定位点，表明原子在桥位的吸附是不可行的。此外，H 原子或 O 原子在 fcc

图 3-23　H 原子或 O 原子在 Co(111) 表面上的吸附俯视图。表面第一层、第二层和第三层的 Co 原子分别用蓝色球、黄色球和绿色球表示。H 原子或 O 原子用小红球表示

和 hcp 这两个位点吸附的结合能之差都很小，分别是 0.03 eV(H 原子)和 0.07 eV(O 原子)。由图 3-23 可见，fcc 或 hcp 位点的吸附原子周围都有三个最近邻的 Co 原子，这种原子组态相互作用最强。关于 H 原子和 O 原子在亚层的占位(图 3-24)，八面体和四面体间隙都是可能的，但是由于四面体间隙的弛豫空间相对较小，因此这里只考虑了包含两个等效位置的八面体间隙，即在第一亚层的两个八面体间隙(F1 和 F2)以及在第二亚层的

两个八面体间隙位置(S1 和 S2),相应的计算结合能也列于表 3-1,显然,吸附原子占第一亚层和第二亚层的八面体间隙位置时的结合能很接近。

表 3-1 计算的 H 原子和 O 原子在不同吸附位置上(atop, fcc, hcp, F1/F2, S1/S2)的结合能 E_b (单位:eV)

原 子	atop	fcc	hcp	F1/F2	S1/S2
H	2.14	2.78	2.75	2.00	2.09
O	4.05	5.55	5.62	2.97	2.85

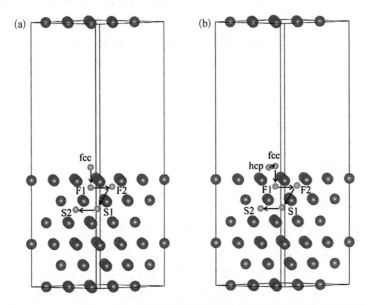

图 3-24 H(a)和 O(b)在亚层中的占位及其从表面到亚层的扩散路径

确定了 H 原子和 O 原子在表面和亚层上的择优占位之后,就可以研究 H 原子和 O 原子从表面到亚层的扩散了。如上所说,fcc 是 H 原子在 Co(111)表面最稳定的吸附位点,因此,H 原子从表面到第一亚层的扩散路径应为 fcc→F1。Fcc 位点下的第二层中没有 Co 原子,所以 H 原子很容易迁移入第一亚层。而 O 原子,表面上最稳定的位点是 hcp,所以 O 原子从表面扩散到第一亚层的路径是 hcp→F1。需要注意的是,这里 O 原子需要首先扩散到 fcc 位点,然后从 fcc 位点扩散到 F1 位点,而不是直接从 hcp 位点扩散到 F1 位点。这是因为直接迁移路径必须推开两个相邻的 Co 原子,从而需要更高的活化能才能扩散到 fcc 位点,这从能量上是不可行的。这里计算的 H 原子和 O 原子从表面扩散到第一亚层所需克服的能垒分别为 0.93 eV 和 2.64 eV,这表明 O 原子迁移入第一亚层的难度非常大,从而很可能有大量的 O 原子停留在表面形成富氧层。因此,在以下从第一亚层到第二亚层的研究中,我们只讨论 H 扩散到第二亚层,其扩散路径是 F2→S1。H 原子占第二亚层 S1(或 S2)位点的结合能是 2.09 eV,比占第一亚层 F1 位点的高 0.09 eV,这是因为占第二亚层 S1 位点时 H 原子的配位更对称,与周围的 Co 原子形成六个等价的 H-Co 键。计算得出从 F2 位点扩散到 S1 位点的能垒相对较小,只有

0.49 eV,意味着沿这条路径的原子扩散相对更容易。此后,H 原子继续扩散到更深亚层的情况应该基本类似,即 H 原子扩散只需克服较小的能垒,从而比较容易扩散到 Co(111)面更深的亚层中。

此外,在某些情况下还可能发生表面和层内的扩散。为理解表面和层内的扩散行为,首先需要估计表面迁移的能量势垒。正如前面所讨论的,bridge 位点能量高,是不稳定的,但它可以作为 H 原子从 hcp 位点扩散到 fcc 位点或 O 原子从 fcc 位点扩散到 hcp 位点的过渡态,相应扩散路径的计算能垒分别为 0.13 eV 和 0.31 eV,而反向扩散路径的能垒分别是 0.16 eV 和 0.38 eV。显然,这两条扩散路径的阻力都很小,H 原子和 O 原子都很容易在表面扩散。对于 H 原子在第一亚层的 F1 与 F2 位点之间的迁移及其在第二亚层 S1 与 S2 位点之间的扩散,计算得出的能垒分别为 0.42 eV 和 0.58 eV。显然,H 原子越向深层扩散亦即离体相越近,扩散所需克服的能垒就越高。这种差异主要是由于 H 原子在不同位点上与其邻近 Co 原子的结合能不同所致的,当 H 原子在 F1(F2)和 S1(S2)位点时系统的结合能分别计算为 2 eV 和 2.09 eV,显然,H 与 Co 原子在第二亚层中的相互作用略强于在第一亚层中的相互作用。

基于以上计算结果与讨论,我们可以得出如下结论:H 原子不仅能在 Co(111)表面扩散,也能扩散到亚层甚至体相;而 O 原子主要在 Co(111)表面扩散,它很难从表面扩散到亚层,更不用说体相了。

3.3.4 氢和氧在面心立方 Co 体相中的扩散

为了研究 H 原子和 O 原子在面心立方 Co 体相中的扩散,首先要确定 H 原子和 O 原子在 Co 体相的插入能和择优占位。在体相 Co 中有两个高对称间隙点,即八面体间隙(O)和四面体间隙(T)的位点(图 3-25)。我们先用面心立方 Co 的传统晶胞构建 2×2×2 的超胞,然后将 H 原子或 O 原子放置在间隙位置,超胞共含有 33 个原子(其中一个是 H 原子或 O 原子),H 原子或 O 原子的浓度为 3.03 at%。在结构优化过程中,保持晶格常数不变,只对原子坐标进行弛豫,直到每个原子上的最大受力小于 0.02 eV/Å。将 H 原子或 O 原子在 Co 中的插入能定义为

$$E_M^{\text{ins}} = E^{\text{nCo}} + E_M - E^{\text{nCo+M}} \tag{3-12}$$

其中,E^{nCo} 表示纯净 Co 超胞的总能;E_M 表示 H 原子或 O 原子的总能;$E^{\text{nCo+M}}$ 表示 H 或 O 的间隙固溶体的总能。E_M^{ins} 值越大,系统越稳定。E^{nCo} 和 $E^{\text{nCo+M}}$ 需使用相同的 k 点进行计算,计算结果列于表 3-2。

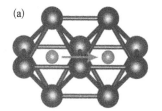
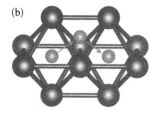

图 3-25　纯 Co 体相中 H 原子和 O 原子的扩散途径:(a) O-O 的
扩散途径;(b) O-T-O 的扩散途径

表 3-2　H 原子和 O 原子在八面体和四面体间隙位置的插入能 E_M^{ins}(eV)

计算方法	八 面 体	四 面 体
GGA	2.14^H 3.07^O	1.84^H 2.32^O
LDA	2.75^H 4.51^O	2.38^H 3.91^O

注：上标 H 和 O 分别表示包含 H 原子和 O 原子的系统。

由表3-2可见，无论使用哪种计算方法也无论杂质是 H 原子还是 O 原子，杂质占八面体间隙的插入能总是大于占四面体间隙时的插入能，表明八面体间隙位点是一个能量更稳定的位置，也就是说，无论 H 原子还是 O 原子都更倾向于占据八面体间隙位置。这是因为八面体间隙的空间体积较大，引入杂质原子后不会产生显著的晶格畸变，这也可以通过比较图 3-26(a)和(b)杂质原子占八面体间隙的电荷密度差等值线图与图 3-26(i)和(j)杂质原子占四面体间隙的电荷密度差等值线图而得知。此外，由图 3-26 可见，从 Co 原子到 H 原子或 O 原子有明显的净电荷转移，电荷积聚和耗尽的位置形成哑铃状区域，这表明间隙原子与其最近邻 Co 原子之间有键合作用[图 3-26(c)和(d)]。此外，O 和 Co 之间的相互作用比 H 和 Co 之间的相互作用强。同时，特别是沿着 H-Co 键[图 3-26(e)和(g)]和 O-Co 键[图 3-26(f)和(h)]方向有明显的电荷聚集，这可能是正如 Donald J. Siegel 所描述的额外的部分共价键。

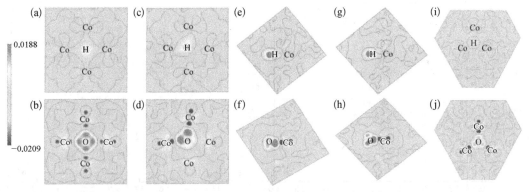

图 3-26　H 和 O 原子在 Co 体相中的差分电荷密度图。(a)和(b)分别表示 H 原子和 O 原子占据八面体间隙位置；(c)和(d)、(e)和(f)、(g)和(h)分别表示在扩散过程中 H 原子和 O 原子占据的三个中间态；(i)和(j)分别表示 H 和 O 原子占据四面体间隙位置

3.3.5　氢和氧在 Co 中的间隙扩散

将弛豫后的两个八面体间隙位点作为始态和终态，考虑两种不同的途径(图 3-25)，即一种是杂质原子从一个八面体间隙位点直接迁移到另一个近邻的八面体间隙[O-O，图 3-25(a)]；另一种是杂质原子通过以相邻四面体间隙(T)为中间态的位点扩散至另一个邻近的八面体间隙[O-T-O，图 3-25(b)]。然后根据 CI-NEB 方法利用 GGA 和 LDA 计算扩散能垒，结果如图 3-27 所示。显然，间接的扩散路径 O-T-O 能垒更低更可行，这

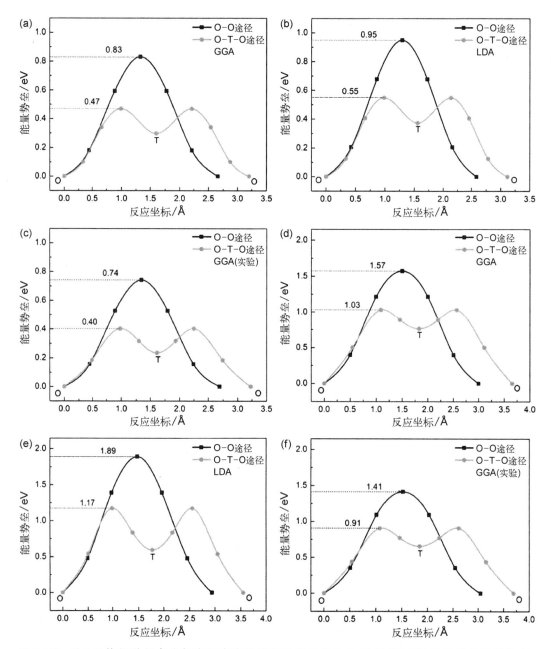

图 3-27 以八面体间隙位点为初态和末态的两种不同扩散途径时 H 原子和 O 原子的扩散能垒。(a)~(c) 分别表示用 GGA、LDA、GGA 但采用实验晶格常数下的 H 原子在 Co 中的扩散能垒;(d)~(f) 分别表示用 GGA、LDA、GGA 但采用实验晶格常数下的 O 原子在 Co 中的扩散能垒

与文献报道的 H 原子或 O 原子在 Ni 中的扩散情况相同。图 3-27(a) 和(b) 分别表示使用 GGA 和 LDA 方法计算得到的扩散能垒,而图 3-27(c) 表示使用实验晶格常数 3.568Å 用 GGA 方法计算的扩散能垒。GGA 计算的扩散能垒是 0.47 eV,比 LDA 计算的低 0.08 eV,然而,两种计算结果均与实验结果 0.51 eV 吻合得很好。采用实验晶格常数计算的能垒更低,只有 0.40 eV,可见,晶格常数对扩散能垒有显著影响。GGA 优化的晶格常数为 3.518Å,

比实验值小 0.05 Å，比 LDA 优化值 3.422 Å 大 0.096 Å，而这恰好与所计算的扩散能垒的趋势相同。这是因为晶格常数越大，则八面体间隙的体积越大，所以间隙杂质原子移动的空间就越大，杂质迁移所需的激活能就越低。所以采用 GGA+实验晶格常数值计算的激活能最低，而 LDA 方法得到的激活能最高。O 原子在 Co 的间隙扩散中也观察到相同的趋势，如图 3-27(d)~(f)所示，GGA 计算的能垒是 1.03 eV，这与文献报道的 O 原子在 Ni 中扩散的计算能垒 0.93 eV 和 1.12 eV 非常接近。另外，O 原子在 Co 中扩散的能垒比 H 原子在 Co 中扩散的能垒高得多，这应该归因于 O 原子半径比 H 的大的缘故。如图 3-26 所示，在整个扩散过程中，O 和 Co 原子之间的键合作用远强于 H 和 Co 原子之间的键合作用，这也进一步阐明了它们之间扩散能垒显著不同的化学键根源。

有了扩散能垒亦即激活能，现在就可以使用式(3-10)来计算扩散系数(D)了。利用 GGA 和 LDA 计算的 H 原子和 O 原子在 Co 中的扩散系数如图 3-28 所示，图中也加入了实验数据及 H 原子与 O 原子在 Ni 中扩散的计算结果作为对比。面心立方的 Co 与 Ni 的晶体结构类似，具有很高的可比性，由图 3-28 可见，这里计算的 H 原子和 O 原子在 Co 中的扩散系数同前人计算的 H 原子和 O 原子在 Ni 中扩散系数很接近。另外，H 原子在 Co 中的扩散系数远高于 O 原子的扩散系数，这主要是因为 H 原子半径最小，在扩散过程中与 Co 原子之间的键合作用最弱，扩散所需克服的能垒更低，因而扩散得更快。对于 H 原子的扩散，计算值和实验值处于同一数量级，这与 H 在 Ni 中扩散行为是一致的。此外，LDA 计算的数据比 GGA 计算值更接近实验数据，这与文献报道的 Mg、Si、Cu 在面心立方 Al 中的扩散行为类似，文献中将 LDA 与 GGA 计算结果的差异归因于前者具有更小的表面校正误差。尽管这里的计算结果与实验数据存在差异，但这种差异也很可能是因为实验的 D_0 和 E_a 值是在相对很高的温度范围下测量而造成的。此外，实验样品总存在一定的微观组织缺陷，还有外部环境因素(如温度、压强等)对实验测量也有一定影响，而这些因素对理论计算却没有任何影响。而且，目前缺乏面心立方 Co 中杂质扩散的实验数据，还需要进一步的实验来验证这里的计算结果。

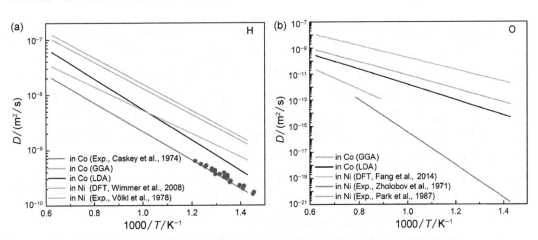

图 3-28　LDA 和 GGA 计算的 H 原子(a)和 O 原子(b)在 Co 中的扩散系数

由于金属 Co 是铁磁金属，这里采用 GGA 方法计算并探讨了 H 原子和 O 原子沿 O-T-O 路径扩散时系统总磁矩的变化，计算时在 H 和 O 扩散的初态和末态中间(亦即两个八面体间隙之间)线性插值了包含四面体间隙在内的 13 个中间态。由图 3-29(a) 可见,当 H 原子沿着整个扩散路径迁移时系统的总磁矩也随之波动,但变化值非常小,总变化率小于 0.1%。而当 O 原子沿着整个扩散路径迁移时[图 3-29(b)],系统总磁矩的变化比 H 原子扩散时的更大,变化率接近 3%。这种差异可以通过计算和分析态密度来进一步理解(图 3-30)。Co 中 H 原子 s 态的上下自旋几乎是对称的[图 3-30(a)~(c)],但对于 O 原子而言,其 p 轨道上下自旋显著不对称[图 3-30(d)~(f)],这表明 O 原子比 H 原子的极化程度更严重。因此 O 原子扩散对总磁矩的影响更大,因而系统总磁矩的变化也更为明显。此外,关于 H 的间隙固溶体[图 3-29(a)],仔细分析发现,H 原子在扩散的鞍点位置(横坐标为 1Å)时系统的总磁矩小于在八面体间隙(横坐标为 0Å)时的总磁矩,H 原子位于四面体间隙(横坐标为 1.6Å)时系统的总磁矩最大。但对于 O 的间隙固溶体[图 3-29 (b)],情况是完全不同的,O 原子在八面体间隙时系统的总磁矩最大,然后随着 O 原子的迁移,系统的总磁矩逐渐降低,当 O 原子到达四面体间隙(横坐标为 1.9Å)时总磁矩达到最小值,这可以通过分析 DOS 的差异获得解释。

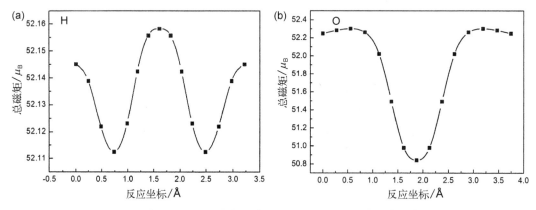

图 3-29 沿着 O-T-O 扩散路径的(a)H 和(b)O 的间隙固溶体的总磁矩

值得注意的是,如图 3-30 所示,所有这些间隙固溶体的自旋极化主要来自 Co 原子的 d 电子,而 H 原子 s 电子或 O 原子 p 电子的贡献都非常小。由图 3-30(a)~(c)可见,在 -5~-3 eV 的能量范围内,H 原子的 s 轨道有 5 个明显的峰,且 H 原子在四面体间隙位点时 s 态的峰值大于在八面体间隙处的峰值,也大于在过渡态的峰值。由此可以推断,这三种间隙固溶体总磁矩的不同主要是由 H 原子 1s 电子态的不同导致的,因此尽管差别很小,H 在四面体间隙位点时间隙固溶体的总磁矩是最高的,而在八面体位置是最低的。而对于 O 原子在 Co 中的扩散[图 3-30(d)~(f)],在 -3~0 eV 的能量范围内,TDOS 有两个显著的峰,但总磁矩的差异主要来自 Co d 轨道的贡献,部分来自 O p 轨道在八面体间隙位点或者过渡态的重叠,说明 Co 的 d 轨道和 O p 轨道之间有明显的杂化,从而造成 O 原子的三种间隙固溶体 TDOS 和总磁矩的显著差异。

最后,概括而言,H 原子和 O 原子更容易分别吸附在立方面心 Co(111) 表面的 fcc 和 hcp 位点。而且,H 原子和 O 原子都很容易在表面进行扩散,但从表面扩散到亚层时这两种元素的扩散行为显著不同。H 原子从表面扩散到亚层的能垒相对较小,而 O 原子从表面扩散到第一个亚层就需要克服很高的能量势垒,所以 O 原子很可能留在表面形成富氧

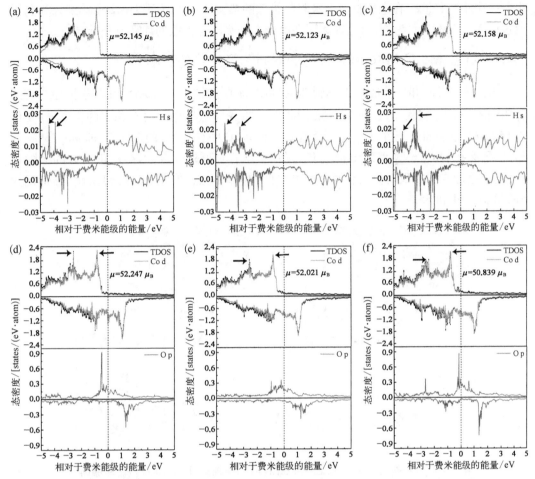

图 3-30 H 原子和 O 原子分别在 Co 的八面体间隙位置(a,d)、鞍点位置(b,e)、四面体间隙位置(c,f)时,间隙固溶体的态密度图。黑、红、蓝曲线分别表示 TDOS、Co 的 d 轨道、H 的 s 轨道或 O 的 p 轨道。虚线表示费米能级

层。关于 Co 体相中的扩散,H 原子和 O 原子占八面体间隙时比在四面体间隙更稳定,因此,它们首选的扩散路径是通过四面体间隙的间接途径,而不是从一个八面体间隙直接迁移到另一个八面体间隙的扩散路径。H 原子在 Co 中的扩散能垒远低于 O 原子在 Co 中的扩散能垒,这主要是由于沿整个扩散路径,O 与 Co 原子之间的相互作用远强于 H 与 Co 原子之间的相互作用,同时,也部分归因于 O 原子半径较大。最后,在整个 H 原子扩散的过程中,Co 基间隙固溶体总磁矩的变化小到可以忽略,而 O 原子扩散过程中,其间隙固溶体总磁矩的变化则达到 3% 左右。本节的内容可以为更好地理解 Co 基合金的氢脆、偏析、氧化和腐蚀等重要现象提供理论基础。

3.4 Mo$_2$C MXene 电极材料上锂离子的吸附和扩散

锂离子电池的充放电过程是锂离子在电极中的嵌入与脱出的反复循环的扩散过程,

也是一个小半径原子在电极材料上吸附与扩散的典型范例。下面以第 2 章详细计算和讨论过的 Mo_2C MXene 为例,讨论锂离子在电极上的吸附与扩散的计算与分析方法。

3.4.1 Li 在 Mo_2C MXene 表面的吸附行为及空位的影响

如图 3-31(a)和(b)所示,考虑到理想 Mo_2C 单层的结构与对称性,在其表面通常有三种典型的 Li 原子吸附位点,即 Mo2 原子的正上方(A 位点)、中间层 C 原子的正上方(B 位点)和 Mo1 原子的正上方(C 位点)。如果二维 Mo_2C 中存在 Mo 的点缺陷,即 Mo_2C-V_{Mo} 的形式,那么在 Mo_2C-V_{Mo} 表面结构上有五种 Li 原子的吸附位点,即空位正上方的吸附位点、两个靠近空位的吸附位点和两个远离空位的吸附位点,如图 3-31(c)所示,分别记为 S1、S2、S3、S4 和 S5。

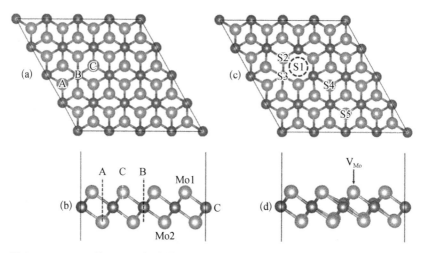

图 3-31 4×4×1 的 Mo_2C 超胞的俯视图(a)和侧视图(b),Mo_2C-V_{Mo} 超胞的俯视图(c)和侧视图(d),A~C 和 S1~S5 均为可能的 Li 原子吸附位点

下面首先以吸附能为判据来确定最有利的 Li 吸附位点,以定量评估 Li 在理想 Mo_2C 和缺陷 Mo_2C-V_{Mo} 表面上的吸附行为。Li 原子在每一个位点的吸附能 $E_{ad}(Li)$ 可用以下公式计算:

$$E_{ad}(Li) = \frac{E_{M_2C+nLi} - E_{M_2C} - nE_{Li}}{n} \tag{3-13}$$

其中,E_{M_2C+nLi} 是吸附 n 个 Li 原子后 M_2C 单层的总能;E_{M_2C} 是理想 M_2C 单层的总能;E_{Li} 代表面心立方结构的 Li 金属中一个 Li 原子的能量,n 为吸附的 Li 原子数。

关于理想 Mo_2C,Li 原子吸附在 A、B 和 C 这三个位点时计算的吸附能分别为-1.16 eV、-1.13 eV 和-1.01 eV,吸附能为负表明 Li 原子在 Mo_2C 表面上的吸附过程是放热的,因而吸附过程倾向于自发进行。若以 Mo1 原子层为标准,A、B 和 C 这三个吸附位点的高度,亦即各个吸附位点到 Mo1 原子层的垂直距离,分别为 2.408 Å、2.435 Å 和 2.515 Å。显然,吸附位点距离 Mo_2C 表面层越近,吸附能的绝对值越大。此外,对于 A、B 和 C 这三种不同的吸附构型,Li 原子吸附在 A 位点的吸附能最低,表明 Li 原子在完美 Mo_2C 单层上吸附将优先占 A 位点。这一结论与其他文献的结论一致,即 A 位点对于单个 Li 原子来说从能量上是最稳定的吸附位置。

当材料中存在 Mo 空位时,即 Mo_2C-V_{Mo} 单层,在结构弛豫过程中,位于 S2 和 S3 吸附位点的 Li 原子逐渐自发迁移到相邻的空位(即 S1 位点),表明从能量来看 S1 吸附位点相对更稳定。通过计算发现,S1 位点的 Li 原子吸附能只有 -1.7 eV,远低于其他离空位较远处吸附位点 S4(-1.01 eV) 和 S5(-1.12 eV) 的吸附能,因此从能量上 S1 位点是 Mo_2C-V_{Mo} 单层上最稳定的吸附位点。此外,这个 S1 位点的吸附能低于理想 Mo_2C 单层上最稳定位点的吸附能(-1.16 eV),说明 Mo 空位的存在会有利于 Li 原子的吸附。

为了理解 Li 同理想 Mo_2C 和 Mo_2C-V_{Mo} 单层之间的相互作用,这里需要再计算 Li 原子吸附在理想 Mo_2C 和 Mo_2C-V_{Mo} 单层时的差分电荷密度(CDD)。CDD 是通过成键后的电荷密度与对应点的原子电荷密度相减而获得的。CDD 主要用于分析成键和成键电子耦合过程中的电荷转移以及成键极化方向等性质。如图 3-32 所示,红色的小球为 Li 原子,黄色区域代表电子聚集,浅绿色区域代表电子缺失。由图 3-32 可知,Li 原子与理想 Mo_2C 和 Mo_2C-V_{Mo} 之间有较多的电子聚集区域,表明它们之间形成了较强的相互作用,这种特质有利于防止形成 Li 金属团簇,进而可以提高锂离子电池的可逆性和安全性。

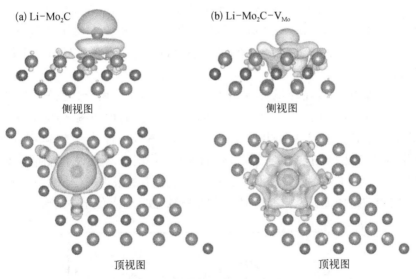

(a) Li-Mo_2C　　　　　　(b) Li-Mo_2C-V_{Mo}

侧视图　　　　　　　　侧视图

顶视图　　　　　　　　顶视图

图 3-32　单个 Li 原子吸附在理想 Mo_2C(a) 和 Mo_2C-V_{Mo} 单层(b) 上的差分电荷密度图

此外,我们还可以通过计算 Bader 电荷转移情况来进一步理解 Li 原子与 Mo_2C 或者 Mo_2C-V_{Mo} 之间的相互作用,计算结果示于图 3-33。分析图中的数据可见,Li 原子与基底原子之间的强相互作用可以归因于它们之间显著的电荷转移,一个 Li 原子向 Mo_2C 或者 Mo_2C-V_{Mo} 转移了近 0.9|e|。综合 CDD 和 Bader 电荷分析结果都表明,吸附 Li 原子带正电荷因而处于阳离子态。考虑到 Mo_2C 和 Mo_2C-V_{Mo} 的刚性结构,单个 Li 原子的吸附对这种刚性结构产生的变形非常微小,可以忽略。总体来说,这里的高吸附能和大电荷转移量,表明锂离子与 Mo_2C 基底之间形成较强的相互作用,同时还保持了 Mo_2C 基底结构的完整性。

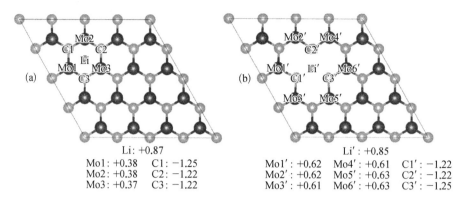

Li: +0.87
Mo1: +0.38　C1: −1.25
Mo2: +0.38　C2: −1.22
Mo3: +0.37　C3: −1.22

Li′: +0.85
Mo1′: +0.62　Mo4′: +0.61　C1′: −1.22
Mo2′: +0.62　Mo5′: +0.63　C2′: −1.22
Mo3′: +0.61　Mo6′: +0.63　C3′: −1.25

图 3-33　单个 Li 原子与 Mo_2C 或者 Mo_2C-V_{Mo} 之间的 Bader 电荷分析示意图,为简化起见,底层的 Mo2 原子层未显示,图下方的数据是 Li 原子与最近邻的 Mo 原子或 C 原子之间转移的 Bader 电荷量(|e|)

3.4.2　Li 原子在 Mo_2C MXene 表面的扩散行为及空位的作用

在锂离子电池的实际应用中,评价一个可充电锂离子电池电极材料使用性能的关键指标是充放电速率,而充放电速率很大程度上取决于吸附锂离子的扩散性质。以下我们将利用第一性原理计算和 CI-NEB 来获得锂离子扩散的能垒和最小能量路径(MEP)。NEB 计算的收敛严重依赖于初态和末态的能量最低性,也就是说需要有一个较好的初始假设的扩散路径。

下面首先研究锂离子在理想 Mo_2C 单层上的扩散行为。由上述已知,锂离子在理想 Mo_2C 单层上优先吸附于 A 位点,所以将 A 位点作为 NEB 计算的初态,将与 A 位点最近邻的低能量位置(记为 A' 位点)作为 NEB 计算的末态,初末态的位置如图 3-34 中的插图所示。初末态确定后,在初态 A 与末态 A' 之间线性插入九个中间态,然后根据能量判据和力判据对所构建的初始路径进行优化。如图 3-34 所示,优化后的最小能量路径并未遵循初始设定的 $A→A'$ 的线性路径,而是沿着 $A→B→A'$ 的路径扩散。B 点位于中间层 C 原子正上方,

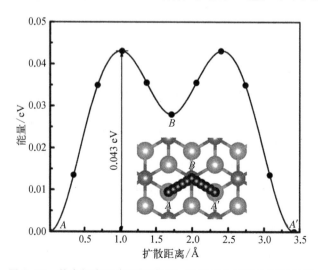

图 3-34　单个锂离子在理想的 Mo_2C 单层上扩散的能量曲线

属于能量亚稳点。由图 3-34 可知,A 位点与 B 位点的能量差值约为 0.03 eV,这正好等于锂离子在 A 和 B 位点的吸附能之差($|-1.16|-|-1.13|=0.03$),也进一步验证了上述计算结果的可靠性。此外,根据扩散能量曲线,锂离子在理想 Mo_2C 表面扩散的能垒只有 0.043 eV。这一扩散能垒值远远低于目前大多数锂离子电池电极材料的扩散能垒,例如,石墨、石墨烯、MoS_2 和 Ti_3C_2 Mxene 的扩散能分别为 0.4 eV、0.277 eV、约 0.22 eV、约 0.28 eV。通常,理想锂离子电池的电极材料应该具有较高的锂吸附能和较低的锂扩散势垒,因为越低的扩散能垒意味着越高的扩散速率,理想 Mo_2C 基本符合这一条件。

接下来计算并讨论 Li 原子在 Mo_2C-V_{Mo} 单层上的扩散行为,从而分析空位对 Li 扩散的影响。同样,首先需要确定 Li 原子扩散的初态位置和末态位置。如图 3-35(a)和(b)所示,位点 0 位于 Mo2 原子的上方,离空位较远且为 Li 原子吸附的稳定位置之一,因此选取位点 0 作为扩散的初态位置;位点 1 和 1′都在 Mo2 原子上方,也都是局部的低能量位点,因此选取它们作为扩散路径上的亚稳点;位点 2 在空位的上方,是能量最低的位点,故将其选作扩散的末态位置。需要指出的是,Li 原子吸附在位点 0、1、1′和 2 的状态均需经过结构弛豫,从而保证 Li 原子吸附在这些位点的系统的能量是局部最低值。基于 Mo 空位周围结构的局部对称性,从初态到末态的位点,我们可以考虑两条最可能的 Li 原子的迁移路径,路径 Ⅰ和路径 Ⅱ,相应的计算结果展示于图 3-35。

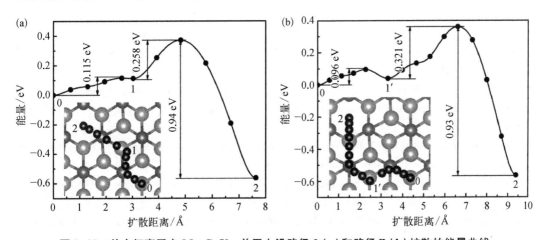

图 3-35　单个锂离子在 Mo_2C-V_{Mo} 单层上沿路径 Ⅰ(a)和路径 Ⅱ(b)扩散的能量曲线

如图 3-35(a)所示,在扩散路径 Ⅰ中,Li 原子从 Mo2 原子上方(位点 0)迁移到最近邻的 Mo2 原子上方(位点 1),然后经过碳原子上方(top C 位置),最后到达空位上方(位点 2),即 0→1→top C→2。如图 3-35(b)所示,在扩散路径 Ⅱ中,Li 原子经过与路径 Ⅰ相邻的扩散路径到达空位上方,即 0→1′→top Mo2→2。值得注意的是,图 3-35(a)与(b)中的扩散距离是收敛的弹性带上相邻两个中间点之间的直线距离,每一个点都代表扩散路径上的一个中间构型,已在图 3-35 中用小红点标记。因此,对于这里研究的两条扩散路径来说,扩散距离指的是相邻图像点之间直线距离的累加。由图 3-35 中的扩散能量曲线可知,吸附 Li 原子在距离空位较远处沿着路径 Ⅰ和路径 Ⅱ的扩散能垒分别为 0.115 eV 和 0.096 eV,这一扩散能垒对于实现锂离子电池快速充放电是十分有竞争力的。此外,路径 Ⅰ与路径 Ⅱ在扩散能垒和扩散距离方面都很接近,表明它们都是锂离子扩散的可能途径,多扩散路径也有利于锂离子的充放电过程。

另外,由图 3-35 中 1(1′) 到 2 的部分扩散曲线可知,此时 Li 原子迁移的能垒为 0.258 eV(0.321 eV),而相应的反向扩散的势垒为 0.94 eV(0.93 eV),这意味着 Li 原子从空位扩散出来需要克服 0.93~0.94 eV 的较高能垒,因此,吸附在 S1 位点的 Li 原子将被困住,可能无法参与后续的脱锂过程。换句话说,空位周围实际上形成了 Li 原子的陷阱,这对电池循环使用时的脱锂过程是非常不利的。空位形成的势阱及 Li 原子在 Mo_2C-V_{Mo} 表面的扩散路线图示于图 3-36。因此,Mo_2C 中 Mo 空位的存在也可能是将其作为电极材料时第一次锂化和去锂化周期不可逆的原因。但是,值得指出的是,被吸附的 Li 原子倾向于在远离空位的表面上扩散,其能垒是 0.096~0.115 eV,并且需要克服更大的 0.258~0.321 eV 的势垒才能迁移到空位处。因此,Mo 空位形成的陷阱对 Li 扩散的影响是有限的,并且对 Mo_2C-V_{Mo} MXene 基锂离子电池的充放电速率的影响较小。

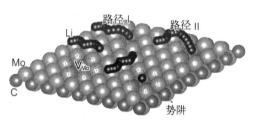

图 3-36   单个 Li 原子在 Mo_2C-V_{Mo} 单层的表面扩散路径的示意图

主要参考文献

Caskey G R Jr., Derrick R G, Louthan M R Jr. 1974. Hydrogen diffusion in cobalt. Scripta Metallurgica, 8(5): 481-486.

Fang H Z, Shang S L, Wang Y, et al. 2014. First-principles studies on vacancy-modified interstitial diffusion mechanism of oxygen in nickel, associated with large-scale atomic simulation techniques. J. Appli. Phys., 115: 043501.

Guo Z, Sa B, Zhou J, et al. 2013. Role of oxygen vacancies in the resistive switching of $SrZrO_3$ for resistance random access memory. J. Alloy. Compd., 580: 148.

Liu W, Miao N, Zhu L, et al. 2017. Adsorption and diffusion of hydrogen and oxygen in FCC-Co: a first-principles study. Phys. Chem. Chem. Phys., 19: 32404.

Park J W, Altstetter C J. 1987. The diffusion and solubility of oxygen in solid nickel. Metall. Trans. A, 18: 43-50.

Sun Z, Zhou J, Blomqvist A, et al. 2008. Local structure of liquid $Ge_1Sb_2Te_4$ for rewritable data storage use. J. Phys. Conden. Mater., 20: 205102.

Völkl J, Alefeld G. 1978. Diffusion of hydrogen in metals. Berlin: Springer.

Wimmer E, Wolf W, Sticht J, et al. 2008. Temperature-dependent diffusion coefficients from ab initio computations: hydrogen, deuterium, and tritium in nickel. Phys. Rev. B, 77: 134305.

Wu H, Guo Z, Zhou J, et al.2019. Vacancy-mediated lithium adsorption and diffusion on MXene. Appl. Surf. Sci., 488: 578.

Zholobov S P, Malev M D. 1971. Diffusion of oxygen in metal during electron bombardment of a surface. Zh. Tekh. Fiz., 41: 677.

Zhu L, Ackland G, Hu Q, et al. 2017. Origin of the abnormal diffusion of transition metal atoms in rutile. Phys. Rev. B, 95: 245201.

Zhu L, Zhou J, Guo Z, et al. 2016. Synergistic resistive switching mechanism of oxygen vacancies and metal interstitials in Ta_2O_5. J. Phys. Chem. C, 120: 2456.

第4章 非晶与第一性原理分子动力学

The only reason for time is so that everything doesn't happen at once.

——Albert Einstein

与晶体不同,非晶或玻璃相被统一描述成具有短程有序和长程无序的结构特征。而且,描述这种无序结构的术语有多个,即非晶、玻璃态、无定形态等;相应地,英语表达也有多个,即 non-crystalline、amorphous、glassy 和 vitreous。如果以数学集合表达,这几个术语具有以下的关系:

$$non\text{-}crystalline(disordered) \supset amorphous \supset glassy \approx vitreous$$

其中,non-crystalline(非晶)是与 crystalline(晶相)相对应的。自然界中的固态物质(包括液体和固体)可分为晶体(crystal)和非晶体(non-crystal)。晶体的原子在空间的排布是有规律和周期性的,而非晶体中原子在空间的排布没有周期性。此外,一般只有利用传统熔体淬火(melt quenching)法制备的非晶(amorphous)材料才称作玻璃。非晶材料性能独特,在诸多领域获得了广泛应用,非晶体的微观结构成为材料科学与凝聚态物理的研究热点。非晶态物质的性质与其原子排布结构、电子态以及各种微观过程密切关联,其研究方法与晶体不同,实验上,扩展 X 射线吸收精细结构谱技术(extended X-ray absorption fine structure,EXAFS)是研究非晶态固体原子结构的重要手段,通过测量 EXAFS 来研究指定元素或原子的近邻结构,得到原子间距、配位数等参量。但是,EXAFS 必须基于同步辐射光源的强 X 射线源,限制了实验测量的广泛性。此外,EXAFS 难以研究非晶晶化过程中的结构演化。

基于分子动力学模拟的结构分析可以获得更精细的非晶结构信息,弥补实验技术的不足。本章首先阐述经典分子动力学和第一性原理分子动力学的基本理论,然后以硫族化合物半导体非晶材料为例,详细阐明液态和非晶态的精准计算与其局域结构(即短程有序性,如径向分布函数、键角分布函数等)的描述与分析,进而揭示非晶半导体在服役过程中的结构演化与机理。

4.1 经典分子动力学与第一性原理分子动力学

分子动力学方法可以模拟物质的熔化和淬火过程,获得液体和非晶体,并对其进行理论研究,进而得到非晶相的局域结构信息。分子动力学模拟一般包含以下三个重要组成部分。① 描述系统中粒子(包括原子、分子、表面等)间相互作用的模型。经典分子动力学通常假定粒子间作用是成对(pair-wise)的,即用对函数描述粒子间作用,这种假设极大地降低了将势函数模型集成到模拟软件中的工作量和进行分子动力学模拟的计算量。② 一种将粒子从 t 时刻到 $t+\delta t$ 时刻的位置和速度的传播进行积分的积分器。这种积分器采用有限差分法,故粒子运动轨迹在模拟时间内是离散的。因此,时间步骤 δt 的选择对于获得可靠的模拟结果至关重要,必须选择合适的 δt,以确保积分器的稳定性,亦即系统能量无漂移。③ 控制压力、温度和粒子数量等热力学量的统计系综。分子动力学模拟一般都选择微正则系综(NVE),这是因为在没有外势的情况下,系统的哈密顿算符是守恒量的。此外,扩展的哈密顿算符可以模拟不同的统计系综。以上这些步骤就定义了分子动力学模拟。

经典分子动力学模拟使用预定义的势函数模型,而且势函数的构建通常基于经验参数,例如从中子衍射或者核磁共振测量结果中选取参数,或者基于独立电子结构计算结果。经典分子动力学模拟结果的精确性取决于势函数模型的精准性,而且计算结果也须经过理论预测和实验结果的检验。如果分子动力学模拟的结果与系统的实际性能差异较大或者与坚实的理论表现不一致,须重新构建势函数模型。因此,经典分子动力学的核心问题是如何描述粒子间相互作用。通常,把粒子间相互作用分成两体、三体和多体的贡献以及长程项和短程项等,所有这些都需通过合适的函数形式来表达。可以想象,二元以上材料体系势函数模型的构建会很烦琐,三元以上的就非常困难了。因此,一般会忽略粒子间的多体作用,在势函数模型的构建中引入一些近似,因而模拟的精准度也是受限的。经典分子动力学方法的优势是可以模拟大到包含数百万原子的材料体系,目前,经典分子动力学模拟的开源软件有 LAMMPS、Amber/Samder、CHARMM、NAMD 和 NWCHEM 等。

第一性原理分子动力学模拟将经典分子动力学模拟和电子结构计算集成在一起,其中描述粒子间的相互作用力来自同时的(concurrent)或者实时的(on-the-fly)电子结构计算。文献中有多个术语描述第一性原理分子动力学模拟,如 *ab initio*、first principles、on-the-fly、direct、extended Lagrangian、quantum chemical、Hellmann-Feynman、potential-free 或者 quantum 分子动力学。第一性原理分子动力学方法的基本思想是:粒子上作用力的电子结构计算与分子动力学产生的粒子轨迹是同时发生的。这样一来,电子变量不是被预先积分求和输出,而是被作为有效自由度来考虑的。这意味着分子动力学所涉及的近似从选择模型势函数的水平转变为选取特定近似解薛定谔方程的水平。第一性原理分子动力学也可以从经典轨线计算的角度来看,在这种源于气体分子动力学的方法中:第一步,首先基于经验或者电子结构计算构建一个全局势能面;第二步,原子核的动力学演化是通过经典力学、量子力学或者各种各样的半/准经典近似来产生的。对于用经典力学描述动力学的情况,第一步是大系统的限制步骤。这是因为,对于一个不受约束的 N 体的系统,有 $3N-6$ 个内部自由度跨越全局势能面,如果每个坐标有 10 个离散点(这是非常简单的情况),则需要 10^{3N-6} 个电子结构计算来绘制这样一个全局势能面。因此,第一步的计算量随体系大小呈 10^N 增加,这就是依赖于全局势能面计算的"维度瓶颈"。而对于第一性原理分子动力学方法,假设一个轨迹包含 10^M 分子动力学步骤,再假设对不同的初始条件平均需要 10^n 个独立轨迹,则总共需要 10^{M+n} 个第一性原理分子动力学计算。最后,假定设计全局势能面需要每个单点电子结构计算,而且每个第一性原理分子动力学时间步长需要大体相同的 CPU，第一性原理分子动力学比基于全局势能面分子动力学的优势是减少了 $10^{3N-6-M-n}$ 的计算量。关键点是，对于一个给定精度（M 和 N 固定，且不依赖于 N）和给定电子结构的计算，第一性原理分子动力学计算的优势是其计算量随系统大小以约 10^N 增长。目前，可以进行第一性原理分子动力学计算的软件有：VASP、CASTEP、ABINIT、CP2k 和 PWscf/Quantum-ESPRESSO 等，前 2 个是商业化软件，后 3 个是开源软件。

4.2　第一性原理分子动力学基本理论方法

4.2.1　源于第一性原理的分子动力学

下面先讨论从含时薛定谔方程（4-1）获得经典分子动力学的理论思想与方法。

$$i\hbar\frac{\partial}{\partial t}\Phi(\{r_i\},\{R_I\};t)=H\Phi(\{r_i\},\{R_I\};t) \tag{4-1}$$

其中 $\{r_i\}$ 和 $\{R_I\}$ 分别为电子和原子核的自由度，其标准哈密顿量为

$$
\begin{aligned}
H &=-\sum_I\frac{\hbar^2}{2M_I}\nabla_I^2-\sum_i\frac{\hbar^2}{2m_e}\nabla_i^2+\sum_{i<j}\frac{e^2}{|r_i-r_j|}-\sum_{I,i}\frac{e^2Z_I}{|R_I-r_i|}+\sum_{I<J}\frac{e^2Z_IZ_J}{|R_I-R_J|} \\
&=-\sum_I\frac{\hbar^2}{2M_I}\nabla_I^2-\sum_i\frac{\hbar^2}{2m_e}\nabla_i^2+V_{\text{n-e}}(\{r_i\},\{R_I\}) \\
&=-\sum_I\frac{\hbar^2}{2M_I}\nabla_I^2+H_e(\{r_i\},\{R_I\}) \tag{4-2}
\end{aligned}
$$

这里只考虑电子-电子、电子-原子核、原子核-原子核库仑作用。总波函数 $\Phi(\{r_i\},\{R_I\};t)$ 包含电子和原子核的贡献，依赖于原子核和电子的坐标，可用简单的乘积假定将其分开：

$$\Phi(\{r_i\},\{R_I\};t)\approx\Psi(\{r_i\};t)\chi(\{R_I\};t)\exp\left[\frac{i}{\hbar}\int_{t_0}^t\mathrm{d}t'\tilde{E}_e(t')\right] \tag{4-3}$$

这里原子核和电子的波函数在每个瞬时都是归一化的，即：$\langle\chi;t\,|\,\chi;t\rangle=1$，$\langle\Psi;t\,|\,\Psi;t\rangle=1$。此外，引入一个方便的相因子：

$$\tilde{E}_e=\int\mathrm{d}r\mathrm{d}R\Psi^*(\{r_i\};t)\chi^*(\{R_I\};t)H_e\Psi(\{r_i\};t)\chi(\{R_I\};t) \tag{4-4}$$

$\int\mathrm{d}r\mathrm{d}R$ 指分别对所有 $i=1,\cdots,I=1,\cdots$ 的变量 $\{r_i\}$ 和 $\{R_I\}$ 积分。这种近似称为总波函数的单行列式假定，最终必须导出耦合动力学的平均场描述。值得指出的是，即使在单行列式极限下，方程（4-3）的乘积假定（除相因子外）与分离快电子与慢原子核变量的 Born-Oppenheimer 假定方程（4-5）是不同的：

$$\Phi_{\text{BO}}(\{r_i\},\{R_I\};t)=\sum_{k=0}^{\infty}\tilde{\Psi}_k(\{r_i\},\{R_I\})\tilde{\chi}_k(\{R_I\};t) \tag{4-5}$$

显然，Born-Oppenheimer 假定的方程展开中只包含由原子核布局确定的单电子态 k。将方

程(4-3)代入方程(4-1)和方程(4-2)中,再将左边乘以〈Ψ|和〈χ|,同时采用 d〈H〉/d$t \equiv 0$,得到下面的公式:

$$i\hbar\frac{\partial\Psi}{\partial t} = -\sum_i\frac{\hbar^2}{2m_e}\nabla_i^2\Psi + \left\{\int d\boldsymbol{R}\chi^*(\{\boldsymbol{R}_I\};t)V_{n-e}(\{\boldsymbol{r}_i\},\{\boldsymbol{R}_I\})\chi(\{\boldsymbol{R}_I\};t)\right\}\Psi$$
(4-6)

$$i\hbar\frac{\partial\chi}{\partial t} = -\sum_I\frac{\hbar^2}{2M_I}\nabla_I^2\chi + \left\{\int d\boldsymbol{r}\Psi^*(\{\boldsymbol{r}_i\};t)H_e(\{\boldsymbol{r}_i\},\{\boldsymbol{R}_I\})\Psi(\{\boldsymbol{r}_i\};t)\right\}\chi \quad (4-7)$$

这一组耦合方程定义了狄拉克(Dirac)早在 1930 年就提出的含时自洽场(time-dependent self-consistent field,TDSCF)方法的基础。电子和原子核都在依赖时间的有效势(或者自洽获得的平均场)下做量子力学运动,这些有效势或者自洽获得的平均场是由另一类自由度(分别使用原子核函数和电子波函数)的适当平均值(量子力学期望值〈…〉)得到的。因此,单行列式假定方程(4-3)产生了耦合原子核-电子量子动力学的平均场描述。这是为了尽可能简单地分离电子变量和原子核变量而付出的代价。

为实现原子核的经典分子动力学描述,首先需将上述用量子力学波函数方程描述的原子核近似成经典粒子。从量子力学中导出经典力学的一种熟悉途径是用振幅因子 A 和相 S 重新表达原子核波函数:

$$\chi(\{\boldsymbol{R}_I\};t) = A(\{\boldsymbol{R}_I\};t)\exp[iS(\{\boldsymbol{R}_I\};t)/\hbar]$$
(4-8)

在这个极坐标中,A 和 S 都是实数,且 $A>0$。相应地替换方程(4-7)中的原子核波函数,同时分离实部和虚部,得到用新变量 A 和 S 重新表达的原子核的 TDSCF 方程:

$$\frac{\partial S}{\partial t} + \sum_I\frac{1}{2M_I}(\nabla_I S)^2 + \int d\boldsymbol{r}\,\Psi^* H_e\Psi = \hbar^2\sum_I\frac{1}{2M_I}\frac{\nabla_I^2 A}{A}$$
(4-9)

$$\frac{\partial A}{\partial t} + \sum_I\frac{1}{M_I}(\nabla_I A)(\nabla_I S) + \sum_I\frac{1}{2M_I}A(\nabla_I^2 S) = 0$$
(4-10)

方程(4-9)和方程(4-10)就是所谓的"量子流体动力学表达",它们实际上可以被用来解含时薛定谔方程。由方程(4-8)可以直接得出原子核密度 $|\chi|^2 \equiv A^2$,这样变量 A 的关系式(4-10)就可以重新写成一个连续方程。这个连续方程不依赖于 $\hbar$,并且在局部上保证了关于通量中原子核的粒子概率 $|\chi|^2$ 的守恒。现在我们更关心的,也是更重要的是含依赖 $\hbar$ 项的方程(4-9)。如果取 $\hbar\to 0$ 为经典极限,方程(4-9)等号右边含 $\hbar$ 的项消失,则方程(4-9)变为

$$\frac{\partial S}{\partial t} + \sum_I\frac{1}{2M_I}(\nabla_I S)^2 + \int d\boldsymbol{r}\Psi^* H_e\Psi = 0$$
(4-11)

关于 H 的扩展将导致半经典方法的层次结构,现在得到的方程与哈密顿-雅可比(Hamilton-Jacobi)公式中的运动方程同构:

$$\frac{\partial S}{\partial t} + H(\{\boldsymbol{R}_I\},\{\nabla_I S\}) = 0$$
(4-12)

具有经典哈密顿函数的经典力学由坐标 $\{\boldsymbol{R}_I\}$ 及其共轭动量 $\{\boldsymbol{P}_I\}$ 定义:

$$H(\{\boldsymbol{R}_I\}, \{\boldsymbol{P}_I\}) = T(\{\boldsymbol{P}_I\}) + V(\{\boldsymbol{R}_I\}) \tag{4-13}$$

使用连接变化

$$\boldsymbol{P}_I \equiv \nabla_I S \tag{4-14}$$

关于方程(4-11)的牛顿运动方程 $\dot{\boldsymbol{P}}_I = -\nabla_I V(\{\boldsymbol{R}_I\})$ 可写成:

$$\frac{\mathrm{d}\boldsymbol{P}_I}{\mathrm{d}t} = -\nabla_I \int \mathrm{d}\boldsymbol{r} \Psi^* H_e \Psi \tag{4-15}$$

或者

$$M_I \ddot{\boldsymbol{R}}_I(t) = -\nabla_I \int \mathrm{d}\boldsymbol{r} \Psi^* H_e \Psi = -\nabla_I V_e^E(\{\boldsymbol{R}_I(t)\}) \tag{4-16}$$

由上式显见,原子核在电子产生的有效势 V_e^E 下做经典力学运动。这个有效势仅是 t 时刻原子核位置的函数,可由 H_e 对电子自由度取平均值获得,即固定原子核位置为其即时值 $\{R_I(t)\}$,计算量子期望值 $\langle \Psi | H_e | \Psi \rangle$。

然而,在电子自由度的 TDSCF 方程中仍然存在原子核波函数,为一致性起见,必须用原子核的位置来替代。这种情况下,将方程(4-6)中 $\hbar \to 0$ 极限条件下原子核密度 $|\chi(\{R_I\}; t)|^2$ 用 delta 函数的乘积 $\prod_I \delta[\boldsymbol{R}_I - \boldsymbol{R}_I(t)]$ 来替代便可获得经典的约化,这个函数以经典原子核的瞬时位置 $\{\boldsymbol{R}_I(t)\}$ 为中心,由方程(4-15)或方程(4-16)所定义。这样就产生了关于位置算符

$$\int \mathrm{d}\boldsymbol{R} \chi^*(\{\boldsymbol{R}_I\}; t) \boldsymbol{R}_I \chi(\{\boldsymbol{R}_I\}; t) \xrightarrow{\hbar \to 0} \boldsymbol{R}_I(t) \tag{4-17}$$

要求的期望值。这种经典极限导致了电子的含时波函数方程

$$i\hbar \frac{\partial \Psi}{\partial t} = -\sum_i \frac{\hbar^2}{2m_e} \nabla_i^2 \Psi + V_{\text{n-e}}(\{\boldsymbol{r}_i\}, \{\boldsymbol{R}_I(t)\}) \Psi$$
$$= H_e(\{\boldsymbol{r}_i\}, \{\boldsymbol{R}_I(t)\}) \Psi(\{\boldsymbol{r}_i\}, \{\boldsymbol{R}_I\}; t) \tag{4-18}$$

这里电子像遵循方程(4-16)传播的经典原子核一样自洽演变。值得注意的是,现在的 H_e 和 Ψ 通过 $V_{\text{n-e}}(\{\boldsymbol{r}_i\}, \{\boldsymbol{R}_I(t)\})$ 参数性地依赖于 t 时刻经典原子核的位置 $\{\boldsymbol{R}_I(t)\}$。这意味着传统与量子自由度之间的信息反馈是双向的。

为表达对 Ehrenfest 的敬意,这种依赖于求解方程(4-16)和方程(4-18)的方法有时也称作"Ehrenfest 分子动力学",这是因为 Ehrenfest 是第一位回答如何从薛定谔方程中导出牛顿经典动力学这一问题的。在现在的情况下,这导致了一种混合的方法,因为只有原子核被迫做经典粒子运动,而电子仍被作为量子对象来处理。

尽管 Ehrenfest 分子动力学框架下的 TDSCF 方法是一种平均场理论,但这种方法也考虑了电子态之间的转变。这可以通过以多电子态或行列式 Ψ_k 的形式展开电子波函数 Ψ 而变得更加清楚:

$$\Psi(\{\boldsymbol{r}_i\}, \{\boldsymbol{R}_I\}; t) = \sum_{k=0}^{\infty} c_k(t) \Psi_k(\{\boldsymbol{r}_i\}; \{\boldsymbol{R}_I\}) \tag{4-19}$$

这里 $\{c_k(t)\}$ 是复系数。在这种情况下，系数 $\{|c_k(t)|^2\}$（$\sum_k |c_k(t)|^2 \equiv 1$）明确描述了不同状态 $\{k\}$ 的占据态的时间演变，而电子态之间的干扰则通过 $\{c_k^* c_l \neq k\}$ 贡献被包括在内。基函数 $\{\Psi_k\}$ 的一种可能选择是通过求解以下含时电子薛定谔方程得到的绝热基函数

$$H_e(\{r_i\};\{R_I\})\Psi_k = E_k(\{R_I\})\Psi_k(\{r_i\};\{R_I\}) \tag{4-20}$$

这里 $\{R_I\}$ 遵循方程(4-16)在 t 时刻的瞬时原子核位置。通过将总电子波函数 Ψ 限制为遵循方程(4-20)的每一瞬间时刻下 H_e 的基态波函数 Ψ_0，同时限制方程(4-19)中 $|c_0(t)|^2 \equiv 1$，可以得到进一步的简化。这应该是一个非常好的近似，其前提条件可以粗略地描述为：与热能值 $K_B T$ 相比，Ψ_0 与第一激发态 Ψ_1 之间的能量差在任何位置都很大。在这个极限条件下，原子核遵循方程(4-16)在一个势能面上运动。

$$V_e^E = \int dr \Psi_0^* H_e \Psi_0 \equiv E_0(\{R_I\}) \tag{4-21}$$

这个势能面可通过求解方程(4-20)的定态薛定谔方程得出。

$$H_e \Psi_0 = E_0 \Psi_0 \tag{4-22}$$

由方程(4-21)确定 $V_e^E \equiv E_0$，也就是说，在这种极限情况下，Ehrenfest 势相当于基态 Born-Oppenheimer 势。

作为上述讨论的结果，将产生原子核动力学的任务与计算势能面的任务进行解耦是可信的。第一步，通过求解关于很多原子核构型的方程(4-22)计算出 E_0；第二步，将这些数据以分析函数形式进行拟合，得到一个全局势能面，由此可以解析地获得势能梯度；第三步，在这个势能面上，针对很多不同的初始条件求解牛顿运动方程(4-16)，产生大量的经典轨迹。简而言之，这是在全局势能面上经典轨线计算的基础。但是，随有效原子核自由度的增加，这种方法会遇到严重的"维度瓶颈"问题。解决这种困境的一种传统方法是用如下多体贡献的截断展开来近似全局势能面：

$$V_e^E \approx V_e^{\text{appprox}}(\{R_I\}) = \sum_{I=1}^{N} v_1(R_I) + \sum_{I<J}^{N} v_2(R_I, R_J) + \sum_{I<J<K}^{N} v_3(R_I, R_J, R_K) + \cdots$$

$$\tag{4-23}$$

这里，电子自由度被相互作用函数 $\{v_n\}$ 替代，而不再被描述为运动方程中显式自由度。因此，一旦确定 $\{v_n\}$，量子-经典的混合问题便简化为纯经典力学问题。这是经典分子动力学方程 $M_I \ddot{R}_I(t) = -\nabla_I V_e^{\text{appprox}}(\{R_I(t)\})$ 所依赖的关键思想，其中通常只考虑二体 v_2 和三体 v_3 的相互作用，由于此时全局势能面是由总数可控的少体贡献累加构建的，这样达到了极大的简化，且消除了维度瓶颈，但是其代价是引入一个极端的近似，且基本把化学转化排除在模拟范围外。这种推导的结果是，经典分子动力学中的基本假设变得一目了然：电子绝热地跟随经典原子核运动且可以积分出来，这样原子核就可以在单个 Born-Oppenheimer 势能面上演变。通常也不是必需的，这个势能面是由电子基态给出的，在一般情况下是以少体相互作用来近似的。

实际上，多体系统的经典分子动力学只有通过以某种方法对全局势能面的分解才成为可能。为阐明这个观点，考虑包含 $N = 500$ 个 Ar 原子的液体模拟，这里用累积二体项描

述相互作用,即 $V_{\mathrm{e}}^{\mathrm{appprox}}(\{\boldsymbol{R}_I\}) \approx \sum_{I<J}^{N} v_2(\mid \boldsymbol{R}_I - \boldsymbol{R}_J \mid)$,是可靠的。因此,从第一性原理电子结构计算确定对势 v_2 相当于计算和拟合一维方程;而确定一个全局势能面的相应任务相当于计算与拟合 10^{1500} 维度的方程,这简直是不可能的。

4.2.2　Ehrenfest 分子动力学

除了近似全局势能面(4-23)或者降低有效自由度外,解决"维度瓶颈"的方法是认真对待经典原子核近似的 TDSCF 方程(4-16)和方程(4-18)。这实际上是通过同时数值求解耦合方程组(4-24)和方程(4-25)来计算 Ehrenfest 力

$$M_I \ddot{\boldsymbol{R}}_I(t) = - \nabla_I \int \mathrm{d}\boldsymbol{r} \Psi^* H_{\mathrm{e}} \Psi = - \nabla_I \langle \Psi \mid H_{\mathrm{e}} \mid \Psi \rangle = - \nabla_I \langle H_{\mathrm{e}} \rangle = - \nabla_I V_{\mathrm{e}}^E \quad (4\text{-}24)$$

$$i \hbar \frac{\partial \Psi}{\partial t} = \Big[- \sum_i \frac{\hbar^2}{2m_{\mathrm{e}}} \nabla_i^2 + V_{\mathrm{n\text{-}e}}(\{\boldsymbol{r}_i\}, \{\boldsymbol{R}_I(t)\}) \Big] \Psi = H_{\mathrm{e}} \Psi \quad (4\text{-}25)$$

因此,通过即时(on-the-fly)求解含时薛定谔方程,避免了任何类型势能面的先验构建。这样,我们便可以用 $\nabla_I \langle H_{\mathrm{e}} \rangle$ 计算由分子动力学产生的每个构型 $\{\boldsymbol{R}_I(t)\}$ 的力;关于用 Hellmann-Feynman 力的问题将在下节中介绍。

依据绝热基方程(4-20)和含时展开系数方程(4-19),相应的运动方程是

$$M_I \ddot{\boldsymbol{R}}_I(t) = - \sum_k \mid c_k(t) \mid^2 \nabla_I E_k - \sum_{k,l} c_k^* c_l (E_k - E_l) d_I^{kl} \quad (4\text{-}26)$$

$$i \hbar \dot{c}_k(t) = c_k(t) E_k - i \hbar \sum_{I,l} c_l(t) \dot{\boldsymbol{R}}_I d_I^{kl} \quad (4\text{-}27)$$

其中耦合项为 ($d_I^{kk} \equiv 0$)

$$d_I^{kl}(\{\boldsymbol{R}_I(t)\}) = \int \mathrm{d}\boldsymbol{r} \, \Psi_k^* \nabla_I \Psi_l \quad (4\text{-}28)$$

可见,在经典原子核运动和电子结构平均场(TDSCF)近似的框架下,Ehrenfest 方法考虑了不同电子态 Ψ_k 和 Ψ_l 之间的严格非绝热近似转变。

展开方程(4-19)中单电子态的限制,大多数情况这是基态 Ψ_0,将获得方程(4-24)和方程(4-25)的特殊形式:

$$M_I \ddot{\boldsymbol{R}}_I(t) = - \nabla_I \langle \Psi_0 \mid H_{\mathrm{e}} \mid \Psi_0 \rangle \quad (4\text{-}29)$$

$$i \hbar \frac{\partial \Psi_0}{\partial t} = H_{\mathrm{e}} \Psi_0 \quad (4\text{-}30)$$

注意 H_{e} 的时间依赖性是通过原子核坐标 $\{\boldsymbol{R}_I(t)\}$ 体现的。值得指出的是,波函数的传播是单一的,即波函数保持它的规范性,且用于构建波函数的轨道集是正交的。

Ehrenfest 动力学无疑是"on-the-fly"分子动力学最古老的方法,通常用于模拟碰撞和散射类型的问题。电子动力学的 Ehrenfest 方法并没有广泛应用于具有许多有效自由度的凝聚态物质的问题,只是最近它与含时密度泛函理论一起用于描述电子子系统得到了较多关注。

4.2.3 Born-Oppenheimer 分子动力学

在分子动力学模拟中引入电子结构计算的另一种方法是 Born-Oppenheimer 分子动力学,这种方法在每个分子动力学步骤所产生的一组即时"固定"的原子核位置上直接求解静态电子结构,即电子结构部分简化为求解定态薛定谔方程,同时通过经典分子动力学进行原子核的传播。因此,电子结构的时间依赖性是原子核运动的结果,而非 Ehrenfest 分子动力学中的本征性。对于电子基态,Born-Oppenheimer 分子动力学方法定义为

$$M_I \ddot{\boldsymbol{R}}_I(t) = - \nabla_I \min_{\Psi_0} \{ \langle \Psi_0 \mid H_e \mid \Psi_0 \rangle \} \tag{4-31}$$

$$E_0 \Psi_0 = H_e \Psi_0 \tag{4-32}$$

对比 Ehrenfest 分子动力学,关于原子核运动方程的最大不同是,根据方程(4-31)在每一个 Born-Oppenheimer 分子动力学步骤中,$\langle H_e \rangle$ 都必须达到最小值。而 Ehrenfest 分子动力学中,当原子核遵循方程(4-29)运动时,一个初始最小化 $\langle H_e \rangle$ 的波函数仍将停留在各自的最小值。

一种对于基态 Born-Oppenheimer 动力学既自然又直接的推广是将同样的策略用于任何电子激发态 Ψ_k 而不考虑任何干扰。特别地,这意味着"对角修正项"

$$D_I^{kk}(\{\boldsymbol{R}_I(t)\}) = - \int d\boldsymbol{r} \Psi_k^* \nabla_I^2 \Psi_k \tag{4-33}$$

总是被忽略。这些对角修正项重整化给定态 Ψ_k(也可能是基态 Ψ_0)的 Born-Oppenheimer 或者"固定原子核"的势能面 E_k,从而导致该状态的所谓"绝热势能面"。因此,Born-Oppenheimer 分子动力学不应该被称为"绝热分子动力学"。

使用有效单粒子哈密顿函数的特例重新表达 Born-Oppenheimer 运动方程对以后的参考是非常有用的。这种表达可以是 Hartree-Fock 近似,定义为在给定单 Slater 行列式 $\Psi_0 = \det\{\psi_i\}$ 条件下,能量期望值 $\langle \Psi_0 \mid H_e \mid \Psi_0 \rangle$ 的变分最小值,其约束条件为单粒子轨道 ψ_i 是正交的 $\langle \psi_i \mid \psi_j \rangle = \delta_{ij}$。相应地,总能关于轨道的约束最小化

$$\min_{\{\Psi_i\}} \{ \langle \Psi_0 \mid H_e \mid \Psi_0 \rangle \} \big|_{\{\langle \psi_i \mid \psi_j \rangle = \delta_{ij}\}} \tag{4-34}$$

可以改写成拉格朗日形式:

$$L = - \langle \Psi_0 \mid H_e \mid \Psi_0 \rangle + \sum_{i,j} \Lambda_{ij} (\langle \psi_i \mid \psi_j \rangle - \delta_{ij}) \tag{4-35}$$

其中,Λ_{ij} 为关联拉格朗日乘数。这个拉格朗日算符关于轨道的无约束变分

$$\frac{\delta L}{\delta \psi_i^*} \overset{!}{=} 0 \tag{4-36}$$

导致标准教科书里著名的 Hartree-Fock 方程

$$H_e^{HF} \psi_i = \sum_j \Lambda_{ij} \psi_i \tag{4-37}$$

经过么正变换可以获得对角规范化形式 $H_e^{HF} \psi_i = \varepsilon_i \psi_i$,$H_e^{HF}$ 代表有效单粒子哈密顿算

符。与方程(4-31)和方程(4-32)相一致的 Hartree-Fock 运动方程写作

$$M_I \ddot{\boldsymbol{R}}_I(t) = - \nabla_I \min_{\{\boldsymbol{\varPsi}_i\}} \{ \langle \boldsymbol{\varPsi}_0 \mid H_e^{HF} \mid \boldsymbol{\varPsi}_0 \rangle \} \tag{4-38}$$

$$0 = - H_e^{HF} \psi_i + \sum_j \varLambda_{ij} \psi_i \tag{4-39}$$

如果采用 Hohenberg-Kohn-Sham 密度泛函理论也可以得出一组类似的方程,这时 H_e^{HF} 要用 Kohn-Sham 有效单粒子哈密顿算符 H_e^{KS} 替代。另一种等效方法是通过非线性优化技术由方程(4-34)直接进行约束最小化,而不是对单粒子哈密顿量进行对角线化。

　　Born-Oppenheimer 分子动力学的早期应用是采用半经验近似处理电子结构问题,但仅仅几年之后,就实现了 Hartree-Fock 近似下的第一性原理方法。随着能更有效的电子结构计算代码的出现和足够的计算机能力解决"有趣问题",Born-Oppenheimer 分子动力学在 20 世纪 90 年代初开始盛行。最近,Born-Oppenheimer 模拟算法的极大改进促进了 Born-Oppenheimer 第一性原理分子动力学的复兴。毫无疑问,Hohenberg-Kohn-Sham 密度泛函理论在化学领域的突破,与 Born-Oppenheimer 分子动力学大约发生在同一时期,对极大提高电子结构计算部分的"性能/价格比"起了很大促进作用。而推动第一性原理分子动力学领域的关键因素可能是开创性地引入了 Car-Parrinello 方法。这个技术开辟了通过第一性原理分子动力学处理大尺度问题的新奇途径,进而使得"有趣计算"成为可能而促进了整个领域。

4.2.4　Car-Parrinello 分子动力学

　　为了降低每个态都包含电子的分子动力学的计算成本,Car 和 Parrinello 于 1985 年提出一种非显而易见的方法,这种方法可以被看作包含了 Ehrenfest 和 Born-Oppenheimer 分子动力学的优势。在 Ehrenfest 动力学中,用于同时积分方程(4-29)和方程(4-30)的时间尺度亦即时间步长受电子本征动力学的影响。由于电子运动比原子核运动快很多,因此最大可能的时间步长是积分电子运动方程的时间步长。与此相反,求解 Born-Oppenheimer 方程(4-31)和(4-32)不涉及任何电子动力学,也就是说它们都能用原子核运动的时间尺度来积分。然而,这意味着电子结构问题必须在每一个分子动力学步骤中自洽求解;而这在 Ehrenfest 动力学中是被避免了的,这是因为 Ehrenfest 动力学通过给初始波函数施加哈密顿算符来传播波函数(如通过一个自洽对角线化来获得)。

　　从算法的角度,基态 Ehrenfest 动力学完成的主要任务是在原子核传播时保持波函数自动最小化。而原则上,这也可以用确定性动力学而非一阶薛定谔动力学来完成。总之,最好的方法应该是:① 用原子核运动确定的(大)时间尺度来积分运动方程组。② 同时从本质上尽可能地利用电子动力学的平稳时间演变。这一点为下一个分子动力学步骤而求解电子结构问题时避开了明确的对角化或者最小化。Car-Parrinello 分子动力学以数值稳定的方式满足条件②,同时关于时间步长①作出可接受的折中,是一种高效的方法。

4.2.4.1　Car-Parrinello 拉格朗日算符与运动方程

　　Car-Parrinello 方法的基本思想是在动力系统理论的框架下将快电子和慢核运动的量子-力学绝热时间尺度分离转化为经典-力学绝热能量尺度分离。为了实现这个目标,双组分量子/经典问题被映射到一个具有两个不同能量尺度的双组分纯经典问题上,其代价

是丢失了量子系统动力学的显式时间依赖性。而且,中心参量,即由某种波函数 Ψ_0 估算的电子系统的能量 $\langle \Psi_0 | H_e | \Psi_0 \rangle$,一定是原子核位置 $\{R_I\}$ 的函数。但是,同时它也可以被认为是波函数 Ψ_0 的一种泛函,因此也是构建此函数的一组单粒子轨道 ψ_i,如 Slater 行列式 $\Psi_0 = \det\{\psi_i\}$。

在经典力学中作用在原子核上的力是由拉格朗日函数关于原子核位置求导数得到的。这意味着给定一个合适的拉格朗日函数,一个关于轨道求导数的泛函,这被解释为经典场,可能会产生施加在轨道上的力。此外,还需要在一组轨道内施加可能的约束,如正交归一性,或者含有一个重叠矩阵的广义正交性。为达到这个目的,Car 和 Parrinello 假设了以下的拉格朗日函数:

$$L_{\mathrm{CP}} = \underbrace{\sum_I \frac{1}{2} M_I \dot{\boldsymbol{R}}_I^2 + \sum_i \mu \langle \dot{\psi}_i | \dot{\psi}_i \rangle}_{\text{动能}} - \underbrace{\langle \Psi_0 | H_e | \Psi_0 \rangle}_{\text{势能}} + \underbrace{\text{constraints}}_{\text{orthonormality}} \qquad (4\text{-}40)$$

注意有时前因子使用 $\mu_i/2$,并且会引入轨道占据数 $f_i = 0,1,2$。相应的牛顿运动方程可以像经典力学一样从关联欧拉-拉格朗日方程得出:

$$\frac{\mathrm{d}}{\mathrm{d}t} \frac{\partial L}{\partial \dot{\boldsymbol{R}}_I} = \frac{\partial L}{\partial \boldsymbol{R}_I} \qquad (4\text{-}41)$$

$$\frac{\mathrm{d}}{\mathrm{d}t} \frac{\delta L}{\delta \dot{\psi}_i^*} = \frac{\delta L}{\delta \psi_i^*} \qquad (4\text{-}42)$$

但这里是关于原子核位置和轨道的。注意 $\dot{\psi}_i^* = \langle \psi_i |$ 以及约束条件是可积分的。遵循这种思想路线,通用的 Car-Parrinello 运动方程具有以下形式:

$$M_I \ddot{\boldsymbol{R}}_I(t) = -\frac{\partial}{\partial \boldsymbol{R}_I} \langle \Psi_0 | H_e | \Psi_0 \rangle + \frac{\partial}{\partial \boldsymbol{R}_I} \{\text{constraints}\} \qquad (4\text{-}43)$$

$$\mu \ddot{\psi}_i(t) = -\frac{\delta}{\delta \psi_i^*} \langle \Psi_0 | H_e | \Psi_0 \rangle + \frac{\delta}{\delta \psi_i^*} \{\text{constraints}\} \qquad (4\text{-}44)$$

这里 μ 是虚拟质量或者是分配给轨道自由度的惯性参数;由于维数的原因,质量参数 μ 的单位是能量乘以时间的平方。注意总波函数中的约束条件导致运动方程中的"约束力"。这些约束

$$\text{constraints} = \text{constraints}(\{\psi_i\}, \{R_I\}) \qquad (4\text{-}45)$$

可以既是一套轨道 $\{\psi_i\}$ 又是原子核位置 $\{R_I\}$ 的函数。利用方程(4-42)和方程(4-43)由方程(4-41)导出 Car-Parrinello 方程时需要恰当地考虑这些依赖关系。根据 Car-Parrinello 运动方程,原子核在(瞬间的)物理温度 $T \propto \sum_I M_I \dot{\boldsymbol{R}}_I^2$ 下随时间演化,而"虚拟温度" $T \propto \sum_i \mu \langle \dot{\psi}_i | \dot{\psi}_i \rangle$ 是与电子自由度相关的。常用的术语"低的电子温度"或者"冷电子"预示电子系统接近其瞬间的最小能量 $\min_{\{\psi_i\}} \langle \Psi_0 | H_e | \Psi_0 \rangle$,也就是说接近精确的 Born-Oppenheimer 表面。因此,在系统随时间演变期间,如果一直保持在足够低的温度,优化原子核初始构型的基态波函数也是靠近其基态的。

剩下的任务是实际分离原子核和电子的运动以使快电子在长时间的演变中仍接近

"冷"态但仍绝热地(或者即时地)跟随慢原子核运动。同时,原子核被一直保持在一个很高的温度。这在非线性经典动力学中可以通过原子核和电子这两个子系统的解耦以及(准)绝热时间演化来实现。这是可能的,如果来自两个动力学的功率谱在频率区域没有大量的重叠,从而在相关时间尺度上从"热原子核"到"冷电子"的能量传递几乎不可能。换句话说,这相当于在足够长的时间内在一个复杂动力学系统中施加并保持一个亚稳态条件。

4.2.4.2　如何控制绝热

一个非常重要的问题是在什么情况下能够绝热分离以及如何控制绝热。将轨道经典场频率谱接近最小值时定义为基态的,对这个状态下的频率谱进行简单的谐波分析得出:

$$\omega_{ij} = \left(\frac{2(\varepsilon_i - \varepsilon_j)}{\mu} \right)^{1/2} \tag{4-46}$$

其中,ε_j 和 ε_i 分别为占据态和非占据态轨道的本征值。与精确的频谱相比,简谐近似是可以信赖的。因为这对最低频率是 ω_e^{min} 尤其正确的,对于最低电子频率的方便分析估算

$$\omega_e^{min} \propto \left(\frac{E_{gap}}{\mu} \right)^{1/2} \tag{4-47}$$

表明这个频率呈最低非占据态和最高占据态之间的电子能量差 E_{gap} 平方根的倍数增长,随虚拟质量参数 μ 的减小而增大。为确保绝热分离,频率差 $\omega_e^{min} - \omega_n^{max}$ 应该很大。但是,最高声子频率 ω_n^{max} 和能隙 E_{gap} 都是受系统物理影响的量。因此,我们能控制绝热分离的仅有的参数就是虚拟质量,因而它也被称为"绝热性参数"。然而,减小 μ 不仅将电子频谱在频谱尺度上向上移动,而且根据方程(4-46)会将整个频率谱延伸。根据方程(4-48)这将导致最大频率的增加:

$$\omega_e^{max} \propto \left(\frac{E_{cut}}{\mu} \right)^{1/2} \tag{4-48}$$

其中,E_{cut} 是具有平面波基组形式的波函数扩展的最大动能。在这里,由于分子动力学可用的最大时间步长为 Δt^{max},需要对任意地减小 μ 设定一个限制。时间步长与系统的最高频率 ω_e^{max} 成反比,因此得出的关系式

$$\Delta t^{max} \propto \left(\frac{\mu}{E_{cut}} \right)^{1/2} \tag{4-49}$$

控制最大可能的时间步长。因此,Car-Parrinello 模拟者必须在左右两难中找到出路,必须控制参数 μ 做出折中;对于大带隙的系统,其典型值是 $\mu = 500 \sim 1500$ a.u.且时间步长为 $5 \sim 10$ a.u.(0.12~0.24 fs)。最近,研究者设计了一种算法,在给定一个固定精度标准的特定模拟过程中来优化 μ 值。需要注意的是,计算资源不足者保持大的时间步长和仍然增加 μ 以满足绝热的方法是选择更重的核质量。这降低了原子核中最高声子或振动频率 ω_n^{max},其代价是在经典同位素效应意义上重整化了所有动力学量。

到目前为止,关于稳定性和绝热问题的所有讨论都是基于模型系统,是近似的,本质上大部分是定性的。但最近已经证明,Car-Parrinello 轨迹相对于由 Born-Oppenheimer 精准势能面得到的轨迹的偏差或者绝对误差 Δ_{μ} 是由 μ 控制的。

定理 1：存在常数 $C>0$ 和 $\mu^* > 0$ 致使

$$\Delta_\mu = \mid \boldsymbol{R}^\mu(t) - \boldsymbol{R}^0(t) \mid + \mid\mid \psi^\mu ; t \rangle - \mid \psi^0 ; t \rangle \mid \leqslant C\mu^{1/2} , 0 \leqslant t \leqslant T \quad (4\text{-}50)$$

同时虚拟动能满足

$$T_e = \mu \langle \dot{\psi}^\mu ; t \mid \dot{\psi}^\mu ; t \rangle \leqslant C\mu , 0 \leqslant t \leqslant T \quad (4\text{-}51)$$

对参数 μ 的所有值都满足 $0 < \mu < \mu^*$；在精准 Born-Oppenheimer 势能面上存在一个唯一的原子核轨迹满足 $\omega_e^{\min} > 0 (0 \leqslant t \leqslant T)$，也就是说，"总是"存在一个有限的电子激发带隙。这里，方程（4-50）和方程（4-51）的指数 μ 或者 0 代表轨迹分别是通过采用限定质量 μ 的 Car-Parrinello 分子动力学模拟或者精准 Born-Oppenheimer 表面的动力学获得的。注意，不仅原子核轨迹被证明是正确的，而且波函数也被证明直到时间 T 是接近完全收敛的。进一步研究发现，如果 $t=0$ 时刻初始波函数不是电子能量 $\langle H_e \rangle$ 的最小值而是陷入了一个激发态中，传播的波函数在 $t>0$ 和 $\mu \to 0$ 时将持续振动，而且对于时间的平均值不会收敛于任何一个本征值。注意，这并不排除激发态的 Car-Parrinello 分子动力学模拟，如果给出一个能最小化电子能量的表达式，激发态的 Car-Parrinello 分子动力学模拟是可能的。

类似金属体系，如果能隙很小或者没有 $E_{\text{gap}} \to 0$ 会如何呢？在这种极限条件下，根据方程（4-47），由于功率频谱中零频率电子模的出现，这些电子模有可能与声子模重叠，所有上面给出的论证都将失效。参照 Sprik 应用以经典背景的想法显示，相互耦合的原子核与电子系统的独立 Nosé-Hoover 恒温器可以通过制衡能量从粒子流向电子以确保电子留在"冷"来保持绝热。尽管这种方法实际上被证明是可行的，但是这种特别的处理方法从理论和时间的角度不是十分令人满意，因此对于强金属系统，建议采用绝热控制良好的 Born-Oppenheimer 方法。对于金属系统 Born-Oppenheimer 方法的另一个优点是其更适合取样很多 k 点，这使得分数占据数的情况更容易，因而可以有效处理所谓的电荷晃荡问题。

4.2.4.3　量子化学的观点

为了从"量子化学的视角"理解 Car-Parrinello 分子动力学，用 Hartree-Fock 近似的特例重新表达方程是非常有用的：

$$L_{\text{CP}} = \sum_I \frac{1}{2}M_I \dot{\boldsymbol{R}}_I^2 + \sum_i \mu \langle \dot{\psi}_i \mid \dot{\psi}_i \rangle - \langle \Psi_0 \mid H_e^{\text{HF}} \mid \Psi_0 \rangle + \sum_{i,j} \Lambda_{ij} (\langle \psi_i \mid \psi_j \rangle - \delta_{ij})$$

$$(4\text{-}52)$$

这里的哈密顿量 H_e^{HF} 基于 Hartree-Fock 近似。最终的运动方程如下：

$$M_I \ddot{\boldsymbol{R}}_I(t) = -\nabla_I \langle \Psi_0 \mid H_e^{\text{HF}} \mid \Psi_0 \rangle \quad (4\text{-}53)$$

$$\mu \ddot{\psi}_i(t) = - H_e^{\text{HF}} \psi_i + \sum_j \Lambda_{ij} \psi_j \quad (4\text{-}54)$$

它们与 Born-Oppenheimer 分子动力学方程（4-38）和方程（4-39）非常相近，不需要对电子总能表达式进行最小化，以与轨道自由度关联的额外虚拟动能项为特色。此外，与方程（4-53）和方程（4-54）右边关于物理相关的力相比，如果在任意 t 时刻 $\mid \mu \ddot{\psi}_i(t) \mid$ 项非常小，这两组方程组是相同的。这一项为零或者非常小意味着电子能量 $\langle \Psi_0 \mid H_e^{\text{HF}} \mid \Psi_0 \rangle$ 处于或者接近最小值，这是因为轨道 $\{\psi_i\}$ 的时间导数可被看作 Ψ_0 的变分，因而也

就是 $\langle H_{e}^{HF} \rangle$ 期望值本身。换句话说,如果 $\mu\ddot{\psi}_i \equiv 0$,则没有力作用在波函数上。总之,在这个理想化的极限下,具有微正则系综特性的 Car-Parrinello 方程预期可以产生正确的动力学和物理轨迹。但是,如果对所有 i,$|\mu\ddot{\psi}_i(t)|$ 都很小,这也意味着相应的动能 $T_e = \sum_i \mu\langle\dot{\psi}_i|\dot{\psi}_i\rangle$ 是很小的。

现在,将 Car-Parrinello 动力学的拉格朗日算符方程(4-52)和欧拉-拉格朗日方程(4-42)与类似方程(4-35)和方程(4-36)进行结构上的比较,对于用其推导"Hartree-Fock 静力学"是非常有趣的。如果忽略动力学方面和相关的时间演变,换言之,在原子核与电子动量为常数或没有的极限条件下,前者将简约为后者,因此,Car-Parrinello 假定,即方程(4-40)~方程(4-42)也可以看作能够导出新一类"动力学第一性原理方法"的处方。

4.2.4.4 模拟退火法和优化视点

在上面的讨论中,Car-Parrinello 分子动力学尽可能地"整合"Ehrenfest 和 Born-Oppenheimer 分子动力学中的有利功能。从另一面看,Car-Parrinello 方法也可看作在一个包含复杂约束条件的高纬度参数空间中对非线性方程 $\langle\Psi_0|H_e|\Psi_0\rangle$ 执行"全局"优化(最小化)的独创性方法。最优化参数是那些用简单的函数来表示总波函数 Ψ_0 的参数,如用高斯或者平面波来轨道的展开系数。

暂时将原子核冻结,我们可以从一个不可能最小化电子能量的"随机波函数"启动优化程序。因此,体系的虚拟动能会很高,电子自由度是"热"的。然而,这个能量可以通过系统地将体系冷却到越来越低的温度来获得。这可以通过一种精妙的方法来实现,即在电子 Car-Parrinello 运动方程(4-44)中加上一项非守恒衰减项(其中 $\gamma_e \geqslant 0$ 是控制能量耗散率的摩擦常数):

$$\mu\ddot{\psi}_i(t) = -\frac{\delta}{\delta\psi_i^*}\langle\Psi_0|H_e|\Psi_0\rangle + \frac{\delta}{\delta\psi_i^*}\{\text{constraints}\} - \gamma_e\mu\dot{\psi}_i \tag{4-55}$$

或者,将速率乘以一个小于 1 的常数因子而降低速度,进而以离散的方式增强能量耗散。注意,这种确定性的动力学方法在思想上与随机蒙特卡罗(Monte Carlo)方法中正则系综的模拟退火很相似。如果能量耗散完成得很慢,波函数将找到其能量最低值,最后完成了复杂的全局优化。

如果允许原子核在另外一种衰减项下依据方程(4-33)运动,就可以实现一种关于电子和原子核的联合优化或者同步优化,从而达到"全局几何优化"。Car-Parrinello 分子动力学的这种运行模式与另外一种优化技术相关,这种优化技术旨在同步优化原子核骨架和电子结构。这可以通过在同一基础上将原子核坐标和轨道展开系数都作为可变参量来实现。但是 Car-Parrinello 分子动力学不仅如此,因为即使原子核依据牛顿动力学在特定温度下持续运动,一个初始优化过的波函数将沿着原子核轨迹一直保持最优。

4.2.5 关于 Hellmann-Feynman 力

在所有动力学方法中,一个重要因素是有效计算作用在原子核上的力,见方程(4-29)、方程(4-31)和方程(4-43)。直接以总电子能量的有限差分逼近法来数值估算导数

$$\boldsymbol{F}_I = -\nabla_I\langle\Psi_0|H_e|\Psi_0\rangle \tag{4-56}$$

对动力学模拟而言既成本太高又太不准确。如果对梯度进行分析估算又会怎样呢？除了哈密顿函数自身的导数

$$\nabla_I \langle \Psi_0 \mid H_e \mid \Psi_0 \rangle = \langle \Psi_0 \mid \nabla_I H_e \mid \Psi_0 \rangle + \langle \nabla_I \Psi_0 \mid H_e \mid \Psi_0 \rangle + \langle \Psi_0 \mid H_e \mid \nabla_I \Psi_0 \rangle \tag{4-57}$$

以外，通常还存在波函数变分 $\sim \nabla_I \Psi_0$ 的贡献。一般来说，这意味着如果波函数是哈密顿函数的一个精确的特征函数（或者定态波函数），这些贡献将以方程（4-58）的形式完全消失。

$$F_I^{\text{HFT}} = - \langle \Psi_0 \mid \nabla_I H_e \mid \Psi_0 \rangle \tag{4-58}$$

这就是经常引用的 Hellmann-Feynman 定理的内容，只要采用完备基组，这对很多变分波函数（如 Hartree-Fock 波函数）也是有效的。如果不是这种情况（在数值计算中必须假定这种情况），则必须显式地计算附加项。

为了进行计算，需采用单粒子轨道 ψ_i 的 Slater 行列式 $\Psi_0 = \det\{\psi_i\}$ 和一个有效单粒子哈密顿函数（如 Hartree-Fock 或者 Kohn-Sham 理论的形式），其中 ψ_i 以基函数 $\{f_v\}$ 的线性组合形式展开

$$\psi_i = \sum_v c_{iv} f_v(\boldsymbol{r}; \{\boldsymbol{R}_I\}) \tag{4-59}$$

这组基函数可能显式地依赖于原子核位置（对于基函数有原点的情况，如 atom-centered orbitals），而展开系数总是隐式依赖的。这意味着从一开始，除方程（4-58）表示的 Hellmann-Feynman 力外，还有两种力是可以预期的

$$\nabla_I \psi_i = \sum_v (\nabla_I c_{iv}) f_v(\boldsymbol{r}; \{\boldsymbol{R}_I\}) + \sum_v c_{iv} [\nabla_I f_v(\boldsymbol{r}; \{\boldsymbol{R}_I\})] \tag{4-60}$$

利用方程（4-59）的线性展开，方程（4-57）中源于波函数原子核梯度的力可以分解为两项。第一项称为固体理论中的"非完备基组"（incomplete-basis-set correction, IBS），这对应于量子化学中的"波函数力"或者"Pulay 力"，它包含基函数的原子核梯度和有效单粒子哈密顿量（在实际中是非自洽的）。

$$F_I^{\text{IBS}} = - \sum_{iv\mu} (\langle \nabla_I f_v \mid H_e^{\text{NSC}} - \varepsilon_i \mid f_\mu \rangle + \langle f_v \mid H_e^{\text{NSC}} - \varepsilon_i \mid \nabla f_\mu \rangle) \tag{4-61}$$

第二项是所谓的力的"非自洽修正"（non-self-consistency correction, NSC）

$$F_I^{\text{NSC}} = - \int dr (\nabla_I n)(V^{\text{SCF}} - V^{\text{NSC}}) \tag{4-62}$$

这一项由（准确的）自洽势或场 V^{SCF} 与其非自洽（或近似的）势或场 V^{NSC} 的差值控制，且与 H_e^{NSC} 相关联，其中 $n(r)$ 是电荷密度。总之，通常第一性原理分子动力学模拟需要的总力一般包括三个性质不同的项

$$F_I = F_I^{\text{HFT}} + F_I^{\text{IBS}} + F_I^{\text{NSC}} \tag{4-63}$$

假定自洽是精确满足的（在数值计算中永远不会满足），则力 F_I^{NSC} 消失，H_e^{SCF} 被用于估算 F_I^{IBS}。此时 Pulay 贡献项在完备基组（在实际计算中是不可能实现的）的极限情况下消失。

如果波函数以无原点的基组如平面波的形式展开,就会出现最明显的简化。在这种情况下 Pulay 力恰好消失,这适用于所有使用这种特别基组的第一性原理分子动力学方案(即 Ehrenfest、Born-Oppenheimer 和 Car-Parrinello)。这种说法对于平面波函数数目固定的计算都是准确的。如果平面波函数的数目改变了,如晶胞体积/形状变化的(等压)计算中,能量截断值是严格固定的,这时会出现 Pulay 力的贡献。如果使用有原点的基组而不是平面波,则 Pulay 力总会出现,因此必须在力的计算中明确包含 Pulay 力的贡献。顺便提一下另一个有趣的同源简化: 在基于平面波函数的电子结构计算中没有基组叠加误差(basis set superposition error,BSSE)。

在第一性原理分子动力学中一个不明显且更微小的项来源于方程(4-62)的非自洽项。这一项消失的前提条件是: 在所用的有限基组张成的子空间中波函数 Ψ_0 是哈密顿的本征函数。这比 Hellmann-Feynman 定理的要求更少,在 Hellmann-Feynman 定理中,Ψ_0 必须是哈密顿的准确本征波函数,且必须使用完备基组。在电子结构计算方面,为使得 F_I^{NSC} 消失,在给定的非完备基组内,必须达到完全的自洽。因此,在数值计算中,通过优化有效哈密顿量和确定其极高精度的本征函数,NSC 项能被随意做得很小,但不能被完全抑制。

然而,这里的关键点是,无论在 Car-Parrinello 还是 Ehrenfest 分子动力学中都不是由电子哈密顿量的最小期望值即 $\{\langle \Psi_0 | H_e | \Psi_0 \rangle\}$,产生自洽力的。比较方程(4-31)、方程(4-43)与方程(4-29),仅仅需要估算表达式 $\langle \Psi_0 | H_e | \Psi_0 \rangle$,这里的哈密顿量和相应的波函数是某个时间步长下获得的。也就是说,电子哈密顿量的期望值不需要(考虑到当前讨论对力的贡献)相对于那个时间步长的原子核构型完全最小化。由此,Car-Parrinello 和 Ehrenfest 分子动力学在计算力时是不需要完全自洽的。因此,方程(4-62)中力 F_I^{NSC} 的非自洽力修正与 Car-Parrinello 和 Ehrenfest 模拟是不相干的。

而在 Born-Oppenheimer 分子动力学中,在取梯度获得自洽力前,哈密顿量的期望值对于每一个原子核构型都必须最小化。在这种方案下,总存在非自洽力的贡献(独立于 Pulay 力的问题之外),从定义上这是未知的;如果是已知的,问题可通过方程(4-53)求解。应该注意的是,过去还有估算方案近似修正了 Born-Oppenheimer 动力学的系统误差,这极大节约了计算时间。受此启发,我们也可以证明 Car-Parrinello 动力学中非零非自洽力是在控制之下的,或者是被极小且振荡的但非零项“质量乘以加速度” $\mu \ddot{\psi}_i(t) \approx 0$ 抵消。这足以保持传播的稳定性;而为确保 Born-Oppenheimer 方法的稳定性,根据定义需要 $\mu \ddot{\psi}_i(t) \equiv 0$,即一种极端严格的最小化,这个结论也可以通过比较方程(4-39)与方程(4-54)得出。因此,从这个角度看就很清楚了,在 Car-Parrinello 动力学过程中,电子的虚拟动能及其虚拟温度表征了相对于精准 Born-Oppenheimer 表面的偏差。

最后,目前的讨论表明,在这些力的推导中,没有像有时所说的那样使用 Hellmann-Feynman 定理。实际上,早就知道这个定理对于电子结构的数值计算是不实用的。更精确地说,在 Car-Parrinello 使用平面波基进行计算的情况下,力的结果关系即方程(4-58),看起来就像一开始通过简单地调用 Hellmann-Feynman 定理得到的关系。有趣的是,将 Hellmann-Feynman 定理应用于哈密顿量的非本征函数时,得到的仅是精确力的一阶微扰近似。同样的道理也适用于根据方程(4-61)和方程(4-62)毫无根据地忽略力修正的第一性原理分子动力学计算。此外,这样的模拟当然不能保持总哈密顿量 E_{cons} 的严格守恒。

应该强调的是,在原子核运动方程(4-43)中,由于位置依赖的波函数约束,对力的可能贡献必须按照同样的步骤进行估算,这将导致类似的力"修正项"。

4.2.6　方法的选择

实际应用中最重要的问题大概是对于给定问题,从所花费计算时间的角度选择哪种第一性原理分子动力学模拟是最有效的。与 Born-Oppenheimer 分子动力学相比,除了为获得初始波函数的第一个步骤外,Ehrenfest 和 Car-Parrinello 方法的先天优势是不需要哈密顿量的对角化(或者能量函数的等效最小化)。而其差别是,在由时间步长 $\Delta t = t^{\max}/m$ 给定的无穷小的短时间内,按照含时薛定谔方程(4-26)进行的 Ehrenfest 时间演变符合单一传播

$$\Psi(t_0 + \Delta t) = \exp\left[- iH_e(t_0)\Delta t/\hbar\right]\Psi(t_0) \tag{4-64}$$

$$\Psi(t_0 + m\Delta t) = \exp\left[- iH_e(t_0 + (m-1)\Delta t)\Delta t/\hbar\right]$$
$$\times \cdots$$
$$\times \exp\left[- iH_e(t_0 + 2\Delta t)\Delta t/\hbar\right]$$
$$\times \exp\left[- iH_e(t_0 + \Delta t)\Delta t/\hbar\right]$$
$$\times \exp\left[- iH_e(t_0)\Delta t/\hbar\right]\Psi(t_0) \tag{4-65}$$

$$\Psi(t_0 + t^{\max}) \xrightarrow{\Delta t \to 0} T\exp\left[- \frac{i}{\hbar}\int_{t_0}^{t_0+t^{\max}} dt H_e(t)\right]\Psi(t_0) \tag{4-66}$$

这里 T 是时间顺序算符,$H_e(t)$ 是哈密顿函数(通过 $\{R_I(t)\}$ 与时间隐式相关),在 t 时刻用类似分裂算子技术来估算。因此,波函数 Ψ 是规范守恒的,尤其是用于展开它的轨道将保持正交。相反,在 Car-Parrinello 分子动力学中,必须用拉格朗日乘子来施加标准正交性,这相当于在每个分子动力学步骤都有一个额外的正交化。如果不能正确地正交化,轨道将是非正交的,且波函数非规范。鉴于此,在现实中,相比于 Ehrenfest,Car-Parrinello 动力学的理论劣势不仅仅需要用更大的时间步长来传播电子和原子核的自由度。在这两种方法中,都存在原子核运动的固有时间尺度 τ_n 和电子动力学的固有时间尺度 τ_e。时间尺度 τ_n 可用最高声子或振动频率来估算,假设最高频率约为 4000 cm^{-1},则 $\tau_n \approx 10^{-14}$ s(或者 0.01 ps,抑或 10 fs)。这个时间尺度 τ_n 仅依赖于所考虑的物理问题,由 τ_n 得出时间步长的上限值 $\Delta t^{\max}$,$\Delta t^{\max} \approx \tau_n/10$,$\Delta t^{\max}$ 可用于运动方程的积分。

在 Ehrenfest 动力学中,可以通过 $\omega_e^E \sim E_{cut}$ 展开平面波来估算最快的电子运动,这里 E_{cut} 是展开平面波的最大动能。合理基组的实际估算是 $\tau_e^E \approx 10^{-16}$ s,这导致 $\tau_e^E \approx \tau_n/100$。而 Car-Parrinello 动力学中类似的关系是 $\omega_e^{CP} \sim (E_{cut}/\mu)^{1/2}$。因此,除了通过引入限定的电子质量 μ 来降低 ω_e^{CP} 外,随着基组大小的增加,Car-Parrinello 动力学中的最大电子频率比 Ehrenfest 动力学的增大慢得多。对于同样基组和典型虚拟质量的估算,得出 $\tau_e^{CP} \approx 10^{-15}$ s 或者 $\tau_e^{CP} \approx \tau_n/10$。根据这种简单估算,如果使用 Car-Parrinello 二阶虚拟时间电子动力学,而不是 Ehrenfest 一阶实时电子动力学,时间步长要大一个数量级。

过去有些工作尝试解决 Ehrenfest 动力学固有的时间尺度和时间步长问题。例如,使用不同的时间步长分别对电子和原子核的运动方程进行积分,其中原子核的步长是电子

的 20 倍。多重时间步长积分理论的强大技术也可以用来改善时间尺度的不一致性。此外，从等离子体模拟中借用的另一种方法是减小核质量，从而可以人为地加速它们的时间演化。因此，在使用实时电子动力学时，原子核动力学是虚拟的，所以模拟后必须重新调整成合适的质量比。

在 Ehrenfest 和 Car-Parrinello 动力学中，显式处理的电子动力学限制了可用于同时积分原子核和电子耦合运动方程的最大时间步长。但 Born-Oppenheimer 动力学没有显式处理的电子动力学，最大时间步长是由原子核运动的固有步长确定的，即 $\tau_e^{BO} \approx \tau_n$，所以就没有最大时间步长的限制。形式上相比于 Car-Parrinello 动力学，Born-Oppenheimer 动力学有一个数量级的优势。

上面这些粗略的估算与现实有什么关系呢？幸运的是，文献报道了几项关于相似物理系统的先进的研究，可以将这三种分子动力学方法进行对比。用 Ehrenfest 动力学进行了稀释 $K_x(KCl)_{1-x}$ 熔化的模拟，使用的时间步长为 0.012~0.024 fs。作为对比，对于液体氨使用大到 0.4 fs 的步长可以获得稳定的电子的 Car-Parrinello 模拟。由于这些物理系统具有相同本质——溶于液体凝聚态中的"未绑定电子"（局域化为 F 中心、极化子和双极化子等），两者间大约 10 倍时间步长的差异肯定了上述的粗略估算。而在使用 Born-Oppenheimer 模拟含有更高"未绑定电子"量的 $K_x(KCl)_{1-x}$ 的研究中时间步长是 0.5 fs。

如果原子核动力学比较慢，Born-Oppenheimer 动力学的时间步长相比于 Car-Parrinello 的优势就更明显了，如在液体 Na 或者 Se 的模拟中使用了 3 fs 的时间步长。这就印证了上述提到的，即在有利情况下 Born-Oppenheimer 相对于 Car-Parrinello 动力学有数量级大小的优势。然而，必须考虑到，在 Se 的模拟中使用如此大的时间步长，动力学信息将限于 10 THz，这对应于大约 500 cm^{-1} 以下的频率。同样是 Born-Oppenheimer 动力学模拟，为解决强共价键分子系统中的振动问题，时间步长必须减小至 1 fs 以下。

从所花费的计算时间角度，很难比较 Car-Parrinello 和 Born-Oppenheimer 分子动力学的综合性能。例如，它主要取决于对方程(4-48)定义的能量守恒 E_{cons} 的准确性所做的选择。因此，这个问题在某种程度上是"个人品位"的话题，即什么被认为是"足够准确"的能量守恒。另外，这种比较也与系统大小有关。

总而言之，若在能量守恒方面以牺牲准确性为代价，根据每皮秒所花费的 CPU 时间来度量，Born-Oppenheimer 分子动力学能够做得与 Car-Parrinello 分子动力学一样快（甚至更快）。在"经典分子动力学界"存在一个普遍的共识，这种守恒定律应该被认真对待，作为一个衡量模拟的数值质量。在"量子化学和总能界"，这个问题通常较少受到关注；而波函数或能量在每一个分子动力学步骤所达到的收敛性被认为是衡量一个特定模拟质量的关键。

4.3　非晶结构的表征方法

对于长程无序、短程有序的非晶，我们可以用径向分布函数或对关联函数、配位数分布、第一近邻原子的键长和键角来表征和分析非晶态的局域结构。下面分别简要阐述。

4.3.1 径向分布函数/对关联函数

在统计力学中,径向分布函数(radial distribution function)或对关联函数(pair correlation function)$g(r)$描述的是在一个多粒子(原子、分子等)体系中,所考察粒子的周围密度变化与距离的函数关系。假设考察粒子在原点 O 处,体系的平均粒子数密度为 $\rho = N/V$,其中 V 是系统的体积,N 是粒子个数,则距离原点为 r 处的局域含时平均密度为 $\rho g(r)$。$g(r)$ 是径向分布函数也称为对关联函数,它反映了距离考察粒子为 r 处发现另一粒子的相对概率。因此,在距离考察粒子为 r 的小体积 dV 内发现粒子的概率或粒子数为 $dN = \rho g(r) dV$。这种简化的定义适应于均匀的和各向同性的体系。更普适的定义如下。

假设体系的体积为 V,含有 N 个粒子(平均粒子数密度为 $\rho = N/V$),粒子坐标为 $r_i(i = 1, 2, \cdots, N)$。不考虑外场作用下,粒子间相互作用的势能为 $U_N(r_1, r_2, \cdots, r_N)$。考虑正则系综$(N, V, T)$,定义 $\beta = 1/kT$(T 为温度),利用构型积分 $Z_N = \int \cdots \int e^{-\beta U_N} dr_1 \cdots dr_N$ 对粒子位置的所有可能组合进行恰当平均。如果在 dr_1 找到粒子 1,在 dr_2 找到粒子 2,等等,以此类推,则一种基本构型的概率定义为

$$P^{(N)}(r_1, \cdots, r_N) dr_1 \cdots dr_N = \frac{e^{-\beta U_N}}{Z_N} dr_1 \cdots dr_N \tag{4-67}$$

由于总粒子数巨大,$P^{(N)}$ 本身不是很有用。但是我们可以得到简化构型的概率,这时只有 $n<N$ 的粒子位置被固定在 $r_1, r_2, \cdots, r_n$,余下的 $N-n$ 粒子则没有任何限制。为此,我们必须对余下的坐标 $r_{n+1}, r_{n+2}, \cdots, r_N$ 关于方程(4-67)进行积分:

$$P^{(n)}(r_1, \cdots, r_N) dr_1 \cdots dr_N = \frac{1}{Z_N} \int \cdots \int e^{-\beta U_N} dr_{n+1} \cdots dr_N \tag{4-68}$$

如果所有粒子都完全相同,则考虑其中的任何 n 粒子以任何组合方式占据位置 r_1, r_2, $\cdots$, r_n 的概率更相关,由此定义 n 粒子密度为

$$\rho^{(n)}(r_1, \cdots, r_n) = \frac{N!}{(N-n)!} P^{(n)}(r_1, \cdots, r_n) \tag{4-69}$$

对于 $n = 1$,方程(4-69)给出的是单粒子密度,对于晶体而言,描述的是在格点位置出现尖锐最大值的周期性函数;对于均匀液体,这个单粒子密度与位置 r_1 无关,等于系统的总密度:

$$\frac{1}{V} \int \rho^{(1)}(r_1) dr_1 = \rho^{(1)} = \frac{N}{V} = \rho \tag{4-70}$$

现在通过下式引入关联函数 $g^{(n)}$:

$$\rho^{(n)}(r_1, \cdots, r_n) = \rho^n g^{(n)}(r_1, \cdots, r_n) \tag{4-71}$$

$g^{(n)}$ 称为关联函数,因为如果原子彼此独立,$\rho^{(n)}$ 与 ρ^n 将完全相等,所以 $g^{(n)}$ 修正了原子间的关联。

由方程(4-69)和方程(4-71)可得出关联函数 $g^{(n)}$:

$$g^{(n)}(r_1, \cdots, r_n) = \frac{V^n N!}{N^n (N-n)!} \cdot \frac{1}{Z_N} \int \cdots \int e^{-\beta U_N} dr_{n+1} \cdots dr_N \quad (4-72)$$

实际上,二阶关联函数 $g^{(2)}(r_1, r_2)$ 是特别重要的,因为它通过傅里叶变换与体系的结构因子直接相关。体系的结构因子可由 X 射线衍射或中子衍射测定。而高阶分布函数极少被研究,这是因为通常高阶分布函数对体系的热力学不重要,同时不能用传统的散射技术获得。但是高阶分布函数可以用相干 X 射线散射测得,因其能够揭示无序体系中的局域对称性而获得关注。

如果体系包含球形对称的粒子,$g^{(2)}(r_1, r_2)$ 仅依赖于它们之间的相对距离 $r_{12} = r_2 - r_1$,因此,我们可以去掉上标和下标:$g(r) \equiv g^{(2)}(r_{12})$。 将粒子 O 固定在坐标原点,$\rho g(r) d^3 r = dn(r)$ 就是在这个 r 位置周围的 $d^3 r$ 体积中找到的粒子平均数(在余下的 $N-1$ 中)。现在,我们可以计算这些粒子的总数,通过 $\frac{dn(r)}{d^3 r} = \langle \sum_{i \neq 0} \delta(r - r_i) \rangle$ 取平均值,其中 $\langle \cdot \rangle$ 是系综平均值,产生方程(4-73):

$$g(r) = \frac{1}{\rho} \langle \sum_{i \neq 0} \delta(r - r_i) \rangle = V \frac{N-1}{N} \langle \delta(r - r_1) \rangle \quad (4-73)$$

这里第二个等式要求粒子 1, 2, $\cdots$, N-1 是等效的。上式对于将 $g(r)$ 与结构因子关联起来是非常有用的,通过定义 $S(q) = \langle \sum_{ij} e^{-iq(r_i - r_j)} \rangle / N$,因为有

$$S(q) = 1 + \frac{1}{N} \langle \sum_{i \neq j} e^{-iq(r_i - r_j)} \rangle = 1 + \frac{1}{N} \langle \int_V dr e^{-iqr} \sum_{i \neq j} \delta[r - (r_i - r_j)] \rangle$$

$$= 1 + \frac{N(N-1)}{N} \int_V dr e^{-iqr} \langle \delta(r - r_1) \rangle \quad (4-74)$$

所以 $S(q) = 1 + \rho \int_V dr e^{-iqr} g(r)$,验证了上面提到的傅里叶关系。

方程(4-74)仅在分布的意义上是有效的,因为 $g(r)$ 没有归一化为 $\lim_{r \to \infty} g(r) = 1$,所以 $\int_V dr g(r)$ 对体积 V 是发散的,因而导致结构因子在原点处有一个狄拉克峰。由于实验上很难见到这种贡献,我们可以将上式减去 1,并用一个普通函数重新定义结构因子:

$$S'(q) = S(q) - \rho \delta(q) = 1 + \rho \int_V dr e^{-iqr} [g(r) - 1] \quad (4-75)$$

最后,我们重新命名 $S(q) \equiv S'(q)$。 如果体系是液态,可以调用它的各向同性:

$$S(q) = 1 + \rho \int_V dr e^{-iqr} [g(r) - 1] = 1 + 4\pi\rho \frac{1}{q} \int dr r \sin(qr) [g(r) - 1] \quad (4-76)$$

4.3.2　径向分布函数与结构因子

实验上,我们可以利用中子衍射或 X 射线衍射数据根据结构因子关系式间接得出径向分布函数 $g(r)$。这项技术可以在很短的尺度(到原子水平)上使用,但涉及分别针

对样本尺寸和数据采集时间的求平均值。用这种方法,已经确定了很多种体系的径向分布函数,包括液态金属和带电胶体等。从实验的 $S(q)$ 到 $g(r)$ 不是直截了当的,需要大量的分析。

理论上,分子动力学模拟产生了大量不同时间的粒子位置,如使用 VASP 软件包进行第一性原理分子动力学模拟的输出文件 XDATCAR 记录了每一时刻所有粒子的位置坐标,由此可以直接计算出径向分布函数,同时还可以进行时间解析获得扩散系数等动力学参数,或者进行空间解析到单个粒子的级别获得体系的局域结构形貌。此外,通过 Kirkwood-Buff 溶解理论可以利用径向分布函数将微观细节与宏观性质联系起来,显示了其根本重要性。而且,通过逆转 Kirkwood-Buff 理论,还可以从宏观性质中获得径向分布函数的微观细节。

4.3.3 配位数分布

配位数(coordination number)的概念最初是由阿尔弗雷德·维尔纳于 1893 年提出的,是指化合物中以某原子为中心其周围的配位原子个数。配位数通常为 2~8,也有高达 10 以上的。对于非晶态或者液态,研究考察粒子周围的配位数分布可以获得无序态物质中短程结构的有序程度。配位数分布可以由对径向分布函数求积分而获得,对第一个峰求积分获得第一近邻的配位数分布,对第二个峰求积分获得第二近邻的配位数分布,以此类推。

4.3.4 键角分布

非晶态的长程无序特征致使实验研究其微观结构困难。径向分布函数和配位数可以描述原子间的距离即键长和化学成分分布,但不能给出原子间的空间分布情况。因而,需要引入键角分布函数来描述中心原子成键情况及键角的分布信息。分析第一近邻的键角分布情况可以获得非晶态或者液态的空间有序性。

综上所述,进行大规模第一性原理分子动力学模拟可以精准获得体系的每一时刻的结构信息,对结构信息进行解析可以获得径向分布函数、配位数分布和键角分布等,从而获得非晶态或者液态的局域结构形貌。这些结构信息可以与中子衍射或 X 射线衍射结果进行比较,进而校准理论模拟的正确性。更重要的是,将这些微观结构信息与宏观性能联系起来,不仅可以理解材料的宏观性质,而且可以指导新材料设计。但是,第一性原理分子动力学模拟产生的结构数据以数千乃至数以万计,导致大数据解析不容易。作者课题组自主研发了解析径向分布函数、结构因子、配位数分布和键角分布等的软件包,可以对接 VASP 输出结构信息。此外,R.I.N.G.S(Rigorous Investigation of Networks Generated using Simulations)软件包,也支持 VASP 的输出结构文件,可以在合理的时间内计算出非晶态的环结构统计结果,计算体系的径向分布函数、配位数、均方位移和键角分布等。

4.4 硫族化合物的非晶结构及快速可逆相变

如前所述,相变存储器(PCRAM)利用激光脉冲或电脉冲加热硫族化合物半导体

[nGeTe · mSb$_2$Te$_3$(GST),主要是 GST225]致使发生晶态与非晶态之间的快速可逆相变从而实现数据存储。相变存储中的 SET 过程就是对非晶态相变材料施加强度适中且较宽的脉冲使之加热至略高于玻璃化转变温度,使得原子重新排列再结晶为电阻率较低的晶相材料。通常来说这个"退火"过程需要数十纳秒,例如对于 GST225 而言,这个过程一般需要 50 ns。RESET 过程则是对晶态相变材料施加高强度且窄脉冲使之熔融并快速冷却至电阻率较高的非晶态。嵌入晶态背景上的一个非晶点即为一个记录的二进制数据。数据的读取则可以很容易地利用晶态和非晶态 GST 之间光学和电学性质的差异显著来实现,通过一种能量较低的电脉冲探测存储单元的电阻大小,得到的电阻值即可转码为二进制数据。一言以蔽之,采用不同能量强度的脉冲实现相变材料在晶态与非晶态之间快速可逆相变,采用弱脉冲读取电阻率的数值,就完成了相变存储器件的擦、写和读操作。

在硫族化合物半导体中,以 GST225 为代表的 GST 是研究最为广泛的相变存储材料。GST225 用于 DVD-RAM 时展现了最优异的速度和稳定性;目前,掺杂 GST225 也是 PCRAM 原型器件所用的相变材料。在相变材料的研究中,理解 GST 的非晶局域结构及非晶和晶相(a↔c)之间的快速可逆相变机理是提高 PCRAM 性能和寻找性能更优异新型相变材料的关键。然而,由于相变存储材料结构复杂,a↔c 可逆转变的速度极快,仅有几纳秒,且相变区域只有几纳米,从而导致实验研究 GST 非晶结构与 a↔c 可逆相变机理非常困难。迄今为止,关于 GST a↔c 的快速可逆相变机理及非晶局域结构有多种学说,且莫衷一是。关于 GST 可逆相变机理,有基于扩展 X 射线吸收精细结构谱(XAFS)分析结果的 Ge 原子大位移模型,即八面体 Ge 原子"伞跳"到四面体位置而实现的有序-无序转变;基于晶体薄膜中非晶区域的形成与瓦解的速率方程模型而提出的有特定原子晶面运动而实现非晶点瓦解的模型。基于第一性原理分子动力学模拟,我们揭示了 GST225 独特的熔融行为,即 GST225 在两个维度上形成线性和缠结的团簇,从而完全无序,而在与之垂直的另一方向上仍保持有序,这与单质 Te 的熔化行为非常相似,与传统的熔化形成强烈对比。并且进一步基于第一性原理分子动力学的退火模拟,揭示了 a↔c 可逆相变过程。关于 GST 的非晶局域结构,实验在扩展 XAFS 局域键合的分析中,发现了 a-GST 中含有相当数量的 Ge-Ge 同极键;将拟合 X 射线衍射数据与逆蒙特卡罗模拟相结合提出了一种偶数环结构观点。作者基于第一性原理分子动力学模拟结果提出了类立方骨架的非晶局域结构,揭示了晶相中的空位在 RESET 过程中团聚形成的孔洞,这种由低配位 Te 原子围绕的孔洞为 SET 过程的原子重排提供了移动空间,有利于快速可逆相变。

综上所述,不同于传统具有较长晶化时间的玻璃态或非晶态,GST 硫族化合物非晶态的晶化时间(纳秒级)极短。更重要的是,GST 可以在非晶态和晶态之间反复可逆转变数百万次,从而使得可擦写数据存储的应用成为可能。从 a-GST 再结晶过程中的原子重排只需要数纳秒的时间来看,非晶态和晶态之间应该有相似的局域结构。从相变存储器的数据读出依赖于晶态和非晶态之间显著的光学或电学性质差异来看,非晶态的局域原子排布与晶态应该有所不同。虽然实验难以研究这种奇异的快速可逆相变,但是第一性原理分子动力学方法在这方面提供了非常有效而可靠的研究途径。以下将以广泛研究的 GST225 和 GST124 为例,采用第一性原理分子动力学揭示相变材料独特的非晶结构及可逆相变机理。

4.4.1 类立方骨架的非晶局域结构

晶相 GST124 同样结晶于 NaCl 结构,在 Na 亚格点上有 25% 的空位,由于可以很容易地由 NaCl 对称性构建立方 GST124,因此,理论上 GST124 被广泛作为模型材料体系来研究 GST 化合物半导体的性质。这里的初始立方 GST124 超胞包含 27 个 Ge 原子、54 个 Sb 原子和 108 个 Te 原子以及 27 个空位,其中 Ge、Sb 原子和空位随机占据 NaCl 结构的一个亚晶格,这 3 种元素在同一亚晶格的随机占据是通过 SQS 方法实现的。初始超胞的体积是基于非晶态的实验密度来设置的。这里的第一性原理分子动力学模拟采用的是 VASP 软件包,当然也可以使用开源的 CP2k 和 QE 等软件包,计算结果与结论应该是相同的。第一性原理分子动力学模拟中的原子间作用力采用局域密度近似条件下的投影缀加波法,其他模拟参数如 k 点、截断能等需要根据体系的大小来设置和测试。利用第

一性原子分子动力学模拟获得非晶结构的过程一般如下:首先将体系加热在远高于其熔点的温度下进行退火,使其彻底失去晶态结构的记忆,如 GST124 的熔点是 887 K,可以在 3000 K 温度下将其熔化并保温 3 ps 来获得液相。一般情况下可以通过 Nosé 算法来控制温度。然后将液相以计算能力可以承受的最低降温速度冷却至室温,这里我们将液态 GST124 以 6.67×10^{13} K/s 的速度冷却到 300 K,值得注意的是,这个冷却速度仍远高于相变存储器件中激光导致相变的实际冷却速度($10^9 \sim 10^{10}$ K/s),但随着计算能力的提高和算法的改进,第一性原理分子动力学所能处理的冷却速度也在逐步降低。然后,将冷却至室温的结构再在 300 K 下进行足够长时间的退火以获得非晶态,通常可选取 300 K 下退火中最后数千步数的结构数据来分析非晶态的局域结构,如 VASP 计算输出的 XDATCAR 就包含所有原子的含时位置。最后,我们采用了自主研发的非晶结构解析软件包分析非晶态的局域结构信息。

由图 4-1 展示的 a-GST124 各元素的对关联函数可知,在 Ge 周围,Ge-Te 对关联函数占主导,且在约 2.749 Å 处有一个尖锐的峰,这比立方 c-GST124 中第一近邻距离(3.03 Å)短得多;第二小峰的峰位(在约6.088 Å 处)与 c-GST124 的第二近邻距离(6.093 Å)非常接近。虽然 Ge-Ge 和 Ge-Sb

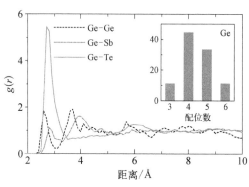
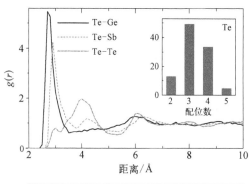
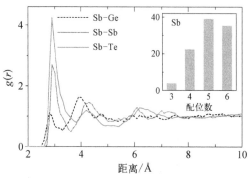

图 4-1 a-GST124 中各元素的对关联函数 $g(r)$ 及配位数分布(插图)

对关联函数的贡献很小,但都出现了第一峰、第二峰和第三峰。上述结果表明 Ge 原子周围的原子排列结构具有中程有序性。在 Te 周围,Te-Ge 和 Te-Sb 对关联函数占主导,Te-Te 关联函数的贡献很小。与 Te-Ge 对函数相比,对函数 Te-Sb 在约 4.26 Å 出现了第二峰,在约 6.22 Å 出现了第三峰,这与 c-GST124 中的第二近邻距离(约 4.30 Å)和第三近邻距离(6.093 Å)相当,预示着在与 Te 原子配位的 Ge 和 Sb 中,Te-Sb 具有更好的中长程有序性。Te-Te 对关联函数是非常有趣的,因为它在约 4.13 Å 出现了很宽的第一峰,这个峰在其左边更近的距离处有一个很微小的峰肩,且在约 6.09 Å 处出现了第二峰,这与 c-GST124 中的 Te-Te 键的第二和第三近邻距离非常接近。因此,a-GST124 中 Te 原子第一近邻中存在极少量的 Te-Te 键,与立方相中的类似,这意味着 a-GST124 中 Te 原子周围的高度有序性。类似的规律同样适用于 Sb 原子,它也显示出中程有序结构,这可从其第二峰和第三峰得出。此外,Sb 周围存在少量的 Sb-Ge 键和 Sb-Sb 键,但其化学有序度不如 Te 原子周围高。

每种元素的第一近邻配位数(Z)可以通过积分对关联函数的第一峰得到。在这里需要指出的是,配位数对于截断半径的取值很敏感,尤其是在所积分峰 $g(r)$ 的最小值不是非常尖锐的情况下。a-GST124 中各元素的配位数列于表 4-1。对 Ge 配位数贡献最大的是 Ge-Te 键(4.11),而 Ge-Ge 键和 Ge-Sb 键只占了很小部分,分别为 0.21 和 0.32。这里 Ge 的总配位数是 4.64,显著高于前人所认为 Ge 的四面体配位,表明 a-GST124 中应该存在多种配位方式的 Ge 原子。同样的分析也适应于 Sb 和 Te。总体而言,Ge、Sb 和 Te 的总配位数分别是 4.64、4.97 和 3.26,明显低于其 c-GST124 中典型八面体配位的 6、6 和 4.5。缺少的配位数可以解释 a-GST124 与立方相在光学和电学性质存在巨大差异的化学根源。再分析图 4-1 中插图关于不同元素配位数的分布情况,可以清楚地看到,Ge 主要由四配位和五配位的 Ge 原子组成,另外还有少量三配位和六配位的 Ge 原子;Te 主要是三配位和四配位,另外还有少量的二配位和五配位原子;Sb 原子的配位数分布依次为五配位>六配位>四配位,此外还有极少量三配位的贡献。显然,a-GST124 是一种含有多种配位数的非晶态系统。

表 4-1　a-GST124 中各元素的配位数(Z)

元　素	Ge	Sb	Te	Z_{total}
Ge	0.21	0.32	4.11	4.64
Sb	0.16	1.07	3.74	4.97
Te	1.03	1.87	0.36	3.26

注:截断半径取得是 $g(r)$ 第一个峰的最小值。

接下来再通过分析(最近邻)键角分布来理解 a-GST124 的骨架局域结构。如图 4-2(a)所示,显然,Ge、Sb 和 Te 的峰值分别位于约 88°、约 92° 和约 88°,这非常类似于 NaCl 结构的 c-GST124 中的八面体对称性,而在约 165° 存在宽峰表明这是一个扭曲的正八面体。从图 4-2(b)中 a-GST124 的非晶结构概貌图可以看出,在非晶的原子网络中角度为约 90° 的多配位数占据主导。更重要的是,相比于前人所认为的只有偶数环的非晶结构模型,在 a-GST124 中,奇数和偶数环均可以观察到。对 a-GST124 中的第一近邻的原子排布进行统计分析发现,大约 37% Ge、11% Sb 和 15% Te 处于四面体环境中,而剩下的原子则占据了有缺陷的八面体位置。四面体的几何结构对应于图 4-2（a）中 Ge、Sb 和 Te 的键角分布峰肩的约 109°、约 108° 和约 106° 处。进一步分析 a-GST124 的非晶局域结构，发现四面体是高度扭曲的，如对 Ge 原子而言，其键角不是正好 109°，而是有个较宽的键角分布，但平均值是 109°。另外，大多数八面体也都存在扭曲，键角从 65° 到 100° 不等。而正是这种局域结构骨架和配位数的不同，导致了 a-GST124 与立方 c-GST124 在电阻率和光学系数等物理性质的显著差异，从而可以识别所存储的数据。另外，a-GST124 的局域结构与其立方相的极大相似性非常有利于从非晶态到晶态的快速相变，这是因为其相变过程主要是局域结构从四面体到八面体的角度重排和部分元素化学有序性的调整，没有涉及很大的原子位移。

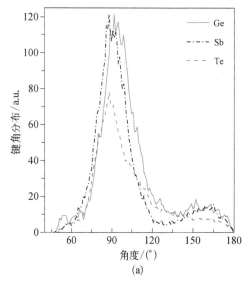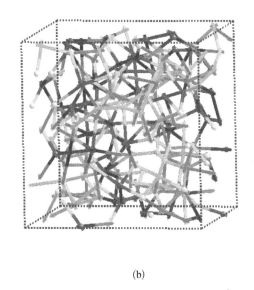

图 4-2　（a）a-GST124 中各元素第一近邻的键角分布，其中计算键角分布的截断半径为 3.5Å；（b）a-GST124 的非晶结构概貌，其中橙色球代表 Te 原子，紫色球代表 Sb 原子，绿色小球代表 Ge 原子

　　总之，通过第一性原理分子动力学研究，我们展示了 a-GST124 中 Ge、Sb 和 Te 原子的总配位数低于其 NaCl 结构中的相应配位数，同时最近邻键角与立方态的非常相似。a-GST124 中大多数原子占据扭曲且有缺陷的八面体位置，剩下的原子则处于扭曲的四面体环境。因此，从非晶态到立方态的相转变主要是一小部分扭曲四面体到八面体的角度重排过程，反之亦然。这种独特的非晶局域结构导致了 GST 在非晶态和立方晶态之间可以快速可逆相变，并且循环成千上百万次而不产生疲劳。

4.4.2　GST225 的独特非晶结构

　　如前所述，在 Ge-Sb-Te 相变存储材料中，GST225 综合性能最优异，目前已应用于相变随机存取存储器（PCRAM）的原型器件。立方 GST225 中 Na 亚晶格含 20% 的空位，比 GST124 略低。本节通过第一性原理分子动力学模拟，详细讨论 GST225 在熔化-冷却过程亦即 PCRAM 的 RESET 过程中的结构演化，阐明 a-GST225 局域结构的化学和空间结构有序性，进而理解其非晶↔晶相快速可逆相变的根源。

在第 1 章中,我们详细讨论了立方 GST225 的原子堆垛,阐明了空位沿着[111]方向层状有序排列的体系总能最低,是立方 GST225 最稳定的原子堆垛组态,这种原子组态也得到了高分辨电镜实验的证实。因此,与 4.4.1 节 GST124 超胞的构建不同,这里用于第一性原理分子动力学模拟的 GST225 的初始超胞是这样构建的:基于(111)面沿[111]方向重新构建岩盐结构的 GST225,其中 Ge、Sb 和空位占据同一个亚晶格,但沿[111]方向分层排列,Te 原子占据另一亚晶格;整个超胞包含 54 个 Ge 原子、54 个 Sb 原子、135 个 Te 原子以及 27 个空位,超胞的体积是基于 GST225 的密度实验值(0.0297 原子/Å³)来设置的。采用 VASP 软件包进行第一性原理分子动力学模拟,首先将这个含 243 个原子和 27 个空位的系统加热至 3000 K 并保温 3 ps 使其熔化,其中使用 Nosé 算法控制温度。GST225 的熔点低于 1000 K,这里使用远超过其熔点的温度将其熔化,可以使系统彻底忘记其初始原子构型。然后,将 3000 K 液体以较快的速度冷却至 1000 K(略高于 GST225 的熔点),再以较慢的冷却速率(3.11×10¹² K/s)将液体逐步冷却至室温(300 K)。需要指出的是,在快速冷却过程中,应该在每个温度段,1000 K、900 K、800 K、700 K、600 K、500 K、400 K 和 300 K 下将熔融 GST225 退火处理,这个退火时间越长越好,以便所有原子真正达到该温度下的扩散速率。最后,选取特定温度下退火 3 ps 内所收集的结构进行统计分析。

4.4.2.1　熔体 GST225 的动力学行为

下面首先分析熔融 GST225 的动力学行为。图 4-3(a)给出了熔融 GST225 在不同温度下所有元素的均方位移与时间的关系,显然,随着温度从 1000 K 降至 700 K 时,GST225 由液体转变为熔融状态,所有原子的均方位移急剧下降;继续降温至室温,所有原子的均方位移则缓慢降低,在 300 K 时原子均方位移小于 1 Å²。液体 GST225 在急速冷却过程中的动力学可以通过计算元素的自扩散系数来表征,这可以从原子均方位移与时间的函数关系中得出。图 4-3(b)绘制了熔融 GST225 中所有原子的自扩散系数与温度的关系图,由图中可以看出,在液体 GST225 中(1000 K),Ge 与 Te 的自扩散系数相当,表明 Ge 与 Te 原子以强耦合形式进行迁移,Sb 原子则表现出较高的自扩散系数,显示了液体中 Sb 与 Ge

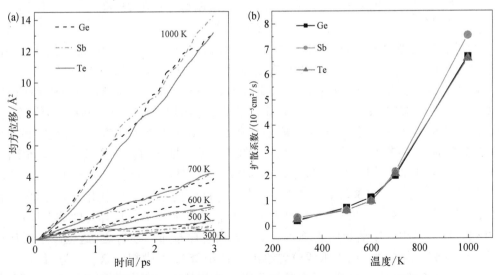

图 4-3　(a) 不同温度下熔融 GST225 中 Ge、Sb 和 Te 原子的均方位移与时间的关系;(b) 熔融 GST225 中 Ge、Sb 和 Te 的自扩散系数与温度的关系

及 Te 原子的耦合强度较弱。在熔融 GST225 中,当温度低于 700 K 时,Ge、Sb 和 Te 原子的自扩散系数没有明显差异,数值非常接近。因此,熔融 GST225 中的 Ge、Sb 和 Te 原子以耦合状态迁移。此外,将液体急速冷却至 700 K 尤其是玻璃化转变温度之后,GST225 开始趋向于更加黏稠的熔融状态,GST225 的玻璃化转变温度大约在 600 K。熔融 GST225 在 300 K 下具有非常高的黏度,这可以从其极低的自扩散系数看出[图 4-3(b)]。

4.4.2.2 熔融 GST225 冷却过程中的结构演化

熔体的局域三维结构可以从分析其第一近邻原子的键角分布函数得出。图 4-4 是熔融 GST225 在不同温度下的(第一近邻)键角分布,从中可以得出快速冷却过程中熔体局域原子排布的演变。首先,在所有温度下都观察到了以约 90° 为中心的主峰,这说明无论液体还是熔体,其局域三维结构都与立方相中的八面体几何结构类似,表明了熔融 GST225 局域三维结构的高度有序性。随着温度自 1000 K 至 300 K,这个主峰的宽度越来越窄,表明熔融 GST225 三维结构的有序度逐渐增加。此外,在液体 GST225(1000 K)的键角分布函数中,除了峰中心位于约 90° 的宽峰外,在约 60° 还有一个强度较低的宽峰,这个峰表明熔体中有大量三元环的出现。随着温度的降低,这个约 60° 峰逐渐变小直至不明显(当温度降至 300 K 时),表明随着温度降低,三元环的数量逐渐减少,到室温时,三元环的数量已经少到可以忽略。300 K 的键角分布主要由约 90° 尖锐主峰和约 170° 小峰组成,表明熔融 GST225 的局部三维结构非常接近于其岩盐立方态。

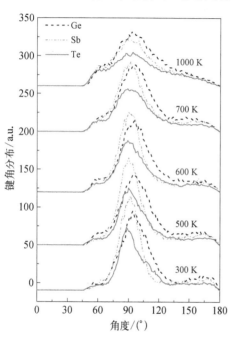

图 4-4 不同温度下熔融 GST225 中 Ge、Sb 和 Te 的键角分布,其中截断半径为 3.5 Å

回想一下,岩盐结构 GST225 中基于(111)面沿着[111]方向原子密排堆积,因此,研究各种键对相对于[111]方向的角度分布可以获得更多熔融 GST225 的三维结构演变信息。图 4-5 展示了第一近邻成键原子对,即 Te-Ge、Te-Sb、Te-Te、Ge-Ge、Sb-Sb 和 Ge-Sb 相对于[111]方向的角度分布,其中垂直线显示了岩盐结构 GST225 中相应角的位置。显见,在 1000 K 时,所有成键原子对都展示了从 0° 到 180° 很宽的角度分布,表明在液体 GST225 中,所有成键原子对相对于[111]方向都是无序排布的。随着温度降低到室温,Te-Ge、Te-Sb 和 Te-Te 原子对逐渐演化出约 90° 的峰[图 4-5(a)],并在 300 K 表现出较为尖锐的特点。此外,在 300 K,这三类原子对与[111]的角度分布中出现了约 20° 和约 170° 的明显小峰。这些结果表明,Te-Ge、Te-Sb 和 Te-Te 原子对具有高度的有序性,并且在快速冷却过程中逐渐趋向于垂直[111]方向有序排布。换言之,这些原子对倾向于在(111)平面内成键。图中垂线位置给出了立方 GST225 中相应原子对与[111]的角度值,对比之下,Te-Ge、Te-Sb 原子对的角度分布与其立方相中的差别较大,这预示着当 a-GST225 晶化时,这些原子对将发生较大的角度转变。而在熔融和非晶中,Te-Te 原子对的空间排布与岩盐结构 GST225 中的非常相似,这清楚地展现了 Te 原子周围高度有序的三维图像。目前并不清楚 Te 原子高度三维有序的原因,这可能与 Te 原子中的孤对电子效应有关。虽然 Ge-Ge 和 Sb-Sb 原子对相对于[111]方向角度较宽[图 4-5(b)],但其峰中心位置尤其是 90°峰,也与其立方结构中的类似,也展示了这两种原子对较高的三维有序性。同时也说明,Ge-Ge 和 Sb-Sb 原子对倾向于垂直[111]方向堆垛,即它们都位于(111)面上,这与岩盐结构 GST225 中的原子堆积类似。而对于 Ge-Sb 原子对[图 4-5(b)],随着温度降低到室温,逐渐演化出几个较尖锐的峰,虽然与其立方相中的相应峰位偏差较大,但也展示了较高的三维空间有序度。最后,需要指出的是,在空位有序排布的岩盐结构 GST225 中,Te-Ge、Te-Sb 和 Te-Te 原子对是第一近邻成键,Ge-Ge、Ge-Sb 和 Sb-Sb 原子对属于第二近邻成键,由此也可以推测出在非晶晶化过程中这些原子对的空间位移情况。

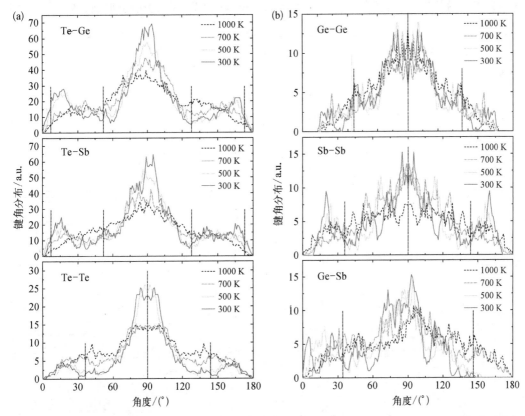

图 4-5　不同原子对相对于[111]方向的键角分布。(a) Te-Ge、Te-Sb 和 Te-Te 原子对与[111]方向的键角分布,(b) Ge-Ge、Sb-Sb 和 Ge-Sb 原子对与[111]方向的键角分布,其中用于计算键角的截断距离为 3.5 Å。垂线代表立方 GST225 中的相应键角,其截断距离为 4.5 Å

上述键角分布函数给出了非晶局域结构的三维空间原子排布情况,而局域结构的化学有序性则可以通过分析对关联函数和配位数分布而获得。图 4-6(a)和(b)显示了不同温度下熔融 GST225 的对关联函数的演变情况,显然,除了 Te-Te 外,随着温度降低,其他原子对关联函数的第一峰位均移向更低的值。如图 4-6(a)所示,在 300 K,Te-Ge 和 Te-Sb 对关联函数的第一峰分别位于 2.76 Å 和 2.96 Å,这与实验报道的 a-GST225 中 Te-Ge 键长

(2.61 Å)和 Te-Sb 键长(2.85 Å)非常接近。Te-Te 对关联函数比较特殊,在液体中(1000 K)其对关联函数没有明显的第一峰,而在逐渐冷却过程中,分别在约 3 Å、约 4.2 Å 和约 6.1 Å 演化出第一小峰(类似于第一宽峰的肩部)、第二宽峰和第三峰。第二峰和第三峰位分别对应于立方 GST225 中的第二和第三最近邻距离,第三峰位对应立方 GST225 的晶格常数。立方 GST225 中没有第一最近邻的 Te-Te,因此,a-GST225 中 Te-Te 对关联函数非常接近其立方态。结合上述对键角分布的分析,与传统非晶不同,Te 原子周围显示出非常好的中程有序性,同时表明熔体被快速冷却至室温后,Te-Te 键将首先呈现有序排布。在 300 K 时,Te-Sb 的第二峰和第三宽峰同样明显可见,而 Te-Ge 则不是很明显。Sb-Sb、Ge-Sb 和 Ge-Ge 对关联函数的第一峰[图 4-6(b)]属于同极键,在快速冷却过程中,这三类对关联函数中也逐渐演化出第二峰甚至一个较宽的第三峰,表明在 300 K 时 a-GST225 中这些键对也呈现较好的有序度。最后需要指出的是,在所有温度下,Te-Ge 和 Te-Sb 对关联函数占主导数量,而同极键的 Ge-Ge、Sb-Sb、Ge-Sb 和 Te-Te 的比例则比较低。

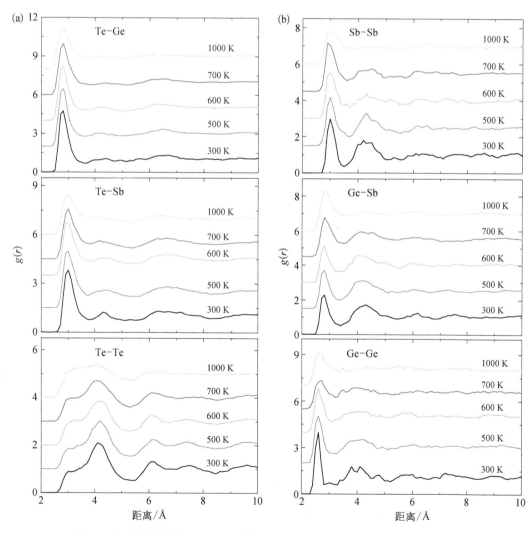

图 4-6 不同温度下熔融 GST225 的对关联函数 $g(r)$。(a) Te-Ge、Te-Sb 和 Te-Te 的 $g(r)$;(b) Sb-Sb、Ge-Sb 和 Ge-Ge 的 $g(r)$

通过对图 4-6 中的对关联函数进行积分可以估算出熔融 GST225 中每种元素的配位数，计算结果列于表 4-2 中，表中也给出了立方 GST225 中每种元素的配位数以便比较。总体而言，从 1000 K 到 300 K 的冷却过程中，随着 GST225 逐渐由液体转变到熔体再到非晶状态，Ge-Ge、Sb-Sb、Ge-Sb 和 Te-Te 同极键对的配位数逐渐降低，而 Te-Ge 和 Te-Sb 键对的配位数则逐渐升高，这表明冷却过程中熔融 GST225 的局域化学有序度在逐渐增大。而对于冷却过程中熔融 GST225 的每种元素的总配位数而言，Sb 原子和 Te 原子的平均总配位数略微增加，而 Ge 原子的平均总配位数则稍有降低。在冷却到室温的 a-GST225 中，Ge 原子、Sb 原子和 Te 原子的平均总配位数分别为 4.68、5.22 和 3.42，都显著低于立方相中的配位数，这表明 a-GST225 中的原子处于多重配位环境中。

表 4-2　不同温度下熔融 GST225 中不同元素的配位数（Z）

温　度	Ge				Sb				Te			
	Z_{Ge-Ge}	Z_{Ge-Sb}	Z_{Ge-Te}	Z_{total}	Z_{Sb-Ge}	Z_{Sb-Sb}	Z_{Sb-Te}	Z_{total}	Z_{Te-Ge}	Z_{Te-Sb}	Z_{Te-Te}	Z_{total}
1000 K	0.66	0.87	3.23	4.76	0.53	0.86	3.36	4.75	1.35	1.35	0.49	3.19
700 K	0.49	0.56	3.48	4.53	0.56	0.97	3.45	4.98	1.41	1.38	0.46	3.25
600 K	0.62	0.49	3.48	4.59	0.51	0.93	3.61	5.05	1.41	1.45	0.41	3.27
500 K	0.62	0.53	3.52	4.67	0.56	0.88	3.70	5.14	1.44	1.49	0.41	3.34
300 K	0.56	0.52	3.61	4.68	0.54	0.86	3.82	5.22	1.49	1.53	0.40	3.42
Crys.	0	0	6.0	6.0	0	0	6.0	6.0	2.4	2.4	0	4.8

注：表中也给出了岩盐结构 GST225 的配位以用于比较，其中 Te-Sb、Sb-Sb、Te-Ge、Te-Te、Ge-Ge 和 Ge-Sb 的截断半径分别为 3.5 Å、3.4 Å、3.3 Å、3.0 Å、2.9 Å 和 3.0 Å。

4.4.2.3　a-$Ge_2Sb_2Te_5$ 中的孔洞

岩盐 $Ge_2Sb_2Te_5$（GST225）的 Na 亚晶格含有 20% 的空位，当 GST225 熔化并冷却为非晶态时，这 20% 的空位都到哪里去了呢？在非晶态中，原子可以占据任何位置，不存在类似晶体中某个格点有空位之说，因此由于非晶结构的无序性，我们无法表征 a-GST225 中的"空位"，但可以研究非晶中的孔洞（cavities）。从原子尺度上，所谓非晶中的孔洞或空洞是指由很多原子缺失后而构成的空间。早在 1979 年，Yamamoto 和 Doyama 提出用无序堆垛硬球的 Voronoi 多面体模型来描述非晶 Fe 中的原子堆垛，并据此分析非晶中的孔洞。现在，由于计算能力和机器学习的飞速发展，作者认为可以基于第一性原理分子动力学模拟产生的随时间演化的大量结构数据，利用图识别或者聚类分析，获得更精准的 a-GST 中孔洞及其演化过程。但是，这种方法仍在发展初期，目前我们可以通过分析 a-GST225 各元素配位数分布和非晶快照结构（snapshot structure）定性地获得 a-GST225 中孔洞的信息。

如图 4-7(a) 所示，在 a-GST225 中，Ge 原子和 Sb 原子基本都主要处于四配位、五配位和六配位环境，而 Te 原子主要处于二配位、三配位和四配位环境。显然，低配位环境的 Te 原子最多，尤其是二配位环境的 Te 原子占了很大份额，约 17.5%。这些低配位尤其是二配位的 Te 原子在非晶结构中是怎样排布的呢？这可以通过分析 a-GST225 的非晶快照结构来定性研究，如图 4-7(b) 所示的一个 a-GST225 非晶快照结构可见，这些低配位 Te 原子聚集在一起形成了非晶中不同大小的孔洞，图 4-7(b) 展示了其中最大的一个孔洞。进一步分析孔洞周围的元素发现，包围这些孔洞的主要是二配位和三配位的 Te 原子，且以二配位 Te 原子为主。值得一提的是,上述非晶结构研究都是基于薄膜 GST225 的实验密度而设置的模型体积,如果我们将初始模型的体积减小至相应立方相的体积,亦即增大了薄膜密度(这时体系密度设置为 0.0348 atom/Å³),然后用第一性原理分子动力学对系统进行相同的熔化-冷却至室温的模拟。分析由这个高密度模型产生的非晶结构,则没有发现类似这样的孔洞,表明非晶中的原子孔洞与模型密度密切相关。这可以从以下角度来理解,增大密度实际上相当于对系统施加了压力,在压力作用下,这些孔洞将从系统中被挤出来,从而获得原子排布更密的非晶局域结构。此外,我们还可以了解冷却速率对非晶中孔洞的影响,如把 300 K 下获得的非晶结构重新加热到 5000 K 并保温 3 ps,然后以之前 50 倍的冷却速率淬火至 300 K,发现这种情况下获得的非晶局域结构仍存在由低配位 Te 原子所包围的孔洞,这说明 a-GST225 中的孔洞与熔体冷却速率没有明显的关联。最后,我们再计算这两种密度的非晶上所承受的压力,计算结果显示,在 300 K 下高、低密度的 a-GST225 所承受的压力分别是约 26 kbar 和 1.2 kbar。显然,高密度非晶所承受的压力是低密度非晶的 20 多倍,进一步表明压力或应力对非晶中孔洞的形成有显著影响。考虑到立方 GST225 中 Te 原子周围的阳离子亚晶格有 20% 的空位,本节结果表明,当熔融 GST 的名义压强接近标准大气压时,这些低配位数的 Te 原子会在淬火时倾向于聚集进而形成非晶中的孔洞。形成这种孔洞的驱动力应该表现为系统总能的降低,我们对 0 K 下 a-GST225 与其立方相的总能计算可以印证这种观点,计算结果发现这两种体系的内聚能之差只有约 0.10 eV/atom。另外,立方 GST225 的最稳定结构是空位沿着 [111] 方向层状有序排列,也就是说在立方相中空位也是团聚在低配位的 Te 原子周围。因此,在 a-GST225 中这种由低配位 Te 原子聚集形成的孔洞不仅为非晶晶化的相变提供了原子移动的空间,而且因其与晶相中的相似性更有利于快速晶化转变。

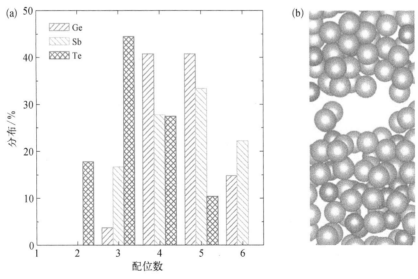

图 4-7 300 K 下 a-Ge₂Sb₂Te₅的(a) Ge、Sb 和 Te 的配位数分布;(b) 非晶快照结构(snapshot sturcture),其中橄榄绿色球代表 Te 原子,橙色球代表 Sb 原子,紫色球代表 Ge 原子

4.4.2.4 薄膜密度对 GST225 非晶局域结构的影响

由上节可见,GST 薄膜密度对非晶局域结构有重要影响,本节基于第一性原理分子动

力学模拟结果,讨论薄膜密度亦即体系所承受的外力对非晶局域化学有序度的影响。这里选取了两种密度值,一种是 a-GST225 的实验密度 0.0297 atom/Å³(记为 a1-GST),另一种是通过第一性原理计算优化获得的立方 c-GST 的理论密度 0.0348 atom/Å³(a2-GST),两种密度的差值为 0.0051 atom/Å³。与上节类似,首先构建含有 243 个原子和 27 个空位的 GST225 超胞,将这个超胞系统加热到 3000 K 并保温 3 ps,通过 Nosé 算法控制温度。然后,熔融和淬火过程将液体 GST225 以 6.6 K/ps 的速度分阶段冷却到 300 K,冷却过程中在一系列的温度点(如 1000 K 和 900 K 等)都分别进行了阶段性 3 ps 的退火。最后选取 300 K 退火 3 ps 的所有结构进行统计分析。

图 4-8(a)和(b)分别展示了 a1-GST 和 a2-GST 中 Ge、Sb 和 Te 的配位数分布。在 a1-GST 中,Ge 原子主要在五配位和六配位的环境,而在高密度 a2-GST 中近 60% 的 Ge 原子处于六配位环境中,另外还有约 18% 的 Ge 原子是五配位的。对于 Sb,无论是 a1-GST 还是 a2-GST,Sb 原子都是以六配位为主,不同的是高密度 a2-GST 中没有四配位 Sb 原子,而在低密度 a1-GST 中超过 10% 的 Sb 原子是四配位的,甚至还有极少量的三配位数 Sb 原子。对于 Te,在低密度 a1-GST 中,Te 原子主要是三配位和四配位,另外还有五配位、二配位和六配位(其百分比依次降低);而在高密度 a2-GST 中,Te 原子主要是四配位和五配位的,另外还有六配位和三配位的贡献。以上结果表明,薄膜密度或者压力对 a-GST 中的配位数分布有显著影响,对 Te 原子的影响更为突出。此外,低密度 a1-GST 中存在约 8% 二配位和约 30% 三配位的 Te 原子,而高密度 a2-GST 中几乎没有二配位的 Te 原子,三配位 Te 原子的量也较少,这与上节的结果一致。低密度 a1-GST 中配位数远低于 6 的 Te 原子周围应该存在大量的空位,而随着退火过程中这些低配位 Te 原子的团聚,就形成了 4.4.2.3 节所示非晶中的孔洞。因此,熔融 a-GST 中大多数孔洞应该归因于配位数远低于 6 的 Te 原子。

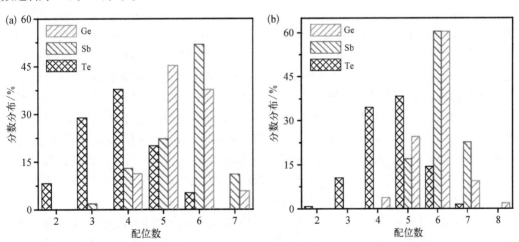

图 4-8　a1-GST(a)、a2-GST(b)在 300 K 下 Ge、Sb、Te 的配位数分布

虽然两种密度的 a-GST 中空位的行为相差较大,但是通过键角分布和对关联函数的表征发现,它们的局域原子排列还是十分相似的,并且都与其立方晶态相近。将对关联函数的第一个峰进行积分得出 a-GST225 中每种元素的配位数分布,列于表 4-3。显然,将薄膜密度增大 0.0051 atom/Å³,亦即增大了 17.2%,非晶中所有元素的配位都显著增大,高

低度 a2-GST 中异极键(Z_{Te-Ge} 和 Z_{Te-Sb})和同极键(Z_{Ge-Ge}、Z_{Sb-Sb} 和 Z_{Te-Te})的数量都比低密度 a1-GST 中的显著增大。此外,高密度 a2-GST 各元素的总配位数更接近于立方晶态中相应元素的总配位数,这也展现出压力对 a-GST 的化学短程有序(compositional or chemical short range ordering,CSRO)的显著影响。

表 4-3　a-GST 中不同原子对的平均配位数及各元素的总配位数

项　目	Ge 的配位数				Sb 的配位数				Te 的配位数			
	Z_{Ge-Ge}	Z_{Ge-Sb}	Z_{Ge-Te}	Z_{Ge}	Z_{Sb-Ge}	Z_{Sb-Sb}	Z_{Sb-Te}	Z_{Sb}	Z_{Te-Ge}	Z_{Te-Sb}	Z_{Te-Te}	Z_{Te}
d_1	0.68	0.72	3.75	5.25	0.76	0.82	4.09	5.67	1.56	1.65	0.77	3.98
d_2	0.86	0.90	3.96	5.72	0.92	1.00	4.33	6.25	1.60	1.72	1.14	4.46
Cry	0	0	6.0	6.0	0	0	6.0	6.0	2.4	2.4	0	4.8

注:d_1 和 d_2 分别指代 a1-GST 和 a2-GST,Cry 指代岩盐结构 GST。积分计算配位数的截断半径选自相应的对分布函数的第一个最小值位置。

更进一步地,我们可以采用规范化 CSRO 参数来量化 a-GST 中的化学短程有序性。对于 a-GST 中的 Ge 和 Sb,CSRO 参数可以通过方程(4-77)计算得出,其中下标 x = Ge 或 Sb。

$$\alpha_x = \frac{1 - Z_{x-Te}/[c_{Te}(c_x Z_{Te} + c_{Te} Z_x)]}{1 - Z_x/[c_{Te}(c_x Z_{Te} + c_{Te} Z_x)]} \tag{4-77}$$

因为 Te 在 c-GST 中的第一近邻是 Ge 和 Sb,所以 Te 的 CSRO 是通过方程(4-78)计算:

$$\alpha_{Te} = \frac{1 - (Z_{Te-Ge} + Z_{Te-Sb})/\{(c_{Ge} + c_{Sb})[Z_{Te}(c_{Ge} + c_{Sb}) + c_{Te}(Z_{Ge} + Z_{Sb})]\}}{1 - Z_x/\{(c_{Ge} + c_{Sb})[Z_{Te}(c_{Ge} + c_{Sb}) + c_{Te}(Z_{Ge} + Z_{Sb})]\}} \tag{4-78}$$

这里 $c_{Ge} = c_{Sb} = 0.2$,$c_{Te} = 0.5$,分别是 GST225 中 Ge、Sb 和 Te 的百分含量,而 Z 表示 a-GST 中各元素的配位数,如表 4-3 所示。α 的数值从 -1(相分离)到 0(随机混合)再到 1(完全化学有序),因此任何介于 0 到 1 之间的数值都代表系统的化学有序度,数值越高表示化学有序度越高。对于低密度 a1-GST,计算结果为 $\alpha_{Ge} = 0.58$、$\alpha_{Sb} = 0.59$ 和 $\alpha_{Te} = 0.34$;对于高密度 a2-GST,计算结果为 $\alpha_{Ge} = 0.54$、$\alpha_{Sb} = 0.55$ 和 $\alpha_{Te} = 0.16$。以上结果表明,a-GST 的局域结构仍然具有较高的化学短程有序度,尤其是 Ge 和 Sb 原子周围的化学有序度最高。此外,压力对 Ge 和 Sb 原子的化学短程有序度影响甚微,但对 Te 原子的影响却很大。随着 a-GST 的密度增大了 17.2%,α_{Te} 下降了 52.9%。因此,高密度 a2-GST 中没有出现显著孔洞可以部分地归因于 Te 原子的化学短程有序度低。

由上可见,薄膜密度即外界压力对 a-GST 中 Te 原子周围的化学短程有序度有重要影响,下面通过分析第一近邻键角分布,讨论压力对非晶局域三维空间结构的影响。如图 4-9(a)和(b)分别展示了 a1-GST 和 a2-GST 中以 Ge、Sb、Te 原子为中心的第一近邻键角分布函数(bond angel distribution,BAD)。由图可见,在低密度 a1-GST 中,以 Ge、Sb 和 Te 原子为中心的第一近邻键角分布峰的中心分别位于约 97°、约 90° 和约 89°,而在高密度 a2-GST 中则分别为约 92°、约 89° 和约 88°,显见,增大薄膜密度或对 a-GST 施加压力,Ge 原子的键角显著减少,但 Sb 和 Te 原子的键角变化极小。但是总体而言,无论高密度还是低密度的 a-GST225，这三种元素的局域三维空间构型都与立方晶相的非常接近。此外，位于约 160° 较宽的小峰预示着 a-GST 的八面体配位存在一定的畸变。

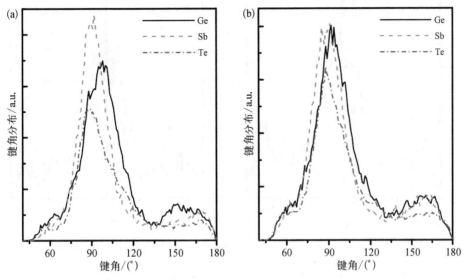

图 4-9　a1-GST(a)、a2-GST(b) 中以 Ge、Sb、Te 原子为中心的键角分布

此外，由上节可见，不同原子对与 [111] 方向键角的分布情况可以提供更多关于 a-GST 三维空间构型的信息。这里我们也同样计算了这种键角分布，讨论外应力的影响。如图 4-10 所示，在这两种密度的 a-GST 中，Te-Ge、Te-Sb 和 Te-Te 等异极键都是强关联的，这可以由图 4-10 中位于 ~90° 附近的尖锐峰看出。同时，Te-Te、Sb-Sb 和 Ge-Ge 同极键与 [111] 所成的键角分布也是以 ~90° 为中心的，这与立方 GST 中的相应键角（图中直线所示的角度）极其相似，表明这三种同极键的排布与其立方相中的类似。此外，Ge-Sb 也是关联的，而且增大薄膜密度或者施加外力，其峰位从 a1-GST 中的约 94° 增大到 a2-GST 中的约 100°。最后，再结合上述对 CSRO 分析可以得出，a-GST225 中 Te 原子的三维构型

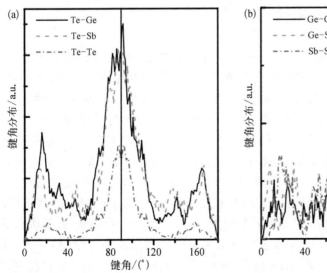
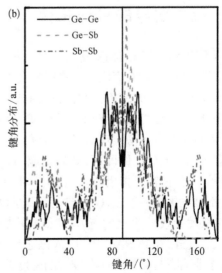

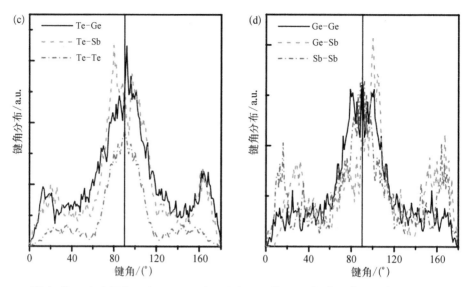

图 4-10　a1-GST(a,b)、a2-GST(c,d)中不同的原子对与[111]晶向的键角分布

最接近其立方晶相,但是化学有序度最低。因此,GST 非晶和立方之间的可逆相变将主要涉及 Ge 和 Sb 的运动。

　　综上所述,薄膜密度或外力对 a-GST225 中 Ge 和 Sb 原子的三维拓扑构型影响较小,但是对 Te 原子的化学短程有序度及非晶中的孔洞有显著影响,同时,薄膜密度对 Te 原子周围的三维构型影响较小。基于上述分析,我们可以认为孔洞和 Te 原子在快速可逆相转变中都扮演着重要角色。由低配位 Te 原子形成的孔洞在可逆相变过程中为原子重排提供了空间,因此,设计新型相变存储材料时应该考虑这一效应,同时这也为如何提高 Ge-Sb-Te 合金的性能提供了新思路。此外,熔融和非晶 GST 中形成大孔洞的现象对研究其他缺陷非晶半导体材料提供有益帮助。

4.5　压力诱导的可逆相变

　　压力引起的物质结构变化在许多学科中(包括物理学、材料科学和地球物理学)都受到了广泛关注。例如,高压可以将锂从金属转变为半导体或绝缘体,将铈铝(Ce₃Al)金属玻璃转变为面心立方结构,针对地球内核的高温高压研究提供了对地球的理解。在第一性原理计算中,压力是研究相变过程或者材料行为的一个非常好的变量。而且,在计算中,压力也是非常容易实现的,如果是静水压,只需改变体积亦即将三个晶格矢量同时缩短或者拉长相同的比例即可;如果是应力,根据具体情况改变某个或某几个晶格矢量即可,等等。另外,需要指出的是,在实际 PCRAM 器件中,GST 薄膜材料是受压状态的,其上、下都被电极材料覆盖,GST 与上、下电极材料之间都存在一定的晶格错配度,这种晶格错配度必然导致 GST 上的应力,就如同外加应力一般,并且 GST 薄膜越薄,其所承受的应力越大。此外,在 PCRAM 中,嵌入晶态背景上的一个非晶点即为一个记录的二进制数据,由于非晶态与晶相态存在较大的密度差,因此实际器件中非晶态相变材料也应该处于受压状态。但是,对于 PCRAM 器件,由于涉及的相变区域是纳米量级,相变时间尺度是纳秒量级,所以相变材料的高压研究受限于实验技术,因而几乎不能提供压力下结构演变的细节。而第一性原理分子动力学模拟则能够提供一种有效且相当精确的方式去"原位"观察物质在压力作用下的结构演化情况。另外,压力也是研究结构稳定性的非常有用的热力学变量。鉴于上述原因,下面我们将以压力为变量,研究 $Ge_2Sb_2Te_5$ 和 GeTe 的可逆相变过程中原子组态的演变及可逆相变的微观机理。

4.5.1　压力诱导 GST225 可逆非晶化

关于压力诱导的非晶化,实验曾进行了一些研究。概括而言,在室温下,实验观察到岩盐结构 $Ge_2Sb_2Te_5$(GST)在约 20 GPa 的压力下转变为非晶态;或者在 25 GPa 下,从室温到 150℃ 也都观察到 GST 的非晶化。在卸载压力时,非晶态在常温下不能恢复为初始的立方结构,但是在 145 ℃ 下卸载则可以结晶为初始的立方结构。此外,当 GST 受压达到 30 GPa 时观察到了一种配位数为 8 的体心立方同质多形体。而关于压力诱导非晶化的机理,曾有人认为是次近邻 Te-Te 的强相互作用和空位所起的主导作用。而基于第一性原理分子动力学模拟的理论工作则把非晶化归因于 Te 原子位移填充 Ge/Sb 空位所导致 Ge/Sb 同极键的存在,但这项工作没有指明 Ge、Sb 和空位是如何随机排列的。在这里,基于第一性原理分子动力学模拟,我们将展示压力诱导立方 GST 非晶化的直接证据,即 Te-Te 强共价键和 Ge/Sb 同极键的关键作用,同时我们还将报道一种压力诱导的非晶与非晶之间的相转变。

在进行第一性原理分子动力学模拟前,首先利用 SQS 方法构建了一个包含 324 个原子的立方 GST 初始结构,这里的 Ge、Sb 和空位基于 SQS 模型在同一个亚格点上随机排布。超胞的初始密度选定为 0.033 atom/Å^3,这对应于 324 原子的 GST 在 0 K 下弛豫而获得的平衡体积。先将这个超胞在 300 K 下退火 30 ps,然后逐步减小体积(V/V_0 = 0.8574、0.7878、0.7258、0.667、0.637、0.608)以施加压力,并在每一压力下进行等静压退火 12～18 ps。加压过程中的温度设定为 100 K,而卸载过程的温度设为 300 K,温度都是通过 Nosé 算法来控制的。这里的最高压力可达到约 52 GPa(V/V_0 = 0.608),将第一性原理分子动力学的模拟数据进行统计分析便可获得不同压力下原子排布的演化细节。

在加压过程中,第一性原理分子动力学模拟显示,在压力达到约 18 GPa(V/V_0 = 0.7878)前立方 GST 没有发生任何结构变化,而在 18 GPa 时,也只有极少数特定区域出现了原子混乱排布[图 4-11(a)],晶态结构自此开始瓦解。当压力达到 22 GPa 时,立方 GST 的所有原子均呈现无序排布,实现了立方相的非晶化,这与上面提到的实验结果是一致的。为了更好地理解不同压力下立方 GST 微观结构的演化过程,图 4-11(a)～(c)分别展示了 18 GPa、22 GPa 和 33 GPa 下的原子结构排布图。由图 4-11(a)可见,空位附近的 Te 原子从其初始位置移动到附近的空位位置,从而导致体系的局域结构畸变,形成了少量的 Te-Te、Sb-Sb 和 Sb-Ge 同极键。同时,图 4-11(a)也清楚地展示了立方 GST 中选择性的区域非晶化源自 Te 原子的远距离迁移。继续加压,Ge-Ge 同极键出现,而且所有同极键的数量都随着压力的升高而增加[图 4-11(b)和(c)]。显然,空位和次近邻 Te-Te 弱键才是压力导致立方 GST 非晶化的关键因素,而形成 Ge、Sb 和 Te 的同极键则是非晶化的结果。

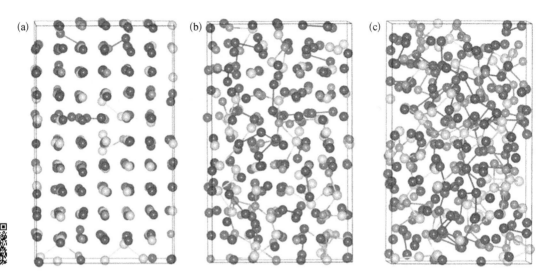

图 4-11　18 GPa(a)、22 GPa(b)以及 33 GPa(c)下立方 GST 的
结构演化,其中同极键数量随压力递增

分析不同压力下 GST 中 Ge、Sb 和 Te 的第一近邻键角分布情况(图 4-12)可以得出,直至压力达到 18 GPa,立方 GST 的键角特征依然存在,亦即仍存在以 90°和约 172°为中心

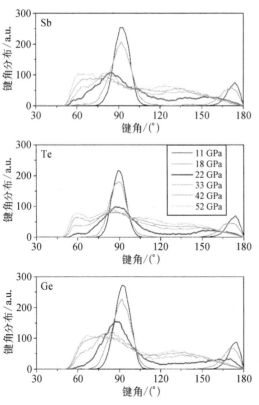

图 4-12　不同压力下 GST 中以 Ge、Sb、Te 为
中心的键角分布情况

的尖锐峰,这表明即使压力高达 18 GPa, GST 也保持只有轻微原子畸变的立方结构。当加压到 22 GPa(V/V_0 =0.7258)时,所有这三种元素的键角分布峰均明显宽化且峰中心左移,Ge、Te 和 Sb 的键角峰分别位于约 88°、约 88°和约 84°。此外,Sb 和 Te 的键角分布中在约 60°还存在一个强度很低的宽峰。这些结果表明,22 GPa 下产生的 GST 非晶结构拥有立方骨架(记作 c -非晶 GST)。当继续加压到超过 33 GPa(V/V_0 = 0.667)时,c -非晶将逐步转变为骨架或三维结构完全不同的另一种非晶相。所有元素的键角分布中都出现了约 60°的峰,而且呈现很宽的键角分布,从 60°直至 130°,据此我们推测这种非晶局域结构可能是三方骨架的(记作 t -非晶 GST)。

然后再通过分析径向分布函数(RDF)获得不同压力下 GST 局域结构的化学有序性,如图 4-13 所示。显然,GST 在 18 GPa 压力下的径向分布函数在长距离依然保持着尖锐的峰,表明体系仍保持长程有序性,具有立方相的基本特征。此外,18 GPa 的径向分布函数中出现了一个 Sb-Sb 的小峰,这说明已经开始形成少量的 Sb-Sb 同极键。继续加压至 22 GPa 及以上时,径向分布函数在 6 Å 及更远处的尖锐峰逐渐消失,显示长程有序性逐渐瓦解,且形成了非晶相。而且,原本是次近邻的 Ge-Ge、Ge-Sb、Sb-Sb 和 Te-Te 等同极相互作用变成了第一近邻相互作用。换言之,晶相 GST 中原子有序排布的崩溃伴随着同极键的形成。在立方 GST 中的第一近邻都是 Ge-Te 键和 Sb-Te 键,通过分析它们的径向分布函数可以清楚地得出,直至加压到 52 GPa($V/V_0=0.608$),Ge-Te 和 Sb-Te 的键长也只改变了一点点,这说明在压力诱导的立方 GST 非晶化过程中,Ge-Te 和 Sb-Te 的平均键长不受压力的影响,也不会因 GST 是晶态还是非晶态而改变。此外,仔细分析图 4-13 中的径向分布函数可以发现,22 GPa 下的 c-非晶 GST 与 33 GPa 下的 t-非晶 GST 有很大不同,主要区别在于前者的 Ge-Ge 和 Te-Te 同极键要比后者少很多。

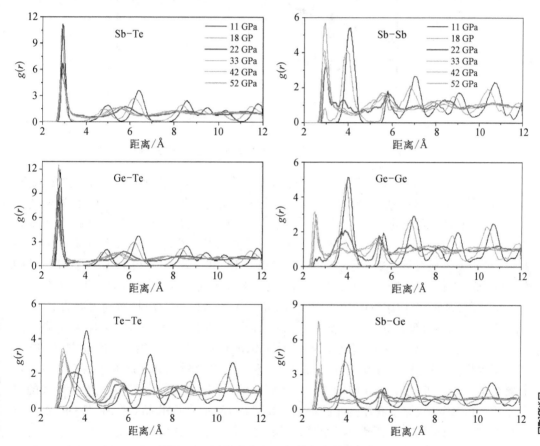

图 4-13　不同压力下 GST 的径向分布函数

将图 4-13 中径向分布函数的第一峰进行积分,可以计算获得不同压力下 GST 中各元素的配位数(图 4-14)。初始的 SQS 立方 GST 中 Ge、Sb 和 Te 的配位数分别为 5.21、4.81 和 4.00,当加压至 22 GPa 时,它们的配位数分别线性地增加到 6.39、5.95 和 4.70。再从 22 GPa 继续加压至 52 GPa 时,Ge、Sb 和 Te 的配位数继续呈线性增加趋势,但增加的速率相比 0~22 GPa 的更快。在 52 GPa 的非晶 GST 中,Ge、Sb 和 Te 的配位数分别为 8.19、8.14 和 7.54,表明所有元素均是八配位的非晶局域结构。此外,由图 4-14 可见,所有 Ge、

Sb 和 Te 的配位数-压力曲线在 22 GPa 都出现了明显的拐点,表明 22 GPa 前后的非晶 GST 局域结构显著不同,这与前面的分析也是一致的,即 c-非晶与立方 GST 的三维骨架和化学有序都相近,而 t-非晶 GST 的则显著不同。

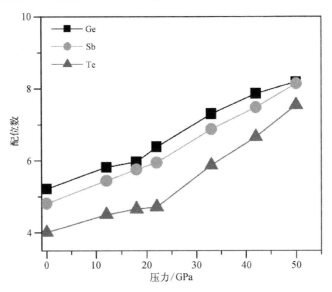

图 4-14　GST 中 Ge、Sb、Te 的配位数与压力的关系

接下来可通过分析 ELF 进一步从化学键的角度揭示压力诱导 GST 非晶化的微观机理。ELF 的拓扑图像分析对结构确定和判定化学键强度是非常有用的。ELF 的取值范围为 0~1,两个原子之间的 ELF 数值显示了成键类型和化学键强度。例如,ELF=1 表示完美且最强的共价键;ELF 介于 0.5 到 1 之间表示不同强度的共价键,EFL 数值越大,共价键越强;ELF=0.5 则表示金属体系。图 4-15 给出了 18 GPa、22 GPa 和 33 GPa 下 GST 结构的 ELF 等值线图。图 4-15(a)展示了当加压到 18 GPa 时包含 Te 原子无序化起始位置的 ELF 剖面图,显然,空位附近的几个 Te 原子(记作 Te5、Te6 和 Te7)扩散到附近的空位,形成了 Te-Te 强共价键。Te5-Te6 和 Te6-Te7 的键长分别为 3.056 Å 和 2.804 Å,分别远低于它们在初始立方 GST 中的键长 4.767 Å 和 4.016 Å。显然,原本很弱的次近邻 Te-Te 键进行了大幅度的重排。与此同时也形成了 Ge 和 Sb 的同极键,如 Te5 原子附近形成了直接键合的 Ge-Sb 弱键。继续加压,Te 原子更进一步占据邻近的空位,因而发生较大的原子重排,并最终导致原子有序排布的坍塌。如图 4-15(b)所示非晶 GST 在 22 GPa 的 ELF 等值线图,由图可见,Te1、Te6、Te7 和 Te8 形成了 Te 原子的共价键四元环,Ge-Sb 共价键增强,而且还形成了 Sb-Sb 强共价键。此外,在 22 GPa 下 GST 的非晶结构主要由畸变的四元环构成;而 33 GPa 下的 ELF 等值线图则揭示了另一番景象[图 4-15(c)],这时的 GST 非晶结构主要是由更弱的共价键组成的三元环,也就是前面所命名的 t-非晶结构。正如前面所讨论的,高压下 t-非晶结构中所有原子的配位数都是约 8。据此可以推断,GST 从 c-非晶转变为 t-非晶时释放了较大的库仑排斥力,从而形成了由弱共价键结合且更高配位数的系统。我们可以这样理解,加压时晶格尺度缩小,共价键的长度也随之变短。一旦压缩晶胞中的键长比成键原子的共价半径之和还短,初始的立方骨架结构就会坍塌以释放较大的排斥力,从而导致 c-非晶到 t-非晶的相转变。

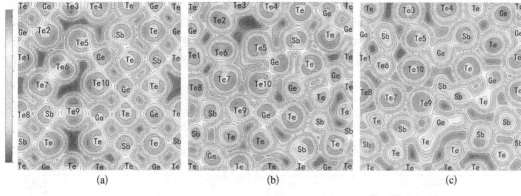

图 4-15　18 GPa(a)、22 GPa(b)、33 GPa(c)下立方 GST 投影到(001)面的 ELF 等值线图

最后,我们将高压下所获得的非晶结构进行卸压研究,阐明这些非晶结构是否能够回到初始的立方结构。首先将 c-非晶结构按照加载时的路线逆向逐渐减压到常压,有趣的是,在卸载过程中,c-非晶 GST 的同极键数量逐渐减少,并且最终晶化为立方晶态。图 4-16(a)和(b)展示了将 c-非晶 GST 卸载至不同压力下体系的结构图,这时其晶格常数分别为 5.56Å 和 6.02 Å,其中 6.02 Å 是立方 GST225 的晶格常数,显然,当 c-非晶 GST 被卸载到常温常压时便回到了立方晶态。这一结果表明,GST 在一定的压力范围内可以实现可逆非晶化,而且在该压力下获得的非晶局域结构具有立方骨架。

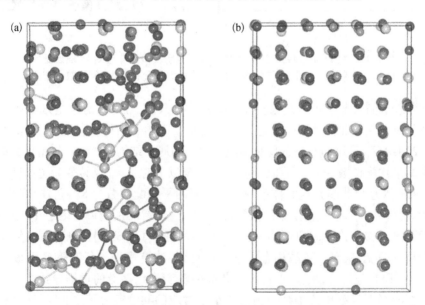

图 4-16　卸载过程中 c-非晶 GST 的结构演化,减压到
不同晶格常数[(a) 5.56 Å,(b) 6.02 Å]

然而,当将 t-非晶 GST 逐渐卸载到常压时,我们没有获得初始的立方晶态,GST 依然是非晶态。详细分析此时的非晶结构发现,t-非晶 GST 被卸载到常温常压时转变为 c-非晶结构。由图 4-17(a)中插图所示各元素的键角分布可见,这种 GST 非晶态的局域结构具有立方骨架。Ge、Sb 和 Te 的键角分别位于 93°、91° 和 89°,且在约 170° 处也出现了一个

小峰,这些特征都清楚地表明这时的非晶局域结构是具有轻微畸变的立方骨架。详细分析图 4-17(a)中的径向分布函数发现,卸载到常态的 GST 非晶局域结构具有很好的中程有序性。这种非晶 GST 主要是由 Te-Sb 和 Te-Ge 键构成的,而 Ge 和 Sb 同极键的贡献则较小。除此之外,非晶体系中不存在 Te-Te 最近邻相互作用,这与立方晶态中的情形相似。再分析图 4-17(b)所示的配位数分布可以看到,Ge 原子主要在四配位环境,Sb 原子主要在三配位和四配位环境,Te 原子主要由三配位和二配位共同主导。若以 3.1 Å 为截断半径,则计算出 Ge、Sb 和 Te 的配位数分别为 4.06、3.21 和 2.65。综上所述,将 t-非晶相卸载到常温常压后获得非晶态,其局域结构特征与熔融-淬火法获得的非晶态是一致的。

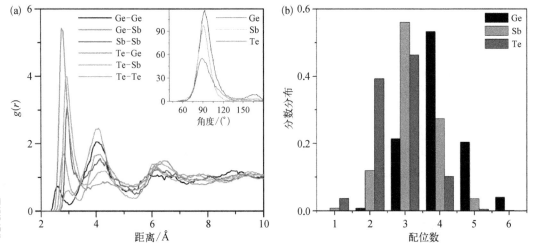

图 4-17 将 t-非晶 GST 卸载至常温常压时所获得的非晶 GST 局域结构特征。(a) 径向分布函数,插图是键角分布;(b) 配位数分布

最后,概况而言,基于第一性原理分子动力学模拟,压力可以诱导立方 GST 发生可逆晶态↔非晶及非晶↔非晶之间的可逆相变。立方 GST 的非晶化始于约 18 GPa,结束于约 22 GPa。22 GPa 下获得的非晶态具有类似立方相的局域结构(称为 c-非晶),此时体系中所有元素的平均配位数为 6。当加压到 33 GPa 及以上时,c-非晶转变为更高密度的三方骨架非晶相(称为 t-非晶),这时体系中所有元素的平均配位数为 8。立方 GST 的非晶化具有位置选择性,它始于空位团聚的低配位 Te 原子处,晶相的坍塌是由于 Te 原子向附近空位的远距离迁移导致的,并形成了强 Te-Te 共价键和 Ge/Sb 同极键,因此,结构中形成了严重的局域畸变,从而导致晶相态的不稳定性,最终有序原子排布彻底坍塌而形成非晶。另外,从 ELF 分析看,从 c-非晶到 t-非晶的转变是化学键的重排导致的。随着压力的增大,键长缩短,键强随之加强。当键长小于对应的共价键原子之和时,库仑排斥力占主导地位,从而导致结构的不稳定性。为了释放排斥力,体系的原子大幅度重排,降低了化学键强度、增加了配位数。卸载到常温常压时,c-非晶回到了初始立方晶态结构,而 t-非晶转变成了另一种类似熔融-淬火非晶 GST 的非晶结构,即 c-非晶。

4.5.2 压力诱导 Peierls 畸变引发碲化锗可逆相变

由上节压力诱导的 GST225 可逆非晶化可以看到,空位在晶态非晶化的初始阶段起着至关重要的作用。接下来的问题是,如果没有空位,压力还能导致相变材料的可逆非晶化吗?下面我们以无空位岩盐结构 GeTe 为研究对象,利用第一性原理分子动力学模拟,研究 GeTe 在压力下的结构演变,进一步理解空位在压力诱导相变材料可逆非晶化的重要作用。GeTe 的晶体结构和成分都很简单,是较早发现的相变存储材料之一,并且具备优秀的相变存储性能。另外,GeTe 作为相变材料 GeTe-Sb$_2$Te$_3$ 连线上的端点化合物,它的结构与性质都颇具代表性,因此更加深入地研究无空位岩盐结构 GeTe 在压力下的结构演化对于阐明原子尺度的可逆相变机理进而全面理解相变材料是至关重要的,同时也可以为更复杂的相变材料研究提供借鉴。

关于 GeTe 的晶体结构,根据无机晶体学数据库(ICSD)提供的数据,已知 GeTe 的对称性有正交($Pbcn$)、三方($R\bar{3}mH$)和立方晶系($Fm\bar{3}m$)等三种晶态结构,其中正交相是高压状态下的稳定晶相,而三方相则是常温常压下的稳定晶相。立方晶系的 GeTe 具有岩盐结构,是其高温相,相变存储器中工作的相变材料通常是亚稳态的立方岩盐结构。另外,据报道 GeTe 在压力下会经历一系列结构相变,存在几种中间相。然而,由于中间相结构的复杂性和压力作用下内部原子结构畸变,因此目前未能完全理解结构相变以及其相变过程中潜在的驱动力。基于上述原因,在这里我们对 GeTe 进行了压力作用下长时间第一性原理分子动力学模拟,其重要发现是,与 GST225 不同,GeTe 在所研究压力范围内都保持了结晶状态,但经历了三角—岩盐—正交—单斜晶相的可逆转变,并伴随着从半导体到金属的可逆物性变化。进一步对 ELF 的分析表明,GeTe 在压力作用下的可逆相变是由 Peierls 畸变引发的。

4.5.2.1　压力诱导的可逆结构相变

用于第一性原理分子动力学模拟的初始岩盐结构的 GeTe 超胞包含 216 个原子,经过第一性原理弛豫计算后的晶胞尺寸为 $a=b=c=18.042$ Å。然后通过分步逐渐减小体积来实现对体系的加压($V/V_0=0.9266$、0.859、0.7930、0.7305、0.6716)。在这里,每一个固定体积都进行了长达 86 ps 的第一性原理分子动力学退火处理。为了与前面 GST225 的结果进行对比,加压过程中的温度设置为 100 K,卸压过程中的温度设置为 300 K,温度使用 Nosé 算法控制。在高压下,d 电子也可能发挥重要作用,因此在第一性原子分理动力学模拟中,我们也将 d 电子作为价电子进行了考虑,然而计算的电子态密度结果显示 d 电子态位于最深能级处,具有核电子的特征,因此可以忽略 d 电子对化学成键的贡献,所以下面展示的都是不含 d 电子的第一性原理分子动力学模拟结果。

从理想的岩盐 GeTe 出发,其优化后的晶格常数是 6.012 Å(表 4-4)与实验值 5.93~6.023 Å 非常吻合,在逐渐施加压力到 39 GPa 的过程中,GeTe 经历了一系列的结构相变,相变过程依次为岩盐、三角、岩盐、正交、四方和单斜晶相(表 4-4)。另外,如果使用更大的容差 $\delta=0.0253$ Å 和 $\delta=0.1491$ Å 来分别拟合 10.6 GPa 和 18.9 GPa 下获得的结构对称性(表 4-4),我们仍然可以得出岩盐结构的 GeTe。因此,高压下所获得的三角($R3m$)和正交($Pmn21$)结构实际上是菱形畸变的岩盐结构和正交畸变的岩盐结构。另外,我们可以看到,GeTe 在压力下的结构转变是非常复杂的,其中出现了几个中间相。在实验上,GeTe 在压力下的相变是从三角到岩盐到伪四方再到正交结构。这里的第一性原理分子动力学模拟结果与压力实验得到的结果基本一致。当从单斜 GeTe 开始卸压时,单斜相可以保持到 26 GPa,但其晶格常数和对称性均不同于加压时的单斜结构(表 4-5)。总体而言,在将单斜 GeTe 卸压到常温常压时,我们观察到了从单斜到正交到岩盐再到三角的依次相变(表 4-5)。在常温常压下最终获得的三角结构可以视为菱形畸变的岩盐结构(表 4-4 和表 4-5)。

表 4-4 对不同压力下第一性原理分子动力学模拟获得的
GeTe 结构进行拟合的对称性和晶格常数

压　力	对　称　性	晶　格　常　数
0 GPa	立方 $Fm\bar{3}m$	$a=b=c=6.012$ Å
5.0 GPa	(a) 立方 $Fm\bar{3}m$ ($\delta=0.0839$)	(a) $a=b=c=5.8633$ Å
	(b) 三角 $R3m$ ($\delta=0.0011$)	(b) $a=b=c=4.146$ Å, $\alpha=\beta=\gamma=60°$
10.6 GPa	立方 $Fm\bar{3}m$ ($\delta=0.0253$)	$a=b=c=5.7167$ Å
18.9 GPa	(a) 立方 $Fm\bar{3}m$ ($\delta=0.1491$)	(a) $a=b=c=5.5667$ Å
	(b) 正交 $Pmn21$ ($\delta=0.0014$)	(b) $a=3.9362$ Å, $b=5.5667$ Å, $c=11.8087$ Å
28.6 GPa	四方 $P42cm$ ($\delta=0$)	$a=b=16.25$ Å, $c=5.4167$ Å
38.9 GPa	单斜 $P21/c$ ($\delta=0.0012$)	$a=b=15.80$ Å, $c=5.2667$ Å
卸压后	(a) 立方 $Fm\bar{3}m$ ($\delta=0.1345$)	(a) $a=b=c=6.06$ Å
	(b) 三方 $R3m$ ($\delta=0.0022$)	(b) $a=b=c=4.285$ Å, $\alpha=\beta=\gamma=60°$

注:对称性拟合的最大容差 δ(Å) 是指与岩盐对称结构中初始位置的偏差(在 0 GPa 下的相是由第一性原理计算优化的结构。"卸压后"是指将单斜晶相卸压至常温常压获得的结构)。

表 4-5 从高压单斜相逐渐卸压至常温常压的过程中所获得的
中间相 GeTe 结构的晶格常数和拟合对称性

压　力	对　称　性	晶　格　常　数
26.4 GPa	单斜 PC ($\delta=0.0247$)	$a=b=16.25$ Å, $c=5.4167$ Å
18.8 GPa	(a) 立方 $Fm\bar{3}m$ ($\delta=0.1619$)	(a) $a=b=c=5.5667$ Å
	(b) 正交 $Pmn21$ ($\delta=0.0148$)	(b) $a=3.9362$ Å, $b=5.5667$ Å, $c=11.8087$ Å
10.8 GPa	立方 $Fm\bar{3}m$ ($\delta=0.093$)	$a=b=c=5.7167$ Å
0.79 GPa	(a) 立方 $Fm\bar{3}m$ ($\delta=0.1255$)	(a) $a=b=c=6.02$ Å
	(b) 三角 $R3m$ ($\delta=0.0035$)	(b) $a=b=4.287$, $c=10.427$ Å
-0.06 GPa	(a) 立方 $Fm\bar{3}m$ ($\delta=0.1345$)	(a) $a=b=c=6.06$ Å
	(b) 三角 $R3m$ ($\delta=0.0022$)	(b) $a=b=4.285$ Å, $c=10.496$ Å

在对岩盐结构的 GeTe 加压过程中,我们发现直至压力达到 18.9 GPa,GeTe 的微观结构变化都可以忽略不计,基本上都是原子围绕其原始位置振动而已。当压力达到 28.6 GPa 时,(001)面内的极少数 Ge 和 Te 原子成对地沿[010]方向移动到近邻的间隙位置,从而产生了六个额外的原子层,进而产生了四方对称性的 GeTe[图 4-18(a)]。继续增大压力到 38.9 GPa,Ge 和 Te 原子在⟨111⟩方向上相互远离[图 4-18(b)],展现出与原始位置的较大偏差;如果从⟨010⟩方向观察,该结构显示出更低的对称性[图 4-18(c)]。关于对称性的拟合揭示了当前的超胞是由三个单斜晶胞组成的超胞[图 4-18(c)]。

我们可以从对关联函数、键角分布和配位数分布进一步阐明岩盐 GeTe 在加压过程中的结构演化细节。从对关联函数的分析得出,对于理想的岩盐 GeTe,只有一种键长为

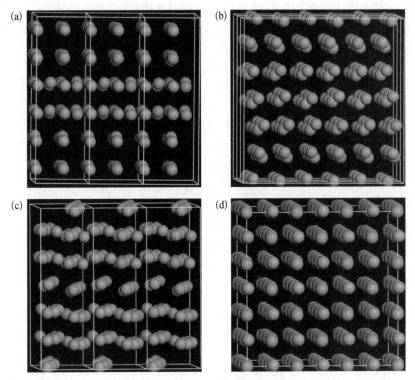

图 4-18　在不同压力下第一性原理分子动力学获得的 **GeTe** 结构图像。(a) **28.6 GPa**
　　　　的四方相；(b)、(c) 从不同方向观察的单斜相(在 **38.9 GPa** 下获得的结构)；
　　　　(d) 将高压获得的单斜晶相卸载至常温常压下的三角结构。绿色球代表 Ge
　　　　原子，橙色球代表 Te 原子

3.10 Å 的 Ge-Te 键；在 5.0 GPa 时，Ge-Te 键分裂成一种较短的(2.84 Å)键与一种较长的
(3.03 Å)键，且在 10.6 GPa 时这两种键长分别变为 2.80 Å 和 2.92 Å，表明这两种键长
的差异随着压力的增加而减小；当压力到达 18.9 GPa 及以上时，Ge-Te 键长合并为第
一近邻处的窄峰分布[图 4-19(a)]，在此时获得的正交、四方和单斜相中，其 Ge-Te 的平
均键长分别为 2.78 Å、2.72 Å 和 2.69 Å，表明在高压下，压力对 Ge-Te 平均键长的影响很
小。另外，这三种 GeTe 键长介于完美共价半径 2.58 Å 和完美离子半径 2.94 Å 之间，表明
GeTe 中的 Ge-Te 化学键应该是这两种键合的混合。此外，对于四方和单斜相，当压力高
于 28.6 GPa 时[图 4-19(a)]，在 2.62 Å 附近出现了 Ge-Ge 对关联函数的一个小峰，表明
Ge-Ge 同极键的形成；而在 Te-Te 对关联函数中，对于四方和单斜相，第一峰分别位于
3.80 Å 和 3.50 Å，前者显示了第二近邻的 Te-Te，而后者的键长则远小于岩盐结构中的第
二近邻 Te-Te 键长。综上可见，在压力作用下的 GeTe 相变过程中发生了 Ge 原子的较大
位移。再从键角分布看[图 4-19(b)]，在 18.9 GPa 的 GeTe 中，Ge 和 Te 键角分别位于
90° 和 176°，这与岩盐结构中的非常相近，只是略有畸变。当压力达到 28.6 GPa 时，在 90°
和 176° 主峰旁，又出现了位于 60°、70°、128° 和 149° 的多个小峰。而在 38.9 GPa，位于 90° 的
主峰分裂成两个峰，对于 Ge 原子而言，这两个峰分别位于 82° 和 97°，而对于 Te 原子则分别
位于 82° 和 99°，这展现了较大的 Ge 和 Te 原子位移，与结构的分析一致[图 4-18(c)]。同
时，Ge 的键角分布函数在 60° 和 133° 附近还出现了两个峰，表明相变时 Ge 原子的位移相

对较大。这一结论可以从分析配位数分布情况获得支撑(图 4-20)。直到 38.9 GPa 的压力下,Te 原子的配位数一直维持约 6 不变,而 Ge 的配位环境从压力超过 28.6 GPa 时随着压力增加而急剧增大。

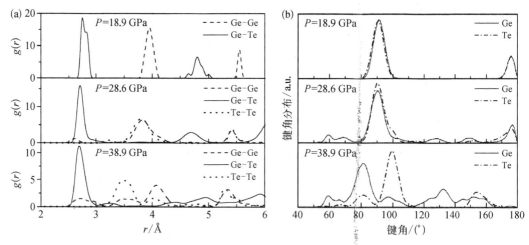

图 4-19　不同压力下 GeTe 体系中的(a) Ge-Te,Ge-Ge 和 Te-Te 的对关联函数;(b) 正交 (18.9 GPa)、四方(28.6 GPa)和单斜(38.9 GPa)相中 Ge 和 Te 的键角分布

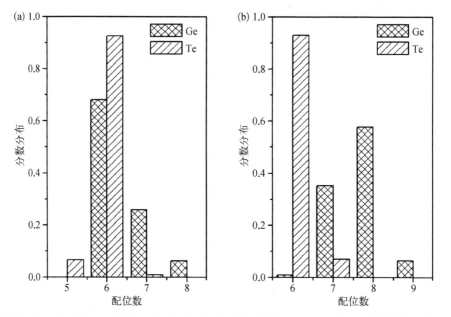

图 4-20　28.6 GPa 的四方(a)和 38.9 GPa 的单斜(b) GeTe 中 Ge 和 Te 原子配位数分布

4.5.2.2　压力诱导的可逆金属-绝缘体转变

对电子结构进行分析发现,上述的可逆相变伴随着可逆的半导体性-金属性转变。初始的岩盐 GeTe 是一个窄带隙半导体,带隙为约 0.4 eV,该值高于浓度依赖的磁化率质量所测量的估值 0.1~0.2 eV,但低于由光吸收边缘观察到的值 0.7~1.0 eV。此外,在岩盐 GeTe 中,费米能级以下的价带主要由 Te 5p 态和 Ge 4p 态构成,另外还有少量 Ge 4s 态的贡献,表明岩盐 GeTe 中存在 Ge 4s4p-Te 5p 共价键特征。当逐渐对岩盐 GeTe 施加静水压

时,价带顶和导带底都移向费米能级处,最终导致半导体转变为金属导电性[图 4-21(a)]。从费米能级以下增加的态密度来看,与岩盐 GeTe 相比,更多的 Ge 4s 电子在高压作用下贡献于化学成键[图 4-21(b)]。费米能级处的态由 Ge 4s4p 和 Te 5p 电子组成,其中 p 电子占主导[图 4-21(b)],表明费米能级附近非局域 p 电子是金属导电性的根源。

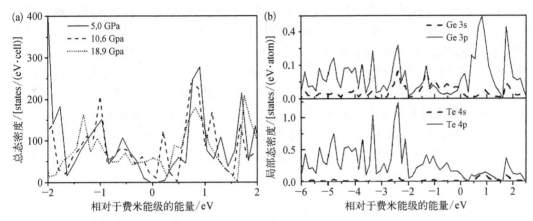

图 4-21 　(a) 不同压力下 GeTe 的总态密度。GeTe 在 5.0 GPa、10.6 GPa 和 18.9 GPa 压力下分别具有三角、岩盐和正交对称性;(b) 在 18.9 GPa 下的正交相中 Ge 和 Te 原子的分态密度

通过 Bader 电荷分析获得的电荷转移值可以估计 GeTe 中离子键的特征。表 4-6 列出了不同压力下 GeTe 中 Ge 和 Te 的估算平均电荷,分析表中的结果可知,Ge 向 Te 转移了电子,因此 GeTe 中的 Ge-Te 键具有离子键特征。此外,畸变引起更多的电子从 Ge 转移至 Te,例如,在环境条件和高压(10.6 GPa)下,岩盐 GeTe 中的电荷转移或多或少都相同(表 4-6),而任一轻微畸变的三角或正交会增加电荷转移量,分别为 0.343 e 和 0.497 e,这表明伴随着畸变,Ge-Te 化学键中离子键成分增加。通过将单斜相逐渐卸压到环境条件所获得的三角结构与初始结构,其晶格常数分别为 6.06 Å 和 6.02 Å,平均转移电荷分别为 0.448 e 和 0.444 e,这表明在环境条件下晶格常数对电荷转移有微弱的影响。

表 4-6　不同压力下 GeTe 相中 Ge 和 Te 的平均电荷(单位为 e)

平均电荷	0 GPa	5.0 GPa	10.6 GPa	18.9 GPa	28.6 GPa	38.9 GPa	卸压
Ge $q(e)$	3.672_2	3.657	3.672_3	3.503	3.592	3.631	3.552
Te $q(e)$	6.327_8	6.343	6.327_7	6.497	6.408	6.368	6.448

q 代表电荷,卸压代表从高压单斜相卸压到环境条件下所获得的 GeTe 相;下角标是小数点后的第四位。

4.5.2.3　Peierls 畸变调制的可逆结构相变

分析 ELF 可以对不同压力下 GeTe 结构演化过程中的化学键变化提供相对定量的理解。图 4-22(a)~(c)中的 ELF 显示了强弱交替的 Ge-Te 共价键方形环特征,这与理想岩盐 GeTe 均匀分布的化学键特征不同。强弱交替的 Ge-Te 共价键特征揭示了高压 GeTe 相中存在 Peierls 畸变,这种特征也曾经在液相 GeTe 的研究中发现。考虑到 GeTe 中每个Ge-Te 原子对有 10 个电子,而要使其八面体配位的化学键饱和则需要 12 个电子,因此电子数不能满足饱和共价键的成键需求,所以这 6 个 Ge-Te 键是不相等的,呈现出三强三弱的八面体成键特性。此外，从图4-22(a)~(c)中可以看出，从三角到岩盐再到所有八面体配位的高压相，Ge-Te弱键的强度随压力增加而增大，最终在正交GeTe中每个Ge-Te方形环中都有三个Ge-Te强共价键。以上结果表明，在GeTe完全失去岩盐对称性之前，Peierls畸变的特征随着压力增加而逐渐减弱，并最终应在一定压力下消失。尽管在28.6 GPa下，GeTe中几乎所有键的强度都非常相近，且Peierls畸变特征在大部分结构区域已经不明显[图4-22(d)]，但小部分结构的区域仍由高度扭曲的Ge-Te方形环组成，从而再次导致了强弱交替的Ge-Te共价键[图4-22(e)]。最终，扭曲的岩盐相转变为四方对称性的GeTe。这些结果表明具有同等Ge-Te结合强度的岩盐GeTe是不稳定的，通过Peierls畸变释放了排斥能并稳定了晶体结构。因此，随着压力的增加，扭曲的岩盐GeTe转变为对称性更低的结构来维持Peierls畸变。根据这条规则，随着压力增加，GeTe应该会坍塌为低对称性的结构，38.9 GPa下GeTe转变为单斜结构已证实这一点。在38.9 GPa下GeTe的典型ELF[图4-22(f)]显示出高度扭曲的强弱交替的Ge-Te方形环，因此在单斜相中也存在Peierls畸变特征。

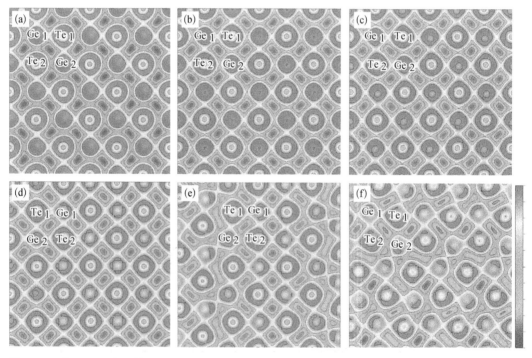

图4-22　在不同压力下的GeTe相中，投影到(001)面上ELF等值线图。(a) 5.0 GPa的三角相；(b) 10.6 GPa的岩盐相；(c) 18.9 GPa的正交相；(d)和(e)28.6 GPa的四方相。其中(e)显示的(001)平面与(a)~(c)的截取位置相同，(d)显示的(001)平面截取位置低于(e)；(f)单斜相的典型ELF等值线图与(a)~(c)的截取位置相同。ELF值在0~1之间变化，ELF=1代表完美共价键，0.5~1之间的任意值代表不同键合强度的共价键，ELF=0.5代表金属性。这里的ELF比例从0(蓝色)到1(红色)，间隔为0.2。

与加压过程相反，在将单斜GeTe逐步卸压至环境条件的过程中，直到26.4 GPa时GeTe仍维持单斜结构但具有不同的对称性(图4-23，表4-5)，而所有其他结构以相同的体积还原，显示出可逆的相变过程(表4-5)。进一步分析卸压过程中不同GeTe相的ELF

可以得出,这一有趣的可逆相变是由 GeTe 中的 Peierls 畸变调制的。此外,在环境条件下具有不同晶格常数 $a=6.02$ Å 和 $a=6.06$ Å 的稳定结构具有三角对称或扭曲岩盐对称性,显示出与实验结果的高度一致性。扭曲的岩盐结构同样展示出强弱交替的 Ge-Te 键(图 4-24),呈现出 Peierls 畸变的特征。由此可以断定,GeTe 中的可逆相变是 Peierls 畸变调制的,相同的结论也可以拓展到 IV-VI 族半导体和 Ge-Sb-Te 三元相变材料。

 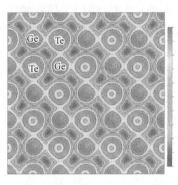

图 4-23　通过卸压至 26.4 GPa 获得的单斜 GeTe,绿色球为 Ge 原子,橙色球为 Te 原子。这种单斜结构的对称性为 PC,与加压至 38.9 GPa 下的单斜 GeTe 不同

图 4-24　通过将高压单斜晶相卸压到环境条件(0 压力和室温)获得的三角 GeTe 投影在(001)平面上的 ELF 等值线图。ELF 值为从 0(蓝色)到 1(红色),间隔为 0.2。可以清晰地看到强弱交替的 Ge-Te 共价键,表明 Peierls 畸变的存在。

上述研究结果表明,Peierls 畸变对压力诱导的 GeTe 可逆相变有重要作用。这一结论也可以应用于其他类似的 IV-VI 族半导体。有趣的是,这种可逆 GeTe 结构相变还伴随着可逆半导体-金属性转变,这为相变存储器提供了新思路。此外,Peierls 畸变应该对存在不饱和键的硫族化合物相变材料起着重要的作用,这在探索新型相变材料中可能扮演非常重要的特色。

4.6　掺杂元素对相变存储材料的非晶结构的影响

掺杂是进一步优化相变材料性能的重要途径,商业化 $Ge_2Sb_2Te_5$ 中的掺杂元素通常是 N 或者 O。上述的非晶研究中均没有考虑掺杂元素的影响,实际上掺杂元素对非晶局域结构及非晶稳定性有着不可忽略的重要作用,但是由于目前实验技术的限制难以从原子尺度上进行阐明。本节将基于第一性原理分子动力学模拟,从原子尺度上阐明掺杂氮在非晶态 $Ge_2Sb_2Te_5$ 中的原子组态及其稳定性;从原子尺度揭示掺杂氧对于非晶 GeTe 晶化的影响。

4.6.1　氮掺杂非晶 $Ge_2Sb_2Te_5$ 中的稳定氮化物和分子氮

氮掺杂被确定为可以降低 $Ge_2Sb_2Te_5$ 相变存储器的功耗,但是 N 在 $Ge_2Sb_2Te_5$ 中的存在形式及稳定性不清楚,而这对数据存储及器件的稳定性是至关重要的。实验认为在 N 掺杂的非晶 $Ge_2Sb_2Te_5$(a-NGST)中,N 有 GeN_x 和 N_2 两种存在形式,但 N_2 在非晶中的稳定性不清楚。在这里,我们利用第一性原理分子动力学模拟研究了两种密度的 a-NGST 非晶局域结构,结果表明,在非晶中掺杂 N 以化合物 Ge(Sb,Te)N 和 N_2 的形式共存,且高密度薄膜产生更多 N_2。此外,600 K 的退火研究表明络合物 Ge(Sb,Te)N 和 N_2 都是稳定存在的。

这里第一性原理分子动力学用的超胞是基于立方 $Ge_2Sb_2Te_5$ 的(111)面沿[111]方向构建的,包含 24 个 Ge 原子、4 个 Sb 原子、60 个 Te 原子和 12 个 N 原子。氮掺杂量参考了实验值取为 10%,a-NGST 超胞的体积是参考实验非晶相密度(ρ_L = 5.7 g/cm³)与立方相理论密度(ρ_H = 6.37 g/cm³)设置的,并将相应的非晶相分别记为 La-NGST 和 Ha-NGST。在第一性原理分子动力学模拟过程中,首先将 NGST 超胞系统在 5000 K 下熔化并保温 3 ps 以完全消除初始结构的影响,采用 Nosé 算法控制温度。然后以 333 K/ps 的降温速率淬火至 300 K,随后在 300 K 保温 3 ps 以达到热平衡(如果计算条件允许,保温时间要更长些)。最后将 300 K 下获得的非晶结构被重新加热至 600 K 进行退火 30 ps。

基于对关联函数的分析,发现掺杂 N 在 a-NGST 中以 N_2 和化合物 Ge(Sb,Te)N 形式共存。如图 4-25 所示的 N 原子的对关联函数,N_2 的形成可以由 N-N 对关联函数在约 1.1 Å 处的第一峰值得出,这个峰位正好相当于 N_2 中 N-N 键长。此外,Ha-NGST 中的 N_2 含量高于 La-NGST,这体现在前者 N-N 对关联函数的第一峰面积比后者大。同样,在 a-NGST 中 N-Sb 键和 N-Ge 键的存在可由 N-Sb 和 N-Ge 的对关联函数的第一峰看出,它们的峰位 2.1 Å 和 1.9 Å 分别对应于 N-Sb 键和 N-Ge 键的平均键长。值得注意的是,N-Te 对关联函数在 La-NGST 存在第一峰,而 Ha-NGST 中则不存在,说明 N-Te 键存在于

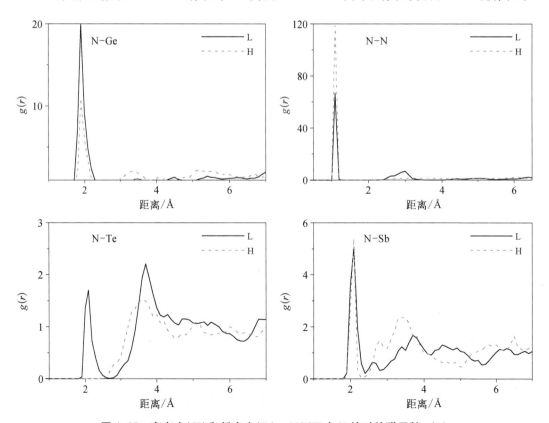

图 4-25　高密度(H)和低密度(L)a-NGST 中 N 的对关联函数 $g(r)$

La-NGST 而不存在于 Ha-NGST 中。N–Te 键平均键长为 2.1 Å，与 N–Sb 键长相近。N、Ge、Sb 和 Te 的共价半径分别为 0.71 Å、1.20 Å、1.39 Å 和 1.38Å，由此得出 N–Ge、N–Sb 和 N–Te 的共价键长分别为 1.91 Å、2.10 Å 和 2.09 Å。与上述 a-NGST 中计算的平均键长相比，我们可以得出，a-NGST 中的氮化物是以共价键结合的。然而，以前的工作中仅报道过 N–Ge 键的存在，这很可能是因为以前工作的实验精度（X 射线表征）不足以探测出 N–Sb 和 N–Te 的存在，或者在某种程度上也可能是由于其相对浓度较低。

表 4-7 列出了由积分对关联函数的第一峰得到的 N 的配位数（Z）。由表中数据可以看出，在 Ha-NGST 和 La-NGST 中 N 的总配位数分别为 1.84 和 2.58，且 N 周围主要与 Ge 原子配位形成 N–Ge 键，与 N 配位的 Ge 原子数分别为 0.84 和 1.41，表明 N–Ge 键占主导地位。Ha-NGST 中在 N 配位数中占第二贡献的是 N–N 键，但是 N–N 键在 La-NGST 中的贡献最小。此外，Ha-NGST 中的总配位数小于 La-NGST 的部分原因是前者中存在更多分子形式的氮原子。这些结果表明，增大相变材料的薄膜密度或者对相变材料施加压力将导致在 a-NGST 中产生更多的 N_2。

表 4-7 高密度非晶（ρ_H）和低密度非晶（ρ_L）中 N 的配位数分布

N 周围	Ge	Sb	Te	N	Z_{total}
ρ_H：Amor.	0.84	0.33	0	0.67	1.84
Anne.	0.50	0.33	0.25	0.67	1.75
ρ_L：Amor.	1.41	0.43	0.41	0.33	2.58
Anne.	1.77	0.44	0.24	0.33	2.78

注：Amor.代表 300 K 的非晶相，Anne.代表非晶相在 600 K 退火 30 ps 后的非晶结构。

接下来采用第一近邻键角分布函数分析 N 对 GST 非晶局域结构的影响。对于 Ge、Sb 和 Te 而言，从图 4-26（a）看，键角分布位于 90° 的尖锐峰非常显著，这与岩盐结构 GST 中的八面体原子构型类似，而在 170° 的小宽峰则揭示了这是一个扭曲的八面体 a-NGST，这与 a-GST 也是类似的，表明 N 掺杂对 a-GST 局域结构的影响较小。较之未掺杂的 a-GST225，由于非晶中氮化物的形成，a-NGST 的键角分布函数中在约 30°、约 60° 和约 120° 也出现多个峰。约 60° 和约 120° 的峰意味着 a-NGST 中 Ge、Sb 和 Te 的三元环和三配位。从 La-NGST 的键角分布来看，密度对 Sb、Te 和 Ge 周围的键角分布有显著影响，而在 Ha-NGST 的键角分布中没有观察到约 120° 的峰。在 N 原子周围，两种密度的 a-NGST 相都可以观察到约 120° 的峰，表明在 a-NGST 中三配位的 N 原子占主导地位，这可以通过分析 a-NGST 中各元素的配位数的分布得到［图 4-26（b）］。在这两种密度的 a-NGST 中，Ge、Sb 和 Te 原子都主要位于四配位、五配位和六配位的化学环境中。与 a-GST 相比，a-NGST 中 Te 原子是过配位的。对于 N 原子，发现 La-NGST 和 Ha-NGST 中分别有约 33% 和约 67% 的 N 以单配位亦即 N_2 形式存在。除了少数的二配位 N 原子，余下的 N 原子主要与 Ge、Sb 和 Te 原子形成三配位的成键环境。更详细的分析表明，由三配位和二配位 N 形成的 Ge(Sb, Te)N 化合物的第一近邻键角为 120°。这可以通过分析各元素的价电子来理解，N 原子有三个等效的 $2p^3$ 轨道，这就假定了键角为 120° 的平面排布，这三个等效的 N $2p^3$ 轨道与 Ge 4p、Sb 5p 和 Te 5p 轨道以 p–p 轨道杂化的形式形成 σ 键。

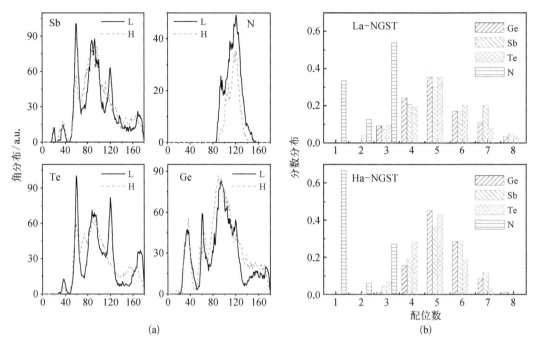

图 4-26　（a）高密度（H）和低密度（L）a-NGST 中 Ge、Sb、Te 和 N 附近键角分布；
（b）300 K 下 La-NGST 和 Ha-NGST 中的配位数分布

对第一性原理分子动力学计算输出的 a-NGST 结构数据进行更深入的分析表明,在这些非晶中的 Ge（Sb,Te）N 络合物中,N-Ge 键具有最高的形成趋势,其次是 N-Sb 键,最后是 N-Te 键。这种趋势可以通过比较元素之间的电负性差异来理解。N、Ge、Sb 和 Te 的鲍林电负性分别为 3.04、2.01、2.05 和 2.1。显然 N 和 Ge 之间的电负性差异最大,其次是 N 和 Sb,最后是 N 和 Te。因此 N-Ge 键最容易形成,其次是 N-Sb 键,最后是 N-Te 键。此外,随着非晶密度的增加,300 K 时的非晶中基本不存在 N-Te。综合上述分析,在 a-NGST 结构中 N 的络合物 Ge（Sb,Te）N 具有图 4-27 所示的原子排布组态,同时可以看到,薄膜密度对 Ge（Sb,Te）N 络合物的原子排布形式有显著影响。

最后,我们将 300 K 下获得的非晶结构加热到 600 K 进行退火处理,研究 a-NGST 结构中 Ge（Sb,Te）N 络合物和 N_2 分子的稳定性。在 600 K 退火 30 ps 后,仅在 Ge（Sb,Te）N 络合物结构中观察到细微变化,而 N_2 没有观察到任何变化。如表 4-7 所示,对于 La-NGST,退火后 N-Ge 键数目略微增加（$Z_{N-Ge} = 1.77$）,而 N-Te 键的数目略微减少（$Z_{N-Te} = 0.24$）,N-Sb 键和 N-N 键的数目基本不变。因此,N 的总配位数略有增加。对于 Ha-NGST,相比于 La-NGST,N-Ge 键的数目略微减少（$Z_{N-Ge} = 0.50$）,而 N-Sb 键和 N-N 键的数目基本不变,这一点与 La-NGST 相似。此外,退火后出现了少量 N-Te 键（$Z_{N-Te} = 0.25$）,因此,在一定温度下,这两个密度的 a-NGST 中的 Te 原子都可能与 N 原子键合。

总之,通过第一性原理分子动力学模拟,揭示了 a-NGST 结构中 Ge（Sb,Te）N 络合物和 N_2 的共存形式,且增加 a-NGST 的密度会导致形成更多的 N_2 分子数量而不是氮化物,但是 600 K 的退火处理没有观察到 N 原子对 a-NGST 局域结构的明显影响,且 a-NGST 中的 N_2 仍然非常稳定。此外,退火过程中某些 Ge（Sb,Te）N 络合物的精细原子构型稍有改变,但是退火中 N-Sb 键和 N-Te 键的饱和是符合预期的。基于目前的结果,高质量的

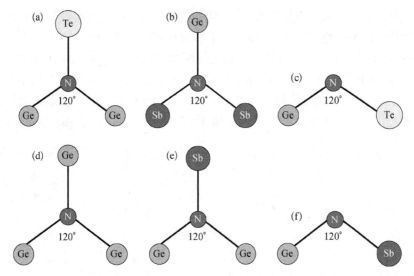

图 4-27　a-NGST 中 N 的络合物 Ge(Sb,Te)N 的原子排布组态,其中(a)~(c)存在于低密度非晶中,(d)、(e)在低密度和高密度非晶中均可存在,(f)存在于高密度非晶中

N 掺杂 $Ge_2Sb_2Te_5$ 薄膜将在相变存储器中高效而稳定的工作。

4.6.2　氧掺杂对非晶 GeTe 再结晶的影响

掺杂是进一步提高 $GeTe\text{-}Sb_2Te_3$ 相变材料性能的有效方式。有趣的是,在半导体工业中常常被认为是杂质的氮和氧是有效提高相变材料性能的掺杂元素。目前的研究主要集中在探究氮和氧对 $Ge_2Sb_2Te_5$(GST)和 GeTe 的影响。已有研究结果表明氮/氧形成较强的 Ge-O/Ge-N 键,进而改变了 GST/GeTe 非晶态局域结构特性。此外,掺杂的影响还体现在非晶的结晶动力学方面,例如,氮能降低 a-GST 的结晶速率,提高非晶态稳定性,亦即 PCRAM 的数据保持力。GeTe 是第一个被发现的可以快速结晶的相变存储材料,因其相变速度快和非晶稳定性高而获得广泛关注。对 GeTe 而言,氧掺杂可以提高非晶态的结晶温度,因此使得掺杂后 GeTe 能应用于更高的温度。最近,实验表明氧可以提高 GeTe 电阻率,因而可以大幅降低 GeTe-O 薄膜的相转变电压亦即 PCRAM 的 RESET 电压。事实上,氧的类似作用已在 GeSbTe 相变材料中得到证实,氧掺杂使 GeSbTe 的相变激活能由 3.6 eV 提高到 4.4 eV,显著提高了非晶 GeSbTe 的稳定性亦即 PCRAM 的数据保持力。关于氧掺杂相变材料的微观机理,一种解释是氧的强电负性和形成的 O-Ge 键。但是,目前依然缺乏从原子尺度上深入理解氧在硫族相变材料中的微观作用机理。更重要的是,氧在相变动力学方面的影响机制还有待阐明。在本节中,我们基于第一性原理方法和第一性原理分子动力学模拟系统研究原子尺度下氧在 GeTe 中的影响,从原子尺度上阐明氧阻碍非晶态结晶的微观机制。

4.6.2.1　氧掺杂非晶 GeTe 在晶化过程中的结构演化

首先以第一性原理计算获得的最优氧掺杂占位模型,即 O 占据 Te 位的模型为初始结构构建第一性原理分子动力学模拟所用的超胞。晶体超胞包含 100 个 Ge 原子、99 个 Te 原子和 1 个 O 原子。然后,采用熔化-淬火方法获得 O 掺杂 GeTe 的非晶结构,如图 4-28(a)所示。随后,将晶体 GeTe 与非晶结构组合在一起形成 300 个原子超胞,如图 4-28(b)所示,这样就构建了非晶在结晶化过程中晶态 GeTe 作为"籽晶"存在的模型。超胞体积大小是基于实验晶格常数设置的。采用模板生长法进行晶化过程模拟,结晶温度设置为470 K,与实验测量温度接近。模拟过程分为三个阶段,每个阶段模拟时间为180 ps。时间步长为3 fs,模拟步数共计180 000 步。第一性原理分子动力学模拟时截断能为250 eV,k 点在布里渊区中仅采用 Gamma 点取样。测试发现截断能为450 eV 时弛豫得到的 0 K 原子构型和截断能为250 eV 时相同。整个结晶过程持续540 ps。图 4-29 展示了模拟前后系统能量曲线和均方位移。根据图 4-29 可见,系统已达到平衡状态,因此可以认为结晶过程已最终完成。

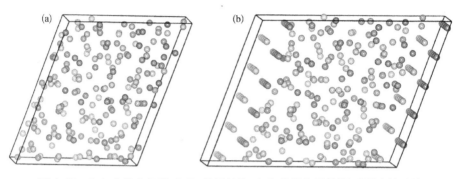

图 4-28 (a)含掺杂氧的 GeTe 非晶结构;(b)非晶和晶体"籽晶"连接后的结构。Ge 和 Te 分别由紫球和黄球表示,红球表示 O 原子

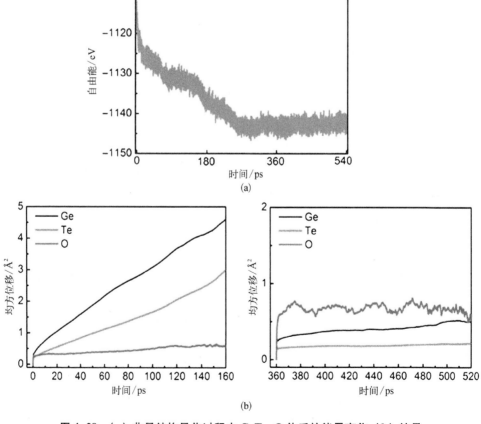

图 4-29 (a)非晶结构晶化过程中 GeTe-O 体系的能量变化;(b)结晶模拟过程的前期(左图)和后期(右图)的均方根位移

基于相变过程即晶态-非晶态-晶态的转变,我们分析了氧掺杂位置和配位环境的演化过程,如图 4-30 所示。首先在初始晶体结构中,氧占据 Te 的位置。此时氧原子周围有 6 个配位 Ge 原子[图 4-30(a)],其中,有 3 个 Ge 原子靠近 O 原子,余下的 3 个 Ge 原子稍远离 O 原子,形成 3 个 Ge-O 短键和 3 个 Ge-O 长键,其对应的键长分别为 2.86 Å 和 3.24 Å。弛豫后,O 原子更加靠近其 3 个近邻的 Ge 原子,Ge-O 短键的键长减小至 2.05 Å。在非晶 GeTe 中,氧与 3 个近邻 Ge 原子形成三角中心[图 4-30(b)],呈现"Ge₃O"原子构型,其中 Ge-O 键长为 2.10 Å。值得一提的是,在碳掺杂的非晶 GeTe 中也发现过类似构型。在再结晶的 GeTe 中,即非晶晶化模拟 540 ps 后获得的晶体结构,如图 4-30(c)所示,"Ge₃O"原子构型依然存在,且其中靠近 Te 原子链的 Ge 与 O 形成了一种 O-V$_{Te}$-Ge 哑铃状缺陷构型,这与其在晶态 GeTe 中的缺陷形式相同。在 Ge₃O 原子构型中,Ge-O 的键长为 1.88~2.08 Å。非晶 GeTe 中的 Ge-O 原子构型保留到了再结晶的 GeTe 晶态中,即氧改变了非晶和晶态的局域结构,这一现象表明 Ge 和 O 之间形成了很强的键合作用。

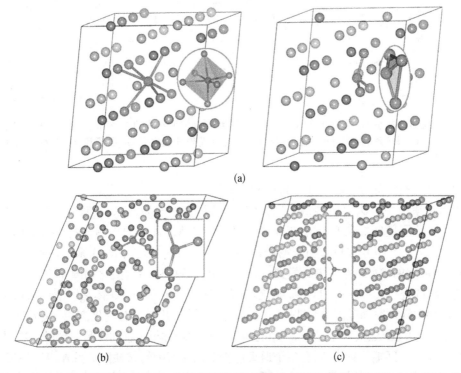

(a)

(b)   (c)

图 4-30 掺杂氧在不同状态 GeTe 中的原子构型,插图为局部构型的放大图。(a) 晶态 GeTe 中,O 替换 Te;左图和右图分别表示弛豫前后的结构。(b) 非晶 GeTe 中,氧在 3 个 Ge 原子形成的三角中心区域。(c) 由非晶再结晶(540 ps 退火)得到的晶态 GeTe,显见哑铃状构型。紫球和黄球分别代表 Ge 原子和 Te 原子,红球代表 O 原子

此外,在由非晶 GeTe 再结晶到晶态的过程中[图 4-30(c)],没有发现初始晶态中[图 4-30(a)]O 取代 Te 的原子构型,取而代之的是 O-V$_{Te}$-Ge 的哑铃状缺陷构型,即 O 占间隙位置,同时一个 Ge 原子被拉到与 O 原子紧邻的 Te 空位附近。事实上,详细的结构分析发现,在再结晶早期(模拟时长为 50 ps 时)就已形成了这种哑铃状缺陷,且这种缺陷构型在随后的长时间退火过程中被保留下来。我们重复进行了数次模拟,均发现了这种特

殊的缺陷构型,表明该类缺陷的稳定性极好。前面章节对 GeTe 中缺陷形成能的计算结果表明这种特殊缺陷构型的形成能比 O 替代 Te 原子的高了 0.28 eV,因此这种缺陷能稳定存在于再结晶 GeTe 中是温度效应所导致的。为了进一步证实这种哑铃状缺陷在高温下的稳定性,我们将 0 K 下最稳定的 O 掺杂 GeTe(掺杂 O 原子替代 Te 原子,图 4-31 左图)的模型加热到更高的温度 1100 K 下进行了 9 ps 的模拟退火。值得注意的是,在 1100 K 这样的高温下 O 原子脱离 Te 原子链,并在局域区域内自由漂移。详细的结构分析发现,靠近 O 原子的一个 Ge 原子扩散进入 Te 原子链。如图 4-31 所示,O 原子进入间隙位置,拖拽一个 Ge 原子进入 Te 原子的晶格位置。现在再将此模型在 0 K 下进行弛豫,然后进行结构分析,结果又观察到了这种哑铃状缺陷。考虑到相变存储材料的使用环境温度高于室温,而且数据存储的过程就是相变材料的反复非晶化和晶化过程,因此我们认为掺杂 O 原子在实际的晶态 GeTe 中应该以这种哑铃状缺陷构型稳定存在。

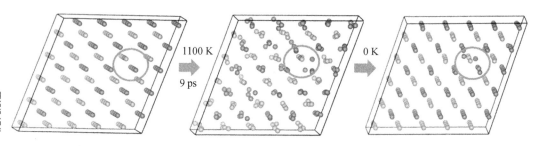

图 4-31 氧掺杂的晶态 GeTe 在 1100 K 下模拟时间为 9 ps 时的结构演变,结构最后在 0 K 下进行了弛豫。O 原子附近结构变化由红圈标注。紫球和黄球分别代表 Ge 原子和 Te 原子,红球代表 O 原子

4.6.2.2 氧掺杂对非晶 GeTe 再结晶的影响

在采用模板生长法模拟再结晶过程中,非晶和晶相的界面原子结构对结晶动力学有重要影响。为了阐明掺杂 O 原子在非晶 GeTe 再结晶过程中的作用,我们采用相同的方法进行了 GeTe 和 GeTe-O 的对比模拟,即将非晶 GeTe-O 模型中的 O 原子替换为 Te 原子作为非晶 GeTe 的模型再重复退火模拟过程。退火过程中的结构演化如图 4-32 所示,随着再结晶过程的进行,GeTe-O 和 GeTe 都逐步有序化。对于 GeTe-O 体系[图 4-32(a)],从 360 ps 到 540 ps 的时间范围内 GeTe-O 的内部原子结构几乎没有变化,表明退火 360 ps 后体系已经达到平衡状态,这与图 4-29 中的能量变化和均方根位移曲线是一致的。在晶化过程中 O 原子进入间隙位置,同时在整个退火过程中均含有哑铃状缺陷。另外,对于 GeTe,退火 180 ps 时的 GeTe 结构[图 4-32(b)]比 GeTe-O 的更有序,其差异显然是由于氧掺杂的作用。这一发现与实验文献报道的氧掺杂降低 GeTe 结晶速率并提高结晶温度的现象是一致的。同时,从 360 ps 和 540 ps 的 GeTe-O 结构可看出,无序的区域和哑铃状缺陷有关。因此,基于这里的模拟结果,掺杂氧对 GeTe 结晶的作用在于 O 原子导致的复杂缺陷构型。

需要注意的是在未掺杂的 GeTe 系统中,即使退火模拟的时间很长(超过 360 ps,甚至 540 ps),结构中仍存在极少量的原子未回到晶格格点位置,类似于点缺陷的存在。事实上,对于模板生长法,左右两个晶体/非晶界面处的"晶粒"同时向超胞的中心区域分别晶化,导致很难形成完美的晶相结构。另外,实际的晶化过程不可能在几百皮秒内完成,非晶 GeTe 相变材料的晶化时间通常是数十纳秒,因此需要更高的温度以及更长的退火时间

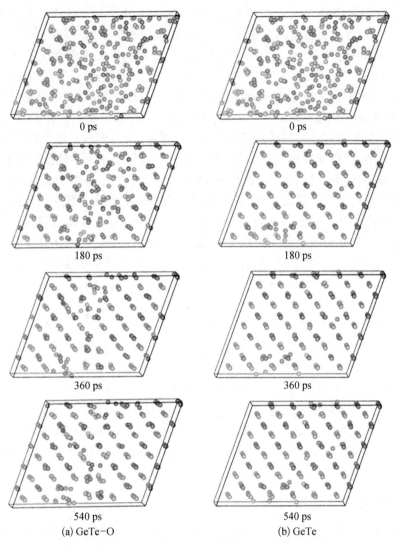

0 ps　　　　　　　　0 ps

180 ps　　　　　　　180 ps

360 ps　　　　　　　360 ps

540 ps　　　　　　　540 ps
(a) GeTe-O　　　　　(b) GeTe

图 4-32　氧掺杂前后的再结晶过程。(a) GeTe-O 体系；(b) GeTe 体系。紫球和黄球分别代表 Ge 原子和 Te 原子，红球代表氧原子。所有构型最后都在 0 K 弛豫，以降低热波动的影响

才可能形成完美的晶相结构。但是，这里的模拟结果已经充分展示了掺杂 O 原子对 GeTe 非晶晶化的影响，也达到了我们的预期。

综上所述，从原子尺度的模拟结果看，掺杂 O 原子对于 GeTe 非晶晶化的影响来自结构中形成的 O-Ge 强键。这些 O-Ge 键破坏了初始 Ge-Te 键，降低了结晶速率。同时，O-Ge 键的形成提高了非晶向晶态转变的激活能。

4.7　非晶 Sb_2Te_3 晶化的微观机理

Sb_2Te_3 是相变存储材料 $GeTe$-Sb_2Te_3 伪二元线上一个端点的二元化合物，它的优势是晶化速率最快。Ge-Sb-Te 三元 GST 相变材料一般具有亚稳立方相和稳定六方相这两种晶态,而 Sb_2Te_3 通常只有稳定六方相这一种晶态。而且类似于另一端点的二元 GeTe 中具有三长和三短的 Ge-Te 键,在六方 Sb_2Te_3 的五层原子结构单元中也存在三个长 Sb-Te 键(约 3.20 Å)和三个短 Sb-Te 键(约 3.03 Å),由此也形成了三弱和三强的 Sb-Te 键。这种强弱不一的化学键特征也是相变存储材料的特征之一,对可逆晶化-非晶化是有利的。此外,最近的高分辨电镜观察到了 Sb_2Te_3 薄膜中的立方相,但是由于立方 Sb_2Te_3 极不稳定,加之并不确定立方相与非晶态是否能够实现可逆相变,所以至今未见类似于 GST 的应用研究,即将 Sb_2Te_3 亚稳立方相与非晶态之间的相变特点用于相变存储器。综上可见,貌似简单的二元非晶 Sb_2Te_3 的晶化却未必简单,再考虑到 Sb_2Te_3 在 $GeTe$-Sb_2Te_3 伪二元线上的硫族化合物中具有最快的晶化速率,因此,研究非晶 Sb_2Te_3 晶化过程中的结构演化及相变机理对于获得高速度的相变存储器是至关重要的。另外,相变存储器利用相变材料在晶态和非晶态之间的显著电学性质差异来实现数据的读出,因此,揭示非晶态与亚稳立方态 Sb_2Te_3 的电子结构差异的物理根源对于获得分辨率好的相变存储器也是至关重要的。下面以简单的二元化合物 Sb_2Te_3 为模型材料,利用第一性原理分子动力学模拟和第一性原理计算来阐明上述科学问题。

首先基于六方 Sb_2Te_3 构建 4×4×1 共含 240 个原子的超胞第一性原理分子动力学模型,然后采用熔化-淬火法获得熔体结构,其中使用 Nosé 算法控制温度。具体而言,先将 Sb_2Te_3 超胞在 3000 K 下熔化并保温,然后将过热液体快速冷却至 Sb_2Te_3 的熔点(其 T_m = 900 K)以上的 1000 K 并保温后,再逐步冷却至 300 K 并保温。第一性原理分子动力学模拟的时间步长选为 3 fs。此外,从 1000 K 到 300 K 的冷却速率为 15 K/ps,以确保 300 K 的非晶结构为平衡的非晶态。非晶晶化中的结构演化是将 300 K 获得的非晶结构在不同温度(500 K、600 K、700 K 和 800 K)下退火处理 180 ps 并研究退火过程中的精细结构演变。

4.7.1 非晶 Sb_2Te_3 的精细局域结构

非晶 Sb_2Te_3 的对关联函数 $g(r)$ 如图 4-33(a)所示,Sb-Sb $g(r)$ 曲线的第二峰(约 4.3 Å 处)和 Te-Te $g(r)$ 曲线的第二峰(约 4.2 Å 处)、第三峰(超过 6 Å 处)都非常显著,展示了非晶 Sb_2Te_3 中 Sb-Sb 和 Te-Te 对关联函数的远距离相关性,表明这两种原子对具有很高的中长程有序性,这个特点与前面讨论的 a-GST225 中相应的对关联函数是一致的。而 Sb-Te $g(r)$ 曲线中只有第一峰,没有第二峰、第三峰,说明 Sb 与 Te 只有短程关联作用,即短程有序,这与 a-GST225 的 Sb-Te $g(r)$ 曲线显著不同。在 a-GST225 的 Sb-Te 对关联函数中,除了第一峰外,$g(r)$ 曲线的第二峰(约 4.2 Å 处)非常显著,甚至在超过 6 Å 处还出现第三峰,表明了 Sb 与 Te 的中长程关联即中长程有序性。再从图 4-33(b)中非晶 Sb_2 Te_3 中各元素的配位数分布看,绝大多数 Sb 原子在四配位和五配位的化学环境中,而大多数 Te 原子则是三配位的,这与 a-GST225 中的也明显不同,尤其是 Te 原子差别较大,a-GST225 中的 Te 原子以三配位和四配位环境为主。这里配位数的差别应该主要是由截断半径取值不同造成的。最后,由非晶 Sb_2Te_3 的键角分布函数[图 4-33(c)]看,无论是以 Sb 原子还是以 Te 原子为中心的键角分布,都在约 87° 有尖锐的键角峰,展示了类似八面体的几何构型,这与 a-GST225 中的非常相似。

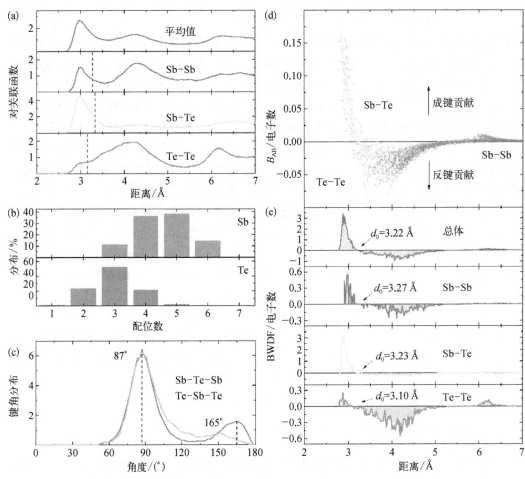

图 4-33 非晶相的径向分布函数(a)、配位数分布(b)、角度分布函数(c);
Sb-Sb、Sb-Te 和 Te-Te 键的化学键布居数(d)和 BWDF(e)

下面计算非晶 Sb_2Te_3 的化学键布居数来进一步分析其非晶态中的化学键合情况。化学键布居数是由积分晶体态重叠布居数而得出的。通常,晶体轨道重叠布居数(crystal orbital overlap population,COOP)曲线揭示的是两种原子 A 与 B 之间的化学成键特性,而 COOP 在费米能级 E_F 以下的积分则度量了 A 与 B 所成化学键的强度,这个积分项就称为化学键布居数 B_{AB},计算公式为

$$B_{AB} = \int_{-\infty}^{E_F} COOP_{AB}(E) \, dE \qquad (4-79)$$

据此计算的非晶 Sb_2Te_3 的化学键布居数 B_{AB} 散点图如图 4-33(d)所示,计算的截断半径为 7 Å,即 7 Å 以内的所有化学键都在考虑范围内,这比通常用于定义非晶态对关联函数的截断半径要大得多。实际上,化学键布居数 B_{AB} 的散点图虽然比较全面,但是信息密度太大。为了能更定量地理解非晶中的化学键,我们可以利用 COOP 定义一个更广义的包含化学键信息的分布函数。换句话说,我们利用化学键布居数 B_{AB} 引入化学键加权分布函数(bond-weighted distribution function,BWDF),其计算公式为

$$BWDF = \sum_{B>A} \left[\delta(r - | r_{AB} |) \times B_{AB} \right] \qquad (4-80)$$

所计算的非晶 Sb_2Te_3 的 BWDF 如图 4-33(e)所示,据此我们可以获得键长截断半径的新定义,即 BWDF 与水平零点线相交的位置 d_0。对于非晶 Sb_2Te_3 总体而言,当 $d<3.22$ Å 时,$BWDF \geq 0$,非晶中所有原子之间是相互吸引的作用力;当 $d>3.22$Å 时,非晶中所有原子之间是相互排斥的作用力。再由图 4-33(e)中 Sb-Sb、Sb-Te 和 Te-Te 的 BWDF 分布曲线显见,它们分别在 $d_0=3.27$Å、3.23Å 和 3.10 Å 时为零,对比图 4-33(a),这些值实际上小于相应对关联函数 $g(r)$ 中第一峰的峰谷值(最小值)。而且,$g(r)$ 的第一峰谷位置经常没有明显的最小值,这种情况下的截断半径的选取通常带有很大的主观性,进而也严重影响了配位数分布的估算,最终导致不同研究者给出的数据差异较大。幸运的是,由于 BWDF 始终都能给出一个可靠的投影,因此由 BWDF 定义的截断半径非常清楚明白,没有歧义。这同样也适用于三元非晶 Ge-Sb-Te 的情况。先前我们在由 $g(r)$ 估算非晶 Ge-Sb-Te 的配位数分布时,截断半径通常取约 3.5Å,远大于由 BWDF 所确定的 d_0 值。对比文献报道的非晶 Ge-Sb-Te 中关于配位数的差异,也大多源自截断半径的取值不同。

另外,由图 4-33(e)也可以看出,Sb-Te 的 BWDF 数值远大于 Sb-Sb 和 Te-Te 的 BWDF 数值,表明 Sb_2Te_3 非晶结构中大多数是 Sb-Te 共价键,只有少量的 Sb-Sb 和 Te-Te 同极键。此外,当 $d_0<d<5$ Å 时,Sb-Sb 与 Te-Te 的 BWDF 值非常负,展示出显著的排斥作用力特征;而 Sb-Te 的 BWDF 负值则非常小,说明其排斥力不明显。当 5 Å$<d$ 时,BWDF 基本等于零,这是由于共价键合是一个短程现象,需要一定程度的轨道重叠。

4.7.2 非晶 Sb_2Te_3 晶化为亚稳立方相

将 300 K 下获得的 Sb_2Te_3 非晶模型分别在 500 K、600 K、700 K 和 800 K 进行退火处理 180 ps,退火工艺如图 4-34(a)所示。在各温度下退火时系统总能的变化如图 4-34(b)所示,如果非晶态发生晶化并转变为某种晶态,则系统总能会突然降低,有突变点。显然,在 800 K 下,系统的总能围绕一个均值上下波动,展示出稳定的熔融 Sb_2Te_3 态。在 700 K 和 600 K 下,总能与时间的曲线中先出现了一段短时间的能量波动期(时间大约短于 30 ps),这段时间很可能在非晶内开始孕育形成稳定的晶核团簇;随后系统的总能急剧单调降低直至时间等于 90 ps;再继续延长退火时间系统总能基本趋于平缓,变化很小。当非晶体系在更低的温度 500 K 下退火时,整个退火时间范围内,系统总能一直单调降低,没有发生能量的突变,这很可能归因于退火温度越低,晶核孕育期越长。总之,很明显,非晶 Sb_2Te_3 在 600 K 和 700 K 下退火发生了相转变。

接下来详细分析非晶退火后 Sb_2Te_3 的原子排布以确认新相的结构对称性,结果表明新相中每个原子均具有类似八面体的几何构型。图 4-34(c)给出了非晶 Sb_2Te_3 在 700 K 退火 180 ps 后的原子排布,图中清楚地展示了一个有缺陷的立方结构的原子排布图。为了确认这个新相的对称性,我们计算了键角分布函数,计算结果示于图 4-34(d)中。由图可见,Sb-Te-Sb 和 Te-Sb-Te 的键角分布峰在约 90°和约 170°处均有两个窄峰,清楚地展示了类似立方结构中的八面体原子构型,其中钝角峰展示了原子链的形成。具体而言,在约 170°处的键角分布峰相对较小,而约 90°处的键角分布峰则相对很强,显示

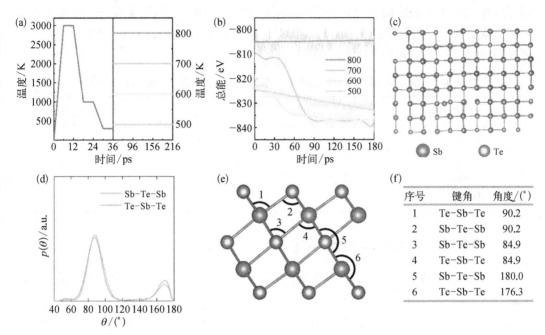

图 4-34　（a）不同温度下的退火工艺；（b）退火过程中非晶 Sb_2Te_3 总能的变化；（c）非晶 Sb_2Te_3 在 700 K 退火 180 ps 后的亚稳相结构；（d）亚稳立方 Sb_2Te_3 的键角分布函数；（e）六方结构 Sb_2Te_3 的键角分布；（f）六方 Sb_2Te_3 中 Te-Sb-Te 和 Sb-Te-Sb 角的度数。紫球和蓝球分别为 Sb 原子和 Te 原子

了相互垂直的化学键构型。与非晶态相比，这个 Sb_2Te_3 新相的键角分布函数明显不同：在非晶相中，Sb-Te-Sb 和 Te-Sb-Te 的键角分布峰的两个窄峰都位于约 85°，且只有 Te-Sb-Te 的键角分布函数在约 165°处展现出一个宽峰。另外，这个立方新相的键角分布与在六方 Sb_2Te_3 中的也有差别。图 4-34（e）和（f）展示了六方 Sb_2Te_3 中的键角，在六方 Sb_2Te_3 的五层的堆垛结构为 Te-Sb-Te-Sb-Te-，显然，其第一近邻键角可分为两类，一类的键角中含有 Te-Te 范德瓦耳斯弱键中的 Te 原子，这种情况下第一近邻键角为 90.2°和 180.0°；另一类中的 Te 原子位于五层内而不含弱键，这时的键角为 84.9°和 176.3°。很明显，六方 Sb_2Te_3 中的键角分布与岩盐结构中的 90°和 180°键角分布显著不同。综上分析，非晶 Sb_2Te_3 在 700 K 退火 180 ps 后的新相应该是立方而非六方对称的。最后，对比图 4-34（c）和（e）结构可见，将（c）结构相对于其中心旋转大约 45°左右便可获得（e）结构。

　　另外，对配位数分布的分析可以进一步确认由非晶 Sb_2Te_3 晶化产生的新相是缺陷立方结构。根据表 4-8 中液态、非晶态和立方 Sb_2Te_3 中不同原子对的配位数可以得出以下结论：在液态 Sb_2Te_3 中，Sb 周围有 3.01 个 Te 原子和 1.34 个 Sb 原子与之配位，总配位数为 4.35；而与 Te 原子配位的是 2.01 个 Sb 原子和 0.89 个 Te 原子，总配位数为 2.90。当液态转变为非晶态时，与 Sb 配位的 Te 原子数略有增加而 Sb 原子数略微减少，因此总配位数变化极小；同样的分析也适应于 Te 原子的配位情况。当非晶态晶化成立方结构时，与 Sb 配位的 Sb 原子和 Te 原子都显著增加，Sb 原子的总配位数是 5.88；Te 周围有 3.14 个 Sb 原子和 2.37 个 Te 原子，总配位数是 5.51。显然，在立方 Sb_2Te_3 新相中，Sb 和 Te 的配位数都接近6,展示了有缺陷的岩盐立方结构的配位数特征。综上分析,非晶Sb_2Te_3晶化产生的新相应该是有缺陷的岩盐立方结构,其中 Sb 和空位占一个亚晶格,Te 和空位占另一个亚晶格,而且 Te 亚晶格上的空位数更多些。

表 4-8 液态、非晶态和有缺陷的立方态 Sb_2Te_3 中不同原子对的平均配位数

配位数	液 态	非晶态	缺陷立方
Sb–Sb	1.34	0.87	1.17
Sb–Te	3.01	3.28	4.71
Te–Sb	2.01	2.18	3.14
Te–Te	0.89	0.73	2.37

4.7.3 亚稳立方相 Sb_2Te_3 的化学键特征

在 Sb_2Te_3 中,通过分析分态密度可知,Sb 和 Te 的 5s 电子对共价键合的贡献基本可以忽略,参与共价键合的都是 5p 电子。对于 Sb 而言,它的 3 个 5p 电子分别占据了三个能量类似的 p 轨道,如图 4-35(a)所示;而 Te 原子的 4 个 5p 电子中,有两个成对电子完全占据一个 p 轨道,这一对电子称做非键合电子或孤对电子,余下的两个 p 电子参与成键;与成键电子相比,这两个孤对电子处于能量更高的状态,如图 4-35(b)所示。对于六方 Sb_2Te_3 而言,具有孤对电子的 Te 原子层之间存在范德瓦耳斯弱键。对于岩盐结构的 Sb_2Te_3,由表 4-8 可见,有大量 Te-Te 同极键和少量 Sb-Sb 同极键的存在,因此,除了 Sb 与 Te 之间的共价键外,这些同极键也起着重要的作用。

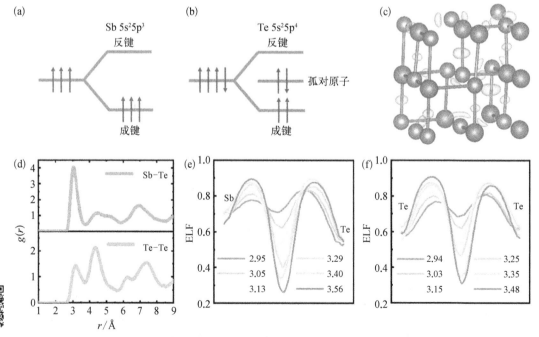

图 4-35 (a)、(b) Sb 原子和 Te 原子的 p 轨道示意图;(c) 立方 Sb_2Te_3 的 CDD 等值面;(d) 立方 Sb_2Te_3 的对关联函数 $g(r)$;(e)、(f) 立方 Sb_2Te_3 中 Sb-Te 和 Te-Te 的 ELF 分布图

下面先采用 CDD 分析 Sb_2Te_3 中的化学键合。CDD 可表示相邻原子成键引起的电荷分布差异。在这里,CDD 等值面(黄色区域)用来确定三维电荷堆积的面积,相对于孤立原子进行叠加计算以给出 3D 表示。图 4-35(c)给出了立方 Sb_2Te_3 的 CDD 等值面,由 Sb 与 Te 之间的黄色椭圆体可知,Sb-Te 是共价键合的。此外,Te 原子的孤对电子或电子局域状况由其周围的香蕉状和伞形的 CDD 等值面可以清楚地看到。另外,某些 Sb 与 Te 或者 Te 与 Te 之间没有 CDD 等值面,可能是由于这些 Sb-Te 键和 Te-Te 键的键强较弱或者键长较长的原因。实际上,在六方 Sb_2Te_3 中,较短(2.99 Å)和较长(3.14 Å)的 Sb-Te 键的 CDD 也有很大不同。在立方 Sb_2Te_3 中,Sb-Te 键的平均键长为 3.03 Å,而 Te-Te 键的平均键长为 3.15 Å,这可以由其对关联函数 $g(r)$ 的第一峰的峰尖读取,如图 4-35(d)所示。再结合表 4-8 中 Sb-Te 键和 Te-Te 键的百分比,便可以计算出岩盐立方结构 Sb_2Te_3 的晶格常数是 6.163 Å。此外,由 Te-Te 对关联函数 $g(r)$ 的第二峰尖位于 4.35 Å 处,可见立方 Sb_2Te_3 的第二近邻距离为 4.35 Å,据此可以计算出立方结构 Sb_2Te_3 的晶格常数是 6.153 Å。显然这两种方法计算的晶格常数吻合得较好,其细微的差异来自第一种方法没有考虑 Sb-Te 和 Sb-Sb 键的贡献。

上述 CDD 分析显示,有些 Sb 与 Te 或者 Te 与 Te 之间没有 CDD 等值面,接下来采用 ELF 进一步定量分析这两种化学键的强度。计算中考虑了每个原子的化学键合的最近邻原子数。具体而言,为了获得从一个原子到其最近邻原子的 ELF 分布图,首先把它们连接到一条线上,将该线平均分为 96 个部分,再将每个部分中包含的 ELF 数据点进行平均,最后用 97 个平均 ELF 值描述两个原子之间的键,ELF 值中间的最小值反映了这两个原子之间的成键类型及键强度。图 4-35(e)和(f)分别展示了特定 Sb-Te 键和 Te-Te 键的 ELF,显然这两种原子对的化学键都是强弱不一,都从很强的共价键(ELF≈0.7)变化到很微弱的化学键(ELF≈~0.3)。根据 ELF 的定义,ELF=1 表示电子完全局域化,ELF=0 代表电子彻底离域化;ELF=0.5 表示电子分布类似于金属中的均匀电子气,亦即原子间呈金属键键合;ELF 介于 0.5~1 时,则表示这一化学键为共价键属性,且 ELF 数值越接近 1,键的共价性越强。因此,对于 Sb-Te 键,如图 4-35(e)所示,键长小于 3.13 Å 的那三个 Sb-Te 键是很强的共价键,而键长超过 3.13 Å 的那三个 Sb-Te 键(图中的 3.29 Å、3.40 Å 和 3.56 Å)强度则非常弱,尤其是当键长为 3.56 Å 时最弱,这也说明了在上述的分析中为何有些 Sb 原子与 Te 原子之间没有 CDD 等值面。同样的分析也适应于 Te-Te 键。不过值得指出的是,即使最弱的 Te-Te 键,Te 原子之间还是有 ELF 值的(ELF≈0.3),这与六方 Sb_2Te_3 中 Te-Te 键显著不同。在六方相中,Te-Te 键长为约 3.81 Å,根据 ELF 计算结果,Te 原子与 Te 原子间几乎没有 ELF 值,Te 原子间是通过范德瓦耳斯弱键结合的。显然,立方 Sb_2Te_3 中的 Te-Te 键强远大于六方相中的 Te-Te 键强。这些 Te-Te 弱键更容易受热扰动的影响,因此,在由立方 Sb_2Te_3 转变为六方相的相变过程中可能会发挥重要的作用。

4.7.4　非晶态与亚稳立方 Sb_2Te_3 的电子结构

将非晶 Sb_2Te_3 在特定温度下退火可获得立方晶相而不是稳定六方相,也就是说立方结构是 Sb_2Te_3 的亚稳相。这种现象与三元 Ge-Sb-Te 的情况类似,只是实验未关注二元 Sb_2Te_3 而已。由此可以推断,如果我们控制好脉冲的能量,二元 Sb_2Te_3 也能实现非晶与亚稳立方相的可逆相变而用作数据存储。而用作相变存储材料的另一个关键因素是非晶与晶相之间的电阻率有着很大差异,可以实现数据的读出。下面通过电子态密度的计算与分析来阐明非晶态与亚稳立方态 Sb_2Te_3 的电子结构差异。

对于非晶态这种非周期性系统,虽然密度泛函方程的电子能量特征值不能直接与高对称点相对应,但是电子态密度仍然可以提供不同能量处的轨道性质和能谱中带隙的有关信息。在计算电子态密度前,我们首先用 PBE 泛函对非晶态和亚稳立方 Sb_2Te_3 进行了结构弛豫。非晶态或亚稳立方 Sb_2Te_3 的电子态密度是根据超胞在 Γ 点处的 Kohn-Sham 轨道计算得出的,其高斯函数展宽 50 meV。这里我们用同样的方法计算了六方 Sb_2Te_3 作为对比。计算结果显示,利用 PBE 泛函计算的六方 Sb_2Te_3 的带隙约为 0.1 eV,而计算出的非晶态带隙约为 0.2 eV,如图 4-36(a)所示,清楚地展示了非晶 Sb_2Te_3 的半导体性质。而亚稳立方 Sb_2Te_3 在费米能级处具有很高的态密度,如图 4-36(b)所示,清楚地展现了其金属特性。显然,Sb_2Te_3 的非晶态和亚稳立方态的电子性质存在巨大差异,前者是半导体特性,而后者是金属性的,能够分辨存储的数据,因此可以用作 PCRAM 的相变存储材料。另外,很明显 Sb_2Te_3 的六方态、立方态和非晶态之间的电阻率应该存在显著差异,这对于

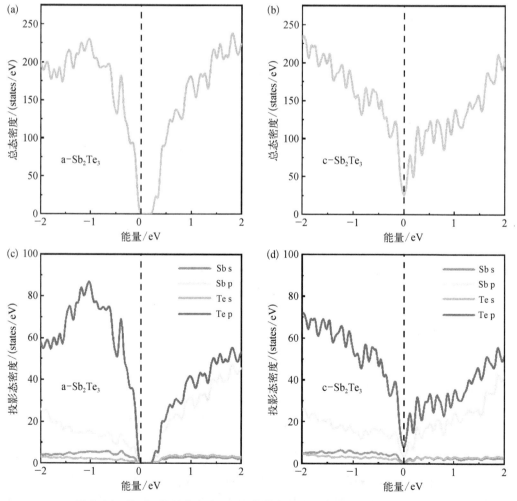

图 4-36　Sb_2Te_3 的总态密度:(a)非晶态和(b)亚稳立方态。Sb_2Te_3 的
轨道投影态密度:(c)非晶态和(d)亚稳立方态

实现 PCRAM 多级存储器件或者类脑存储的材料应用有重要意义。

最后,通过计算非晶态和亚稳立方 Sb_2Te_3 的轨道投影态密度可以进一步得出导电性的根源。先回想一下我们之前的研究,对于六方 Sb_2Te_3,价带边缘主要由 Te p 轨道贡献,而导带边缘主要由 Sb p 轨道贡献。由图 4-36(c) 和 (d) 显见,无论非晶态还是亚稳立方态的 Sb_2Te_3,其价带和导带边缘都主要是由 Te p 轨道贡献的,与六方相的投影态密度显著不同。这可能主要是由于它们的化学键合环境不同。在六方 Sb_2Te_3 中,所有 Sb-Te 都是共价键而所有 Te-Te 都是范德瓦耳斯弱键,而在非晶态和亚稳立方态中不仅存在 Te-Te 强共价键 p 电子,还存在远弱于共价键的 Sb-Te 键。

主要参考文献

Grotendorst J, Blugel S, et al.2006. Computational nanoscience: do it yourself! Jülich: NIC-Directors.

Martin R M.2005. Electronic structure basic theory and practical methods. Cambridge: Cambridge University Press.

Sun Z, Zhou J, Ahuja R.2007. Unique melting behavior in phase-change materials for reversible data storage. Phys. Rev. Lett., 98(5): 055505.

Sun Z, Zhou J, Blomqvist A, et al.2008. Fast crystallization of chalcogenide glass for rewritable memories. Appl. Phys. Lett., 93: 061913.

Sun Z, Zhou J, Blomqvist A, et al.2008. Local structure of liquid $Ge_1Sb_2Te_4$ for rewritable data storage use. J. Phys. Conden. Mater.,20: 205102.

Sun Z, Zhou J, Blomqvist A, et al.2009. Formation of large voids in the amorphous phase-change memory $Ge_2Sb_2Te_5$ alloy. Phys. Rev. Lett.,102: 075504.

Sun Z, Zhou J, Mao H, et al.2012. Peierls distortion mediated reversible phase transition in GeTe under pressure. Proc. Natl. Acad. Sci. USA,109: 5948-5952.

Sun Z, Zhou J, Pan Y, et al.2011. Pressure-induced reversible amorphization and an amorphous-amorphous transition in $Ge_2Sb_2Te_5$ phase-change memory material. Proc. Natl. Acad. Sci. USA,108: 10410-10414.

Sun Z, Zhou J, Shin H J, et al.2008. Stable nitride complex and molecular nitrogen in N doped amorphous $Ge_2Sb_2Te_5$. Appl. Phys. Lett., 93: 241908.

Zhu L, Li Z, Zhou J, et al.2017. Insight into the role of oxygen in the phase-change material GeTe. J. Mater. Chem. C, 5: 3592-3599.

第 5 章　材料中的热输运问题

Art is the elimination of the unnecessary.

—— Pablo Picasso

固体中的载流子(电子或者空穴)、晶格波(声子)、电磁波、自旋波等都可能是热能的传播方式。这些传播方式通常不是单一存在的,在一个材料体系中往往存在以某种传播方式为主的多种热能传播形式。例如,在金属中,电子是主要的热传输方式,而在绝缘体中,声子则是热传输的主要承载者。通常用热导率来衡量材料的传热能力,而热导率的理论计算公式也因热能传播方式的不同而不同。本章以材料的常见热传输形式,即载流子和声子输运为主,介绍具有金属导电性和半导体性的材料的热导率计算以及相关衍生问题如热电性质等的计算。

5.1　固体热导率

首先,通常情况下,可以将固体的总热导率 κ 写成不同分量求和的形式,每个分量代表不同传播方式的贡献:

$$\kappa = \sum_{\alpha} \kappa_{\alpha} \tag{5-1}$$

其中,α 表示某种传播载体。从实验测量的角度,固体热导率的数值强烈地依赖于材料的晶粒尺寸和温度。从微观尺度上,固体中的缺陷(如晶格缺陷、杂质、位错等)、晶格的非简谐性质、载流子浓度、载流子间相互作用、载流子与声子间相互作用等都会严重影响固体热导率。因此,多种不同的传播过程和传播中存在的相互作用使得热导率成为一个非常有趣的热门研究领域。

早期,热导率的测量被用来研究固体中的晶格缺陷或者杂质。这是因为晶格缺陷或者杂质的引入会导致热导率的数值出现剧烈波动,而根据波动的程度可以大约判断晶格缺陷的类型或者杂质的多少。此外,对于探索其他传播载体以及这些载体所引发的有趣物理现象,热导率也是一种有效的技术手段。通常来讲,具有极高或极低热导率的材料都是非常重要的,在实际工程应用中有着不可或缺的重要地位。高热导率材料如钻石或硅,由于它们在电子器件的热管理领域具备重要的应用价值,一直以来都是研究热点。低热导率材料,如方钴矿、笼状包合物(clathrates)、half-heuslers 和硫族化合物等,都是高效率热电材料的研究焦点。

下面将简要回顾和介绍固体中的主要热传输机制,如果读者想获得更多的理论细节以及处理技巧可以参考其他文献。为了简化讨论过程,这里只讨论低温下的电子热导率和声子热导率。因为在这个低温度区间内,很多理论模型的结果都是可以和实验比较的。

在简单的动力学模型中热导率的定义如下:

$$\kappa = -\frac{Q}{\nabla T} \tag{5-2}$$

其中,Q 是热流,一般是垂直于单位截面的热流矢量;T 是热力学温度,单位是 K。假设 c 是每个粒子的热容,且 n 是粒子的浓度,那么在温度梯度 ∇T 下,对于一个速度为 v 的粒子而言,每个粒子的能量一定是根据下列形式进行变化的:

$$\frac{\partial E}{\partial t} = cv \cdot \nabla T \tag{5-3}$$

一个粒子在发生散射之前的平均运动距离是 $v\tau$,这里的 τ 是弛豫时间。平均的总热流是对全部经过的粒子进行求和:

$$Q = -nc\tau \langle v \cdot v \rangle \nabla T = -\frac{1}{3}nc\tau v^2 \nabla T \tag{5-4}$$

其中括号是对全部粒子求平均。结合方程(5-2)和方程(5-4),很容易得到:

$$\kappa = \frac{1}{3}nc\tau v^2 = \frac{1}{3}Cvl \tag{5-5}$$

这里 $C = nc$ 是固体的总热容,且 $l = v\tau$ 是粒子的平均自由程。在固体中,对于不同的传播方式都可以做类似的推导,所以方程(5-5)可以一般化为以下形式:

$$\kappa = \frac{1}{3}\sum_{\alpha} C_{\alpha} v_{\alpha} l_{\alpha} \tag{5-6}$$

这里的求和表示对所有的传播方式进行求和,α 表示不同的传播载体。一般来说,方程(5-6)给出了关于热导率的一个非常好的唯象的理论描述,而且它对于估算数量级来说也是非常实用的。

从第一性原理计算的角度,热导率数值的计算通常是基于半经典玻尔兹曼传播方程。半经典玻尔兹曼方程是用来分析载流子和声子微观过程的基石。本质上,它描述的是经典粒子在散射过程中的运动方程,也就是它描述了声子分布随时间演化的过程,但是由于我们在计算散射时使用的是量子力学方法,因此称为半经典玻尔兹曼方程。下面分别阐述电子热导率和声子热导率。

5.1.1　电子热导率的基本计算方法

通常,金属都具有非常高的热导率,热传输的载体主要是导电电子,此外还有声子传热的贡献,且随着温度的升高,声子传热的贡献也不断增大。在金属中,通常认为电子传热和声子传热是相互独立的,因此金属的总热导率是载流子热导率和声子热导率之和:

$$\kappa_{tot} = \kappa_e + \kappa_p \tag{5-7}$$

但方程(5-7)并不意味着电子和声子的相互作用可以忽略,而是用玻尔兹曼方程分开考虑电子和声子的热传输。对于金属体系,将载流子热导率 κ_e 描述为电导率 σ 的线性关系,并且用 Wiedemann-Franz 定律将二者联系起来:

$$\kappa_e = L\sigma T \tag{5-8}$$

其中,常数 L 是洛伦兹系数;T 为温度。对于大多数金属而言,洛伦兹系数 L 是等于 2.45×10^{-8} V^2/K^2 的常数,但是对于具有低载流子浓度的半导体材料等,洛伦兹系数 L 通常比金属的 L 极限值大。

对于载流子热导率,目前已有基于半经典玻尔兹曼输运理论的 BoltzTraP 代码可以直接计算电子和空穴贡献的热导率 κ_e。计算过程大体如下:首先利用第一性原理方法精准计算体系的电子能量本征值,然后以体系的晶体结构和能量本征值等数据为输入参数,基于半经典玻尔兹曼理论,通过对能带的傅里叶积分,计算电子的群速度,进而求解获得体系的电子输运性质。这里所使用的半经典玻尔兹曼理论是以传输的扩散极限来确定电子的输运性质,其核心是输运分布函数:

$$\sigma_{\alpha\beta}(\varepsilon) = \frac{1}{N} \sum_{i,k} e^2 \tau_{i,k} v_\alpha(i,k) v_\beta(i,k) \frac{\delta(\varepsilon - \varepsilon_{i,k})}{d\varepsilon} \tag{5-9}$$

其中,N 为 k 点取样数;e 为电荷;$\tau_{i,k}$ 为电子弛豫时间;v_α 和 v_β 分别为载流子群速度的 α、β 笛卡尔坐标分量。通过求解玻尔兹曼方程,电子热导率 κ_e 可由下式求得:

$$\kappa_{\alpha\beta}^e(T; \mu) = \frac{1}{e^2 T\Omega} \int \sigma_{\alpha\beta}(\varepsilon)(\varepsilon - \mu)^2 \left[-\frac{\partial f_\mu(T; \varepsilon)}{\partial \varepsilon} d\varepsilon \right] \tag{5-10}$$

其中,Ω 为单胞体积;$f_\mu(T; \varepsilon)$ 是在温度 T 和化学势 μ 下的 Fermi 分布函数。此外,在刚带模型中,化学势与载流子浓度满足以下关系:$n(\mu, T) = N - \int g(\varepsilon) f_\mu(T; \varepsilon) d\varepsilon$。其中,$N$ 为价电子数;$g(\varepsilon)$ 为态密度。

5.1.2 晶格热导率的基本计算理论

晶格的热传导是非金属体系的主要热能传输机制,甚至在某些半导体和合金中,晶格热传导在很大的温度范围内都是热传输的主要控制部分。在固体中,原子一般都在它们的平衡位置附近振动。相距较远的原子之间的振动基本没有关系,但是近邻原子之间却会有很强的耦合。晶格振动可以用平面波来描述,量子化后就是所谓的声子。在存在温度梯度时,可以认为热能通过不同的声子进行传输。观测声子的最简单手段就是把声子的频率绘制成声子谱,声子谱的推导可以在很多固体物理书中找到。一般情况下,声子谱由声学支和光学支构成。除了利用声子的相位来判断声子类型外,这里还有一个最简单的方法。在 Gamma 点处,频率为零的就是声学支,频率不为零的就是光学支。两种类型的声子均可以传输热能。通常来讲,声学支对热输运的贡献比较大,而光学支声子本身对于热输运的贡献非常少,因为其群速度太低。但是它们却可以通过与声学支相互作用来影响热输运。下面通过声子的性质来计算热导率。

声子的分布函数为 N_q 表示波矢为 q 的声子的平均数目。在平衡状态下,声子的分布函数可以写为

$$N_q^0 = \frac{1}{\exp(\hbar\omega_q/k_B T) - 1} \tag{5-11}$$

k_B 为玻尔兹曼常数。散射过程趋向于将声子分布从 N_q 恢复为平衡态分布 N_q^0,恢复过程的速度正比于系统状态偏离平衡态的多少。

$$\frac{N_q - N_q^0}{\tau_q} = -(\boldsymbol{v}_g \cdot \nabla T)\frac{\partial N_q^0}{\partial T} \tag{5-12}$$

这里 $\boldsymbol{v}_g$ 是群速度; τ_q 是声子的散射弛豫时间。由于声子产生的热流一般是平均声子能量和群速度的乘积。因此全部声子承载的全部热流可以写为

$$\boldsymbol{Q} = \sum_q N_q \hbar\omega_q \boldsymbol{v}_g \tag{5-13}$$

把方程(5-12)代入方程(5-13)中:

$$\boldsymbol{Q} = -\sum_q \hbar\omega_q v_g^2 \langle\cos^2\theta\rangle\tau_q \frac{\partial N_q^0}{\partial T}\nabla T = -\frac{1}{3}\sum_q \hbar\omega_q v_g^2 \tau_q \frac{\partial N_q^0}{\partial T}\nabla T \tag{5-14}$$

这里 θ 指的是速度与温度梯度所呈的角度。因此,晶格热导率计算公式为

$$\kappa_L = -\frac{\boldsymbol{Q}}{\nabla T} = \frac{1}{3}\sum_q \hbar\omega_q v_g^2 \tau_q \frac{\partial N_q^0}{\partial T} \tag{5-15}$$

到此为止,为了能继续计算,此时需要做一些近似。因为不同声子的散射弛豫时间的计算通常非常困难,如果是手动计算,通常不值得用准确声子谱计算得到的声子频率和速度来计算方程(5-15),毕竟这里的计算量非常大。如果使用德拜理论,我们可以用一个平均声子速度 v 来代替不同声子的声速,且假设所有声子分支的速度全部相同。这样,方程(5-15)中的求和便可以使用积分来代替:

$$\kappa_L = \frac{1}{3}\int \hbar\omega_q v_g^2 \tau_q \frac{\partial N_q^0}{\partial T}f(\boldsymbol{q})\,d\boldsymbol{q} \tag{5-16}$$

这里 $f(\boldsymbol{q})\,d\boldsymbol{q} = (3q^2/2\pi^2)\,d\boldsymbol{q}$,并且由此可以得到 $f(\omega)\,d\omega = (3\omega^2/2\pi^2 v^3)\,d\omega$。使用德拜假设以及方程(5-16)和方程(5-11),我们就得到晶格热导率的一个较为准确的表达式:

$$\kappa_L = \frac{1}{2\pi^2 v}\int_0^{\omega_D} \hbar\omega^3 \tau_q(\omega) \frac{(\hbar\omega/k_B T^2)\exp(\hbar\omega/k_B T)}{[\exp(\hbar\omega/k_B T) - 1]^2}\,d\omega \tag{5-17}$$

这里的 ω_D 是指德拜频率,且

$$3N = \int_0^{\omega_D} f(\omega)\,d\omega \tag{5-18}$$

是声子模的总数。如果再做一个简单的替代,令 $x = \hbar\omega/k_B T$,且定义德拜温度 $\Theta_D = \hbar\omega_D/k_B$,那么方程(5-17)看起来会更简单一些:

$$\kappa_{\rm L} = \frac{k_{\rm B}}{2\pi^2 v} \left(\frac{k_{\rm B}}{\hbar} \right)^3 T^3 \int_0^{\Theta_{\rm D}/T} \tau_q(x) \frac{x^4 {\rm e}^x}{({\rm e}^x - 1)^2} {\rm d}x \tag{5-19}$$

在德拜近似内,晶格比热容可以写成下式:

$$C(x){\rm d}x = \frac{3k_{\rm B}}{2\pi^2 v^3} \left(\frac{k_{\rm B}}{\hbar} \right)^3 T^3 \frac{x^4 {\rm e}^x}{({\rm e}^x - 1)^2} {\rm d}x \tag{5-20}$$

如果定义声子的平均自由程为 $l(x) = v\tau_q(x)$,则晶格热导率可以写为

$$\kappa_{\rm L} = \frac{1}{3} \int_0^{\Theta_{\rm D}/T} v^2 \tau_q(x) C(x){\rm d}x = \frac{1}{3} \int_0^{\Theta_{\rm D}/T} C(x)vl(x){\rm d}x \tag{5-21}$$

这与前面利用简单的动力学理论推导出来的热导率公式在形式上极为相似,只不过是从求和变成了积分,由离散变成了连续。由求和变成积分的形式是非常自然的。

方程(5-19)通常被称为晶格热导率的德拜近似。如果可以计算不同声子散射过程的弛豫时间 $\tau_i(x)$,并且把这些散射时间加起来得到总的散射时间:

$$\tau_q^{-1}(x) = \sum_i \tau_i^{-1}(x) \tag{5-22}$$

方程(5-19)对于计算晶格热导率来说是足够的。即使是体系中存在很多晶格杂质的情况,方程(5-19)对于分析很多实验数据来说也是完全有效的。由于同素异形体的存在,即使是很纯的晶体中,也存在化学杂质,但是通过德拜近似表达的晶格热导率依然是有效的。

德拜近似中的声子散射过程对于晶格热导来说是起阻碍作用的,所以又被称为 U 过程(umklapp process)。总的晶格动量在 U 过程中是不守恒的。因为诸如此类的过程趋向于把非平衡态的声子分布恢复到平衡分布,所以它们贡献了热阻。当然,也存在其他非阻碍晶格热导的过程,并且过程中的晶格动量是守恒的,但是它们依然对晶格热导的输运过程有着重大的影响。这种类型的过程称为 N 过程(normal process)。即使 N 过程本身不对晶格热阻有贡献,但是它们依然对不同声子模之间的能量转移有着巨大影响,也因此起着阻止声子模过度偏离平衡态的作用。下面简单介绍 N 过程。

因为 N 过程本身不会趋向于把声子恢复到平衡态分布,所以它们不能被简单加入方程(5-22),因此需要一个其他模型来描述 N 过程。Callaway 模型是最广泛用来分析 N 过程对晶格热导率影响的模型。Callaway 模型假设了 N 过程趋向于把一个非平衡声子分布恢复为一个有位移的声子分布,具体形式如下:

$$N_q(\boldsymbol{\lambda}) = \frac{1}{\exp[(\hbar\omega - \boldsymbol{q} \cdot \boldsymbol{\lambda})/k_{\rm B}T] - 1} = N_q^0 + \frac{\boldsymbol{q} \cdot \boldsymbol{\lambda}}{k_{\rm B}T} \frac{\exp(\hbar\omega/k_{\rm B}T)}{[\exp(\hbar\omega/k_{\rm B}T) - 1]^2}$$

$$\tag{5-23}$$

这里的 $\boldsymbol{\lambda}$ 是某个常数的矢量(在温度梯度的方向),它决定了声子分布的各向异性和总的声子动量。如果 N 过程的弛豫时间是 $\tau_{\rm N}$,方程(5-12)将变为

$$\frac{N_q - N_q^0}{\tau_q} + \frac{N_q - N_q(\boldsymbol{\lambda})}{\tau_{\rm N}} = - (\boldsymbol{v} \cdot \nabla T) \frac{\partial N_q^0}{\partial T} \tag{5-24}$$

如果我们定义一个总的弛豫时间 τ_c：

$$\tau_c^{-1} = \tau_q^{-1} + \tau_N^{-1} \tag{5-25}$$

并且定义

$$n_1 = N_q - N_q^0 \tag{5-26}$$

那么玻尔兹曼方程可以写成以下形式的方程：

$$-\frac{\hbar\omega}{k_B T^2}(\boldsymbol{v} \cdot \nabla T)\frac{\exp(\hbar\omega/k_B T)}{[\exp(\hbar\omega/k_B T) - 1]^2} + \frac{\boldsymbol{q} \cdot \boldsymbol{\lambda}}{\tau_N k_B T}\frac{\exp(\hbar\omega/k_B T)}{[\exp(\hbar\omega/k_B T) - 1]^2} - \frac{n_1}{\tau_c} = 0 \tag{5-27}$$

这个方程虽然看起来复杂，但是更加完备。当然我们需要一个更简单的表达式，将 n_1 定义为

$$n_1 = -\alpha_q \frac{\hbar\omega}{k_B T^2}(\boldsymbol{v} \cdot \nabla T)\frac{\exp(\hbar\omega/k_B T)}{[\exp(\hbar\omega/k_B T) - 1]^2} \tag{5-28}$$

则方程(5-27)具有以下更简便的形式：

$$\frac{\hbar\omega\alpha_q}{\tau_c T}\boldsymbol{v} \cdot \nabla T + \frac{\boldsymbol{q} \cdot \boldsymbol{\lambda}}{\tau_N} = \frac{\hbar\omega}{T}\boldsymbol{v} \cdot \nabla T \tag{5-29}$$

因为 $\boldsymbol{\lambda}$ 是温度梯度方向，所以定义一个参数 β 是很方便的，它具有和弛豫时间相同的量纲：

$$\boldsymbol{\lambda} = -\frac{\hbar}{T}\beta v^2 \nabla T \tag{5-30}$$

由于 $\boldsymbol{q} = \boldsymbol{v}\omega/v^2$，方程(5-29)可以进一步简化为

$$\alpha_q = \tau_c(1 + \beta/\tau_N) \tag{5-31}$$

以上操作都是为了让方程看起来更简洁，没有任何物理意义的变化。从方程(5-28)可以很直接地得到晶格热导率的表达式

$$
\begin{aligned}
\kappa_L &= \frac{k_B}{2\pi^2 v}\left(\frac{k_B}{\hbar}\right)^3 T^3 \int_0^{\Theta_D/T} \alpha_q(x)\frac{x^4 e^x}{(e^x - 1)^2}dx \\
&= \frac{k_B}{2\pi^2 v}\left(\frac{k_B}{\hbar}\right)^3 T^3 \int_0^{\Theta_D/T} \tau_c(1 + \beta/\tau_N)\frac{x^4 e^x}{(e^x - 1)^2}dx
\end{aligned} \tag{5-32}
$$

现在，所有的焦点集中于如何确定 β。因为对于 N 过程来说总的晶格动量是守恒的，所以声子动量的变化率应该为零，因此

$$\int \frac{N_q^\lambda - N_q}{\tau_N}\boldsymbol{q}\mathrm{d}\boldsymbol{q} = 0 \tag{5-33}$$

将方程(5-25)和方程(5-28)代入方程(5-33)，得到

$$\int \frac{\exp(\hbar\omega/k_B T)}{[\exp(\hbar\omega/k_B T) - 1]^2}\left[\frac{\hbar\omega}{k_B T^2}\alpha_q(\boldsymbol{v} \cdot \nabla T) + \frac{\boldsymbol{q} \cdot \boldsymbol{\lambda}}{k_B T}\right]\frac{\boldsymbol{q}}{\tau_N}\mathrm{d}\boldsymbol{q} = 0 \tag{5-34}$$

可以使用方程(5-30)和方程(5-31)简化上式,则

$$\int \frac{\exp(\hbar\omega/k_{\mathrm{B}}T)}{[\exp(\hbar\omega/k_{\mathrm{B}}T)-1]^2} \frac{\hbar\omega}{k_{\mathrm{B}}T^2}(\boldsymbol{v}\cdot\nabla T)(\alpha_q-\beta)\frac{\boldsymbol{v}\omega}{\tau_{\mathrm{N}}\boldsymbol{v}^2}\mathrm{d}\boldsymbol{q}=0 \tag{5-35}$$

使用方程(5-33)和方程(5-35)及之前定义的无量纲 x,就可以解出 β 的值:

$$\beta = \frac{\displaystyle\int_0^{\Theta_{\mathrm{D}}/T} \frac{\tau_{\mathrm{c}}}{\tau_{\mathrm{N}}} \frac{x^4\mathrm{e}^x}{(\mathrm{e}^x-1)^2}\mathrm{d}x}{\displaystyle\int_0^{\Theta_{\mathrm{D}}/T} \frac{\tau_{\mathrm{c}}}{\tau_{\mathrm{N}}\tau_q} \frac{x^4\mathrm{e}^x}{(\mathrm{e}^x-1)^2}\mathrm{d}x} \tag{5-36}$$

因此,总的热导率可以写成

$$\kappa_{\mathrm{L}}=\kappa_1+\kappa_2 \tag{5-37}$$

这里的 κ_1 和 κ_2 分别为

$$\kappa_1 = \frac{k_{\mathrm{B}}}{2\pi^2\boldsymbol{v}}\left(\frac{k_{\mathrm{B}}}{\hbar}\right)^3 T^3 \int_0^{\Theta_{\mathrm{D}}/T}\tau_{\mathrm{c}}(x)\frac{x^4\mathrm{e}^x}{(\mathrm{e}^x-1)^2}\mathrm{d}x \tag{5-38a}$$

$$\kappa_2 = \frac{k_{\mathrm{B}}}{2\pi^2\boldsymbol{v}}\left(\frac{k_{\mathrm{B}}}{\hbar}\right)^3 T^3 \frac{\displaystyle\int_0^{\Theta_{\mathrm{D}}/T}\frac{\tau_{\mathrm{c}}}{\tau_{\mathrm{N}}}\frac{x^4\mathrm{e}^x}{(\mathrm{e}^x-1)^2}\mathrm{d}x}{\displaystyle\int_0^{\Theta_{\mathrm{D}}/T}\frac{\tau_{\mathrm{c}}}{\tau_{\mathrm{N}}\tau_q}\frac{x^4\mathrm{e}^x}{(\mathrm{e}^x-1)^2}\mathrm{d}x} \tag{5-38b}$$

当杂质效应非常显著,并且全部的声子模都被阻碍过程强烈散射的情况下,$\tau_{\mathrm{N}}\gg\tau_q$,且 $\tau_{\mathrm{c}}\approx\tau_q$,此时 $\kappa_1\gg\kappa_2$,热导率主要由方程(5-38a)决定,N 过程是没有作用的。在相反的极限下,当 N 过程是固体中声子发生的唯一过程,方程(5-38b)的分母将趋于零,那么将会得到无穷大的热导率,这是符合理论预测的,即 N 过程对热阻无贡献。

现在已经得到了热导率计算的公式,那么如何计算弛豫时间呢?这是最大的问题也是重中之重,以下的部分将从计算材料学的角度从半经典玻尔兹曼方程开始详细讨论如何计算散射的弛豫时间以及如何代入玻尔兹曼方程进行迭代求解。

5.1.2.1 半经典玻尔兹曼输运方程

提起半经典玻尔兹曼输运方程,就必须学会计算散射,也就是我们平时所讲的声子之间的转变概率,本质上讲也就是一个声子态转变为另一个声子态的概率。首先我们需要理解这种声子之间的转变过程,然后计算由于非简谐作用而引起的声子散射弛豫时间。当然这里只介绍对角化的解法,半经典玻尔兹曼方程存在非对角项,这是很难计算的,这里暂且不讨论。由于采用的是半经典玻尔兹曼方程,我们将会引入一定的量子力学的方法来计算散射。

这里将会运用一些基本的微扰论。简单来说扰动 H' 的效应作用在系统上,当它处于态 $|i\rangle$ 时,能量为 ε_i,那么时间 t 后,概率为

$$2|\langle i|H'|f\rangle|^2\frac{1-\cos(\varepsilon_f-\varepsilon_i)t/\hbar}{(\varepsilon_f-\varepsilon_i)^2} \tag{5-39}$$

这里表示的是系统处于态 $|f\rangle$，能量为 ε_f。符号 $\langle i|\,H'\,|\,f\rangle$ 表示微扰哈密顿量 H' 在初态 $|i\rangle$ 和末态 $|f\rangle$ 之间的矩阵元素。令人感兴趣的是单位时间内这个过程发生的比率，也就是转变概率，这可以从式（5-39）推出：

$$P_i^f = 2\,|\,\langle i|\,H'\,|\,f\rangle\,|^2 \frac{\mathrm{d}}{\mathrm{d}t}\left\{\frac{1 - \cos(\varepsilon_f - \varepsilon_i)t/\hbar}{(\varepsilon_f - \varepsilon_i)^2}\right\} = \frac{2\pi}{\hbar}\,|\,\langle i|\,H'\,|\,f\rangle\,|^2 O(\varepsilon_f - \varepsilon_i)$$

$$(5\text{-}40)$$

这里的 $O(\varepsilon) \equiv \dfrac{\sin \varepsilon t/\hbar}{\pi\varepsilon}$，函数 $O(\varepsilon_f - \varepsilon_i)$ 在下式的范围内是可以接受的：

$$O(\varepsilon_f - \varepsilon_i) < \hbar/t \qquad (5\text{-}41)$$

通过选择一个好的数字因子，使得积分可以归一化：

$$\int_{-\infty}^{\infty} O(\varepsilon)\,\mathrm{d}\varepsilon = 1 \qquad (5\text{-}42)$$

当时间 t 趋于无穷大时，$O(\varepsilon_f - \varepsilon_i)$ 仅仅表示为一个狄拉克函数 $\delta(\varepsilon_f - \varepsilon_i)$，这使得在转变过程中能量守恒。

通常只计算态 $|i\rangle$ 衰退到态 $|f\rangle$ 的总概率，因为末态可能是很多态，并且它们连续分布在一起，我们计算得到总的转变概率。对式（5-40）的态 $|f\rangle$ 进行积分，并且使用式（5-42），可以得到熟悉的公式：

$$P_i^f = \frac{2\pi}{\hbar}\,|\,\langle i|\,H'\,|\,f\rangle\,|^2 D_f(\varepsilon) \qquad (5\text{-}43)$$

这里的 $D_f(\varepsilon)$ 是最终态的密度，也就是 $D_f(\varepsilon)\mathrm{d}\varepsilon$ 是位于能量 ε 附近的 $\mathrm{d}\varepsilon$ 范围内的最终态的数目。下面可以着手计算非简谐效应带来的 U 过程导致的散射弛豫时间。

5.1.2.2　非简谐的晶格力常数以及求解玻尔兹曼方程

通常情况下，三阶非简谐项是最重要的，也是现阶段能较好地写出解析形式的项，当然四阶项和五阶项以及更高阶的项都是可以写出来的，只不过需要利用一些凝聚态场论的知识。这里只限于讨论利用普通的量子力学研究的三阶项。假设非简谐的哈密顿量如下：

$$H_{pp} = \frac{1}{3!}\sum_{l,\,b;\,l',\,b';\,l'',\,b''} \boldsymbol{\eta}_{l,\,b}\,\boldsymbol{\eta}_{l',\,b'}\,\boldsymbol{\eta}_{l'',\,b''} : A_{l,\,b;\,l',\,b';\,l'',\,b''} \qquad (5\text{-}44)$$

其中，$A_{l,\,b;\,l',\,b';\,l'',\,b''}$ 是一个笛卡尔坐标下的三阶张量，符号 : 表示一个矢量 $\boldsymbol{\eta}_{l,\,b}$ 与张量 $A_{l,\,b}$ 的内积，如 $XYZ : A \equiv \sum_{\alpha\beta\gamma} X^{\alpha} Y^{\beta} Z^{\gamma} A_{\alpha\beta\gamma}\,(\alpha,\,\beta,\,\gamma = 1,\,2,\,3)$。对势能项进行泰勒展开：

$$A_{l,\,b;\,l',\,b';\,l'',\,b''} = \frac{\partial^3 V}{\partial \boldsymbol{\eta}_{l,\,b}\,\partial \boldsymbol{\eta}_{l',\,b'}\,\partial \boldsymbol{\eta}_{l'',\,b''}}\bigg]_0 \qquad (5\text{-}45)$$

张量的分量就是由原子间力常数计算得到的不同常数。经过一点代数的小技巧，可以得出以下方程：

$$H_{pp} = \frac{1}{3!} \sum_{q,p;\,q',p';\,q'',p''} \delta_{g,\,q+q'+q''} (a_{q,p}^{\dagger} - a_{-q,p}) \times (a_{q',p'}^{\dagger} - a_{-q',p'}) (a_{q'',p''}^{\dagger} - a_{-q'',p''}) F_{q,p;\,q',p';\,q'',p''}$$

(5-46)

$$F_{q,p;\,q',p';\,q'',p''} = i \left(\frac{1}{2}\hbar\right)^{\frac{3}{2}} (NV)^{-\frac{1}{2}} (v_{q,p} v_{q',p'} v_{q'',p''})^{-\frac{1}{2}}$$
$$\times \sum_{bb'b''} (m_b m_{b'} m_{b''})^{-\frac{1}{2}} e_{q,b,p} e_{q',b',p'} e_{q'',b'',p''} : f_{q,p;\,q',p';\,q'',p''} \quad (5-47)$$

此处利用了二次量子化的产生和湮灭算符的代数性质:

$$\langle n_{q,p} - 1 \mid a_{q,p} \mid n_{q,p} \rangle = (n_{q,p})^{\frac{1}{2}}; \quad \langle n_{q,p} + 1 \mid a_{q,p}^{\dagger} \mid n_{q,p} \rangle = (n_{q,p} + 1)^{\frac{1}{2}}$$

(5-48)

结合式(5-46)和式(5-40),可以得出

$$P_{q,p;\,q',p'}^{q'',p''} = \frac{2\pi}{\hbar} n n' (n''+1) \mid F_{q,p;\,q',p';\,q'',p''} \mid^2 \times \delta_{g,\,q+q'-q''} O(\hbar v_{q'',p''} - \hbar v_{q,p} - \hbar v_{q',p'})$$

(5-49)

接下来对全部的 q' 和 q'' 求和得到以下这个概率:

$$P_{q,p;\,p'}^{p''} = \iint P_{q,p;\,q',p'}^{q'',p''} dq' dq'' = \frac{2\pi}{\hbar} \int n n' (n''+1) \mid F_{q,p;\,q',p';\,q'',p''} \mid^2$$
$$\times \delta_{g,\,q+q'-q''} O(\hbar v_{q'',p''} - \hbar v_{q,p} - \hbar v_{q',p'}) dq' \quad (5-50)$$

到此为止,得到了散射的转变概率的算法,接下来只要把这个代入玻尔兹曼方程即可。为了更清楚起见,下面再简单介绍玻尔兹曼方程。

因为电子的情况更复杂一些,所以这里以电子为例;声子的情况是一样的。对于电子来说,存在三个过程:扩散、散射和外场作用。

$$扩散:\dot{f}_k]_{diff} = -v_k \frac{\partial f_k}{\partial r}; \quad 散射:\dot{f}_k]_{scatt}; \quad 外场:\dot{k} = \frac{e}{\hbar}\left(E + \frac{1}{c} v_k \otimes H\right)$$

f_k 在时间为 t 时是 f_{k+tk}。换句话说,k 态的占据数会变化,随着载流子在场作用下以速率流动:

$$\dot{f}_k]_{field} = -\frac{e}{\hbar}\left(E + \frac{1}{c} v_k \otimes H\right) \cdot \frac{\partial f_k}{\partial k}$$

(5-51)

同理,在平衡状态下:

$$\dot{f}_k = \dot{f}_k]_{diff} + \dot{f}_k]_{field} + \dot{f}_k]_{scatt}$$

(5-52)

平衡状态下一定为 0,因此

$$-v_k \frac{\partial f_k}{\partial r} - \frac{e}{\hbar}\left(E + \frac{1}{c} v_k \otimes H\right) \cdot \frac{\partial f_k}{\partial k} = -\dot{f}_k]_{scatt}$$

(5-53)

当 f_k 可以求解时,就可以计算电流

$$J = \int e v_k f_k \mathrm{d}k \tag{5-54}$$

如果稳定态偏离平衡态的量级比较小,可以用 f_k^0 代替左边的 f_k;同时在散射项中可以取最低阶的贡献,即 $f_k - f_k^0$。此时就实现了玻尔兹曼方程的线性化。

为了进一步展示如何处理带入散射转变概率算法的玻尔兹曼方程,需再考虑从 k 态到 k' 态的弹性散射。也就说,如果 k' 位于范围 $\mathrm{d}k'$ 内,转变进入这个态的概率是

$$P_k^{k'} \mathrm{d}k' = f_k (1 - f_{k'}) L_k^{k'} \mathrm{d}k' \tag{5-55}$$

相反的逆过程类似:

$$P_{k'}^{k} \mathrm{d}k' = f_{k'} (1 - f_k) L_k^{k} \mathrm{d}k' \tag{5-56}$$

对所有的 k' 态求和,也就是对粒子所有的初态和末态求和,可以得出

$$\dot{f}_k]_{\text{scatt}} = \int \{ f_{k'} (1 - f_k) - f_k (1 - f_{k'}) \} L_k^{k'} \mathrm{d}k' \tag{5-57}$$

这就是最经典的散射项。下面是它的线性化表示方式:

$$\dot{f}_k]_{\text{scatt}} = \int \{ (f_{k'} - f_{k'}^0) - (f_k - f_k^0) \} L_k^{k'} \mathrm{d}k' \tag{5-58}$$

这里还有一项:

$$v_k \cdot \frac{\partial f_k}{\partial r} \approx v_k \frac{\partial f_k^0}{\partial T} \nabla T \tag{5-59}$$

通过假设 f_k^0 仅仅依赖于能量 ε_k,电子的电场项也可以简化。忽略磁性项,可以写出线性化玻尔兹曼方程的完全形式:

$$- v_k \frac{\partial f_k^0}{\partial T} \nabla T - v_k \cdot e \frac{\partial f_k^0}{\partial \varepsilon_k} E = \iint \{ (f_{k'} - f_{k'}^0) - (f_k - f_k^0) \} L_k^{k'} \mathrm{d}k' \tag{5-60}$$

这也是粒子的玻尔兹曼输运方程,同时这也是一个线性的非齐次积分方程。同理可以得到晶格热导的玻尔兹曼方程,当然是只考虑 U 过程的:

$$- v_q \cdot \frac{\partial n_q}{\partial T} \nabla T = \iint \left[\begin{array}{l} \{ n_q n_{q'} (1 + n_{q''}) - (1 + n_q)(1 + n_{q'}) n_{q''} \} L_{qq'}^{q''} + \\ \dfrac{1}{2} \{ n_q (1 + n_{q'})(1 + n_{q''}) - (1 + n_q) n_{q'} n_{q''} \} L_q^{q'q''} \end{array} \right] \mathrm{d}q' \mathrm{d}q'' \tag{5-61}$$

在早期这个方程是通过变分的方式来求解的,现在通常使用迭代求解的方法。下面简单介绍这个玻尔兹曼方程的迭代解法。

以实战为例,简单解一个迭代解法的玻尔兹曼方程,W 代表不同的散射过程:

$$k_B T v_\lambda \nabla T \cdot \frac{\partial n_\lambda^0}{\partial T} = \sum_{\lambda' \lambda''} \left[W_{\lambda \lambda' \lambda''}^+ (\Psi_{\lambda''} - \Psi_{\lambda'} - \Psi_\lambda) + W_{\lambda \lambda' \lambda''}^- (\Psi_{\lambda''} + \Psi_{\lambda'} - \Psi_\lambda) \right]$$

$$+ \sum_N W_{\lambda \lambda'}^{\text{imp}} (\Psi_{\lambda'} - \Psi_\lambda) - n_\lambda^0 (n_\lambda^0 + 1) \Psi_\lambda \frac{1}{\tau^{\text{bs}}} \tag{5-62}$$

这里 $n_\lambda = n_\lambda^0 - \dfrac{\partial n_\lambda^0}{\partial \omega_\lambda} \Psi_\lambda$，为了能够实现迭代，必须设法尝试代入第一个 n 的值，如此反复直到实现两边的式子相等。因此可得

$$k_B T v_\lambda \nabla T \cdot \frac{\partial n_\lambda^0}{\partial T} = \sum_{\lambda'\lambda''} \left[W_{\lambda\lambda'\lambda''}^+ (\Psi_{\lambda''} - \Psi_{\lambda'}) + \frac{1}{2} W_{\lambda\lambda'\lambda''}^- (\Psi_{\lambda''} + \Psi_{\lambda'}) \right] + \sum_{\lambda'} W_{\lambda\lambda'}^{\mathrm{imp}} (\Psi_{\lambda'})$$

$$- \Psi_\lambda \left[\sum_{\lambda'\lambda''} \left(W_{\lambda\lambda'\lambda''}^+ + \frac{1}{2} W_{\lambda\lambda'\lambda''}^- \right) - \sum_{\lambda'} W_{\lambda\lambda'}^{\mathrm{imp}} - n_\lambda^0 (n_\lambda^0 + 1) \frac{1}{\tau^{\mathrm{bs}}} \right] \quad (5\text{-}63)$$

假设

$$Q = \sum_{\lambda'\lambda''} \left(W_{\lambda\lambda'\lambda''}^+ + \frac{1}{2} W_{\lambda\lambda'\lambda''}^- \right) - \sum_{\lambda'} W_{\lambda\lambda'}^{\mathrm{imp}} - n_\lambda^0 (n_\lambda^0 + 1) \frac{1}{\tau^{\mathrm{bs}}} \quad (5\text{-}64)$$

因此，玻尔兹曼方程简化为

$$k_B T v_\lambda \nabla T \cdot \frac{\partial n_\lambda^0}{\partial T} \Big/ Q = \frac{\omega_\lambda n_0 (n_0 - 1) v_{\lambda\alpha}}{T Q_\lambda} \quad (5\text{-}65)$$

由此可得

$$\frac{\omega_\lambda n_0 (n_0 - 1) v_{\lambda\alpha}}{T Q_\lambda} = \frac{1}{Q_\lambda} \sum_{\lambda'\lambda''} \left[W_{\lambda\lambda'\lambda''}^+ (\Psi_{\lambda''} - \Psi_{\lambda'}) + \frac{1}{2} W_{\lambda\lambda'\lambda''}^- (\Psi_{\lambda''} + \Psi_{\lambda'}) \right] + \sum_{\lambda'} W_{\lambda\lambda'}^{\mathrm{imp}} (\Psi_{\lambda'}) - \Psi_\lambda$$

$$(5\text{-}66)$$

在此设

$$\Psi_\lambda^0 = \frac{\omega_\lambda n_0 (n_0 - 1) v_{\lambda\alpha}}{T Q_\lambda} \quad (5\text{-}67)$$

代入上式可得

$$\Psi_\lambda = \Psi_\lambda^0 - \frac{1}{Q_\lambda} \sum_{\lambda'\lambda''} \left[W_{\lambda\lambda'\lambda''}^+ (\Psi_{\lambda''} - \Psi_{\lambda'}) + \frac{1}{2} W_{\lambda\lambda'\lambda''}^- (\Psi_{\lambda''} + \Psi_{\lambda'}) \right] + \sum_{\lambda'} W_{\lambda\lambda'}^{\mathrm{imp}} (\Psi_{\lambda'})$$

$$(5\text{-}68)$$

由此便可以实现迭代过程。很容易理解，Ψ_λ^0 就是玻尔兹曼方程的零阶解。也就是通常所讲的弛豫时间近似的解法。需要注意的是，这仅仅是数学上的迭代解法，其并不具备物理意义。但是无论如何，这是处理半经典玻尔兹曼输运方程的常用手段。

5.1.3　晶格热导率的理论计算：ShengBTE 与 Slack 经验模型

在实际计算中，目前求解声子的玻尔兹曼输运方程以得出晶格热导率的开源代码是 ShengBTE 计算软件包。ShengBTE 以第一性原理计算得出的二阶和三阶力常数作为输入参数，有时也可能需要介电常数作为输入参数。使用第一性原理计算输出的二阶和三阶力常数求解声子的玻尔兹曼输运方程可以获得与实验测量接近的晶格热导率。这种求解途径的唯一不利之处是计算和分析十分复杂且非常耗时。此外，对于初学者来说也不太好掌握。

　　另外,因为晶格热导率 κ_{L} 与温度有较强的关联,所以在某些情况下,可以使用 Slack 推导的一种计算晶格热导率大小的简单模型,即 Slack 经验模型由下式计算晶格热导率:

$$\kappa_{\mathrm{L}} = A\,\frac{\overline{M}\Theta_{\mathrm{D}}^3\delta}{\gamma^2 n^{2/3} T} \tag{5-69}$$

其中, $\overline{M}$ 是平均原子质量; δ^3 是平均单个原子的体积; T 是热力学温度; n 是单个晶胞内原子数; A 是关联参数,可以通过 Julian 公式得出

$$A = \frac{2.43 \times 10^{-8}}{1 - 0.514/\gamma + 0.228/\gamma^2} \tag{5-70}$$

γ 是 Grüneisen 参数,其定义为 $\gamma(\omega_{\mathrm{n}}) = -\mathrm{d}(\ln\omega_{\mathrm{n}})/\mathrm{d}(\ln V)$,其中 ω_{n} 和 V 分别是频率和晶体体积。这个参数定义了声子模的振动频率随体积的变化率,因此 γ 不是常数而是声子 q 的函数,且不同的声子振动模具有不同的 γ 值。Grüneisen 参数 γ 是对晶体振动偏离简谐的衡量,在一定程度上可以解决非简谐的声子-声子耦合作用。根据 Belomestnykh 模型,在一个空间上无界、各向同性的弹性介质中,Grüneisen 参数 γ 与纵向弹性波速 v_{l} 和横向弹性波速 v_{t} 具有以下关系:

$$\gamma = \frac{9(v_{\mathrm{l}}^2 - 4v_{\mathrm{t}}^2/3)}{2(v_{\mathrm{l}}^2 + 2v_{\mathrm{t}}^2)} \tag{5-71}$$

　　由上述晶格热导率的计算公式可以推断,一个高热导率的绝缘体应该满足以下条件: ① 高的德拜温度 Θ_{D} ;② 小的 Grüneisen 参数 γ ;③ 小的 n (简单的晶体结构,单个晶胞内原子数要少)。综合方程(5-69)~方程(5-71),对于给定材料体系,只要计算出德拜温度 Θ_{D} 、Grüneisen 参数 γ 和关联参数 A ,便可以由 Slack 经验模型方程(5-69)计算出晶格热导率。显然,与基于玻尔兹曼输运方程的 ShengBTE 相比,虽然 Slack 经验公式计算精度有其局限性,但要快捷得多,这对于获得不同材料体系晶格热导率的变化趋势是非常有利的。此外,如果计算小心得当,Slack 经验公式也可以获得与实验吻合非常好的计算结果。

　　Slack 经验公式计算晶格热导率的基本假定是,低温下晶格热输运大多数是由声学支完成的。在声子热传输中,一个基本的重要概念是德拜频率 ω_{D} ,它定义了晶体中一个给定模式的最大振动频率。据此,可以定义声学支的德拜温度为: $\Theta_{\mathrm{D}} = h\omega_{\mathrm{D}}/k_{\mathrm{B}}$,这里 h 是普朗克常数, k_{B} 是玻尔兹曼常数。德拜温度是衡量材料振动特性的最重要的基本参数之一,它与材料的其他物理性质如弹性常数、比热容和熔点等密切相关。大致来说,更高的德拜温度意味着更高的热导率,但这不是一定正确的。通常情况下,可以通过计算体系的弹性常数获得德拜温度。由 Slack 经验公式计算晶格热导率的基本过程如下:首先计算材料的弹性常数 c_{ij} ,然后由弹性常数计算出纵向弹性波速 v_{l} 、横向弹性波速 v_{t} 和平均声速 v_{m} 、德拜温度 Θ_{D} ,进而由方程(5-69)计算出体系的晶格热导率。

5.2　钇掺杂碲化锑的电子热导率和晶格热导率

　　热导率是决定相变存储器功耗的一个重要参数。因为设置/重置(SET/RESET)过程

非常依赖于热耗散与热传导。在前面章节我们讨论到 Sb_2Te_3 用于相变存储器时存储速度最快，但非晶态稳定性差，而且功耗不够低。因此，利用第一性原理计算筛选出可以提高 Sb_2Te_3 电阻率和非晶态稳定性的掺杂元素钇。本节将利用第一性原理计算和玻尔兹曼输运方程计算钇掺杂碲化锑的载流子热导率（κ_e），利用第一性原理计算和 Slack 方程计算晶格热导率（κ_L），并讨论钇掺杂对 Sb_2Te_3 热导率的影响进而对降低其相变存储器功耗的作用。具体计算参数的设置见参考文献。

5.2.1　Y 掺杂 Sb_2Te_3 的电子热导率：半经典玻尔兹曼方程

基于第一性原理计算的能带结构数据，使用 BoltzTraP 代码计算载流子热导率时，利用了包含固定弛豫时间近似和刚带模型的半经典玻尔兹曼输运理论。在刚带模型中，电子能带结构被假定为不受载流子和温度的影响。之所以固定弛豫时间 τ_k，是因为它很难计算，这里根据文献数据，使用 Sb_2Te_3 的弛豫时间 12 fs 来计算载流子热导率。首先利用第一性原理精确计算 Y 掺杂 Sb_2Te_3 的能带结构，然后使用基于半经典玻尔兹曼输运理论的 BoltzTraP 代码求解获得载流子热导率 κ。图 5-1（a）给出了计算得到的室温（300 K）和 800 K 下不同载流子浓度的 Y 掺杂 Sb_2Te_3（$Y_xSb_{2-x}Te_3$）的电子热导率 κ_e，可以看出，在相同的载流子浓度下电子热导率 κ_e 随着 Y 掺杂浓度的增加而降低，表明 Y 掺杂有助于降低 Sb_2Te_3 的电子热导率 κ_e。此外，在温度接近 Sb_2Te_3 熔点（893 K）的 800 K 下，$Y_xSb_{2-x}Te_3$ 的电子热导率 κ_e 随着 Y 掺杂更剧烈地下降。

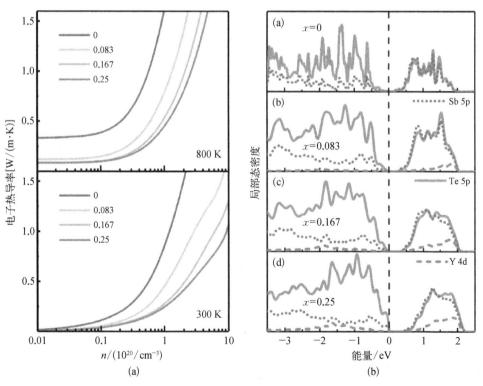

图 5-1　（a）300 K 和 800 K 下 $Y_xSb_{2-x}Te_3$ 不同 x 的电子热导率 κ_e；（b）Sb_2Te_3 与 Y 掺杂 Sb_2Te_3 的分波态密度（PDOS），其中费米能级设置为 0 eV

为了阐明钇掺杂导致 Sb_2Te_3 电子热导率 κ_e 降低的根源,我们从电子态密度和 Wiedemann-Franz 定律的角度进行分析。计算的电子分态密度(PDOS)如图 5-1(b)所示。显然,掺杂前,Sb_2Te_3 的价带顶主要是 Te 5p 态,而导带底则由 Te 5p 态和 Sb 5p 态构成;Y 掺杂后,导带底增加了 Y 4d 的贡献,且 Sb_2Te_3 的带隙 E_g 随着 Y 掺杂量的增加而增大。由 Wiedemann-Franz 定律可知,载流子热导率和电导率符合以下线性关系:$\kappa_e = L\sigma T$,其中 L 是洛伦兹系数;而电导率是电子和空穴的电导率之和,记作 $\sigma = (ne\mu_e + pe\mu_h)$,其中 n 和 p 分别为电子数和空穴数,$\mu_e = e\tau / m_e^*$,$\mu_h = e\tau / m_h^*$。由此可见,载流子热导率 κ_e 与有效质量 m^* 成反比。载流子有效质量 m^* 与带隙 E_g 有关,可以通过 $k \cdot p$ 微扰理论由带隙得出,当体系仅包含两个能带(价带和导带)情况下可以简化为下式:

$$\frac{1}{m^*} \approx \frac{1}{m} + \frac{2}{m^2} \frac{| \langle c | p | v \rangle^2 |}{E_g} \tag{5-72}$$

其中,c 和 v 分别指价带和导带;m 为电子静止质量;E_g 为能带带隙。由上式可知,Y 掺杂 Sb_2Te_3 的带隙 E_g 增大意味着载流子有效质量 m^* 增加。因此,$Y_xSb_{2-x}Te_3$ 载流子热导率 κ_e 的下降可归因于 Y 掺杂导致体系带隙 E_g 的减小。另外,由图 5-1(b)可以看出,随着 Y 掺杂量的增加,主要由 Te 5p 态贡献的价带边缘变得比导带边缘更加陡峭,这表明空穴的有效质量比电子的大。实验证明 Sb_2Te_3 是 p 型半导体,其空穴密度为 10^{20} cm^{-3},空穴的主要来源是反位原子 Sb_{Te} 缺陷,而计算发现 Y 掺杂抑制 Sb_{Te} 缺陷的形成,因此 Y 掺杂对于降低 Sb_2Te_3 的电导率是非常有效的。总之,Y 掺杂使得 Sb_2Te_3 载流子有效质量 m^* 增大不仅能降低载流子热导率而且可以降低电导率,这对于降低 Sb_2Te_3 基 PCRAM 器件的功耗具有重要的实际应用价值。

5.2.2　Y 掺杂的 Sb_2Te_3 的晶格热导率:Slack 经验模型

由计算晶格热导率的 Slack 经验公式(5-69)可知,我们首先需要计算体系的德拜温度 Θ_D、Grüneisen 参数 γ 和关联参数 A,而这些参数都可以通过计算体系的弹性常数 c_{ij} 进而通过相关公式计算得出。对于菱方 Sb_2Te_3 和钇掺杂 Sb_2Te_3,根据其三方晶系对称性,共有 6 个弹性常数 c_{ij}:c_{11}、c_{12}、c_{13}、c_{33}、c_{44} 和 c_{66},其中 $c_{66} = (c_{11} - c_{12}) / 2$。采用第一性原理计算弹性常数时,首先对 c_{ij} 矩阵施加很小的弹性应变,然后计算相应的应力矩阵,进而推算出弹性常数,施加应变的矩阵为 e_{ij}。值得指出的是,目前有些第一性原理计算代码如 VASP,只要设置了弹性模量计算的参数,VASP 将自动根据体系的晶体对称性对其施加弹性应变,而不需要手动变形。

$$\begin{pmatrix} c_{11} & c_{12} & c_{13} & c_{14} & 0 & 0 \\ c_{12} & c_{11} & c_{13} & -c_{14} & 0 & 0 \\ c_{13} & c_{13} & c_{33} & 0 & 0 & 0 \\ c_{14} & -c_{14} & 0 & c_{44} & 0 & 0 \\ 0 & 0 & 0 & 0 & c_{44} & c_{14} \\ 0 & 0 & 0 & 0 & c_{14} & c_{66} \end{pmatrix}, \begin{pmatrix} \sigma_{xx} \\ \sigma_{yy} \\ \sigma_{zz} \\ \sigma_{xy} \\ \sigma_{yz} \\ \sigma_{zx} \end{pmatrix} = \begin{pmatrix} c_{11} & c_{12} & c_{13} & c_{14} & c_{15} & c_{16} \\ c_{21} & c_{22} & c_{23} & c_{24} & c_{25} & c_{26} \\ c_{31} & c_{32} & c_{33} & c_{34} & c_{35} & c_{36} \\ c_{41} & c_{42} & c_{43} & c_{44} & c_{45} & c_{46} \\ c_{51} & c_{52} & c_{53} & c_{54} & c_{55} & c_{56} \\ c_{61} & c_{62} & c_{63} & c_{64} & c_{65} & c_{66} \end{pmatrix} \times \begin{pmatrix} \varepsilon_{xx} \\ \varepsilon_{yy} \\ \varepsilon_{zz} \\ 2\varepsilon_{xy} \\ 2\varepsilon_{yz} \\ 2\varepsilon_{zx} \end{pmatrix}.$$

$$\tag{5-73}$$

Sb_2Te_3 和钇掺杂 Sb_2Te_3 的计算弹性常数如表 5-1 所示。对于菱方晶体,根据 Born 力学稳定性判据,$c_{11} - c_{12} > 0$、$(c_{11} - c_{12}) c_{44} - 2c_{14}^2 > 0$ 和 $(c_{11} + c_{12}) c_{33} - 2c_{13}^2 > 0$,可以判断钇掺杂对 Sb_2Te_3 晶体结构力学稳定性的影响。由表 5-1 中的弹性模量数据,钇掺杂没有影响 Sb_2Te_3 晶体结构的力学稳定性,所有钇掺杂体系的弹性模量都符合 Born 力学稳定性判据,所有掺杂体系都是力学稳定的。然后,利用计算的弹性常数,通过 Voigt-Reuss-Hill 近似推导其他力学参数,如体模量 B 和剪切模量 G。根据 Voigt 模型,体模量 B_V 和剪切模量 G_V 的计算公式如下:

$$B_V = \frac{2(c_{11} + c_{12}) + c_{33} + 4c_{13}}{9}, \quad G_V = \frac{c_{11} + c_{12} + 2c_{33} - 4c_{13} + 12(c_{44} + c_{66})}{30}$$

$$(5-74)$$

根据 Reuss 模型,体模量 B_R 和剪切模量 G_R 的计算如下:

$$B_R = \frac{(c_{11} + c_{12}) c_{33} - 2c_{13}^2}{c_{11} + c_{12} + 2c_{33} - 4c_{13}}, \quad G_R = \frac{5}{2} \frac{c(c_{44}c_{66} - c_{14}^2)}{3B_V(c_{44}c_{66} - c_{14}^2) + c(c_{44} + c_{66})}, \quad (5-75)$$

$$c = (c_{11} + c_{12}) c_{33} - 2c_{13}^2$$

在这两种模型中,Voigt 模型代表模量的上限,而 Reuss 模型代表模量的下限。根据 Voigt 和 Reuss 近似模型计算的体模量和剪切模量值也列于表 5-1,可以看到,这两种模型的计算结果比较接近。另外,Hill 将 Voigt 和 Reuss 这两种近似进行了算术平均值,就是所谓的 Voigt-Reuss-Hill 理论,其计算公式如下:

$$B_H = \frac{B_R + B_V}{2}, \quad G_H = \frac{G_R + G_V}{2} \tag{5-76}$$

基于上述公式计算得到的 Sb_2Te_3 和钇掺杂 Sb_2Te_3 的体模量 B 和剪切模量 G 值也列在表 5-1 中。由表中数据可知,钇掺杂略微降低了 Sb_2Te_3 的体模量,对其剪切模量的影响也甚微,但有增大的趋势。此外,虽然钇掺杂对体模量的影响很小,但总体而言,随着钇掺杂量的增加,体系的体模量有逐渐降低的趋势。这表明由于 Y 与 Sb 原子半径的差异,即对于离子半径而言,Y^{3+} 离子半径是 0.90 Å,而 Sb^{3+} 离子半径是 0.76 Å,因此当 Y 替换 Sb 原子时导致晶格畸变进而影响了力学性质。

表 5-1　Sb_2Te_3 与钇掺杂 Sb_2Te_3 的计算弹性常数 c_{ij}、体模量 B 和剪切模量 G（单位：GPa）

模　量	Sb_2Te_3	$Y_{0.083}Sb_{1.817}Te_3$	$Y_{0.167}Sb_{1.833}Te_3$	$Y_{0.25}Sb_{1.75}Te_3$
c_{11}	80.29	78.04	78.20	75.88
c_{12}	21.78	20.54	20.13	20.34
c_{13}	25.99	25.53	25.27	25.06
c_{33}	46.70	46.96	46.99	47.69
c_{44}	26.69	26.46	26.11	25.72
c_{66}	29.26	28.64	27.64	27.73
B_V	39.42	38.47	38.31	37.82
G_V	24.40	25.05	24.54	24.43

（续表）

模　量	Sb$_2$Te$_3$	Y$_{0.083}$Sb$_{1.817}$Te$_3$	Y$_{0.167}$Sb$_{1.833}$Te$_3$	Y$_{0.25}$Sb$_{1.75}$Te$_3$
B_R	37.33	36.80	36.65	36.48
G_R	17.85	18.34	18.20	18.24
B_H	38.38	37.63	37.48	37.15
G_H	21.12	21.70	21.37	21.33

有了体系的体模量 B 和剪切模量 G，就可以利用 Naviers 方程计算出纵向弹性波 v_1、横向弹性波 v_t 以及体系的平均声速 v_m。计算的方程如下：

$$v_1 = \left(\frac{3B + 4G}{3\rho} \right)^{1/2}, \ v_t = \left(\frac{G}{\rho} \right)^{1/2}, \ v_m = \left[\frac{1}{3} \left(\frac{2}{v_t^3} + \frac{1}{v_1^3} \right) \right]^{-1/3} \tag{5-77}$$

其中 ρ 为密度，Sb$_2$Te$_3$ 和钇掺杂 Sb$_2$Te$_3$ 体系的 ρ 是由结构弛豫后的晶胞体积计算得出的，Sb$_2$Te$_3$、Y$_{0.083}$Sb$_{1.817}$Te$_3$、Y$_{0.167}$Sb$_{1.833}$Te$_3$ 和 Y$_{0.25}$Sb$_{1.75}$Te$_3$ 的计算 ρ 值分别为 6.47 g/cm^3、6.42 g/cm^3、6.37 g/cm^3 和 6.34 g/cm^3。显然，密度 ρ 随着 Y 掺杂量的增加而减小，这是由于相较于 Sb 原子，虽然 Y 的半径更大，但其原子质量更小。

通过平均声速 v_m 可以估算德拜温度 Θ_D。在极低温下，体系的振动激发模式唯一地来源于声学支，所以从弹性常数计算得出的 Θ_D 应该与低温下的测量值非常相近。一般情况下，由平均声速计算 Θ_D 的公式如下：

$$\Theta_D = \frac{h}{k_B} \left[\frac{3n}{4\pi} \left(\frac{\rho N_A}{M} \right) \right] v_m \tag{5-78}$$

其中，h 是普朗克常量；k_B 是玻尔兹曼常数；N_A 是阿伏伽德罗常数，M 是体系的平均分子量；n 是体系的原子数；ρ 是体系的密度。用上述公式计算得出 Sb$_2$Te$_3$ 的平均声速 v_m（km/s）、体模量 B（GPa）和德拜温度 Θ_D（K）如表 5-2 所示。显然，密度泛函理论计算的 Sb$_2$Te$_3$ 的体模量、平均声速和德拜温度都与实验值吻合得很好。钇掺杂 Sb$_2$Te$_3$ 的平均声速 v_m 和德拜温度 Θ_D 如图 5-2 所示，可见，随着钇掺杂浓度的增加，平均声速 v_m 和德拜温度 Θ_D 都是下降的，这表明钇掺杂会降低 Sb$_2$Te$_3$ 的晶格热导率。

表 5-2　计算的 Sb$_2$Te$_3$ 的密度 ρ、平均声速 v_m、体模量 B 和德拜温度 Θ_D

Sb$_2$Te$_3$	ρ/(g/cm^3)	v_m/(km/s)	B/GPa	Θ_D/K
本工作	6.469	2.06	38.4	193
实验[a]			44.8	200
实验[b]	6.488	1.91		179
实验[c]	6.440			

a. Chen X, Zhou H D, Kiswandhi A, et al. 2011. Thermal expansion coefficients of Bi$_2$Se$_3$ and Sb$_2$Te$_3$ crystals from 10 K to 270 K. Applied Physics Letters, 99(26): 261912; b. Bessas D, Sergueev I, Wille H, et al. 2012. Lattice dynamics in Bi$_2$Te$_3$ and Sb$_2$Te$_3$: Te and Sb density of phonon states. Physics Review B, 86(22): 224301; c. Smith M J, Knight R J, Spencer C W. 1962. Properties of Bi$_2$Te$_3$-Sb$_2$Te$_3$ alloys. Journal of Applied Physics, 33(7): 2186-2190.

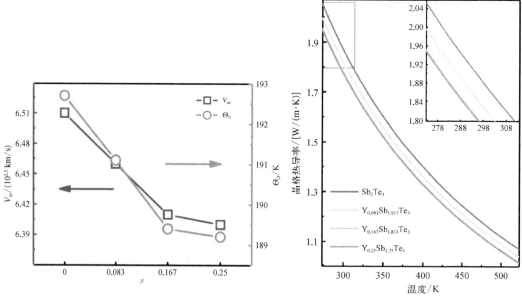

图 5-2　Sb$_2$Te$_3$ 和钇掺杂 Sb$_2$Te$_3$ 的平均
声速 ν_m 和德拜温度 Θ_D

图 5-3　不同温度下,Sb$_2$Te$_3$ 及钇掺杂 Sb$_2$Te$_3$
的 Slack 经验计算晶格热导率 κ_L,其
中插图是室温附近的 κ_L

关于 Grüneisen 参数 γ,已知 Sb$_2$Te$_3$ 在 270 K 下的实验值是 2.3。因此,先由方程 (5-71) 计算 Sb$_2$Te$_3$ 的 Grüneisen 参数,以此为标准确认计算的可靠性。计算得出,0 K 下 Sb$_2$Te$_3$ 和钇掺杂 Sb$_2$Te$_3$ 的 Grüneisen 参数都为 1.55 左右,其中 Sb$_2$Te$_3$ 的 Grüneisen 参数是 1.54,比 Sb$_2$Te$_3$ 的实验值 2.3 低得多,表明这种计算方法存在局限性,后面将介绍更精准的 从声子谱计算 Grüneisen 参数的方法。Grüneisen 参数也反映了温度依赖的弹性性质,但是 密度泛函理论计算的是 0 K 下的弹性常数,由此得出的 Grüneisen 参数也是 0 K 下的,因此, 必然与室温值存在一定差异。另外,如果使用 $\gamma = 1.54$,由方程 (5-69) 计算得出 Sb$_2$Te$_3$ 的晶 格热导率为 4.7 W/(m·K),远大于通常报道的实验值范围 1.1~2.4 W/(m·K),进一步表 明这种方法计算的 Grüneisen 参数误差很大。如果使用 Grüneisen 参数的实验值 $\gamma = 2.3$, 并使用这里计算的德拜温度值,则计算得出 Sb$_2$Te$_3$ 的晶格热导率 κ_L 为 1.9 W/(m·K),这 在报道的实验值范围内,因此这里使用实验值 $\gamma = 2.3$ 来计算钇掺杂 Sb$_2$Te$_3$ 晶格热导率,计 算结果示于图 5-3。显然,掺杂钇后,在同一温度下,体系的晶格热导率随着钇掺杂浓度 的增大而降低;而对于同一材料体系,晶格热导率随着温度的升高而降低。由此可见,掺 杂钇也能降低 Sb$_2$Te$_3$ 的晶格热导率。

在不同温度下,Sb$_2$Te$_3$ 及不同钇掺杂浓度 Sb$_2$Te$_3$ 的晶格热导率 κ_L 和电子热导率 κ_e 示 于图 5-4。由图可见,无论是 Sb$_2$Te$_3$ 还是钇掺杂 Sb$_2$Te$_3$,在室温下,材料体系的热导率 κ 均主要来自晶格热导率 κ_L 的贡献;但是随着温度升高,晶格热导率呈现降低的趋势,而电 子热导率则呈现出升高的趋势。尤其是对于纯 Sb$_2$Te$_3$,在高温下,Sb$_2$Te$_3$ 的电子热导率 κ_e 成为主导,但对高浓度钇掺杂的体系,如 Y$_{0.167}$Sb$_{1.833}$Te$_3$ 和 Y$_{0.25}$Sb$_{1.75}$Te$_3$,高温下晶格热导率 与电子热导率的贡献几乎相当。对于这两种热导率 κ 随温度升高而截然相反的变化趋 势,我们可以从物理学的角度进行理解。在高温下,尤其是当温度高于德拜温度 Θ_D(这里

Sb_2Te_3的计算值是 190 K)直至接近熔点时,声子-声子散射(亦即翻转过程)将随着温度的升高而升高,这必然导致晶格热导率随温度升高而降低。另外,由计算晶格热导率的 Slack 经验公式(5-69)可见,晶格热导率 κ_L 与温度是呈反比关系的。而对于电子热导率 κ_e,由于洛伦兹系数 L 和有效质量 m^* 随温度变化较小,根据 Wiedemann-Franz 定律 $\kappa_e = L\sigma T$,电子热导率 κ_e 与温度呈正比关系,即温度升高,电子热导率升高。此外,在这里研究的温度范围内(图 5-4),由于钇掺杂,体系的平均总热导率 κ 从 Sb_2Te_3 的 2.5 降到 $Y_{0.167}Sb_{1.833}Te_3$ 和 $Y_{0.25}Sb_{1.75}Te_3$ 的 1.5。这主要是由于高浓度钇掺杂时,电子热导率 κ_e 在高温的贡献显著降低。总之,钇掺杂导致 Sb_2Te_3 总热导率 κ 的极大降低,对于降低相变存储器 RESET 过程的功耗是非常有益的。而且,根据 Slack 经验公式(5-69)计算晶格热导率对于获得成分对晶格热导率的影响或者变化趋势是非常快捷且可靠的。

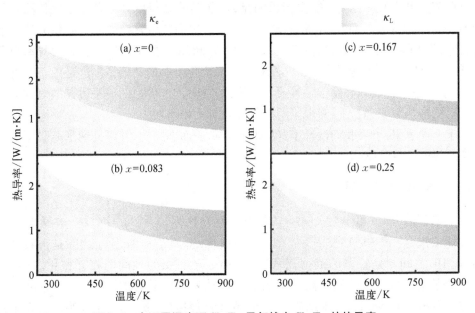

图 5-4　在不同温度下 Sb_2Te_3 及钇掺杂 Sb_2Te_3 的热导率 κ

5.3　高热电性能的 Sb_2Te_3 纳米薄膜

热导率是决定热电转换效率的要素之一。热电器件可以将热能转化为电能,实现环境友好的废热发电;也可以将电能转化为热能,实现固态制冷。热电转换效率是由材料的热电优值 $ZT = S^2\sigma T/(\kappa_e + \kappa_L)$ 决定的,其中 S、σ、κ_e、κ_L 和 T 分别为塞贝克系数、电导率、电子热导率、晶格热导率和温度,$S^2\sigma$ 称为功率因子。显然,这些参数是相互依赖的,调整它们以在同一体系中同时实现功率因子 $S^2\sigma$ 的提高和热导率的降低是极其困难的。在所有决定热电优值 ZT 的物理参数中,晶格热导率 κ_L 是唯一一个几乎不依赖于电子传输特性的参数,它可以通过独立结构设计降低甚至达到非晶极限的最小值。另外,一般而言,增大功率因子也同时升高了电子热导率,因此,如何优化热电材料的电子能带结构,从而在电子热导率和功率因子之间获得折中以最大限度地提高材料的热电优值是关键。

热电材料通常是具有复杂晶体结构的窄带隙半导体,在目前广泛研究的热电材料中,Bi_2Te_3 和 Sb_2Te_3 基的固溶体化合物是性能优异的室温热电材料。但是,室温下,Sb_2Te_3 的塞贝克系数较小,热电优值也很低(<0.3)。尽管实施 p 型掺杂后的化合物如 $Sb_{1.6}Bi_{0.4}Te_3$ 的热电优值可以达到 1.12,但是用其制备的热电器件转换效率还是偏低。从另一个角度看,最近的研究表明 Sb_2Te_3 是一种拓扑绝缘体,具有稳定的表面态,且其电子结构非常独特,在 Γ 点具有一个狄拉克锥,这种独特的电子结构特征对热电性能是非常有意义的。拓扑绝缘体是一种具有新奇量子特性的物质状态,不同于传统的绝缘体,拓扑绝缘体的体内绝缘,但是边界或表面却总存在导电的边缘态。因此,可以根据 Sb_2Te_3 的拓扑绝缘特性,制备出具有表面态电子结构特征的纳米 Sb_2Te_3,充分利用单一狄拉克锥和表面原子层态密度对调节热电优值的作用。需要指出的是,目前实验已经用分子束外延生长法获得了这种 Sb_2Te_3 纳米薄膜。而且,纳米化本身也是显著提高热电转换效率的有效方法,例如,研究表明,将 Bi_2Te_3 和 Sb_2Te_3 制备成 Sb_2Te_3/Bi_2Te_3 超晶格纳米薄膜后,晶格热导率显著降低,获得了高达 2.4 的热电优值,是 $Sb_{1.6}Bi_{0.4}Te_3$ 固溶化合物的 2 倍多。这是由于在低维结构中,电子或空穴被强烈限制于一维或者二维的空间,因此界面的声子边界散射效应增加而降低了晶格热导率,但界面对电子的散射并没有大幅增加。

基于上述思想,下面我们设计了这样的 Sb_2Te_3 表面态结构,并研究纳米薄膜厚度对能带结构及热电优值的影响。

5.3.1 结构模型与计算方法

一个独立的五层(quintuple-layer,QL)Sb_2Te_3 结构如图 5-5(a)所示,沿厚度方向的原子堆垛依次是 Te-Sb-Te-Sb-Te。在一个 QL 内 Sb 原子和 Te 原子之间是强共价键结合的,而 QL 之间则是较弱的范德华耳斯力,类似于石墨的层间弱相互作用。因此,除了利用分子束外延生长法制备高质量的 Sb_2Te_3 纳米薄膜外,理论上还可以通过机械剥离的方法获得这种 Sb_2Te_3 纳米结构。此外,在不同厚度的 Sb_2Te_3 纳米薄膜的模型中都包括若干整数倍的 QL 层和一个真空层,真空层厚度设置为 40 Å。因此,1QL、2QL、3QL、4QL 和 5QL 的厚度分别为 0.74 nm、1.78 nm、2.81 nm、3.82 nm 和 4.84 nm,其中 QL 之间的距离是 0.3 nm。

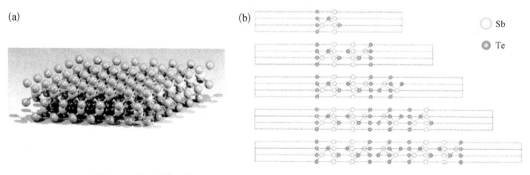

图 5-5　(a)独立的 1QL Sb_2Te_3 结构。(b)五种不同厚度的 Sb_2Te_3 纳米薄膜的计算模型:1QL, 2QL, 3QL, 4QL, 5QL

在计算参数的设置中,需要指出的是,由于 QL 之间弱的范德瓦耳斯力结合,结构优化时在传统的 Kohn-Sham 密度泛函理论(DFT)能量方程中加入了 DFT-D2 半经验修正。在能带结构的计算中,k 点要尽量大,这里采用 25×25×1 网格以 Γ 点为中心自动生成,并采用了布洛赫修正的四面体方法。同时,电子结构的计算中也考虑自旋-轨道耦合(SOC)的影响。在第一性原理计算的基础上,采用基于固定弛豫时间近似和刚带模型的半经典玻尔兹曼输运理论,利用 BoltzTraP 代码计算电子热导率、塞贝克系数和热电性能。在刚带模型理论中,假定电子能带结构不受载流子和温度的影响。输运性质的计算过程中,值得注意的是,要采用更密集的 51×51×1 的 k 点网格。

5.3.2　Sb$_2$Te$_3$纳米薄膜的独特能带结构

对于晶体 Sb$_2$Te$_3$ 的能带结构[图 5-6(a)],不考虑 SOC 时是直接带隙,考虑 SOC 作用后变成间接带隙,且价带顶(VBM)和导带底(CBM)都位于非高对称点,这与文献结果是一致的。这是因为考虑 SOC 作用时,Γ 点处具有相反宇称符号的价带和导带发生反转,从而引起了能带结构的变化。将体相 Sb$_2$Te$_3$ 制成具有表面态结构的纳米薄膜后,当薄膜厚度为 1QL 时[图 5-6(b)],SOC 对能带形状的影响很小,只是导致 CBM 下移从而将间接带隙减小了 0.24 eV。有趣的是,对于 1QL 结构的 Sb$_2$Te$_3$,其 VBM 能带中出现了 4 个等效简并峰谷,这种特质对于提高态密度有效质量是有利的,后续将具体讨论。如图 5-6(c)所示,当薄膜厚度增加到 2QL 时,这种等效简并谷的特征消失,且随着薄膜厚度的增加,考虑 SOC 计算的带隙迅速减小,厚度等于 3QL[图 5-6(d)],带隙是 0.05 eV,而当厚度为 4QL 时[图 5-6(e)],导带和价带的边缘态在 Γ 点处的带隙中形成了一个狄拉克锥,类似拓扑绝缘体的表面态能带结构。进一步分析 4QL 结构中 Γ 点处的投影电荷密度分布(图 5-6(e)中的插图),可以看到狄拉克锥主要是由 Sb p_z 态贡献的。顶部 QL 原子层中 Sb p_z 态对能带结构的贡献如图 5-6(e)中 Γ 点处所示。当厚度增大到 5 QL 时[图 5-6(f)],狄拉克锥仍然存在,但除狄拉克锥外的能带带隙减小到约 0.2 eV,这与体相的带隙已经很相近。这是因为狄拉克锥可以理解为能带在表面弯曲的结果,而体相是可以看作没有表面的。此外,当厚度超过 5QL 时 Sb$_2$Te$_3$ 的能带结构开始出现体相的特征。值得注意的是,如图 5-6(f)中的插图所示,在 SOC 作用下除去狄拉克锥的能带带隙近似等于不考虑 SOC 时的带隙。

Sb$_2$Te$_3$ 纳米薄膜中的拓扑根源可以从不变量(ν_0)的计算结果来分析,这个不变量是由布里渊区中时间反演不变点处占据态的布洛赫波函数决定的。在二维布里渊区中,时间反演不变点是 Γ、M_1、M_2 和 M_3[见图 5-6(c)中的插图],因此这四个时间反演不变点处布洛赫波函数占据态的宇称的乘积便决定了 ν_0 的值,即 $(-1)^{\nu_0} = \pi_\Gamma \pi_{M_1} \pi_{M_2} \pi_{M_3}$。$\nu_0 = 1$ 代表拓扑非平庸的强拓扑绝缘体,$\nu_0 = 0$ 代表正常的绝缘体。计算结果列于表 5-3 中,与从能带结构预期的一样,1QL、2QL 和 3QL 厚度的 Sb$_2$Te$_3$ 纳米薄膜具有正常的拓扑表面态,而厚度为 4QL、5QL 及 6QL 的 Sb$_2$Te$_3$ 纳米薄膜均具有拓扑非平庸的表面态。进一步分析表 5-3 的计算结果可知,随着厚度的增加,Γ 点处占据态宇称的积发生改变,而 M、M_1 和 M_2 点处占据态宇称的积不变。因此,不变量 ν_0 与纳米薄膜厚度的关联性在于 Γ 点处占据态的宇称乘积的变化。

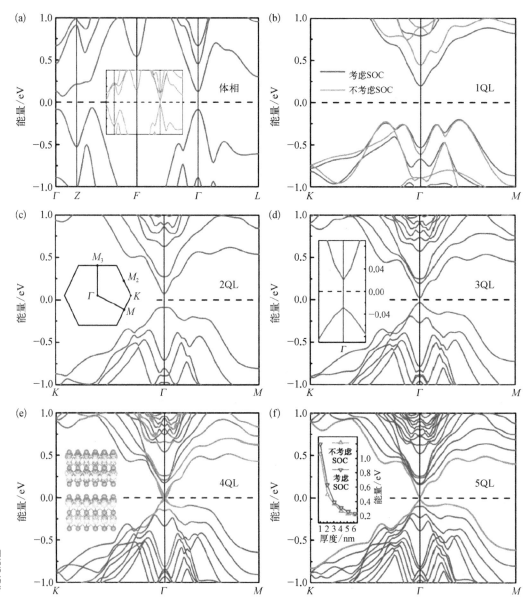

图 5-6　Sb₂Te₃ 体相（a）和纳米薄膜（b~f）的能带结构。（a）中插图是不考虑 SOC 所计算的能带结构。（c）中的插图是二维布里渊区。（d）中的插图是 Γ 点处带隙放大图。（e）中的插图是 VBM 和 CBM 在顶部两个 QL 上的投影电荷密度。（f）中的插图是不考虑 SOC 的带隙和考虑 SOC 而忽略狄拉克锥的带隙。费米能级设置为 $E_F = 0$

表 5-3　不同薄膜厚度 Sb₂Te₃ 中四个时间反演不变点
Γ、M、M_2 和 M_3 处占据态宇称的乘积

QL 数	厚度/nm	π_Γ	π_M	π_{M_2}	π_{M_3}	v_0
1	0.74	+1	+1	+1	+1	0
2	1.78	+1	+1	+1	+1	0
3	2.81	+1	+1	+1	+1	0

（续表）

QL 数	厚度/nm	π_Γ	π_M	π_{M_2}	π_{M_3}	v_0
4	3.82	-1	+1	+1	+1	1
5	4.84	-1	+1	+1	+1	1
6	5.89	-1	+1	+1	+1	1

5.3.3　Sb_2Te_3纳米薄膜中拓扑绝缘态的物理根源

上述结果显示，Sb_2Te_3纳米薄膜存在临界厚度，达到这个临界厚度后，Sb_2Te_3纳米薄膜由普通半导体态转变为拓扑非平庸的绝缘态。揭示这种拓扑绝缘态转变的物理根源，需要计算并深入分析 Γ 点处费米能级附近能带的宇称和狄拉克锥对应的分波电荷密度。计算结果显示于图 5-7，对于厚度为 5QL 和 4QL 的 Sb_2Te_3 纳米薄膜，Γ 点处的宇称相同，唯一不同是前者的能带在 Γ 点处呈现极小的带隙而后者则是没有带隙的狄拉克锥。当薄膜厚度由 4QL 变为 3QL 时［图 5-7（b）和（c）］，VBM 和 CBM 的宇称发生反转，导致 Γ 点处占据态宇称的积发生改变，并且在 Γ 点处的带隙被打开。显然，Sb_2Te_3纳米薄膜的厚度从 1.78 nm 增大到 2.81 nm 时发生从常规半导体态到拓扑绝缘态的转变，表明这里存在一个临界厚度。这个临界厚度是由拓扑表面态的衰减长度决定的，从图 5-7（d）VBM 和 CBM 能带的电荷密度分布看，在厚度超过 2QL 以外的位置，电荷密度显著降低，表明 Sb_2Te_3 的临界薄膜厚度大约为 2 nm。另外，5QL 和 4QL 薄膜结构具有对称性表面，对于其上下表面而言，由于在时间反演不变点处存在 Kramers 简并，因此表面能带在 Γ 点处是四重简并的。随着厚度减小至 3QL 甚至更小，这时薄膜厚度小于上下表面态的深度之和，因此上下表面态的能带之间将存在强烈的相互作用，从而导致带隙的打开。此外，尽管对称性表面结构仍然具有时间和空间反演对称性，但上下表面态之间的强相互作用混合了自旋向上和自旋向下的态，导致每个表面的自旋极化强度降低。在这里值得一提的是，Sb_2Te_3纳米薄膜呈现拓扑非平庸表面态的临界厚度是 4QL，而对于 Bi_2Te_3 和 Bi_2Se_3，其临界厚度分

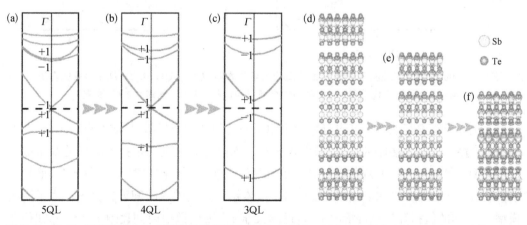

图 5-7　Sb_2Te_3纳米薄膜在 Γ 点带隙的局部放大图：（a）5QL=4.84 nm，（b）4QL=3.82 nm，（c）3QL= 2.81 nm，其中红色和绿色分别代表 Γ 点处为 +1 和 −1 的宇称；Sb_2Te_3 纳米薄膜能带结构中 VBM 与 CBM 部分能带的电荷密度：（d）5QL，（e）4QL 和（f）3QL

别为 3QL 和 5QL。对这三种不同体系而言,其临界厚度的变化源自引起 Γ 点处宇称反转的 SOC 强度的变化。Bi_2Te_3 纳米薄膜中的 SOC 作用最强,因此其临界厚度最小(3QL)。而厚度为 3QL 时,Sb_2Te_3 和 Bi_2Se_3 中的 SOC 作用没有强到能够保护在 Γ 点处形成单一狄拉克锥的拓扑表面态。

5.3.4 Sb_2Te_3 纳米薄膜的输运性质

基于第一性原理计算的能带结构数据,求解半经典玻尔兹曼方程便可以得到电子输运性质。图 5-8(a) 展示了在 300 K 不同载流子浓度下体相 Sb_2Te_3 和不同厚度 Sb_2Te_3 纳米薄膜的塞贝克系数,其中,对于具有对称性表面的纳米薄膜,计算时考虑了自旋-轨道耦合作用。电子热导率和电导率遵循 Wiedemann-Franz 定理,$\kappa_e = L\sigma T$,其中 L 是随载流子浓度变化的洛伦兹系数。由文献知,在 300 K 下载流子浓度是 1×10^{20} cm^{-3} 时 Sb_2Te_3 的洛伦兹系数 L 为约 1.6×10^{-8} V^2/K^2,所以这里计算的电子热导率乘以一个常数使得 L 在 1×10^{20} cm^{-3} 的载流子浓度下约为 1.6×10^{-8} V^2/K^2。与文献结果相比较,室温下 Sb_2Te_3 的计算结果与已发表的数据吻合得较好。图 5-8(a) 所展示结果的奇特之处在于,在相同载流子浓度下,1QL 纳米薄膜的塞贝克系数远远大于其他更厚薄膜的塞贝克值。这与图 5-6(b) 所示 $1QL-Sb_2Te_3$ 纳米薄膜的奇异电子价带结构有关,当费米能级靠近价带顶时,费米面将同时邻近四个价带的顶峰,这时化学势约为 -0.2 eV,其对应的掺杂浓度为 5×10^{20} cm^{-3}。显然,$1QL-Sb_2Te_3$ 纳米薄膜的高塞贝克系数预示着其高的热电优值。

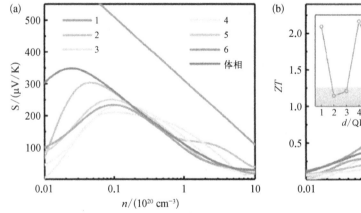
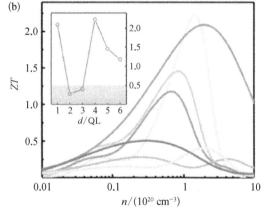

图 5-8 300 K 下不同载流子浓度下 p 型 Sb_2Te_3 半导体和 1QL~6QL Sb_2Te_3 纳米薄膜的塞贝克系数(a)和热电优值(b)。插图为纳米薄膜和体材料(粉红区域)的 ZT 峰值

这里在计算电子热导率和电导率时采用了固定弛豫时间近似,与前面章节类似,体相 Sb_2Te_3 实验拟合的弛豫时间为 12 fs,而表面态的弛豫时间是利用拓扑绝缘体的双重散射时间模型计算的。这里的双重散射时间是指两种不同的固定散射时间 τ_1 和 τ_2,其能量分别对应位于体相带隙之中和之外的态。同时,体相的固定散射时间设置为 τ_2'。为了简化模型,τ_2 与 τ_2' 的值相等。通常情况下,τ_1 远远大于 τ_2,因此散射时间比值 $r_\tau = \tau_1/\tau_2$ 往往非常大。由文献中的实验数据,可以得出 Bi_2Te_3 的散射时间比值 r_τ 为 25,并将其应用于这里的计算。这个散射时间比值是从 Dingle 因子估算的表面态寿命和体相 Bi_2Te_3 的数据估计的。对于具有拓扑绝缘特征表面态的 Sb_2Te_3 纳米薄膜,其面内电导率和电子热导率可以分别通过 $\sigma = \sigma_1 + \sigma_2$ 和 $\kappa_e = \kappa_{e1} + \kappa_{e2}$ 获得,这里的 σ_1 和 κ_{e1} 是狄拉克锥的输运性质,而 σ_2 和 κ_{e2} 是体相的输运性质。

计算的热电优值如图 5-8(b) 所示,显然热电优值 ZT 最大的是 1QL 和 4QL 的 Sb_2Te_3 纳米薄膜,其 ZT 值分别为 2.1 和 2.2,远大于体相 Sb_2Te_3 在室温下的计算值 0.5。1QL-Sb_2Te_3 纳米薄膜的高 ZT 值归因于其显著提高的塞贝克系数[图 5-8(a)],也可以从以下的分析来理解。对于具有抛物线能带色散且简并的半导体,塞贝克系数 S 正比于态密度有效质量 m^*,而 m^* 与能带有效质量 m_b^* 以及能带结构简并峰谷的数量 N_v 符合以下关系:$m^* = (N_v)^{2/3} m_b^*$。由图 5-9(a) 中平行于 (111) 面的二维费米面可见,靠近 Γ 点的内环是六重简并的峰谷,而外环的 $N_v = 12$,这显然能够大大提高态密度有效质量 m^* 进而提高塞贝克系数 S。为进一步理解这种多谷结构的起源,我们引入了从能带结构中确定表面态能带的方法,表面态能带也就是 Sb_2Te_3 纳米薄膜中表面所对应的能带。为了确定表面态能带,需将给定能带和平行于表面 k 向量处的波函数投影到球谐函数上,这个球谐函数在每个离子周围的一定半径内都不为零。在这里,将上表面两层原子和下表面两层原子的投影,选取 70% 作为百分比极值来判断表面能带。计算得到的纯表面带/态在图 5-9(b) 中用红色标出,其中蓝色的能带/态对应于表面共振态或类体相态。显然,具有多谷性质的价带被确定是表面带。这也支持了上面的结论,即随着薄膜厚度的增加,Γ 点附近的多谷结构将消失。此外,这种由能带结构中波浪形状的表面价带导致独特热电性质的机理也可以拓展用于其他类似的纳米薄膜,如 1QL 的 Bi_2Te_3 和 1QL 的 Bi_2Se_3。

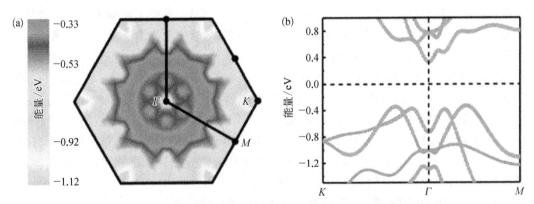

图 5-9　(a) 平行于 (111) 面的二维费米面。(b) 1QL Sb_2Te_3 纳米薄膜中表面态对能带结构的贡献,其中红色标记的点代表纯表面带/态

与 1QL 结构不同,4QL-Sb_2Te_3 纳米薄膜的超高热电优值则归因于其独特拓扑绝缘表面态结构导致的显著增大的弛豫时间和霍尔迁移率,而这又源于被保护的表面狄拉克态。引入不同于体相的表面弛豫时间,计算得到的 Sb_2Te_3 纳米薄膜的热电优值随着厚度的增加而减小,当薄膜厚度超过 5QL 时,体相的贡献越来越明显,热电优值逐渐接近于块体 Sb_2Te_3 的热电优值。值得注意的是,这里使用了固定弛豫时间比值 r_τ 和固定的体相弛豫时间 τ_2。实际上,如果在体系中引入非磁性杂质或原子堆垛无序,则 τ_2 将减小而 τ_1 变化很小,因而弛豫时间比值 r_τ 将显著增大。因此,原则上可以通过控制成分来实现对弛豫时间比值的调节,但与此同时,非磁性杂质和无序化往往对电子结构也产生重要影响。所

以,对具有拓扑绝缘特征表面态的 Sb_2Te_3 纳米薄膜,进一步研究杂质或无序化对热电优值的影响是一项非常复杂的任务。

5.4 Bi 掺杂对 Sb_2Te_3 单层纳米薄膜热电性质的影响

相比于 Bi_2Te_3 与 Sb_2Te_3 的单一材料体系,它们的碲化锑铋固溶体相一直以来是用在室温附近的最主要的商用热电材料。对于 p 型 $Bi_xSb_{2-x}Te_3$ 块体合金或超晶格 Bi_2Te_3/Sb_2Te_3,其增强的声子散射有助于降低晶格热导率并进而提高热电优值。由 5.3 节计算结果得出,相比于体材料,单层 QL-Sb_2Te_3 纳米薄膜具有更大的热电优值,且单层 QL-Bi_2Te_3 纳米薄膜也应该表现出类似的热电行为。因此,可以预见,$Bi_xSb_{2-x}Te_3$ 单层 QL 可以通过合金化的协同作用进一步增大功率因子并降低热导率,从而实现 ZT 值的进一步提高。

5.4.1 Bi/Sb 的无序占位及 $Bi_xSb_{2-x}Te_3$ 单层 QL 的热输运性质

实际上,对于热电材料等半导体材料,通过载流子传热的电子热导率 κ_e 和通过纵向和横向弹性波传热的晶格热导率 κ_L 都在总热导率中占了重要组成。由 5.3 节可知,室温下 Sb_2Te_3 的热导率主要是由晶格热导率 κ_L 贡献的,这是源于声子和电子随温度的变化趋势不同。对于 $Bi_xSb_{2-x}Te_3$ 单层 QL,这里的等电子元素替换将保留 Sb_2Te_3 的晶体电子结构,同时产生较大的质量无序而破坏声子传播路径,从而降低晶格热导率。然而,对于掺杂准二维材料的晶格热导率,通过第一性原理计算原子间力常数,然后求解声子的玻尔兹曼输运方程来获得晶格热导率的途径需要很高的计算成本。这主要是由于掺杂导致晶体对称性降低而造成的高计算成本,高的晶体对称性对于降低计算成本是非常重要的。此外,在层状菱方结构 $Bi_xSb_{2-x}Te_3$ 单层 QL 中,Bi 和 Sb 原子倾向于无序排布于同一个亚晶格,如何描述原子无序对晶格热导率的影响也是很重要的。幸运的是,对于 Bi 和 Sb 而言,由于它们在元素周期表中是近邻元素,同时外层电子数相等,因此虚拟晶体近似(virtual crystal approximation,VCA)方法可以精准描述 Bi 与 Sb 在同一亚晶格的无序排布。具体而言,在计算中就是利用有序晶体替代无序晶体并将无序作为微扰来计算热导率。换句话说,声子散射源于虚拟晶格的非谐性与原子的无序扰动。

5.4.1.1 $Bi_xSb_{2-x}Te_3$ 单层 QL 的原子堆垛结构与化学键合

下面首先通过计算系统总能来确定掺杂 Bi 原子在 Sb_2Te_3 单层 QL 中的占位情况。对于单个 Bi 原子掺杂在 Sb_2Te_3 中,Bi 原子有三种可能的占位,如图 5-10(a) 所示,取代 Sb 原子(记为 Bi_{Sb}),取代表面的 Te1 原子(记为 Bi_{Te1}),取代 QL 层中的 Te2 原子(记为 Bi_{Te2})。通过下式计算 Bi 掺杂 Sb_2Te_3 单层 QL 的形成能:

$$E^f[X] = E_{tot}[X] - E_{tot}[QL] - \sum_i n_i \mu_i \tag{5-79}$$

这里的 $E_{tot}[X]$ 和 $E_{tot}[QL]$ 分别为 3×3×1 超胞中含有和不含 Bi 的系统总能,n_i 是 i 类型的原子数目,μ_i 是相应的化学势,其中 μ_{Bi}、μ_{Sb} 和 μ_{Te} 的计算值分别为 -3.88 eV、-4.14 eV 和 -3.14 eV。通过计算得出,Bi 原子占据不同位置时的形成能 $E^f(Bi_{Sb})$、$E^f(Bi_{Te1})$ 和 $E^f(Bi_{Te2})$ 分别为

−6.07 meV/atom、17.68 meV/atom 和 25.83 meV/atom，显然 Bi 原子最倾向于取代 Sb 原子，这与它们之间类似的外层电子相对应。当增加 Bi 掺杂浓度时，Bi 原子的占位就相对复杂多了。这里以掺杂两个 Bi 原子为例，使用 4×4×1 超胞计算系统总能与两个 Bi 原子之间距离的关系，结果展示于图 5-10(b)。显然，无论这两个 Bi 原子是近邻还是相距甚远，系统总能仅仅呈现出小于 10^{-4} eV/atom 量级的微小变化，这与总能计算的收敛标准非常接近，所以 Bi 与 Sb 原子倾向于无序混排于 Sb 的亚晶格位置。完全弛豫后，BiSbTe$_3$ 单层 QL 仍具有层状菱方结构（空间群 $R\bar{3}m$），沿 c 轴方向的原子排布 Te-Bi/Sb-Te-Bi/Sb-Te 构成了 1 个五层的单元结构（简称单层 QL），其中 Sb/Bi 表示 Sb 与 Bi 原子在同一个亚晶格无序排布。使用类似的方法，我们可以确定更多 Bi 原子掺杂时的占位情况，如

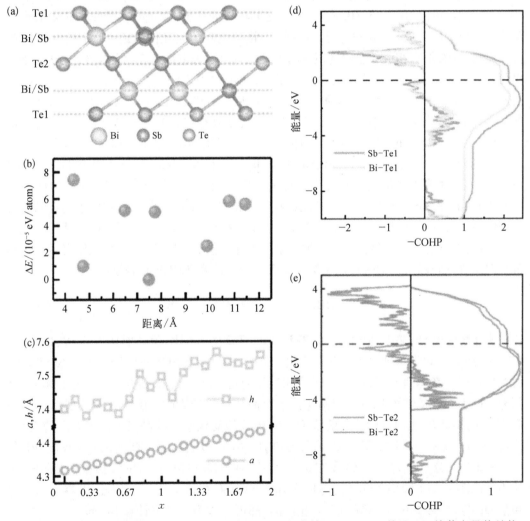

图 5-10　(a) 沿 c 轴具有 Te-Bi/Sb-Te-Bi/Sb-Te 顺序的 Bi$_x$Sb$_{2-x}$Te$_3$ 单层 QL 的菱方晶体结构；(b) 不同 Bi 原子分布的系统总能与最小总能之间的差异；(c) Bi 掺杂浓度 x 与 Bi$_x$Sb$_{2-x}$Te$_3$ 单层 QL 的晶格常数 a 和厚度 h 的关系图；(d) Sb-Te1、Bi-Te1 和 (e) Sb-Te2、Bi-Te2 的原子间相互作用的 COHP 键合分析，图中最右侧曲线表示积分值，自洽后的费米能级设定为零，正值表示的是成键相互作用，负值表示的是反键相互作用，费米能级设置在 0 处

对于有 n 个 Bi 掺杂原子的结构,可以在 $n-1$ 个掺杂 Bi 原子分布的结构上,随机排布第 n 个 Bi 原子,简称几何无序法。另外,还可以使用 SQS 模型实现 Sb 与 Bi 原子的完全无序排布。计算这两种方法构建的模型的总能,比较其总能差异以确定结构模型的可靠性。以 BiSbTe$_3$ 单层 QL 为例,几何无序模型与 SQS 模型之间的总能差异只有 2.7×10^{-4} eV/atom,表明这两种无序模型是一致的。图 5-10(c)展示了不同掺杂浓度的 Bi$_x$Sb$_{2-x}$Te$_3$ 单层 QL 的计算晶格常数 a 和层厚 h。显然,Bi$_x$Sb$_{2-x}$Te$_3$ 的晶格常数 a 与成分完美地遵循 Vegard 定律;对层厚 h 而言,虽然有极小的波动,但是也符合 Vegard 定律。这是因为 Bi$_x$Sb$_{2-x}$Te$_3$ 可以看作 Sb$_2$Te$_3$ 与 Bi$_2$Te$_3$ 的固溶体,Sb$_2$Te$_3$ 与 Bi$_2$Te$_3$ 具有相同的晶体结构,且 Sb 和 Bi 原子占据相同的亚晶格,因此 Bi$_x$Sb$_{2-x}$Te$_3$ 的晶格常数和层厚必然符合 Vegard 定律。

下面通过计算晶体轨道哈密顿布居数(crystal orbital Hamilton population,COHP)来分析 Bi$_x$Sb$_{2-x}$Te$_3$ 单层 QL 中 Sb/Bi 与 Te 原子之间的键合特性,并进一步研究其晶体结构的稳定性。COHP 的基本理论思想是,如果两个轨道之间的相互作用是由它们的哈密顿矩阵要素描述的,那么相应的态密度矩阵的乘积就可以用来定量评价键合强度,这里选择能量贡献作为衡量键合相互作用的标准。据此,两个原子之间的成键态(稳定)和反键态(亚稳)分别对应于负的和正的 COHP。为方便观看,在图 5-10(d)和(e)的 COHP 中,将横坐标设置为-COHP。这样一来,成键键合的贡献分布在右侧,而反键键合的贡献分布在左侧。由于在 Bi$_x$Sb$_{2-x}$Te$_3$ 单层 QL 结构中有两种类型的 Te 原子,因此我们考虑了四种化学键的相互作用,分别为 Sb-Te1、Sb-Te2、Bi-Te1 和 Bi-Te2。由图 5-10(d)和(e)的 COHP 可见,对导带而言,这四种化学键均呈现反键状态,且 Sb-Te1 与 Bi-Te1 的反键状态基本相同,而 Sb-Te2 与 Bi-Te2 的反键状态也相同。对于价带来说,在费米能级以下的 COHP 则存在差异,与 Bi-Te1(Bi-Te2)相比,Sb-Te1(Sb-Te2)约在-8 eV 附近具有成键态峰,并且在靠近费米能级的最高占据能带中存在大量的反键 Sb-Te2 相互作用。这些差异性对键强的贡献可以通过计算到费米能级的能量积分 ICOHP 来表征:

$$\text{ICOHP} = \int_{-\infty}^{E_F} \text{pCOHP}(E)\,\mathrm{d}E \tag{5-80}$$

由上式计算得出 Sb-Te1、Bi-Te1、Sb-Te2 和 Bi-Te2 的 ICOHP 值分别是 2.12 eV、1.92 eV、1.11 eV 和 1.21 eV。由此可见,Sb-Te1 比 Bi-Te1 的键合作用强,而 Sb-Te2 比 Bi-Te2 的键合作用弱。考虑到 Sb$_2$Te$_3$ 与 Bi$_2$Te$_3$ 中相当强的化学键,我们又研究了 Sb 掺杂 Bi$_2$Te$_3$ 单层 QL 的晶体结构参数,以进一步阐明掺杂对晶体结构的影响。图 5-11(a)展示了两种 Te 层中的相邻 Te 原子距离,这里用 Te-Te 键长的变化来表征晶格沿面内方向的变化。由图 5-11(b)和(c)可见,对于 Bi 掺杂的 Sb$_2$Te$_3$ 单层 QL,掺杂 Bi 原子附近的 Te1-Te1 和 Te2-Te2 键长分别增加了 0.164 Å 和 0.033 Å;而对于 Sb 掺杂的 Bi$_2$Te$_3$ 单层 QL,掺杂 Sb 原子附近的 Te1-Te1 和 Te2-Te2 的键长分别减小 0.160 Å 和 0.026 Å。因此,Bi 掺杂 Sb$_2$Te$_3$ 单层 QL 与 Sb 掺杂 Bi$_2$Te$_3$ 单层 QL 是相当的,都可以作为模型来计算 Bi$_x$Sb$_{2-x}$Te$_3$ 单层 QL 的性质。

5.4.1.2 Bi$_x$Sb$_{2-x}$Te$_3$ 单层 QL 的力学与热物理性质

通常情况下,由准谐波近似计算得出的声子谱可以估算出 Grüneisen 谱。作为基准,我们首先计算 Sb$_2$Te$_3$ 单层 QL 的声速,亦即当 q 点趋近于零时,声子群速度在长波极限下的值:

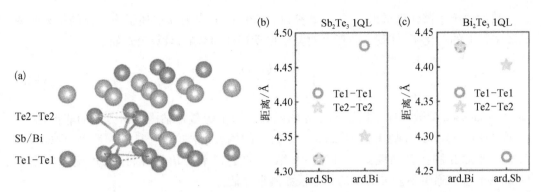

图 5-11　（a）两种 Te 层中相邻 Te 原子间的距离 Te1-Te1 和 Te2-Te2;（b）Bi 掺杂对 Sb$_2$Te$_3$单层 QL 中 Bi 周围的 Te1-Te1 和 Te2-Te2 的影响;（c）Sb 掺杂对 Bi$_2$Te$_3$单层 QL 中 Sb 周围的 Te1-Te1 和 Te2-Te2 的影响,图中 ard.代表周围（around）

$$\nu_g = \frac{d\omega}{dq} \tag{5-81}$$

也就是 Γ 点附近的声学分支的斜率。图 5-12（a）和（b）分别展示了 Sb$_2$Te$_3$单层 QL 的结构与 2D 布里渊区,采用 2D 布里渊区中的通用路径计算得出 Sb$_2$Te$_3$单层 QL 的声子谱,如图 5-12（c）所示,其中已高亮标出三支声学支。通过方程（5-81）计算得出,三支声学支沿 x 轴和 y 轴的声子速度分别为 1.5 km/s、2.3 km/s 和 3.4 km/s,其中,x 轴对应于 Γ-K 路径,y 轴对应于 Γ-M 路径。据此,计算得出面内平均声子速度 v_g 为 2.4 km/s。

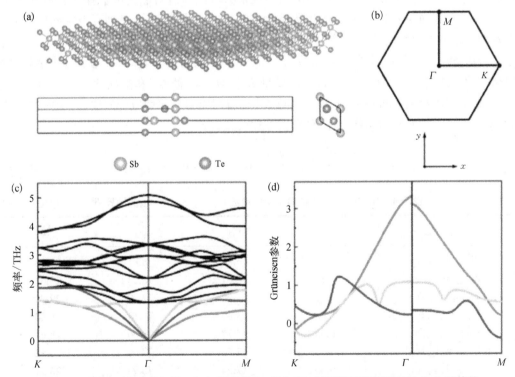

图 5-12　Sb$_2$Te$_3$单层 QL 的:（a）晶体结构,（b）2D 布里渊区及高对称点,（c）计算的声子谱,三个声学分支分别用红绿蓝标出;（d）计算的 Grüneisen 谱

然后由声子谱计算得出 Grüneisen 参数。Grüneisen 参数 γ 描述了声子模的振动频率 ω_i 随体积 V 的变化率,体现了改变 V 对晶格振动特性的影响,计算公式如下

$$\gamma_i = - \frac{\mathrm{d}(\ln \omega_i)}{\mathrm{d}(\ln V)} \tag{5-82}$$

显然,Grüneisen 参数并非"常数"而是 q 的函数。为了定量评估沿面内方向的非谐性,我们可以计算 Sb_2Te_3 单层 QL 的 Grüneisen 参数 γ_i 的色散谱,如图 5-11(d)所示。Grüneisen 参数 γ 通常由独立振动模式 i 的单独参数 γ_i 的加权平均值计算得出,每支声学模的 Grüneisen 参数通过不同方向 γ_i 的均方根数值来评估:

$$\gamma = \sqrt{\sum_i \gamma_i^2} \tag{5-83}$$

通过计算得出,三支声学模沿 x 轴的 Grüneisen 参数分别为 1.89、0.82 和 0.35,沿 y 轴的 Grüneisen 参数分别为 1.72、0.72 和 0.64,三支声学模的 Grüneisen 参数的声学平均值为 1.02。通常,大的 Grüneisen 参数值意味着键合中存在较强的非谐性,这将导致有序晶体结构较低的晶格热导率;同理,小的 Grüneisen 参数值则意味着晶格热导率较高。基于这里计算的 Grüneisen 参数值,得到 300 K 下 Sb_2Te_3 单层 QL 晶格热导率 κ_L 为 1.68 W/(m·K)。

材料的弹性常数 c_{ij} 是各种力学性能的基础。与体材料不同的是,对于类似 $Bi_xSb_{2-x}Te_3$ 单层 QL 的二维材料而言,张应力或压应力都在沿面内方向上。六方晶格 $Bi_xSb_{2-x}Te_3$ 单层 QL 的四个非零二维弹性常数是 c_{11}、c_{12}、c_{22} 和 c_{66},均在[010]和[100]方向上,亦即沿 x 和 y 方向。如前所述,在第一性原理计算中,弹性常数可以通过对晶格进行弹性变形并从应力-应变关系中推导得出。对于整个晶胞单元模型的平均力场,考虑到真空空间的影响,有效弹性常数的计算均乘以一个系数 h/d_0,其中 h 是沿 z 轴的模型厚度,d_0 是单原子层的厚度。$Bi_xSb_{2-x}Te_3$ 单层 QL 的弹性常数 c_{11}、c_{12}、c_{22} 和 c_{66} 均列于表 5-4,基于这些结果,可以估算出二维材料的力学参数,如弹性模量 B^{2D}、剪切模量 G^{2D} 和泊松比 ν^{2D}。弹性模量 B^{2D} 体现了层状材料的抗拉能力,剪切模量 G^{2D} 是剪切应力与剪切应变的比值,面内泊松比 ν^{2D} 体现了剪切力下的晶体稳定性,分别由下述公式计算:

$$B^{2D} = \frac{(c_{11} + c_{22}) + 2c_{12}}{4}, \quad G^{2D} = c_{66} \cdot \nu^{2D} = c_{12}/c_{22} \tag{5-84}$$

表 5-4　$Bi_xSb_{2-x}Te_3$ 单层 QL 弹性常数 c_{11}、c_{12}、c_{22} 和 c_{66} 的计算值　　（单位:GPa）

成　　分	c_{11}	c_{12}	c_{22}	c_{66}
$Bi_{0.111}Sb_{1.889}Te_3$	78.71	16.80	78.81	30.06
$Bi_{0.222}Sb_{1.778}Te_3$	78.10	16.61	78.13	29.62
$Bi_{0.333}Sb_{1.667}Te_3$	77.23	15.92	77.70	29.01
$Bi_{0.444}Sb_{1.556}Te_3$	76.80	15.80	76.14	28.80
$Bi_{0.556}Sb_{1.444}Te_3$	76.58	17.77	78.00	28.65
$Bi_{0.667}Sb_{1.333}Te_3$	75.55	17.74	77.56	28.52
$Bi_{0.778}Sb_{1.222}Te_3$	76.60	17.24	76.93	28.31
$Bi_{0.889}Sb_{1.111}Te_3$	76.04	16.48	75.79	27.64

（续表）

成　　分	c_{11}	c_{12}	c_{22}	c_{66}
$Bi_1Sb_1Te_3$	74.70	15.17	74.48	27.77
$Bi_{1.111}Sb_{0.889}Te_3$	74.31	15.42	74.20	27.38
$Bi_{1.222}Sb_{0.778}Te_3$	73.63	14.80	73.16	27.28
$Bi_{1.333}Sb_{0.667}Te_3$	73.68	15.29	73.70	27.30
$Bi_{1.444}Sb_{0.556}Te_3$	73.25	15.37	72.74	27.23
$Bi_{1.556}Sb_{0.444}Te_3$	72.89	15.48	72.08	26.93
$Bi_{1.667}Sb_{0.333}Te_3$	72.04	14.83	71.53	26.80
$Bi_{1.778}Sb_{0.222}Te_3$	71.71	14.84	71.60	26.58
$Bi_{1.889}Sb_{0.111}Te_3$	71.14	15.18	70.91	26.42

然后，利用计算出的弹性模量 B^{2D} 和剪切模量 G^{2D}，根据 Naviers 方程得出纵向弹性波速度 v_l 和横向弹性波速度 v_t，并根据纵向和横向弹性波速度的近似求解计算平均声速 v_m：

$$v_l = \left(\frac{3B^{2D} + 4G^{2D}}{3\rho}\right)^{1/2}, \quad v_t = \left(\frac{G^{2D}}{\rho}\right)^{1/2}, \quad v_m = \left[\frac{1}{3}\left(\frac{2}{v_t^3} + \frac{1}{v_l^3}\right)\right]^{-1/3} \quad (5\text{-}85)$$

其中，ρ 是体系的密度。在这里我们使用 Sb_2Te_3 密度的实验值（$6.49\ g/cm^3$），由上述结果计算得出 Sb_2Te_3 单层 QL 的平均声速 v_m 是 2.38 km/s，这与前面从声子谱计算得出的面内平均声子速度（2.4 km/s）吻合得很好。最后根据方程（5-78）由平均声速 v_m 计算得出德拜温度。

上述主要计算结果示于图 5-13 中，可以看出弹性模量 B^{2D} 和剪切模量 G^{2D} 均随着 Bi 含量 x 的增加而降低，进而导致平均声速 v_m 随 x 增大而线性降低。而对于平面内泊松比 ν^{2D}［图 5-13（d）］，随着 Bi 含量的增加，ν^{2D} 先增加后减小并最终趋于一个稳定值。与平均声速 v_m 的趋势相同，$Bi_xSb_{2-x}Te_3$ 单层 QL 的德拜温度 Θ_D 也随着 Bi 含量的增加而线性降低

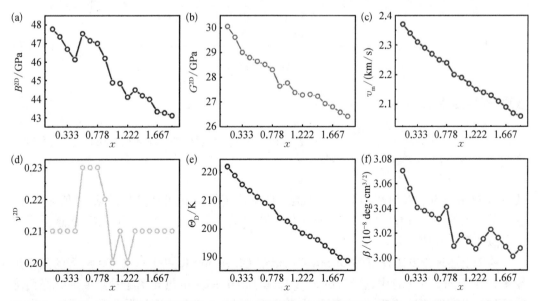

图 5-13　$Bi_xSb_{2-x}Te_3$ 单层 QL 的计算：（a）弹性模量 B^{2D}；（b）剪切模量 G^{2D}；（c）平均声速 v_m；（d）面内泊松比 ν^{2D}；（e）德拜温度 Θ_D；（f）特征参数 $\beta(\beta = \Theta_D M^{1/2}\delta^{3/2})$。$x$ 代表 $Bi_xSb_{2-x}Te_3$ 中 Bi 含量

[图 5-13(e)]。这里需要指出的是,计算弹性模量时,关于不同 Bi 含量的 $Bi_xSb_{2-x}Te_3$ 单层 QL 结构,采用了 Bi/Sb 有序的结构模型。因此,由于对称性的破坏和降低,由表 5-4 可见,c_{11} 不完全等于 c_{22},c_{12} 随 Bi 含量的变化也不是单调的,这都将导致弹性模量 B^{2D} 和面内泊松比 ν^{2D} 随着 Bi 含量的变化不是单调降低的。

5.4.1.3 $Bi_xSb_{2-x}Te_3$ 单层 QL 的热导率与热电性质

通常来说,低温下半导体材料的晶格热导率比电子热导率大。对于低维半导体材料而言,由于声子 Umklapp 散射和边界散射之间的相互作用,二维材料的晶格热导率比其体材料的要低。在这里,$Bi_xSb_{2-x}Te_3$ 单层 QL 的晶格热导率是由 Bi_2Te_3 和 Sb_2Te_3 的单层 QL 随机混合物预测的,其中排列在同一亚晶格的 Bi 和 Sb 原子具有不同的质量和体积。与纯 Bi_2Te_3 和 Sb_2Te_3 的单层 QL 相比,$Bi_xSb_{2-x}Te_3$ 单层 QL 的晶胞尺寸更大,且晶体对称性更低。在晶格热导率的计算中,我们将无序晶格用有序的虚拟晶体替换,并将无序作为扰动处理。因此,由于虚拟晶体的非谐性和无序扰动,声子被散射。在不考虑点缺陷散射的情况下,由三声子非谐散射引起的晶格热导率 κ_p 由下式计算:

$$\kappa_p = \frac{40\beta^3\delta^{7/2}}{7\gamma_1^2 M^{1/2} T}, \quad \beta = \Theta_D M^{1/2}\delta^{3/2} \tag{5-86}$$

其中 δ^3 是平均原子体积,γ_1 与晶格非谐性有关,可以对由虚拟晶格计算得出的热导率进行拟合来确定。对于给定的共价晶体体系,β 几乎总是恒定的,$Bi_xSb_{2-x}Te_3$ 单层 QL 的 β 计算值如图 5-13(f)所示。这里我们取值 $\beta=3.04\times10^{-8}$ deg·$cm^{3/2}$ 用于 $Bi_xSb_{2-x}Te_3$ 单层 QL 晶格热导率的计算。

在高温极限下,即 $T>\Theta_D$ 时,考虑点缺陷散射的晶格热导率可以通过下式计算:

$$\kappa_L = \frac{\dfrac{\arctan U}{U} + \dfrac{1-\left(\dfrac{\arctan U}{U}\right)^2}{\dfrac{1+\alpha}{5\alpha}U^4 - \dfrac{U^2}{3} + 1 - \dfrac{\arctan U}{U}}}{1 + \dfrac{5}{9}\alpha}\kappa_p \tag{5-87}$$

点缺陷散射越强,U 越大,U 的定义为

$$U = \frac{8.69\times10^6\beta\Gamma^{1/2}}{\left(1+\dfrac{5}{9}\alpha\right)^{1/2}\gamma_1\delta^{1/2}T^{1/2}}, \quad \Gamma = x(1-x)\left[(\Delta M/M)^2 + \varepsilon(\Delta\delta/\delta)^2\right] \tag{5-88}$$

其中,α 是由三声子 N 过程和 U 过程的弛豫时间决定的;ε 是可调参数,其最大值为 40 左右。考虑到 $Bi_xSb_{2-x}Te_3$ 与 Si、Ge 和 III-V 化合物等呈现出相似形状的声子谱,在这里采取了类似体系的 α 值 2.5。

基于上述理论方法计算的 $Bi_xSb_{2-x}Te_3$ 单层 QL 在 300 K、400 K 和 500 K 下的晶格热导率 κ_L 示于图 5-14(a)中,显然,$Bi_xSb_{2-x}Te_3$ 单层 QL 的晶格热导率随着温度的升高而降低;同时,更有趣的是,在同一温度下,晶格热导率与 Bi 掺杂浓度呈现非常平缓的类抛物线关系,即晶格热导率随着 Bi 掺杂浓度的增加先缓慢降低,达到最低值后在一定成分

范围内保持不变,而后继续增加 Bi 掺杂浓度又缓慢升高至 Bi_2Te_3 单层 QL 的晶格热导率值。例如,在室温(300 K)下,与纯相相比,无论是 Bi 掺杂 Sb_2Te_3 还是 Sb 掺杂 Bi_2Te_3,都可以将晶格热导率 κ_L 降低约 30%,最低值小于 1.2 W/(m·K)。更重要的是,由于 Sb_2Te_3 与 Bi_2Te_3 具有类似的电子结构,$Bi_xSb_{2-x}Te_3$ 单层 QL 中等效价电子元素置换将保留其母体的高电子输运性质,如图 5-14(b)所示,BiSbTe₃ 单层 QL 的塞贝克系数 S 略高于 Sb_2Te_3 单层 QL 的 S,但同时都显著高于 Sb_2Te_3 体材料的 S。另外,相较于体相 Sb_2Te_3,虽然 Sb_2Te_3 单层 QL 的塞贝克系数 S 显著增加,其晶格热导率却变化很小;但是,掺杂 Bi 后的体系晶格热导率则显著降低,例如 BiSbTe₃ 单层 QL 的晶格热导率 κ_L 比 Sb_2Te_3 单层 QL 的 κ_L 减小了 0.5 W/(m·K)。由热电优值的计算公式可以预见,高的塞贝克系数 S 和低的晶格热导率 κ_L 将赋予 $Bi_xSb_{2-x}Te_3$ 单层 QL 高的热电性能。最后,由图 5-14(a)可知,对于 $Bi_xSb_{2-x}Te_3$ 单层 QL 类似的低维材料,在较宽的成分区间内都应该具有优异的热电性能,这为设计同时具有较高功率因子和较低晶格热导率的材料提供了一种潜在方法。

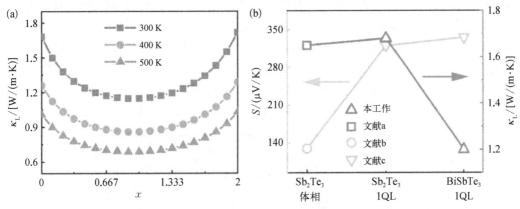

图 5-14　(a) 在 300 K、400 K 和 500 K 下计算的 $Bi_xSb_{2-x}Te_3$ 单层 QL 的晶格热导率 κ_L;(b) Sb_2Te_3 与 BiSbTe₃ 的单层 QL 在室温(300 K)下的晶格热导率 κ_L,为比较起见也列出了 Sb_2Te_3 体材料(文献 a:Yáñez-Limón et al.,1995)的相应值,以及在 300 K 下 Sb_2Te_3 和 BiSbTe₃ 的单层 QL(文献 b:Li et al.,2019a)、Sb_2Te_3 体材料(文献 c:Li et al.,2018)的塞贝克系数 S

5.4.2　Bi 掺杂对价带多谷特征及热输运性质的影响

由 5.4.1 节知,Sb_2Te_3 单层 QL 能带结构中独特的价带多谷特征赋予了其较高的热电优值,因此需要阐明 Bi 掺杂对价带多谷特征及热输运性质的影响。然而,在第一性原理计算中,关于掺杂或固溶体等情况的研究使用的都是超胞法,基于超胞计算的能带结构比正常晶胞大数倍,即能带路径中包含多倍数量的能带,这导致使用超胞计算的能带不再色散,信息都隐藏在 Kohn-Sham 轨道中,所以不能像单胞的能带结构一样提供有效信息。在这里,我们利用 BandUP 代码将计算的超胞能带结构按照单胞进行展开,获得类似单胞的能带色散。

概况而言,本节主要利用基于密度泛函理论的第一性原理计算和玻尔兹曼输运方程,系统阐明 Bi 掺杂对 $Bi_xSb_{2-x}Te_3$($x=0\sim2$)单层 QL 的能带结构、电子输运、热导率和热电性质的影响。计算基本流程如下,详细参数设置见参考文献。首先采用超胞法计算体系的能带结构,并将能带结构按照单胞使用 BandUP 代码进行展开,然后研究 Bi 掺杂对价带多谷特性的影响;最后,基于第一性原理计算的能带结构数据,利用半经典玻尔兹曼输运理论,使用 BoltzTraP 代码预测电子输运性质。另外,对于晶格热导率,首先基于 Sb_2Te_3 单层 QL 晶格,利用准谐近似从声子谱中推导声子速度和 Grüneisen 参数色散关系,然后基于第一性原理计算的二阶和三阶原子间力常数(IFC)使用 ShengBTE 软件包求解声子的玻尔兹曼输运方程来计算晶格热导率。这里的二阶 IFC、声子谱和 Grüneisen 色散关系是采用基于密度泛函微扰理论的 Phonopy 代码使用 4×4×1 超胞和 3×3×1 的 k 点计算而获得;三阶 IFC 使用 2×2×1 超胞和 5×5×1 的 k 点计算而获取,其中自动确定超胞中四个相邻原子作为最大距离。

5.4.2.1 $Bi_xSb_{2-x}Te_3$ 单层 QL 的能带结构

如前所述,Sb_2Te_3 单层 QL 的高热电优值源于其特殊的价带特性。为了理解 Bi 掺杂对 $Bi_xSb_{2-x}Te_3$ 单层 QL 能带结构的影响,这里我们使用包含 45 个原子的 3×3×1 超胞且考虑 19 种成分比例,沿二维布里渊区域中的常规路径计算其能带结构。考虑到 Bi 是重元素,SOC 可能对 $Bi_xSb_{2-x}Te_3$ 单层 QL 的能带结构有影响,因此先以 $BiSbTe_3$ 单层 QL 为例评估 SOC 的影响。图 5-15 是考虑和不考虑 SOC 的情况下所计算的 $BiSbTe_3$ 单层 QL 的能带结构,显然 SOC 对价带形状特别是费米能级附近的价带形状的影响很小;而对导带的影响较大,SOC 致使导带底移向费米能级,这与前面 Sb_2Te_3 单层 QL 的结果是一致的。正如前面关于 Sb_2Te_3 单层 QL 的结果所示,对于 p 型 $Bi_xSb_{2-x}Te_3$ 体系,其价带的特征决定了晶格输运性质,所以对于这样的材料体系,考虑与不考虑 SOC 对于晶格输运性质的计算应该没有明显影响,因此,为简单起见,后续的能带结构计算没有考虑 SOC 的作用。

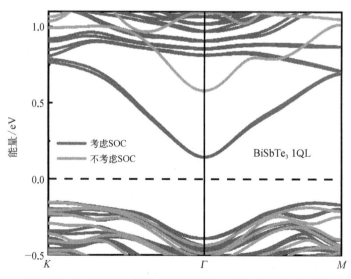

图 5-15 考虑和不考虑 SOC 的 $BiSbTe_3$ 单层 QL 的能带结构

此外,由于在能带计算中使用了沿着 a 轴或 b 轴方向是正常晶胞 3 倍的超胞,因此能带路径中也包含三倍数量的能带。以 Sb_2Te_3 单层 QL 为例,如图 5-16(a)和(b)所示,与使用原始单胞计算的能带结构相比,使用超胞计算的能带不再色散,信息都隐藏在 Kohn-Sham 轨道中,不能像单胞的能带结构一样提供有效信息。因此,使用大的超胞结构时,其能带结构的有用性大大降低,如 $Bi_xSb_{2-x}Te_3$ 单层 QL,然而对于超胞而言,其布里渊区的尺寸和折叠能带的数量都发生了变化,所以掺杂化合物的能带结构无法与本征化合物的能带结构进行清晰的比较。鉴于此,Paulo 等曾提出一种解决方案,将超胞计算得出的能带结构再以原胞的能带展开表示。为此,需要知道超胞和原胞的对称性以确定其几何展开关系。为确定能带展开关系的可靠性,首先将使用超胞 Sb_2Te_3 单层 QL 计算得出的能带结构[图 5-16(a)]以原胞的能带结构展开[图 5-16(c)],对比图 5-16(c)和(d),显然展开后的能带结构与使用原胞计算的能带结构非常相似,表明这种途径是可靠的。然后,我们将使用超胞计算的 $Bi_xSb_{2-x}Te_3$ 单层 QL 的能带结构按类似方法以原胞能带结构展开。图 5-16(d)~(f)展示了几个典型 $Bi_xSb_{2-x}Te_3$ 的超胞能带结构与反折叠到原胞后的能带图,可以看出 Bi 掺杂没有影响 Sb_2Te_3 单层 QL 中价带的多谷特征,无论 Bi 的掺杂浓度多大,费米能级附近的价带多谷特征均得以保留。价带的多谷特征与电子输运性质密切相关。如前所述,对于具有抛物线能带色散的简并半导体,塞贝克系数正比于载流子的态密度有效质量,而载流子态密度有效质量与能带结构的等效简并谷的数量以及能带有效质量有关。因此,正如 Sb_2Te_3 和 Bi_2Te_3 单层 QL 一样,$Bi_xSb_{2-x}Te_3$ 单层 QL 也应该表现出优异的热电性质。

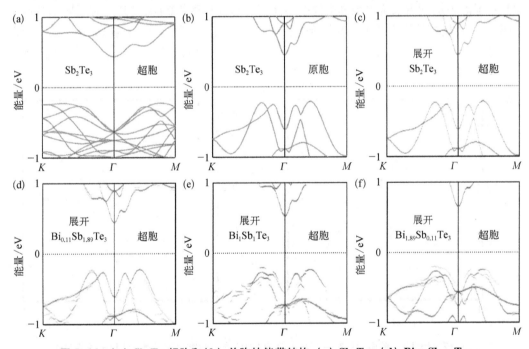

图 5-16　(a) Sb_2Te_3 超胞和(b) 单胞的能带结构,(c) Sb_2Te_3、(d) $Bi_{0.11}Sb_{1.89}Te_3$、(e) $Bi_1Sb_1Te_3$ 和(f) $Bi_{1.89}Sb_{0.11}Te_3$ 的展开能带结构。费米能级设置为 0 eV

5.4.2.2　$Bi_xSb_{2-x}Te_3$ 单层 QL 的载流子输运性质

计算得出精准的能带结构数据后,就可以利用半经典玻尔兹曼输运理论,使用 BoltzTraP 代码估算载流子输运性质。通过求解玻尔兹曼输运方程,可以得到面内塞贝克系数 S、电导率 σ 和电子热导率 κ_e:

$$\kappa_{\alpha\beta}^e(T;\mu) = \frac{1}{e^2 T\Omega}\int \sigma_{\alpha\beta}(\varepsilon)(\varepsilon-\mu)^2\left[-\frac{\partial f_\mu(T;\varepsilon)}{\partial\varepsilon}\right]d\varepsilon$$

$$\sigma_{\alpha\beta}(\varepsilon) = \frac{1}{N}\sum_{i,k}e^2\tau_{i,k}v_\alpha(i,k)v_\beta(i,k)\frac{\delta(\varepsilon-\varepsilon_{i,k})}{d\varepsilon} \tag{5-89}$$

$$S_{ij} = (\sigma)^{-1}_{\alpha i} \nu_{\alpha j},$$

$$\nu_{\alpha\beta}(T; \mu) = \frac{1}{eT\Omega} \int \sigma_{\alpha\beta}(\varepsilon - \mu) \left[-\frac{\partial f_\mu(T; \varepsilon)}{\partial \varepsilon} \right] \mathrm{d}\varepsilon \tag{5-90}$$

其中,Ω 为单胞体积,$f_\mu(T; \varepsilon)$ 为在温度 T 和化学势 μ 的 Fermi 分布函数;$\sigma_{\alpha\beta}$ 为式(5-9)定义的电子输运函数;v_α 和 v_β 分别为载流子群速度的 α 和 β 笛卡尔坐标分量。在刚性能带模型中,化学势 μ 代表体系的载流子浓度 n,由下式得出:

$$n(\mu, T) = N - \int g(\varepsilon) f_\mu(T; \varepsilon) \mathrm{d}\varepsilon \tag{5-91}$$

其中,N 为价电子数;$g(\varepsilon)$ 是态密度。

在电子输运性质计算时,首先以 BiSbTe$_3$ 单层 QL 为例,确定 SOC 的影响。图 5-17 展示了考虑和不考虑 SOC 时计算的塞贝克系数和电导率,显然对于 p 型导电 BiSbTe$_3$ 单层 QL,考虑与不考虑 SOC 对塞贝克系数和电导率的计算值均没有显著影响,尤其是对电导率基本没有影响,这与能带结构中几乎不变的价带特征直接相关。因此,对于 p 型 Bi$_x$Sb$_{2-x}$Te$_3$,考虑与不考虑 SOC 所计算的热电性质应该具有相同的趋势,所以后续对 Bi$_x$Sb$_{2-x}$Te$_3$ 的计算不再考虑 SOC 作用。

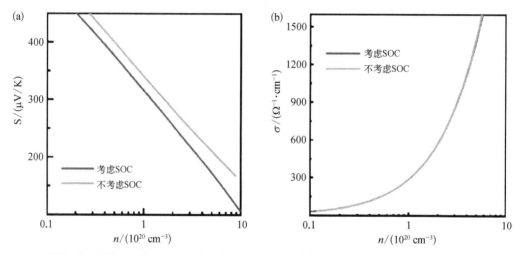

图 5-17 BiSbTe$_3$ 单层 QL 在考虑与不考虑 SOC 计算的塞贝克系数(a)和电导率(b)

基于第一性原理计算的能带结构数据,利用固定弛豫时间近似和刚性能带模型的半经典玻尔兹曼输运理论求解方程(5-90),使用 BoltzTraP 代码就可以估算出 Bi$_x$Sb$_{2-x}$Te$_3$ 单层 QL 的电子热导率和电导率。图 5-18 展示了在 300 K 不同载流子浓度下 p 型 Bi$_x$Sb$_{2-x}$Te$_3$ 单层 QL 的电子热导率,显然 Bi 掺杂对 Sb$_2$Te$_3$ 单层 QL 的电子热导率影响较小,且在一定的载流子浓度范围内,电子热导率随着载流子浓度的增加几乎是线性增加的。此外,在同一载流子浓度下,随着 Bi 掺杂浓度的增加,Bi$_x$Sb$_{2-x}$Te$_3$ 单层 QL 的电子热导率没有呈现单调变化的趋势。另外,根据电子热导率 κ_e 与电导率 σ 的 Wiedemann-Franz 定律,$\kappa_e = L\sigma T$(L 为洛伦兹系数),我们可以由计算得出的电导率和电子热导率推导出洛伦兹系数值。在这里,对于 Bi$_x$Sb$_{2-x}$Te$_3$ 单层 QL 体系而言,计算的洛伦兹系数 L 远大于洛伦兹系数的金属极限值亦即重掺杂强简并半导体的极限值 2.45×10^{-8} W·Ω/K^2,对于低浓度掺杂的半导体,这将导致根据 Wiedemann-Franz 定律估算的电子热导率不合理。因此,对于低浓度掺杂半导体,根据 Wiedemann-Franz 定律计算电子热导率时,我们使用了 Bi 基体材料和低维热电材料等的常用洛伦兹系数值 $L=1.5\times10^{-8}$ W·Ω/K^2。

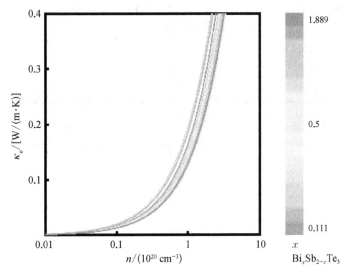

图 5-18 300 K 不同载流子浓度下 p 型 Bi$_x$Sb$_{2-x}$Te$_3$ 单层 QL 的电子热导率

在 300 K 不同载流子浓度下,p 型 Bi$_x$Sb$_{2-x}$Te$_3$ 单层 QL 的塞贝克系数、功率因子和热电优值展示于图 5-19。显然,在载流子浓度 $n=1\times10^{20}$ cm^{-3} 时,Bi$_x$Sb$_{2-x}$Te$_3$ 单层 QL 的塞贝克系数的范围为 280~350 μV/K,如图 5-19(a)中的插图所示。在相同载流子的浓度下,Sb$_2$Te$_3$ 和 Bi$_2$Te$_3$ 单层 QL 的塞贝克系数均在 320 μV/K 左右,而体 Sb$_2$Te$_3$ 和 Bi$_2$Te$_3$ 的塞贝克系数则小于 130 μV/K,表明低维化后显著增大了 Sb$_2$Te$_3$ 与 Bi$_2$Te$_3$ 的塞贝克系数。然后使用固定弛豫时间近似来计算体系的电导率 σ,其中 Sb$_2$Te$_3$ 和 Bi$_2$Te$_3$ 单层 QL 的弛豫时间 τ 分别采用了实验值 12 fs 和 22 fs,而 Bi$_x$Sb$_{2-x}$Te$_3$ 单层 QL 则使用了它们的加权平均弛豫时间。最后由此计算得出 p 型 Bi$_x$Sb$_{2-x}$Te$_3$ 单层 QL 在 300 K 不同载流子浓度下的功率因子 $S^2\sigma$,如图 5-19(b)所示,显然,功率因子随着载流子浓度的增加而显著增大,因此载流子浓度是调节 Bi$_x$Sb$_{2-x}$Te$_3$ 单层 QL 的功率因子进而提高 ZT 值的重要参数。

由图 5-19(c)p 型 Bi$_x$Sb$_{2-x}$Te$_3$ 单层 QL 在 300 K 不同载流子浓度下的热电优值可见,与功率因子类似,载流子浓度也是调节 Bi$_x$Sb$_{2-x}$Te$_3$ 单层 QL 的 ZT 值和热电性能的重要参数。通过计算发现,获得高 ZT 值的最佳载流子浓度大约是 3×10^{20} cm^{-3},远低于获得最高功率因子的载流子浓度,这是因为电导率和电子热导率都与载流子浓度近似呈线性增加的关系。室温(300 K)下,p 型 Bi$_x$Sb$_{2-x}$Te$_3$ 单层 QL 在不同 Bi 掺杂浓度的 ZT 峰值如图 5-19(d)所示,可以看到,0<x≤1 时,Bi$_x$Sb$_{2-x}$Te$_3$ 单层 QL 的 ZT 值大于 1.15;而当掺杂浓度 x>1 时,绝大部分 ZT 值都小于 1.15。因此,对于 Bi$_x$Sb$_{2-x}$Te$_3$ 单层 QL 而言,较高的 ZT 值主要分布在 x≤1 的材料体系,即 Bi 的浓度小于 Sb 的浓度。需要指出的是,为了便于与现有实验结果进行比较,这里在计算 ZT 值时使用了 300 K 时 Sb$_2$Te$_3$ 的固定晶格热导率值 0.9 W/(m·K)。至于使用这个固定晶格热导率的可靠性,我们可以通过采用以下的计算来验证。首先利

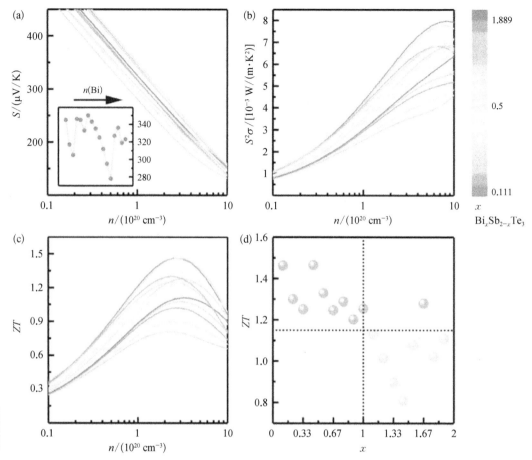

图 5-19　在 300 K 下不同载流子浓度的 p 型 $Bi_xSb_{2-x}Te_3$ 单层 QL 的计算：（a）塞贝克系数（插图是载流子浓度 $n=1\times10^{20}$ cm^{-3} 时不同 Bi 含量的塞贝克系数）；（b）功率因子；（c）热电优值 ZT；（d）$Bi_xSb_{2-x}Te_3$ 单层 QL 的 ZT 曲线的峰值与 Bi 掺杂浓度的关系

用第一性原理计算 $x=0$ 和 $x=2$ 时超胞结构 $Bi_xSb_{2-x}Te_3$ 单层 QL（亦即 Sb_2Te_3 和 Bi_2Te_3）的原子力常数，然后求解声子玻尔兹曼输运方程，得出 Sb_2Te_3 和 Bi_2Te_3 单层 QL 的晶格热导率分别为 1.21 W/(m·K) 和 1.72 W/(m·K)。考虑到点缺陷可以使 Bi_2Te_3 单层 QL 的晶格热导率从 1.72 W/(m·K) 降为 0.4 W/(m·K)，因此，在 ZT 值的计算中将 $Bi_xSb_{2-x}Te_3$ 单层 QL 的晶格热导率固定为 0.9 W/(m·K) 是合理的，这样不仅可以简化 ZT 值的计算，而且便于与已有的计算或实验数据进行比较。需要注意的是，引入点缺陷可以进一步降低晶格热导率，因此，掺杂体系 $Bi_xSb_{2-x}Te_3$ 单层 QL 的实际晶格热导率要低于 0.9 W/(m·K)，所以其实际 ZT 值也应该比这里的预测值大。

5.4.2.3　$Bi_xSb_{2-x}Te_3$ 单层 QL 电子输运性质的物理起源

$Bi_xSb_{2-x}Te_3$ 单层 QL 良好的电子输运性质起源于其独特的能带结构特征，这可以通过计算和分析其分态密度（PDOS）和投影能带结构来进一步理解。这里以 $Bi_1Sb_1Te_3$ 单层 QL 为例，计算结果如图 5-20 所示。由图 5-20(a) 不同元素的 PDOS 可见，价带顶主要是由 Te 电子态贡献的，而导带底主要由 Sb 和 Bi 的电子态贡献。由此可知，$Bi_xSb_{2-x}Te_3$ 单层 QL 的能带结构体现了 Sb_2Te_3 与 Bi_2Te_3 的混合能带特征，其中价带顶边缘由 Te 支配，导带底边缘由 Sb

和 Bi 支配。然后再计算 $Bi_1Sb_1Te_3$ 单层 QL 中不同轨道的 PDOS 以进一步理解价带顶的边缘态。如 5-20(b)所示,价带顶边缘态主要是由 Te 5p 电子态组成的,同时 Sb 5s 也对价带边缘有一定贡献,但 Bi 6s 的贡献则非常小。通常来说,价带顶边缘态尖锐的 p 型半导体往往表现出较高的塞贝克系数。因此,$Bi_xSb_{2-x}Te_3$ 单层 QL 的塞贝克系数和功率因子随着 Bi 含量的变化与价带边缘中 Bi 与 Sb 的贡献差异有关。态密度中尖锐的价带顶边缘与多谷能带结构和能带简并有关,由图 5-20(c)和(d)所展示的 $Bi_1Sb_1Te_3$ 单层 QL 的投影能带结构可知,费米能级附近较平坦的价带边缘主要是由 Te 5p 电子态贡献的,其次是由 Sb 5s 态贡献的。实际上,在所有成分范围($0<x<2$)$Bi_xSb_{2-x}Te_3$ 单层 QL 的能带结构中,具有多谷特征的价带都是由 Te 5p 电子态贡献的。也就是说,这种主要来自 Te 原子的稳定的价带多谷特征确保了 p 型 $Bi_xSb_{2-x}Te_3$ 单层 QL 的高功率因子。另外,Sb 5s 电子态对价带边缘态多谷特征有一定贡献,而 Bi 6s 则没有贡献。这与前面讨论的 $Bi_xSb_{2-x}Te_3$ 单层 QL 的热电性能相对应,即 $x<1$ 时 $Bi_xSb_{2-x}Te_3$ 单层 QL 的 ZT 值总是大于 $x>1$ 时体系的 ZT 值。

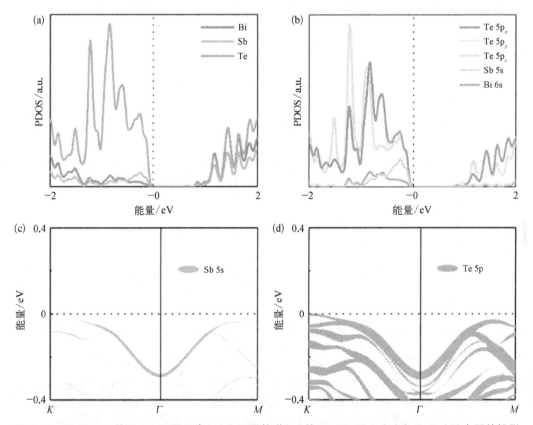

图 5-20 $Bi_1Sb_1Te_3$ 单层 QL 不同元素(a)和不同轨道(b)的 PDOS;Sb 5s(c)和 Te 5p(d)电子的投影能带结构,橙色点和蓝色点分别代表 Sb 5s 和 Te 5p 电子,点数越多,贡献越大,费米能级设置在价带顶

如前所述,在 $Bi_xSb_{2-x}Te_3$ 单层 QL 中,Bi 与 Sb 倾向于在同一亚晶格无序排布,因此我们需要研究这种无序占位对塞贝克系数的影响。这里仍以 $Bi_1Sb_1Te_3$ 单层 QL 为例,考虑了另外三种不同 Bi 与 Sb 原子排布的结构构型,计算的 PDOS 及相应晶体结构展示于图 5-21(a)~(c)中。显然,不同的 Bi 与 Sb 原子排布状态对 $Bi_1Sb_1Te_3$ 的 PDOS 尤其是

费米能级附近的价带边缘态没有显著的影响,价带顶总是来自 Te 原子的贡献,且 Sb 原子对 VBM 的贡献总是大于 Bi 原子,因此,决定电子输运性质的价带顶特征几乎没有改变。此外,从键合的角度看,价带边缘主要是由 Sb-Te2 反键态贡献的[图 5-10(e)],因此,无论 Bi 与 Sb 原子如何排布,在 $Bi_1Sb_1Te_3$ 单层 QL 结构中 Sb-Te2 键的数量是不变的。综上分析可知,由能带结构的价带顶决定的 p 型电子输运性质受 Bi 与 Sb 原子无序排布的影响很小。最后,计算得出这四种结构在 300 K 不同载流子浓度下的 p 型塞贝克系数,如图 5-21(d)所示。显然,Bi 与 Sb 原子的排布状态对塞贝克系数的影响较小,当载流子浓度为 $1×10^{20}$ cm^{-3} 时,这四种结构的塞贝克系数的误差分布在 7% 以内,因此,可以认为 Bi 与 Sb 原子的无序排布对电子输运性质影响越小,且是可以忽略不计的。

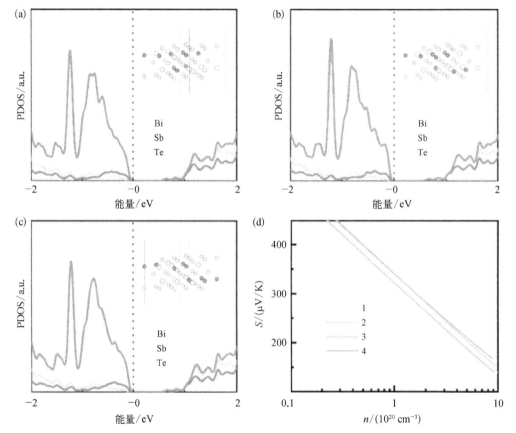

图 5-21　(a)~(c) $Bi_1Sb_1Te_3$ 单层 QL 中 Bi 和 Sb 原子不同排布时的 PDOS,其中插图是相应的原子排布结构,黄球、红球和蓝球分别代表 Bi、Sb 和 Te 原子,费米能级设置在价带顶;(d) 300 K 下不同原子排布组态的 p 型 $Bi_1Sb_1Te_3$ 单层 QL 的塞贝克系数与载流子浓度的关系

5.5　应变协同调制 Sb_2Te_3 纳米薄膜的热电优值

在实际器件中,由于上下电极与半导体材料在晶格常数上存在一定的错配度,这种错配亦类似应变,往往会在半导体材料中产生一定的应力,而应力的存在必然会显著影响半

导体材料的输运性质。鉴于此,在某些情况下,可以通过调节上下电极与半导体材料之间的晶格常数差异来进一步优化器件性能。换句话说,应变或者应力是调制器件中半导体材料性能的有效途径。对于热电材料而言,施加应变也是优化热电优值的方法。图 5-22(a)展示了功率因子、热导率与热电优值在应变下的理想变化趋势,显然调节热电材料所承受的应变,可以最大限度地进一步提高其热电优值。由 5.4 节内容可知,将 Sb_2Te_3 低维化为数原子层的纳米薄膜可以显著提高其热输运性质,那么是否可以通过施加应变进一步优化其热输运性质? 其机理是什么? 这些内容是本节的研究重点。

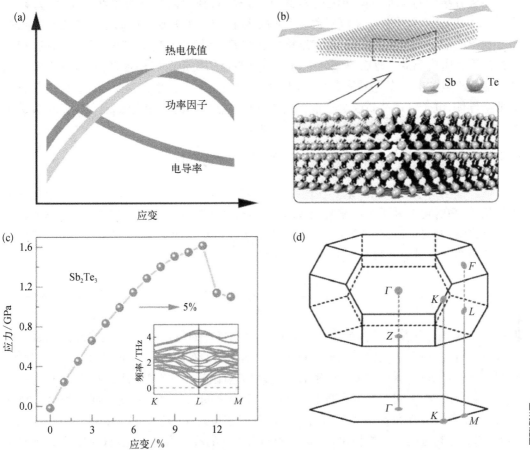

图 5-22　应变诱导的功率因子增加和热导率降低。(a) p 型 Sb 和 Bi 硫族化合物应变下的热电性能示意图;(b) Sb_2Te_3 的 2QL 结构及双轴应变施加方向;(c) Sb_2Te_3 的 2QL 应力与应变关系,其中插图显示了 5%应变下的声子谱;(d) 体材料的三维布里渊区和其投影到(111)面所得的二维布里渊区

　　一般而言,A_2B_3 硫族元素化合物(其中 A 是 V 族元素 Sb 或 Bi,B 是 VI 族元素 Se 或 Te)都结晶于菱方结构,空间群为 $R\bar{3}m$,点群是 D_{3d},沿着三重旋转轴即厚度方向,由 B-A-B-A-B 原子排布的五层组成,称为一个五元层(QL)。图 5-22(b)展示了 Sb_2Te_3 的 2 个五元层(2 QL)厚度薄膜的原子排布结构,在同一个 QL 内原子之间以较强的共价键结合,同时在沿面内方向具有良好的力学强度;而两个 QL 之间的耦合强度则弱得多,它们实际上是近邻 Te 原子层之间的相互作用,即 Te-Te 之间的范德华耳斯弱键。因此,理论上相邻的 QL

层是可以通过机械剥落来分离的,从而得到一系列不同厚度 QL 的纳米薄膜。

下面首先对 2 个五元层厚度的 Sb_2Te_3($2\ QL\text{-}Sb_2Te_3$)纳米薄膜施加应变,并用第一性原理计算其面内应力,结果如图 5-22(c)所示。显然,$2\ QL\text{-}Sb_2Te_3$ 沿面内方向可以承受高达 10% 的拉伸应变,远大于其体材料。一般二维材料往往都比其体材料表现出更好的柔韧性。此外,通过计算应变下 $2QL\text{-}Sb_2Te_3$ 的声子谱可以确认其应变下的动力学稳定性,图 5-22(c)中插图展示了应变为 5% 时体系的声子谱,可见任何波矢都没有出现虚频模,因此至少在 5% 应变下 $2QL\text{-}Sb_2Te_3$ 都是动力学稳定的。

将菱方结构的三维布里渊区投影到(111)表面,获得的二维布里渊区是六边形,如图 5-22(d)所示,其中标记了高对称 k 点:Γ、K 和 M。考虑到晶体场劈裂作用对 Γ 点原子 p 轨道的能量本征值的影响,层状结构的点群 D_{3d} 将导致 p_z 轨道与 p_x 和 p_y 轨道的分裂。通过计算态密度和沿二维布里渊区中高对称点路径的轨道分解能带结构,可以得出 Γ 点费米能级附近的电子态主要是由 Sb 和 Te 的 p_z 轨道贡献的。考虑到 Sb_2Te_3 化合物是 p 型本征半导体,电子输运性质取决于布里渊区中心 Γ 点周围的价带边缘,再结合 5.4 节关于分态密度的分析,显然是由 Te 5p 轨道特征决定的。

5.5.1　应变对 Sb_2Te_3 纳米薄膜电子输运性质的影响

在表征电子输运性能的重要物理参数中,功率因子 $S^2\sigma$ 与塞贝克系数 S 和电导率 σ 密切相关,高的功率因子 $S^2\sigma$ 需要较大的 S 或 σ。如前所述,p 型半导体的塞贝克系数通常与能带结构的价带边缘特征密切相关,价带边缘态的简并峰谷的数量 N_v 越大,塞贝克系数 S 越高。塞贝克系数与 N_v 的关系体现在下述方程中:

$$S = \frac{4\pi^2 k_B^2}{eh^2} N_v^{2/3} m_b^* T \left(\frac{4\pi}{3n}\right)^{2/3} \tag{5-92}$$

其中,n 为载流子浓度;m_b^* 为能带有效质量。简并峰谷的数量 N_v 可以从二维等能费米面的计算中得出,前面已经较详细地讲述过。在这里,以施加 5% 应变的 $2QL\text{-}Sb_2Te_3$ 为例,如图 5-23(a)所示,由于对称性产生的简并,在 Γ 点附近有六个峰,且沿 $\Gamma\text{-}M$ 路径也有六个峰。相应地,在不同应变下这两组类型的 6 个峰之间的相对位置变化如图 5-23(b)所示,其中 Γ 点附近峰和 $\Gamma\text{-}M$ 路径峰之间的能量差定义为 $\Delta = E_{outer} - E_{central}$。在微小应变作用下,与 Γ 点附近的六个峰相比,$\Gamma\text{-}M$ 路径的六个峰的峰位发生变化,从而导致 Δ 绝对值的变化。因此,通过施加适当的应变,可以将简并峰谷的数量从六个增加到十二个,这预示着施加适当应变可以显著提高体系的塞贝克系数 S。

接下来为了研究薄膜厚度和应变大小对简并峰谷数量的影响,我们需要计算不同厚度且施加不同应变时 Sb_2Te_3 纳米薄膜的能带结构,并详细分析 Γ 点附近与 $\Gamma\text{-}M$ 路径的峰之间的能量差 Δ,作为对比,同时也计算并分析 Sb_2Te_3 体材料的能带结构,计算结果示于图 5-23(c)。显然,对于 1QL、2QL 和体相 Sb_2Te_3,这种能量差 Δ 与施加的应变 ε 之间很好地符合线性关系,可以用方程 $\Delta = ax + b$ 来描述,x 代表应变。经拟合发现,a 基本是一个与厚度无关的常数,而 b 的绝对值随着厚度的减小而减小,且与应变值无关。也就是说,在无应变的条件下,体系的厚度越小,b 的绝对值越小则 Δ 越小,很明显体系的表面态对价带边缘态的贡献最大。因此,我们应该重点关注表面态的贡献,也就是说价带结构在材

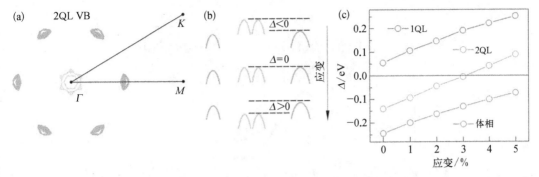

图 5-23　（a）2QL-Sb$_2$Te$_3$ 纳米薄膜中 5% 应变下的价带顶处二维等能量费米面（浅色线）和 Γ 点附近的峰（深色线）；（b）价带峰之间的能量差示意图；（c）对于 1QL、2QL 和体相 Sb$_2$Te$_3$，能量差与应变的关系

料从固体内部延伸至表面处会发生急剧转变。图 5-24（a）为 5% 应变下 2QL-Sb$_2$Te$_3$ 的能带结构，由所标记出的纯表面态的能带看，表面态对价带的贡献主要分布在价带边缘的外峰而非 Γ 点附近的中心峰。因此，在给定应变下，薄膜厚度越小，则表面态的贡献越大，从而导致外峰的能量更高。

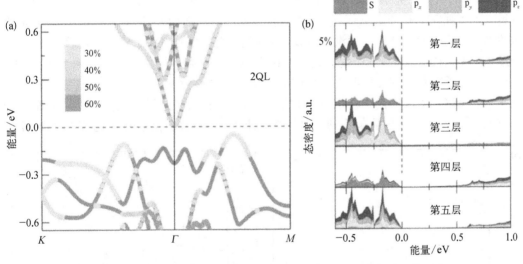

图 5-24　（a）在 5% 应变下 2QL-Sb$_2$Te$_3$ 的能带结构，图中标注了表面态对能带的贡献；（b）各原子层的轨道分解投影态密度

另外，通常原子间杂化作用越强，成键态的能量就越低，而成键态主要对应于价带。因此，应变诱导外部峰升高可以用给定 k 点处的分能带电荷密度的变化来分析。由图 5-25 可见，施加应变导致价带的分能带电荷密度变弱。为了进一步理解应变下价带的组成和贡献，我们计算了逐层的轨道分解投影态密度，如图 5-24（b）所示。由之前的计算和讨论可知，无应变时 Sb$_2$Te$_3$ 薄膜的价带主要是由 Te p$_z$ 轨道贡献的，而在 5% 应变下［图 5-24（b）］，Te 原子的 p$_x$ 和 p$_y$ 轨道对较陡价带边缘电子态的贡献非常大，显然应变提升了 Te p$_x$ 和 Te p$_y$ 轨道的能量。总体而言，应变下的能带收敛或者说能量差 Δ 的减小，可以归因于表面态的贡献及 Te 原子 p$_x$ 和 p$_y$ 轨道能量的升高。

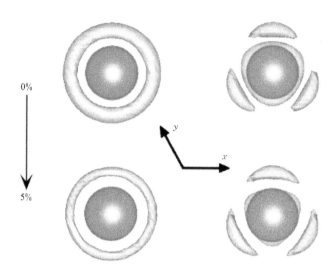

图 5-25　0%和5%应变下给定 k 点处的分能带电荷密度

为计算功率因子 $S^2\sigma$，需要首先计算室温(300 K)下施加不同应变时 p 型 2QL-Sb$_2$Te$_3$的塞贝克系数 S 和电导率 σ。我们可以采用室温下体相 Sb$_2$Te$_3$载流子浓度的实际值 1×10^{20} cm^{-3}来计算塞贝克系数,计算得出的塞贝克系数与应变的关系如图 5-26(a)所示,显然,塞贝克系数对应变非常敏感,塞贝克系数 S 随应变的增加而增大,当应变为 4%时塞贝克系数达到最大值约 250 μV/ K,而没有施加应变时塞贝克系数为约 80 μV/ K,继续增加应变则导致塞贝克系数随之降低。与塞贝克系数不同,电导率 σ 则对应变不敏感,由图 5-26(b)电导率与载流子浓度的关系可见,在不同应变作用下电导率没有显著变化,而应变所导致的电导率略微降低可以归因于价带谷间的散射。总体而言,施加微小应变可以显著提高塞贝克系数,而对电导率的影响小到可以忽略不计,因此最终将导致功率因子的极大提高。

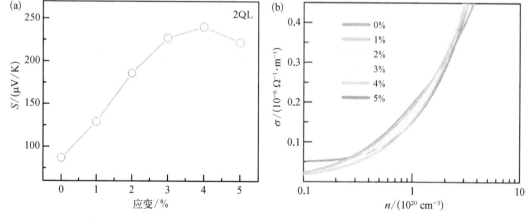

图 5-26　(a) 2QL-Sb$_2$Te$_3$纳米薄膜的 300 K 下塞贝克系数 S 与应变的关系;(b) 不同应变下电导率 σ 与载流子浓度(n)之间的关系

5.5.2　应变对 Sb$_2$Te$_3$纳米薄膜热输运性质的影响

在应变作用下,2QL-Sb$_2$Te$_3$纳米薄膜中较强的非谐散射可以通过共振键(resonant bond)

来解释,而这可能会导致声子软模的不稳定性。V_2-VI_3型半导体化合物通常具有菱形结构,这种结构可以看作变形的岩盐结构。通常,可以将具有岩盐晶体结构的 p 电子的不饱和共价键看作共振键。对于 Sb_2Te_3 而言,其晶体结构中具有扭曲的 $SbTe_6$ 八面体结构,由三个较短(更强)和三个较长(更弱)的 Sb-Te 键构成,而结构变形通常会削弱远程原子间的相互作用和共振键。因此,与岩盐结构的 PbTe 相比,由于存在微小的结构变形,2QL-Sb_2Te_3 纳米薄膜中的共振键会以较弱的形式存在。为了研究结构变形对共振键的影响,我们构建了 4×4×1 超胞的 2QL-Sb_2Te_3 纳米薄膜,然后将中心的 Sb 原子在 x-y 平面内沿着 y 轴方向移动了 0.02 Å,利用第一性原理计算了在零应变和 5%应变下体系的电荷密度变化,计算结果如图 5-27(a)和(b)所示。从图中微小的原子移动所产生的微扰对长程电荷密度的变化可以看出,相比于无应变系统的电荷密度分布,加载应变后其电荷密度分布展现出更大的极化范围。

另外,共振键的强度反映在精细晶体结构中,这里以 5%应变下的晶体结构为例,计算施加应变后晶体结构中的键长和键角,并与零应变时的数值进行比较,以获得应变对精细晶体结构的影响。结果示于图 5-27(c),可以看出,当 2QL-Sb_2Te_3 纳米薄膜在面内方向受到应力时,短 Sb-Te 键长的增加量大于长 Sb-Te 键长的增加量,而以弱范德瓦耳斯力键合的 Te-Te 键长减少且变化量更大。与键长的变化率相比,在应变作用下,2QL-Sb_2Te_3 纳米薄膜的晶体内局域几何形状变形则更大。具体而言,在 5%应变下,短 Sb-Te 键长增大了约 1.66%,长 Sb-Te 键长增大了约 1.26%,而 Te-Te 键长减小了约 1.63%;而对于结构中的三类键角,θ_1、θ_2 和 θ_3 分别减小了 4.17%、4.04%和 4.79%。这种晶体结构内部较大的几何形状变化将更显著影响声子振动进而影响 Sb_2Te_3 纳米薄膜的热输运性质。总体而言,应变使得 2QL-Sb_2Te_3 中的键角更接近 90°,这将产生更强共振键合效应。

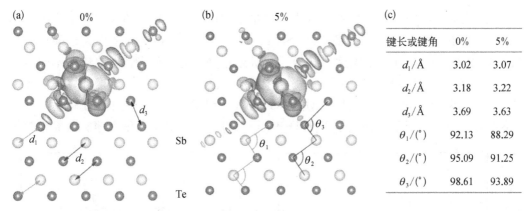

键长或键角	0%	5%
d_1/Å	3.02	3.07
d_2/Å	3.18	3.22
d_3/Å	3.69	3.63
θ_1/(°)	92.13	88.29
θ_2/(°)	95.09	91.25
θ_3/(°)	98.61	93.89

图 5-27 2QL-Sb_2Te_3纳米薄膜中 0%(a)与 5%(b)应变下,在 4×4×1 超胞中,中心 Sb 原子在 x-y 平面内微小位移(沿 y 轴方向移动 0.02 Å)所引起的电荷密度变化;(c) 0%和 5%应变下晶格的键长与键角

这种应变诱导晶体结构中的晶格畸变而导致更强的共振键合,可以通过计算并分析应变导致 Grüneisen 参数的变化来进一步印证。Grüneisen 参数是晶格中非谐影响的无量纲参数,它反映了晶格中的声子振动偏离谐波振荡的程度。如图 5-28(a)所示,显然,平均 Grüneisen 参数 γ 值随着应变的增加而增大,因此由 $\Lambda \propto T_m a/T\gamma^2$ 估算的平均自由程 Λ 也将极大降低,其中 T_m 是熔化温度,a 是晶格量级的长度。另外,在基本动力学理论中,晶格热导率 κ_L 由 $\kappa_L = Cv\Lambda/3$ 估算得出,其中 C 是比热容,v 是声速,Λ 是平均自由程。因此,

可以从这三个参数的累积特征来预测低应变下晶格热导率的变化趋势。这里所计算的不同应变下归一化的比热容 C 示于图 5-28(a) 中,显然,比热容 C 随着应变的增加而线性地降低。一般而言,如果温度 T(此处为室温 300 K)高于德拜温度,如 Sb_2Te_3 体材料的德拜温度测量值是 179 K,则该温度下的比热容 C 将通过著名的德拜公式接近 $3Nk$ 的极限,其中 N 是阿伏伽德罗常数,k 为玻尔兹曼常数。基本动力学理论中第三种对晶格热导率的贡献因素是由声子色散关系得出的声子速度 v,由其斜率的变化表示。图 5-28(b) 展示了 0% 和 5% 应变下 $2QL$-Sb_2Te_3 的声子谱,分析其中高亮的 Γ 点处的声学分支可以发现,施加应变后声子色散的斜率略微变小,因此施加微小应变将导致声速的降低。

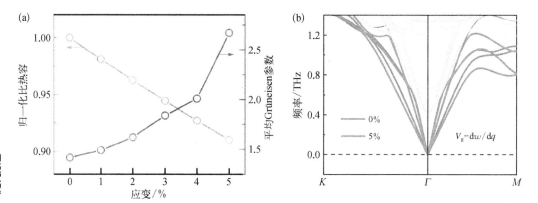

图 5-28 (a) $2QL$-Sb_2Te_3 纳米薄膜的不同应变下的归一化比热容和平均 Grüneisen 参数;(b) 0% 和 5% 应变下的声子谱,其中高亮标示了 Γ 点处的声学分支

综上分析,施加微小应变,基本动力学理论中表征晶格热导率的这三种组成因素均减小,因此可以预见,应变将导致 $2QL$-Sb_2Te_3 纳米薄膜的晶格热导率极大地降低。接下来我们利用第一性原理计算和求解声子的玻尔兹曼输运方程来精准地计算不同应变下 $2QL$-Sb_2Te_3 纳米薄膜的晶格热导率。具体而言,首先利用第一性原理计算得出体系的二阶和三阶原子间力常数,然后使用 ShengBTE 代码求解声子的玻尔兹曼输运方程来计算晶格热导率。计算结果展示于图 5-29(a) 中,显然,$2QL$-Sb_2Te_3 纳米薄膜的晶格热导

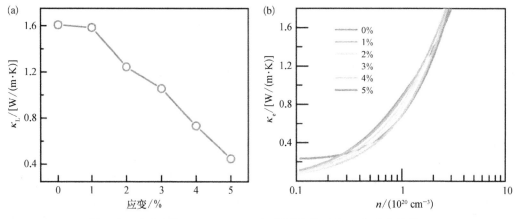

图 5-29 (a) 300 K 下 $2QL$-Sb_2Te_3 的晶格热导率 κ_L 与应变的关系曲线;(b) 不同载流子浓度(n)下的电子热导率 κ_e

率随着应变的增加而快速地降低。由上述对基本动力学理论所表征的晶格热导率的分析来看,应变所导致 2QL-Sb$_2$Te$_3$ 纳米薄膜晶格热导率 κ_L 的显著下降,可以主要归功于应变下 Grüneisen 参数的快速增加。此外,对于 2QL-Sb$_2$Te$_3$ 纳米薄膜等的半导体材料,电子热导率对体系的总热导率也有非常重要的贡献。因此,再采用半经典玻尔兹曼输运理论,使用 BoltzTraP 代码计算了不同应变下 2QL-Sb$_2$Te$_3$ 纳米薄膜的电子热导率 κ_e。计算结果示于图 5-29(b),显然应变对电子热导率 κ_e 的影响很小,电子热导率 κ_e 随着应变的增加略有下降,这与电导率在不同应变下的变化趋势相符合。因此,主要得益于极大降低的晶格热导率 κ_L,应变下 2QL-Sb$_2$Te$_3$ 纳米薄膜的总热导率将显著降低。

5.5.3　应变对 Sb$_2$Te$_3$ 纳米薄膜热电性质的影响

上述理论预测表明,由于功率因子的增加和电导率的降低,在微小应变下 2QL-Sb$_2$Te$_3$ 纳米薄膜应该具有更高的热电优值。现在以公式 $ZT = S^2\sigma T/(\kappa_e + \kappa_L)$ 来估算 Sb$_2$Te$_3$ 纳米薄膜的热电优值。室温(300 K)下施加不同应变时 2QL-Sb$_2$Te$_3$ 纳米薄膜的 ZT 峰值示于图 5-30(a),其中的插图展示了不同载流子浓度不同应变下的热电优值。可见,在大多数应变条件下,热电优值基本都在载流子浓度为 1×10^{20} cm^{-3} 附近达到峰值。未施加应变时,室温下 2QL-Sb$_2$Te$_3$ 纳米薄膜的热电优值 ZT 的峰值为约 0.3,施加应变后,热电优值 ZT 的峰值随着应变的增加而增加,在应变 5% 下达到最大值约 2.0。然后对 4% 应变下的 2QL-Sb$_2$Te$_3$ 纳米薄膜,计算不同温度和载流子浓度下的热电优值,结果示于图 5-30(b)。显然,在近室温下,2QL-Sb$_2$Te$_3$ 纳米薄膜在较宽的载流子浓度范围内都展现出优异的热电性能,即热电优值接近 2.0。而在更高的温度下,例如,在 450 K 下,载流子浓度为 1×10^{20} cm^{-3} 时的 ZT 值高达 3.0,且在 $4\times10^{19}\sim2\times10^{20}$ cm^{-3} 很宽的载流子浓度范围内 ZT 值均大于 2.5。

另外,基于 5.4 节的计算结果可知,SOC 对塞贝克系数的影响很小,且对电导率几乎没有影响,所以在计算输运性质时没有考虑 SOC 的作用。在这里,我们详细讨论 SOC 作用与薄膜厚度对价带多谷特征的影响,以进一步明确这两个变量对能带进而电子输运的影响程度,计算结果示于图 5-30(c)。由前面章节的计算结果可知,厚度对准二维 Sb$_2$Te$_3$ 纳米薄膜的价带多谷特征有决定性的影响,厚度为 1QL 的 Sb$_2$Te$_3$ 纳米薄膜具有显著的价带多谷特征,而超过 1QL,即厚度在 2QL 及以上的 Sb$_2$Te$_3$ 纳米薄膜均未出现价带多谷特征。由图 5-30(c)可见,对于 2QL-Sb$_2$Te$_3$ 纳米薄膜,不考虑 SOC 作用时,施加应变前没有价带多谷特征,而施加 5% 应变后则呈现出显著的价带多谷特征;同样地,考虑 SOC 作用时,未施加应变的价带边缘态基本与未考虑 SOC 的相同,没有价带多谷特征,而施加 5% 应变后,价带多谷特征出现,与不考虑 SOC 且施加 5% 应变的价带边缘态类似。如果增加薄膜厚度,如 3QL-Sb$_2$Te$_3$ 纳米薄膜,同样不考虑 SOC 作用,但对其施加 5% 应变,价带也出现了多谷特征[图 5-30(c)]。综合上述结果可以确定,SOC 作用对 Sb$_2$Te$_3$ 纳米薄膜的价带边缘态是没有影响的,而应变则能诱导价带收敛产生价带多谷特征,进而导致较高的塞贝克系数。实际上,对于 Bi$_2$Te$_3$、Sb$_2$Te$_3$ 和 Bi$_2$Se$_3$ 的纳米薄膜,如果其薄膜厚度达到一个临界值,SOC 将产生显著的作用。对于这三个化合物的薄膜,当其厚度分别达到 3QL、4QL 和 5QL 时,SOC 作用致使在 Γ 点处形成一个狄拉克锥,进而赋予了相应薄膜材料优异的热输运性能。这些内容在前面章节已经详细讨论过。

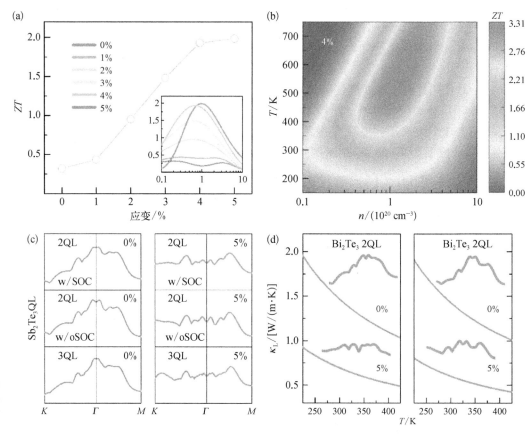

图 5-30　硫族化合物纳米薄膜的热电性能。(a) 300 K 下 2QL-Sb_2Te_3 纳米薄膜在不同应变下的热电
优值 ZT,插图是 ZT 值与载流子浓度(n)的关系;(b) 4%应变下 2QL-Sb_2Te_3 纳米薄膜在不
同温度和载流子浓度时的 ZT 值;(c) SOC 与薄膜厚度对价带多谷特征的影响,图中的 w 和
w/o 分别表示考虑和不考虑 SOC 作用;(d) 有无应变下 Bi_2Te_3 和 Bi_2Se_3 的 2QL 结构的晶格
热导率及价带结构

　　对于厚度低于临界值的 Sb_2Te_3 纳米薄膜,根据本节的研究结果提出了一种改善价带
边缘态使其出现价带多谷特征进而显著提高热输运性质的有效方法,例如 2QL 和 3QL 的
Sb_2Te_3 纳米薄膜,均可以通过施加微小应变诱导产生价带多谷特征,进而极大提高 Sb_2Te_3
纳米薄膜的热电性能。为了明确其他化学成分的硫族化合物半导体是否也具有类似的应
变效应,这里以 Bi_2Te_3 和 Bi_2Se_3 的 2QL 厚的纳米薄膜为例,计算应变对价带边缘态及晶格
热导率的影响,计算结果示于 5-30(d)。通过分析它们在施加应变前后的价带边缘态可
见,正如所预期的,应变的决定性作用与 2QL-Sb_2Te_3 纳米薄膜的情况类似,即施加微小应
变均能诱导 2QL 厚的 Bi_2Te_3 和 Bi_2Se_3 纳米薄膜的价带边缘态中产生更多的特征谷,这将
显著增大它们的塞贝克系数,进而有益于提高功率因子。再分析所计算的有无应变时的
晶格热导率 κ_L[图 5-30(d)]可见,施加微小应变显著降低了 2QL 的 Bi_2Te_3 与 Bi_2Se_3 纳米
薄膜的晶格热导率 κ_L。综上分析可以预见,对 Bi_2Te_3 和 Bi_2Se_3 纳米薄膜施加微小应变,将
获得与 Sb_2Te_3 纳米薄膜类似的效应,即它们的功率因子将显著增加而热导率极大降低,从
而实现热电性能的极大提高。

5.6 MXene 的热输运性质及其调控

类石墨烯二维材料因其优异且易调控的光、电、磁、热和催化等性能而受到广泛且持续的关注。在诸多类石墨烯材料中,二维过渡金属碳/氮化物是一类最大的二维材料家族,且被统称为 MXene。目前实验合成的 MXene 以二维过渡金属碳化物为主,主要是通过化学方法用 HF 溶液将三元过渡金属碳化物 MAX 相中的 A 原子层剥离出来而合成的,其中 M 是过渡金属,A 是ⅢA 或ⅣA 元素,X 是 C 或 N。研究表明,MXene 在锂/钠离子电池的电极材料、超级电容器、催化、自旋电子学和柔性器件等领域具有巨大的应用前景,而这些应用大多与 MXene 的热输运性质密切相关。例如,在锂/钠离子电池的充电-放电过程中需要高热导率的电极材料,以避免不利的局部过热,这对于电池的安全性和可靠性都是至关重要的。类似地,电子器件中的散热问题也是常见现象,且将影响器件性能和有效寿命。此外,高性能的热电材料要求材料是声子的不良导体且是电子的优良导体,即需要低热导率和高功率因子的材料以获得高的热电优值。

另外,从 MXene 在酸溶液中剥离的途径看,MXene 表面很容易吸附各类溶液中的官能团(如 O、F 和 OH),并显著影响其性质。因此,通过有效控制表面吸附的官能团而实现目标性能便成为调控 MXene 性质的一种重要途径。例如,表面官能化可以将 Sc_2C、Ti_2C、Hf_2C、Zr_2C 和 Mo_2C 等 MXene 的金属性转变为半导体性,并且可以实现带隙大小的调控。特别是 O 官能化的 MXene M_2CO_2(M = Zr, Hf),由于其超高各向异性的载流子迁移率、合适的带隙大小和带边位置而成为极具应用潜力的光催化材料。将 MXene 作为锂离子电池的电极材料时,表面吸附的官能团将阻碍锂离子的迁移,并提高电池的平衡电压。关于表面官能团对 MXene 性质的影响,目前大量研究主要集中在电子结构、磁性和电化学性能的调制,而官能团对 MXene 热导率的影响仍不清楚。因此,下面以 MXene 为研究对象,结合第一性原理计算,通过求解声子的玻尔兹曼输运方程计算 MXene 的晶格热导率;采用恒定弛豫时间近似的半经典玻尔兹曼输运理论预测 MXene 的电子热导率,进而阐明表面官能化对 MXene 热导率的调制效应及其微观物理机制。

5.6.1 模型与计算方法

二维过渡金属碳化物(Ti_2C MXene)的初始结构是通过移除相应三元化合物 Ti_2AlC 体相中的 Al 层,并在 z 轴方向外加 20Å 的真空层构建的,将初始结构进行充分弛豫而获得总能最低的构型,然后在此基础上再进行表面官能团化。本节第一性原理计算的详细参数设置见参考文献。在晶格热导率的计算中,首先采用密度泛函微扰理论计算二阶和三阶原子间力常数,其中使用的超胞大小为 3×5×1,k 点网格是 4×4×1。此外,对于三阶原子间力常数,其原子间的相互作用考虑到每个原子的第五最近邻范围。然后利用 MXene 的二阶和三阶原子间力常数来线性化求解声子玻尔兹曼输运方程,使用的软件包是 ShengBTE。二维材料面内的晶格热导率来自所有声子模式 λ 的贡献之和,可通过以下公式表示:

$$\kappa = \frac{1}{V} \sum C_v v_\lambda \tau_\lambda \tag{5-93}$$

其中,V 是晶体体积;C_v 是每个声子模式的比热容;v_λ 是群速度;τ 是每个声子模式的弛豫时间。电子热导率是基于第一性原理计算的数据使用半经典玻尔兹曼输运理论在恒定弛豫时间近似下估算的,使用的软件包是 BoltzTraP。由于材料热导率对体积具有一定的线性比例关系,因此所获得的晶格热导率通过 Z/d_0 进行相应变换,其中 Z 是 Z 轴方向上的晶格常数,d_0 是 MXene 的有效厚度。

5.6.2 表面官能化对 Ti$_2$C MXene 晶格热导率的影响

Ti$_2$C MXene 晶体结构中的原子堆垛是沿其 Z 轴方向的 Ti-C-Ti 排布的,如图 5-31(a) 中的左上图所示,而图中左下方展示了扶手椅形和之字形方向的原子排布。将表面吸附了官能团 T 时的 Ti$_2$C MXene 表示为 Ti$_2$CT$_2$,其中 T 代表 O、F 或 OH 等表面官能基团。通过计算并比较系统总能可以获得官能团 T 在表面的占位或者原子排布情况,图 5-31(b) 的上图展示了系统能量最低即最稳定态中官能团 T 在表面的原子排布,图的下方展示了 Ti$_2$CT$_2$ 在扶手椅形和之字形方向的原子排布。在计算热导率前,首先将 Ti$_2$C 和 Ti$_2$CT$_2$ 等 MXene 进行结构弛豫,获得能量最低的晶体结构。弛豫后 Ti$_2$C、Ti$_2$CO$_2$、Ti$_2$CF$_2$、Ti$_2$C(OH)$_2$ 等 MXene 的晶格常数 a 分别为 3.082 Å、3.034 Å、3.060 Å 和 3.072 Å,且分别与已经报道的理论数据 3.081 Å、3.035 Å、3.059 Å 和 3.071 Å 吻合得非常好。需要指出的是,目前仍缺乏 Ti$_2$C MXene 结构的实验数据,因此将 Ti$_2$C 及 Ti$_2$CT$_2$ 等 MXene 的计算结果与之前发表的理论结果进行比较,吻合得很好,表明这里热导率计算所采用的 MXene 的晶体结构是正确的。

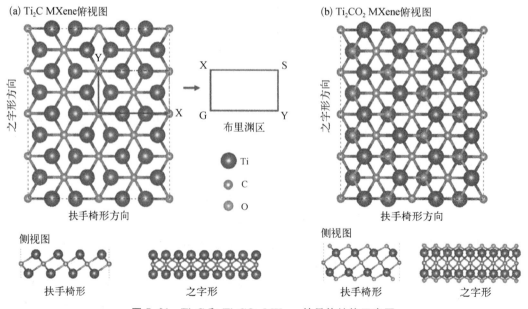

图 5-31 Ti$_2$C 和 Ti$_2$CO$_2$ MXene 的晶体结构示意图

由声子色散决定的三声子散射过程在准确预测声子热导率时至关重要,因此我们首先计算了 Ti$_2$C、Ti$_2$CO$_2$、Ti$_2$CF$_2$ 和 Ti$_2$C(OH)$_2$ 等 MXene 的声子色散谱,计算结果示于图 5-32。显然,这里研究的所有 MXene 的声子色散谱中均未出现虚频模式,表明它们都具有良好的晶格稳定性。分析这四个 MXene 相的三支声学支可以发现,Z 方向的声学分支(ZA 分支)呈现出类似二次方型的弯曲特征,这与石墨烯的类似,也是二维材料的典型特征。此外,三个低频光学分支靠近具有较大群速度的声学分支。通过拟合 Ti_2CT_2 MXene 声学分支的斜率可以得出沿 $\Gamma-X$ 和 $\Gamma-Y$ 方向的群速度,结果表明表面官能化导致 Ti_2C MXene 的群速度略有增加,且这里研究几种 MXene 的群速度几乎都是各向同性的,这与我们之前报道的各向同性杨氏模量特征是一致的。另一方面,由图 5-32 可知这四种 MXene 结构 Ti_2C、Ti_2CO_2、Ti_2CF_2 和 $Ti_2C(OH)_2$ 正常模式振动的最高频率即德拜频率(ν_m)分别为 6.91 THz、7.41 THz、7.36 THz 和 7.21 THz。再结合德拜温度(Θ_D)的计算公式:$\Theta_D = h\nu_m/k_B$,其中 h 和 k_B 分别是普朗克常数和玻尔兹曼常数,我们可以计算得出 Ti_2C、Ti_2CO_2、Ti_2CF_2、$Ti_2C(OH)_2$ 等 MXene 的德拜温度分别为 332 K、356 K、354 K 和 346 K,显然表面官能化可以略微提高 Ti_2C 的德拜温度。此外,还计算了 Ti_2CT_2 MXene 的比热容,结果表明表面官能化 O、F 和 OH 将显著增加 Ti_2C MXene 的比热容,分别增加了 22%、19% 和 43%。

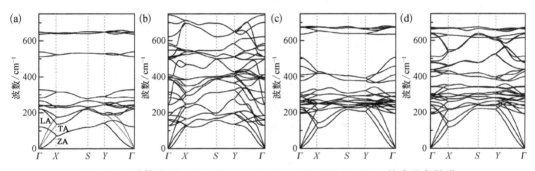

图 5-32 计算的 Ti_2C、Ti_2CO_2、Ti_2CF_2、$Ti_2C(OH)_2$ MXene 的声子色散谱

Ti_2C 与 Ti_2CT_2 MXene 晶格热导率 κ_L 随温度的变化趋势见图 5-33,显然这四种 MXene 的晶格热导率随着温度升高而降低,并且分析发现,它们基本都与温度呈反比例关系,即与 T^{-1} 呈正比例关系,表明在此温度范围内主要声子散射机制是 Umklapp 散射过程。这种晶格热导率与温度呈反比关系的特性也在其他二维材料中被证实,如石墨烯和磷烯。在 300 K 下 Ti_2CO_2 MXene 沿之字形和扶手椅形方向的晶格热导率分别为 43.95 W/(m·K) 和 53.30 W/(m·K),这与最近发表的研究结果 40.58 W/(m·K) 吻合得较好。由图 5-33(a)和(b)可以清楚地看出,无论是沿之字形还是扶手椅形方向,F 和 OH 表面官能团都能显著提高 Ti_2C MXene 的晶格热导率,这与前面讨论的 F 和 OH 能显著增大 Ti_2C MXene 的群速度和热容是一致的。例如,在 300 K,F 和 OH 的表面官能化将导致 Ti_2C MXene 沿着扶手椅形(之字形)方向的晶格热导率分别提高了 29%(64%)和 72%(69%)。然而,添加 O 表面官能团之后,Ti_2C MXene 的晶格热导率略微降低,这看起来与 Ti_2CO_2 MXene 较高的群速度和比热容相矛盾。根据式(5-93)知,比热容、群速度和弛豫时间决定晶格热导率,因此如果晶格热导率差异不是群速度和比热容导致的,那么应该归因于声子弛豫时间的显著不同,这将在后面详细讨论。此外,可以通过计算 MXene 沿着扶手椅形方向和之字形方向晶格热导率的比值来研究晶格热导率的各向异性。结果如图 5-33(c)所示,比值等于 1 表示体系热导率是各向同性的,偏离 1 代表各向异性的热

导率,且偏离的程度越大,体系热导率的各向异性越强。显然,这四种 MXene 的晶格热导率基本都是各向异性的且差别较大,比值为 $1.05\sim1.45$。Ti_2C 的热导率展现出较高的各向异性,表面官能化 OH 后热导率的各向异性略微增大,而 O 和 F 表面官能团均能显著降低热导率的各向异性,表明改变官能化基团种类可以调控 MXene 晶格热导率各向异性的程度。

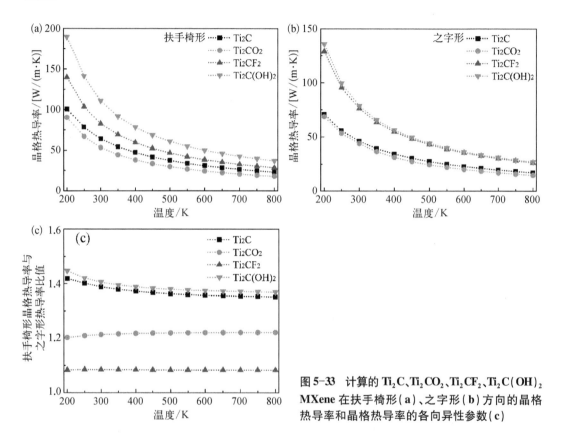

图 5-33 计算的 Ti_2C、Ti_2CO_2、Ti_2CF_2、$Ti_2C(OH)_2$ MXene 在扶手椅形(a)、之字形(b)方向的晶格热导率和晶格热导率的各向异性参数(c)

为了更深入地理解表面官能化对 Ti_2C MXene 晶格热导率的调制效应,我们分别研究了不同声子分支对晶格热导率的贡献,计算结果示于图 5-34。Ti_2C 和 Ti_2CT_2 MXene 的晶格热导率主要由声学分支贡献。在 Ti_2C MXene 中,声学分支对晶格热导率的贡献权重为 TA>LA>ZA;通过表面官能化之后,对 Ti_2CT_2 MXene 晶格热导率贡献权重最大的是 LA 分支。与 Ti_2CF_2 和 $Ti_2C(OH)_2$ 不同的是,对 Ti_2CO_2 MXene 而言,TA 分支对晶格热导率的贡献权重低于 ZA 分支,这也可能是 Ti_2CO_2 的晶格热导率低于其他三个 MXene 的原因。

接下来计算声学分支和能量最低的三支光学分支的声子弛豫时间以进一步理解 MXene 的晶格热导率,结果见图 5-35。Ti_2C MXene 的声子弛豫时间在表面官能化 F 或 OH 后显著增加,再结合它们具有更高的群速度和比热容,Ti_2CF_2 和 $Ti_2C(OH)_2$ MXene 的晶格热导率必然远高于 Ti_2C MXene 的晶格热导率,这很好地解释了前面的结果。其中,对于 Ti_2C MXene,TA 分支的弛豫时间是最长的,而在表面官能化之后,最长的弛豫时间来自 LA 分支,这与上面讨论的声子分支对晶格热导率的贡献权重是一致的。值得一提的

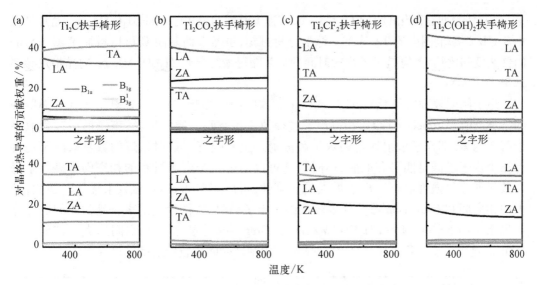

图 5-34　Ti$_2$C(a)、Ti$_2$CO$_2$(b)、Ti$_2$CF$_2$(c) 和 Ti$_2$C(OH)$_2$(d) MXene 的
各个声学分支对晶格热导率的贡献权重

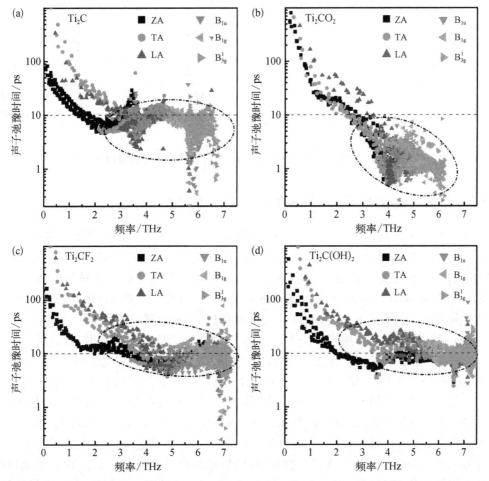

图 5-35　计算的 MXene 声子弛豫时间：(a) Ti$_2$C、(b) Ti$_2$CO$_2$、(c) Ti$_2$CF$_2$ 和 (d) Ti$_2$C(OH)$_2$

是,对于 O 表面官能化的 Ti_2CO_2 MXene,其弛豫时间明显短于本征 Ti_2C MXene,尤其是在 1~3 THz 频率范围内的 TA 分支。综上分析可知,虽然表面基团 O 可以增加 Ti_2C MXene 的群速度和比热容,但是声子弛豫时间的显著缩短最终导致 Ti_2CO_2 MXene 的晶格热导率低于 Ti_2C MXene。

为了阐明表面官能化对 Ti_2C MXene 弛豫时间的影响,进一步计算了 Ti_2CT_2 MXene 的格林艾森(Grüneisen)参数和三声子过程的总相空间。通常来说,声子散射过程取决于两个因素,即声子散射通道的数量和散射通道的强度。散射通道的数量取决于是否有三个声子组满足能量和准能量守恒,这可以通过三个声子过程的相空间来表征。每个散射通道的强度取决于声子模式的非谐性,可以用 Grüneisen 参数来描述。因此,较大的相空间和 Grüneisen 参数代表较大的三声子散射率,即较短的声子弛豫时间。计算结果示于图 5-36,显然,Ti_2CO_2 MXene 的 Grüneisen 参数和总相空间远大于其他三个 MXene,这进一步解释了 Ti_2CO_2 MXene 的较短弛豫时间和较低的晶格热导率。

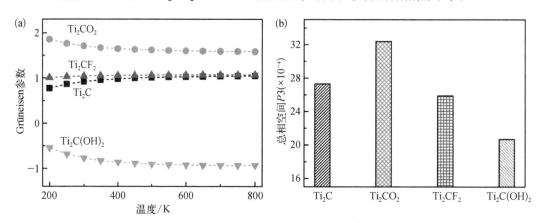

图 5-36　Ti_2CT_2 MXene 计算的 Grüneisen 参数(a)和三声子过程的总相空间(b)

5.6.3　表面官能化对 Ti_2C MXene 电子热导率的影响

Ti_2C MXene 呈现出金属导电性,因此,电子热导率(κ_e)对总热导率应该有重要的贡献。由于材料的电子热导率与电子结构密切相关,我们首先计算 Ti_2C 与 Ti_2CT_2 MXene 的电子态密度。如图 5-37 所示,Ti_2C MXene 呈现出良好的金属导电性,表面官能化后 Ti_2C MXene 的金属导电性显著下降,体现在 Ti_2CF_2 和 $Ti_2C(OH)_2$ 费米能级处态密度显著下降。尤其是 Ti_2CO_2 MXene,其费米能级处态密度降为 0,呈现出半导体性。另外,从 Ti_2C MXene 的态密度来看,-1.5~5 eV 范围内态密度主要来自 Ti 3d 轨道的贡献,而 -5~-2.5 eV 范围内的态密度主要来自 Ti 3d 与 C 2p 轨道杂化的电子态,-2.5~-1.5 eV 范围内存在一个约 1 eV 的能隙。通过分析 Ti_2CO_2、Ti_2CF_2 和 $Ti_2C(OH)_2$ 的态密度可知,表面官能化基团的 p 轨道与 Ti 3d 轨道杂化,并使费米能级不同程度地向下移动。值得一提的是,Ti 3d 轨道与 O 2p 在很宽的能量范围(-5~-0.5 eV)内重叠,而 Ti 3d 与 OH 或 F 的轨道重叠的态密度区域则较小,表明 O 2p 轨道与 Ti 3d 轨道之间的杂化强度大于与 OH 或者 F 的杂化强度。因此,O 和 Ti 之间较强的轨道杂化显著降低了本征 Ti_2C 中离域/自由电子的数量,最终导致从 Ti_2C 到 Ti_2CO_2 的金属-半导体转变。类似的金属-半导体转变

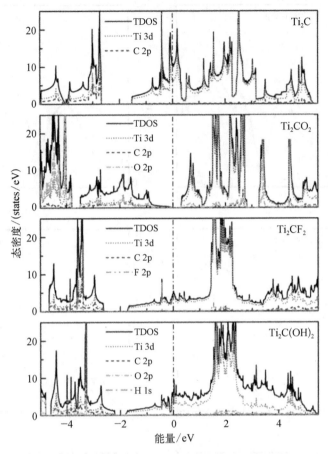

图 5-37　计算得到的 Ti_2CT_2 MXene 电子态密度，其中垂直黑色点划线表示费米能级

也发生在其他一些表面官能化 O 的 MXene 中,如 Zr_2C、Hf_2C 和 Sc_2C MXene。

　　接下来采用半经典玻尔兹曼输运理论在恒定弛豫时间近似下估算 Ti_2C 和 Ti_2CT_2 MXene 的电子热导率。如图 5-38(a)和(b)所示,在电子弛豫时间恒定的假设下,Ti_2C 在不同化学势下的电导率和电子热导率都与其电子态密度成正比,这可以归因于较大的电子态密度可以导致较多的电子迁移通道。其中,Ti_2C MXene 的电导率是各向同性的,这也与其他金属性的 MXene 类似。图 5-38(c)展示了表面官能化后的 MXene,即 Ti_2CO_2、Ti_2CF_2 和 $Ti_2C(OH_2)$ 的电子热导率。显然,在恒定电子弛豫时间下,F 和 OH 表面基团可以提高 Ti_2C MXene 的电子热导率,尤其是在 $-1\sim1$ eV 化学势范围内电导率提高得最为显著。而 O 表面官能团在 $-1.5\sim2$ eV 化学势范围内显著降低了 Ti_2C MXene 的电子热导率,这主要归因于 O 诱导的金属-半导体转变。值得一提的是,如果使用典型 MXene 的电子弛豫时间($\tau_e=5.52\times10^{-15}$ s),在这里研究的温度和化学势范围内,Ti_2C MXene 的最高电子热导率约为 20 W/(m·K),远小于 Ti_2C MXene 的晶格热导率。也就是说,虽然 Ti_2C MXene 表现出金属导电性,但其面内热传输主要是通过声子进行的。声子对 Ti_2C MXene 热导率的重要贡献可以通过其极强的 Ti-C 键来解释,类似的导热机制也出现在石墨烯中。

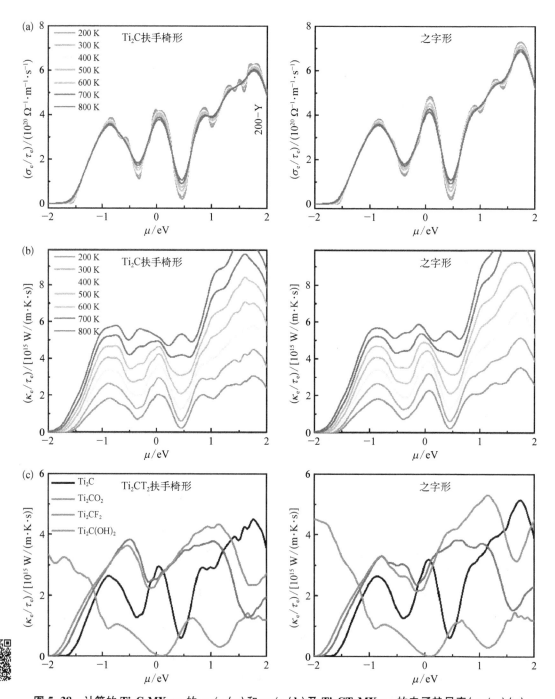

图 5-38　计算的 Ti₂C MXene 的 σ_e/τ_e(a) 和 κ_e/τ_e(b) 及 Ti₂CT₂MXene 的电子热导率 (κ_e/τ_e)(c)

　　综上计算结果，F、OH 或 O 表面官能团将增大 Ti₂C MXene 的群速度、德拜温度和比热容。F 和 OH 表面官能团可以将 Ti₂C MXene 的室温晶格热导率分别提高 64% 和 72%。有趣的是，由于 Ti₂CO₂ MXene 较大的 Grüneisen 参数和三声子散射过程的总相空间而呈现出显著缩短的声子弛豫时间，因此 O 表面官能团降低了 Ti₂C MXene 的晶格热导率。对于电子热导率，在电子弛豫时间恒定的假设下，表面基团 F 和 OH 可以在 -1~1 eV 化学势

范围内提高 Ti_2C MXene 的电子热导率,而 O 表面官能团则显著降低电子热导率。本节的研究结果可以为调控 MXene 以及其他二维材料的热导率提供理论基础。

5.7　电子-声子散射对晶格热导率的影响

本节研究声子-声子散射的 U 过程对晶格热导率的影响。电子与声子之间也会发生散射过程,只不过这个散射过程用量子力学来描述就有些困难了。这节将简要叙述电子-声子散射的研究历程及以往研究中用于描述该散射过程的方法,但不涉及其中的推导细节。最后,将用一个 MXene 例子来阐述电子-声子散射对晶格热导率的重要影响。

5.7.1　电子-声子散射的基本理论

电子-声子相互作用可以说从量子力学建立初期就已经受到了很多科学家的关注。下面的讨论会涉及二次量子化形式,这种方法的具体内容参考《现代量子力学》。为了以后能清楚地讨论电子-声子散射问题,这里先给出带有电子-声子耦合系统的哈密顿量:

$$
\begin{aligned}
\hat{H} = &\sum_{nk} \varepsilon_{nk} \hat{c}_{nk}^{\dagger} \hat{c}_{nk} + \sum_{q\nu} \hbar \omega_{q\nu} (\hat{a}_{q\nu}^{\dagger} \hat{a}_{q\nu} + 1/2) \\
&+ N_p^{-1/2} \sum_{k,q,mn\nu} g_{mn\nu}(\boldsymbol{k}, \boldsymbol{q}) \hat{c}_{mk+q}^{\dagger} \hat{c}_{nk} (\hat{a}_{q\nu} + \hat{a}_{-q\nu}^{\dagger}) \\
&+ \Big[N_p^{-1} \sum_{k,q,q',mn\nu\nu'} g_{mn\nu\nu'}^{\mathrm{DW}}(\boldsymbol{k}, \boldsymbol{q}, \boldsymbol{q}') \hat{c}_{mk+q+q'}^{\dagger} \hat{c}_{nk} \times (\hat{a}_{q\nu} + \hat{a}_{-q\nu}^{\dagger})(\hat{a}_{q'\nu'} + \hat{a}_{-q'\nu'}^{\dagger}) \Big]
\end{aligned}
$$

$$(5\text{-}94)$$

方程的第一行分别描述了电子和声子部分;第二行和第三行分别描述了一阶和二阶的电子-声子耦合项,矩阵元素 $g_{mn\nu}(\boldsymbol{k}, \boldsymbol{q})$ 和 $g_{mn\nu\nu'}^{\mathrm{DW}}(\boldsymbol{k}, \boldsymbol{q}, \boldsymbol{q}')$ 描述了电子和声子系统的耦合强度。早期关于二阶项的研究比较少,但它在温度依赖的能带计算中具有重要作用。方程(5-94)的简洁程度让我们忽略了很多使用这个方程时可能会遇到的问题。例如,电子的哈密顿量依赖于"系统可以用准粒子激发态进行描述"的假设,而声子项则仅仅在简谐和绝热近似下有意义。最重要的是,该方程没有提供任何关于这些参数的计算方法,能量、频率以及电子-声子耦合矩阵的信息等都是没有的。因此,简言之,电子-声子耦合的历史就是研究如何计算方程(5-94)中的各项参数的历史。

关于早期研究电子-声子耦合的方法,下面先介绍金属体系的电子-声子耦合。在电子-声子耦合的研究中,最早是由 Zeeman 先生给出了稍微清楚的理论解释。但是这里不会全部涉及这些内容,我们将主要讨论与第一性原理计算相关的内容。早期的电子-声子耦合研究一般是用来研究金属电导率的,研究方法的共同特征是使用自由电子气模型来描述电子态,使用德拜模型来描述晶格振动。只要体系的元素组成仅包括基本的金属元素或者主要是一价的碱金属等,这两个近似都是合理的。但是即使使用这两个近似,写出描述电子-声子耦合的矩阵元素依然是极具挑战性的工作。

第一个电子-声子耦合矩阵的表达式是布洛赫推导的,使用现在的标记写作

$$g_{mn\nu}(\boldsymbol{k},\boldsymbol{q}) = -\mathrm{i}\left(\frac{\hbar}{2N_pM_k\omega_{q\nu}}\right)^{\frac{1}{2}}\boldsymbol{q}\cdot\boldsymbol{e}_{k\nu}(\boldsymbol{q})V_0 \tag{5-95}$$

这里的 M_k 是第 k 个原子的质量，$\boldsymbol{e}_{k\nu}(\boldsymbol{q})$ 是相应波矢为 $\boldsymbol{q}$ 和模 ν 声学波的极化矢量，V_0 代表电子在晶体中一个单胞的有效势。方程(5-95)意味着一个波矢为 $\boldsymbol{k}$ 的电子初态通过一个波矢为 $\boldsymbol{q}$、频率为 $\omega_{q\nu}$ 的声学支声子散射为波矢是 $\boldsymbol{k}+\boldsymbol{q}$ 的电子态。这个公式是针对金属推导的，且忽略了所谓的 U 过程，也就是忽略了下面这样的过程：$\boldsymbol{k}$ 变成 $\boldsymbol{k}+\boldsymbol{q}+\boldsymbol{G}$，其中 $\boldsymbol{G}$ 是一个倒格矢。从这个假设出发，利用连续弹性形变的介质假设，布洛赫最终得到平均势的近似：$V_0 = \dfrac{\hbar^2}{16m_ea_0^2}$，$a_0$ 为玻尔半径。虽然不再使用布洛赫的矩阵元素了，但是这个模型为深入研究电子-声子耦合提供了很多帮助。例如，方程(5-95)中的 $\boldsymbol{q}\cdot\boldsymbol{e}_{k\nu}(\boldsymbol{q})$ 称为极化因子，它表示出的信息是仅仅纵波参加了与电子的散射。

Nordheim 于 1931 年提出了对布洛赫模型的优化，将平均势 V_0 取代为粒子库仑势的傅里叶分量 $V_k(\boldsymbol{q})$。这个关键性的假设表示电子经历的有效势是对每个原子的裸粒子势的求和。当一个原子从它的平衡位置发生位移时，对应的势也会刚性偏移，这就是通常所说的刚性离子近似(rigid ion approximation)。刚性离子模型的主要困难在于库仑势的傅里叶变换形式随着 q^{-2} 发散，这会导致不切合实际的超强的电子-声子耦合作用。为了避开这个问题，Mott 和 Jone 提出在魏格纳-塞茨单胞边界进行截断离子势，这也意味着第一次尝试考虑电子屏蔽的问题，但是这还是很初级的。

即使在以前研究金属电导率时取得了巨大成功，但是这些模型的描述能力还是有限的，因为它们忽略了电子对离子位移的响应。第一个尝试描述电子屏蔽效应的是著名科学家巴丁，在他的模型中，平均势 V_0 被取代为

$$V_0 \to V_k(\boldsymbol{q})/\varepsilon(\boldsymbol{q}) \tag{5-96}$$

$\varepsilon(\boldsymbol{q})$ 是林哈德介电函数(Lindhard function)：

$$\varepsilon(\boldsymbol{q}) = 1 + (k_{\mathrm{TF}}/\boldsymbol{q})^2 F(q/2k_{\mathrm{F}}) \tag{5-97}$$

其中，k_{TF} 和 k_{F} 分别是托马斯-费米屏蔽波矢和费米波矢，且

$$F(x) = 1/2 + (4x)^{-1}(1-x^2)\lg|1+x|/|1-x| \tag{5-98}$$

巴丁先生的模型克服了发散的问题，因为 $\boldsymbol{q}\to0$ 时 $\varepsilon(\boldsymbol{q})\to(k_{\mathrm{TF}}/\boldsymbol{q})^2$，这就避免了计算得到无穷大。巴丁方法被认为是现代第一性原理计算的雏形，这种方法已经很接近现在的密度泛函微扰理论计算。巴丁方法与现在计算方法的关键不同之处在于前者忽略了屏蔽作用中的交换-关联效应。后续科学家又不断改进了对电子-声子耦合的描述，其中比较重要的是使用场论方法来描述电子-声子耦合。由于该方法的复杂性，这里不再赘述。

接下来介绍半导体中对电子-声子耦合的处理方法。半导体的载流子被限制在能带边缘态的很窄的能量范围内，结果是，长波声子被认为是影响电子-声子散射的主要因素。这个概念是由 Bardeen 和 Shockley 提出的，并且他们由此构建了形变势(deformation-potential)方法的基础。形变势方法做出了一个重要假设，即原子的位移可以由长波声学波来描述，并且这可以反过来关联到晶体的弹性拉伸。使用有效质量的概念，Bardeen 和 Shockley 提出的有效势可以取代为

$$V_0 \rightarrow E_{1,nk} = \Omega \partial \varepsilon_{nk} / \partial \Omega \tag{5-99}$$

其中, Ω 表示单胞体积, 且电子的本征值对应价带或者导带边缘的电子。形变势 E_1 可以通过经验得出, 例如 Bardeen 和 Shockley 通过拟合迁移率的数据得到硅的能带边缘的这些值。此外, 还有一些更复杂的情况, 例如, 对于半导体中各向异性的常数能量面, 可以考虑使用剪切形变的效应来表达。虽然形变势是半导体物理的经典概念, 但是这种方法依赖于一个半经验实验, 也正因为如此, 这种方法缺乏准确预言的能力。

最后是电子-声子耦合在离子晶体中的情况。离子晶体和普通系统最大的差异是原子位移会产生长程的电场, 并且这种电场会给电子和空穴提供一个新的散射通道。探索离子晶体中电子平均自由程的工作主要是由 Frohlich 完成的。这种模型的主要观点是绝缘体的自由载流子浓度很低, 所以考虑一个单电子和离子晶格的极化场相互作用是有意义的。实际上, 这种模型与早期金属中的模型是很相像的, 主要不同之处在于, Frohlich 考虑的是来自绝缘晶体中的介电极化带来的屏蔽效应, 而 Bardeen 考虑的是来自费米子海响应的屏蔽效应。在 Frohlich 的模型中, 各向同性的离子晶体中的有效势 V_0 被取代为

$$V_0 \rightarrow - \left[\frac{e^2 M_k \omega_{q\nu}^2}{\varepsilon_0 \Omega} \left(\frac{1}{\varepsilon^\infty} - \frac{1}{\varepsilon^0} \right) \right]^{1/2} \frac{1}{|q|^2} \tag{5-100}$$

其中, e 是电子电荷; ε_0 是真空介电常数; ε^0 和 ε^∞ 分别是静态和高频相对介电常数。这里很容易看出, 当 $\varepsilon^0 > \varepsilon^\infty$ 时, 矩阵元素随着 $|q|^{-1}$ 在长波极限下发散。这个奇点行为将导致非常强的电子-声子耦合效应, 并且它也提供了对电子与激子相互作用的物理学基础描述方法。

下面介绍一些电子-声子耦合的现代研究内容, 包括密度泛函理论中的电子-声子耦合和场论下电子-声子耦合的处理技巧, 最后讨论一个关于异常电子-声子散射的实例。

5.7.2　密度泛函理论中的电子-声子耦合

为了方便介绍电子-声子耦合, 必须先理解如何描述声子以及怎么描述电子的, 然后把二者耦合在一起。考虑一个单胞中存在 M 个原子或者离子的情况, 原子 k 的位置矢量和笛卡尔坐标分别表示为 τ_k 和 $\tau_{k\alpha}$。这里使用 BvK 边界条件(Born-von Karman boundary condition)来描述无穷延伸的固体。在这种方法中, 周期性边界条件被应用于包含 N_p 个单胞的超胞, 那么不同单胞的原子位置应该表示如下: $\tau_{kp} = R_p + \tau_k$, R_p 是晶格矢量。使用标准 DFT 可以计算出 BvK 超胞中电子和原子的总势能, 这个总势能的量称为 $U(\{\tau_{kp}\})$, 每个 DFT 软件都可以作为标准输出提供 U 值。为了研究晶格振动, 采用简谐近似, 总势能可表示为原子位移的二阶展开:

$$U = U_0 + \frac{1}{2} \sum_{\substack{k\alpha p \\ k'\alpha'p'}} \frac{\partial^2 U}{\partial \tau_{k\alpha p} \partial \tau_{k'\alpha'p'}} \Delta\tau_{k\alpha p} \Delta\tau_{k'\alpha'p'} \tag{5-101}$$

其中, U_0 表示离子在它们平衡位置时的总势能, 导数也是相对平衡位置计算的。相对原子坐标的能量的二阶导数定义了一个矩阵, 一般将其命名为原子间力常数:

$$C_{k\alpha p, k'\alpha'p'} = \partial^2 U / \partial \tau_{k\alpha p} \partial \tau_{k'\alpha'p'} \tag{5-102}$$

由原子间力常数的傅里叶变换可以得到动力学矩阵:

$$D_{k\alpha,\,k'\alpha'}^{\mathrm{dm}}(\boldsymbol{q}) = (M_k M_{k'})^{-1/2} \sum_p C_{k\alpha 0,\,k'\alpha'p} \exp(\mathrm{i}\boldsymbol{q}\cdot\boldsymbol{R}_p) \qquad (5\text{-}103)$$

其中,M_k 是第 k 个离子的质量;dm 表示动力学矩阵(dynamical matrix)的缩写。这个动力学矩阵是厄米矩阵,因此它的本征值都是实数,一般标记为 $\omega_{q\nu}^2$:

$$\sum_{k'\alpha'} D_{k\alpha,\,k'\alpha'}^{\mathrm{dm}}(\boldsymbol{q}) e_{k'\alpha',\,\nu}(\boldsymbol{q}) = \omega_{q\nu}^2 e_{k\alpha,\,\nu}(\boldsymbol{q}) \qquad (5\text{-}104)$$

在经典力学中,每一个 $\omega_{q\nu}$ 都对应着一种互相无关的简谐振子的振动频率。动力学矩阵的厄米性质允许选择具有特殊性质的本征矢 $e_{k\alpha,\,\nu}(\boldsymbol{q})$,对于每一个 $\boldsymbol{q}$,具有以下的互相正交关系:

$$\sum_{\nu} e_{k'\alpha',\,\nu}^*\, e_{k\alpha,\,\nu}(\boldsymbol{q}) = \delta_{kk'}\delta_{\alpha\alpha'} \qquad (5\text{-}105)$$

$$\sum_{\nu} e_{k'\alpha',\,\nu}^*\, e_{k\alpha,\,\nu}(\boldsymbol{q}) = \delta_{\nu\nu'} \qquad (5\text{-}106)$$

这里的 ν 遍历 $1\sim3M$。列矢量 $e_{k\alpha,\,\nu}(\boldsymbol{q})$ 一般称为振动的正规模,或者振动波的极化。由方程(5-103)可以得出

$$\omega_{-q\nu}^2 = \omega_{q\nu}^2, \quad e_{k\alpha,\,\nu}(-\boldsymbol{q}) = e_{k\alpha,\,\nu}^*(\boldsymbol{q}) \qquad (5\text{-}107)$$

由方程(5-101)和方程(5-102)可以得出原子的哈密顿量:

$$\hat{H}_p = \frac{1}{2} \sum_{\substack{k\alpha p \\ k'\alpha'p'}} C_{k\alpha p,\,k'\alpha'p'} \Delta\boldsymbol{\tau}_{k\alpha p} \Delta\boldsymbol{\tau}_{k'\alpha'p'} - \sum_{k\alpha p} \frac{\hbar^2}{2M_k} \frac{\partial^2}{\partial\boldsymbol{\tau}_{k\alpha p}^2} \qquad (5\text{-}108)$$

这里忽略了基态的能量 U_0,且第二项是动力学能量算符。方程(5-108)中的哈密顿量对应于整个 BvK 超胞的能量,并且依赖于两个近似:即简谐近似和 Born-Oppenheimer 绝热近似。第一个近似忽略了声子与声子之间的高阶耦合作用;第二个近似假设电子和原子之间的相互作用非常弱,可以忽略不计。显然,方程(5-108)不能直接计算,需要引入量子化的形式来简化方程。使用二次量子化的描述,引入标的产生和湮灭算符 $(\hat{a}_{q\nu}^\dagger)$ 和 $(\hat{a}_{q\nu})$,以及每个声子的能量 $\hbar\omega_{q\nu}$ 和极化矢量 $e_{k\alpha,\,\nu}(\boldsymbol{q})$。根据量子力学,这里需要讨论对易关系,因此我们先列出这些算符的对易关系

$$[\hat{a}_{q\nu},\,\hat{a}_{q'\nu'}^\dagger] = \delta_{\nu\nu'}\delta_{qq'} \qquad (5\text{-}109)$$

$$[\hat{a}_{q\nu},\,\hat{a}_{q'\nu'}] = 0 \text{ 以及} [\hat{a}_{q\nu}^\dagger,\,\hat{a}_{q'\nu'}^\dagger] = 0 \qquad (5\text{-}110)$$

显然,声子为玻色子,因为它们的对易关系符合爱因斯坦-玻色分布。下面使用二次量子化的符号来表示原子位移:

$$\Delta\boldsymbol{\tau}_{k\alpha p} = \left(\frac{M_0}{N_p M_k}\right)^{1/2} \sum_{q\nu} \mathrm{e}^{\mathrm{i}q\cdot R_p} e_{k\alpha,\,\nu}(\boldsymbol{q}) l_{q\nu} (\hat{a}_{q\nu} + \hat{a}_{q\nu}^\dagger) \qquad (5\text{-}111)$$

$$l_{q\nu} = [\hbar/(2M_0\omega_{q\nu})]^{1/2} \qquad (5\text{-}112)$$

采用上面这些表达式,可以将哈密顿量的写法简化为

$$\hat{H}_p = \sum_{q\nu} \hbar \omega_{q\nu} (\hat{a}_{q\nu}^\dagger \hat{a}_{q\nu} + 1/2) \tag{5-113}$$

这里的求和需要遍历所有的波矢。到此为止,我们已经处理了声子,即晶格振动,下一步需要处理的是包含电子-声子耦合的哈密顿量。

5.7.3　电子-声子耦合的哈密顿量

前面已经概括了晶体中振动的标准形式,现在解决方程(5-94)中的其余的部分。首先标注 Kohn-Sham(KS)方程的本征函数为 $\psi_{nk}(r)$,这里使用 k 表示电子的波矢和自旋;在共线自旋的系统中,Kohn-Sham 本征函数满足方程:

$$\hat{H}^{\mathrm{KS}} \psi_{nk}(r) = \varepsilon_{nk} \psi_{nk}(r) \tag{5-114}$$

其中,哈密顿量表示为

$$\hat{H}^{\mathrm{KS}} = -\frac{\hbar^2}{2m_e} \nabla^2 + V^{\mathrm{KS}}(r; \{\tau_{k\alpha p}\}) \tag{5-115}$$

势 V^{KS} 表示各种势的求和,包括 V^{en}、Hartree 电子屏蔽 V^{H} 和交换-关联势 V^{xc}:

$$V^{\mathrm{KS}} = V^{\mathrm{en}} + V^{\mathrm{H}} + V^{\mathrm{xc}} \tag{5-116}$$

以下是上式中各种势的定义。电子-原子势定义如下:

$$V^{\mathrm{en}}(r; \{\tau_{k\alpha p}\}) = \sum_{kp, T} V_k(r - \tau_{kp} - T) \tag{5-117}$$

其中,$V_k(r)$ 表示电子和原子 k 之间的相互作用,T 表示一个晶格矢量。在全电子 DFT 计算下,$V_k(r)$ 是库仑相互作用:

$$V_k(r) = -\frac{e^2}{4\pi\varepsilon_0} \frac{Z_k}{|r|} \tag{5-118}$$

Z_k 为原子 k 的数目。在使用赝势的情况下,V_k 将随着式(5-118)变化,但是在 $|r| \to 0$ 时保持为有限值。Hartree 项可以由电子密度 n 得出:

$$V^{\mathrm{H}}(r; \{\tau_{k\alpha p}\}) = \frac{e^2}{4\pi\varepsilon_0} \sum_T \int_{\mathrm{sc}} \frac{n(r'; \{\tau_{k\alpha p}\})}{|r - r' - T|} \mathrm{d}r' \tag{5-119}$$

积分包括整个超胞。交换-关联势是交换-关联能对电子密度的导数:

$$V^{\mathrm{xc}}(r; \{\tau_{k\alpha p}\}) = \delta E^{\mathrm{xc}}[n] / \delta n |_{n(r; \{\tau_{k\alpha p}\})} \tag{5-120}$$

$\hat{H}^{\mathrm{KS}}$ 的本征函数 $\psi_{nk}(r)$ 可以表达为布洛赫形式:

$$\psi_{nk}(r) = N_p^{-1/2} u_{nk}(r) \mathrm{e}^{ik \cdot r} \tag{5-121}$$

u_{nk} 是一个以晶格为周期的函数。波函数 ψ_{nk} 在超胞中需要被归一化,而周期性的部分 u_{nk} 是在单胞中被归一化的。这些量都可以通过 Kohn-Sham 方程自洽求解得出。

为了能与式(5-94)中的哈密顿量关联,使用二次量子化重写 Kohn-Sham 的哈密顿量如下:

$$\hat{H}_e = \sum_{nk, n'k'} \langle \psi_{nk} | \hat{H}^{\mathrm{KS}} | \psi_{n'k'} \rangle \hat{c}_{nk}^\dagger c_{n'k'} = \sum_{nk} \varepsilon_{nk} \hat{c}_{nk}^\dagger c_{nk} \tag{5-122}$$

现在这个形式看起来与方程(5-94)中的电子部分很像。接来下需要处理原子位移的一阶和二阶微扰论来研究电子-声子耦合的哈密顿量。

在 DFT 框架下，耦合的哈密顿量可以通过将 Kohn-Sham 有效势对原子位移展开而得出。因此，Kohn-Sham 有效势对原子位移的一阶导数为

$$V^{\text{KS}}(\{\boldsymbol{\tau}_{kp}\}) = V^{\text{KS}}(\{\boldsymbol{\tau}_{kp}^0\}) + \sum_{k\alpha p} \frac{\partial V^{\text{KS}}}{\partial \boldsymbol{\tau}_{k\alpha p}} \Delta\boldsymbol{\tau}_{k\alpha p} \qquad (5-123)$$

这个表达式可以重新写为以下形式：

$$V^{\text{KS}} = V^{\text{KS}}(\{\boldsymbol{\tau}_{kp}\}) + N_p^{-1/2} \sum_{q\nu} \Delta_{q\nu} V^{\text{KS}}(\hat{a}_{q\nu} + \hat{a}_{q\nu}^+) \qquad (5-124)$$

这里为了简洁起见，我们定义了以下一些额外的量：

$$\Delta_{q\nu} V^{\text{KS}} = \text{e}^{i\boldsymbol{q}\cdot\boldsymbol{r}} \Delta_{q\nu}\nu^{\text{KS}} \qquad (5-125)$$

$$\Delta_{q\nu}\nu^{\text{KS}} = l_{q\nu} \sum_{k\alpha} (M_0/M_k)^{1/2} \boldsymbol{e}_{k\alpha,\nu}(\boldsymbol{q}) \partial_{k\alpha, q}\nu^{\text{KS}} \qquad (5-126)$$

$$\partial_{k\alpha, q}\nu^{\text{KS}} = \sum_p \text{e}^{-i\boldsymbol{q}\cdot(\boldsymbol{r}-\boldsymbol{R}_p)} \frac{\partial V^{\text{KS}}}{\partial \boldsymbol{\tau}_{k\alpha}}\bigg|_{\boldsymbol{r}-\boldsymbol{R}_p} \qquad (5-127)$$

由式(5-127)可以看出 $\partial_{k\alpha, q}\nu^{\text{KS}}$ 和 $\Delta_{q\nu}\nu^{\text{KS}}$ 都是晶格周期性的函数。现在再过渡到二次量子化的表达形式：

$$\hat{H}_{\text{ep}} = \sum_{n\boldsymbol{k}, n'\boldsymbol{k}'} \langle \psi_{nk} | V^{\text{KS}}(\{\boldsymbol{\tau}_{kp}\}) - V^{\text{KS}}(\{\boldsymbol{\tau}_{kp}^0\}) | \psi_{n'k'} \rangle \hat{c}_{nk}^+ \hat{c}_{n'k'} \qquad (5-128)$$

这个表达形式有些丑，因此引入之前的电子-声子耦合矩阵，则表示为

$$\hat{H}_{\text{ep}} = N_p^{-1/2} \sum_{\substack{k, q \\ mn\nu}} g_{mn\nu}(k, q) \hat{c}_{mk+q}^+ \hat{c}_{nk}(\hat{a}_{q\nu} + \hat{a}_{-q\nu}^+) \qquad (5-129)$$

其中，电子-声子耦合矩阵的表示如下：

$$g_{mn\nu}(\boldsymbol{k}, \boldsymbol{q}) = \langle u_{mk+q} | \Delta_{q\nu}\nu^{\text{KS}} | u_{nk} \rangle_{\text{uc}} \qquad (5-130)$$

在这里，下角标 uc 表示积分遍历整个单胞。到此为止，上述的所有公式构成了电子-声子耦合的第一性原理计算的起点。虽然还保留着如何计算电子-声子耦合矩阵的问题，但是我们已经解决了大部分的问题了。

上面只讨论了对原子位移的一阶展开，而二阶展开也很有意义，只是形式更加复杂。对原子位移的二阶展开如下：

$$\hat{H}_{\text{ep}}^{(2)} = N_p^{-1/2} \sum_{\substack{k, q, q' \\ mn\nu\nu'}} g_{mn\nu\nu'}^{\text{DW}}(\boldsymbol{k}, \boldsymbol{q}, \boldsymbol{q}') \hat{c}_{mk+q+q'}^+ \hat{c}_{nk} \times (\hat{a}_{q\nu} + \hat{a}_{-q\nu}^+)(\hat{a}_{q'\nu'} + \hat{a}_{-q'\nu'}^+) \qquad (5-131)$$

$$g_{mn\nu\nu'}^{\text{DW}}(\boldsymbol{k}, \boldsymbol{q}, \boldsymbol{q}') = \frac{1}{2} \langle u_{nk+q+q'} | \Delta_{q\nu}\Delta_{q'\nu'}\nu^{\text{KS}} | u_{nk} \rangle_{\text{uc}} \qquad (5-132)$$

上述这个二阶项的内容很复杂，因此目前的计算一般不考虑它。如果必须考虑，就需要一些近似，使用一阶微扰论来处理，对于这些近似过程这里不做赘述。

现在的问题是如何计算电子-声子耦合矩阵？这实际上是属于微扰论的计算。在DFT 框架内正好有密度泛函微扰理论可以用来计算电子-声子耦合矩阵。基于以上的理论方法,在 DFT 框架下,我们实现了考虑电子-声子耦合下的热导率计算,并将其应用于二维材料 Nb_2C 的晶格热导率计算,发现二维 Nb_2C 中存在很强的电子-声子散射,考虑这种强电子-声子散射后,二维 Nb_2C 的晶格热导率显著下降,尤其是在低温下。详细内容见参考文献。因此,对于类似 Nb_2C 的具有金属导电性的二维材料,在计算晶格热导率时如果不考虑电子-声子散射可能会导致晶格热导率值的高估。

主要参考文献

Abeles B. 1963. Lattice thermal conductivity of disordered semiconductor alloys at high temperatures. Phys. Rev., 131: 1906-1911.

Guo Z, Zhou J, Si C, et al. 2015. Flexible two-dimensional $Ti_{n+1}C_n$ ($n = 1$, 2 and 3) and their functionalized MXenes predicted by density functional theories. Phys. Chem. Chem. Phys.,17: 15348.

Huang Y D, Wang G J, Zhou J, et al. 2019. Abnormally strong electron-phonon scattering induced unprecedented reduction in lattice thermal conductivity of two-dimensional Nb_2C. J. Am. Chem. Soc., 141: 8503-8508.

Kittel C. 2005. Introduction to solid state physics (Eighth edition). New Jersey: John Wiley & Sons, Inc.

Li Z, Han S, Pan Y, et al. 2019a. Origin of high thermoelectric performance with a wide range of compositions for $Bi_xSb_{2-x}Te_3$ single quintuple layers. Phys. Chem. Chem. Phys., 21: 1315-1323.

Li Z, Miao N, Zhou J, et al. 2017. Reduction of thermal conductivity in $Y_xSb_{2-x}Te_3$ for phase change memory. J. Appl. Phys., 122: 195107.

Li Z, Miao N, Zhou J, et al. 2018. High thermoelectric performance of few-quintuple Sb_2Te_3 nanofilms. Nano Energy, 43: 285-290.

Li Z, Peng L, Li J, et al. 2019b. Mechanical and transport properties of $Bi_xSb_{2-x}Te_3$ single quintuple layers. Comput. Mater. Sci., 170: 109182.

Madsen G K H, Singh D J. 2006. BoltzTraP. A code for calculating band-structure dependent quantities. Computer Physics Communications, 175: 67-71.

Martin R M.2005. Electronic Structure Basic Theory and Practical Methods. Cambridge: Cambridge University Press.

Morelli D T, Slack G A. 2006. High Lattice Thermal Conductivity Solids.New York: Springer: 237-68.

Steigmeier E F, Abeles B. 1964. Scattering of phonons by electrons in germanium-silicon alloys. Phys. Rev., 136: A1149-A1155.

Yáñez-Limón J M, González-Hernández J, Alvarado-Gil J J, et al. 1995. Thermal and electrical properties of the Ge : Sb : Te system by photoacoustic and Hall measurements. Phys. Rev. B, 52: 16321.

第6章 材料中新奇量子性质的计算与调控

If I could explain it to the average person, I wouldn't have been worth the Nobel Prize.

—— Richard Feynman

凝聚态物质由数量巨大且相互作用的电子和原子核组成,这就构成了复杂的多体问题。独立粒子近似或单电子近似在处理多体问题中获得了巨大成功,但是在许多体系中,独立粒子近似显然遇到了极限。如果没有电子之间的相互作用,某些相变和有序态就永远不会发生。例如,维格纳晶体转变中电子在低密度时打破平移对称性;再如磁有序态,如果没有电子-电子相互作用,自旋不会呈现出有序的反铁磁态。事实上,多体问题可分为两部分:第一部分是在一个特定外场下的非相互作用系统,第二部分就是使多体问题很难求解的库仑作用(Coulomb interaction)。最直接的思路是使用微扰理论,将库仑作用作为微扰来处理。但是,在很多情况下库仑作用与典型的能量差相比并不足够小,而且电子库仑作用是很多不同材料现象的根源,因此不能简单地用微扰处理。

毫不夸张地说,相互作用的多体电子问题一直是物理和化学中最具吸引力和成果最丰硕的研究领域,也导致了材料具有诸多新奇量子特性。例如,材料的磁性与电子-电子关联性密切相关,电子-电子相互作用可以导致磁有序和涨落,展现出"局域磁矩"行为。自旋-轨道耦合可以赋予材料能带结构独特的拓扑性质,使材料展现出拓扑非平庸特征,也称作拓扑绝缘体。拓扑绝缘体的电子态很奇特,带隙中存在一个具有狄拉克线性色散的边缘态,这种边缘态是受拓扑保护的,在低功耗电子器件和自旋电子器件中具有潜在应用。本章将首先讲述相互作用电子的基本理论,然后以多个案例详细讲述以上新奇量子性质的计算与分析。

6.1 相互作用电子的基本理论

物质的基态性质如分子和固体的平衡结构,可以用 DFT 和 Kohn-Sham 独立粒子方程来描述,但是,当前的这些近似方法往往是不足够的,而且对于很多性质,直接使用这些方程是不能给出正确描述的。因此,令人满意的理论方法需要直面相互作用的电子关联性问题。下面再来回顾多体问题,对于由量子统计力学控制的原子、分子和凝聚态物质的行为,其中电子和原子核相互作用是通过库仑势描述的,这些基本要素都包含在以下哈密顿算符中：

$$\hat{H} = -\frac{\hbar^2}{2m_e}\sum_i \nabla_i^2 - \sum_{i,I} \frac{Z_I e^2}{|\,r_i - R_I\,|} + \frac{1}{2}\sum_{i\neq j} \frac{e^2}{|\,r_i - r_j\,|}$$

$$-\sum_I \frac{\hbar^2}{2M_I} \nabla_I^2 + \frac{1}{2}\sum_{I\neq J} \frac{Z_I Z_J e^2}{|\,R_I - R_J\,|} \tag{6-1}$$

这里小写下标代表电子，m_e 和 r_i 分别为电子的质量和坐标；原子核用大写下标表示，R_I、$Z_I e$ 和 M_I 分别代表原子核的坐标、电荷和质量。在这里使用原子单位，即 $\hbar = m_e = e = 4\pi/\varepsilon_0 = 1$，所以长度单位是 1 Bohr ≈ 0.0529 nm，能量单位是 1 Hartree = 2 Rydberg $\approx$ 27.211 eV。在式（6-1）中，只有第 4 项，即与原子核质量成反比（$1/M_I$）的原子核动能项可以被认为很小。在大多数情况下忽略了这一项，通过 Born-Oppenheimer 绝热近似集中解决固定原子核的电子问题。而一旦忽略原子核动能项且固定了原子核位置，最后一项即原子核之间的相互作用，就是一个可以添加到零点能的常数。因此，相互作用电子理论的基本哈密顿算符包含公式（6-1）式中的前三项，即电子动能项、电子-原子核相互作用项和电子-电子相互作用项：

$$\hat{H} = \hat{T}_e + \hat{V}_{en} + \hat{V}_{ee} \tag{6-2}$$

式（6-2）概况了电子结构的问题：第一项和最后一项对于所有问题是普适的，而具体系统的信息则包含在中间项中。在任何含有 2 个以上电子的系统中，电子-电子相互作用影响了系统的总能并导致了电子之间的关联性。由于材料的体系和现象的多样性，加之二体电子-电子相互作用项 V_{ee} 使得问题更加困难，迄今为止，已经发展了大量的近似和技术来处理这个哈密顿算符。

第一性原理理论的所有方法都在某种程度上考虑了电子-电子相互作用，但是通常第一性原理方法将电子看作在包含电子-电子相互作用近似的静态平均场势中的独立费米子。在 Hartree-Fock 方法中，除了反对称要求外，电子-电子相互作用是通过对非关联性费米子波函数的变分近似来处理的。在密度泛函理论的 Kohn-Sham 方法中，通过定义一种能够描述基态密度的独立费米子的辅助系统来处理电子-电子相互作用。在实践中，这种处理方法原则上很准确且非常成功。但是，很多性质如激发态能量不能直接从 Kohn-Sham 方程中得出，这就产生了很多其他方法，试图在选择的势中考虑电子关联性的一些作用。激发对于材料中的很多现象都是极其重要的，如半导体的电子态、材料的光学性质、产生固态激光的缺陷能级等。得益于计算机计算能力及其算法的飞速发展，自 20 世纪 80 年代，我们已经能够利用多体微扰方法如 GW 来计算半导体等材料的激发态能量。另外，许多现象如磁性、金属-绝缘体转变、低能激发的重整化等都展现了电子相互作用的存在。早在 20 世纪 60 年代研究者就已经发现金属中磁杂质的行为，即近藤效应（Kondo effect），需要用非微扰方法来处理，这是因为当温度接近零时相互作用项的扩展会发散。20 世纪 70 年代威尔逊发展的数值重整化群方法开辟了理解近藤效应和物理学中很多领域相关问题的途径。这些都是动力学平均场理论（dynamical mean-field theory，DMFT）的先驱方法。现在，DMFT 已经发展成为可以提供材料中关于温度函数的强关联性的定量计算方法。

6.1.1 何为关联性

我们从文献中无数次读到"关联性"（correlation）这个术语。当发现凝聚态物质的一种新现象时，研究者倾向于称它是一种"关联效应"（correlation effect），甚至"强关联"（strong correlation）。下面先来解释这个术语的意义。对于这个术语的精确且定量的定义，我们采用历史惯例，即关联能是 Hartree-Fock（HF）与精确波函数的期望值之差。HF 波函数是一个单电子轨道的行列式，且基态是通过改变轨道使得能量最小化来确定的。这种行列式强化了自旋相同的两个电子不能处于相同的单粒子状态这一原理（即泡利不相容原理），这也是一种关联性。因此，我们对关联性的定义仅指在 Hartree-Fock 中已经包含的内容之外的关联性。虽然单行列式波函数是一种实验无法实现的理论结构，但是它可以得出高精度的计算，并与实验进行比较，能够直接证实除 Hartree-Fock 以外的效应。例如，我们把精确的基态能量与哈密顿函数的 HF 期望值之间的差称为关联能。

从最小基态能量意义上，最好的单电子轨道的行列式可能打破哈密顿函数的对称性；允许这样的解决方案被称为非限制 Hartree-Fock（UHF）。例如，一个磁性有序的基态，即使所有的哈密顿项在时间反演下都是对称的，时间反演对称性也会被打破。限制 HF（RHF）意味着即使存在一个更低能量的解，单电子轨道的行列式也必须具有哈密顿量的对称性。这里，我们将把关联性定义为与限制解相关，它提供了一个独立于破坏对称可能发生的各种方式的唯一定义。根据这个定义，一个能量较低的非受限解可以捕获部分关联能，但是在平均场 UHF 计算中缺失了一些额外贡献。

激发揭示了关联性的不同方面。Hartree-Fock 方程的本征值对应于在保持所有其他轨道不变的情况下，移除或添加轨道到行列式的能量，这种关系被称为库普曼斯定理（Koopmans' theorem）。不过，对于涉及添加或移除电子的实际光谱，HF 的本征值通常是一个非常差的近似值，但是这可以通过考虑电子间的关联性得以改进。此外，有许多现象无法用具有静态势的任何独立粒子理论来解释。例如，独立粒子占据离散的本征态；光谱中的有限寿命展宽和附加卫星峰不能用独立粒子理论来解释，这都是由粒子之间的相互作用造成的。通常，最引人注目的关联性的特征是实验表明多粒子系统展现出的行为与单粒子性质的总和不同。以比较不同激发光谱为例，移除一个电子（产生一个空穴）的能量可以用光电发射测量得出，增加一个电子的能量则可以在反向光电发射中得出。光吸收产生电子-空穴对，电子-空穴相互作用会引起大的能量位移，这与电子的添加和移除（激子效应）的不同有关。这样的实验观察并没有提供一种考虑关联性的方法，但是它们表明，只有超越独立粒子方法的理论才能给出令人满意的解释。此外，"关联性"这一术语也被用于更一般的意义上，并且有各种不同的、与量相关的关联函数，这些量包括与晶格中位置相关的密度和磁矩等。

基态和热力学性质也蕴含着关联性的特征，且这些关联性通常是定量的而不是定性的，虽然比激发态的关联效应更难分辨，但是它们也非常重要。电子基态和热力学平衡的性质包括结构、能量、熵、磁性系统的自旋密度和许多其他性质，以及它们的导数如体积模量、振动频率（绝热近似下）、介电常数和磁化率等。关联能对于分子和固体的任何定量描述都是至关重要的，例如，对于氢分子，Hartree-Fock 与实验的比较表明关联性贡献了总结合能约 5 eV 中的约 1 eV。再如，维格纳和塞茨的早期工作已经确定，如果不考虑关联性,钠的结合能会相差 2 倍。而且,问题不在于是否包含相互作用,而在于如何包含相互作用。

6.1.2　范德瓦耳斯色散相互作用

一个引人注目的关联性的例子是原子和分子之间的弱吸引力,即使在没有共价键或平均静电相互作用的情况下亦是如此。吸引力,通常被称为“伦敦”(以给出它的数学公式的弗里茨·伦敦命名)或“范德瓦耳斯色散”,或简单地称为色散力,是由于一个分子上的电偶极子的量子涨落诱导另一个分子上的偶极子使之面向排列,最终产生分子间相互吸引力。这种力完全是由电子间的相互作用引起的,因此如果电子是独立的亦即无关联性,它就会消失。由于范德瓦耳斯色散相互作用是诱导的偶极子-偶极子相互作用,其非相对论性渐近形式与 R^{-6} 呈正比关系,其中 R 是分子间距离,并且相互作用的强度非常弱。

多体微扰理论为色散相互作用提供了正确的 R^{-6} 形式,但是正确地描述强度还必须超越最简单的(随机相位)近似来计算衡量电荷波动的极化率。利用量子蒙特卡罗(quantum Monte Carlo, QMC)方法可以直接计算产生色散力的偶极子-偶极子关联函数。未来,一个突出目标是发展能够处理大系统的多体方法,包括弱范德瓦耳斯键及强键和反应、轻原子核的量子运动和分子动力学性质、电子激发和能量转移以及与系统功能直接相关的其他特性。

6.1.3　电子的添加与移除——带隙问题

基态是许多可能的电子过程的积分,因此基态只能揭示“平均”的电子关联性。如果我们直接观察这些过程,更容易发现有趣的效应。例如,我们可以通过在系统中添加或移除一个电子来激发它,这种过程被称为单粒子激发。如果从系统中移除了一个电子,我们可以想象,由于在给定时间里出现了一个正电荷,丢失的电子将起到微扰的作用。由于相互作用,这种微扰会引起电子气的振荡。或者,在粒子图像中,电子-空穴对将被创造出来。在任何情况下,由此诱导的激发态都会改变射出电子的动能。

清晰的“能带结构”的概念与独立粒子图像直接相关,它反映了“准粒子”的概念,准粒子像电子一样运动,其能量受到与其他电子相互作用的影响。事实上,使用不同技术的实验研究表明,对许多材料而言,准粒子能带的展宽(寿命)很小。采用不同近似方法计算同一体系的能带结构可能会有显著不同。以 Ge 为例,Hartree-Fock 近似方法得出的是独立粒子能带,往往得到太大的带隙和太宽的价带。根据定义,Hartree-Fock 近似与实验的差异源于其缺失了关联效应。关联效应使能量重整化,进而导致带隙和带宽的缩小。采用 Kohn-Sham 方程的 LDA 近似得出的能带结构与实际的能带非常接近,只是带隙太小。GW 近似计算得出的是准粒子能带结构,其中的关联性是相对于 Hartree-Fock 近似以动态屏蔽(dynamical screening)的形式包含在内的。研究发现,对于 Ge 及其他很多材料,GW 计算的能带结构与实验结果吻合得较好。此外,精确的能带结构也可以用 QMC 来计算得出。

绝缘体或半导体中的基本带隙(最低能量间隙)不是一个独立粒子概念。若初始系统含有 N 个电子,导带底是添加一个电子的最低能量 $[E(N+1)-E(N)]$,而价带顶是移除一个电子的最低能量 $[E(N)-E(N-1)]$。这里所涉及的含有 N、$N-1$ 和 $N+1$ 电子的状态都是基态;即使考虑相互作用,这几种基态没有衰变的可能性,且多体态具有无限的寿命。因此,在不借助于任何理论模型的情况下,带隙可以定义为添加电子和移除电子的基态能量之差,即

$$E_{gap} = \left[E(N+1) - E(N) \right] - \left[E(N) - E(N-1) \right] \tag{6-3}$$

有或没有相互作用都可能产生间隙,带隙的精确值是定量的,因此仅仅通过观察测量的带隙是不可能确定相互作用影响的。我们需要用计算来确定关联性的作用。以 Ge 为例,如果把 Kohn-Sham 本征值解释为添加电子的能量和移除电子的能量,则由此产生的带隙太小;在 DFT-LDA 框架下,Ge 是金属。由于采用 Kohn-Sham 的材料计算已经变得非常广泛和普遍,这种定量的偏差便获得了一个名字:"带隙问题"。然而,一般而言,将能带解释为电子的添加和移除的能量是对 Kohn-Sham 方程的误用,而"带隙问题"本身并不是对关联效应的度量。相反地,Hartree-Fock 能带有这样一个意义:根据库普曼斯定理,如果不允许所有其他电子调整,这些能带是添加或者移除一个电子的能量。但是由于缺少了关联性,Hartree-Fock 带隙太大。而考虑屏蔽的 GW 计算则能够得出准确的带隙,因此屏蔽往往是关联性对带隙的主导作用。是否还存在其他这样的例子:带隙是一种不能用任何独立粒子方法给出的定性特征,或者甚至不能用诸如 GW 近似的多体微扰方法给出? 这就是莫特提出的问题,也是无数论文的主题。我们将在后面简要讨论莫特绝缘体和金属-绝缘体转变。

6.1.4 维格纳转变与均匀电子气

凝聚态中最简单的电子相互作用模型是均匀电子系统,也称为均匀电子气(homogeneous electron gas,HEG),它是一种具有均匀补偿正电荷背景的无限电子系统。最初,HEG 是作为碱金属的模型引入的,现在 HEG 是发展密度泛函理论的标准模型系统,也是 QMC 计算的一种重要模型,并且还广泛用作多体微扰方法的测试系统。

为了定义 HEG 模型,我们取式(6-1)中的哈密顿量,用一个密度等于电子电荷密度 n 的刚性均匀正电荷替换原子核。这样,在原子单位下非相对论哈密顿量定义为

$$\hat{H} = -\frac{1}{2} \sum_i \nabla_i^2 + \frac{1}{2} \sum_{i \neq j} \frac{1}{|\boldsymbol{r}_i - \boldsymbol{r}_j|} + E_0 \tag{6-4}$$

其中,E_0 是中和背景而产生的能量。电子密度 n 通常由电子间的平均距离 r_s 给出,在原子单位下定义为 $1/n = 4\pi r_s^3/3$。需要指出的是,除了参数 r_s 外,还必须指定温度,并且还可能在哈密顿函数中加入一个磁场或者固定自旋极化。HEG 系统不仅是三维的重要模型,也是一维和二维的重要模型,例如,二维表面上的电子,以及可以在半导体表面和界面或一维线上形成的系统。文献中有大量的工作阐述了电子气体的各种主题。

维格纳指出,在低密度(大的 r_s)时,势能占主导,这是因为动能与电子密度是以 r_s^{-2} 呈比例关系的,而势能则是 r_s^{-1} 的关系。因此,当 $r_s \to \infty$ 时,稳定相将通过形成一种晶体结构即"维格纳晶体"来最小化势能,并将其降至最低。在三维中,对于纯($1/r$)相互作用,最稳定的晶体结构(即最低的 Madelung 能量)是体心立方晶格,而在二维中则是六边形晶格。相反,在高密度(即小的 r_s)时,动能占主导,并且当 $r_s \to 0$ 时,系统变为非相互作用的费米气体。在晶体失去有序的密度时,一定会发生相变。零温度下可以用扩散 QMC 方法

来准确地估计维格纳转变的密度,即在三维中 $r_s = 106$,而在二维中 $r_s = 35$;对于温度 $T > 0$,可以用传统和路径积分蒙特卡罗方法来估计。当然,除了自由费米气体和维格纳晶体外,在中间密度下也可能存在其他相;推测的其他相包括极化流体相、超导相、条带相以及在磁场下的拓扑量子霍尔相和分数量子霍尔相。需要注意的是,涉及电子密度的比例参数并不依赖于粒子的统计学、空间的维数或者量子力学。还有一种维格纳晶体转变为玻色子或"Boltzmannons"(玻尔兹曼子,没有交换统计量的粒子),并且在某些温度下我们可以忽略量子力学。在 HEG 系统中,没有能带或晶格效应来驱动这种转变。这证明了形成维格纳晶体是莫特转变的最纯粹的例子,即在这种转变中,唯一基本要素是电子与电子之间的相互作用。除了电子密度外,维格纳晶体还可以用很强的磁场来稳定。

6.1.5 莫特转变

在凝聚态中观察到的最引人注目的现象之一是金属-绝缘体转变。这可以以很多种方式发生:金属-绝缘体转变可能与向磁性有序状态的转变相关,例如,在许多过渡金属氧化物中观察到了顺磁性到反铁磁的转变;金属-绝缘体转变可能发生在晶格畸变时,例如,前面章节讨论的 Peierls 畸变导致的 GeTe 的金属-绝缘体转变;VO 与 VO_2 发生的二聚作用,即"Peierls 转变"。在这些情况下,都存在对称性的破坏和晶胞的加倍。也许最有趣的情况是不改变对称性的金属-绝缘体转变,通常称为"莫特转变"。

1949 年莫特在一篇论文中简明扼要地阐述了相互作用的关键作用,这成为最令人注目的论点之一。莫特提出,在两个极限之间的临界晶格常数处,一定存在金属-绝缘体转变,这就是通常所说的莫特转变。莫特论证是如此简单,它适用于具有部分填充壳层的所有类型的原子,并且在某种程度上它应该依赖于相互作用能 U 与特征性的带宽 W 之比 U/W。值得一提的是,尽管莫特转变与维格纳转变有一些共同的特性,但是它们之间有本质的区别。在晶体中,原子核提供了稳定结构的吸引势,并倾向于使电子定域于每个原子核的附近,因此金属-绝缘体转变可以在更高的密度和温度下发生。由于晶体结构的不同和能带的多样性,可能存在多种金属-绝缘体转变机制。

然而,关于莫特转变是否涉及绝缘态中某些对称性破坏的问题,一直存在争议和许多建议。特别地,上面给出的理论图像忽略了电子自旋的事实。例如,如果自旋有序形成了一个具有反铁磁结构的更大的晶胞,那么绝缘状态可以用一个具有有序态对称性势的独立粒子模型来解释。这种方法与 Slater 有关,自他的 1951 年论文和其他人的工作之后,在实践中已用于自旋有序的 UHF 和自旋密度泛函的计算。但是,一个没有自旋有序的莫特绝缘体,通常被称为自旋液体,是比较难理解的;这种即使在零温度下也不会有有序态的存在性及其可能的性质是凝聚态物理学最基本的问题之一。

"莫特绝缘体"和"莫特转变"这两个术语在文献中有很多用法。莫特绝缘体的一个定义是一般的分类,包括仅因为电子-电子相互作用而被认为是绝缘体的任何晶体。我们将使用更狭义的定义,这个定义只包括有序不是绝缘带隙必不可少条件的情况,例如,在某些温度下那些作为绝缘自旋液体的情况,即使它们在很低的温度下有序。同样重要的是认识到 $T \neq 0$ 与 $T = 0$ 的不同,只有在 $T = 0$ 时,金属和绝缘体才有严格的区别。Luttinger 定理关于费米表面的定义在 $T \neq 0$ 时都变得模糊不清。因此,定义诸如"金属"、"绝缘体"、"莫特转变"等术语的含义以及区分零温度和非零温度是非常重要的。

6.1.6 Hubbard 模型

关于晶格格点上相互作用的电子,Hubbard 模型是最简单的模型之一：电子的希尔伯特空间被限制在每个位点一个态,并且每个位点的能量是 ε_0 且排斥相互作用 $U \geqslant 0$。在 Hubbard 模型中,这种有效相互作用通常被称为库仑项,然而,与均匀电子气和真实的材料相比,它是短程的,因此它不会出现在长程相互作用所观察到的某些现象,如等离子体激元。Hubbard 模型的哈密顿函数可以写成

$$\hat{H} = \sum_{i,\sigma} \varepsilon_0 \hat{n}_{i\sigma} + \frac{1}{2}U \sum_{i,\sigma} \hat{n}_{i\sigma}\hat{n}_{i-\sigma} - \sum_{i\neq j,\sigma} t_{ij}c_{i\sigma}c_{j\sigma} \tag{6-5}$$

如果唯一的跳跃矩阵元素是最近邻的,且都有相同的值 t,这就是通常所说的 Hubbard 模型。从物理上这是由三个无量纲的参数决定的,即化学势、相互作用 U 和温度,都是以跳跃 t 为单位。具有长程跳跃、相互作用和/或多个带的模型可以视为广义 Hubbard 模型。

Hubbard 模型是凝聚态中相互作用电子的试验场,包括 GW 近似、DMFT 和 QMC 方法。一维 Hubbard 模型已经被 Lieb 和 Wu 使用 Bethe Ansatz 方法精确求解。这是一个重要的基准,它展示出对于所有 U/t,$T=0$ 时的解是金属,且其费米面与 $U=0$ 时相同(与 Luttinger 定理一致);这要把半占据 $n\uparrow = n\downarrow = 1/2$ 的情况排除,这种情况下对于任何 $U>0$ 系统是具有带隙的绝缘体。因此,以 U/t 为函数的莫特转变是不存在的。目前还不清楚如何将这种求解方法扩展到更高的维数,但是它为 DMFT 等近似方法提供了定量的测试。

在一个只有最近邻跳跃的二分格点系统中,存在电子-空穴对称性,即能带的上、下部分的色散相同,但符号相反,并且对于半填充(每个位置填充一个电子)的情况,可以使用 QMC 方法对模型进行数值求解,这时不存在符号的问题。对于三维立方晶格,半满时的基态是反铁磁性的。在二维晶格中,仅在 $T=0$ 时才有长程有序;海森堡模型的 QMC 结果应该具有很大的 U 极限。

6.1.7 磁性与自旋模型

磁性与电子-电子关联性密切相关。如果电子间没有相互作用,只有泡利不相容原理,晶体的基态就总会有带电子的能带处于双占据的非定域态。然而,电子之间的相互作用可以导致磁有序与涨落而最终呈现宏观"局域磁矩"的行为。解释这一现象的理论图像有很多种形式,从离域电子(称为"巡游电子")的平均场理论到定域电子的局域磁矩模型。前者属于平均场 Stoner 图像等方法的范围,即使没有涨落,也足以近似地描述有序状态。后者是自旋系统统计力学的领域,即使没有离域状态和金属行为,也可以描述磁序、涨落和相变的行为。目前面临的挑战是把这两幅理论图像统一起来处理整个温度范围的材料磁性、桥接能带行为和原子状态行为之间的差距。

自旋模型在凝聚态的磁性和相变理论中有着悠久的历史。自旋实际上代表电子的定域极限,特别是许多材料体系中 d 和 f 电子态的局域磁矩行为。当这些局域态的电子相互作用很大的情况下,电子数的任何变化都是高能量的激发,而磁矩的重新定向只需要很小的能量(孤立原子中简并态的能量为零)。抛开所有的高能激发态,唯一的自由度是可

以用自旋模型来描述的自旋取向。当然,由于自旋是严格定域的,所以不存在电导率。这样的自旋系统可以用具有连续旋转的海森堡模型来表示,也可以用仅在晶体结构固定的轴向具有离散自旋方向的伊辛(Ising)模型来表示。这样的模型可以用以下形式的哈密顿量来定义:

$$\hat{H} = -\sum_{i<j} J_{ij}\,\hat{S}_i \cdot \hat{S}_j \tag{6-6}$$

这里,J 是在 i 和 j 位点上耦合自旋 $\hat{S}$ 的交换常数,文献上有大量关于各种晶格和 J_{ij} 的形式的数据。例如,自旋-1/2 模型可以通过 Hubbard 模型在大 U(相对带宽)极限下的低能量激发推导得出。这种交换源于电子虚跃迁到具有相反自旋电子占据的邻近位置,因此 $J \propto t^2/U$ 成为跳跃矩阵元素 t 的领头阶(leading order)。

有一个例子说明了与我们的研究目的相关的基准测试。用蒙特卡罗方法可以求出正方形晶格上自旋 1/2 的精确数值解:在 $T=0$ 时,它是一个反铁磁体(类似于 Hubbard 模型),每个位点的平均磁矩为 0.31±0.02,这比经典值 0.5 小。实际上,自旋向上和自旋向下交替的经典态使方程(6-6)中 $\hat{S}_i^z \hat{S}_j^z$ 的贡献最小化,但由于在 x 和 y 方向上没有贡献,因此它不是哈密顿量的本征态。由此产生的叠加态被解释为"量子涨落"。这提醒我们在平均场计算中还有未考虑到的影响。在类似 Hartree-Fock 的静态平均场近似下,对称性可能具有正确的反铁磁有序,但每个位点上沿选择的 z 轴方向的自旋是 $\sigma z = \pm 1/2$,且没有任何量子涨落。

6.2　二维晶体 Cr_2C 的半金属铁磁性

近年来,石墨烯的发现推动了二维材料研究的蓬勃发展。由于维度和尺寸减小及由此产生的量子效应,二维晶体表现出许多在块体材料中没有的有趣的性质,因此被认为是未来纳米电子学和自旋电子学的基石。虽然越来越多的二维晶体已经通过实验制备得到,但它们中的绝大多数不含磁性。因此,追求二维晶体的可调磁性一直是长期以来的研究热点。对于石墨烯和单层过渡金属硫化物,人们已经提出了一些想法来引入磁性,如在表面沉积磁性原子,引入特定的缺陷或边缘等。然而,这些想法在实验上的实现仍然充满挑战:例如,吸附原子的团簇化总是难免的,边缘形态和缺陷类型也不能很好地调控。

最近,一类新的过渡金属碳化物或氮化物二维材料——"MXene"已经通过剥离母体材料 MAX 相合成出来。MAX 相是一种化学表达式为 $M_{n+1}AX_n(n=1,2,3)$ 的层状堆放的三元碳化物和碳氮化物材料,其中 M 是过渡金属,A 主要是ⅢA 或ⅣA 族元素,X 是碳或氮。MAX 相结构是由 $M_{n+1}X_n$ 层同 A 层交错堆积构成的。在酸性溶液中,A 层被化学刻蚀掉,而 $M_{n+1}X_n$ 层被留下,然后进一步被剥离成单层或者少层的 MXene。至今,MXene 家族已经包括 Ti_3C_2、Ti_2C、V_2C、Nb_2C、Ta_4C_3、Nb_4C_3、Ti_3CN、$(Ti_{0.5}Nb_{0.5})_2C$ 和 $(V_{0.5}Cr_{0.5})_3C_2$。此外,因为存在超过 70 种已知的 MAX 相,更多的 MXene 有望通过实验合成。自它们发现以来,MXene 已经吸引了越来越多的关注,在电极材料、传感器、催化、电化学储能方面具有巨大的潜能。

6.2.1 二维晶体 Cr_2C 的磁结构

我们之前对 MAX 相 Cr_2AlC 进行了大量理论计算和实验研究,在此基础上,我们猜想有望通过从 Cr_2AlC-MAX 相选择性蚀刻掉 Al 原子而获得二维晶体 Cr_2C。由于 $Cr\ 4s^1 3d^5$ 特殊的外层电子排布,我们又猜想 Cr_2C 极可能具有铁磁性。为获得关于二维晶体 Cr_2C 准确的磁结构和能带带隙,我们首先构建了几种最为可能的电子自旋排列组态[图 6-1(c) ~ (e)],然后在计算参数的设置中不仅考虑电子自旋,而且采用较大的平面波截断能(400 eV)和 k 点(20×20×1),电子关联效应采用 Heyd-Scuseria-Ernzerhof(HSE)杂化关联泛函描述以保证获得准确的带隙大小。在计算中,保证所有结构都被充分弛豫,直到作用在每个原子的外力小于 0.01 eV/Å。

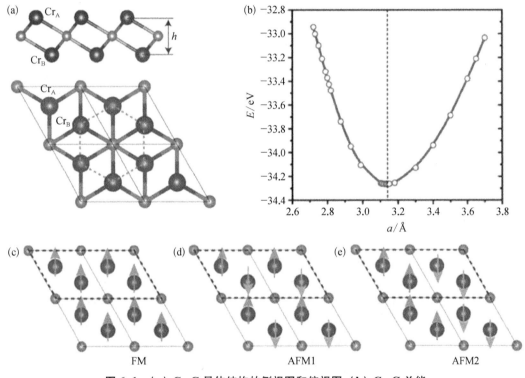

图 6-1 (a) Cr_2C 晶体结构的侧视图和俯视图;(b) Cr_2C 总能随晶格常数的变化;(c) ~ (e) Cr_2C 三种可能的磁分布

二维 Cr_2C 的晶格由三层组成,其中 C 原子层夹在两个 Cr 层之间[图 6-1(a)]。从顶部看,Cr 原子排列成六边形结构,其中 Cr 原子在两个不同的层中形成两个三角形晶格。通过计算顺磁态(自旋非极化态)和铁磁态(自旋极化态)这两种组态时 Cr_2C 的总能,我们发现 Cr_2C 在能量上倾向于自旋极化的基态,自旋极化态的能量远低于自旋非极化态的能量,其差值约为 2.53 eV/atom。在自旋极化基态下,Cr_2C 的平衡晶格常数是 3.14 Å[图 6-1(b)],其三层厚度(h)和 Cr-C 键长分别为 2.10 Å 和 2.12 Å。每个单胞的总磁矩为 $8\mu_B$,主要由两个 Cr 原子贡献。

为了进一步揭示 Cr 原子之间的磁耦合方式,我们采用了 2×1 超胞,它含有四个 Cr 原子。根据不同自洽计算的初始条件,我们得到了三个稳定的磁结构: FM[图 6-1(c)]、AFM1[图 6-1(d)],和 AFM2[图 6-1(e)]。以 FM 结构的能量为参考,AFM1 和 AFM2 结构的相对能量分别是 0.36 eV 和 1.06 eV。交换作用可以通过将具有不同磁序的系统总能量映射至海森堡模型而获得,其中与近邻和次近邻的耦合系数分别用 J_1 和 J_2 表示:

$$\hat{H} = -\sum_{ij} J_1 \hat{S}_i \cdot \hat{S}_j - \sum_{kl} J_2 \hat{S}_k \cdot \hat{S}_l \qquad (6-7)$$

$\hat{S}_i$ 是 Cr 在格点 i 上的净自旋;(i, j) 和 (k, l) 分别是最近邻的格点对和次近邻的格点对。基于这个模型,FM 相与 AFM1 相之间的能量差是 $E_{AFM1} - E_{FM} = 12J_1\hat{S}_2$,FM 相与 AFM2 相之间的能量差是 $E_{AFM2} - E_{FM} = (4J_1 + 16J_2)\hat{S}_2$。交换耦合参数的计算值分别是 $J_1 = 14.7$ meV 和 $J_2 = 7.4$ meV。J_1 和 J_2 均为正值,正值表明 Cr_2C 倾向于 FM 耦合。此外,基于第一性原理分子动力学模拟,我们进一步发现 Cr_2C 的磁状态可以在室温下保持,计算结果如图 6-2 所示。

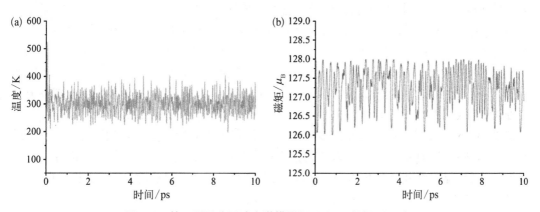

图 6-2 第一原子分子动力学模拟(300 K 下保温 10 ps),
结果显示晶体结构和磁性状态在室温都是稳定的

6.2.2 二维晶体 Cr_2C 的半金属铁磁性

对二维晶体 Cr_2C 电子结构的计算和分析发现,Cr_2C 呈现半金属性[图 6-3(a)],即上自旋电子呈现金属特性,而下自旋电子具有绝缘性质。因此,电荷输运以上自旋电子为主,通过 Cr_2C 的电流将表现为完全自旋极化。这里我们定义半金属带隙为费米能级和最高占据的下自旋带之间的能量差,Cr_2C 的半金属带隙约为 2.85 eV,这表明 100% 自旋滤波器的效率可以保持在一个很大的偏压范围内。需要强调的是,Cr_2C 的半金属性完全是本征的。相比之下,其他低维材料,如石墨或氮化硼纳米带、C/BN 异质结,MoS_2 和 $MnPSe_3$ 薄片中的半金属性需要很强的外部电场或特定的掺杂。半金属铁磁性这一有趣的物理现象使得 Cr_2C 成为纳米电子学应用的一个有力候选材料。值得一提的是,Cr_2C 是 MXene 家族中首次报道的半金属铁磁体。尽管它的铁磁性由 Khazaei 等在最近的工作中被提及,但是他们并没有发现二维晶体 Cr_2C 的半金属性,可能是由于缺乏对其电子结构的扩展研究。

从 Cr_2C 的能带结构中,我们还可以看到另一个显著特征,即穿过费米能级(E_F)的强色散性的能带,这为我们研究铁磁金属行为的基本机制提供了线索。能带的原子和轨道

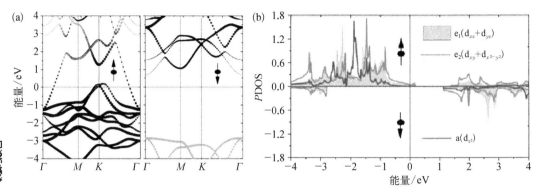

图 6-3　(a) Cr_2C 的能带结构,黑色和绿色的点分别代表 Cr d 和
C p 轨道的贡献;(b) Cr d 轨道的投影态密度(PDOS)

分解特征表明,Cr 3d 轨道对穿过 E_F 的强色射能带具有重要贡献[图 6-3(a)]。这意味着 E_F 周围的 Cr 3d 电子态是巡游的。根据 Stoner 理论,巡游的 d 电子将有利于铁磁性。在二维晶体 Cr_2C 中,每个 Cr^{2+} 离子有一个封闭的外壳 Ar 核心和四个额外的 3d 电子。在晶体场的 C_{3v} 对称下,Cr 3d 轨道分裂为一个 $a(d_{z^2})$ 轨道和两个双简并的 $e_1(d_{xz} + d_{yz})$ 轨道和 $e_2(d_{xy} + d_{x^2-y^2})$ 轨道。由于 Cr 3d 轨道大的交换分裂,这四个 3d 电子只占据了大部分上自旋通道,导致在下自旋通道中,占据态的 C p 轨道与空的 Cr d 轨道之间在 E_F 附近存在一个能隙[图 6-3(a)]。那么为什么多数自旋通道是金属性呢? 这是与非定域性的 d 轨道有关。从图 6-3(b)中 a、e_1 和 e_2 轨道的投影态密度可以明显看到,a、e_1 和 e_2 轨道并不是局域的,呈现出宽的峰并且互相重叠。因此,在上自旋通道,它们全部都是部分占据的,导致了金属性的出现。

6.2.3　官能团对二维晶体 Cr_2C 铁磁性的影响

接下来讨论表面官能团对 Cr_2C 的电子结构及半金属磁性的影响。目前,MXene 主要是在氢氟酸或氟化锂与盐酸混合溶液中由 MAX 相刻蚀出 Al 而得到的。这种合成方法使得 MXene 表面不可避免地覆盖 OH 或 F 原子等基团。众所周知,表面功能化是调控二维材料的物理和化学性能的主要方法之一。因此,阐明这些表面官能团对 Cr_2C 电子结构及半金属磁性的影响至关重要。这里我们将表面覆盖官能团也可称作表面功能化的 Cr_2C 用 Cr_2CT_2 表示,T 表示吸附在表面的官能团(F, OH, H, Cl)。

以 Cr_2CF_2 为例展示其最稳定态的晶体结构,如图 6-4(a)所示,其中 Cr_A 和 Cr_B 表示不同层中的 Cr 原子。Cr_2CF_2 的声子谱计算结果显示,所有的声子频率都是正值,表明表面覆盖一层氟原子不会破坏 Cr_2C 的结构稳定性,此外,表面氟化后,Cr 原子上的磁矩没有消失。为了探索 Cr_2CF_2 磁性基态,采用一个 $2×2$ 超胞,同时考虑非磁性结构、FM 结构和所有可能的 AFM 磁结构。计算结果表明 Cr_2CF_2 的基态是 AFM,每个 Cr 原子的最近邻原子以反向平行自旋排列[对应图 6-1(d)中的 AFM1 结构]。这种 AFM 组态比 FM 组态更稳定,其能量差为 0.60 eV/单胞,其中每个单胞含有两个 Cr 原子。图 6-4(b)展示了在 AFM 基态下 Cr_2CF_2 的自旋密度图,从中可以清楚地看到,磁矩主要是由 Cr 原子和最近的 Cr 原子相互间的反铁磁耦合引起的。每个 Cr 原子上的局域磁矩约为 $3\mu_B$。

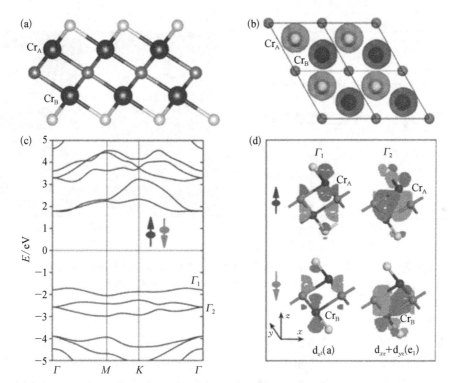

图 6-4　(a) Cr_2CF_2 晶体结构的侧视图。绿色、棕色和灰色的原子分别代表 Cr、C 和 F 原子。(b) 自旋密度图,其中蓝色和红色分别代表向上和向下的自旋。(c) Cr_2CF_2 反铁磁态下的能带结构。蓝色和红色的线分别代表上自旋和下自旋,它们完全重合。(d) 三条能量最高价带[对应图(c) 中的 Γ_1 和二重简并 Γ_2]在 Γ 点的波函数

　　Cr_2CF_2 的能带结构如图 6-4(c) 所示,显然,Cr_2CF_2 展现出半导体性,且呈现间接带隙特征,其带隙宽度约为 3.49 eV,这比单层 MoS_2(1.8 eV) 和磷烯(2.1 eV) 的大得多,但小于 h-BN 单层(5.97 eV) 和石墨烷(5.4 eV)。值得注意的是,三条能量最高的价带主要由 Cr 3d 轨道贡献,非常平坦,几乎没有色散,且带宽很窄。这清楚地展现了 d 电子的局域特性,我们接下来将阐明 Cr_2CF_2 具有绝缘性能的主要原因。Cr_2CF_2 的 Cr 原子在 D_{3d} 对称性下,3d 轨道分裂为一个 $a(d_{z^2})$ 轨道和两个双重简并 $e_1(d_{xz}+d_{yz})$ 轨道与 $e_2(d_{xy}+d_{x^2-y^2})$ 轨道。在它的 3+ 价态中,每个 Cr^{3+} 有三个 3d 电子。由于 Cr d 轨道大的交换分裂,三个 3d 电子只占据一个自旋通道。此外,由于 d 轨道的局域特性,一个自旋通道中的 e_1 和 a 轨道被完全依次占据,而 e_2 轨道未被占据,从而使其具有半导体性。e_1 和 a 轨道的占据可以从分析 Γ 点处最高价态的波函数得到验证。如图 6-4(d) 所示,在多数通道中(上自旋),在 Γ 点,最高占据态(Γ_1) 主要由 Cr_A $a(d_{z^2})$ 轨道贡献,而二重简并的第二最高态(Γ_2) 主要来自 Cr_A $e_1(d_{xz}+d_{yz})$ 轨道的贡献。相应地,在下自旋通道,Γ_1 和 Γ_2 分别主要由 Cr_B $a(d_{z^2})$ 和 $e_1(d_{xz}+d_{yz})$ 轨道贡献。理解了 Cr_2CF_2 中 Cr^{3+} 离子的电子构型后,Cr^{3+} 离子对呈现出反铁磁耦合也就不足为奇。这是因为一个 Cr^{3+} 离子在一个自旋通道中 e_1 和 a 轨道完全被占据,电子的虚拟跳跃在 AFM 组态下是允许的,但在 FM 组态下则不允许[图 6-5(a)],这导致一个更低能量的 AFM 状态。

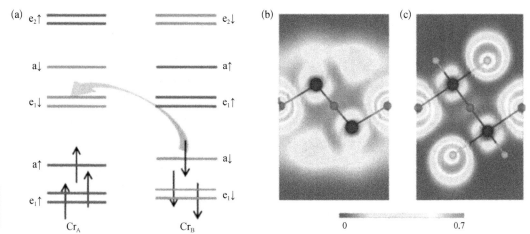

图6-5 （a）Cr_2CF_2磁交换的示意图。Cr^{3+}离子的 e_1 和 a 轨道被占据，因此电子的虚拟跳跃导致了 AFM 排布。（b,c）Cr_2C 和 Cr_2CF_2 的电子局域函数

到目前为止，我们已经证明，从 Cr_2C 到 Cr_2CF_2，表面氟化引发了一个有趣的金属-绝缘体转变，且伴随着 FM-AFM 转变。我们也指出，Cr_2C 和 Cr_2CF_2 完全不同的电子和磁特性与其 d 轨道的不同特点密切相关：前者呈现出巡游的 d 轨道，而后者呈现出局域的 d 轨道。这可以通过分析它们的电子局域函数（ELF）进一步理解。如图 6-5（b）和（c）所示，显然，Cr_2C 中的 Cr 原子周围呈现出非局域的 ELF 特征，而 Cr_2CF_2 则呈现出显著的局域性 ELF 特征。

其他表面功能化的二维 Cr_2C 包括 $Cr_2C(OH)_2$、Cr_2CH_2 和 Cr_2CCl_2，都展现出与 Cr_2CF_2 相似的晶体结构和反铁磁基态。而且，它们都是半导体，其能隙大小分别是 1.43 eV[$Cr_2C(OH)_2$]、1.76 eV（Cr_2CH_2）、2.56 eV（Cr_2CCl_2）和 3.49 eV（Cr_2CF_2），如图 6-6 所示。也就是说，通过调控 Cr_2C 的表面官能团，可以将金属性的 Cr_2C MXene 转变为半导体性，并调节其带隙大小。值得指出的是，Cr_2CH_2 具有直接带隙，导带底和价带顶均位于 Γ 点，如图 6-6 中的插图所示。直接带隙促进高效的光发射，这使得 Cr_2CH_2 成为光电子纳米器件应用中有吸引力的材料。早期的工作先后发现半导体性的 MXene 有 Ti_2CO_2、Zr_2CO_2、Hf_2CO_2、Sc_2CO_2、$Sc_2C(OH)_2$ 和 Sc_2CF_2。半导体性 Cr_2CT_2 的发现（T=F,OH,H,Cl）进一步扩大了半导体性 MXene 家族。最后，我们应强调的是，Cr_2CT_2 与这六种半导体性 MXene 的最大区别在于，Cr_2CT_2 是磁性的，而后者是非磁性的。

综上，基于杂化密度泛函的理论计算，我们揭示了二维 Cr_2C 具有半金属铁磁性行为，且半金属带隙高达 2.85 eV。铁磁性来源于费米面附近 100%自旋极化的巡游的 Cr 3d 电子。F、H、OH 等表面功能化均导致二维 Cr_2C 的 FM-AFM 转变和金属-绝缘体转变，且 AFM 绝缘状态的带隙大小可以通过选择不同的官能团来控制，其中表面氢化可以打开一个直接带隙。最后，表面功能化导致 Cr 3d 电子的局域化是 FM-AFM 转变和金属-绝缘体转变的主要物理根源。该研究结果展现了二维 Cr_2C 在革新性的自旋电子学和电子设备中具有应用潜力。

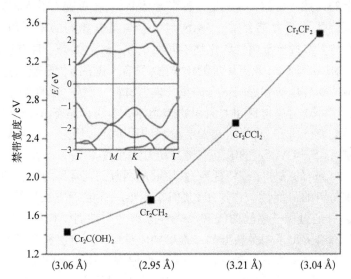

图 6-6　Cr_2CT_2 的带隙。x 轴下方括号内的值代表不同 Cr_2CT_2 的晶格常数。插图为 Cr_2CH_2 的能带,箭头指示直接带隙

6.3　$As_2S_3(As_2Se_3)$ 二维半导体

大多数二维纳米材料的带隙为零或偏小($\leqslant 2$ eV),这极大地限制了其在光电子器件的应用。本节通过第一性原理方法和分子动力学模拟,预测了一类新型性能可控的二维半导体——单层和多层 As_2S_3 和 As_2Se_3。通过调节层数或施加外加应变,这类半导体可以获得 $2.06 \sim 3.18$ eV 的宽带隙调控范围,这对于纳米电子和光电子方面的应用是特别有意义的。且在施加合适的拉伸应变条件下,这类二维半导体可实现从间接带隙到直接带隙的转变。更重要的是,它们具有合适的带边位置和强的可见光吸收,在光催化和光电子学方面有潜在应用。此外,这类二维层状半导体材料具有与石墨烯类似的剥离能,因此,可以通过机械剥离法从实验中获得,并且为构建适用于纳米电子学的范德瓦耳斯异质结提供了潜在的候选材料。

自石墨烯的发现以来,二维层状纳米材料因其出色的光电子性质和机械特性,有望广泛应用于纳米电子学和光电子学等器件。单原子厚的石墨烯与石墨相比具有许多新奇的特性,已得到了深入且广泛的研究。石墨烯的发现激励了其他类石墨烯二维材料的研究,例如,硅烯、锗烯、二维过渡金属碳化物/氮化物、黑磷和二维过渡金属二硫化物和三硫化物等被陆续发现,这为二维体系提供了丰富的材料选择,也为构造不同的范德瓦耳斯异质结提供了材料基础,在场效应晶体管、发光器件和催化等领域具有巨大的应用前景。遗憾的是,迄今发现的大多数二维材料具有带隙为零或偏小($\leqslant 2$ eV)的能带结构,这使其在电子和光电子方面的应用受到了很大的限制。对于光电子学和光催化纳米器件的应用,材料的光吸收应充分覆盖整个可见光区域($380 \sim 750$ nm,$1.65 \sim 3.26$ eV)或紫外范围。因此,设计具有理想电子和光学特性的新型二维半导体具有重要意义。

作为地球上的天然矿物质,As_2S_3是一种半导体晶体,在单胞内沿 b 轴方向,邻近原子层之间是通过范德瓦耳斯力结合的。As_2S_3 与 As_2Se_3 具有相同的单斜对称性(空间群:$C_{2h}^5 - P2_1/n$)。 与大多过渡金属二硫化物不同的是,As_2S_3 和 As_2Se_3 具有更复杂的晶体结构(每原子层内有 10 个原子)和更简单的化学态(只有 s 和 p 态价电子),这使它们成为研究多层结构材料的物理性质和层间耦合的重要模型材料。此外,玻璃态的 As_2S_3 和 As_2Se_3 已被广泛应用于红外透射窗材料和大面积的感光体。非晶和晶态 As_2S_3 与 As_2Se_3 的电学和光学性质已得到充分研究,但单层或少层材料的研究还很匮乏。只有最近的一项理论研究预测了单层 As_2S_3 和 As_2Se_3 的电子结构与动力学性质。

从 As_2S_3 与 As_2Se_3 的晶体结构特征看,其层间的弱范德瓦耳斯力结合预示着由机械剥离获得单层二维材料的可能性。在这里,我们采用第一性原理方法计算了单层 As_2S_3 和 As_2Se_3 的剥离能,并通过声子色散曲线和第一性原理分子动力学模拟确定了二维三硫化砷的稳定性,基于此,提出了一类新型的二维半导体材料——单层和多层 As_2S_3 与 As_2Se_3,并指出了可行的实验制备方案。最后,基于第一性原理计算全面研究了这些二维半导体材料的电子性质,讨论了应变对电子性质的影响,并探讨了它们在光催化、光电子以及纳米电子中的潜在应用。

本节的第一性原理计算基于密度泛函理论,其中价电子与离子实之间的相互作用通过 PAW 方法来描述,采用广义梯度近似(GGA)中的 PBE 关联泛函来描述交换-关联势(GGA-PBE)。采用 optB86b-vdW 泛函和密度函数色散校正方法(D3-Grimme)来描述原子层间的弱结合,发现密度函数色散校正方法可以更好地描述层间范德瓦耳斯力。为了使周期性边界条件引起的相邻单胞的相互作用最小化,真空层设置为 20 Å。另外,准确的电子结构和能带带隙是采用杂化泛函(HSE06)来计算的。声子谱计算采用了 3×1×8 的超胞和有限位移法。在带边位置计算中,首先从二维晶体的平均平面静电势获得真空能级,然后将每个二维半导体的带边位置减去真空能级,以校准水的氧化还原势。对所有的参数设置进行测试,以确保计算的收敛和准确性。在通过第一性原理分子动力学模拟来评估单层热稳定性时,模拟温度为 300 K,采用 Nosé-Hoover 恒温器的 NVT 系综,时间步长设置为 2 fs。在第一性原理分子动力学模拟过程中,关闭晶体的对称性,允许所有离子自由运动。在第一性原理计算数据的基础上,光吸收系数是通过以下介电函数推导得出的:

$$\alpha = \sqrt{2}\omega\left[\sqrt{\varepsilon_1^2(\omega) + \varepsilon_2^2(\omega)} - \varepsilon_1(\omega)\right]^{1/2} \tag{6-8}$$

其中,介电函数通过 HSE06 杂化泛函计算得出。介电函数的虚部 ε_2 是通过空带求和计算得到的,而实部 ε_1 是由 Kramers-Kronig 积分获得的。

6.3.1 二维晶体的剥离能和稳定性

体相三硫化二砷是天然的伪二维晶体,如图 6-7(a)和(b)所示,具有与石墨和典型的二硫化物(如 MoS_2)相似的结构特征:沿 b 方向,层间通过范德瓦耳斯力结合,而在 ac 平面内则是二维平面网格。采用 D3-Grimme 计算优化得到的体相 As_2S_3 的结构参数为 $a = 11.53$ Å、$b = 9.72$ Å、$c = 4.29$ Å 和 $\beta = 90.50°$,这与报道的实验结果($a = 11.46$ Å、$b = 9.57$ Å、$c = 4.22$ Å 和 $\beta = 90.50°$)非常吻合。体相 As_2Se_3 的计算结果和实验结果也非常吻合,如表 6-1 所示,这证明了参数设置的准确性。此外,由表 6-1 可见,D3-Grimme 泛函优化的结构参数与实验结果吻合得最好;而对于电子带隙,最合理的值是通过杂化泛函方法计算获得的,其他几种泛函都低估了能带带隙。因此,对这里研究的所有单层和多层三硫化物,都采用 D3-Grimme 泛函进行结构优化,利用 HSE06 杂化泛函来计算电子带隙。

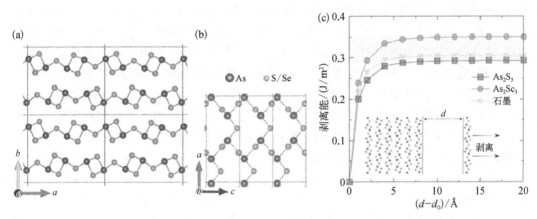

图 6-7　三硫化二砷的晶体结构:(a) 2×2 超胞沿 c 轴的侧视图;(b) 3×1 结构的俯视图;(c) D3-Grimme 泛函计算的三硫化二砷剥离能随剥离距离 d 的变化,并与石墨进行对比,其中 d_0 是体材料平衡态的层间距

表 6-1　使用不同交换-关联泛函计算的体相的结构参数和带隙,并与实验值对比

参数	As₂S₃				As₂Se₃			
	GGA-PBE	optB86b-vdW	D3-Grimme	实验值[①]	GGA-PBE	optB86b-vdW	D3-Grimme	实验值[②]
$a/\text{Å}$	11.36	11.63	11.53	11.46	12.17	12.28	12.22	12.07
$b/\text{Å}$	10.88	9.5	9.72	9.57	10.63	9.84	10.03	9.9
$c/\text{Å}$	4.62	4.09	4.29	4.22	4.44	4.13	4.25	4.28
$\beta/(°)$	90.35	90.43	90.50	90.50	90.40	90.52	90.53	90.48
$V/\text{Å}^3$	571	452.4	480.5	462.8	573.8	499.5	521.3	511.6
E_g/eV	1.62	1.14	1.77(2.64)	2.5~2.7	0.98	0.48	1.15(1.86)	1.7~2.0

注:D3-Grimme 结合 HSE06 杂化泛函计算的带隙值列于括号中。
① Morimoto, 1954.
② Kanishcheva et al., 1983.

为了验证实验上从体相三硫化物表面剥离出单层二维材料的可能性,我们可以对剥离过程进行模拟,并利用第一性原理方法计算剥离能,如图 6-7(c)所示。同时,也计算了从石墨剥离出石墨烯的剥离能,以此为基准判断使用剥离方法获得二维三硫化物的可能性。通过第一性原理计算,石墨的剥离能为 0.31 J/m²,接近(0.32±0.03) J/m² 的实验值和 0.32 J/m² 的理论值。对于 As₂S₃,计算的剥离能为 0.28 J/m²,小于石墨,表明使用制备石墨烯的机械剥离方法(应注意毒性)有望从体相中剥离出 As₂S₃ 单层二维材料。与石墨相比,As₂Se₃ 的剥离能(0.34 J/m²)相对较高,采用机械剥离法获得二维 As₂Se₃ 可能会稍微困难些。但是,相比于黑磷,这些三硫化物单层的剥离能都相对较低,且范德瓦耳斯力较弱,表明它们在构建应用于纳米电子学器件的范德瓦耳斯异质结中具有巨大的潜力。

在实际应用中,单层和多层二维晶体的结构稳定性是至关重要的。下面通过几种途径来研究二维三硫化二砷的稳定性。首先,利用 $\Delta E_f = E_{2D}/N_{2D} - E_{3D}/N_{3D}$ 计算二维三硫化二砷的相对形成能,其中 E_{xD} 是 x 维体系的总能,N_{xD} 是原子总数。计算得出单层 As_2S_3 和 As_2Se_3 的相对形成能 ΔE_f 分别为 0.08 eV/atom 和 0.11 eV/atom。以 0.15 eV/atom 为标准已成功合成了单层 SnSe,而单层和多层三硫化二砷的相对形成能更低,且具有更小的剥离能,因此有望剥离为独立的二维体系。其次,为了确认二维三硫化二砷的晶格动态稳定性,利用超胞和有限位移法计算单层 As_2S_3 的声子色散曲线,如图 6-8(a)所示。由图显见,声子色散没有出现虚频,表明单层 As_2S_3 在晶格动力学上是稳定的。与锗烯类似,单层 As_2Se_3 的声子色散曲线中出现了非常小的虚模,这可以通过使用密度函数微扰理论或通过温度、衬底或官能团来稳定结构;但在其双层结构中声子谱并没有出现虚频,具有良好的稳定性。最后,我们采用第一性原理分子动力学模拟对单层体系进行热处理,以评估其在室温下的热稳定性。如图 6-8(b)所示,三硫化物的平面网格在热处理 10 ps 后仍保持完好,表明该体系在室温下是稳定的。此外,热稳定性也可以通过总能随时间的演变进一步证实,总能波动范围很窄表明了其良好的热稳定性。总之,离子在第一性原理分子动力学模拟的热处理过程中总是在其平衡位置附近振动,且在 300 K 温度下没有发生结构重建。

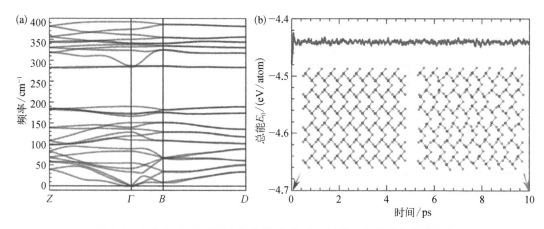

图 6-8 (a) As_2S_3 的声子色散曲线;(b) 第一性原理分子动力学模拟中系统总能的演变以及 0 ps 和 10 ps 时单层 As_2S_3 的结构俯视图

6.3.2 电子结构与光吸收性质

单层和多层三硫化物的电子相关性质如图 6-9 所示。这里计算的体相 As_2S_3 和 As_2Se_3 的带隙分别为 2.64 eV 和 1.86 eV,这分别与实验值 2.5~2.7 eV(As_2S_3)和 1.7~2.0 eV(As_2Se_3)吻合得非常好。由图 6-9(a)的电子能带结构可知,在正常情况下,单层三硫化物是间接带隙半导体,其中导带底位于 Γ 点,而价带顶位于高对称点 Z 和 Γ 之间。有趣的是,沿 a 轴施加 10% 的拉伸应变时,在单层、双层和三层三硫化物中都观察到了间接带隙到直接带隙的转变。由图 6-9(b)的电子态密度可知,这种间接带隙到直接带隙的转变主要归因于 As 原子的 4p 电子和 S 的 3p 电子,它们将高对称点 Z 和 Γ 之间的导带移动到较低的能量,且导致带隙降低。而应变对价带顶的影响较小。图 6-9(c)绘制了带隙

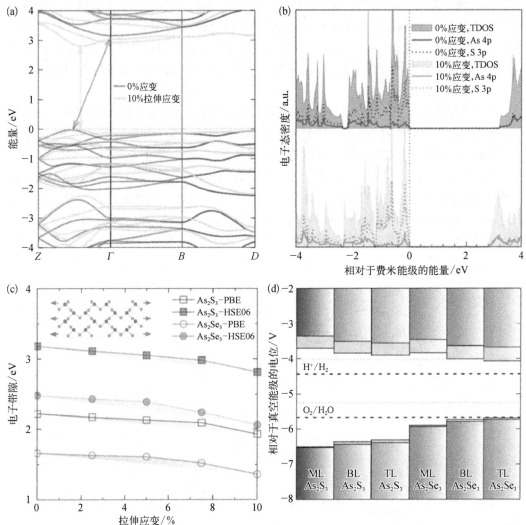

图6-9 沿 a 轴施加0%、10%拉伸应变时单层 As_2S_3 的电子能带结构(a)和态密度(b),其中虚线表示
设置在0点的费米能级;(c) 沿 a 轴施加拉伸应变时,单层三硫化物的带隙值随应变的变化;
(d) 相对于真空能级的带边位置,其中填充的绿色图案表示10%拉伸应变的贡献;水分解的氧
化还原电位分别表示为 pH=0(黑色虚线)和 pH=7(橙色虚线);ML、BL 和 TL 分别指单层、双
层和三层;真空能级设定为0。所有这些带隙值均通过 HSE06 计算获得

值随应变大小的演变,可见施加的拉伸应变使带隙逐渐降低,并伴随着间接-直接带隙转
变。因此,可以通过构造异质结以实现合适拉伸应变条件,获得可应用于压力传感器等器件
的间接或直接带隙二维半导体。另外,由图6-9(a)可知,应变对多层三硫化物导带底的形
状影响很大,而对价带顶没有明显影响,因此,在这里主要关注导带底。在10%以下的拉
伸应变下,除了间接-直接带隙转变以外,导带底的形状变得更加突出,从正常情况下导带
底的形状相对平坦来看,应变会诱导有效质量和载流子迁移率的变化。由于这些三硫化
物的结构相同且对应变的响应非常相似,所以这里以 As_2S_3 单层为例来进行分析。对于
As_2S_3 单层,从电子能带的导数得出导带底的有效质量:对于色散带,$m_x^* = 0.365\ m_0$、$m_z^* =$

0.493 m_0；对于平坦带，$m_x^* = 0.974\ m_0$、$m_z^* = 1.127\ m_0$，其中色散带的有效质量比平坦带的有效质量小，这与色散带的有效质量小于平坦带的有效质量的论断是一致的。由于载流子迁移率遵循关系式 $\mu \propto 1/m^*$，即与有效质量成反比，因此，通过外加应变可以降低有效质量进而极大提高载流子迁移率，这将有利于二维半导体在纳米电子传感器或纳米器件中的实际应用。

在光催化应用方面，二维半导体具有可用于光催化反应的大表面积，是光催化分解水的理想候选材料。带边位置是评判有效光催化水分解制氢的重要参数之一。图 6-9（d）中给出了单层、双层和三层三硫化物的带边位置。对于光催化剂，要求导带底应高于 4.44 V，而价带顶应位于 5.67 V 以下。由图 6-9（d）可见，所有这些二维半导体的带边缘覆盖这两个电位，因此它们都满足水分解的氧化还原电位。考虑到硫化物在酸性环境中可能会不稳定（pH=0），在中性环境（pH=7）时，水分解反应的氧化还原电位应根据能斯特关系调整为 ±4.13 V，pH 导致的电位变化为 0.059 V/pH。幸运的是，在没有任何外部偏置电压的

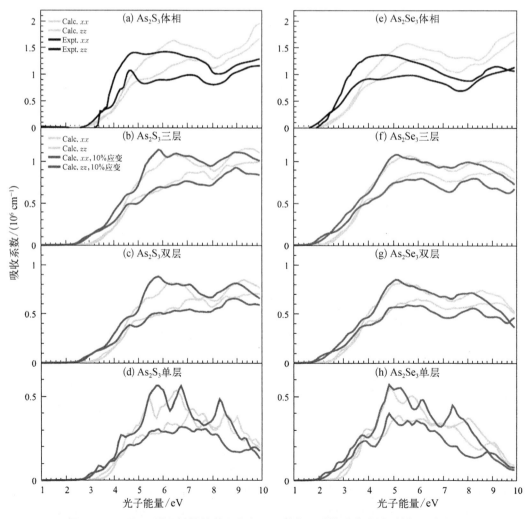

图 6-10　HSE06 泛函计算的单层和多层三硫化二砷的吸收光谱，并与已有实验数据进行比较。*xx* 和 *zz* 分别对应图 6-7 中晶体的 *a* 和 *c* 轴

情况下,这些二维晶体与水的氧化还原电位是相匹配的。对于大多数 10% 拉伸应变下的单层、双层和三层体系,除了三层 As_2Se_3 外,带边位置满足进行水分解制取氢气的要求。此外,为了达到光催化水分解的最大效率,光吸收体的最小带隙应为 2.0 eV。如前所述,这里研究的二维半导体具有从 2.06 eV 到 3.18 eV 的宽带隙范围,可以通过应变、层数和化学成分灵活调节,是一类新型的光催化半导体。

光响应性能对光催化和光电子学至关重要,为了评估三硫化二砷的光吸收性能,我们采用杂化泛函方法预测了单层和多层体系的吸收光谱。首先计算体材料的光吸收系数,并与可获得的实验值进行比较,如图 6-10(a) 和 (e) 所示,计算结果表明体材料的趋势与实验值基本吻合。总体的吸收系数达到 10^6 cm^{-1},这个相当大的光吸收可与有机钙钛矿太阳能电池相媲美。此外,xx 分量的吸收系数总是略大于 zz 分量的吸收系数,表明纳米层存在明显的光学各向异性,但是没有观察到强的线性二色性。有趣的是,从体材料到单层带隙增加,最大吸收系数随着层数的减少而减小,并且最低的光子能量吸收边缘向更高的能量移动。沿 x 轴施加拉伸应变时,吸收系数的 xx 和 zz 分量在可见光范围内都增大,这可归因于间接-直接带隙转变和应变导致的带隙减小。综上所述,二维三硫化物半导体具有良好的光吸收和可调的间接-直接带隙,在光催化和光电子器件中具有潜在的应用。最后,值得一提的是,本节中的理论计算预测成果被荷兰代尔夫特理工大学 Peter Steeneken 教授团队的实验所验证(ACS Nano, 2019)。

6.4　硫族化合物半导体的拓扑绝缘行为

拓扑绝缘体在自旋电子学和量子计算等领域展现出诱人的应用前景而备受关注。典型的拓扑绝缘体具有以下特征:其体相的能带结构在费米能级附近存在带隙,展现出绝缘体或者半导体的电子结构特征;而其表面态或者边缘态则展现出无带隙的金属导电性,这归因于时间反演对称性和自旋-轨道耦合的作用。拓扑绝缘体的特殊电子结构是由其能带结构的特殊拓扑性质决定的。从理论上讲,拓扑绝缘体是由电荷的 U(1) 对称性和时间反演对称性共同保护的拓扑态。自 2011 年之后,拓扑绝缘体被拓展成为一个更宽泛的概念,即对称性保护的拓扑状态。

那么从第一性原理计算的角度,我们如何判断一种材料是否是拓扑绝缘体呢?早在 2007 年,Fu 和 Kane 就提出了判断拓扑绝缘态的理论方法:如果一个具有时间反演对称性的绝缘体同时具有空间反演对称性,那么只需要计算布洛赫波函数的宇称(空间反演本征值)就可以判断这个绝缘体的拓扑态;当所有占据态的宇称的乘积为 -1 时,这个态就是拓扑非平庸的。Fu-Kane 理论方法极大简化了拓扑不变量的计算,因而在实际材料计算中被广泛应用。简言之,计算并分析固体的 Z_2 拓扑不变量是判断一种材料是否是拓扑绝缘体的最直接且最普遍的方法。材料的 Z_2 拓扑不变量 $\nu_0;(\nu_1\nu_2\nu_3)$ 定义为

$$\delta_i = \prod_{m=1}^{24} \xi_{2m}(\Gamma_i), \quad (-1)^{v_0} = \prod_{i=1}^{8} \delta_i, \quad (-1)^{v_k} = \prod_{n_k=1,\, n_{j\neq k}=0,1} \delta_{i=(n_1n_2n_3)} \quad (6-9)$$

其中第 i 条能带宇称的特征值 $\xi_{2m}(\Gamma_i)$ 定义为该能带在时间反演不变点处(TRIMs)的不

可约表示 Γ_i 的符号。

另外,对已发现的拓扑绝缘体而言,Bi_2Te_3、Bi_2Se_3 和 Sb_2Te_3 等二元硫族化合物半导体都是三维拓扑绝缘体,Pb 基三元硫族化合物 $Pb_nBi_2Se_{n+3}$ 和 $Pb_nSb_2Te_{n+3}$ 是新型的拓扑绝缘体。三元硫族化合物 Ge-Sb-Te 相变存储材料具有与 Sb_2Te_3 类似的稳定的层状晶体结构,因此,我们很自然地联想,它们是否具有拓扑绝缘态呢?下面利用第一性原理计算研究 Ge-Sb-Te 相变存储材料的拓扑绝缘体性质及其调控方法。

6.4.1 压力诱导的硫族化合物的拓扑绝缘行为

本节利用第一性原理计算展示了压力诱导 $Ge_2Sb_2Te_5$(GST225)产生拓扑绝缘态。计算结果表明自旋-轨道耦合作用将双重简并的 Ge p_xp_y Sb p_xp_y Te p_xp_y 态分离成上下两个能级,并且提高了 Ge s Sb s Te p_z 和 Ge p_z Sb p_z Te s 态的能级位置。因此,在一定压力范围内价带顶和导带底的电子结构特征发生了反转,奇偶符号发生改变。此外,GST 表面态的能带结构呈现出狄拉克锥特征。结果表明,GST 相关材料是一种新型压力诱导的拓扑绝缘体。

正如前面章节所述,GST 是研究最为广泛且商业化的相变存储材料,其晶体和 Sb_2Te_3 一样拥有稳定的层状晶体结构。因此,很自然联想到 GST 化合物可能会具有拓扑绝缘态。曾有第一性原理计算工作认为堆垛构型为 Te-Ge-Te-Sb-Te-Te-Sb-Te-Ge-[简称为 GST-Ⅰ,图 6-11(a)]的稳定态 GST(空间群 $P\bar{3}m1$)不是拓扑绝缘体,而堆垛构型为 Te-Sb-Te-Ge-Te-Te-Ge-Te-Sb-[简称为 GST-Ⅱ,图 6-11(b)]的 GST 却是一种拓扑绝缘体。但是,通过对能量和化学键组成的分析已经确定的结论是 GST-Ⅰ 比 GST-Ⅱ 更稳定。考虑到 GST-Ⅰ 含有-Te-Sb-Te-Te-Sb-的 Sb_2Te_3 原子堆垛构型,而 GST-Ⅱ 中则没有,因此,与 Sb_2Te_3 相似的拓扑绝缘行为应该在 GST-Ⅰ 而非 GST-Ⅱ 中找到。另外,压力对材料的拓扑性质有重要影响,而且已有的研究表明压力下 GST 展现出许多有趣的性质,所以研究压力下 GST 的拓扑绝缘性质是非常有意义的。

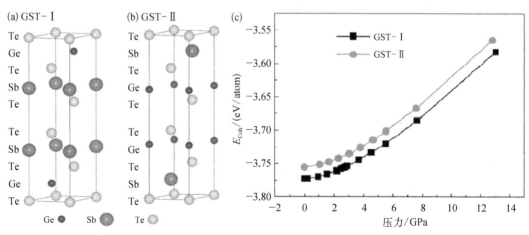

图 6-11　层状 $Ge_2Sb_2Te_5$ 的晶体结构:(a) GST-Ⅰ 和(b)GST-Ⅱ;
(c) 不同压力下 GST-Ⅰ 与 GST-Ⅱ 的结合能

这里利用第一性原理计算研究不同压力下 GST 的拓扑绝缘性质,使用的软件包是基于密度泛函理论结合投影缀加波的 VASP,其中采用 Perdew、Burke 和 Ernzerhof 提出的广义梯度近似(GGA-PBE)描述交换-关联函数;引入电子自旋-轨道耦合来计算时间反演自旋-轨道耦合。首先计算不同压力下 GST-I 和 GST-II 两种原子堆垛构型 $Ge_2Sb_2Te_5$ 的结合能。计算结果如图 6-11(c)所示,显然在所计算的压力范围内(0~13 GPa),GST-I 的结合能总是低于 GST-II。也就是说,无论在常压下还是在施加静压力的情况下从能量上 GST-I 都比 GST-II 更稳定。

下面考虑和不考虑电子自旋-轨道耦合(SOC)计算 GST-I 和 GST-II 晶体的能带结构,如图 6-12 所示。由图 6-12(a)和(b)可以看出,无论是否考虑 SOC 作用,GST-I 的价带顶均为 Ge s Sb s Te p_z 态;而其导带底则在 SOC 作用下从 Ge p_z Sb p_z Te s 态转变为 Ge p_xp_y Sb p_xp_y Te p_xp_y 态。在 SOC 作用下 GST-I 的 Γ 点能级发生跃迁行为如图 6-12(c)所示,可以看出,原本高于导带底能级的二重简并 Ge p_xp_y Sb p_xp_y Te p_xp_y 电子态在 SOC 作用下发生能级劈裂,分解成一个能量较高的能级和一个能量较低的能级,且较低能级的 Ge p_xp_y Sb p_xp_y Te p_xp_y 电子态与 Ge p_z Sb p_z Te s 电子态在 SOC 作用下发生能带结构特征反转,Ge p_xp_y Sb p_xp_y Te p_xp_y 电子态成为导带底能级,导致体系带隙减小。但是,这种能带结构特征反转并没有改变 GST-I 在 Γ 点的宇称特征值。对于 GST-II,不考虑 SOC 时,导带底与价带顶分别是 Ge p_xp_y Sb p_xp_y Te p_xp_y 和 Ge p_z Sb p_z Te s 的电子态,且在费米能级处交叉[图 6-12(d)];在 SOC 作用下,费米能级处打开一个能隙,且导带底与价带顶发生能级反转,导带底的电子结构特征转变为 Ge p_z Sb p_z Te s 电子态,而价带顶的电子结

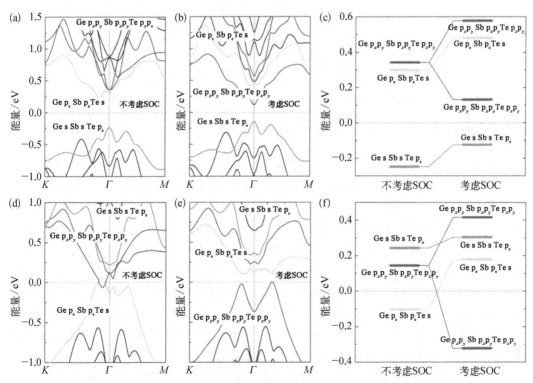

图 6-12　电子能带结构:GST-I (a) 不考虑 SOC 和(b) 考虑 SOC;GST-II (d) 不考虑 SOC 和(e) 考虑 SOC。(c) GST-I 和(f) GST-II 的 Γ 点能级在 SOC 作用下发生跃迁的示意图。其中 Ge s Sb s Te p_z 态、Ge p_xp_y Sb p_xp_y Te p_xp_y 态和 Ge p_z Sb p_z Te s 态分别用红色、蓝色和绿色表示。费米能级设置为 0 eV

构特征转变为 Ge $p_x p_y$ Sb $p_x p_y$ Te $p_x p_y$ 电子态[图 6-12(e)]。在 SOC 作用下 GST-Ⅱ 的 Γ 点能级跃迁行为如图 6-12(f)所示,显然,SOC 导致二重简并的 Ge $p_x p_y$ Sb $p_x p_y$ Te $p_x p_y$ 电子态劈裂成一个更高能级的电子态和一个低于费米能级的更低能级电子态(新价带顶),而 Ge p_z Sb p_z Te s 则在 SOC 作用下跃迁至费米能级以上成为导带底。SOC 作用导致费米能级附近的这种电子结构特征变化预示着 GST-Ⅱ 很可能是一种拓扑绝缘体,这将否定前面关于含 Sb$_2$Te$_3$ 原子堆垛构型的 GST-Ⅰ 为拓扑绝缘态的猜想,也说明 GST 中的拓扑绝缘态不取决于其 Sb$_2$Te$_3$ 原子堆垛。

接下来计算 GST 表面态的能带结构,以进一步明确其是否为拓扑绝缘态。图 6-13 展示了 GST-Ⅰ 和 GST-Ⅱ 的表面态能带结构,显然,GST-Ⅰ 的表面态存在带隙,而 GST-Ⅱ 的表面态形成了类似于 Bi$_2$Te$_3$ 表面态的金属态。也就是说,GST-Ⅰ 是拓扑平庸的普通半导体,而 GST-Ⅱ 则是拓扑非平庸的拓扑绝缘体。

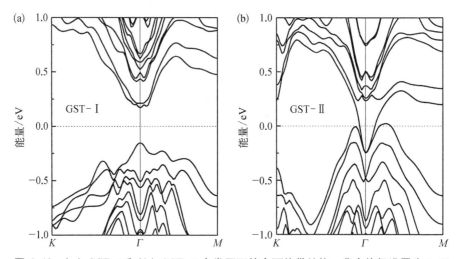

图 6-13　(a) GST-Ⅰ 和(b) GST-Ⅱ 在常压下的表面能带结构。费米能级设置为 0 eV

众所周知,对于半导体而言,费米能级附近的能带对压力非常敏感。由图 6-11(c)可知,层状 GST 在低于 13 GPa 的静水压力下是稳定存在的,且不会发生相变,因此研究压力下 GST 的电子结构时可将所施加压力控制在 13 GPa 以下。第一性原理计算结果表明,当外加压力达到 2.6 GPa 时,GST-Ⅰ 转变为拓扑非平庸的拓扑绝缘体。继续增加压力至 4.5 GPa 以上时,GST-Ⅰ 重新转变为拓扑平庸的普通半导体。而在所计算的压力范围内,GST-Ⅱ 始终是拓扑绝缘态。在 2.6 GPa 外加压力下不考虑 SOC 和考虑 SOC 时 GST-Ⅰ 的能带结构分别展示于图 6-14(a)和(b),Γ 点能级在 SOC 作用下发生的跃迁行为如图 6-14(c)所示。显然,与未施加外压相比[图 6-12(a)],压力导致 GST-Ⅰ 的能隙变小,导带底和价带顶均移向费米能级[图 6-14(a)];考虑 SOC 后,价带顶和导带底的能级发生反转,其电子结构特征分别转变为 Ge $p_x p_y$ Sb $p_x p_y$ Te $p_x p_y$ 和 Ge s Sb s Te p_z 的电子态。这种电子结构特征反转会改变 GST-Ⅰ 在 Γ 点宇称的特征值,表明在 2.6 GPa 压力下 GST-Ⅰ 变为拓扑绝缘态。

外加压力导致 GST-Ⅰ 转变为拓扑绝缘态的结论可以从分析其表面态能带结构进一步确认。图 6-15(a)~(c)展示了不同压力下 GST-Ⅰ 的表面态能带结构,可以看到,在

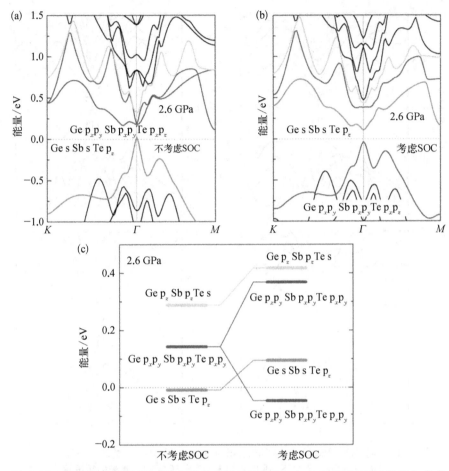

图 6-14　GST-Ⅰ 在 2.6 GPa 压力下的电子能带结构：(a) 不考虑 SOC 和 (b) 考虑 SOC；(c) GST-Ⅰ 的 Γ 点能级在 SOC 作用下发生跃迁的示意图，费米能级设置为 0 eV

1.5 GPa 压力下[图 6-15(a)]，在费米能级附近 Γ 点呈现了线性表面态，这是由 Ge s Sb s Te p_z 和 Ge $p_x p_y$ Sb $p_x p_y$ Te $p_x p_y$ 电子态在 Γ 点简并导致的。当压力增大到 2.6 GPa 时，Γ 点处出现的狄拉克锥揭示了 GST-Ⅰ 的拓扑绝缘态[图 6-15(b)]。然而，继续增大压力至 4.5 GPa，GST-Ⅰ 又呈现普通半导体的表面态能带结构[图 6-15(c)]。这表明 GST-Ⅰ 的拓扑绝缘态只能维持在一定压力范围内。而对于 GST-Ⅱ，施加较小压力基本不会影响其拓扑绝缘态，图 6-15(d)展示了在 2.3 GPa 压力下 GST-Ⅱ 的表面态能带结构，这与其常压下的表面态能带结构相似[图 6-14(b)]。

　　为了理解压力诱导 GST-Ⅰ 而产生的拓扑绝缘行为，我们可以详细分析 Γ 点处导带底和价带顶的能级随外加压力的变化情况，结果展示于图 6-16(a)，其中的插图给出了不考虑 SOC 时的结果以作为对比。显然，价带顶 Ge s Sb s Te p_z 电子态的能级随压力的增加而不断上升，而导带底 Ge $p_x p_y$ Sb $p_x p_y$ Te $p_x p_y$ 电子态在 SOC 作用下劈裂为一个高能量电子态和一个低能量电子态且均随压力的增加而不断下降；大约在 1.5 GPa 时相交于费米能级处；此后再继续增加压力，导带底与价带顶发生能级反转，导带底变为 Ge s Sb s Te p_z，

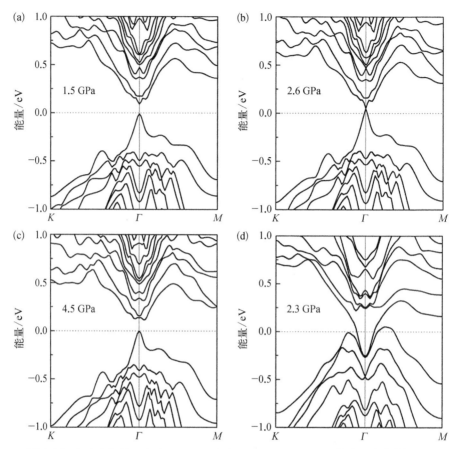

图 6-15　(a) 1.5 GPa、(b) 2.6 GPa、(c) 4.5 GPa 下 GST-Ⅰ 的表面态能带结构；
(d) 2.3 GPa 压力下 GST-Ⅱ 的表面态能带结构。费米能级设置为 0 eV

而价带顶变为 Ge $p_x p_y$ Sb $p_x p_y$ Te $p_x p_y$，且它们之间的能隙随压力的增加而增大。这表明当压力大于 1.5 GPa 时，在 SOC 作用下发生了能带结构特征反转而导致系统宇称特征值的符号随之改变，因此 GST-Ⅰ 由半导体转变为拓扑绝缘体。需要指出的是，由图 6-16(a) 中插图可知，即使不考虑 SOC 作用，当压力增大到超过约 4 GPa 时，Ge s Sb s Te p_z 电子态的能级在压力作用下也会高于 Ge $p_x p_y$ Sb $p_x p_y$ Te $p_x p_y$ 电子态的能级。也就是说，无论是否考虑 SOC 作用，压力均会导致导带底与价带顶的能级反转，价带顶被 Ge $p_x p_y$ Sb $p_x p_y$ Te $p_x p_y$ 电子态占据而导带底被 Ge s Sb s Te p_z 电子态占据。因此，SOC 不能改变价带顶和导带底的能带结构特征，即单纯的 SOC 作用下不会导致能带结构特征的反转，系统宇称特征值的符号保持不变。

为了进一步深入理解压力下 GST-Ⅰ 的拓扑绝缘行为，我们需要再分析 SOC 对 Ge s Sb s Te p_z 电子态和 Ge $p_x p_y$ Sb $p_x p_y$ Te $p_x p_y$ 电子态的能级跃迁的影响。如图 6-16(b) 所示，可以看出，SOC 作用使得 Ge s Sb s Te p_z 电子态的能级向上跃迁，同时使得二重简并的 Ge $p_x p_y$ Sb $p_x p_y$ Te $p_x p_y$ 电子态劈裂为一个能级较高的能带和一个能级较低的能带。值得指出的是，SOC 对 GST-Ⅰ 电子能带结构的影响是固定的，与压力大小无关，即 Ge s Sb s Te p_z 电子态和 Ge $p_x p_y$ Sb $p_x p_y$ Te $p_x p_y$ 电子态的能级在 SOC 作用下发生跃迁的大小并不会随

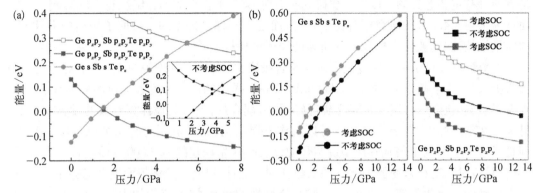

图 6-16 GST-I 费米能级附近 Γ 点能级随压力的变化示意图。其中,二重简并的 Ge $p_x p_y$ Sb $p_x p_y$ Te $p_x p_y$ 电子态在 SOC 的作用下劈裂成能级较高(空心方框)的电子态和能级较低(实心方块)的电子态。从(a)中插图可以看出,不考虑 SOC 时,在约 4 GPa 压力下 Ge s Sb s Te p_z 电子态和 Ge $p_x p_y$ Sb $p_x p_y$ Te $p_x p_y$ 电子态发生反转

着压力的变化而改变。也就是说,GST-I 的能带结构特征反转和拓扑绝缘行为源自 SOC 和压力的共同作用。

综上所述,常压下,GST-I 是半导体而 GST-II 具有拓扑绝缘态;当施加的静水压力达到约 2.6 GPa 时,GST-I 由普通半导体转变为拓扑绝缘体;但当压力超过 4.5 GPa 时又重新转变为普通半导体。而 GST-II 在 0~2.3 GPa 压力范围内都会维持其拓扑绝缘态。压力诱导的 GST-I 拓扑绝缘态源于 SOC 与压力的共同作用。最后,除了施加外压力外,将 GST-I 从普通半导体转变为拓扑绝缘体的可能方法有替换组成元素或者改变其晶格常数。替换 GST-I 中的组成元素会改变电负性或者强化 SOC 的作用。但是,有理论研究表明,常压下替换组成元素并没有将 GST-I 转变为拓扑绝缘体。改变晶格常数可以通过施加压力或者在合适的基底上生长 GST-I 来实现。在实际应用中,还有进一步的方法来调整电子结构,将 GST-I 从普通半导体转变为拓扑绝缘体,如施加栅极电压等。

6.4.2　应力诱导的硫族化合物的拓扑绝缘行为

6.4.1 节施加的是各向同性的静水压,由于 GST 是六方层状化合物,各向异性较强,因此,不同方向的应力对其性能影响是不同的。本节利用第一性原理计算研究应力诱导下 GST 的拓扑绝缘行为。计算结果发现,沿着 $\langle 100 \rangle$ 和 $\langle 110 \rangle$ 方向对 GST 施加压应力或者切应力时,GST 由半导体转变为拓扑绝缘体,且 GST 展现出三种类型导电表面态的拓扑绝缘特征:单狄拉克锥型、奇数带型和 Bi_2Se_3 型。GST 由半导体转变为拓扑绝缘源自应力诱导和 SOC 共同作用而导致导带底和价带顶发生的反转特征。

对于六方层状 GST,无论其原子堆垛是 GST-I、GST-II,在一个单胞内沿 c 轴方向有 9 个原子层,其 c/a 值较大,预示着其较大的各向异性,因此 GST 的物理性质对不同方向的应变会比较敏感。此外,应力诱导晶格扭曲能够在很大程度上影响 GST 的性质及相变动力学。另外,有研究指出应变是影响拓扑绝缘行为的一种重要的参数,并发现在应力作用下碱土金属基化合物呈现出拓扑绝缘态。鉴于此,研究应力诱导 GST 的拓扑绝缘行为

是有趣且有重要意义的。以下主要研究应力对 GST-Ⅰ 构型的拓扑绝缘行为的影响,一方面是为了与 6.4.1 节的研究作对比,另一方面是由于在已提出的三种原子构型中 GST-Ⅰ 的能量最低,因此被认为是 GST 最可能的原子堆垛构型。

本节计算使用了基于密度泛函理论结合投影缀加波的 VASP 软件包,其中对于交换-关联函数,采用了基于 Perdew、Burke 和 Ernzerhof 提出的广义梯度近似(GGA-PBE)。引入电子自旋-轨道耦合用于时间反演自旋-轨道耦合的计算,其他计算参数的设置及细节见参考文献。此外,由于层状 GST 可以看作五层结构(每个五层含有 9 个原子层),其中间是通过 Te-Te 弱范德瓦耳斯型键结合的,因此,这里构建的 GST(001)面包含 2 个五层结构,是通过切割相邻的弱 Te-Te 层来建立的。经计算检验,这种表面模型能够在应变下产生正确的金属表面态。此外,为了防止周期性的相互作用,我们加入了一个 15 Å 厚的真空层。

层状 GST 结晶于六方晶体结构(空间群为 $P\bar{3}m1$),它的布拉维格子在空间直角坐标系中可以用三维晶格矩阵 $\boldsymbol{R}$ 来表示:

$$\boldsymbol{R} = \begin{pmatrix} a & 0 & 0 \\ -\dfrac{a}{2} & \dfrac{\sqrt{3}}{2}a & 0 \\ 0 & 0 & c \end{pmatrix} \tag{6-10}$$

所施加的应变可以用矩阵 $\boldsymbol{R}$ 与变形矩阵 $\boldsymbol{N}$ 的乘积来表示,其中变形矩阵 $\boldsymbol{N}$ 为

$$\boldsymbol{N} = \begin{pmatrix} 1+\varepsilon_{xx} & \varepsilon_{xy} & \varepsilon_{xz} \\ \varepsilon_{yx} & 1+\varepsilon_{yy} & \varepsilon_{yz} \\ \varepsilon_{zx} & \varepsilon_{zy} & 1+\varepsilon_{zz} \end{pmatrix} \tag{6-11}$$

在 $\langle 100 \rangle$ 方向上的轴向拉伸应变 $\varepsilon_{t\langle 100 \rangle}$ 和轴向压缩应变 $\varepsilon_{c\langle 100 \rangle}$ 可以表示为

$$\varepsilon_{t\langle 100 \rangle} = \frac{a_t - a_0}{a_0} \times 100\%, \quad \varepsilon_{c\langle 100 \rangle} = \frac{a_0 - a_c}{a_0} \times 100\% \tag{6-12}$$

其中,a_0 为平衡晶格常数。所对应的轴向拉伸和压缩矩阵分别为

$$\boldsymbol{N}_{t\langle 100 \rangle} = \begin{pmatrix} 1+\varepsilon_{t\langle 100 \rangle} & 0 & 0 \\ 0 & 1 & 0 \\ 0 & 0 & 1 \end{pmatrix} \text{和} \boldsymbol{N}_{c\langle 100 \rangle} = \begin{pmatrix} 1-\varepsilon_{c\langle 100 \rangle} & 0 & 0 \\ 0 & 1 & 0 \\ 0 & 0 & 1 \end{pmatrix} \tag{6-13}$$

在 $\langle 110 \rangle$ 方向上的双轴拉伸应变 $\varepsilon_{t\langle 110 \rangle}$ 和双轴压缩应变 $\varepsilon_{c\langle 110 \rangle}$ 可以表示为

$$\varepsilon_{t\langle 110 \rangle} = \frac{a_0 \cos\dfrac{\gamma_t}{2} - a_0 \cos\dfrac{\gamma_0}{2}}{a_0 \cos\dfrac{\gamma_0}{2}} \times 100\%, \quad \varepsilon_{c\langle 110 \rangle} = \frac{a_0 \cos\dfrac{\gamma_0}{2} - a_0 \cos\dfrac{\gamma_c}{2}}{a_0 \cos\dfrac{\gamma_0}{2}} \times 100\%$$

$$\tag{6-14}$$

其中, γ 为晶轴 x 与 y 的夹角, $\gamma_0 = 120°$。 所对应的双轴拉伸和压缩矩阵分别为

$$N_{t\langle110\rangle} = \begin{pmatrix} 1 & 0 & 0 \\ \dfrac{\cos\gamma_t}{\cos\gamma_0} & \dfrac{\sin\gamma_t}{\cos\gamma_0} & 0 \\ 0 & 0 & 1 \end{pmatrix}, \quad N_{c\langle110\rangle} = \begin{pmatrix} 1 & 0 & 0 \\ \dfrac{\cos\gamma_c}{\cos\gamma_0} & \dfrac{\sin\gamma_c}{\cos\gamma_0} & 0 \\ 0 & 0 & 1 \end{pmatrix} \quad (6-15)$$

在(001)晶面内的剪切压缩和剪切拉伸矩阵可以表示为

$$N_{s+} = \begin{pmatrix} 1 & \varepsilon_{s+} & 0 \\ \varepsilon_{s+} & 1 & 0 \\ 0 & 0 & 1 \end{pmatrix}, \quad N_{s-} = \begin{pmatrix} 1 & \varepsilon_{s-} & 0 \\ \varepsilon_{s-} & 1 & 0 \\ 0 & 0 & 1 \end{pmatrix} \quad (6-16)$$

其中, ε_{s+} 和 ε_{s-} 分别表示压缩和拉伸剪切应变的大小。图 6-17 表示六方 GST 在(001)晶面内受到不同类型的应力以及施加应力后所产生的晶格扭曲。

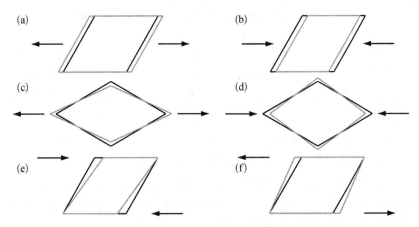

图 6-17　六方 GST 在(001)晶面内可能会受到轴向拉伸应变(a)、轴向压缩应变(b)、双轴拉伸应变(c)、双轴压缩应变(d)、剪切压缩应变(e)和剪切拉伸应变(f)。其中黑色框表示自由状态下的晶胞,灰色框表示在应力下变形后的晶胞,箭头指向所施加应力的方向

　　由 6.4.1 节 GST 在静水压力下的拓扑绝缘行为可以清楚地看到,合适的压力将导致价带顶越过费米能级并与导带底相接触,形成狄拉克锥形式的表面金属态。引入应变,在应力作用下表面态的导带底能级位置下降得非常显著,而价带顶能级上升得较缓慢。图 6-18 展示出了 GST-I 表面态的导带底能级在不同应变下的变化规律,显然,对于(001)面内的所有类型的应变,只要应变大小合适,导带底都会越过费米能级,在 GST-I 中形成金属性表面态。这种现象意味着 GST-I 在应变下会发生从普通半导体到拓扑绝缘体的转变。

　　在各种应变状态下,考虑 SOC 作用时 GST-I 表面态的能带结构展示于图 6-19。与 6.4.1 节常压下 GST-I 表面态的能带结构相比,这些表面态均呈现金属导电性,预示着在应变作用下 GST-I 转变为拓扑非平庸的拓扑绝缘体。尽管这里所研究的应变均能将 GST-I 转变为拓扑绝缘体,然而不同类型的应变所引起拓扑绝缘表面态的能带

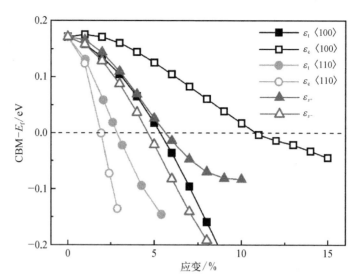

图 6-18　不同应变下 GST-I 表面态的导带底位置示意图

结构却不尽相同。在轴向拉伸应变 $\varepsilon_{t\langle100\rangle}=11\%$ 下 GST-I 的表面态能带结构在 Γ 点处的狄拉克锥[图 6-19(a)]清楚地揭示了其拓扑绝缘态的存在;而在轴向压缩应变 $\varepsilon_{c\langle100\rangle}=6\%$ 作用下[图 6-19(b)],金属性表面态呈现为与费米能级相交的奇数带型,这与某些拓扑绝缘体的特征类似。在双轴拉伸应变 $\varepsilon_{t\langle110\rangle}=2.6\%$ 下[图 6-19(c)],GST-I 形成了变形狄拉克锥型的金属性表面态能带结构,这与典型 Bi_2Te_3 型的拓扑绝缘体和 6.4.1 节研究的 GST-II 表面态能带结构特征相似;当施加双轴压缩应变 $\varepsilon_{c\langle110\rangle}=3.2\%$ 时[图 6-19(d)],GST-I 的表面态能带结构与沿〈100〉单轴压缩时十分相似,也是 奇数带型。对于剪切应变,在剪切压缩应变 $\varepsilon_{s+}=7\%$ 下[图 6-19(e)],GST-I 展现出 Bi_2Te_3 型金属导电性表面能带结构,而在剪切拉伸应变 $\varepsilon_{s-}=5.4\%$[图 6-19(f)]下呈现出"奇数带型"金属表面态。概况而言,在 SOC 和多种类型应变的共同作用下,GST-I 展现出三种类型的金属性表面能带结构,即:单轴拉伸应变 $\varepsilon_{t\langle100\rangle}$ 下的单狄拉克锥型,双轴拉伸应变 $\varepsilon_{t\langle110\rangle}$ 和剪切压缩应变 ε_{s+} 下的 Bi_2Te_3 型,单轴压缩应变 $\varepsilon_{c\langle100\rangle}$、双轴压缩应变 $\varepsilon_{c\langle110\rangle}$ 和剪切拉伸应变 ε_{s-} 下的奇数带型。

　　判断一种材料是否是拓扑绝缘体的最直接且最普遍的方法是从时间反演不变矩(time-reversal invariant moments,TRIMs)的宇称计算 Z_2 拓扑不变量。常压和应变条件下 GST-I 中 24 条占据能带的奇偶特征值分别列于表 6-2 和表 6-3 中。八个时间反演不变点在原始倒易点阵中的相对坐标为:$i=1$:(0, 0, 0)、$i=2$:(0, 0, 0.5)、$i=3$:(0, 0.5, 0)、$i=4$:(0, 0.5, 0.5)、$i=5$:(0.5, 0, 0)、$i=6$:(0.5, 0, 0.5)、$i=7$:(0.5, 0.5, 0)和 $i=8$:(0.5, 0.5, 0.5)。对比表 6-2 与表 6-3 的结果,可以看到,除了(0, 0, 0.5)外,其他所有时间反演不变点在应力作用下都呈现出奇偶变化的迹象。而且,根据计算的 Z_2 拓扑不变量(表 6-4),GST-I 的 Z_2 拓扑不变量在常压下为 0;(000),而在应力下则为 1;(001),0 意味着拓扑平庸,而 1 意味着拓扑平庸。因此,我们可以断定 GST-I 在应力作用下转变为拓扑非平庸的拓扑绝缘体,并且属于强拓绝缘体。

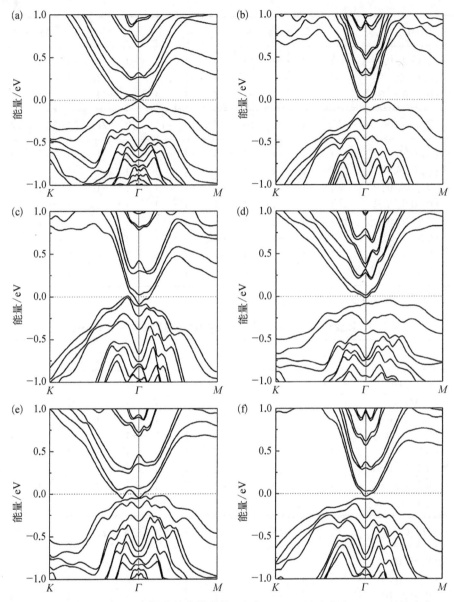

图 6-19　不同应变下 GST-I 表面态的能带结构：（a）$\varepsilon_{\text{t}\langle 100\rangle}=11\%$；（b）$\varepsilon_{\text{c}\langle 100\rangle}=6\%$；（c）$\varepsilon_{\text{t}\langle 110\rangle}=2.6\%$；（d）$\varepsilon_{\text{c}\langle 110\rangle}=3.2\%$；（e）$\varepsilon_{s+}=7\%$，（f）$\varepsilon_{s-}=5.4\%$。费米能级设置为 0 eV

表 6-2　无应变状态下 GST-I 的 24 条占据能带的宇称特征值

	TRIM	1	2	3	4	5	6	7	8	9	10	11	12
1	(0, 0, 0)	1	-1	1	-1	1	-1	1	-1	1	1	1	1
2	(0, 0, 0.5)	1	-1	1	-1	1	-1	1	-1	1	-1	-1	-1
3	(0, 0.5, 0)	-1	1	1	-1	1	-1	1	-1	1	-1	1	-1
4	(0, 0.5, 0.5)	1	1	-1	-1	1	1	-1	-1	1	-1	1	-1
5	(0.5, 0, 0)	-1	1	1	-1	1	-1	1	-1	1	-1	1	-1

（续表）

TRIM		1	2	3	4	5	6	7	8	9	10	11	12
6	(0.5, 0, 0.5)	1	1	-1	-1	1	1	-1	-1	1	-1	1	-1
7	(0.5, 0.5, 0)	-1	1	1	-1	1	-1	1	-1	1	-1	1	-1
8	(0.5, 0.5, 0.5)	1	1	-1	-1	1	1	-1	-1	1	-1	1	-1

TRIM		13	14	15	16	17	18	19	20	21	22	23	24	δ_i
1	(0, 0, 0)	-1	-1	-1	-1	-1	1	1	-1	-1	1	-1	-1	-1
2	(0, 0, 0.5)	1	1	1	-1	-1	1	1	-1	-1	-1	-1	1	-1
3	(0, 0.5, 0)	-1	-1	1	1	-1	-1	1	1	-1	1	-1	-1	-1
4	(0, 0.5, 0.5)	1	-1	-1	1	1	-1	1	1	-1	-1	-1	-1	-1
5	(0.5, 0, 0)	-1	-1	1	1	-1	-1	1	-1	1	1	-1	-1	-1
6	(0.5, 0, 0.5)	1	-1	-1	1	-1	1	-1	1	1	-1	-1	-1	-1
7	(0.5, 0.5, 0)	-1	-1	1	1	-1	-1	1	1	-1	1	-1	-1	-1
8	(0.5, 0.5, 0.5)	1	-1	-1	1	-1	1	-1	1	1	-1	-1	-1	-1

注：相应的能带能量从左到右递增。

表 6-3　应变作用下 GST-I 转变为拓扑绝缘体时能带宇称的特征值

TRIM		1	2	3	4	5	6	7	8	9	10	11	12
1	(0, 0, 0)	1	-1	1	-1	1	-1	1	-1	1	1	1	-1
2	(0, 0, 0.5)	1	-1	1	-1	1	-1	1	-1	1	-1	-1	1
3	(0, 0.5, 0)	-1	1	1	-1	1	-1	1	-1	1	-1	1	-1
4	(0, 0.5, 0.5)	1	1	-1	-1	1	1	-1	-1	1	-1	1	1
5	(0.5, 0, 0)	-1	1	1	-1	1	-1	1	-1	1	-1	1	-1
6	(0.5, 0, 0.5)	1	1	-1	-1	1	1	-1	-1	1	-1	1	1
7	(0.5, 0.5, 0)	-1	1	1	-1	1	-1	1	-1	1	-1	1	-1
8	(0.5, 0.5, 0.5)	1	1	-1	-1	1	1	-1	-1	1	-1	1	1

TRIM		13	14	15	16	17	18	19	20	21	22	23	24	δ_i
1	(0, 0, 0)	1	-1	-1	-1	-1	1	1	-1	-1	1	-1	1	1
2	(0, 0, 0.5)	-1	1	-1	-1	1	1	1	-1	-1	-1	-1	1	-1
3	(0, 0.5, 0)	-1	-1	-1	1	1	-1	1	-1	1	1	-1	1	1
4	(0, 0.5, 0.5)	-1	-1	-1	1	-1	1	-1	1	1	-1	-1	1	1
5	(0.5, 0, 0)	-1	-1	-1	1	-1	-1	1	-1	1	1	-1	1	1
6	(0.5, 0, 0.5)	-1	-1	-1	1	-1	1	-1	1	1	-1	-1	1	1
7	(0.5, 0.5, 0)	-1	-1	1	1	-1	1	-1	1	1	-1	1	1	1
8	(0.5, 0.5, 0.5)	-1	-1	-1	1	-1	1	-1	1	1	-1	-1	1	1

表 6-4　GST-I 的宇称 δ_i 与 Z_2 拓扑不变量

GST-I	δ_1	δ_2	δ_3	δ_4	δ_5	δ_6	δ_7	δ_8	$\nu_0;(\nu_1\nu_2\nu_3)$
无应变状态下	-1	-1	-1	-1	-1	-1	-1	-1	0;(000)
应变作用下	1	-1	1	1	1	1	1	1	1;(001)

　　进一步分析体相的能带结构表明 GST-I 由半导体转变为拓扑绝缘体的物理根源是应力诱导下导带底和价带顶在 SOC 作用下发生了特征反转,这与 6.4.1 节研究的外加静压力下的情况类似。在自由状态下 GST-I 价带顶的电子结构特征为 Ge s Sb s Te p_z 态,导带底的电子结构特征为 Ge p_z Sb p_z Te s 态[图 6-20(a)];考虑 SOC 作用后,GST-I 的价带顶与导带底的特征没有改变,仍然分别是 Ge s Sb s Te p_z 电子态和 Ge p_z Sb p_z Te s 电子态[图 6-20(b)],也就是说仅仅考虑 SOC 没有发生导带底与价带顶的电子结构特征反转。当施加不同应变且考虑 SOC 作用时,GST-I 呈现出窄带隙半导体的特征[图 6-20(c)~(h)],并且价带顶能级转变为被 Ge p_z Sb p_z Te s 电子态占据,而导带底能级则为 Ge s Sb s Te p_z 电子态,发生了电子能带结构的特征反转。在应力和 SOC 共同作用下,体相 GST-I 在 Γ 点能带特征反转的示意图展示于图 6-20(i)。对 GST-I 施加适当大小的均匀压力或者应变且考虑 SOC 作用时,GST-I 导带底的不可约表示符号转变为 Γ_5^-,而价带顶的不可约表示符号转变为 Γ_4^+,显然,Γ 点处的能带特征发生反转,这与上面分析

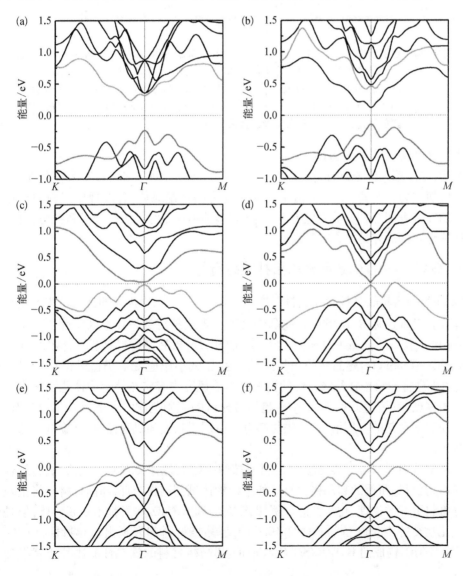

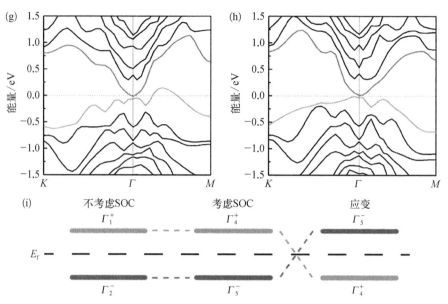

图 6-20 自由状态下 GST-I 的能带结构：（a）不考虑 SOC 和（b）考虑 SOC；不同应变下且考虑 SOC 时 GST-I 的能带结构：（c）$\varepsilon_{t\langle 100 \rangle}=11\%$，（d）$\varepsilon_{c\langle 100 \rangle}=6\%$，（e）$\varepsilon_{t\langle 110 \rangle}=2.6\%$，（f）$\varepsilon_{c\langle 110 \rangle}=3.2\%$，（g）$\varepsilon_{s+}=7\%$，（h）$\varepsilon_{s-}=5.4\%$。（i）$\Gamma$ 点处的能带特征反转示意图。其中 Ge s Sb s Te p_z 态和 Ge p_z Sb p_z Te s 态分别用红色和蓝色表示。费米能级设置为 0 eV

的 Z_2 拓扑不变量结果是一致的。

最后，基于第一性原理计算结果，对 $Ge_2Sb_2Te_5$ 施加 $\langle 100 \rangle$ 和 $\langle 110 \rangle$ 方向的张/压应力或者正负切应力，$Ge_2Sb_2Te_5$ 均会由半导体转变为拓扑绝缘体，且展现出三种类型拓扑绝缘特征的导电表面态。本节为应力下 $Ge_2Sb_2Te_5$ 的拓扑绝缘行为打开了新视野，对应力导致拓扑绝缘态的研究是非常有帮助的。

6.4.3　$GeTe/Sb_2Te_3$ 超晶格的拓扑绝缘行为

$GeTe/Sb_2Te_3$ 超晶格相变存储材料展现出比 $Ge_2Sb_2Te_5$ 更优异的性能。本节基于第一性原理计算发现这种 $GeTe/Sb_2Te_3$ 超晶格材料表现出独特的拓扑绝缘特性。基于能带结构、宇称和 Z_2 拓扑不变量的分析阐明了 $GeTe/Sb_2Te_3$ 超晶格材料具有拓扑绝缘性质的根源。此外，$GeTe/Sb_2Te_3$ 超晶格的拓扑绝缘特性在微小压应变下仍得以保存，但是，更多 Sb_2Te_3 的含量将导致拓扑绝缘特性的消失。本节研究内容将拓扑绝缘体范围拓展到超晶格材料的领域，且拓宽了 $GeTe/Sb_2Te_3$ 超晶格材料的应用范围。考虑到 $GeTe/Sb_2Te_3$ 超晶格材料在数据存储的应用潜力，这类材料有望应用于相变随机存储器、自旋电子器件和量子计算机。

将两种或者多种晶格匹配性好的材料按照一定的规律交替外延生长，重新组合成一种新材料，就得到所谓的超晶格材料。如果结构比例调制得合理，超晶格材料将呈现出比其组分材料更好的物理、化学性能。例如，$SrCuO_2$ 和 $BaCuO_2$ 本身都不是超导体，但是由这两种氧化物交替生长制备的 $SrCuO_2/BaCuO_2$ 超晶格材料却表现出超导特性；由 $BaTiO_3$、$SrTiO_3$ 和 $CaTiO_3$ 构成的 $BaTiO_3/SrTiO_3/CaTiO_3$ 超晶格材料的铁电性能比其所有组分材料均高出超过 50%。以 $Ge_2Sb_2Te_5$ 为代表的相变存储材料可以看作由 GeTe 和 Sb_2Te_3 组成的 $(GeTe)_n \cdot (Sb_2Te_3)_m$ 伪二元化合物。2011 年,日本 Tominaga 教授课题组发现由 GeTe 与 Sb_2Te_3 组成的 $GeTe/Sb_2Te_3$ 超晶格材料具有非常优异的相变存储性能,可以用来制备超晶格相变存储器。这种超晶格材料被作者称为界面相变存储材料(iPCM),使之区分于传统相变材料。$GeTe/Sb_2Te_3$ 超晶格材料与 $(GeTe)_n \cdot (Sb_2Te_3)_m$ 伪二元化合物类似,展现出纳秒级的晶态-非晶态可逆相变速度和三个数量级以上的晶态-非晶态电学性质差异,是制备下一代非易失性相变存储器的理想材料。相比于 $Ge_2Sb_2Te_5$(GST),基于 iPCM 的相变存储器在能耗、循环寿命和擦写速度等方面都有明显提高。此外,Tominaga 等还发现,$GeTe/Sb_2Te_3$ 超晶格材料在 400 K 温度和外加电场的条件下表现出高达 $\Delta R/R > 2000\%$ 的巨磁阻效应,因此他们认为可以基于 $GeTe/Sb_2Te_3$ 超晶格材料制备兼具相变存储和磁存储二级存储性能的新型非易失存储器。

另外,考虑到 GST 在静水压力或者机械应变条件下展现出拓扑绝缘体的特征,所以我们猜想 $GeTe/Sb_2Te_3$ 超晶格材料也具有拓扑绝缘体的特征。2011 年,Tominaga 等发现 $GeTe/Sb_2Te_3$ 超晶格材料具有很强的 Rashba 效应,且能带结构呈现出类似拓扑绝缘体表面态的狄拉克锥。但是无论实验还是理论都没有对 $GeTe/Sb_2Te_3$ 超晶格材料的拓扑绝缘性质进行系统性研究。本节利用基于密度泛函理论第一性原理计算深入探究了 $GeTe/Sb_2Te_3$ 超晶格材料的拓扑绝缘性质,采用的是投影缀加波赝势的 VASP 软件包,其中电子交换-关联效应是利用 Perdew、Burke 和 Ernzerhof 广义梯度近似(GGA-PBE)赝势来处理的。此外,为了更恰当地描述 $GeTe/Sb_2Te_3$ 超晶格中的范德瓦耳斯力,我们进一步引入了 Grimme 提出的 DFT-D2 方法结合 PBE 赝势(PBE-D2)来展开研究;通过 SOC 计算引入受时间反演对称性保护的电子自旋轨道相互作用。$GeTe/Sb_2Te_3$ 超晶格材料的晶格稳定性是采用 PHONOPY 软件包结合超胞方法计算的。其他计算细节及具体参数设置见参考文献。$GeTe/Sb_2Te_3$ 超晶格材料是由 Sb_2Te_3 沿 $\langle 001 \rangle$ 晶向和 GeTe 沿 $\langle 111 \rangle$ 晶向交替生长而成的,其原子沿着 c 方向层状堆垛,具有 Te-Sb-Te-Te-Ge-Ge-Te-Te-Sb- 的形式,如图 6-21(a)中所示。

我们首先研究具有 $Ge_2Sb_2Te_5$ 化学计量比的 $GeTe/Sb_2Te_3$ 超晶格材料,即 $(GeTe)_2(Sb_2Te_3)_1$(记作 GTST)。GTST 超晶格的原子沿 c 轴方向呈层状堆垛,是由基于(001)面沿 $\langle 001 \rangle$ 晶向堆垛原子的 Sb_2Te_3 单元和基于(111)沿 $\langle 111 \rangle$ 晶向堆垛原子的 GeTe 单元交替生长而成的,具有 Te-Sb-Te-Te-Ge-Ge-Te-Te-Sb- 的原子堆垛序[图 6-21(a)]。为了方便与 6.4.2 节的结果进行对比,我们同时考虑了六方结构的 $Ge_2Sb_2Te_5$,即 Te-Ge-Te-Sb-Te-Te-Sb-Te-Ge-[GST-I,图 6-21(b)]和 Te-Sb-Te-Ge-Te-Te-Ge-Te-Sb-[GST-II,6-21(c)]。然后将构建的 GTST 进行全面结构优化,最后计算结果表明 GTST 具有与层状 $Ge_2Sb_2Te_5$ 相同的空间群 $P\bar{3}m1$,这与实验猜测的结构相一致。表 6-5 列出了 PBE 方法计算得到的 GTST、GST-I 和 GST-II 的结合能和晶格常数,可以看出,GTST 的晶格常数 a 略小于 GST-I 和 GST-II,而其晶格常数 c 却比 GST-I 和 GST-II 的大得多。这是由于在 GTST 结构中有两个 Te-Te 类范德瓦耳斯键,因此 GTST 在 c 方向的结合力比只有一个 Te-Te 类范德瓦耳斯键的 GST-I 和 GST-II 的要弱,而 GTST 在 a 方向的结合力则略强。这样一来,GTST 的晶胞体积自然就比 GST-I 和 GST-II 的大。值得注意的是,虽然 GTST 的体积较大,但其结合能却比 GST-II 更低。也就是说,GTST 超晶格材料可以看作层状 $Ge_2Sb_2Te_5$ 的一种低密度同素异构体,且具有很高的能量稳定性。

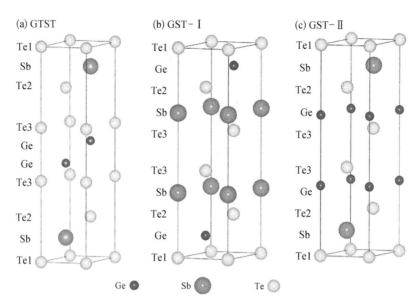

图 6-21　具有 GeTe/Sb$_2$Te$_3$超晶格材料(GTST)(a)、GST-I(b)和 GST-II(c)
两种堆垛形式的层状 Ge$_2$Sb$_2$Te$_5$的晶体结构示意图

表 6-5　PBE 方法计算的 GTST、GST-I 和 GST-II 的结合能和晶格常数

	E_{cohe}/eV	a/Å	c/Å	体积/Å^3
GTST	−33.832	4.206	19.359	296.56
GST-I	−33.949	4.295	17.595	281.08
GST-II	−33.801	4.268	17.987	283.71

接下来通过声子谱的计算与分析进一步研究 GTST 的晶格稳定性。图 6-22 展示了不考虑 SOC 和考虑 SOC 情况下沿着第一布里渊区中高对称点展开的声子谱,可以看出,无论是否考虑 SOC,GTST 的声子谱中均没有出现振动频率为负值的晶格振动模式,这表明从晶格动力学的角度来看 GTST 是稳定的。也就是说,无论从晶格动力学还是从能量的角度,GTST 都是稳定性的。此外,由图 6-22 通过对比还可以发现,SOC 作用对于大部分晶格振动模式来说影响非常小。SOC 作用对 GTST 晶格动力学性质的最主要影响集中在从 $\Gamma(0,0,0)$ 到 $A(0,0,0.5)$ 方向的声学支振动模式上。不考虑 SOC 时的三重简并的声学支振动模式在 SOC 作用下劈裂成了二重简并的横声学支和独立的一支纵声学支。而且,SOC 软化了纵声学支振动模式,使其振动频率明显低于另外两支横声学支振动模式。也就是说,SOC 对 GTST 晶格动力学性质的影响主要集中在 c 轴方向。

表 6-6 中列出了 PBE 方法计算得到的 GTST 中 Ge-Te、Sb-Te、Ge-Ge 和 Te-Te 的键长,作为对比,同时也列出了 GST-I 和 GST-II 中的相应键长。显然,GTST 中 Ge-Te 和 Sb-Te 键长与 GST-I 和 GST-II 中的键长相近,但是其 Te-Te 键长比 GST-I 和 GST-II 中的 Te-Te 键长大很多。也就是说 GTST 结构中相邻两层 Te 原子间的结合力比 GST-I 和 GST-II 中的更弱,也是一种类范德瓦耳斯力。由于 PBE 交换-关联泛函不能准确描述材料中的 vdW 作用力,我们又采用修正范德瓦耳斯力的 PBE-D2 方法深入研究了 GTST 中

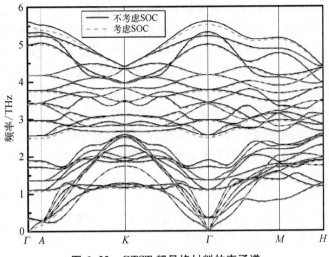

图 6-22　GTST 超晶格材料的声子谱

的化学键。利用 PBE 和 DFT-D2 方法计算得到的 GTST 的晶格常数及其化学键长列于表 6-7 中。通过对比可以得出,两种计算方法得到的晶格常数 a 只有 0.066Å 的差别,相对误差仅为 1.6%;而晶格常数 c 的差别是 1.071Å,相对误差为 5.8%。显然,PBE-D2 对 GTST 的结构修正主要在 c 轴方向,其中,由 PBE-D2 得到的 Te-Te 键长比 PBE 的减少了 0.361 Å,而 Ge-Ge 键长也减小了 0.106 Å。但是,即使 PBE-D2 方法得到的 Ge-Ge 键长 (2.958 Å) 仍远大于通常的 Ge-Ge 共价键长 (2.4 Å),其相对差别高达 23.2%。这说明 GTST 中的 Ge-Ge 键并不是完全的共价键,而是受相邻 Te 原子的影响而形成了一种混合了共价键和范德瓦耳斯弱键的类范德瓦耳斯键。另外,GTST 中 Ge-Te 和 Sb-Te 键长受交换-关联泛函方法的影响不大,其差别均小于 0.05 Å。也就是说,在 GTST 结构中 Ge-Te 键和 Sb-Te 键是很强的共价键,而 Te-Te 键是类范德瓦耳斯弱键,而 Ge-Ge 键则混合了共价键和范德瓦耳斯键的特征。这种类型的 Ge-Ge 弱键赋予了 Ge 原子的易动性,由此可以解释实验所提出的 Ge 原子在 GeTe/Sb$_2$Te$_3$ 界面上的四面体和八面体位点之间来回切换的相变模型。

表 6-6　PBE 方法计算的 GTST、GST-I 和 GST-II 的键长　　　　　　　　　　（单位：Å）

	Ge-Te1	Ge-Te2	Ge-Te3	Sb-Te1	Sb-Te2	Sb-Te3	Te2-Te3	Te3-Te3	Ge-Ge
GTST	—	—	2.829	2.997	3.172	—	4.226	—	3.064
GST-I	3.000	3.026		—	3.208	3.013		4.092	—
GST-II	—	3.311	2.844	3.019	3.19		—	4.024	

表 6-7　PBE 和 PBE-D2 方法计算的 GTST 的晶格常数与键长

计算方法	晶格常数/Å		键长/Å				
	a	c	Ge-Te3	Sb-Te1	Sb-Te2	Te2-Te3	Ge-Ge
PBE	4.206	19.359	2.829	2.997	3.172	4.226	3.064
PBE-D2	4.140	18.288	2.796	2.972	3.128	3.865	2.958

通过进一步分析 GTST 的电荷密度和 Bader 电荷分布,我们可以得到更精确的化学键特征。GTST 在(110)面上的电荷密度分布展示于图 6-23,图中也标注了表 6-7 中 Ge-Te、Sb-Te、Ge-Ge 和 Te-Te 的键节点。这里键节点的定义是在电荷密度的三维 Hessian 矩阵中同时具有两个负的特征值和一个正的特征值的马鞍点,用以表征化学键的强弱。从图 6-23 可以看出,PBE 和 PBE-D2 这两种方法计算得到的化学键特征分布基本一致,Ge-Te 键和 Sb-Te 键都是很强的共价键,Ge-Ge 键较弱,而 Te-Te 键是最弱的类范德瓦耳斯键。电荷密度键节点的键强度分析结果与从键长角度分析而得出的结论相吻合。我们进一步利用 Bader 电荷分析来确定 GTST 中的电荷转移情况,计算结果列于表 6-8。仔细分析表 6-8 的结果,GTST 中阴阳离子电荷分布情况可以表示为 $(Ge^{0.17+}Te^{0.18-})_2[(Sb^{0.355+})_2(Te^{0.23-})_3]$(PBE 泛函)和 $(Ge^{0.25+}Te^{0.26-})_2[(Sb^{0.52+})_2(Te^{0.34-})_3]$(PBE-D2 泛函)。尽管 PBE 和 PBE-D2 这两种交换-关联泛函所给出的每个离子周围的电荷分布不同,但是如果将 GeTe 和 Sb_2Te_3 分别作为单体考虑,两种计算方法得出的电荷转移量是相同的,都可以写成 $(GeTe)_2^{0.01-}(Sb_2Te_3)^{0.02+}$ 的形式。显然,在 GTST 超晶格材料的形成过程中,GeTe 和 Sb_2Te_3 键之间只转移了 $0.02\ e$ 电荷。如此小的电荷转移量导致在 GTST 结构中 GeTe 与 Sb_2Te_3 之间的相互作用力非常弱,这与我们前面分析的 Te-Te 类范德瓦耳斯弱键相吻合。另外,PBE 和 PBE-D2 给出了相同的电荷转移意味着这两种计算方法都可以正确预测 GTST 的电子结构特征和拓扑绝缘性质。

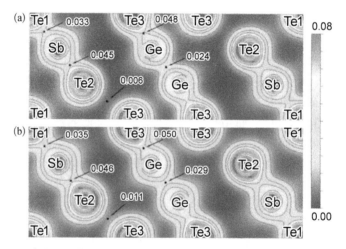

图 6-23 采用 PBE(a)和 PBE-D2(b)方法计算得到的 GTST 沿着(110)晶面的电荷密度图。其中等值线间电荷密度的差值为 0.016 e/au^3

表 6-8 PBE 和 PBE-D2 方法计算的 GTST 的 Bader 电荷与 Bader 体积

计算方法	Bader 电荷 Q_B/e					Bader 体积 $V_B/Å^3$				
	Ge	Sb	Te1	Te2	Te3	Ge	Sb	Te1	Te2	Te3
PBE	3.83	4.64$_5$	6.35	6.17	6.18	23.23	28.38	32.41	39.87	40.04
PBE-D2	3.75	4.48	6.42	6.30	6.26	20.77	25.36	32.26	37.15	36.31

注:Sb 原子的 Bader 电荷中的下标 5 表示小数点后第三位数字为 5。

图 6-24 展示了 GTST 的能带结构图,从图中可以看出,未引入 SOC 相互作用时,GTST 是直接带隙半导体,其带隙宽度约为 0.07 eV,价带顶和导带底的电子结构特征分别为 Ge s Sb s Te p_x 态和 Ge s Ge p_x Te s 态。当引入 SOC 相互作用后,GTST 的带隙变得非常小,只有约 0.01 eV 左右,且其价带顶和导带底的能级分别被 Ge s Ge p_x Te s 态和 Ge s Sb s Te p_x 态的电子所占据。显然,SOC 使得 GTST 的价带顶与导带底发生了受时间反演对称性保护的能带特征反转,因而展现出了拓扑绝缘体的电子结构特征。然而,众所周知,通常基于密度泛函理论的第一性原理计算方法具有"低估带隙大小的问题",而混合了 Hartree-Fock 和密度泛函理论的杂化泛函方法是解决"带隙问题"的一种切实可行的解决方法。经验证 Heyd-Scuseria-Ernzerhof(HSE)杂化泛函可以准确地给出 GST 化合物的带隙大小,因此,接下来利用 HSE06 杂化泛函进一步研究 GTST 的电子结构及能带特征反转。不考虑 SOC 时,HSE06 泛函计算的 GTST 的带隙是 0.23 eV,大约是 PBE 计算带隙的 3 倍;而考虑 SOC 后 HSE06 泛函的计算值为 0.12 eV,大约是 PBE 考虑 SOC 所计算带隙的 12 倍。这里考虑 SOC 时 GTST 的计算带隙非常接近 AmN、AmP 和 PuTe 等锕系拓扑绝缘体的带隙值,预示着 GTST 也可能是一种拓扑绝缘体。

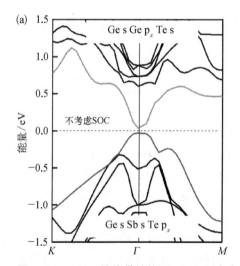
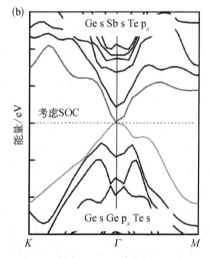

图 6-24　GTST 的能带结构图:(a)不考虑 SOC 和(b)考虑 SOC。其中 Ge s Ge p_x Te s 态和 Ge s Sb s Te p_x 态分别用红色和蓝色表示,费米能级设置为 0 eV

为了进一步表征 GTST 的拓扑绝缘性质,我们计算了 GTST 的宇称和 Z_2 拓扑不变量。GTST 的空间群与层状 $Ge_2Sb_2Te_5$ 相同,所以在第一布里渊区有八个时间反演不变点(TRIMs),其坐标分别为 $i=1$:(0, 0, 0)、$i=2$:(0, 0, 0.5)、$i=3$:(0, 0.5, 0)、$i=4$:(0, 0.5, 0.5)、$i=5$:(0.5, 0, 0)、$i=6$:(0.5, 0, 0.5)、$i=7$:(0.5, 0.5, 0)和 $i=8$:(0.5, 0.5, 0.5)。一个 GTST 晶胞内总共考虑了 48 个价电子,共有 24 条被占据的能带,这 24 条能带宇称的特征值按照能量从低到高的顺序列于表 6-9 中。根据式 $\delta_i = \prod_{m=1}^{24} \xi_{2m}(\Gamma_i)$ 计算出 GTST 在各个时间反演不变点处的宇称分别为 $\delta_1 = 1$、$\delta_2 = -1$、$\delta_3 = -1$、$\delta_4 = 1$、$\delta_5 = -1$、$\delta_6 = 1$、$\delta_7 = -1$ 和 $\delta_8 = -1$。再根据宇称的特征值计算出 GTST 的 Z_2 拓扑不变量为 1;(110)。显然,GTST 是拓扑非平庸的拓扑绝缘体。

表 6-9　GTST 的能带宇称特征值

TRIM		1	2	3	4	5	6	7	8	9	10	11	12
1	(0, 0, 0)	1	1	-1	-1	1	-1	1	1	-1	-1	1	-1
2	(0, 0, 0.5)	1	-1	-1	1	1	-1	-1	1	-1	1	1	-1
3	(0, 0.5, 0)	1	-1	-1	1	-1	-1	1	1	1	-1	1	1
4	(0, 0.5, 0.5)	1	-1	1	1	1	-1	1	1	-1	-1	-1	1
5	(0.5, 0, 0)	1	-1	1	1	-1	-1	-1	1	1	1	1	1
6	(0.5, 0, 0.5)	1	-1	1	1	1	1	-1	1	1	1	-1	1
7	(0.5, 0.5, 0)	1	-1	1	1	1	-1	-1	1	1	1	-1	1
8	(0.5, 0.5, 0.5)	1	-1	1	1	1	-1	1	1	-1	-1	-1	1

TRIM		13	14	15	16	17	18	19	20	21	22	23	24	δ_i
1	(0, 0, 0)	-1	1	1	-1	-1	1	-1	1	-1	-1	1	1	1
2	(0, 0, 0.5)	-1	1	1	-1	1	1	-1	1	1	-1	1	-1	-1
3	(0, 0.5, 0)	-1	-1	-1	1	1	1	-1	1	1	-1	1	-1	-1
4	(0, 0.5, 0.5)	-1	-1	1	1	1	1	-1	-1	1	-1	1	-1	-1
5	(0.5, 0, 0)	-1	-1	-1	1	1	1	-1	1	1	-1	1	1	-1
6	(0.5, 0, 0.5)	-1	-1	1	1	1	1	-1	1	1	-1	1	1	1
7	(0.5, 0.5, 0)	-1	-1	1	1	1	1	-1	1	1	-1	1	1	-1
8	(0.5, 0.5, 0.5)	-1	-1	1	1	1	1	-1	1	1	-1	-1	-1	-1

注: GTST 的 Z_2 拓扑不变量 ν_0; $(\nu_1 \nu_2 \nu_3) = 1$; (110)。

　　另外,金属性表面态是拓扑绝缘体的一个标志性特征,并且这种金属性表面态受到时间反演对称性的保护,与材料表面的具体结构无关。为了研究 GTST 超晶格材料的表面态,我们沿[001]方向构建了两种表面结构模型:断开 Te-Te 类范德瓦耳斯键得到最外层是 Te 原子的表面态,表示为 S_{Te}-GTST;断开 Ge-Ge 键得到最外层为 Ge 原子的表面态,表示为 S_{Ge}-GTST。此外,为了避免上下表面之间的相互影响,表面模型中包含了 7 个 GTST 的九重原子堆垛,即每个表面模型包含 63 层原子。同时,为避免周期性边界条件的影响,两个相邻表面间的真空层厚度设置为 15 Å。然后将 S_{Te}-GTST 和 S_{Ge}-GTST 两种表面模型进行原子位置的弛豫优化,在此基础上计算原子位置未弛豫优化和弛豫优化的表面态的能带结构。结果表明,表面原子位置的弛豫没有影响 GTST 的表面态能带结构,这与其他拓扑绝缘体的情况相似。也就是说,GTST 表面态的电子结构是受时间反演对称性保护的。以下分析的 GTST 表面态能带结构主要来自由原子弛豫优化的表面结构。

　　PBE 方法计算的 S_{Te}-GTST 和 S_{Ge}-GTST 两种 GTST 表面态的能带结构示于图 6-25,显然,两种结构的表面态均展现出狄拉克锥型的金属导电性电子结构。由于考虑 SOC 时 PBE 计算的 GTST 体材料的带隙太小(仅为 0.01 eV)而导致无法将表面态狄拉克锥与体相能级区分开来(图 6-25),因此我们利用修正范德瓦耳斯力的 PBE-D2 方法重新计算了 GTST 体材料的能带结构和 S_{Te}-GTST 表面态的能带结构,结果示于图 6-26。从图 6-26(a)可以看到,PBE-D2 方法计算的 GTST 体材料的能带结构中呈现了显著的带隙;而 S_{Te}-GTST 表面态的电子结构仍然展现出狄拉克锥型的金属导电性特征(图 6-26b),因此,我们可以认为 GTST 具有拓扑绝缘体的特征。

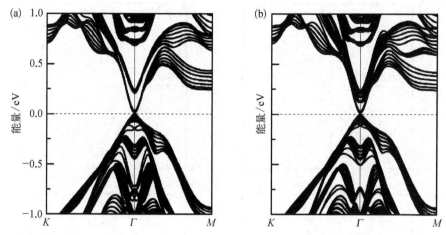

图 6-25 考虑 SOC 时 S_{Te}-GTST(a) 和 S_{Ge}-GTST(b) 两种 GTST 表面态的能带结构

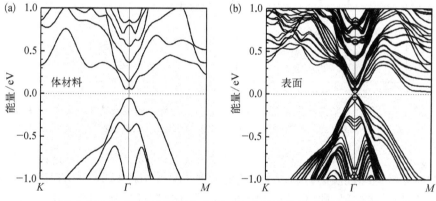

图 6-26 考虑 SOC 的作用, PBE-D2 方法计算的 GTST 体相的
能带结构(a) 和 S_{Te}-GTST 表面态的能带结构(b)

　　总之, 在 SOC 的作用下 GTST 体材料的电子结构会发生能带特征反转, 且体材料呈现半导体性而表面态为金属导电性, GTST 的 Z_2 拓扑不变量为 $1;(110)$。综合这些结果, 我们可以断定, 具有 $Ge_2Sb_2Te_5$ 化学计量比式 GTST 超晶格材料是一种强拓扑绝缘体, 且其表面态展现出狄拉克锥型金属导电性的电子结构特征。

　　另外, 应变/应力是调节材料拓扑绝缘性质的一种有效方法, 如 6.4.2 节所述, 在适当的应变下 GST-I 由普通半导体转变为拓扑绝缘体。为了研究 GTST 在应变下的拓扑绝缘行为, 我们沿 c 轴方向对 GTST 分别施加了 2% 和 4% 的轴向压缩应变, 应变下的能带结构如图 6-27 所示。可以看到, 不考虑 SOC 时, c 方向的轴向压缩应变导致 GTST 的带隙变小, 且随着应变的增大, 导带底和价带顶发生交叠; 而考虑 SOC 后, 在费米能级附近打开带隙, 带隙大小约为 0.1 eV, 而且 SOC 导致导带底和价带顶发生了电子结构特征反转。也就是说, 至少在不大于 4% 的 c 轴轴向压缩应变下, GTST 仍然保持其拓扑绝缘体的特征。另外, 值得指出的是, 在 4% 应变和 SOC 的共同作用下, 在导带底的 Γ 点附近可以观察到由 Rashba 效应形成的双峰结构, 这与 Tominaga 等(2011) 在 $GeTe/Sb_2Te_3$ 超晶格材料中发现的 Rashba 效应相吻合。

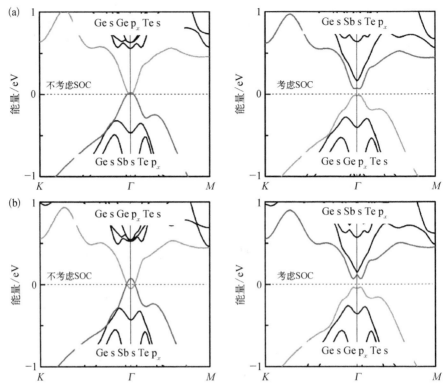

图 6-27 GTST 在 c 轴方向受到 2%(a)和 4%(b)压应变下的能带结构。其中 Ge s Ge p_x Te s 态和 Ge s Sb s Te p_x 态分别用红色和蓝色表示,费米能级设置为 0 eV

由于$(GeTe)_n \cdot (Sb_2Te_3)_m$相变材料的组分较多,接下来研究化学组分对 $GeTe/Sb_2Te_3$ 超晶格材料拓扑绝缘性质的影响。这里我们考虑了另外两种 $GeTe$:Sb_2Te_3 化学计量比的 $GeTe/Sb_2Te_3$ 超晶格材料,即$(GeTe)_2(Sb_2Te_3)_2$(记作 GTST2)和$(GeTe)_2(Sb_2Te_3)_4$(记作 GTST4),其化学成分分别对应于 $Ge_1Sb_2Te_4$ 和 $Ge_1Sb_4Te_7$ 硫族化合物相变材料。这两种超晶格材料模型的构建如下:对于 GTST2 结构,每隔两组 Sb_2Te_3 单元插入一组 Te-Ge-Ge-Te 单元;而对于 GTST4 结构,则每隔四组 Sb_2Te_3 单元插入一组 Te-Ge-Ge-Te 单元。从图 6-28(a)可见,不考虑 SOC 时,GTST2 的价带顶和导带底分别被 Ge s Sb s Te p_x 态和 Ge s Ge p_x Te s 态的电子所占据;而 SOC 作用下,GTST2 的价带顶和导带底发生了电子结构特征反转,此时价带顶和导带底分别被 Ge s Ge p_x Te s 态和 Ge s Sb s Te p_x 态的电子所占据,这与 GTST 的情况一致。而对于 GTST4,由图 6-28(b)可见,无论是否考虑 SOC,其电子结构特征均没有发生变化,其价带顶和导带底的电子结构始终分别为 Ge s Sb s Te p_x 态和 Ge s Ge p_x Te s 态。为了进一步确认 GTST2 和 GTST4 的拓扑绝缘性质,我们又计算了它们的宇称特征值和 Z_2 拓扑不变量,结果分别列于表 6-10 和表 6-11 中。对于 GTST2 我们总共考虑了 76 个价电子,即有 38 条被占据的能带;计算得到 GTST2 的 Z_2 拓扑不变量为 1;(001);对于 GTST4 我们总共考虑了 132 个价电子,即有 66 条被占据的能带;计算得到 GTST4 的 Z_2 拓扑不变量为 0;(000)。因此,综合分析 SOC 作用下 GTST2 和 GTST4 的能带特征反转行为和它们的 Z_2 拓扑不变量,我们可以得出,GTST2 超晶格是拓扑非平庸的拓扑绝缘体,而 GTST4 超晶格是拓扑平庸的普通半导体。显然,化学成分对 $GeTe/Sb_2Te_3$ 超晶格的拓扑绝缘态有重要影响。

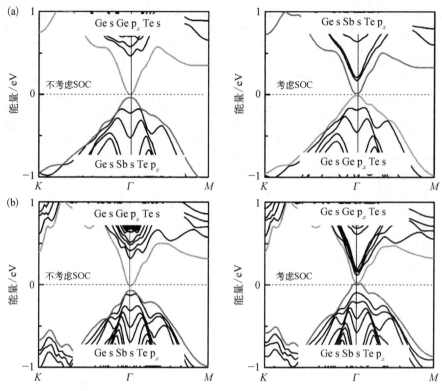

图 6-28 超晶格的能带结构: (a) GTST2 和 (b) GTST4。其中 Ge s Ge p$_x$ Te s 态和 Ge s Sb s Te p$_x$ 态分别用红色和蓝色表示,费米能级设置为 0 eV

表 6-10 GTST2 超晶格的能带宇称特征值。GTST2 的 Z_2 拓扑不变量 ν_0; $(\nu_1\nu_2\nu_3) = 1$; (001)

	TRIM	1	2	3	4	5	6	7	8	9	10	11	12	13
1	(0, 0, 0)	1	−1	1	1	−1	−1	1	−1	1	−1	1	1	−1
2	(0, 0, 0.5)	1	−1	−1	1	−1	1	1	−1	1	−1	−1	1	−1
3	(0, 0.5, 0)	−1	1	−1	1	−1	1	1	−1	1	−1	1	−1	−1
4	(0, 0.5, 0.5)	1	−1	1	−1	−1	−1	1	1	1	1	1	−1	1
5	(0.5, 0, 0)	−1	1	−1	1	−1	1	1	−1	1	−1	1	−1	−1
6	(0.5, 0, 0.5)	1	−1	1	1	−1	−1	1	1	1	−1	1	−1	1
7	(0.5, 0.5, 0)	−1	1	−1	1	−1	1	1	1	1	−1	1	−1	−1
8	(0.5, 0.5, 0.5)	1	−1	1	1	−1	−1	1	1	1	−1	1	−1	1

	TRIM	14	15	16	17	18	19	20	21	22	23	24	25	26
1	(0, 0, 0)	−1	1	−1	1	−1	1	−1	−1	−1	1	1	−1	1
2	(0, 0, 0.5)	1	1	−1	1	−1	1	−1	−1	−1	1	1	−1	1
3	(0, 0.5, 0)	1	−1	1	1	−1	1	−1	1	−1	1	−1	1	−1
4	(0, 0.5, 0.5)	−1	−1	1	−1	−1	1	1	−1	−1	1	−1	1	−1
5	(0.5, 0, 0)	1	−1	1	1	−1	1	−1	1	−1	1	−1	1	−1

	TRIM	14	15	16	17	18	19	20	21	22	23	24	25	26
6	(0.5, 0, 0.5)	-1	-1	1	-1	-1	1	1	-1	-1	1	-1	1	-1
7	(0.5, 0.5, 0)	1	-1	1	1	-1	1	-1	1	-1	1	-1	1	-1
8	(0.5, 0.5, 0.5)	-1	-1	1	-1	-1	1	1	-1	-1	1	-1	1	-1

	TRIM	27	28	29	30	31	32	33	34	35	36	37	38	δ_i
1	(0, 0, 0)	-1	1	-1	1	-1	-1	1	1	-1	-1	1	-1	1
2	(0, 0, 0.5)	-1	1	-1	-1	-1	-1	1	1	-1	-1	1	-1	-1
3	(0, 0.5, 0)	-1	-1	1	1	-1	-1	1	1	-1	1	-1	-1	1
4	(0, 0.5, 0.5)	1	1	-1	-1	-1	1	-1	1	1	-1	1	1	1
5	(0.5, 0, 0)	-1	-1	1	1	-1	-1	1	1	-1	1	-1	-1	1
6	(0.5, 0, 0.5)	1	1	-1	-1	-1	1	-1	1	1	-1	1	1	1
7	(0.5, 0.5, 0)	-1	-1	1	1	-1	-1	1	1	-1	1	-1	-1	1
8	(0.5, 0.5, 0.5)	1	1	-1	-1	1	-1	1	1	-1	1	1	-1	1

表 6-11　GTST4 超晶格的能带宇称特征值。GTST4 的
Z_2 拓扑不变量 ν_0；$(\nu_1\nu_2\nu_3) = 0$；(000)

	TRIM	1	2	3	4	5	6	7	8	9	10	11
1	(0, 0, 0)	1	-1	1	-1	1	-1	1	1	-1	-1	1
2	(0, 0, 0.5)	1	-1	1	-1	-1	1	-1	-1	-1	1	1
3	(0, 0.5, 0)	1	1	1	-1	-1	1	-1	1	-1	1	1
4	(0, 0.5, 0.5)	-1	-1	1	-1	1	1	-1	1	-1	-1	1
5	(0.5, 0, 0)	1	1	1	-1	1	1	-1	1	-1	1	1
6	(0.5, 0, 0.5)	-1	-1	1	-1	1	1	-1	1	-1	-1	1
7	(0.5, 0.5, 0)	1	1	1	-1	-1	1	-1	1	-1	1	1
8	(0.5, 0.5, 0.5)	-1	-1	1	-1	1	1	-1	1	-1	-1	1

	TRIM	12	13	14	15	16	17	18	19	20	21	22
1	(0, 0, 0)	-1	1	-1	1	-1	1	-1	1	1	-1	1
2	(0, 0, 0.5)	-1	1	-1	1	-1	1	-1	-1	1	-1	1
3	(0, 0.5, 0)	-1	1	-1	1	-1	1	-1	-1	1	1	-1
4	(0, 0.5, 0.5)	-1	1	1	1	-1	1	-1	-1	1	-1	-1
5	(0.5, 0, 0)	-1	1	-1	1	-1	1	-1	-1	1	1	-1
6	(0.5, 0, 0.5)	-1	1	1	1	-1	1	-1	-1	1	-1	-1
7	(0.5, 0.5, 0)	-1	1	-1	1	-1	1	-1	-1	1	1	-1
8	(0.5, 0.5, 0.5)	-1	1	1	1	-1	1	-1	-1	1	-1	-1

	TRIM	23	24	25	26	27	28	29	30	31	32	33
1	(0, 0, 0)	-1	-1	1	-1	1	-1	1	-1	1	-1	1
2	(0, 0, 0.5)	-1	1	1	-1	1	-1	1	-1	1	-1	1

（续表）

TRIM		23	24	25	26	27	28	29	30	31	32	33
3	(0, 0.5, 0)	-1	1	-1	1	-1	1	1	-1	1	-1	1
4	(0, 0.5, 0.5)	1	-1	-1	1	-1	1	-1	-1	1	-1	1
5	(0.5, 0, 0)	-1	1	-1	1	-1	1	1	-1	1	-1	1
6	(0.5, 0, 0.5)	1	-1	-1	1	-1	1	-1	-1	1	-1	1
7	(0.5, 0.5, 0)	-1	1	-1	1	-1	1	1	-1	1	-1	1
8	(0.5, 0.5, 0.5)	1	-1	-1	1	-1	1	-1	-1	1	-1	1

TRIM		34	35	36	37	38	39	40	41	42	43	44
1	(0, 0, 0)	-1	1	1	1	-1	1	1	-1	1	-1	-1
2	(0, 0, 0.5)	-1	1	1	1	-1	1	1	-1	-1	1	-1
3	(0, 0.5, 0)	-1	1	-1	1	-1	1	-1	1	-1	1	-1
4	(0, 0.5, 0.5)	1	-1	-1	-1	1	-1	-1	1	1	1	1
5	(0.5, 0, 0)	-1	1	-1	1	-1	1	-1	1	-1	1	-1
6	(0.5, 0, 0.5)	1	-1	-1	-1	1	-1	1	1	1	1	1
7	(0.5, 0.5, 0)	-1	1	-1	1	-1	1	-1	1	-1	1	-1
8	(0.5, 0.5, 0.5)	1	-1	-1	-1	1	-1	-1	1	1	1	1

TRIM		45	46	47	48	49	50	51	52	53	54	55
1	(0, 0, 0)	1	1	-1	-1	1	-1	1	1	1	-1	1
2	(0, 0, 0.5)	1	-1	1	1	-1	-1	-1	-1	1	-1	1
3	(0, 0.5, 0)	1	-1	-1	1	-1	1	-1	1	-1	-1	1
4	(0, 0.5, 0.5)	-1	1	1	1	1	1	-1	-1	1	1	1
5	(0.5, 0, 0)	1	-1	-1	1	-1	1	-1	1	-1	-1	1
6	(0.5, 0, 0.5)	-1	1	1	1	1	1	-1	-1	1	1	1
7	(0.5, 0.5, 0)	1	-1	-1	1	-1	1	-1	1	-1	-1	1
8	(0.5, 0.5, 0.5)	-1	1	1	1	1	1	-1	-1	1	1	1

TRIM		56	57	58	59	60	61	62	63	64	65	66	δ_i
1	(0, 0, 0)	-1	1	1	-1	1	-1	-1	1	-1	1	-1	-1
2	(0, 0, 0.5)	-1	1	1	-1	1	-1	-1	1	-1	-1	1	1
3	(0, 0.5, 0)	1	-1	1	-1	1	-1	1	-1	1	-1	-1	-1
4	(0, 0.5, 0.5)	-1	1	1	1	1	1	-1	1	-1	1	-1	1
5	(0.5, 0, 0)	1	-1	1	-1	1	-1	1	-1	1	-1	-1	-1
6	(0.5, 0, 0.5)	-1	1	1	1	1	1	-1	1	-1	1	-1	1
7	(0.5, 0.5, 0)	1	-1	1	-1	1	-1	1	-1	1	-1	-1	-1
8	(0.5, 0.5, 0.5)	-1	1	1	1	1	1	-1	1	-1	1	-1	1

综上,本节的研究结果将拓扑绝缘体拓展到了超晶格材料中。具有 $Ge_2Sb_2Te_5$ 化学式的 GTST 超晶格材料是一种新型的强拓扑绝缘体。而且,在 4% 的应变下,GTST 超晶格仍保持其强拓扑绝缘性质,展现出良好的稳定性,因此,GTST 超晶格材料比较容易应用于实际电子器件。当增加 $GeTe/Sb_2Te_3$ 超晶格材料中 Sb_2Te_3 单元的含量时,得到的 GTST2 超

晶格材料仍然是拓扑非平庸的拓扑绝缘体，而 GTST4 表现为拓扑平庸的普通半导体。也就是说，GeTe/Sb$_2$Te$_3$ 超晶格材料的拓扑绝缘性质取决于 GeTe 和 Sb$_2$Te$_3$ 的成分比例。最后，考虑到 GeTe/Sb$_2$Te$_3$ 超晶格材料的可逆相变存储功能，本节研究结果为 GeTe/Sb$_2$Te$_3$ 超晶格材料的应用赋予了更多的自由度，即有望制备基于 GeTe/Sb$_2$Te$_3$ 超晶格材料的多级存储设备。

6.5 MXene 的量子自旋霍尔相

在 6.4 节中，我们讨论了三维拓扑绝缘体，本节将讨论二维拓扑绝缘体，后者也被称为量子自旋霍尔绝缘体。相对于三维拓扑绝缘体具有导电的表面态，量子自旋霍尔绝缘体是体相绝缘，边缘导电。在量子自旋霍尔绝缘体的边缘，携带不同自旋方向的电子反向传播，由于时间反演对称性的保护，电子的背散射被完全禁止，这为实现低功耗的电子和自旋电子器件提供了一条很有前景的途径。除了在器件方面的潜在应用外，量子自旋霍尔效应也促进了许多有趣的物理现象的发现，如巨磁电效应、量子反常霍尔效应和马约拉纳费米子等。

如上所述，量子自旋霍尔绝缘体是体相绝缘，但是边缘能带穿过体相能带的带隙而导电。更形象地说，在量子自旋霍尔效应中，每个边界上有两条边缘态能带，对于每个 $(k, \uparrow)$ 态，就有另一个能带上对应的 $(-k, \downarrow)$ 态，其中 $\uparrow$ 和 $\downarrow$ 代表不同自旋。因此一部分电子沿一个方向传播，另一部分电子沿反方向传播，且它们的数目相等，所以没有净电流，也没有霍尔电导。但是，由于这两种方向传播的电子的自旋方向相反，因此就有一个净自旋流，并且这个净自旋流的自旋电导是量子化的，故称为量子自旋霍尔效应。量子自旋霍尔效应是独立于外加磁场之外的，如果有了外加磁场，体系的时间反演对称性被破坏，量子自旋霍尔效应就不存在了。

人们最先提出的量子自旋霍尔绝缘体是石墨烯，但其体带隙仅有 10^{-3} meV，实验上很难观测其量子自旋霍尔效应。随后，量子自旋霍尔效应在 HgTe/CdTe 量子阱和 InAs/GaSb 超量子阱中相继被理论预测和实验观测到。然而，它们的体带隙仍然非常小（meV 量级），这使得量子自旋霍尔效应的工作温度必须限制在低于 10 K 的超低温区。目前，人们相继提出了很多量子自旋霍尔绝缘体，如硅烯、基于重原子 Ge、Sn、Pb、Sb 或 Bi 的二维薄膜材料、二维有机金属结构、过渡金属硫族化合物和卤化物、锰插层的石墨烯-碳化硅材料和基于半导体表面的二维拓扑绝缘体等，但这些材料均尚未获得实验证实。因此，寻找支持高温应用的大带隙量子自旋霍尔绝缘体至关重要且一直是该领域的研究热点。

6.5.1 二维 Mo$_2$MC$_2$O$_2$ 的大带隙量子自旋霍尔态：基于三角晶格的 d 带拓扑序

二维过渡金属碳化物/氮化物，统称 MXene，在超级电容器、锂电池、传感器、催化等很多领域具有潜在的应用前景。本节基于第一性原理计算，发现 Mo$_2$MC$_2$O$_2$（M = Ti、Zr、Hf），即含有序排列的两种过渡金属元素的 MXene 材料，是一类具有大带隙的量子自旋霍尔（QSH）绝缘体。通过构建一个基于三角晶格和 d$_{z^2}$、d$_{xy}$、d$_{x^2-y^2}$ 轨道基组的紧束缚（TB）模型,我们很好地描述了 $Mo_2MC_2O_2$ 的 QSH 状态。研究结果表明,过渡金属 M 原子的自旋-轨道耦合强度全部贡献给 $Mo_2MC_2O_2$ 的拓扑带隙,这是优于通常情况的有利特性。在通常情况下,基于经典 Kane-Mele(KM)或 Bernevig-Hughes-Zhang(BHZ)模型,拓扑带隙比原子的自旋-轨道耦合强度小得多。因此,$Mo_2MC_2O_2$ 的拓扑带隙大小相当可观,且随着改变 M 原子的类型,带隙从 0.1 eV 增大到 0.2 eV,完全可以满足室温下 QSH 效应的应用。另一个 $Mo_2MC_2O_2$ 的优势在于其表面完全被氧原子覆盖,因而具有很好的抗氧化性和稳定性。

如前面章节所述,MXene 可以从其三维层状母体化合物材料 MAX 相中选择性刻蚀出 A 层原子而得到。MAX 相的通用化学表达式为 $M_{n+1}AX_n$(M 是过渡金属,A 主要是ⅢA 族或ⅣA 族元素,X 是 C 或 N,$n=1$、2 或 3)。实验上,包含一种过渡金属元素的 MXene,如 Ti_2C、V_2C、Nb_2C、Ti_3C_2、Ta_4C_3 和 Nb_4C_3 已经被制备出来。最近,实验合成了另一类含有两种过渡金属元素且具有完全有序结构的 MXene,如 Mo_2TiC_2 和 Cr_2TiC_2。迄今为止,MXene 显示了丰富的物理性质,如优异的导电性、带隙可调的半导性、半金属铁磁性、超低的功函数、大的塞贝克系数、高的柔韧性等。这些优异的物理性质展示了 MXene 在诸多领域有应用潜力。前面刚提到,寻找高温应用的大带隙 QSH 绝缘体至关重要,尤其有必要在现有的二维材料中寻找。鉴于 MXene 所显示的丰富物理性质,我们猜想 MXene 中可能存在 QSH 绝缘体。此外,我们注意到最近单层 W_2C MXene 氧化物,即 W_2CO_2,被预测为 QSH 绝缘体。然而,钨基 MAX 相,如 W_2AlC 经实验验证是不稳定的,而且至今没有被成功制备出来,这极大降低了 W_2CO_2 实验制备的可能性。

本节任务是利用第一性原理计算在 MXene 家族中寻找 QSH 绝缘体。研究发现二维结构有序的双过渡金属 MXene——$Mo_2MC_2O_2$(M = Ti、Zr 或 Hf,O 是表面官能团)是一类新型的大带隙 QSH 绝缘体。其中,$Mo_2TiC_2O_2$ 已经由化学刻蚀法制备出来。通过对能带结构、Z_2 拓扑不变量和边缘态的第一性原理计算及基于三角晶格与 d_{z^2}、d_{xy} 和 $d_{x^2-y^2}$ 轨道基组的紧束缚模型,我们揭示了 $Mo_2MC_2O_2$ 的非平庸拓扑性质。概括而言,$Mo_2MC_2O_2$ 的 QSH 效应具有以下三个重要的优点。第一,MXene 的拓扑序代表了一类新型的基于三角晶格的 d 带 QSH 相,从而将 QSH 绝缘体的搜索范围从传统的蜂窝和直角晶格拓展到三角晶格,因此大大拓宽了拓扑绝缘体材料的范围。第二,紧束缚模型表明 M 原子的自旋-轨道耦合强度全部贡献给了 Γ 点的拓扑绝缘带隙,这使得 $Mo_2MC_2O_2$ 具有 0.1~0.2 eV 的较大带隙。相比之下,在那些基于经典的 KM 或 BHZ 的 QSH 体系中,拓扑带隙要比原子自旋-轨道耦合强度小得多。第三,MXene 通常是采用酸性溶液刻蚀出 MAX 的 A 原子层而制得,由于在制备过程中材料一直浸泡在酸性溶液中,所以 MXene 表面不可避免地会覆盖 O 和 OH 基团,而 OH 基团经过高温退火或金属吸附最后都转化为 O 基团。因此,具有完全氧化表面的 $Mo_2MC_2O_2$ 体系在抗表面氧化和降解方面具有天然的优势和稳定性,这使其在实际应用中更有前景。

表面裸露的 Mo_2MC_2(M = Ti、Zr 或 Hf)MXene 具有二维六方结构,晶体空间群为 $P\bar{3}M1$(图 6-29)。在 Mo_2MC_2 的晶胞中,五个原子层按照 Mo-C-M-C-Mo 的顺序堆叠而成,即 Mo_2MC_2 具有完全有序的结构,其中 M 层夹在两个碳化钼层之间。在每个原子层中,原子按照三角形晶格排列。众所周知,目前普遍流行的制备方法,即从酸性溶液中刻蚀 MAX 体相中的 A 层而获得 MXene,导致 MXene 表面主要被 O 和 OH 基团覆盖。因此,实际得到的 MXene 是表面功能化的 MXene 材料。考虑到 MXene 表面的 OH 基团会在热处理过程中转变为 O 基团,这里重点研究表面完全被氧覆盖的 MXene。在 MXene 单胞中有两个 O 原子,一个吸附在上表面和另一个覆盖在下表面;O 原子可能占据三个不同的位置, 如图 6-29(a)所示的 A、B 和 C,因此对于上、下表面吸附的两个 O 原子,共有 6 个不等价 的吸附组合构型。依次考虑这 6 种吸附构型,通过第一性原理总能的计算,我们发现对所 有 $Mo_2MC_2O_2$(M = Mo、Zr 或 Hf)MXene 来说,CB 原子构型的结构总能最低,即上表面的 O 原子吸附在 C 位置,而下表面的 O 原子吸附在 B 位置[图 6-29(b)],这种构型的 $Mo_2MC_2O_2$ 是最稳定的。表 6-12 列出了所有二维 $Mo_2MC_2O_2$ 晶体的晶格常数(a)和厚度 (h)。这种二维 $Mo_2MC_2O_2$ 的结构稳定性可以通过声子谱计算得到进一步证实,即在 $Mo_2MC_2O_2$ 声子谱的任何波矢处都没有出现声子软模或虚频声子模。

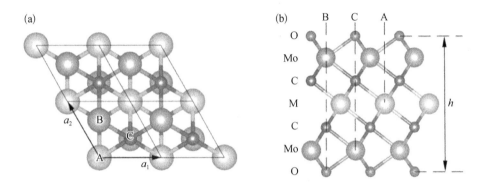

图 6-29　(a) Mo_2MC_2(M = Ti、Zr 或 Hf)晶体结构的俯视图;
(b) $Mo_2MC_2O_2$ 晶体结构的侧视图。h 代表其厚度

表 6-12　Mo_2MCO_2 的晶格常数 a、厚度 h、在 Γ 点的拓扑非平庸 带隙 E_Γ、体相的间接带隙 E_{bulk} 和 Z_2 拓扑不变量

成　　分		$Mo_2TiC_2O_2$	$Mo_2ZrC_2O_2$	$Mo_2HfC_2O_2$
a/Å		2.94	3.02	3.01
h/Å		7.59	7.79	7.75
E_Γ/eV	GGA	0.052	0.087	0.213
	HSE06	0.125	0.147	0.301
E_{bulk}/eV	GGA	0.041	0.066	0.154
	HSE06	0.096	0.105	0.201
Z_2		1	1	1

注:E_Γ 和 E_{bulk} 值分别由 GGA 和杂化泛函 HSE 计算得到。

接下来研究二维 $Mo_2MC_2O_2$ 的电子结构和拓扑绝缘性质。由 GGA 和 GGA+SOC(考 虑自旋-轨道耦合作用)计算得到的 $Mo_2MC_2O_2$ 的能带结构示于图 6-30。不考虑 SOC 作用,由图 6-30(a)~(c)可见,三个 $Mo_2MC_2O_2$ 体系的价带顶和导带底在 Γ 点处简并, 体系无带隙,而且这一简并态主要由 Md_{xy}、$d_{x^2-y^2}$ 轨道构成,M = Ti、Zr 或 Hf。考虑 SOC,如 图 6-30(d)~(f)所示,在 Γ 点处双重简并的 Md_{xy}、$d_{x^2-y^2}$ 轨道分裂为两个单态,产生了一个有限的能隙。为确定这些绝缘体的拓扑性质,考虑到这种体系具有反演对称性,我们采用 Fu 和 Kane 的方法,在四个时间反演不变的 k 点,即 $(0,0,0)$、$(0.5,0,0)$、$(0,0.5,0)$ 和 $(0.5,0.5,0)$,计算所有占据态的波函数的宇称,从而获得拓扑不变量 Z_2。三个 $Mo_2MC_2O_2$ 体系的 Z_2 均为 1,表明它们都是 QSH 绝缘体。我们进一步采用杂化密度泛函(HSE06)方法计算了 $Mo_2MC_2O_2$ 的能带结构,HSE06 给出了更大的带隙值,见表 6-12,但 HSE 的结论与 GGA 的相同。

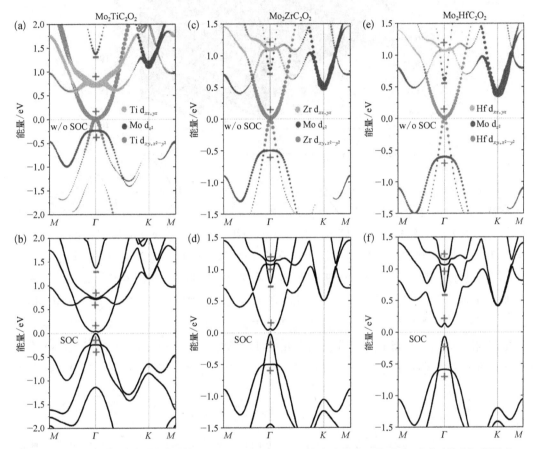

图 6-30　GGA 计算得到的能带结构:(a)、(b) $Mo_2TiC_2O_2$,(c)、(d) $Mo_2ZrC_2O_2$,(e)、(f) $Mo_2HfC_2O_2$。其中图(a)~(e)不考虑 SOC,而图(b)~(f)考虑了 SOC。波函数的宇称用"+、-"表示

众所周知,QSH 绝缘体的一个显著特点是在体带隙存在无带隙的边缘态。为了计算得到拓扑边缘态,我们首先构建了以最大局域化 Wannier 函数(MLWFs)为基组的紧束缚哈密顿量。然后,使用紧束缚哈密顿量,进一步构建出半无限晶格的边缘格林函数,其虚部恰好对应局域态密度(LDOS),由此可得到边缘态的能量色散关系。图 6-31 展示了 $Mo_2HfC_2O_2$ 沿锯齿形边缘的局域态密度,从图中可以清楚地看到一对拓扑边缘态,它们连接了导带和价带,并且在 M 点形成一个狄拉克锥。在 $Mo_2TiC_2O_2$ 和 $Mo_2ZrC_2O_2$ 中也发现了类似的结果。

对于 $Mo_2MC_2O_2$,SOC 作用打开了拓扑非平庸体带隙,但没有引入能带反转。类似于如 GeI 和 SnI 等一些 QSH 绝缘体,不考虑 SOC 时,$Mo_2MC_2O_2$ 已经具备反转的能带排序。以

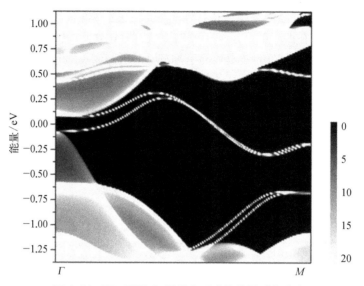

图 6-31　$Mo_2HfC_2O_2$沿锯齿形边缘的局域态密度

$Mo_2HfC_2O_2$为例,通过原子轨道分析,我们研究了 Γ 点能带结构的演变。在具有 D_{3d} 对称性的晶体场下,每个过渡金属 M 原子的五个 d 轨道分裂成一个 d_{z^2} 单轨道和两个双重简并的 d_{xy},$d_{x^2-y^2}$ 和 d_{xy},d_{yz} 轨道。根据图 6-30(e)的能带投影,很明显费米能级附近的电子态主要由 Hf d_{xy},$d_{x^2-y^2}$ 和 Mo d_{z^2} 轨道贡献,因此在下面的讨论中我们合理地忽略了其他原子轨道。值得注意的是,在一个 $Mo_2HfC_2O_2$ 晶胞中有两个 Mo 原子,如图 6-32(a)所示,两个 Mo 原子的两个 d_{z^2} 轨道形成一个成键态和一个反键态,分别标记为 $|Mo\ d_{z^2}^+\rangle$ 和 $|Mo\ d_{z^2}^-\rangle$,其中上标+(-)表示偶(奇)宇称。能带反转发生在 $|Hf\ d_{xy,x^2-y^2}^+\rangle$ 和 $|Mo\ d_{z^2}^-\rangle$ 之间,由于它们具有相反的宇称,因此这一能带反转是拓扑非平庸的。不考虑 SOC,$|Hf\ d_{xy,x^2-y^2}^+\rangle$ 态在费米能级处是双重简并的,因此该体系是一个零带隙半导体。考虑 SOC,$|Hf\ d_{xy,x^2-y^2}^+\rangle$ 态

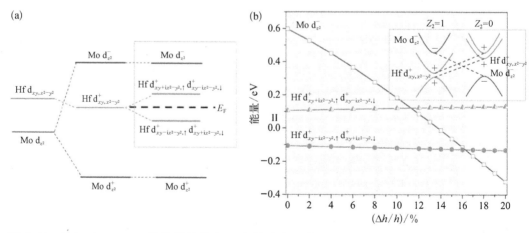

图 6-32　(a) $Mo_2HfC_2O_2$ 的能带结构在 Γ 点的演变示意图。(b) 能级 $|Mo\ d_{z^2}^-\rangle$、$|Hf\ d_{xy+ix^2-y^2,\uparrow}^+$ $d_{xy-ix^2-y^2,\downarrow}^+\rangle$ 和 $|Hf\ d_{xy-ix^2-y^2,\uparrow}^+$, $d_{xy+ix^2-y^2,\downarrow}^+\rangle$ 随 $Mo_2HfC_2O_2$ 的厚度 h 变化示意图。$|Hf\ d_{xy+ix^2-y^2,\uparrow}^+$, $d_{xy-ix^2-y^2,\downarrow}^+\rangle$ 和 $|Hf\ d_{xy-ix^2-y^2,\uparrow}^+$, $d_{xy+ix^2-y^2,\downarrow}^+\rangle$ 能级的平均值被定义为能量零点。插图为能带反转示意图

分裂成两个非简并的态,即 $| \mathrm{Hf}\, \mathrm{d}^{+}_{xy+ix^2-y^2,\uparrow}\mathrm{d}^{+}_{xy-ix^2-y^2,\downarrow}\rangle$ 和 $| \mathrm{Hf}\, \mathrm{d}^{+}_{xy-ix^2-y^2,\uparrow}\mathrm{d}^{+}_{xy+ix^2-y^2,\downarrow}\rangle$,其作用是打开了一个非平庸带隙。在 $\mathrm{W_2CO_2}$ 中也发现了类似的 d-d 能带反转。

为了明确地阐述能带反转过程,我们保持二维 $\mathrm{Mo_2HfC_2O_2}$ 晶格常数不变,通过均匀增大邻近原子层之间的垂直距离来人为地增加其厚度(h),在这一过程中晶体的对称性保持不变。如图 6-32(b)所示,随着厚度 h 的增加,反键态 $| \mathrm{Mo}\, \mathrm{d}^{-}_{z^2}\rangle$ 相对于 $| \mathrm{Hf}\, \mathrm{d}^{+}_{xy+ix^2-y^2,\uparrow}\mathrm{d}^{+}_{xy-ix^2-y^2,\downarrow}\rangle$ 和 $| \mathrm{Hf}\, \mathrm{d}^{+}_{xy-ix^2-y^2,\uparrow}\mathrm{d}^{+}_{xy+ix^2-y^2,\downarrow}\rangle$ 态不断下移。在临界厚度变化 $\Delta h/h$ 约为 16% 时,$| \mathrm{Mo}\, \mathrm{d}^{-}_{z^2}\rangle$ 能级与 $| \mathrm{Hf}\, \mathrm{d}^{+}_{xy-ix^2-y^2,\uparrow}\mathrm{d}^{+}_{xy+ix^2-y^2,\downarrow}\rangle$ 能级发生交叉,导致在 Γ 点发生占据态和未占据态能带之间的宇称交换,从而使得拓扑不变量 Z_2 由 1 变为 0,即从拓扑非平庸转变为拓扑平庸。这说明,正是 $| \mathrm{Hf}\, \mathrm{d}^{+}_{xy,x^2-y^2}\rangle$ 和 $| \mathrm{Mo}\, \mathrm{d}^{-}_{z^2}\rangle$ 之间的 d-d 能带反转导致了 $\mathrm{Mo_2HfC_2O_2}$ 体系在平衡条件下的非平庸拓扑序。

与 $\mathrm{Mo_2HfC_2O_2}$ 类似,如图 6-30(a)和(c)所示,在 $\mathrm{Mo_2TiC_2O_2}$ 和 $\mathrm{Mo_2ZrC_2O_2}$ 中,我们可以清楚地观察到在 Γ 点 $| \mathrm{Ti}\, \mathrm{d}^{+}_{xy,x^2-y^2}\rangle$($| \mathrm{Zr}\, \mathrm{d}^{+}_{xy,x^2-y^2}\rangle$)与 $| \mathrm{Mo}\, \mathrm{d}^{-}_{z^2}\rangle$ 之间的能带反转。此外,在 Γ 点,对于 $\mathrm{Mo_2HfC_2O_2}$,$| \mathrm{Mo}\, \mathrm{d}^{-}_{z^2}\rangle$ 高于 $| \mathrm{Hf}\, \mathrm{d}^{+}_{xy,x^2-y^2}\rangle$ 但能级相距较近[图 6-30(c)],对于 $\mathrm{Mo_2ZrC_2O_2}$,$| \mathrm{Mo}\, \mathrm{d}^{-}_{z^2}\rangle$ 能级略有提高,但仍与($| \mathrm{Zr}\, \mathrm{d}^{+}_{xy,x^2-y^2}\rangle$)相距较近[图 6-30(b)],而在 $\mathrm{Mo_2TiC_2O_2}$ 中,$| \mathrm{Mo}\, \mathrm{d}^{-}_{z^2}\rangle$ 能级被提高到更高的能量处,不再与 $| \mathrm{Ti}\, \mathrm{d}^{+}_{xy,x^2-y^2}\rangle$ 相邻[图 6-30(a)];尽管如此,$| \mathrm{Mo}\, \mathrm{d}^{-}_{z^2}\rangle$ 能级在导带区的向上运动并不会改变非平庸的拓扑序。

在上述能带反转机制中,有两个有趣的点值得进一步研究。首先,这里涉及的是 d-d 能带反转,这与传统的 s-p、p-p 或 d-p 轨道能带反转显著不同。其次,更令人惊讶的是,过渡金属 M 原子位于三角晶格,而之前人们并未意识到三角晶格也可以支持 QSH 相。鉴于 $\mathrm{Mo_2MC_2O_2}$ 的 QSH 相来自 $| \mathrm{M}\, \mathrm{d}^{+}_{xy,x^2-y^2}\rangle$ 和 $| \mathrm{Mo}\, \mathrm{d}^{-}_{z^2}\rangle$ 之间的能带反转以及 $| \mathrm{M}\, \mathrm{d}^{+}_{xy,x^2-y^2}\rangle$ 的劈裂,我们可以利用基于这三个轨道($\mathrm{Mo}\, \mathrm{d}_{z^2}$ 和 $\mathrm{M}\, \mathrm{d}_{xy}, \mathrm{d}_{x^2-y^2}$)的最小基组来构建紧束缚模型。Mo 和 M 原子分别属于两个不同的三角晶格平面,另外,我们发现 $\mathrm{Mo}\, \mathrm{d}_{z^2}$ 轨道和 M $\mathrm{d}_{xy}, \mathrm{d}_{x^2-y^2}$ 轨道之间的耦合非常小。因此,我们可以合理地忽略沿 z 方向 $\mathrm{Mo}\, \mathrm{d}_{z^2}$ 与 M d_{xy}, $\mathrm{d}_{x^2-y^2}$ 轨道之间的电子跃迁,假设 d_{z^2}、d_{xy} 和 $\mathrm{d}_{x^2-y^2}$ 轨道在同一三角晶格平面,如图 6-33(a)所示。相应三角晶格的无自旋紧束缚哈密顿量可以写为

$$H_0 = \sum_{\alpha} \varepsilon_{\alpha} c^{\dagger}_{0\alpha} c_{0\alpha} + \sum_{i}\sum_{\alpha,\beta}\left(t_{0\alpha, i\beta} c^{\dagger}_{0\alpha} c_{i\beta} + t_{i\beta, 0\alpha} c^{\dagger}_{i\beta} c_{0\alpha} \right) \tag{6-17}$$

其中,α, $\beta = \mathrm{d}_{z^2}$, d_{xy}, $\mathrm{d}_{x^2-y^2}$,是轨道指数,ε_{α} 是占位能,$t_{0\alpha, i\beta}$ 是最近邻(NN)跃迁系数。自旋-轨道耦合项可以写为

$$H_{\mathrm{SOC}} = -\mathrm{i}\lambda\left(c^{\dagger}_{0\mathrm{d}_{x^2-y^2}} c_{0\mathrm{d}_{xy}} - c^{\dagger}_{0\mathrm{d}_{xy}} c_{0\mathrm{d}_{x^2-y^2}} \right) s_z \tag{6-18}$$

其中,λ 是 M 原子的 SOC 强度,s_z 是泡利矩阵。由于自旋向上和自旋向下的哈密顿量是退简并的,因此,不失一般性,我们可以将重点放在自旋向上部分(自旋向下的哈密顿量只需要将 λ 改变到 $-\lambda$)。自旋向上哈密顿量可以被表示为

$$H = H_0 + H_{\mathrm{SOC}} = \begin{pmatrix} h_{11} & h_{12} & h_{13} \\ h^{*}_{12} & h_{22} & h_{23} \\ h^{*}_{13} & h^{*}_{23} & h_{33} \end{pmatrix} + \begin{pmatrix} 0 & 0 & 0 \\ 0 & 0 & -\lambda\mathrm{i} \\ 0 & \lambda\mathrm{i} & 0 \end{pmatrix} \tag{6-19}$$

其中

$$h_{11} = \varepsilon_z + t_{dz\pi}\left(2\cos\left(\frac{\sqrt{3}}{2}k_x\right)\cos\left(\frac{1}{2}k_y\right) + \cos(k_y)\right) \qquad (6\text{-}20)$$

$$h_{12} = -\sqrt{3}t_{ddz}\sin\left(\frac{\sqrt{3}}{2}k_x\right)\sin\left(\frac{1}{2}k_y\right) \qquad (6\text{-}21)$$

$$h_{13} = t_{ddz}\left(\cos(k_y) - \cos\left(\frac{\sqrt{3}}{2}k_x\right)\cos\left(\frac{1}{2}k_y\right)\right) \qquad (6\text{-}22)$$

$$h_{22} = \varepsilon_d + (3t_{dd\sigma} + t_{dd\pi})\cos\left(\frac{\sqrt{3}}{2}k_x\right)\cos\left(\frac{1}{2}k_y\right) + 2t_{dd\pi}\cos(k_y) \qquad (6\text{-}23)$$

$$h_{23} = \sqrt{3}(t_{dd\pi} - t_{dd\sigma})\sin\left(\frac{\sqrt{3}}{2}k_x\right)\sin\left(\frac{1}{2}k_y\right) \qquad (6\text{-}24)$$

$$h_{33} = \varepsilon_d + (t_{dd\sigma} + 3t_{dd\pi})\cos\left(\frac{\sqrt{3}}{2}k_x\right)\cos\left(\frac{1}{2}k_y\right) + 2t_{dd\sigma}\cos(k_y) \qquad (6\text{-}25)$$

ε_z 和 ε_d 分别是 d_{z^2} 和 $d_{xy}/d_{x^2-y^2}$ 轨道的占位能，$t_{dz\pi}$、t_{ddz}、$t_{dd\sigma}$ 和 $t_{dd\pi}$ 是最近邻跃迁系数。

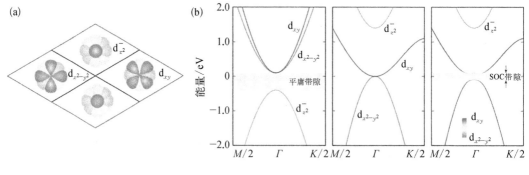

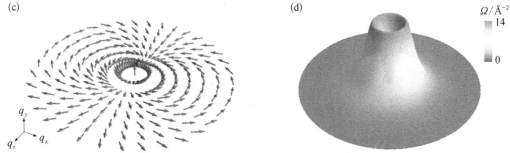

图 6-33 （a）每个格点上具有三个（d_{z^2}，d_{xy}，$d_{x^2-y^2}$）轨道的三角晶格。原胞的基矢选择为 $a_1 = a(\sqrt{3}/2,$ $-1/2)$ 和 $a_2 = a(\sqrt{3}/2, 1/2)$。（b）紧束缚能带结构以及所用的参数：左图，$\varepsilon_z = -4.6$ eV、$\varepsilon_d = 4$ eV、$t_{dz\pi} = 1.4$ eV、$t_{ddz} = 0.1$ eV、$t_{dd\sigma} = -0.8$ eV、$t_{dd\pi} = -0.5$ eV、$\lambda = 0$ eV；中图，$\varepsilon_z = 5.6$ eV、$\varepsilon_d = -1.8$ eV、$t_{dz\pi} = -1.4$ eV、$t_{ddz} = 0.1$ eV、$t_{dd\sigma} = 1.6$ eV、$t_{dd\pi} = 1.0$ eV、$\lambda = 0$ eV；右图，$\lambda = 0.1$ eV，其他参数和中图一致。灰色、红色和蓝色分别代表 d_{z^2}、d_{xy} 和 $d_{x^2-y^2}$ 轨道的贡献。（c）$\hat{q}$ 的涡旋状结构，（d）Γ 点附近的 Berry 曲率

在 Γ 点，通过对角化公式（6-19）中的 H，分别计算得出三个特征值是 $E_{d_{xy},d_{x^2-y^2}}^{\pm\lambda} = 3t_{dd\pi} + 3d_{dd\sigma} + \varepsilon_d \pm \lambda$ 、$E_{d_{z^2}} = 3t_{dz\pi} + \varepsilon_z$ 和 $E_{d_{z^2}} = 3t_{dz\pi} + \varepsilon_z$。显然，$d_{z^2}$ 轨道不依赖于 SOC，而 d_{xy}，$d_{x^2-y^2}$ 轨道在不考虑 SOC 时是简并的，在考虑 SOC 时发生能级分裂，因此引入能隙：

$$\Delta_\Gamma = 2\lambda \tag{6-26}$$

该哈密顿的能带结构如图 6-33（b）所示，在合理的参数控制下，显示出三种典型的能带。在拓扑平庸的情况下，d_{z^2} 轨道在 d_{xy} 和 $d_{x^2-y^2}$ 轨道下面，没有能带反转。在拓扑非平庸的情况下，d_{z^2} 轨道移动到最上方，即使不考虑 SOC，能带反转也已经被引入了。此外，在 d_{z^2} 轨道下方，d_{xy} 和 $d_{x^2-y^2}$ 轨道在 Γ 点简并。当考虑 SOC 时，即使一个极小的 λ 值，也可以消除这两条能带在 Γ 点的简并，将体系转变为一个 QSH 相。此外，通过引入一个连续极限下的有效模型，我们可以将这个"三带哈密顿量"在 Γ 点附近简化成一个有效的"两带哈密顿量"，即 $\boldsymbol{H}_{\text{eff}} = q_0\boldsymbol{I} + \boldsymbol{q} \cdot \boldsymbol{\sigma}$，其中 $\boldsymbol{I}$ 是单位矩阵，$\boldsymbol{\sigma}$ 是泡利矩阵。对于非平庸拓扑能带结构，$\hat{q} = \boldsymbol{q}/|\boldsymbol{q}|$ 在 Γ 点具有旋涡状结构，如图 6-33（c）所示。在 Γ 点，$\hat{q}$ 沿南极方向。当 k 远离 Γ 点时，$\hat{q}$ 的方向逐渐从平面外转变到平面内。一般来说，一个旋涡就是一个由陈数（C）描述的拓扑缺陷。使用 $\boldsymbol{q}$ 向量，自旋向上电子态的陈数可进一步定义为

$$C = \frac{1}{4\pi}\int dk_x \int dk_y \hat{q} \cdot \left(\frac{\partial \hat{q}}{\partial k_x} \times \frac{\partial \hat{q}}{\partial k_y} \right) \tag{6-27}$$

我们还计算了图 6-33（d）中显示的 Berry 曲率。在 Γ 点附近 Berry 曲率非零且 $C_\uparrow = 1$。同样，当考虑自旋向下的哈密顿量时，得到自旋向下的陈数 $C_\downarrow = -1$。自旋陈数（C_S）定义为自旋向上和自旋向下的陈数差的一半，因此 $C_S = 1/2(C_\uparrow - C_\downarrow) = 1$，这直接证实了 $Mo_2MC_2O_2$ 是拓扑平庸相。

这种基于三角晶格的 QSH 模型与蜂窝晶格石墨烯的 KM 模型以及适用直角晶格窄带隙半导体量子阱的 BHZ 能带反转模型是完全不同的。基于 KM 和 BHZ 模型，研究者预测很多具有蜂窝状或直角晶格的 QSH 绝缘体，但是只有两种半导体系统（HgTe/CdTe 和 InAs/GaSb 量子阱）得到实验验证。众所周知，直角成键的半导体元素倾向于形成蜂窝和直角晶格，它们属于低配位的"开放"晶格结构。然而，金属原子倾向非直接键合，因此通常形成紧密堆积的三角晶格。我们提出的基于三角晶格的 QSH 模型不同于之前基于蜂窝状或直角晶格的模型，这为在三角晶格中找到 QSH 绝缘体提供了可能性。$Mo_2MC_2O_2$ 就是这样一个真实的材料系统，它是由具有三角晶格的原子层垂直堆积而成的。

此外，值得注意的是，在我们的模型中，三角晶格结构和 $d_{xy}/d_{x^2-y^2}$ 轨道构型极大提高了 SOC 的效应。如方程 6-26 所示，Γ 点的拓扑带隙是由原子的 SOC 强度直接控制的，等于 2λ。这种独特的特点优于基于经典 KM 或 BHZ 模型的通常情况（即原子的 SOC 并不直接贡献拓扑带隙的值）。在适用石墨烯及其类似体系的 KM 模型中，由于单带能带结构和蜂窝晶格对称性，原子的 SOC 对拓扑带隙的作用很小，约为高阶微扰的量级。在 BHZ 模型中，拓扑带隙由具有不同轨道特性的能带（如 s 和 p 能带）反转导致。不考虑 s-p 杂化时，能带反转使得在一个小的电子动量 k 附近带隙关闭，然后 s-p 杂化将进一步打开一个拓扑非平庸的带隙。根据 $k \cdot p$ 微扰理论，在 Γ 点附近的杂化强度线性地依赖于动量的大小，因此通常很小。这就是为什么在基于能带反转打开带隙

的一般 QSH 绝缘体中,尽管存在较强的原子 SOC,拓扑带隙仍然很小。在这里,形成鲜明对比的是,由于 M 的原子 SOC 直接贡献拓扑带隙,$Mo_2MC_2O_2$ 展现出相当可观的体带隙值,如表 6-12 所示。随着 M 原子量的增加,M 原子的 SOC 强度增大,体带隙值也随之增加。从 $Mo_2TiC_2O_2$ 到 $Mo_2ZrC_2O_2$ 再到 $Mo_2HfC_2O_2$,根据 HSE 计算结果,在 Γ 点,直接体带隙从 0.125 eV 增加到 0.147 eV 再到 0.301 eV。GGA 计算也有类似的趋势,但是其计算得到的带隙值略有低估。

对 $Mo_2MC_2O_2$ 等含有过渡金属原子的 QSH 绝缘体,可以采用 GGA+U 方法阐明 d 电子关联效应对拓扑性质的影响。对于 Mo、Ti、Hf 和 Zr 原子,当 U 值从 0 eV 变化到 5 eV 时,计算结果表明,所有这三个 $Mo_2MC_2O_2$ 体系的非磁性基态和非平庸拓扑性质保持不变。也就是说,d 电子的关联效应不会影响 $Mo_2MC_2O_2$ 的拓扑性质。

在实际应用中,我们需要找到一种不会破坏 $Mo_2MC_2O_2$ 的 QSH 态的衬底。由于 $Mo_2MC_2O_2$ 非平庸拓扑序来自位于 $Mo_2MC_2O_2$ 内部而不是表面的过渡原子的 d-d 能带反转,因此可以预测 $Mo_2MC_2O_2$ 的拓扑性质对衬底不敏感。鉴于实验中六方 BN(h-BN)是生长和支撑石墨烯、MoS_2 和 WS_2 等多种二维材料的很好的衬底,这里也选择 h-BN 来支撑 $Mo_2MC_2O_2$。以 $Mo_2HfC_2O_2$ 生长在 h-BN($Mo_2HfC_2O_2$/h-BN)为例,我们使用一个 2×2 大小的 h-BN 超胞来支撑 $\sqrt{3}\times\sqrt{3}$R30° 的 $Mo_2HfC_2O_2$ 晶胞[图 6-34(a)],从而将因晶格错配而产生的应变降低至 3.8%,如此小的应变对于只有几层原子厚度的二维材料来说是很容易实现的。计算结果表明 $Mo_2HfC_2O_2$ 与 h-BN 之间的轨道杂化几乎微不足道,说明它们之间相互作用很弱。如图 6-34(b)所示,在费米能级附近的 Γ 点,$Mo_2HfC_2O_2$/h-BN 的电子态来自 $Mo_2HfC_2O_2$,保留了非平庸的能带拓扑,也就是说,$Mo_2HfC_2O_2$ 的 QSH 状态在 h-BN 上可以保持完好。然而,我们也注意到,在 K 点,h-BN 的价电子态接近费米能级,这表明 h-BN 不是 $Mo_2HfC_2O_2$ 最理想的衬底。未来的研究或许可以找到一个比 h-BN 更合适的衬底。

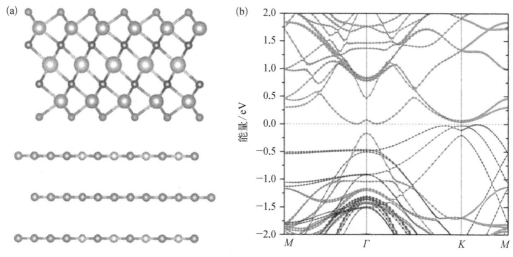

图 6-34　(a)优化后的 $\mathbf{Mo_2HfC_2O_2}$/h-BN 结构;(b)$\mathbf{Mo_2HfC_2O_2}$/h-BN 的能带结构,其中红色圆点和蓝色方块分别代表 $\mathbf{Mo_2HfC_2O_2}$ 和 h-BN 的能带,费米能级设置为 0 eV

最后讨论扩展至 $Mo_2MC_2O_2$ 多层结构。由于 $Mo_2MC_2O_2$ 是从体 MAX 相中剥离出来的,其多层或三维体材料的堆叠顺序与 MAX 相中相同。将单层 $Mo_2MC_2O_2$ 堆积成三维体相结构后,层与层之间的结合能计算结果为:$Mo_2TiC_2O_2$ 是 20 $meV/Å^2$、$Mo_2ZrC_2O_2$ 是 19 $meV/Å^2$,$Mo_2HfC_2O_2$ 是 26 $meV/Å^2$,虽然都略大于石墨的实验值(12 $meV/Å^2$),但仍属于弱的范德瓦耳斯耦合。通常情况下,当单层堆叠在一起形成多层或三维化合物时,由于层间轨道耦合作用,带隙会减小。对 $Mo_2MC_2O_2$ 来说,能带边缘(包括导带底和价带顶)源自内部 M 原子的平面内的 d_{xy} 和 $d_{x^2-y^2}$ 轨道而非表面 O 原子的轨道;因此,在相邻层之间,能带边缘的电子态表现出非常弱的耦合,所以相比于单层而言,多层或三维 $Mo_2MC_2O_2$ 的带隙并不会明显减少。以三维化合物为例,根据 HSE 的计算,$Mo_2TiC_2O_2$ 体材料的带隙相对于单层带隙仅降低了 1 meV,$Mo_2ZrC_2O_2$ 降低了 4 meV,$Mo_2HfC_2O_2$ 降低了 12 meV,可见 $Mo_2TiC_2O_2$ 和 $Mo_2ZrC_2O_2$ 带隙下降是微不足道的。

此外,有理论结果表明,多层 Bi(111)和 Sb(111)纳米薄膜具有比较强的层间耦合,因此拓扑序随着厚度降低表现出比较复杂的演变过程。不同的是,我们发现位于弱界面耦合区域的多层 $Mo_2MC_2O_2$ 薄膜,拓扑序将随着厚度奇-偶振荡,也就是说奇数层是拓扑非平庸的,而偶数层是拓扑平庸的,类似于之前对绝热堆积的二维拓扑层的预测。因此,一个单胞包含两个(偶数)层的三维体 $Mo_2MC_2O_2$ 是拓扑非平庸的。

综上所述,发现了一类新的 QSH 绝缘体:单层 $Mo_2MC_2O_2$。它们结构稳定,天然抗氧化,更重要的是容易实验合成。紧束缚模型分析表明,MXene 的拓扑序代表了一类新的基于三角晶格的 d 带 QSH 相,因而将拓扑材料的范围扩展到一类新的晶格结构。它们也代表了一种带隙大小由过渡金属原子的自旋-轨道耦合强度直接决定的新的 QSH 相,因而提供了一类带隙可调的大带隙拓扑绝缘体。鉴于 MXene 家庭相当大,更有趣的拓扑性质,如量子反常霍尔效应等,很有可能会在 MXene 家族中被进一步发现。由于实验上 Mo_2TiC_2 已经通过从体 MAX 相 Mo_2TiAlO_2 中刻蚀 Al 原子合成出来,并且可以通过高温退火控制其表面氧化,因此我们有理由期待本节的理论预测在不久的将来被实验所证实。

6.5.2　$Mo_2M_2C_3O_2$($M=Ti,Zr,Hf$)MXene 的量子自旋霍尔相

6.5.1 节研究的 $Mo_2MC_2O_2$ 的母体 MAX 相中金属与碳的比例是 3:2,本节研究增加原子层数,即金属与碳的比例为 4:3 的 $Mo_2M_2C_3O_2$($M=Ti,Zr,Hf$)MXene 的 QSH 态。基于第一性原理计算,我们发现结构有序的 $Mo_2M_2C_3O_2$($M=Ti,Zr,Hf$)MXene 中存在 QSH 相,其 QSH 态来源于 M d_{xy,x^2-y^2} 和 Mo d_{z^2} 轨道之间的反转以及自旋-轨道耦合效应所导致的 M d_{xy,x^2-y^2} 轨道的劈裂。非平庸 Z_2 拓扑不变量和狄拉克边缘态的计算与分析进一步证实了 $Mo_2M_2C_3O_2$ 的 QSH 态。随着 M 元素的变化,$Mo_2M_2C_3O_2$ 的 QSH 能隙从 38 meV 增大至 152 meV。此外,与大多数已知的 QSH 材料相比,$Mo_2M_2C_3O_2$ 表现出另一个明显的优势,即完全氧化的表面使其暴露在空气中具有天然地抗氧化性和稳定性。

QSH 效应是一种新的量子态,由 C. L. Kane 等于 2005 年率先在石墨烯中发现,目前已成为凝聚态物理和材料科学的一个新兴领域,引起了广泛的关注。这种新的电子态的特征是在带隙中存在一个具有狄拉克线性色散的边缘态。由于时间反演对称性的保护,在 QSH 材料边缘,携带不同自旋方向的电子反向传播,而且电子的背散射被完全禁止。因此,QSH 效应预计在低功耗的电子和自旋电子器件中具有重要的前景。最近,一些 MXene 体系被发现具有 QSH 效应:W_2CO_2 被预测为 QSH 绝缘体,我们发现 $Mo_2TiC_2O_2$、

$Mo_2ZrC_2O_2$ 和 $Mo_2HfC_2O_2$ 等具有 QSH 态。鉴于 MXene 家庭材料体系众多,很自然就会想到:我们可以在这个大家庭发现更多的 QSH 材料吗?

这里,基于第一性原理计算,我们进一步扩大了 MXene 家族中的 QSH 材料范围,发现 $Mo_2M_2C_3O_2$(M = Ti、Zr 和 Hf)MXene 也具有 QSH 态。我们的计算是在密度泛函理论框架下进行的,基于平面波基组和投影缀加波,在第一性原理模拟软件包(VASP)中实现。电子交换-关联采用广义梯度近似(GGA)处理。平面波基组的截断能设为 500 eV。所有的结构被完全优化,直到作用在每个原子上的力小于 0.01 eV/Å。布里渊区的积分采用 18×18×1 的 k 点网格。对于电子结构的计算,HSE 杂化泛函(HSE06)和 GGA+U 方法都被采用,以进一步验证能带的拓扑序。GGA+U 计算的 U 值可通过非经验性的方法确定。在这里,为了简单起见,0~5 eV 范围内的 U 值都被考虑。声子谱通过 Phonopy 程序计算。拓扑边缘态通过格林函数计算得到,其中格林函数通过紧束缚哈密顿量构建,后者以过渡金属 d 轨道和碳和氧元素的 p 轨道组成的最大局域化 Wannier 函数(MLWFs)作为基组。MLWFs 通过 Wannier90 程序接口 VASP 得到。

图 6-35(a)是 $Mo_2Ti_2C_3$ 的晶体结构。它是由七个原子层按 Mo-C-Ti-C-Ti-C-Mo 的顺序堆叠而成。理论证明这种完全有序的结构是 $Mo_2Ti_2C_3$ 的最稳定结构,而且实验也已经合成了这种结构的 MXene 材料。此外,基于目前的合成方法,即在酸性溶液中从 MAX 相中选择性蚀刻出 A 层而获得 MXene,表面完全裸露的 MXene 是不容易得到的,其表面不可避免地被官能团覆盖,主要是 O 和 OH。考虑到表面的 OH 基团可以通过高温退火或金属原子吸附转化为 O 基团,我们在接下来部分将关注氧化的 MXene。

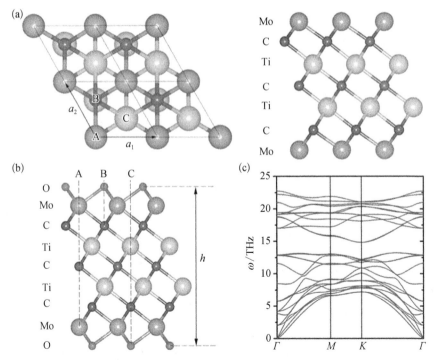

图 6-35 (a)$Mo_2Ti_2C_3$ 晶格结构的俯视图和侧视图。A、B 和 C 代表 O 原子在 $Mo_2Ti_2C_3$ 表面的三个可能的吸附点。(b)$Mo_2Ti_2C_3O_2$ 的晶格结构。h 为其厚度。(c)$Mo_2Ti_2C_3O_2$ 的声子谱

基于之前的理论研究,MXene 表面完全被 O 原子覆盖的结构从热力学上是最稳定的,因此这里我们只考虑 $Mo_2Ti_2C_3$ 表面被 O 完全覆盖的情况。为了模拟这种情况,每个单胞需要两个 O 原子:一个吸附在上表面,另一个吸附在下表面。如图 6-35(a) 所示,每个面上有三种可能的吸附位点(A、B 和 C),相应地,两个表面的 O 吸附有六种不同的组合,即 AA、AB、AC、BB、BC、CB。为了确定 $Mo_2M_2C_3$ 最稳定的原子构型,我们计算了上述六种结构的总能。以 BC 构型为标准,对于这三种 $Mo_2M_2C_3$ 材料,其他几种原子构型相对于 BC 构型的能量均为正值(表 6-13)。这表明,BC 构型的 $Mo_2M_2C_3$ 从能量上是最稳定的,在 BC 构型中,上表面和下表面的 O 原子分别占据 B 和 C 的位置[图 6-35(b)]。基于最稳定 BC 结构,二维 $Mo_2Ti_2C_3O_2$(氧化 $Mo_2Ti_2C_3$)的晶格常数和厚度分别计算为 2.97 Å 和 10.08 Å(表 6-14)。为了进一步确认其结构稳定性,我们计算了 $Mo_2Ti_2C_3O_2$ 的声子谱,结果如图 6-35(c) 所示,显然,声子谱中没有出现负的声子频率,直接表明了 $Mo_2Ti_2C_3O_2$ 的动力学稳定性。另外,我们采用第一性原理分子动力学模拟使用 4×4 超胞,研究了 $Mo_2Ti_2C_3O_2$ 在 300 K 下的热稳定性,其中使用了 Nosé-Hoover 恒温器,时间步长为 2 fs。模拟结果表明,在 300 K 下退火 8 ps 后未发生明显的结构改变,验证了 $Mo_2Ti_2C_3O_2$ 在室温下是热稳定的。

表 6-13　$Mo_2M_2C_3O_2$ 的六种可能的晶体结构的能量(eV/单胞)

构　型	$Mo_2Ti_2C_3O_2$	$Mo_2Zr_2C_3O_2$	$Mo_2Hf_2C_3O_2$
AA	2.723	1.516	1.867
AB	2.011	1.191	1.398
AC	1.578	1.043	1.182
BB	0.585	0.357	0.411
BC	0	0	0
CB	1.129	0.668	0.772

注:对每种化合物,最稳定构型的能量设置为零。A、B、C 为 O 原子在 $Mo_2M_2C_3O_2$ 表面三种可能的吸附点。BC 代表 $Mo_2M_2C_3O_2$ 上表面的 O 原子占据 B 位置,在下表面的 O 原子占据 C 位置。AA、AB、AC、BB 和 CB 以此类推。

表 6-14　$Mo_2M_2C_3O_2$ 的晶格常数 a、厚度 h、Z_2 拓扑不变量以及 Γ 点附近的量子自旋霍尔带隙 E^g_{QSH}

化合物	$Mo_2Ti_2C_3O_2$	$Mo_2Zr_2C_3O_2$	$Mo_2Hf_2C_3O_2$
a/Å	2.97	3.10	3.08
h/Å	10.08	10.50	10.42
Z_2	1	1	1
E^g_{QSH}/meV	38	64	152

注:表中所列的值都是由 GGA 计算得到的。

接下来将探讨 $Mo_2Ti_2C_3O_2$ 电子结构和拓扑性质。图 6-36(a) 和(b) 给出了 GGA 计算得到的能带结构。在不考虑 SOC 的情况下,价带顶和导带底在费米能级附近的 Γ 点是简并的[图 6-36(a)]。这些在 Γ 点的简并态主要来自 Ti d_{xy} 和 Ti $d_{x^2-y^2}$ 轨道。考虑 SOC 后,二重简并的 Ti d_{xy} 和 Ti $d_{x^2-y^2}$ 轨道劈裂成两个单态,在 Γ 点引入一个 38 meV 的带隙[图 6-36(b)]。

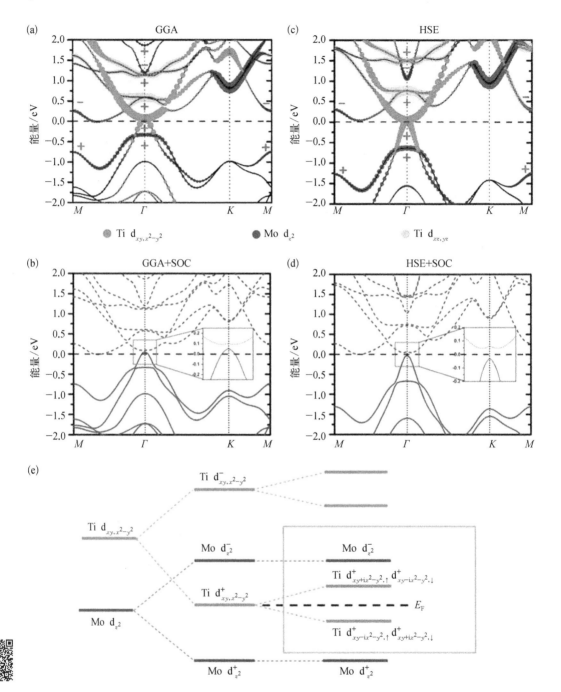

图6-36 （a）~（d）由 GGA 和 HSE 计算得到的 $Mo_2Ti_2C_3O_2$ 在不考虑和考虑 SOC 时的能带结构。红、蓝、绿色的点分别代表 Ti d_{xy, x^2-y^2}、Mo d_{z^2} 和 Ti $d_{xz, yz}$ 轨道的投影。费米面附近，波函数在时间反演不变点 Γ 和 M 的宇称用"+"或"−"标记。在（b）和（d）中，实线表示的能带在宇称计算中假定为占据态；插图为费米面附近两条能带的放大图。（e） $Mo_2Ti_2C_3O_2$ 能带反转的示意图

　　为确定 $Mo_2Ti_2C_3O_2$ 的拓扑性质，我们引入拓扑不变量 Z_2：$Z_2 = 1$ 表明拓扑非平庸相，而 $Z_2 = 0$ 表示拓扑平庸相。由于 $Mo_2Ti_2C_3O_2$ 系统具有反演对称性，由 Fu 和 Kane 提

出的方法,可以通过计算具有时间反演不变性 k 点的波函数的宇称来得到 Z_2。值得注意的是,如图 6-36(b) 所示,尽管费米面附近打开了一个由 SOC 产生的带隙,但是整个能带结构呈现出半金属特性,费米面略低于 SOC 带隙[图 6-36(b)中的插图]。为了计算 Z_2,我们可以假设费米面在 SOC 带隙中,将图 6-36(b) 中实线所表示的能带视为占据带。由此,在四个时间反演不变的 k 点,即 (0,0)、(0.5,0)、(0,0.5) 和 (0.5,0.5),占据态的宇称乘积分别计算为"−"、"+"、"+"和"+",相应地,$Z_2 = 1$,表明 $Mo_2Ti_2C_3O_2$ 具有 QSH 效应。

为进一步验证 $Mo_2Ti_2C_3O_2$ 的 QSH 相,我们同时使用 HSE06 计算了其电子结构,如图 6-36(c) 和 (d) 所示。与图 6-36(a) 和 (b) 中的 GGA 结果相比较,不考虑 SOC 时,费米面附近 Ti d_{xy} 和 Ti $d_{x^2-y^2}$ 的双重简并特征不变[图 6-36(c)];而 SOC 作用消除了简并且在 Γ 点处打开一个较大的带隙[图 6-36(d)],大约为 70 meV。但是能带拓扑序没有变,Z_2 仍然等于 1,再次确认了 $Mo_2Ti_2C_3O_2$ 的拓扑非平庸态。

$Mo_2Ti_2C_3O_2$ 的拓扑非平庸态与能带反转密切相关。如前所述,SOC 作用只是打开了一个有限大小的 QSH 带隙,而没有诱导能带反转,这表明在引入 SOC 前 $Mo_2Ti_2C_3O_2$ 就具有反转的能带排序。这不同于大多数已知的由 SOC 导致能带反转的拓扑绝缘体材料。为阐明 $Mo_2Ti_2C_3O_2$ 的能带反转,如图 6-36(a) 和 (c) 所示,我们把波函数投影至原子轨道。在具有 D_{3d} 对称性的晶体场作用下,$Mo_2Ti_2C_3O_2$ 中每个过渡金属原子的五个 d 轨道分裂成一个 d_{z^2} 轨道与两个双重简并的 d_{xy,x^2-y^2} 和 $d_{xz,yz}$ 轨道。考虑化学成键,上述的 d 轨道将进一步分裂成成键($d_{z^2}^+$、$d_{xy,x^2-y^2}^+$ 和 $d_{xz,yz}^+$)和反键($d_{z^2}^-$、$d_{xy,x^2-y^2}^-$ 和 $d_{xz,yz}^-$)轨道,其中的"+"和"−"分别表示奇宇称和偶宇称。如图 6-36(a) 所示(GGA 计算得到的能带结构),远离 Γ 点的 k 点处的最低导带主要由反键的 Mo $d_{z^2}^-$ 轨道贡献,而在 Γ 点附近,最低导带由 Ti $d_{xy,x^2-y^2}^+$ 轨道贡献,Mo $d_{z^2}^-$ 则贡献更高的导带。这表明在 Γ 点,反键轨道 Mo $d_{z^2}^-$ 和成键轨道 Ti $d_{xy,x^2-y^2}^+$ 之间存在能带反转。同样的能带反转也在 HSE06 计算得到的能带中发现,见图 6-36(c)。图 6-36(e) 展示了这一能带反转的示意图。进一步考虑 SOC,在 Γ 点双重简并的 Ti $d_{xy,x^2-y^2}^+$ 轨道劈裂而打开一个带隙。上述 $Mo_2Ti_2C_3O_2$ 的能带反转机制与 6.5.1 节讨论的 $Mo_2TiC_2O_2$ 类似。

值得注意的是,虽然 $Mo_2Ti_2C_3O_2$ 具有非平庸的拓扑序,但它不是本征的 QSH 绝缘体。这是因为它的费米面并没有精确位于 QSH 带隙内[图 6-36(b)]。因此,拓扑边缘态的测量可能会受到金属性的体态的影响。为了避免这个问题,最好消除金属性的体态。进一步地发现,这一目标可以通过对 $Mo_2Ti_2C_3O_2$ 施加较小的双轴拉伸应变来实现。图 6-37(a) 展示了施加 3% 应变时 $Mo_2Ti_2C_3O_2$ 的能带结构。与图 6-36(b) 相比,可以清楚地看到,在拉伸应变下,沿着 M-Γ 高对称线原先穿过费米面的导带上移,最后导致了一个绝缘的 $Mo_2Ti_2C_3O_2$ 体相。

拓扑边缘态是 QSH 材料的一个显著特征。为了计算得到拓扑边缘态,我们首先构建了以 MLWFs 为基组的紧束缚哈密顿量。然后,使用紧束缚哈密顿量,我们进一步构建出半无限晶格的边缘格林函数,其虚部恰好对应局域态密度,由此可以得到边缘态的能量色散。以施加 3% 应变的 $Mo_2Ti_2C_3O_2$ 为例,图 6-37(b) 显示了沿着其锯齿形边缘的局域态密度。显然,一对边缘态能带连接了体的价带和导带,在 M 点形成一个狄拉克锥。边缘能带切割费米面一次,即为奇数次,这正是非平庸的 Z_2 拓扑序所保证的。

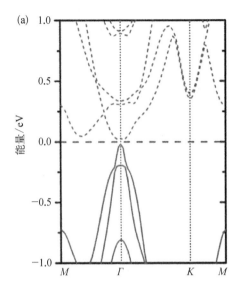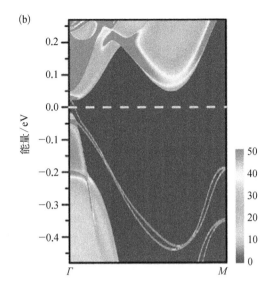

图 6-37 （a）$Mo_2Ti_2C_3O_2$ 在 3% 双轴拉伸应变下的能带结构，这里考虑了 SOC 效应。（b）3% 拉伸应变下 $Mo_2Ti_2C_3O_2$ 沿锯齿形边缘的局域态密度。其中，可以清晰地看到连接价带和导带的边缘态在 **M** 点处形成一个狄拉克锥。费米面设置为 **0 eV**

我们进一步研究了 $Mo_2Zr_2C_3O_2$ 和 $Mo_2Hf_2C_3O_2$ 的拓扑性质。由于 Ti、Zr、Hf 具有等价的外层电子，它们具有与 $Mo_2Ti_2C_3O_2$ 相似的晶体结构。声子谱的计算表明它们的晶体结构也是稳定的［图 6-38（a）和（b）］。图 6-38（c）和（d）展示了它们在考虑自旋-轨道耦合后的能带结构，显然这两个 MXene 材料均表现出半金属特性。然而，在每个 k 点，仍然可以通过假定费米能级弯曲找到一个明确的带隙。因此，我们仍然可以计算假定占据能带（实线表示）的 Z_2 拓扑不变量。结果表明，$Mo_2Zr_2C_3O_2$ 和 $Mo_2Hf_2C_3O_2$ 的 Z_2 均为 1。也就是说，$Mo_2Zr_2C_3O_2$ 和 $Mo_2Hf_2C_3O_2$ 都是拓扑非平庸的，具有 QSH 效应。

$Mo_2Zr_2C_3O_2$ 和 $Mo_2Hf_2C_3O_2$ 的能带反转机制与 $Mo_2Ti_2C_3O_2$ 类似。如图 6-38（c）所示，对于 $Mo_2Zr_2C_3O_2$，在 Γ 点，反键的 Mo $d_{z^2}^-$ 轨道位于两个劈裂的 Zr $d_{xy,x^2-y^2}^+$ 轨道的上方，从而引入了能带反转，且两个分裂的 Zr $d_{xy,x^2-y^2}^+$ 轨道之间的能量差决定了 QSH 带隙。对于 $Mo_2Hf_2C_3O$，反键轨道 Mo $d_{z^2}^-$ 位于两个分裂的 Hf $d_{xy,x^2-y^2}^+$ 轨道之间，而不是在它们上方［图 6-38（d）］。尽管如此，反转的能带序已经被引入。然而，由此产生的 QSH 带隙将小于两个分裂的 Hf $d_{xy,x^2-y^2}^+$ 轨道之间的能量间隔。总体而言，从 $Mo_2Ti_2C_3O_2$ 到 $Mo_2Zr_2C_3O_2$ 再到 $Mo_2Hf_2C_3O_2$，QSH 带隙逐渐增大，从 38 meV 到 65 meV 再到 152 meV（表 6-14）。显然，QSH 带隙的增大主要归因于 M 原子量的增加而导致 M $d_{xy,x^2-y^2}^+$ 轨道的自旋-轨道耦合增强。我们也注意到，$Mo_2M_2C_3O_2$ 的 QSH 带隙小于 6.5.1 节讨论的 $Mo_2MC_2O_2$ 的带隙，尽管如此，它们的带隙大小也足够支持 QSH 效应的室温应用。

最后，为了阐明对于含有过渡金属的 QSH 材料，d 电子的关联效应是否会影响其拓扑性质，使用 GGA+U 方法考虑了 d 电子的关联效应做了进一步的计算研究。结果表明，对于 Ti、Zr、Hf，考虑其 U 值从 0 eV 变化到 5 eV，发现 $Mo_2M_2C_3O_2$ 基态保持其非磁性，且它们的非平庸的能带拓扑序保持不变。

综上所述，基于第一性原理计算，我们预测了 $Mo_2M_2C_3O_2$ 是一类新型的 QSH 态，它们结

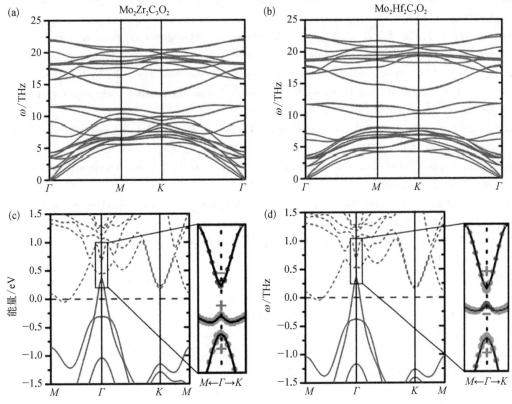

图6-38　（a）$Mo_2Zr_2C_3O_2$和（b）$Mo_2Hf_2C_3O_2$的声子谱。（c）$Mo_2Zr_2C_3O_2$和（d）$Mo_2Hf_2C_3O_2$考虑自旋-轨道耦合后的能带结构。在计算Z_2拓扑不变量时,实线表示的能带被假定为占据带。为清楚地显示能带反转,矩形框内的能带被放大。红色和蓝色的点分别代表Zr d_{xy,x^2-y^2}（Hf d_{xy,x^2-y^2}）和Mo d_{z^2}轨道的投影

构稳定,易于实验合成,且在空气中抗氧化。$Mo_2M_2C_3O_2$的非平庸拓扑序是由M d_{xy,x^2-y^2}与Mo d_{z^2}轨道之间的d-d轨道反转决定的,这不同于传统的s-p、p-p或d-p轨道反转;M d_{xy,x^2-y^2}轨道在自旋-轨道耦合作用下的劈裂进一步导致了QSH带隙。鉴于$Mo_2Ti_2C_3$已成功从它的母体材料MAX相——$Mo_2Ti_2C_3$中通过选择性蚀刻出Al层而制备出来,且可以通过高温退火调控其表面氧化,因此,我们可以期待在不久的将来观测到$Mo_2Ti_2C_3O_2$中的QSH态。此外,由于MXene家族非常大,我们的工作也将促进在MXene中发现更多的新型拓扑性质。

主要参考文献

Fu L, Kane C L.2007. Topological insulators with inversion symmetry. Phys. Rev. B, 76: 045302.

Kanishcheva A, Mikhailov Y N, Zhukov E, et al. 1983. Redetermination of the crystal structure of As_2Se_3 and a comparison of the coordination of As(Ⅲ) in chalcogenides and their analogs. Inorg. Mater., 19: 1744-1748.

Martin R M.2005. Elctronnic structure basic theory and practical methods. Cambridge: Cambridge University Press.

Martin R M, Lucia R, David M. 2016. Interacting electrons theory and computational approaches. Cambridge: Cambridge University Press.

Miao N, Zhou J, Sa B, et al. 2017. Few-layer arsenic trichalcogenides: emerging two-dimensional semiconductors with tunable indirect-direct band-gaps. J. Alloys. Comp., 699: 554−560.

Morimoto N. 1954. The crystal structure of orpiment (As_2S_3) refined. Mineralogical J., 1: 160−169.

Sa B, Zhou J, Song Z, et al. 2011. Pressure-induced topological insulating behavior in the ternary chalcogenide $Ge_2Sb_2Te_5$. Phys. Rev. B., 84: 085130.

Sa B, Zhou J, Sun Z, et al. 2012(a). Strain-induced topological insulating behavior in ternary chalcogenide $Ge_2Sb_2Te_5$. EPL, 97: 27003.

Sa B, Zhou J, Sun Z, et al. 2012(b). Topological insulating in GeTe/Sb_2Te_3 phase-change superlattice. Phys. Rev. Lett., 109: 096802.

Si C, Jin K, Zhou J, et al. 2016. Large-gap quantum spin hall state in MXenes: d-band topological order in a triangular lattice. Nano. Lett., 16: 6584−6591.

Si C, You J, Shi W, et al. 2016. Quantum spin Hall phase in $Mo_2M_2C_3O_2$(M=Ti, Zr, Hf) MXenes. J. Mater. Chem. C, 4: 11524−11529.

Si C, Zhou J, Sun Z. 2015. Half-metallic ferromagnetism and surface functionalization-induced metal-insulator transition in graphene-like two-dimensional Cr_2C crystals. ACS Appl. Mater. Interfaces., 7: 17510−17515.

Tominaga J, Fons P J, Hase M, et al. 2011. Topological insulating state in interfacial phase-change. Zürich: European\\Phase Change and Ovonics Symposium, 2011: 26.

Zhang H, Liu C X, Qi X L, et al. 2009. Topological insulators in Bi_2Se_3, Bi_2Te_3 and Sb_2Te_3 with a single Dirac cone on the surface. Nat. Phys., 5: 438−442.

第7章　范德瓦耳斯异质结

We especially need imagination in science.

—— Maria Mitchell

乐高积木可灵活组合,是最令人着迷、发挥想象力和激发创造力的益智玩具之一。从最简单的积木单元出发,运用最直接的组合方法,可以搭建出各种新奇有趣的作品。范德瓦耳斯异质结的组成单元就像乐高积木,将不同二维材料单元基于范德瓦耳斯弱相互作用堆叠形成的"范德瓦耳斯异质结"(van der Waals heterostructures),就是材料学家的"乐高积木作品"。

传统的异质结可通过同质材料的掺杂(如半导体硅的 PN 结)或在晶格匹配的衬底材料上进行外延生长(如金属钙钛矿氧化物异质结)来获得,但极易在界面处形成位错等缺陷而影响异质结的质量,因此对材料的选择和工艺的要求非常严格。二维材料的诞生打破了这些限制,由二维材料单元组成的异质结不仅不存在上述问题,还可以随意构建混合维度的异质结构,从而拓展了异质结的空间维度。由于二维材料的层间不存在共价键,因此不受晶格匹配和材料种类的限制,通过依次堆叠不同的二维材料单元就可以获得趋于完美的范德瓦耳斯异质结。例如,由金属性二维材料和半导体性二维材料堆叠而成的二维半导体/金属异质结界面缺陷极少,明显削弱了强的费米能级钉扎现象。得益于二维材料的极佳柔韧性和组合多样性,由二维异质结制备成的各种器件具有非常好的延展性和挠曲性,在柔性电子器件和可穿戴设备等方面展现了广阔的应用前景。范德瓦耳斯异质结由于可以综合异质结中二维材料单元的优异性能,从而可以获得更好的整体性能甚至"突变"的性能,展现出优异的电子和光学等性能,在光催化剂、光伏和光电子器件中显示了巨大的应用潜力。

丰富的二维材料数据库为设计新型范德瓦耳斯异质结和探索新奇物理现象提供了基础,而不断进步的第一性原理计算等理论方法为按需设计新型范德瓦耳斯异质结、预测并理解界面光电子性质乃至光电子器件的物理性质和输运行为等提供了快速且精准的途径。本章主要涉及范德瓦耳斯异质结的设计和界面光电子性质的研究。

7.1　二维半导体与电极异质结的接触性质

肖特基势垒(Schottky barrier)是金属与半导体异质结研究中的一个重要课题。在高迁移率场效应晶体管、光发射设备、太阳能电池等电子器件和光学器件中存在大量的金属与半导体异质结。由于金属与半导体金属接触时界面处存在肖特基势垒,电子在输运过程中会受到阻碍,从而使接触电阻增大。肖特基势垒的高度越大,电子在输运过程中受到的阻碍作用就越大;若肖特基势垒高度值极低甚至为零,则金属与半导体的接触由整流接触转变为欧姆接触,能够显著提高电流的传输效率。因此,有效降低接触界面的肖特基势垒对于实现电流的高效传输、提高场效应晶体管等半导体器件的应用性能具有重要意义。

金属与半导体接触电流的传输性质是由两种材料的电子结构控制的,由于两种材料电子态能量的非连续性,金属与半导体界面的电流通常与所施加的偏压呈非线性关系。在半导体/金属异质结中,费米能级附近的电子态是金属导电的主要原因,但是通常这些费米能级处的电子态与半导体中的局域电子态不会发生耦合效应,因此控制半导体导电性的电子态取决于半导体的掺杂类型。对于 n 型半导体,导带底附近的电子决定了半导体的导电性;而对于 p 型半导体,其导电性主要由价带顶附近的空穴来控制。由于半导体电子结构中带隙的存在,n 型半导体与金属间电子传输的最低能量势垒是费米能级与导带底之间的能量差值,称为 n 型肖特基势垒高度,它表征了金属中的电子迁移到 n 型半导体需要跃过的能量势垒,也就是说,电子沿半导体到金属方向的传输比相反的方向更容易。同样地,如果 p 型半导体与金属接触,费米能级与价带顶能量的差值称为 p 型肖特基势垒高度,此物理量控制着金属与半导体界面的空穴输运性质。需要强调的是,金属与半导体界面的电流和肖特基势垒高度呈指数型的依赖关系,因此肖特基势垒是影响金属与半导体界面电学特性的最重要的物理量。

一般认为,肖特基势垒高度受肖特基-莫特规则(Schottky-Mott rule)的控制。根据肖特基-莫特规则,异质结中材料单元分别处于隔离状态时的能带位置关系同样适用于它们相互接触形成的金属与半导体界面。如果将金属的功函数表示为 φ_M,半导体的电子亲和能和电离能分别表示为 χ_{sc} 和 I_{sc},则两种材料接触前半导体的导带底(价带顶)与金属费米能级的能量差为 $\varphi_M - \chi_{sc}(I_{sc} - \varphi_M)$。如果金属和半导体接触形成界面后半导体导带底与金属费米能级之间保持相对固定的位置,就得到了肖特基-莫特规则的公式描述:$\Phi_{Bn} = \varphi_M - \chi_{sc}$,其中 Φ_{Bn} 为 n 型肖特基势垒高度。肖特基-莫特规则描述了金属与半导体的肖特基势垒与金属功函数之间的关系,但是在实际的金属与半导体接触过程中并不能达到肖特基-莫特规则所要求的理想假设。金属与半导体界面产生的复杂的物理和化学变化使最终的肖特基势垒高度偏离了肖特基-莫特规则,因此研究金属与半导体界面处的物理化学性质就显得极为重要。另外,电子在传输过程中受到肖特基势垒的阻碍作用会导致半导体/金属异质结的接触电阻增大,因此调控或消除金属与半导体间的肖特基势垒,对于实现欧姆接触有重要意义。

7.2 GaSe/石墨烯异质结的肖特基势垒

通过堆叠石墨烯等不同二维材料形成的范德瓦耳斯异质结已在纳米电子学、自旋电子学和光电子学中展现了重要的应用前景。利用第一性原理计算,本节研究了一种最新合成的硒化镓/石墨烯(GaSe/graphene,简称 GaSe/g)范德瓦耳斯异质结的电子结构和界面特性,发现在这种范德瓦耳斯异质结中,硒化镓和石墨烯都很好地保持了其本征电子特性,且在界面处形成了肖特基势垒。有趣的是,硒化镓与石墨烯之间的能带排列可以通过调节界面距离或施加外部电场进行有效调制,从而实现了肖特基势垒高度的可控调制。这对基于范德瓦耳斯异质结的电子和光电子器件的应用是非常重要的。进一步的研究还发现,界面偶极矩和势能台阶的存在以及它们的可调性是确保肖特基势垒高度可控的主要原因。

7.2.1 研究背景

二维材料以其优异的性能及在各个领域的应用前景而备受关注。作为第一个被发现的二维晶体,石墨烯的载流子迁移率高达 10^5 cm^2/(V·s),被认为是纳米电子学的重要候选材料。然而,由于石墨烯没有带隙,限制了其在逻辑晶体管中的应用。因此,研究者一直致力于寻找结构类似于石墨烯但具有半导体特性的新型二维材料。其中,单原子层厚的金属单硫族化合物,如 GaSe 和 GaS 等,引起了越来越多的关注。在体材料中,GaSe(GaS)晶体是由垂直堆叠的 Se-Ga-Ga-Se(S-Ga-Ga-S)单元层堆积而成,单元层之间是通过弱的范德瓦耳斯力结合的。类似于石墨,层状金属单硫族化合物可以通过微机械剥离法剥成单层或几层,并且大尺寸的均匀单晶体的单层 GaSe 也已通过气相沉积法在不同衬底上成功合成。到目前为止,二维 GaSe 晶体已经显示了各种非常有趣的特性,包括谷极化、压电特性、空穴掺杂诱导的半金属性和随层数变化的带隙等。此外,基于二维 GaSe 的场效应晶体管和光电探测器也已经被成功制备。它们表现出令人印象深刻的电性能,证明这种二维材料在纳米电子学和光电子学应用中具有巨大的潜力。

二维材料的研究催生了另一个研究方向的蓬勃发展,即基于不同二维晶体堆叠形成的范德瓦耳斯异质结。这些范德瓦耳斯异质结无论是对于基础研究还是技术应用都是非常有意义的。最近,研究者成功制备了基于 GaSe/g 的双肖特基二极管器件,它们表现出出色的整流性能和高达 10^3 的开关比。此外,研究发现单层 GaSe 可以通过范德瓦耳斯外延直接生长在石墨烯表面,与石墨烯形成了双层异质结,这将进一步促进基于 GaSe/g 异质结的应用。在基于范德瓦耳斯异质结的器件中,半导体性的二维晶体如 GaSe,通常被用作沟道材料,而金属性的材料如石墨烯等,常被用作电极材料。因此,金属-半导体范德瓦耳斯异质结的界面特性,包括电荷转移、能带排列和肖特基势垒等,对器件性能具有至关重要的影响。例如,二维半导体的电荷转移在很大程度上取决于肖特基势垒高度。因此,非常有必要了解异质结的界面特性并发展有效的调控方法。这正是本节研究的目的。本节的计算是在密度泛函理论的框架下完成的,使用投影缀加波来描述离子-电子相互作用,用基于 PBE 的广义梯度近似来描述交换-关联函数,范德瓦耳斯相互作用利用 optB88-vdW 方法来描述。构建范德瓦耳斯异质结时使用的真空层厚度设定为大于 15 Å。对所有的结构进行了优化,直到作用在每个原子上的力小于 0.01 eV/Å。在彻底结构优化的基础上,采用 HSE 杂化密度泛函来计算电子性质。

7.2.2 GaSe/g 范德瓦耳斯异质结的电子结构与肖特基势垒

在进行电子结构计算前,首先要确定 GaSe/g 范德瓦耳斯异质结的精细结构。GaSe/g

范德瓦耳斯异质结的结构示于图 7-1(a)，它是由单层 GaSe 堆叠在石墨烯顶部形成的。具体而言，它是由一个 3×3 的石墨烯超胞堆叠在一个 2×2 的 GaSe 超胞上。由于单层 GaSe 的性质对晶格常数比较敏感，在建立 GaSe/g 范德瓦耳斯异质结时，我们将异质结中 GaSe 的晶格常数固定在其优化值 a = 3.818 Å，然后相应地调整石墨烯的晶格常数，以补偿 GaSe 与石墨烯之间的晶格错配。最后，发现调整后石墨烯的晶格常数相当于在石墨烯中引入了 3% 的拉伸应变，但这个应变很小，不会引起石墨烯电子结构的显著变化。

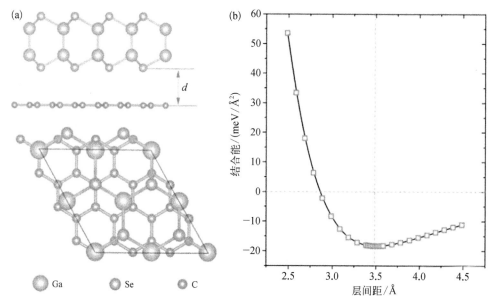

图 7-1 （a）GaSe/g 异质结的侧视图和俯视图，d 为层间距；
（b）异质结的结合能随着层间距的变化

将范德瓦耳斯异质结中石墨烯与 GaSe 之间的内聚能（cohesive energy）定义为

$$E_b = \frac{E_{GaSe/g} - E_{GaSe} - E_g}{A} \tag{7-1}$$

其中，$E_{GaSe/g}$ 是 GaSe/g 异质结的总能；E_{GaSe} 是孤立 GaSe 单层的总能；E_g 是石墨烯的总能，由于在 GaSe/g 异质结中石墨烯有 3% 的拉伸应变，这里的 E_g 对应 3% 应变下石墨烯的总能；A 是界面面积。内聚能与层间距离之间的关系绘制于图 7-1(b)，可见，内聚能随着层间距 d 值的减小而不断降低，在 d = 3.486 Å 时降为最小值。因此，GaSe/g 异质结中的平衡距离 d_{eq} 为 3.486 Å，此时的内聚能为 −18.4 meV/Å²。这个内聚能值与其他典型范德瓦耳斯晶体的结合能相当（例如，石墨为 −12 meV/Å²，体相 MoS₂ 为 −26 meV/Å²），这说明异质结中 GaSe 与石墨烯之间的确是通过范德瓦耳斯力结合的。

使用优化后的 GaSe/g 异质结计算其能带结构，如图 7-2 所示，其中石墨烯和 GaSe 对能带的贡献分别用红点和蓝点来表示。显然，石墨烯的狄拉克锥仍保持完好，单层 GaSe 的间接带隙特征也被保留。这表明两种材料在形成异质结后，它们单体的关键特性都得以保存,这正是范德瓦耳斯异质结的一个显著特征。此外,我们还可以观察到石墨烯与 GaSe 电子态之间的弱杂化,导致石墨烯的 π 带中在费米能级下方-1.6 eV 处打开了一个小能隙(参见图 7-2 中的插图)。类似地,在二硫化钼/石墨烯异质结中,由于层间耦合导致石墨烯的 π 带在远离费米面处也打开了能隙,且已经通过角分辨光电子能谱测量观察到。然而,石墨烯与 GaSe 之间弱的相互作用几乎没有引起 GaSe 能隙的变化:与石墨烯接触前后,GaSe 的带隙分别计算为 2.65 eV 和 2.66 eV。这与磷烯/石墨烯范德瓦耳斯异质结不同,其层间相互作用导致磷烯的带隙增加了约 0.1 eV。

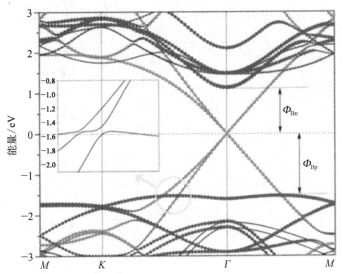

图 7-2 GaSe/g 异质结的能带结构。费米面设置在零处,红点和蓝点分别代表石墨烯和 GaSe 的电子态的贡献。插图是绿色圆圈内能带的放大图。肖特基势垒 Φ_{Bp} 和 Φ_{Bn} 可以通过能带结构得到

半导体/金属接触最显著的特性之一是肖特基势垒,它的高度可以由半导体/金属系统的能带结构来决定。p 型的肖特基势垒高度 Φ_{Bp}(Schottky barrier height,SBH)由半导体/金属体系的费米能级 E_F 和半导体的价带边缘 E_v 之间的能量差决定($\Phi_{Bp} = E_F - E_v$),而 n 型的肖特基势垒高度 Φ_{Bn} 由 E_F 与半导体的导带边缘 E_c 之间的能量差决定($\Phi_{Bn} = E_c - E_F$)。这两种势垒的总和近似等于半导体的带隙 E_g,即 $\Phi_{Bp} + \Phi_{Bn} \approx E_g$。如图 7-2 所示,对 GaSe/g 异质结,位于狄拉克点的费米能级接近 GaSe 导带,从而 Φ_{Bp} 为 1.53 eV,Φ_{Bn} 为 1.13 eV。进一步的分析发现,石墨烯狄拉克点相对于 GaSe 能带边缘的位置可由石墨烯和 GaSe 之间不同的层间距 d 调控。图 7-3(a)给出了不同层间距 d 下 GaSe/g 的能带结构,显见,当 d 增加时狄拉克点移向 GaSe 的导带,而 d 降低时狄拉克点靠近 GaSe 的价带。肖特基势垒高度随着 d 值的变化示于图 7-3(b)。当 d 由平衡距离 3.486 Å 开始增大时,Φ_{Bp} 增大而 Φ_{Bn} 减小,当 d 大于 4.50 Å 时,它们分别收敛到 1.76 eV 和 0.89 eV。如果 d 由平衡距离 3.486 Å 开始降低,则 Φ_{Bp} 减小而 Φ_{Bn} 增大,当 d 小于 3.18 Å 时,继续减小 d 值则 Φ_{Bp} 小于 Φ_{Bn}。

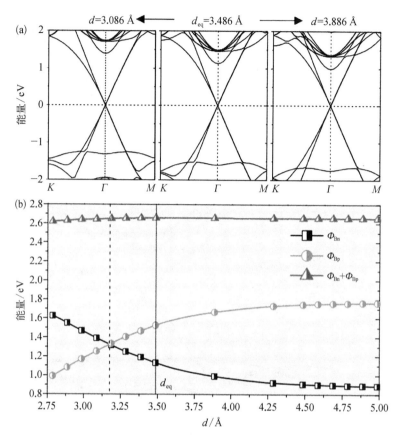

图 7-3 （a）GaSe/g 的能带结构随着不同层间距的变化；
（b）肖特基势垒 Φ_{Bp} 和 Φ_{Bn} 随着层间距 d 的变化

7.2.3 可调的肖特基势垒高度与界面偶极子

进一步分析发现，上述肖特基势垒高度可调这一有趣现象与界面偶极的存在及其可调性密切相关。单层 GaSe 与石墨烯接触形成范德瓦耳斯异质结后，将在 GaSe/g 界面发生电荷重新分布。这一电荷重新分布可以通过差分电荷密度 $\Delta\rho(z) = \rho_{GaSe/g}(z) - \rho_{GaSe}(z) - \rho_g(z)$ 看到，其中 $\rho_{GaSe/g}(z)$、$\rho_{GaSe}(z)$ 和 $\rho_g(z)$ 分别表示 GaSe/g 异质结、孤立的 GaSe 单层和孤立石墨烯的平面平均电荷密度。当层间距为平衡距离 $d_{eq} = 3.486$ Å 时，在靠近 GaSe 的界面区域表现出电子积累，而在靠近石墨烯的界面区域表现出电荷耗尽，如图 7-4（a）所示，这表明电荷从石墨烯转移到了 GaSe。为了确定电荷转移量（Δq），如图 7-4（a）所示，我们定义了一个 GaSe/g 截断距离 R_{cut}，它位于电荷耗尽与电荷积累的转折点。$z < R_{cut}$ 的区域归于石墨烯，而 $z > R_{cut}$ 的区域归于 GaSe。$\Delta\rho(z)$ 在石墨烯区域的积分即为 Δq。当 $d_{eq} = 3.486$ Å 时，Δq 大约为 0.03 e 每 GaSe/g 单胞。虽然电荷转移量很小，但它产生了一个不可忽略的界面偶极矩，同时在界面处形成了一个势能台阶，如图 7-4（b）所示。因此，在这里肖特基-莫特规则并不适用，肖特基势垒高度应该写成：

$$\Phi_n = W_m - \chi + \Delta V, \quad \Phi_p = I - W_m - \Delta V \qquad (7-2)$$

其中 χ 和 I 分别是 GaSe 的电子亲和能和电子电离能；W_m 是金属电极的功函数。势能台阶可以由 $\Delta V = W_{GaSe/g} - W_m$ 得出，其中，$W_{GaSe/g}$ 是石墨烯被 GaSe 吸附后的功函数。本质上 ΔV 值由电荷转移的强度决定：电荷转移越强，界面偶极矩和 ΔV 越大。当层间距为平衡距离 d_{eq} 时，电荷转移约为 $0.03e$，ΔV 是 0.23 eV。随着 d 减小，GaSe 和石墨烯之间的界面耦合增强，从而有更多的电子从石墨烯转移到 GaSe[图 7-4(a) 中的插图]，这直接导致了 ΔV 的扩大。由方程(7-2)可知，正是由于 ΔV 的增加导致了 Φ_{Bp} 的减少和 Φ_{Bn} 的增加[图 7-3(b)]。

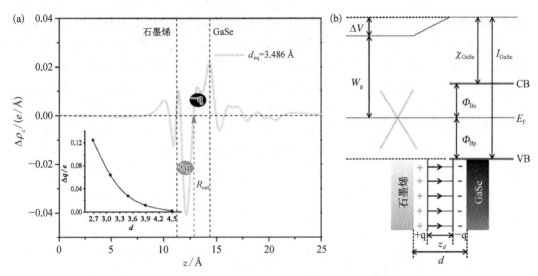

图 7-4 （a）面平均的差分电荷密度。箭头指示用于电荷转移量 Δq 计算的截断距离 R_{cut} 的位置。插图给出了 Δq 随着层间距的变化。（b）GaSe/g 界面能带排列示意图。界面电荷转移导致了界面偶极矩和势能台阶 ΔV 的出现

如上所述，在范德瓦耳斯力作用范围内，界面的偶极矩以及由此产生的势能台阶必须予以考虑。然而，当石墨烯和 GaSe 的间距大于 4.5 Å 时，层间相互作用和界面电荷重新分布则变得微不足道，界面转移 $\Delta q \approx 0$[参见图 7-4(a) 中的插图]，导致 $\Delta V \approx 0$，因此，Φ_{Bp} 和 Φ_{Bn} 分别收敛到 $I_{GaSe} - W_g$ 和 $W_g - \chi_{GaSe}$。由 HSE 杂化泛函计算得到 $I_{GaSe} = 6.36$ eV，$\chi_{GaSe} = 3.71$ eV 和 $W_g = 4.60$ eV，因此收敛的 Φ_{Bp} 和 Φ_{Bn} 分别为 1.76 eV 和 0.89 eV，这与图 7-3(b) 中所示的值是一致的。

7.2.4 外部电场与肖特基势垒高度

由 7.2.3 节可见，GaSe/g 范德瓦耳斯异质结界面处的势能台阶 ΔV 在调制界面能带排列和肖特基势垒高度中起着关键的作用。通常，具有强化学键结合和电荷转移的传统异质结研究会考虑到势能台阶 ΔV，而对于无界面悬挂键且通过弱范德瓦耳斯力进行层间耦合的范德瓦耳斯异质结，特别是石墨烯/二维半导体和二维半导体/二维半导体范德瓦耳斯异质结中，ΔV 常常被忽略。事实上，尽管范德瓦耳斯作用很弱，它仍然可以导致界面电荷的重新分配，因此界面偶极和伴随的 ΔV 也同样广泛存在于范德瓦耳斯异质结中。这表明通过改变层间距调节 ΔV 来调控肖特基势垒高度的方法也应该适用于其他石墨烯/二维半导体范德瓦耳斯异质结。值得指出的是，这种调控肖特基势垒高度的方法在一定程度上也是实验可行的。通常，范德瓦耳斯异质结层间距的控制可以通过使用等静压等

技术产生外部压力的方式实现,这种方式可以导致层间距的全局变化。此外,通过使用扫描隧道显微镜或原子力显微镜尖端施加压力,局部的层间距也可以得到调节。

下面,我们将看到肖特基势垒高度也可以通过施加外部电场 E_{ext} 进行有效调制。如果施加一个从石墨烯指向 GaSe 的正向外电场 E_{ext},将在 GaSe/g 界面引入一个额外的静电势,所以界面处的势能台阶将变为

$$\Delta V' = \Delta V + ez_d E_{ext}/\varepsilon \qquad (7-3)$$

其中,$\Delta V'$ 和 ΔV 分别表示有和无外电场下的势能台阶;z_d 是充电的石墨烯与 GaSe 之间的有效距离,由于大多数电荷位于石墨烯和 GaSe 之间,$z_d < d$;ε 代表外电场被金属界面态的屏蔽。当一个负的电场由 GaSe 指向石墨烯,方程(7-3)仍然有效,但相应的 E_{ext} 要用负值表示。显然,在 E_{ext} 作用下,界面处势能台阶的变化将导致肖特基势垒高度的变化。图 7-5(a)显示了在不同外场 E_{ext} 作用下 GaSe/g 异质结能带结构的演变,显然,在正电场 E_{ext} 作用下,GaSe 的价带靠近石墨烯的狄拉克点,而在负电场 E_{ext} 作用下,GaSe 的导带靠近狄拉克点。然后,计算不同电场 E_{ext} 下的肖特基势垒高度并绘制于图 7-5(b),可以清楚地看到,随着 E_{ext} 由正变负,Φ_{Bp} 减小而 Φ_{Bn} 增大。此外,值得注意的是,Φ_{Bp} 和 Φ_{Bn} 随着 E_{ext} 变化都是线性的,其斜率分别为 -1.55 eÅ 和 1.57 eÅ。根据方程(7-3),斜率的绝对值应该等于 ez_d/ε。然而,由于 z_d 的确切值未知,因此我们无法给出 ε 的具体值。

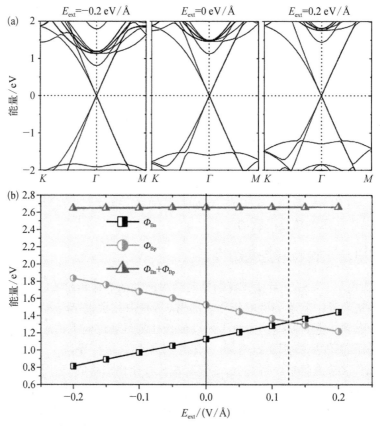

图 7-5　(a) GaSe/g 异质结能带随外场的变化;(b) 肖特基势垒 Φ_{Bp} 和 Φ_{Bn} 随着外电场的变化

由于 Φ_{Bp} 和 Φ_{Bn} 随着 E_{ext} 的变化有着相反的变化趋势,大于 0.12 V/Å 的外电场将使得 Φ_{Bp} 小于 Φ_{Bn},如图 7-5(b)所示。从实验角度看,至少需要施加 0.1～0.2 V/Å 的电场才可以显著地调控肖特基势垒高度。通常来说,这样大小的电场可以通过栅极电压或脉冲电场技术来施加。此外,如果将肖特基势垒高度值变为零或负值,则可引入欧姆接触。基于 Φ_{Bp} 和 Φ_{Bn} 随着外电场 E_{ext} 的线性变化[图 7-5(b)],我们可以推出,施加大于 0.98 V/Å 的正电场 E_{ext} 和小于 -0.72 V/Å 的负电场将分别导致 $\Phi_{Bp} \leqslant 0$ 和 $\Phi_{Bn} \leqslant 0$,即实现欧姆接触。但是,如此大的外加电场在实验上很难实现。

综上,当单层 GaSe 与石墨烯形成范德瓦耳斯异质结时,虽然异质结中单层 GaSe 与石墨烯的本征电子性质都被很好保持,但异质结界面处的电荷重新分布,产生了一个不可忽略的界面偶极子以及一个伴随而生的势能台阶。界面处势能台阶的大小可以通过改变层间距或施加垂直于界面的外电场进行有效调节,从而导致了石墨烯和 GaSe 之间的能带排列变化,进而使得 GaSe/g 界面的肖特基势垒高度可控。本节的研究结果为 GaSe/g 范德瓦耳斯异质结在电子和光电子器件中的应用提供了重要理论基础。

7.3　MXene 的金属特性与功函数

功函数是材料的基本物理性质之一,金属的功函数影响半导体/金属范德瓦耳斯异质结界面的肖特基势垒高度,调控功函数可以获得零肖特基势垒高度,实现界面的欧姆接触。功函数由材料的费米能级和真空能级间的能量差决定,且受到材料表面弛豫、表面官能团吸附等表面特性的影响。另外,许多电学应用中为了提高性能和效率需要功函数较低或较高的金属材料。功函数较低的金属有铯(Cs)、钪(Sc)、镁(Mg)等,功函数较高的金属有铂(Pt)、钯(Pd)、金(Au)等,然而,当这些金属与半导体形成异质结时,由于复杂的界面相互作用,往往出现费米面的钉扎现象,从而引起界面较高的肖特基势垒,导致半导体与电极的电学接触性能降低。为了解决金属电极与半导体材料的接触问题,研究者在不断寻找合适的金属性的非金属材料来替代上述金属。最近,二维过渡金属碳化物因其良好的金属导电性、做为金属衬底的高稳定性、高熔点和较低的功函数等优异性能而受到广泛的关注。

7.3.1　二维 $M_{n+1}C_n$ 的晶体结构与功函数的计算方法

二维过渡金属碳化物 $M_{n+1}C_n$(n 为正数),也称 MXene,通常是由前驱体层状 $M_{n+1}AX_n$ 相(简称 MAX 相,其中 M 是过渡金属元素,A 是元素周期表中 ⅢA～ⅥA 族的元素,通常为铝或者硅,X 为碳或氮)通过化学刻蚀掉 A 层元素而获得的。此外,由于 MXene 通常是由 HF 等酸处理从 MAX 相中刻蚀掉 A 层元素得到,因此实际制备的 MXene 表面通常会被一层 F、O 或 OH 的官能团覆盖,具有 $M_{n+1}X_nT_2$ 的化学组分,这里 T 表示表面官能团。迄今为止,MXene 是最大的二维材料家族,且金属性的 MXene 数量众多,加之 MXene 的组分和性能均具有较大的调控空间,因此 MXene 为优选电极材料提供了很好的数据库基础。在将 MXene 作为金属电极与其他二维材料堆叠构造范德瓦耳斯异质结之前,我们需要全面了解 MXene 的电子性质。换句话说，MXene 和其他二维材料的结构与性能信息就像一个个的"基因片段"，有了它们，我们就可以按照需求随意搭配堆叠获得目标"范德瓦耳斯异质结"材料。

本节采用基于密度泛函理论的第一性原理方法研究 MXene 的电子结构和功函数性质，分析了功函数的调制机制，为以 MXene 为电极材料构建新型异质结提供基础。由于 MXene 所含的某些过渡金属具有磁性，因此需要对这些 MXene 进行磁性测试，发现有些 MXene 体系的确具有磁性，所以在计算中考虑了磁性的影响，但为了方便对比，计算结果中只选取了某一自旋方向的结果。

基于 MXene 的电子结构，其功函数的计算公式为

$$W_M = E_{vacuum} - E_F \tag{7-4}$$

其中，W_M 代表 MXene 的功函数；E_{vacuum} 和 E_F 分别表示 MXene 的真空能级能量和费米能级的能量。

在构建 MXene 晶体结构时，真空层的厚度都设置为大于 20 Å 以避免因周期性而导致的相互影响。$M_{n+1}C_n(n=1,2,3)$ MXene 的晶体结构如图 7-6 所示，其中 M 代表过渡金属，包括 Sc、Ti、Zr、Hf、V、Nb、Ta、Cr 和 Mo 等元素。从图中可以看出，在 xy 平面内 MXene 具有六方对称性；从侧视图来看，晶体呈三明治状，碳原子被夹在两层金属原子的中间位置，过渡金属原子裸露在表面位置。将所有构建的 MXene 晶体结构和原子位置都进行全面的弛豫，结构弛豫后二维 M_2C 的晶格常数 a 和 M-C 键长 l 等参数列于表 7-1 中。可以看出，二维 M_2C 的晶格常数 a 的范围是 2.820~3.309 Å，M-C 键长为 1.933 与 2.274 Å，在这个键长范围内，碳原子与金属原子结合力较强，晶体结构稳定。此外，考虑到实际 MXene 在制备过程中会在其表面形成 F、O、OH 等官能团层，且 MXene 官能化后的电子结构和物理性质也随之改变，我们也构建了二维 M_2CT_2 的晶体结构，官能团在 MXene 表面的稳定构型如图 7-7 所示。在进行电子结构计算前也将 M_2CT_2 晶体结构和原子位置进行全面弛豫。

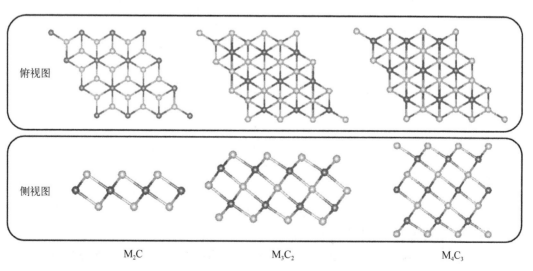

俯视图

侧视图

M_2C　　　　　　M_3C_2　　　　　　M_4C_3

图 7-6　二维 $M_{n+1}C_n$ 的晶体结构模型

表 7-1　晶体结构优化后二维 M_2C 的晶格常数 a 和 M—C 键长 l

MXene	$a/\text{Å}$	$l/\text{Å}$
Sc_2C	3.309	2.260
Ti_2C	3.042	2.101
Zr_2C	3.268	2.274
Hf_2C	3.210	2.246
V_2C	2.896	1.994
Nb_2C	3.132	2.166
Ta_2C	3.081	2.154
Cr_2C	2.820	1.933
Mo_2C	2.995	2.089

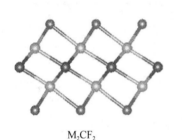
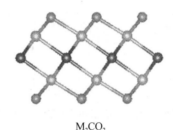
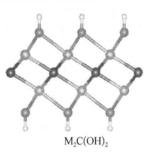

M_2CF_2　　　　　　　M_2CO_2　　　　　　　$M_2C(OH)_2$

图 7-7　M_2CT_2 的晶体模型 (T=F,O,OH)

7.3.2　过渡金属种类、原子层数和表面官能团对 MXene 功函数的影响

二维 M_2C_n 材料 MXene 因其多种多样的过渡金属元素种类和原子层数可变性以及官能团的修饰作用等因素而具有多样的性质,极大地丰富了电极的选择。作为与半导体相接触的电极材料,首先要求电极材料具有良好的金属导电性,因此下面先从 MXene 中筛选出金属性的化合物。由二维 M_2C 的电子态密度可见,如图 7-8 所示,费米能级附近的电子态密度值都较高,说明所有表面裸露的 MXene 均表现出金属性质,非常适合作为电极材料。值得注意的是,之前我们讨论过,Cr_2C 呈现出半金属铁磁性,这里为了方便比较,只取了一个自旋的态密度。

金属的功函数等于真空能级与金属的费米能级之间的能量差值,其中真空能级能量的计算可以由远离金属原子的静电势能得到。这里以二维 Nb_2C 为例,如图 7-9 展示了 Nb_2C 沿垂直于二维材料表面方向(即 z 轴方向)的平均静电势曲线,原子所在位置的静电势呈下凹的波谷形。当不断远离原子位置时,静电势的能量随着距离增大而逐渐增大直至成为一个稳定值,这个能量值就是真空能级的能量。费米能级可以从第一性原理静态计算的输出文件直接读出来。

表 7-2 列出了计算得出的二维 M_2C 的功函数,总体来看,不同 M_2C 的功函数值相差在 0.9 eV 以内,其中 Sc_2C 的功函数最小(4.10 eV),Mo_2C 的功函数最大(4.89 eV)。这说明过渡金属 M 的种类对本征 MXene 功函数的影响较小,MXene 的金属性表现出相似性。M_2C 的功函数与常见金属的功函数值接近,例如,Al 的功函数约为 4.0 eV,Ag 的功函数约

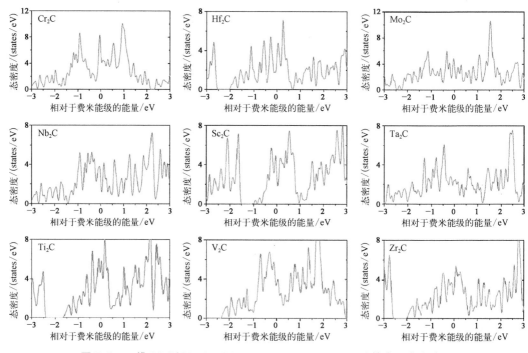

图 7-8　二维 $M_2C(M=Cr,Hf,Mo,Nb,Sc,Ta,Ti,V,Zr)$ 的电子态密度图

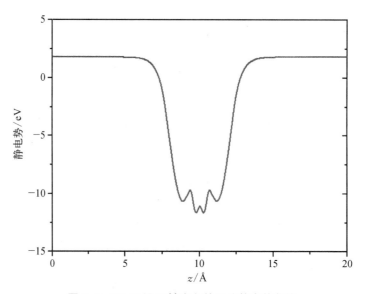

图 7-9　Nb_2C 沿 Z 轴方向的平均静电势曲线

为 4.5 eV,Cu 的功函数约为 4.7 eV。为了更清晰地了解二维 M_2C 功函数的变化规律,我们将表中的结果按同周期为一组展示于图 7-10。显然,随着 MXene 中过渡金属元素的原子序数增大,MXene 的功函数也呈增大的趋势,且不同周期的过渡金属元素表现出相似的规律。我们知道功函数表征了费米能级附近的电子脱离原子表面所需要克服的能量,或者可以说是原子对电子的束缚能力。从计算结果可以推测出,随着过渡金属原子序数增大,MXene 对其自身电子的束缚能力也逐渐增强。

表 7-2　M_2C 材料的功函数 W_M

MXene	W_M/eV	MXene	W_M/eV
Sc_2C	4.10	Nb_2C	4.54
Ti_2C	4.54	Ta_2C	4.80
Zr_2C	4.32	Cr_2C	4.76
Hf_2C	4.51	Mo_2C	4.89
V_2C	4.61		

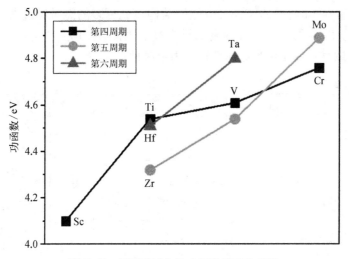

图 7-10　同周期 M_2C 功函数的变化规律

另外,MXene 的上下两个表面往往被一层化学基团覆盖,这些化学基团通常是 OH、F、O 或者是它们的混合体。接下来研究 OH、F、O 表面官能团对 MXene 电子性质的影响。第一性原理计算结果表明大部分 MXene 表面官能化后仍展现出良好的金属性;但有少数 MXene 呈现出准金属性或半导体性,图 7-11 展示了这类含官能团修饰的 MXene 的态密度,其中的带隙显而易见。很明显,这些 MXene 不能作为二维半导体的电极材料。值得

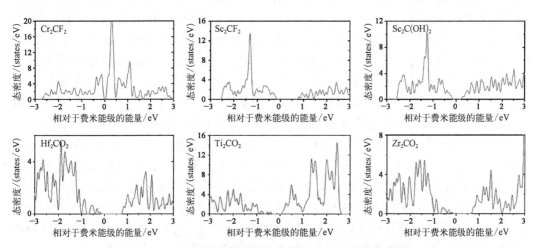

图 7-11　表面官能化后呈半导体性 MXene 的态密度图

一提的是,常见的 MXene 材料 Ti_2CO_2 是半导体性的。

由上述计算结果可见,单层 MXene($n=1$,即 M_2C)的电子结构展现为金属性,而对更多层数的 $M_{n+1}C_n$($n=2,3$)MXene 计算发现,层数对金属性的影响较弱,随着层数的增加,MXene 仍然表现出金属特性。有趣的是,对于表面官能化的单层 M_2XT_2,层数增加改变了其电子结构,且由半导体性转变为金属性。这里以 $Zr_{n+1}C_nO_2$ 为例进行分析。图 7-12 展示了 Zr_2CO_2、$Zr_3C_2O_2$ 和 $Zr_4C_3O_2$ 的能带结构,由图显见,Zr_2CO_2 的导带底位于 M 点,价带顶位于 Γ 点,呈现出间接带隙半导体的特点,其带隙宽度约为 1.0 eV,是典型的二维半导体材料。当 $n=2$ 时,即 $Zr_3C_2O_2$,其能带结构中有极少的能带穿过费米能级,展现出较弱的金属特性。当 $n=3$ 时,即 $Zr_4C_3O_2$,由能带结构显见更多的能带穿过费米能级,费米能级附近的电子态更多,展现出良好的金属导电性。因此,原子层数将会改变 MXene 的电子结构,从而导致材料体系由半导体性转变为金属性。

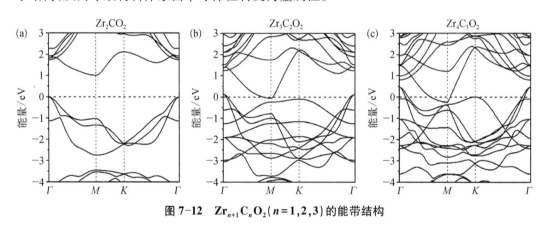

图 7-12　$Zr_{n+1}C_nO_2$($n=1,2,3$)的能带结构

7.3.3　表面官能团对 MXene 功函数的调制作用

由 7.3.2 节可见,对于本征 MXene,即无官能团修饰的情况,其功函数与普通金属的功函数值相当,没有用作电极材料的优势。但是,实际制备出的 MXene 表面通常带有官能团,如果表面官能团可以调制 MXene 的功函数,MXene 可能具有作为电极材料的优势,并赋予其选择的多样性。图 7-13 展示了 MXene 表面覆盖 OH、F 和 O 后的功函数计算值,由图可见,表面官能团导致 MXene 的功函数展现出非常大的能量跨度范围,且不同官能团的作用结果存在显著差异,而相同官能团但不同过渡金属元素 MXene 的功函数展现出一致性的规律变化。具体分析结果发现,$M_2C(OH)_2$ 的功函数最低,其功函数值为 1.3~2.6 eV,远远低于普通金属的功函数。根据肖特基-莫特规则,具有极低功函数的金属容易与半导体形成较低的肖特基势垒而改善半导体与金属间的接触特性,因此 $M_2C(OH)_2$ 在电极材料领域具有潜在的应用价值。而 M_2CO_2 的功函数都大于纯 MXene 的功函数,其功函数值为 5.5~7.0 eV。具有较大功函数的电极材料对于 p 型的半导体与金属接触具有重要意义,这是因为金属的功函数较大,容易传输来自半导体价带的空穴,从而提高空穴的导电性能。M_2CF_2 的情况比较复杂,不同过渡金属元素 M_2CF_2 功函数的改变是不一致的,具体而言,F 表面官能团导致 Ti_2C 和 V_2C 的功函数增大,但 F 致使 Zr_2C、Hf_2C 和 Ta_2C 的功函数减小,而 F 官能团对 Nb_2C 和 Mo_2C 的功函数值没有明显的作用。

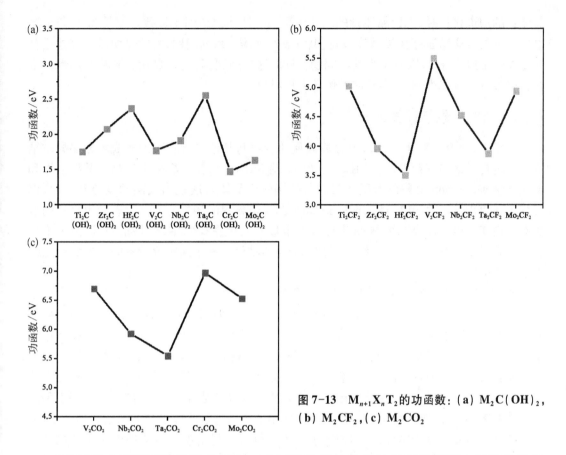

图 7-13　$M_{n+1}X_nT_2$ 的功函数：(a) $M_2C(OH)_2$，
(b) M_2CF_2，(c) M_2CO_2

OH、F 和 O 等不同官能团对 MXene 功函数作用的差异性与化学基团本身的性质相关，对于自身极性不对称的 OH 基团，材料功函数的改变主要是由 OH 基团自身的偶极矩控制的。而对于 F 原子和 O 原子这类对称的基团，它们与 MXene 间的界面电子转移和界面处电荷重新分布所引起的偶极矩变化造成了功函数的改变。

本节的计算结果表明二维过渡金属碳化物 MXene 可由表面官能团调制为具有超低或超高功函数的材料体系，因而这类材料作为二维半导体的电极材料具有潜在的应用价值。此外，MXene 还有其他的优点，例如，MXene 展现出较高的柔性，适用于柔性电子器件；它的二维特性更容易与二维半导体材料集成来制备纳米级的电子或光电子器件。

7.4　MXene/过渡金属硫族化合物范德瓦耳斯异质结

半导体/金属异质结在现代电子与光电子器件中发挥着关键性作用，半导体/金属异质结的界面性质对锂离子电池、场效应晶体管、固体激光器及发光元器件等设备的性能有重要影响。在硅基半导体的器件中金属与半导体的接触或界面问题已经被研究得比较透彻，然而随着电子设备的微型化和纳米化，二维半导体材料因其独特的性能优势而备受关注。例如，以 MoS_2 半导体为代表的二维过渡金属硫属化合物（TMDs）在电子、光学、磁学和化学等领域的应用极具潜力。二维 MoS_2 半导体具有合适的直接带隙，将其用作场效应晶体管的沟道材料时,无论晶体管的尺寸还是某些性能都达到了极致。但是 MoS_2 与金属电极形成的异质结还存在接触势垒高、电流效率低等一系列问题,因此迫切需要寻找适合二维 MoS_2 的电极材料以克服当前的问题。针对这些问题,我们很自然想到从金属性二维材料中搜索适合二维 MoS_2 半导体的候选电极材料。

7.4.1　研究背景与计算方法

近年来,研究者对于二维过渡金属硫属化合物与其他二维材料的集成与相关异质结等方面进行了诸多有益的研究和探索。例如,将 MoS_2 生长在石墨烯上提高了其导电性和电化学性质,由 MoS_2 分隔的石墨烯层制备的场效应晶体管展现出较高的电流开关比,以二维 $Ti_2C(OH)_xF_y$ 为导电电极、WSe_2 或 MoS_2 为沟道材料的场效应晶体管表现出良好的电压电流性能。虽然适合二维 MoS_2 半导体的电极材料仍在探索中,但是很明显,由二维过渡金属硫属化合物与金属性二维材料构成的异质结将有利于高精度设备的研发和全二维电子器件的实现。

通过 7.3 节的计算结果我们已经了解到 MXene 中大部分二维材料具有优异的金属导电性,且其功函数还可以通过表面官能团进行调控,从而获得具有超低或超高功函数的MXene 材料,说明 MXene 是一种很有潜力的半导体电极的接触材料。本节从 MXene 家族中寻找适合二维过渡金属硫属化合物的接触或电极材料,具体做法如下:首先以过渡金属硫属化合物和 MXene 为单体构建范德瓦耳斯异质结,然后利用第一性原理计算得出最稳定的范德瓦耳斯异质结,在此基础上研究异质结的电子结构和电学接触特性,特别是界面肖特基势垒,为二维半导体与二维金属异质结的应用与发展提供参考基础和理论支持。采用的计算工具是基于密度泛函理论的 VASP 软件包,利用投影缀加平面波赝势描述离子与电子的相互作用,交换-关联泛函采用的是 PBE 广义梯度近似方法。异质结中二维半导体层与二维金属层之间的范德瓦耳斯相互作用采用了 optB88-vdW 或者 PBE-D2 方法(Grimme 方法)。电场下 MoS_2/Nb_2CT_2 异质结的肖特基势垒高度是用 HSE06 杂化泛函方法计算的。此外,还考虑了偶极子校正以避免因周期性边界条件的不对称分布所导致的静电势、总能量和原子力的误差。

7.4.2　二维 MX_2 及其与 MXene 形成范德瓦耳斯异质结的结构性质

在构建二维半导体/金属范德瓦耳斯异质结前,我们首先需要构建单体二维材料并采用第一性原理方法对结构进行充分弛豫。MXene 的结构见 7.3 节,对于二维过渡金属硫属化合物半导体,这里主要考虑四种常见材料体系,即 MoS_2、$MoSe_2$、WS_2 和 WSe_2。这四个过渡金属硫属化合物的晶体构型类似,都属于六方晶体结构,与 MXene 所属晶系相同,从这个角度看,形成二维过渡金属硫属化合物——MXene 范德瓦耳斯异质结应该比较容易。将二维过渡金属硫属化合物 MX_2 进行结构优化后的晶格常数 a 以及 M-X(M=Mo,W;X=S,Se)的键长等结构参数列于表 7-3 中。

二维过渡金属硫属化合物 MX_2,即 MoS_2、$MoSe_2$、WS_2 和 WSe_2 的能带结构示于图 7-14。显然,这四个二维 MX_2 均为直接带隙半导体,导带底和价带顶均位于倒空间的 K 点,带隙宽度为 $1.44\sim1.82$ eV,这种能带结构特征表明这四个二维 MX_2 都适合用作电子元器件的半导体材料。二维 MX_2 半导体的带隙宽度、电子亲和能和电离能的数据列于表 7-4 中。

表 7-3　MX₂(M=Mo,W;X=S,Se) 弛豫后的晶格常数 a 和 M-X 键长 l

MX₂	a/Å	l/Å
MoS₂	3.182	2.413
MoSe₂	3.319	2.541
WS₂	3.182	2.417
WSe₂	2.316	2.546

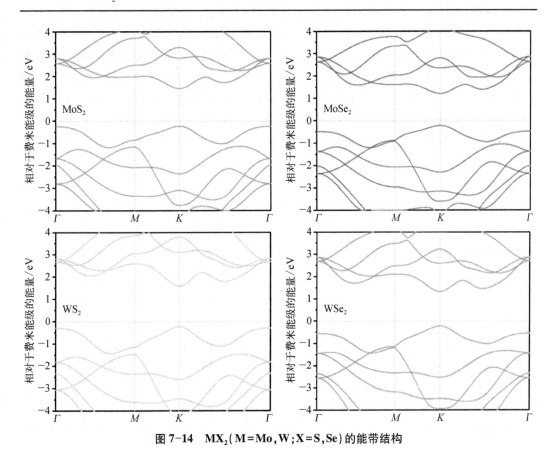

图 7-14　MX₂(M=Mo,W;X=S,Se) 的能带结构

表 7-4　二维 MX₂ 半导体的带隙宽度、电子亲和能和电离能

MX₂材料	带隙宽度/eV	电子亲和能/eV	电离能/eV
MoS₂	1.68	4.27	5.95
MoSe₂	1.44	3.90	5.34
WS₂	1.82	3.89	5.71
WSe₂	1.54	3.56	5.10

在这四个二维 MX₂ 化合物中,MoS₂ 无论从理论上还是实验上都是研究最广泛的一种二维半导体材料。由表 7-4 可知,GGA-PBE 计算的二维 MoS₂ 带隙宽度是 1.68 eV。由文献研究结果知,MoS₂ 与传统金属形成异质结的肖特基势垒较高,阻碍了电子在异质结界面的输运,且 MoS₂ 与金属之间的电子相互转移形成了复杂的界面性质。此外,由于二维结构的

限制,很难通过掺杂途径降低接触电阻。因此,寻找合适的金属性二维材料电极以改善二维 MoS_2 的界面性质且降低其肖特基势垒成为最主要方式,这对于在场效应晶体管等电子和光电子器件中实现 MoS_2 等二维 MX_2 材料与电极材料的欧姆接触有重要意义。

如果 MXene 与二维 MX_2 可以形成性能优异的范德瓦耳斯异质结,那么首先它们的晶格常数之间应该具有良好的匹配度,即它们的晶体常数相差很小,这样才能保证在形成范德瓦耳斯异质结时两种单体相互作用紧密、匹配性好。因此,作为筛选金属性电极材料的第一步,我们根据第一性原理方法优化的晶体结构数据(大部分结果已列在表 7-1 和表 7-3 中)计算所有 M_2C 和 M_2CT_2(T=F,O,OH)等 MXene 与二维 MX_2(MoS_2、$MoSe_2$、WS_2 和 WSe_2)的晶格错配度,计算结果显示大多数 MXene 材料与二维 MX_2 的晶格错配度都很低,具体而言,含 Hf、Mo、Nb、Sc、Ta、Ti、Zr 等过渡金属元素的 MXene 与二维 MX_2 的晶格错配度都很低,以二维 MoS_2 和 Nb_2CT_2 为例,MoS_2 与 Nb_2CF_2、Nb_2CO_2 和 $Nb_2C(OH)_2$ 的晶格错配度分别为 1.03%、0.97% 和 0.78%,这非常有助于二维 MX_2 与 MXene 形成共格界面。但是含 Cr 和 V 的 MXene 与二维 MX_2 的晶格错配度较高,因此接下来的研究将不再考虑含 Cr 和 V 的 MXene。

二维 MX_2 与 MXene 形成异质结时,根据不同层原子的排列位置,其可能的构型包括 atop、fcc 和 hcp 三种原子组态,而每种组态又可以分为两种结构,这样可能的构型分别为 atop-Ⅰ、atop-Ⅱ、fcc-Ⅰ、fcc-Ⅱ、hcp-Ⅰ 及 hcp-Ⅱ,如图 7-15 所示。首先利用第一性原理

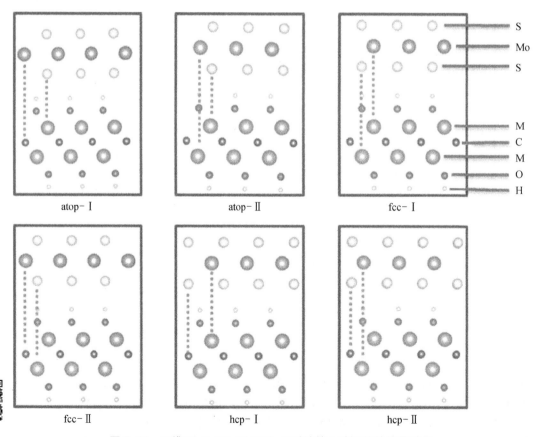

图 7-15 二维 $MoS_2/M_2C(OH)_2$ 异质结的六种可能的堆叠结构

计算将所有结构进行弛豫,再计算异质结的总能,通过比较总能大小确定最稳定的堆叠构型,即总能最低的异质结。表 7-5 列出了部分计算结果,显然 atop-Ⅰ 构型的总能最低,是二维 MX$_2$/MXene 异质结的稳定结构。

表 7-5　MoS$_2$/Nb$_2$CT$_2$异质结六种不同构型的晶格常数 a 和相对总能

异 质 结	构 型	a/Å	ΔE_{tot}
MoS$_2$/Nb$_2$CO$_2$	atop-Ⅰ	3.170	0.00
	atop-Ⅱ	3.169	4.13
	fcc-Ⅰ	3.168	60.51
	fcc-Ⅱ	3.168	60.11
	hcp-Ⅰ	3.169	6.99
	hcp-Ⅱ	3.168	8.83
MoS$_2$/Nb$_2$CF$_2$	atop-Ⅰ	3.211	0.00
	atop-Ⅱ	3.211	5.06
	fcc-Ⅰ	3.209	50.96
	fcc-Ⅱ	3.208	47.98
	hcp-Ⅰ	3.211	7.06
	hcp-Ⅱ	3.210	6.21

注: $\Delta E_{tot}=E_i-E_0$(meV/单胞),其中 E_i 是各个构型的总能,E_0 是最稳定构型的总能。

图 7-16 以二维 MoS$_2$ 为例,展示了 MoS$_2$ 与 M$_2$C 或 M$_2$CT$_2$(T=F,O,OH)型 MXene 形成稳定范德瓦耳斯异质结的晶体结构模型。

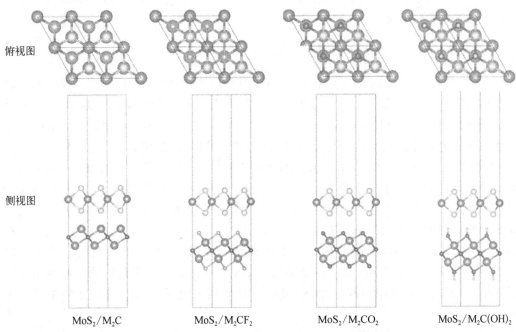

图 7-16　MoS$_2$/M$_2$C 与 MoS$_2$/M$_2$CT$_2$(T=F,O,OH)的晶体结构模型

在二维 MX$_2$/MXene 异质结中，MoS$_2$ 与 Nb$_2$C MXene 的晶格错配度极小，只有 1.57%，表面官能化后，晶格错配度进一步降低，因此下面以 MoS$_2$/Nb$_2$C 和 MoS$_2$/Nb$_2$CT$_2$(T = F，O，OH)这两类异质结为例，讨论异质结的电子结构和界面性质。这里的层间距表示异质结中上方 MoS$_2$ 层中的最下层原子与下方 MXene 层中最上层原子之间的垂直距离（参考图 7-16）。平衡层间距由 7.2 节计算方法得出，内聚能由 $E_c = E_{MS} - E_M - E_S$ 计算得出，其中 E_{MS}、E_M、E_S 分别代表半导体/金属异质结、金属和半导体的总能。计算结果列于表 7-6 中，显然，MoS$_2$ 与 Nb$_2$C(OH)$_2$ 形成异质结时的层间距最小，这是由于 Nb$_2$C 表面的 OH 官能团垂直于 Nb$_2$C 表面分布，导致 H 原子与 MoS$_2$ 下层中 S 原子的距离较近。MoS$_2$ 与表面裸露的 MXene 的内聚能较大，如 MoS$_2$ 与 Nb$_2$C 的层间内聚能为 -1.145 eV，而表面官能团能够极大降低了层间内聚能。这表明 MoS$_2$ 与表面裸露 MXene 之间的相互作用更强烈。表面官能团显著地削弱了这种相互作用，二维 MoS$_2$/Nb$_2$CT$_2$ 的结合能与通常的范德瓦耳斯力强度接近。

表 7-6　MoS$_2$/Nb$_2$C 与 MoS$_2$/Nb$_2$CT$_2$ 的层间距 d 和内聚能 E_c

异 质 结	d/Å	E_c/eV
MoS$_2$/Nb$_2$C	2.552	-1.145
MoS$_2$/Nb$_2$CF$_2$	2.804	-0.199
MoS$_2$/Nb$_2$CO$_2$	2.786	-0.224
MoS$_2$/Nb$_2$C(OH)$_2$	1.979	-0.454

为了进一步明确 MoS$_2$/Nb$_2$CT$_2$ 异质结的稳定性及界面结合强度[图 7-17(a)为晶体结构]，我们可以通过下式计算异质结的结合能(binding energy)并与典型范德瓦耳斯力结合的层状材料进行比较：

$$E_b = (E_{MoS_2}^{total} + E_{Nb_2CT_2}^{total} - E_{MoS_2/Nb_2CT_2}^{total})/S \qquad (7-5)$$

其中，括号内第一、二、三项分别代表单层 MoS$_2$ 与 Nb$_2$CT$_2$ 及 MoS$_2$/Nb$_2$CT$_2$ 异质结的总能，S 代表异质结的界面面积。通过计算，MoS$_2$/Nb$_2$C(OH)$_2$、MoS$_2$/Nb$_2$CF$_2$ 和 MoS$_2$/Nb$_2$CO$_2$ 异质结的结合能分别是 47.32 meV/Å^2、16.95 meV/Å^2 和 20.03 meV/Å^2[图 7-17(b)]。根据结合能的定义，结合能值越正，代表热力学上该异质结越稳定。此外，与石墨、MoS$_2$、和 BN 等层状材料的范德瓦耳斯结合能相比较[图 7-17(b)]，显然，MoS$_2$/Nb$_2$CF$_2$ 和 MoS$_2$/Nb$_2$CO$_2$ 异质结的结合能与典型层状材料的范德瓦耳斯结合力相当，而 MoS$_2$/Nb$_2$C(OH)$_2$ 的结合能偏大。我们可以通过计算并分析电子局域函数来进一步理解 MoS$_2$/Nb$_2$C(OH)$_2$ 的界面结合强度。如图 7-17(c)所示，界面处的 ELF 值极小，只有 0.056，MoS$_2$ 与 Nb$_2$C(OH)$_2$ 间的相互作用很弱，属于范德瓦耳斯力。因此，这三种二维异质结属于范德瓦耳斯异质结。由于异质结中单体间的相互作用与异质结的界面性质密切相关，因此表面官能团将对 MoS$_2$/MXene 异质结的电子结构和肖特基势垒等产生较大影响。

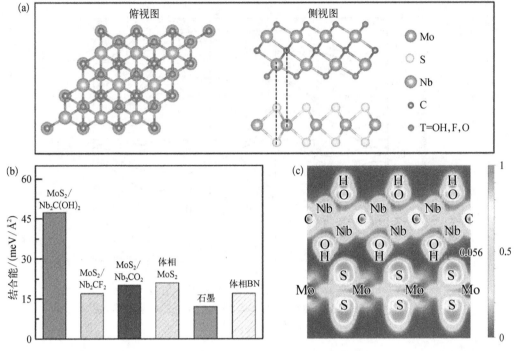

图 7-17　(a) $MoS_2/Nb_2CT_2(T=OH,F,O)$ 异质结的最稳定堆叠结构;(b) MoS_2/Nb_2CT_2 异质结与其他典型范德瓦耳斯层状化合物的结合能;(c) $MoS_2/Nb_2C(OH)_2$ 的电子局域函数

7.4.3　表面官能团对 MoS_2/MXene 范德瓦耳斯异质结界面肖特基势垒的调控作用

由界面肖特基势垒的定义可知,导带底与费米能级的距离是 n 型异质结的肖特基势垒高度,而价带顶与费米能级的距离是 p 型异质结的肖特基势垒高度。图 7-18 展示了二维 MoS_2/Nb_2C 能带结构图,显然,对于 MoS_2/Nb_2C 异质结,Nb_2C 严重破坏了 MoS_2 的能带,尤其是其导带部分。MoS_2 的部分能带延伸到带隙中形成了带隙内的电子态,费米能级在 MoS_2 导带底的下方 0.41 eV 处,造成了费米面钉扎的现象。这可以由上述 MoS_2 与 Nb_2C 之间的结合能较强来理解,MoS_2/Nb_2C 异质结中金属与半导体之间强烈的相互作用致使 MoS_2 的能带发生劈裂,出现带隙内的电子态。将 Nb_2C 表面覆盖一层官能团获得二维 $Nb_2CT_2(T=F,O,OH)$,然后与二维 MoS_2 形成范德瓦耳斯异质结后,由其能带结构[图 7-19(a)]可见,表面官能团使得 MoS_2 的能带保持了其本征状态,在这三种异质结中 MoS_2 的带隙中均没有出现电子态,导带底和价带顶都位于 K 点,保留了二维 MoS_2 的直接带隙半导体特性。另外,表面修饰不同的官能团后,导带底和价带顶相对费米能级的位置不同,因此异质结肖特基势垒的类型和高度也应随之改变。

如上所述,半导体/金属异质结界面的肖特基势垒高度 Φ 定义为异质结中费米能级与半导体带边位置之间的能量差:

$$\Phi_n = E_{CB} - E_F,\ \Phi_p = E_F - E_{VB} \tag{7-6}$$

其中,Φ_n 和 Φ_p 分别表示 n 型和 p 型的肖特基势垒高度,E_F、E_{CB} 和 E_{VB} 分别表示费米能

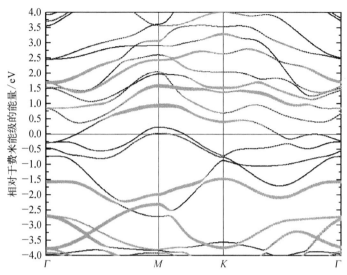

图 7-18　MoS$_2$/Nb$_2$C 异质结的投影能带图,其中黑线代表 Nb$_2$C
的能带,红色点线代表 MoS$_2$ 所有电子态的投影能带,费
米能级的位置设为零

级、导带底和价带顶的位置。若 $\varPhi_n < \varPhi_p$,半导体/金属异质结属于 n 型接触,反之 $\varPhi_n > \varPhi_p$ 则属于 p 型接触。当 $\varPhi_n$ 或 $\varPhi_p$ 的值接近零或为负值时,可以实现零肖特基势垒的界面接触。据此,由图 7-19(a)能带结构读出上述数据,计算得到 MoS$_2$/Nb$_2$CT$_2$(T=O,F,OH)的界面肖特基势垒高度,示于图 7-19(b)中。显然,Nb$_2$C(OH)$_2$ 和 Nb$_2$CF$_2$ 与 MoS$_2$ 形成的异质结均表现出 n 型接触特性,肖特基势垒高度 $\varPhi_n$ 分别为-0.03 eV 和 0.49 eV,表明二维 MoS$_2$/Nb$_2$C(OH)$_2$ 异质结可实现无肖特基势垒的 n 型接触,这对于电子在界面的输运是非常有利的。此外,我们可以通过 HSE06 杂化泛函方法计算异质结的电子性质以进一步验证。以 MoS$_2$/Nb$_2$C(OH)$_2$ 为例,由图 7-19(d)中的投影态密度可见,无论 PBE-D2 还是 HSE06 计算的投影态密度,MoS$_2$ 的导带底均位于费米能级处,在 MoS$_2$/Nb$_2$C(OH)$_2$ 异质结中 n 型肖特基势垒为零。而 Nb$_2$CO$_2$ 与 MoS$_2$ 形成的异质结表现出 p 型接触特性,其 p 型肖特基势垒高度为 0.26 eV。

　　另外,如果忽略异质结中半导体与金属层间的相互作用,且认为异质结材料中无缺陷,则界面肖特基势垒高度可以通过肖特基-莫特模型来预测:

$$\varPhi_n = W_m - \chi, \ \varPhi_p = I - W_m \tag{7-7}$$

其中,W_m 是金属的功函数;χ 和 I 分别是半导体的电子亲和能与电离能,分别对应真空到半导体的导带边缘和价带边缘的距离,相应计算结果如图 7-19(c)所示。显然,与 Nb$_2$C 相比,表面修饰 OH 官能团显著降低了 Nb$_2$C 金属的功函数,致使 Nb$_2$C(OH)$_2$ 的功函数最低(2.14 eV),远低于 MoS$_2$ 的电子亲和能(4.33 eV),因此导致 $\varPhi_n < 0$。也就是说,Nb$_2$C(OH)$_2$ 的超低功函数是其与二维 MoS$_2$ 形成 n 型欧姆接触的根源,在这种情况下,电子能够自发地从 Nb$_2$C(OH)$_2$ 电极注入 MoS$_2$ 半导体中。Nb$_2$CO$_2$ 的功函数最高,其数值接近价带边缘,小于 MoS$_2$ 的电离能(5.97 eV),倾向于与 MoS$_2$ 形成 p 型肖特基接触,这区别

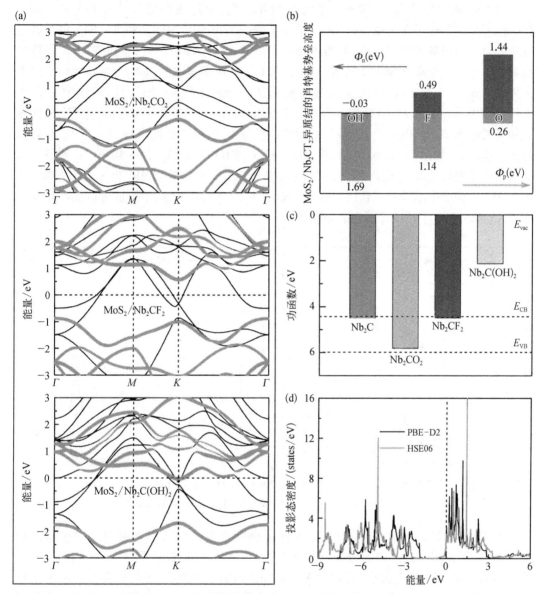

图 7-19　**MoS₂/Nb₂CT₂(T＝O,F,OH)异质结的能带结构图,其中黑线表示 MXene 的贡献的电子能带,红线代表 MoS₂的贡献,费米能级的位置设为零。(a) 单层 Nb₂CT₂(T＝OH,F,O) 的功函数,相比于 MoS₂的电子亲和势(4.33 eV)和电离势(5.97 eV,水平虚线表示);(b) MoS₂/ Nb₂CT₂异质结的肖特基势垒高度;(c) 单层 Nb₂CT₂(T＝OH,F,O) 的功函数,相比于 MoS₂ 的电子亲和势(4.33 eV,水平虚线) 和电离势(5.97 eV,水平虚线);(d) 使用 PBE-D2 和 HSE06 杂化泛函方法计算的 MoS₂/Nb₂C(OH)₂异质结中 MoS₂的投影态密度,其中费米能级 设定为零**

于 MoS₂与传统金属接触形成 n 型肖特基的行为。表面修饰 F 官能团对 Nb₂C 功函数的影响可忽略不计。二维 MoS₂/Nb₂CF₂异质结的费米能级处于 MoS₂的带隙中,导致较大的 n型肖特基势垒(0.49 eV)。综上,电极材料的表面官能化是调节半导体/金属接触类型和势垒高度的有效方法,其调节机制是源于表面官能化诱导的可调金属功函数。

为了理解二维 MoS_2 与 MXene 之间的相互作用机理,我们可以计算并分析 MoS_2/MXene 异质结的电子态密度。图 7-20 展示了 MoS_2/Nb_2C 和 $MoS_2/Nb_2C(OH)_2$ 的分波态密度。对于表面裸露的 MXene,如图 7-20(a) 所示,MoS_2/Nb_2C 异质结中在 MoS_2 带隙中出现的电子态主要来自 Mo 4d 轨道,正是这些 Mo 4d 电子态致使 MoS_2 由半导体性转变为金属性。此外,费米能级附近的电子态主要来自 Mo 和 Nb 的 4d 轨道,且它们电子态的相似性预示着 Mo 与 Nb 的 4d 轨道间存在一定耦合,即 Mo 和 Nb 原子间有相互作用,从而导致异质结中 MoS_2 与 Nb_2C 之间的相互作用较强,造成了 MoS_2 的能带劈裂。当 Nb_2C 表面修饰官能团后,如图 7-20(b) 所示,在 $MoS_2/Nb_2C(OH)_2$ 异质结中,Mo 4d、S_{in} 3p 和 S_{out} 3p 轨道的电子态密度均呈现出较大的带隙宽度,且 MoS_2 的带隙由 Mo 和 S 共同控制,与图 7-19(a) 的能带结构相一致。这说明 $MoS_2/Nb_2C(OH)_2$ 异质结中组成单体间的相互作用很弱,MoS_2 保留了其单体本身的半导体性。

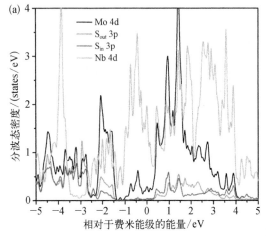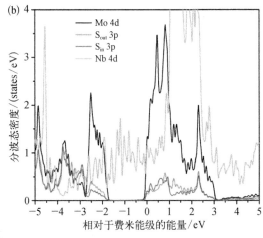

图 7-20　MoS_2/Nb_2C 和 $MoS_2/Nb_2C(OH)_2$ 的分波电子态密度,其中 S_{in} 和 S_{out} 分别表示靠近和远离 MXene 的硫原子

当 MoS_2 与 MXene 形成异质结时,界面处会发生电荷的转移和静电势的偏移。由图 7-21 所示的沿 z 方向的平均静电势曲线,对于 MoS_2/Nb_2C 异质结,其两侧的真空能级差只有 0.30 eV,差别很小;而对于 $MoS_2/Nb_2C(OH)_2$ 异质结,两侧的真空能级差别很大,MoS_2 侧的真空能级比 $Nb_2C(OH)_2$ 侧的真空能级高了 2.19 eV,其静电势曲线出现了显著的台阶状。两种异质结中静电势曲线的差别可归因于金属与半导体接触后的界面电荷转移特性,这可以通过分析差分电荷密度来理解。图 7-22 展示了 MoS_2/Nb_2C 和 $MoS_2/Nb_2C(OH)_2$ 异质结中沿 z 方向的平均差分电荷密度,显然无论哪种异质结,电荷都积累在 MoS_2 一侧,而在 MXene 一侧降低,说明电荷从 MXene 转移到 MoS_2,从而形成了内建电场。正是这种方向的电荷转移导致 MoS_2 侧的真空能级高于 MXene 侧的真空能级。将图 7-22 中的 MoS_2 区域和 MXene 区域分别进行积分可以得出电荷转移的数量。在 MoS_2/Nb_2C 异质结中由 Nb_2C 向 MoS_2 转移的电荷量 $\Delta q = 0.056$ e/晶胞,在 $MoS_2/Nb_2C(OH)_2$ 中由 $Nb_2C(OH)_2$ 向 MoS_2 转移的电荷量 $\Delta q = 0.053$ e/晶胞,显然两种异质结中界面电荷转移量相差很小。因此,静电势曲线的较大差别并不是由界面电荷转移量引起的,而是正如 7.2.3 节所讨论的,与电荷转移引起的界面偶极矩作用相关。

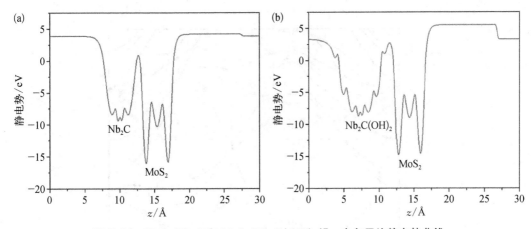

图 7-21　MoS_2/Nb_2C 和 $MoS_2/Nb_2C(OH)_2$ 沿 z 方向平均静电势曲线

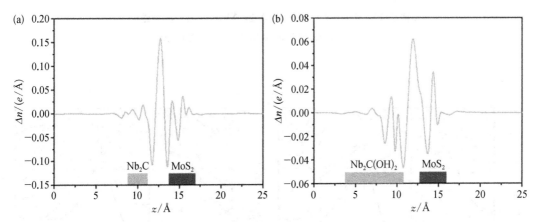

图 7-22　MoS_2/Nb_2C 和 $MoS_2/Nb_2C(OH)_2$ 异质结中沿 z 方向的平均差分电荷密度

7.4.4　自旋-轨道耦合和 MXene 原子层数对肖特基势垒的影响

由于 OH 表面官能团的作用，$MoS_2/Nb_2C(OH)_2$ 范德瓦耳斯异质结中不存在肖特基势垒。由于 MoS_2 中存在较显著的 SOC 效应，下面考虑 SOC 重新计算 $MoS_2/Nb_2C(OH)_2$ 异质结的能带结构，讨论 SOC 的影响。如图 7-23 所示，与不考虑 SOC 的能带结构 [图 7-19(c)] 相比，SOC 导致 MoS_2 在 K 点的价带发生劈裂，这与我们先前的结果一致，但没有改变 $MoS_2/Nb_2C(OH)_2$ 异质结的能带结构性质，其界面仍然具有 n 型肖特基势垒消失的界面特征。因此，后续的计算都没有考虑 SOC。

另外，由 MXene 的化学成分 $M_{n+1}X_n$ 可知，其原子层数有较大变化范围。为了阐明 MXene 的原子层数对 OH 官能团消除界面肖特基势垒的影响，我们以 $Nb_{n+1}C_n$ 为例，进一步构建并计算了 $MoS_2/Nb_3C_2(OH)_2$ 与 $MoS_2/Nb_4C_3(OH)_2$ 异质结的电子结构。图 7-24 展示了 $MoS_2/Nb_3C_2(OH)_2$ 与 $MoS_2/Nb_4C_3(OH)_2$ 的投影能带图以及 $MoS_2/Nb_{n+1}C_n(OH)_2$（$n=1,2,3$）能带结构中费米能级、导带底和价带顶的能量位置。可以看出，MXene 原子层数对 MoS_2 的能带结构尤其是带隙宽度的影响很小，并且在这三种异质结中费米能级几乎

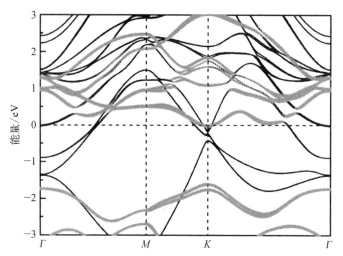

图 7-23　考虑 SOC 计算的 $MoS_2/Nb_2C(OH)_2$ 异质结的
能带结构,粗线条为 MoS_2 的电子态贡献

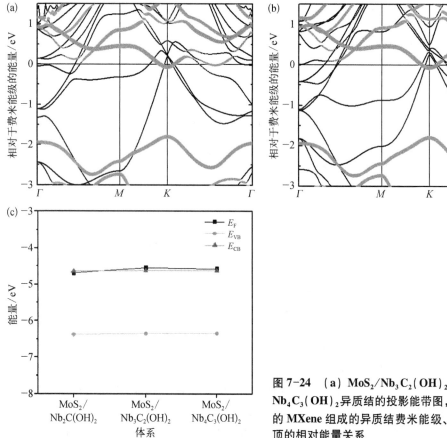

图 7-24　(a) $MoS_2/Nb_3C_2(OH)_2$ 和 (b) $MoS_2/$
$Nb_4C_3(OH)_2$ 异质结的投影能带图,(c) 不同层数
的 MXene 组成的异质结费米能级、导带底与价带
顶的相对能量关系

都与 MoS₂ 的导带底重合[图 7-24(c)],说明它们的界面肖特基势垒基本上都是消失状态。由此可见,MXene 原子层数基本不会影响异质结中 OH 官能团对肖特基势垒的消除作用。

7.4.5　二维 MX₂/MXene 异质结的肖特基势垒

以上我们讨论了 MoS₂/Nb₂C 和 MoS₂/Nb₂CT₂ 异质结的界面肖特基势垒,鉴于二维 MX₂ 与绝大多数 MXene 的晶格匹配性好,这里可以选取所有的二维过渡金属硫属化合物 MoS₂、MoSe₂、WS₂ 和 WSe₂ 作为二维半导体材料,选取合适的 MXene 二维材料 M₂CT₂(M= Hf,Mo,Nb,Sc,Ta,Ti,Zr)作为二维金属电极材料,将它们排列组合构建二维半导体/金属异质结,然后计算所有异质结的界面肖特基势垒高度。由界面肖特基势垒的定义可知,导带底与费米能级的距离是 n 型异质结的肖特基势垒高度,而价带顶与费米能级的距离是 p 型异质结的肖特基势垒高度。图 7-25 展示了二维 MX₂(MoS₂、MoSe₂、WS₂ 和 WSe₂)与 M₂CT₂ 接触后的价带顶、导带底和异质结费米能级的位置,从中可以直观地确定肖特基势垒高度。表面修饰特定官能团的 MXene 与二维半导体形成异质结的肖特基势垒具有显著的相似性,下面分别具体讨论 OH、O 和 F 等表面官能团对界面肖特基势垒的影响。

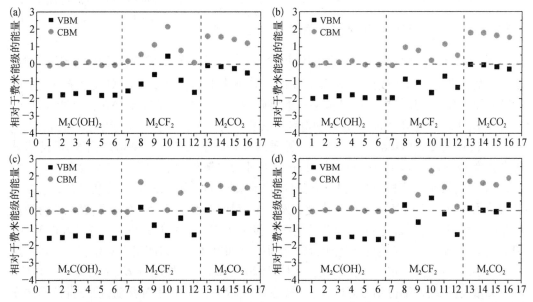

图 7-25　MoS₂(a)、MoSe₂(b)、WS₂(c)、WSe₂(d)与 M₂CT₂(M=Hf,Mo,Nb,Sc,Ta,Ti,Zr)接触形成的肖特基势垒高度示意图。图中的横线代表异质结的费米能级,圆点和方格分别代表二维半导体的导带底和价带顶的位置

二维 MX₂ 与表面修饰 OH 官能团 MXene(M₂C[OH]₂)形成异质结后,MoS₂、MoSe₂、WS₂ 和 WSe₂ 的带隙宽度范围分别为 1.73~1.78 eV、1.47~1.52 eV、1.87~1.93 eV 和 1.58~1.64 eV,显然,所有异质结中这四种二维 MX₂ 的带隙大小变化都很小,且与其相应单体的带隙大小相近。更重要的是,对所有二维 MX₂/M₂C(OH)₂ 异质结,其导带底都与费米能级相切或近似相切(图 7-24),表明它们的界面肖特基势垒高度为零或近似为零。这种特性与 M₂C(OH)₂ 中过渡金属 M 的种类无关,可见 OH 表面官能团在调控异质结的界面肖

特基势垒中起到了关键作用。对于表面修饰 O 官能团的 MXene,二维 MX_2 与其接触后均形成了 p 型异质结的界面肖特基势垒(图 7-24),且一部分 MX_2/M_2CO_2 异质结的 p 型肖特基势垒高度为零或接近零,这对提高半导体/金属界面的空穴型导电效率有重要意义。而对于表面修饰 F 官能团的 MXene,二维 MX_2 与其接触所形成异质结的肖特基势垒既有 n 型也有 p 型的(图 7-24),与 MXene 中过渡金属元素的种类密切相关,且大多数 MX_2/M_2CF_2 异质结的肖特基势垒都较高。

值得一提的是,能够与二维 MX_2 形成范德瓦耳斯异质结且其肖特基势垒为零的材料并不多,即使能使得肖特基势垒降到零,也存在候选电极材料单一或者设计过程复杂等问题。而 MXene 家族比较庞大,制备过程比较简单,尤其表面修饰 OH 官能团的 MXene 和表面修饰 O 官能团的部分 MXene,与二维 MX_2 形成异质结后不存在界面肖特基势垒,是一类优秀的金属电极材料。最后,总结上述结果,可以确定设计消除肖特基势垒的半导体/金属异质结的准则: ① 金属与半导体的结合能小于零以保证体系的结构稳定;② 金属电极的功函数较小,由 7.4.3 节的计算知,表面修饰 OH 官能团 MXene 的功函数最低,当它们与二维 MX_2 接触形成异质结时,有利于降低界面肖特基势垒高度;③ 半导体与电极之间的相互作用不能影响半导体本身的能带结构,如果半导体的能带受到金属的较大影响,半导体导带边缘的部分电子态会进入带隙中,这些带隙内电子态很可能导致费米面钉扎现象。

7.4.6 电场调控 $MoS_2/MXene$ 异质结的肖特基势垒

由 7.4.5 节知,表面修饰 OH 官能团的 MXene 与二维 MX_2 形成范德瓦耳斯异质结的界面肖特基势垒高度为零或接近零,而表面修饰 O 或者 F 官能团的情况则很复杂。外加电场对范德瓦耳斯异质结的肖特基势垒有重要影响。本节以二维 $MoS_2/Nb_2CT_2(T=OH,F,O)$ 范德瓦耳斯异质结为例,研究外加电场对其界面肖特基势垒高度的影响和调控机理。

由于 MoS_2/Nb_2CO_2 和 MoS_2/Nb_2CF_2 异质结具有相当大的肖特基势垒高度,因此将其势垒高度 Φ_n 或 Φ_p 调控得尽可能低,以进一步改善接触界面的性能具有重要意义。实验上,人们可通过引入栅极电压或脉冲交流场技术来控制电场,以调制肖特基势垒。该技术已成功用于石墨烯和 MoS_2 器件。由此引发一个有趣的问题: MoS_2/Nb_2CT_2 界面的肖特基势垒是否可以通过外加电场进行有效调制?接下来,我们将研究 MoS_2/Nb_2CO_2 和 MoS_2/Nb_2CF_2 异质结的能带结构随垂直于接触界面的外加电场 E_{ext} 的演变。其中,从 Nb_2CT_2 层到 MoS_2 层的电场方向定义为正方向。由图 7-26 可知,在施加电场 E_{ext} 的过程中,Nb_2CT_2 和 MoS_2 的能带结构都得到很好的保存,只是 MoS_2 带边位置的相对移动,使得肖特基势垒高度具有明显的可控性。在肖特基接触范围内,施加负 E_{ext} 使得 MoS_2 的导带边缘更接近费米能级,而在增加的正向电场 E_{ext} 下,价带边缘更接近费米能级。因此,随着 E_{ext} 从负到正的施加,n 型肖特基势垒 Φ_n 增加[图 7-26(b)和图 7-27(b)]。相反,p 型肖特基势垒 Φ_p 随 E_{ext} 的增加而降低。电场下肖特基势垒高度的变化趋势也可通过 HSE06 杂化泛函方法进一步验证,如图 7-28 所示。

值得指出的是,对于 MoS_2/Nb_2CO_2 异质结,在 $+0.25$ V/Å 的电场下,Φ_p 值接近零。而对于 MoS_2/Nb_2CF_2 异质结,当外加电场强度 E_{ext} 大于 $+0.08$ V/Å 时[图 7-27(b)],其接触类型由 n 型转变为 p 型。当电场强度 E_{ext} 等于 $+0.3$ V/Å 时,MoS_2/Nb_2CF_2 异质结的 p 型肖特基势垒高度降为零。另外,当施加 -0.2 V/Å 的负向电场时,MoS_2/Nb_2CF_2 的 n 型界面肖

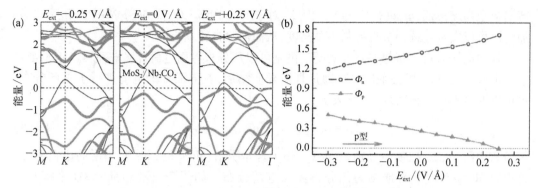

图 7-26 （a）MoS_2/Nb_2CO_2异质结的能带结构；（b）势垒高度随外加电场强度的变化。其中，Φ_n 和 Φ_p 分别代表 n 型和 p 型肖特基势垒高度

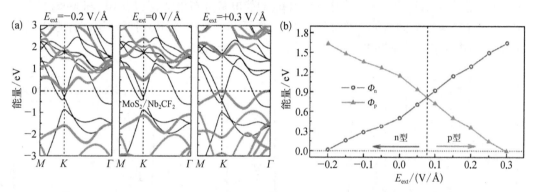

图 7-27 （a）MoS_2/Nb_2CF_2异质结的能带结构；（b）势垒高度随外加电场强度的变化。其中，Φ_n 和 Φ_p 分别代表 n 型和 p 型肖特基势垒高度

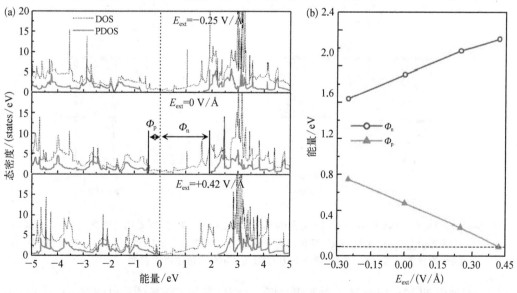

图 7-28 （a）HSE06 杂化泛函方法计算的 MoS_2/Nb_2CO_2异质结的态密度；（b）肖特基势垒高度随外加电场的演变。图（a）中，异质结中 MoS_2层的投影态密度由红色实线突出显示，费米能级设置为零（垂直虚线）。图（b）中，Φ_n 和 Φ_p 分别代表 n 型和 p 型肖特基势垒高度

特基势垒高度极低，Φ_n 只有几 meV。因此，对于 MoS_2/Nb_2CO_2 和 MoS_2/Nb_2CF_2 异质结，外加电场可以实现连续调节肖特基势垒高度，从而消除肖特基势垒。

外加电场对肖特基势垒高度的调节机制可以从分析界面电荷转移来理解。MoS_2 半导体与金属 Nb_2CT_2 电极接触形成范德瓦耳斯异质结后，在界面处的电荷进行了重新分布，这可以通过差分电荷密度 $\Delta\rho$ 来表征：

$$\Delta\rho = \rho_{MoS_2/Nb_2CT_2} - \rho_{MoS_2} - \rho_{Nb_2CT_2} \tag{7-8}$$

等号右边第一、二、三项中分别是 MoS_2/Nb_2CT_2 异质结、MoS_2 和 Nb_2CT_2 单层的电荷密度。这里以 MoS_2/Nb_2CF_2 异质结为例分析界面电荷分布。如图 7-29(a)所示，在平衡状态 $E_{ext}=0$ 时，界面处 MoS_2 一侧的区域显示为电荷累积，而 Nb_2CF_2 一侧则显示为电荷消耗，这表明电子从 Nb_2CF_2 电极转移到了 MoS_2 半导体。MoS_2/Nb_2CF_2 界面处的电荷再分布导致了界面势能台阶 ΔV_0 的形成。由图 7-29(b)的静电势分布可知，在 Nb_2CF_2 和 MoS_2 的真空层之间存在 0.43 eV 的势能台阶 ΔV_0。因此，如图 7-29(c)所示，当界面层间存在电荷转移时，n 型或 p 型肖特基势垒高度需通过式(7-2)重新定义。

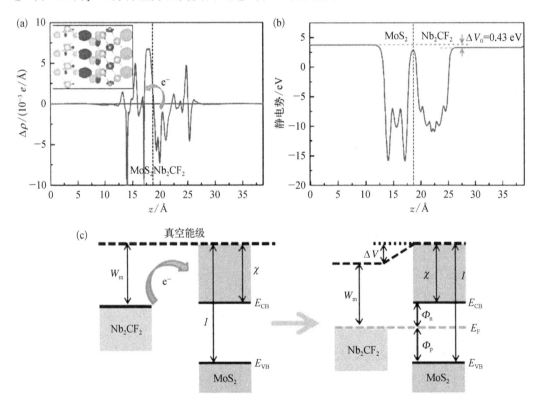

图 7-29 (a) MoS_2/Nb_2CF_2 异质结沿 z 方向的电荷密度差 $\Delta\rho$，其中插图是电荷密度差 $\Delta\rho$ 的三维图，等值面设置为 $\pm 0.0002\ e/Å^3$，蓝色和青色区域分别代表电子累积和消耗；(b) 静电势；垂直虚线代表界面位置；(c) 单层 Nb_2CF_2 功函数与 MoS_2 带边位置示意图

当施加由 Nb_2CF_2 指向 MoS_2 的正电场时，界面处产生了额外的静电势差 ΔV_{ext}，其大小与外加电场强度 E_{ext} 呈线性关系，即 $\Delta V_{ext} = (ez_d/\varepsilon)E_{ext}$，其中 ez_d/ε 是恒定的常数(z_d 和 ε 分别是界面有效距离和介电常数)。因此，界面势能台阶的变化为 $\Delta V = \Delta V_{ext} + \Delta V_0$，其中

ΔV_{ext} 和 ΔV_0 分别是有、无电场下的势能台阶。这样就很好地解释了上述 Φ_n 或 Φ_p 随外加电场 E_{ext} 的线性变化。根据公式 $\Phi_n = W_m - \chi + \Delta V$ 和 $\Phi_p = I - W_m - \Delta V$,外加电场诱导势能台阶 ΔV 的变化将导致 n 型或 p 型势垒高度的改变。具体而言,随着正电场 E_{ext} 强度的增加,势能台阶 ΔV 增加,从而导致 Φ_n 的增加和 Φ_p 的减小。当 E_{ext} 接近 +0.3 V/Å 时,MoS_2/Nb_2CF_2 范德瓦耳斯异质结形成了 p 型势垒为零的界面肖特基接触。

7.5 MXene/蓝磷范德瓦耳斯异质结界面

选择适合二维半导体的电极材料是半导体应用中的关键,而在电极材料的选择中,消除半导体/电极材料界面处的肖特基势垒面临巨大的挑战。由 7.4 节可见,由于 MXene 功函数较低且具有很好的可调性,二维 MoS_2 与 MXene 形成的二维半导体/金属范德瓦耳斯异质结的界面肖特基势垒高度可降为零。本节以蓝磷(BlueP)为例,探讨 MXene 与其他二维材料形成半导体/金属范德瓦耳斯异质结的界面性质。

在二维半导体材料中,磷烯(包括黑磷和蓝磷)因其在电子和光电子器件中的潜在应用而被广泛研究。研究表明,黑磷的载流子迁移率比 MoS_2 更高,且其带隙比石墨烯更合适,在场效应晶体管中表现出优异的性能,但黑磷能带带隙较窄。蓝磷是黑磷的一种同素异形体,具有与黑磷相同的稳定性;与黑磷不同的是,蓝磷的带隙较宽,因而更适合应用于电子器件。此外,蓝磷的带隙还可以通过电场和应变进一步调控,而且蓝磷的载流子迁移率高于 MoS_2,预示了它在能带工程和半导体器件中的潜在应用。目前,实验中以黑磷为前驱体,已经通过分子束外延生长成功制备了蓝磷。然而在电子器件中,二维半导体总是与其接触电极形成较高的界面电阻和肖特基势垒,从而阻碍了载流子的输运,降低了器件的性能。因此,选择适合蓝磷的金属电极材料,使其构成的半导体/金属异质结具有界面低接触电阻特性,对于蓝磷在电子器件中的实际应用至关重要。本节的任务是从 MXene 中筛选出适合蓝磷的接触电极材料并阐明异质结的界面性质与机理。由于蓝磷中每个原子周围存在一对孤对电子,孤对电子比成键电子具有更高的化学活性,使得蓝磷与电极材料之间的界面相互作用更复杂。因此,阐明 MXene/蓝磷异质结的电子性质和界面特性对于寻找合适的低电阻接触材料是非常重要的。

本节计算使用的是基于密度泛函理论的 VASP 软件包,其中交换-关联泛函采用基于广义梯度近似的 PBE 方法,同时使用 optB88 范德瓦耳斯校正密度泛函来处理层间的范德瓦耳斯相互作用。在构建结构时垂直于表面的真空区域设置为大于 20 Å 以避免相邻单元间的相互作用。此外,为避免周期性边界条件中非对称分布导致的能量和力的误差,在计算中加入了偶极校正。

7.5.1 MXene/蓝磷异质结的结构性质

首先分析蓝磷的晶体结构及其与 MXene 的晶格匹配情况。与 MXene 类似,蓝磷具有六方晶体结构,如图 7-30(a)所示,优化后的晶格常数 a_{BlueP} 为 3.296 Å,P-P 键长为 2.273 Å,垂直二维平面方向原子层间的距离 Δ 为 1.244 Å。蓝磷是典型的间接带隙半导体,带隙宽度约为 2.0 eV[图 7-30(b)],这些计算参数均与文献报道的一致。MXene 也具有六方晶体结构,如图 7-30(c)所示,且由于其过渡元素组成的丰富性、表面官能化以及厚度($n=1,2,3$)的可调性等特性,为优选电极材料提供了丰富的数据基础。作为蓝磷的候选电极材料,首先 MXene 必须满足以下两个条件:① 具有金属性且电导率高;② 具有与蓝磷一致的六角格子,且它们之间的晶格错配度小。以此为标准,我们对所有 MXene($M=Ti,Zr,Hf,Nb,V,Cr,Ta,Mo$)进行了筛选,发现只有 $Zr_{n+1}C_n$、$Hf_{n+1}C_n$ 和 $Nb_{n+1}C_n$ 以及它们的官能化衍生物 $Zr_{n+1}C_nT_2$、$Hf_{n+1}C_nT_2$ 和 $Nb_{n+1}C_nT_2$(除 Zr_2CO_2 和 Hf_2CO_2 两种半导体外)满足这两个条件。

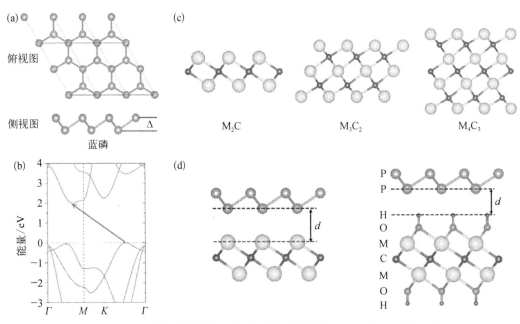

图 7-30　(a) 蓝磷的晶体结构;(b) 蓝磷的能带结构;(c) MXene;(d) MXene/蓝磷异质结以及官能化 MXene/蓝磷异质结优化后的晶体结构

　　然后构建蓝磷与 MXene 的异质结并优化其结构,图 7-30(d)展示了蓝磷与 MXene 或表面修饰官能团的 MXene 构成的异质结结构图。由于蓝磷和选定 MXene 之间具有非常相似的晶格常数,因此我们使用蓝磷和 MXene 单胞来构建异质结。此外,由于蓝磷半导体的性能对其晶格常数较为敏感,因此在优化过程中我们固定蓝磷的晶格常数为其最优值,然后相应调整 MXene 的晶格常数使其与蓝磷相匹配。

　　将蓝磷与 MXene 之间的晶格错配度定义为

$$|\varepsilon| = |(a_{\text{MXene}} - a_{\text{BlueP}})/a_{\text{BlueP}} \times 100\%| \qquad (7-9)$$

图 7-31(a) 展示了晶格错配度小于 5% 的 MXene 材料,即 Zr 基、Hf 基和 Nb 基 MXene 与蓝磷的晶格错配度分别小于 2%、3% 和 5%。低的晶格错配度以及 MXene 与蓝磷良好的柔性表明 MXene/蓝磷异质结可以通过外延生长法来制备,而其较小的晶格错配可以通过微小应变来补偿。除蓝磷外,最近已经通过实验成功制备了 Zr_3C_2、Hf_2C、Hf_3C_2、Nb_2C 和 Nb_4C_3 等 MXene 材料。因此,下面重点研究单层蓝磷与 Zr、Hf 和 Nb 基 MXene 所构成异质结的电子结构与界面性质。

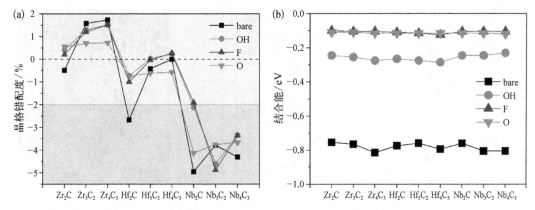

图 7-31 最稳定结构的蓝磷与 Zr、Hf、Nb 基 MXene 之间的晶格错配度(a)和结合能(b)

对于每种 MXene/蓝磷异质结,我们首先从六种可能堆垛构型中通过总能计算筛选出最稳定的堆垛构型,然后基于这些稳定构型计算其结合能 E_b:

$$E_b = \frac{E_{MXene/BlueP} - E_{BlueP} - E_{MXene}}{N} \tag{7-10}$$

其中,$E_{MXene/BlueP}$、E_{BlueP} 和 E_{MXene} 分别为 MXene/蓝磷异质结、单层蓝磷和单层 MXene 的总能;N 为异质结单元中磷原子的数目。图 7-20(b)总结了每种类型的异质结在最稳定结构下的结合能,显然蓝磷与表面未修饰官能团 MXene 形成异质结的层间相互作用很强,结合能约为-0.8 eV,而蓝磷与表面修饰官能团 MXene 形成异质结的层间相互作用较弱,结合能约为 0.1 eV 和-0.3 eV。结合能为负值表明异质结具有良好的结构稳定性。

7.5.2 MXene/蓝磷异质结的电子结构与界面性质

接下来以 Hf_3C_2/蓝磷和 $Hf_3C_2T_2$/蓝磷异质结为例阐明 MXene/蓝磷异质结的界面相互作用和电子性质。图 7-32(a)展示了 Hf_3C_2/蓝磷异质结的能带结构,显然,蓝磷和 Hf_3C_2 之间强烈的相互作用导致蓝磷的能带发生了很大的扰动,能带边缘的电子态扩展到原来的带隙区域,致使蓝磷转变为金属性。这与 7.4 节讨论的 MoS_2/Nb_2C 异质结的情况相似。进一步分波态密度图可以发现 P 与 Hf 之间较强的相互作用导致费米能级处 P 3p 电子态密度较高,清楚地表明了其半导体性的消失。

通常来说,异质结中界面强相互作用源自接触组分间的电子态杂化,这种杂化效应须同时满足两个条件:轨道的能量重叠和空间重叠。对于 Hf_3C_2/蓝磷异质结,由图 7-32(b)可见,费米能级附近的电子态主要来自 Hf 5d 轨道和 P 3p 轨道的贡献,表明 Hf 5d 轨道与 P 3p 轨道在费米能级附近的能量重叠。此外,在异质结中,如图 7-32(b)所示,蓝磷中底部的 P 原子和 Hf_3C_2 中上面的 Hf 原子之间的层间垂直距离仅有 2.01 Å,这可以最大化界面区域的空间重叠。另外,P 原子的孤对电子也有助于形成蓝磷与 Hf_3C_2 之间的强相互作用。在蓝磷中,每个 P 原子与其最近邻的三个 P 原子成键,而另外 2 个价电子作为孤对电子位于 P 原子周围。孤对电子一般具有较高的化学反应活性,所以容易和 MXene 表面的过渡金属原子产生相互作用,形成较强的键合。这种强相互作用可以通过分析电子局域

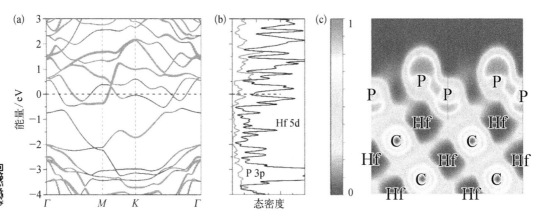

图7-32　(a) Hf_3C_2/蓝磷异质结的投影能带结构,其中蓝磷电子轨道的贡献以红点表示,费米能级设为零;(b) Hf_3C_2/蓝磷的分波态密度;(c) Hf_3C_2/蓝磷投影到(110)面的电子局域函数图

函数来观察。图7-32(c)展示了 Hf_3C_2/蓝磷异质结投影到(110)平面上的电子局域函数图,蓝磷上表面P原子附近的深红颜色表明了孤对局域化电子的存在。而蓝磷下表面P原子的电子局域性则比较弱,其在界面处与 Hf_3C_2 中的Hf形成了较强的相互作用。

由上可见,蓝磷与 Hf_3C_2 强烈的界面相互作用破坏了蓝磷的电子结构,表明无表面官能团修饰的MXene不是蓝磷的良好接触电极材料。因此,我们需要寻找改善MXene/蓝磷异质结界面性质的方法。由7.4节可知,在制备过程,MXene表面很容易被O、F和OH等基团修饰。这些表面官能团为调控MXene的性能提供了诸多可能,特别是,当蓝磷和表面修饰官能团的MXene构成异质结时,蓝磷的固有电子结构得以保留。图7-33(a)~(c)所示的能带结构可见,蓝磷和 $Hf_3C_2T_2$(T=O,F,OH)形成异质结后,除了价带边缘和导带边缘的位置变化外,蓝磷的固有能带没有受到扰动,仍保持了约2.0 eV的带隙宽度。对于 $Hf_3C_2O_2$/蓝磷,费米能级处于价带边缘和导带边缘之间;而对于 $Hf_3C_2F_2$/蓝磷和 $Hf_3C_2(OH)_2$/蓝磷,费米能级穿过导带边缘,预示异质结界面处的n型肖特基势垒消失。

为了检验GGA-PBE泛函对异质结能带结构的影响,我们采用HSE06杂化泛函方法计算了几种典型MXene/蓝磷异质结的能带结构,计算结果如图7-34所示。对比图7-32(a)与图7-34(a)可见,对于MXene表面裸露的异质结,泛函对蓝磷/ Hf_3C_2 异质结的能带结

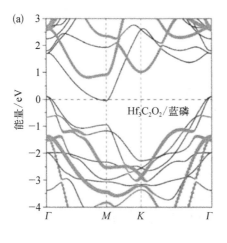

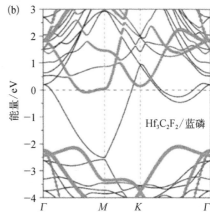

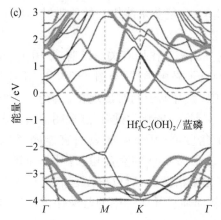
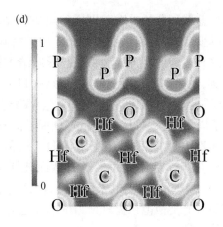

图 7-33　GGA-PBE 泛函计算的异质结的投影能带结构：（a）$Hf_3C_2O_2$/蓝磷、（b）$Hf_3C_2F_2$/蓝磷、（c）$Hf_3C_2(OH)_2$/蓝磷、（d）$Hf_3C_2O_2$/蓝磷投影到（110）面的电子局域函数图

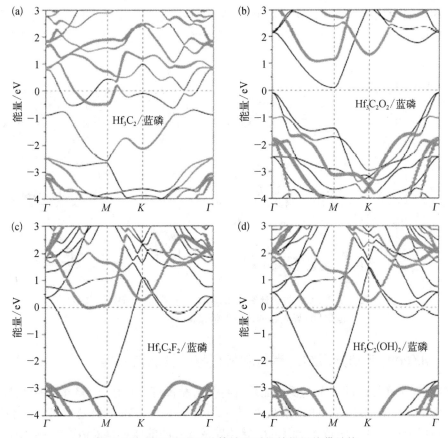

图 7-34　HSE06 泛函计算的异质结的投影能带结构

构没有明显的影响,说明界面强相互作用对能带结构的影响占主导。对于 MXene 表面修饰官能团的异质结,对比不同 GGA-PBE 泛函计算的结果(图 7-33),GGA-PBE 计算的 $Hf_3C_2O_2$/蓝磷异质结中的 $Hf_3C_2O_2$ 为半金属性,而 HSE06 计算的 $Hf_3C_2O_2$ 则表现为半导体性,其带隙宽度约为 0.2 eV;对于 $Hf_3C_2F_2$/蓝磷和 $Hf_3C_2(OH)_2$/蓝磷异质结,HSE06 泛函计算的蓝磷部分的带隙分别增加至 2.7 eV 和 2.8 eV,但费米能级处的能带结构特征没有明显的变化,仍然预示着界面无 n 型肖特基势垒。

这种蓝磷的能带结构特征与异质结中的弱界面相互作用有关。以蓝磷/$Hf_3C_2O_2$ 异质结为例,图 7-33(d) 展示了其投影到(110)面的电子局域函数,与图 7-32(d) Hf_3C_2/蓝磷的电子局域函数相比,在 $Hf_3C_2O_2$/蓝磷异质结中,孤对电子同时出现在蓝磷上、下表面的 P 原子周围,且 P 与其最近邻的 O 原子间没有形成明显的化学键合,这表明蓝磷和表面官能化 MXene 之间的相互作用很弱。从另一个角度看,MXene 的表面官能团可以看作 MXene 与蓝磷界面中的插入层,从而破坏了蓝磷和 MXene 的直接相互作用。同时,这些官能团从 MXene 得到电子而饱和,因而是相对化学惰性的,所以表面官能团和其上面的蓝磷层只有类似范德瓦耳斯力的弱相互作用,从而使得异质结中的蓝磷保留了其本身的半导体特性。

此外,由于 MXene 中存在重过渡金属原子,因此我们以 $Hf_3C_2F_2$/蓝磷和 $Hf_3C_2(OH)_2$/蓝磷异质结为例,考虑 SOC 重新计算了它们的能带结构,结果如图 7-35 所示。对比上述未考虑 SOC 计算的能带可见,SOC 仅导致 MXene 某些电子轨道能带的轻微劈裂,没有改变能带结构的形状和性质,因此 SOC 效应不会影响 MXene/蓝磷异质结界面肖特基势垒的结果。

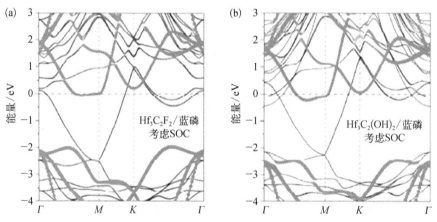

图 7-35　基于 SOC 效应计算的 $Hf_3C_2F_2$/蓝磷(a) 和 $Hf_3C_2(OH)_2$/
蓝磷(b)异质结的投影能带结构

7.5.3　MXene/蓝磷异质结的肖特基势垒特性及调控机理

半导体/金属接触的一个重要特征是肖特基势垒高度。由图 7-33 的能带结构可知,蓝磷和 $Hf_3C_2T_2$(T = O, F, OH) 形成的异质结具有 n 型肖特基势垒特征,其势垒高度(Φ_{Bn})可以通过异质结中费米能级与半导体导带底之间的能量差来估算(参见图 7-36 中的插图)。在具有 n 型肖特基势垒的异质结中,电子从金属到半导体输运的困难程度主要是由 Φ_{Bn} 控制的。如果 Φ_{Bn} 消失,即 Φ_{Bn} 值为零或负,则异质结的界面将形成无接触势垒的欧姆接触而使得电子的输运畅通无阻。图 7-36 展示了官能团修饰 MXene/蓝磷异质结的肖特基势垒高度,可以清楚地看到,所有 $Zr_{n+1}C_n(OH)_2$、$Hf_{n+1}C_n(OH)_2$ 和 $Nb_{n+1}C_n(OH)_2$ 等 OH 官能团修饰的 MXene 与蓝磷形成的异质结具有零或负的肖特基势垒高度 Φ_{Bn}。对于蓝磷与F修饰的 MXene 构成的异质结中, Zr 基和 Hf 基体系的肖特基势垒消失而 Nb 基体系的肖特基势垒较大。而对于蓝磷和 O 修饰的 MXene 构成的异质结, 所有体系的肖特基势垒高度均较大。总体而言, 所有 OH 修饰的和部分 F 修饰的 MXene 体系与蓝磷形成异质结的界面肖特基势垒都得到了消除。

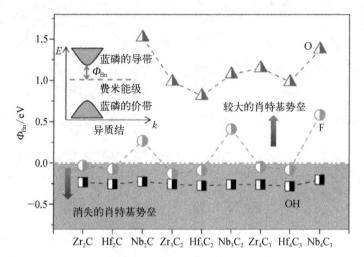

图 7-36 蓝磷/官能团修饰 MXene 异质结的 n 型肖特基势垒高度 Φ_{Bn}。向上和向下箭头分别表示较大的和消失的 Φ_{Bn}。插图为 Φ_{Bn} 的估算示意图

为了验证泛函对 MXene/蓝磷异质结肖特基势垒高度的影响, 我们基于 HSE06 杂化泛函方法计算的能带结构(图 7-34)估算了肖特基势垒高度。对于 $Hf_3C_2F_2$/蓝磷和 $Hf_3C_2(OH)_2$/蓝磷异质结, 由 HSE06 杂化泛函得出的肖特基势垒高度分别为 -0.01 eV 和 -0.17 eV, 这与 GGA-PBE 泛函计算值 -0.08 eV($Hf_3C_2F_2$/蓝磷)和 -0.27 eV($Hf_3C_2(OH)_2$/蓝磷)基本一致。考虑到这两种异质结与其他 MXene/蓝磷异质结在电子结构上的相似性, 我们可以得出如下结论, 即异质结中肖特基势垒的消除源自 MXene/蓝磷固有的界面性质, 在这些体系中, 无论是 GGA-PBE 泛函还是 HSE06 泛函, 均不会影响最终的结论。

另外, 上述计算在构建并优化异质结结构时, 我们固定了蓝磷的晶格常数而使得 MXene 的晶格常数调整至与蓝磷相匹配。下面讨论 MXene/蓝磷异质结中微小应变对异质结电子结构和界面性质的影响。以与蓝磷晶格错配度最高的 MXene 材料 $Nb_3C_2F_2$ 和 $Nb_3C_2(OH)_2$ 为例, 固定它们的晶格常数, 调整蓝磷的晶格常数使其与这两种 MXene 的晶格常数相匹配, 然后用 GGA-PBE 泛函计算其能带结构, 结果示于图 7-37。为方便比较, 固定蓝磷晶格常数时的结果亦展示于图中。通过对比两种情况的能带结构, 我们可以观察到异质结中 MXene 的能带形状特征发生了明显变化, 但仍表现为金属特性; 虽然蓝磷的导带边缘和价带边缘均有明显不同, 但是肖特基势垒仍为 n 型, 这表明异质结中界面性质的稳定性良好。此外, $Nb_3C_2F_2$/蓝磷异质结的肖特基势垒高度有小的变化, MXene 晶格常数固定时其异质结的肖特基势垒高度变得更大; 而对于 $Nb_3C_2(OH)_2$/蓝磷异质结, 无论固定蓝磷还是 MXene 的晶格常数, 其能带结构中费米能级均穿过导带边缘, 展现出消失的 n 型肖特基势垒特性。

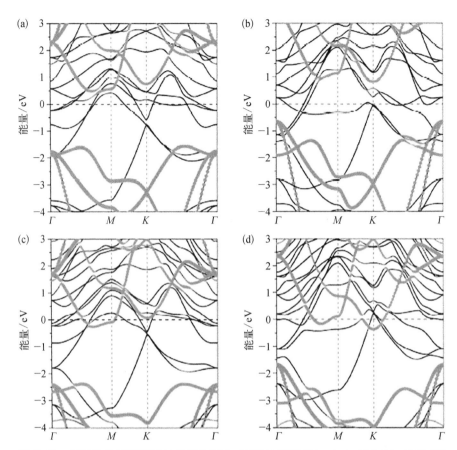

图 7-37 异质结的投影能带结构图（GGA-PBE 计算结果）：（a）、（b）Nb$_3$C$_2$F$_2$/蓝磷；（c）、（d）Nb$_3$C$_2$(OH)$_2$/蓝磷；（a）和（c）中固定蓝磷的晶格常数，（b）和（d）中固定 MXene 的晶格常数

对于半导体/金属异质结，由于半导体和金属电极之间的强相互作用以及费米能级的钉扎现象，大多数情况下难以实现界面肖特基势垒的消除。在先前的文献中，主要解决方法是通过在界面处插入绝缘层或吸附钝化的原子层以弱化界面的强相互作用。然而，这种将三种以上材料组合起来的方法给实验带来了很大的复杂性。本节设计的 M$_{n+1}$C$_n$T$_2$（T＝O，F，OH）/蓝磷异质结展现出消失的界面肖特基势垒高度，且其制备比较容易，这是因为在 MXene 制备过程中表面官能团很容易甚至自发地组装在 MXene 表面，这表明制备异质结界面无肖特基接触势垒的蓝磷/MXene 异质结在实验上更容易实现。

最后，我们通过分析 MXene 的功函数及蓝磷的能带带边位置等进一步理解 MXene/蓝磷异质结界面肖特基势垒的微观机理。如图 7-38（a）所示，Zr$_{n+1}$C$_n$(OH)$_2$、Hf$_{n+1}$C$_n$(OH)$_2$ 和 Nb$_{n+1}$C$_n$(OH)$_2$ 等所有表面修饰 OH 官能团 MXene 的功函数最低；Zr$_{n+1}$C$_n$F$_2$ 和 Hf$_{n+1}$C$_n$F$_2$ 等部分表面 F 官能团 MXene 的功函数也较低；且这些 MXene 的费米能级均位于蓝磷导带底的上方，它们恰好是使异质结界面肖特基势垒消除的电极材料，这表明 MXene 的功函数与异质结的肖特基势垒高度密切相关。正如 7.4 节所提到的，这种相关性可以用肖特基-莫

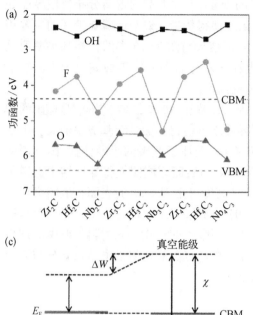

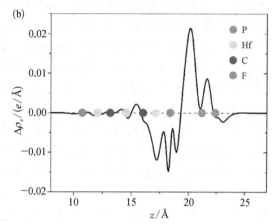

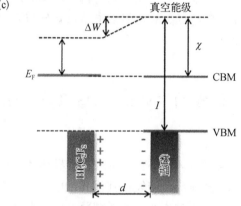

图 7-38　（a）不同官能团修饰的 **MXene** 的功函数，其中虚线为蓝磷的导带底和价带顶的相对位置；（b）$Hf_3C_2F_2$/蓝磷异质结 z 方向的差分电荷密度；（c）$Hf_3C_2F_2$/蓝磷异质结中电荷重分布后能带排列的示意图

特规则 $\Phi_{Bn} = W_M - \chi_{BlueP}$ 来解释，其中 W_M 为 MXene 的功函数，χ_{BlueP} 是蓝磷的电子亲和能，即真空到半导体导带边缘的距离，如图 7-38（c）所示。但是，基于肖特基-莫特规则的分析发现，$M_{n+1}C_n(OH)_2$ 的功函数与蓝磷导带底的差值约为 2.0 eV，而 $Zr_{n+1}C_nF_2$ 和 $Hf_{n+1}C_nF_2$ 的功函数与蓝磷导带底的差值为 0.2~1.0 eV，显然基于此计算出的肖特基势垒是很大的，这与上面观察到的肖特基势垒高度均接近零或为负值不相符。这表明实际的肖特基势垒不遵循肖特基-莫特规则，因此除了功函数外，还应该有其他因素影响异质结的肖特基势垒高度，如异质结中电子能级的变化和界面电荷的重新分布等。下面分析蓝磷和 MXene 构建异质结过程中界面电子的转移和界面偶极子的作用，以进一步理解 MXene/蓝磷异质结的界面性质。异质结界面处电荷的重新分布可以通过差分电荷密度 $\Delta\rho$ 来表征，这里以蓝磷/$Hf_3C_2F_2$ 异质结为例，计算了垂直于界面方向的面平均差分电荷密度，其计算公式为

$$\Delta\rho = \rho_{MXene/BlueP} - \rho_{BlueP} - \rho_{MXene} \tag{7-11}$$

其中，$\rho_{MXene/BlueP}$、ρ_{BlueP} 和 ρ_{MXene} 分别表示异质结、蓝磷和 MXene 的电荷密度。通过 $\Delta\rho(z)$ 在蓝磷区域或 MXene 区域的积分，就可以确定电子转移的方向。图 7-38（b）展示了蓝磷/$Hf_3C_2F_2$ 异质结界面的差分电荷密度分布，可以看到，界面处蓝磷一侧的电子数增多，而 $Hf_3C_2F_2$ 一侧的电子数减少，表明构建异质结时，界面处发生了从 $Hf_3C_2F_2$ 到蓝磷的电子转移。其他 MXene/蓝磷异质结体系中的界面电子转移情况与 $Hf_3C_2F_2$/蓝磷的相似，均发

生了电子从 MXene 到蓝磷的转移。如图 7-38(c)所示,界面电荷的重新分布致使界面处形成了偶极子,进而导致了费米能级位置降低,最终使得费米能级与蓝磷导带底的位置相距很近而获得大约为零的肖特基势垒高度。该分析结果与图 7-36 中的肖特基势垒值是一致的。因此,除了 MXene 的功函数,由界面电荷重新分布引起的界面偶极子也影响了异质结的能级排列,最终影响了界面肖特基势垒的高度。

综上所述,基于第一性原理计算及分析,Zr 基、Hf 基和 Nb 基二维 MXene 是蓝磷的理想电极材料,由它们与蓝磷构成的半导体/金属异质结可使得界面肖特基势垒消失。由于蓝磷与表面裸露 MXene 之间形成了强烈的相互作用,破坏了蓝磷的半导体性,因此表面裸露的 MXene 不是良好的接触电极材料。而 MXene 的表面官能团使得异质结中蓝磷很好地保留其电子性质,且异质结的界面肖特基势垒高度可由 MXene 的表面官能团进行调控。其中蓝磷与 $Zr_{n+1}C_nF_2$、$Hf_{n+1}C_nF_2$、$Zr_{n+1}C_n(OH)_2$、$Hf_{n+1}C_n(OH)_2$ 及 $Nb_{n+1}C_n(OH)_2$ 等 MXene 构成的异质结可以使得界面肖特基势垒消失,因此这些 MXene 材料是蓝磷的理想电极材料。最后,通过深入计算与分析发现,MXene 的功函数和由界面电荷重新分布而导致的界面偶极子作用共同决定了肖特基势垒高度。

7.6 MXene/蓝磷范德瓦耳斯异质结的 Type-I 与 Type-II 转换

前面讨论的都是半导体/金属异质结,实际上半导体/半导体异质结在半导体器件的应用中不可或缺,尤其是近年来,半导体型的范德瓦耳斯异质结凭借其优异的电子和光学性能,在光催化剂、光伏和光学器件中显示了巨大的应用潜力。半导体型范德瓦耳斯异质结可分为 Type-I 和 Type-II 两种,实现范德瓦耳斯异质结从 Type-I 到 Type-II 的转换,对于开发高效率的范德瓦耳斯异质结光电子器件至关重要。本节以二维过渡金属碳化物 MXene 与二维磷材料蓝磷形成的范德瓦耳斯异质结为研究对象,系统地研究应变对异质结电子结构、光学性质和机械性质的影响。计算结果表明,施加应变可以将 MXene/蓝磷半导体异质结由 Type-I 型转变为 Type-II 型,而且通过施加压缩或者拉伸应变可以实现对 MXene/蓝磷异质结光学性质的调控。同时,力学性质的计算结果表明 MXene/蓝磷具有良好的柔性,有望被应用于柔性光电子器件中。

7.6.1 研究背景与计算方法

二维范德瓦耳斯异质结由于可以综合不同二维材料的优异性能,因此能够展现出更好或提高的整体性能。Type-I 型范德瓦耳斯异质结的价带顶和导带底来自同一材料,光激发产生的电子和空穴会聚集在同一种材料上,因此不利于激发电荷的有效分离。Type-II 型范德瓦耳斯异质结的价带顶和导带底来自不同的组成材料,因而能够从空间上实现光激发电子-空穴的有效分离,从而提高了光催化和光伏等电子器件的效率。鉴于 Type-II 型异质结的优异性质,大量的实验和理论工作致力于筛选各种二维半导体材料以设计新型 Type-II 型异质结。然而,实际范德瓦耳斯异质结中往往存在大量的 Type-I 型异质结,因此实现范德瓦耳斯异质结从 Type-I 到 Type-II 的转换,对于开发高效率的范德瓦耳斯异质结光电子器件至关重要。但是迄今为止,鲜有文献报道研究 Type-Ⅰ 型异质结到 Type-Ⅱ 型的转换。

我们先前的研究发现,Zr_2CO_2 和 Hf_2CO_2 等 MXene 材料在光催化分解水制氢气方面有潜在应用。更重要的是,Zr_2CO_2 和 Hf_2CO_2 具有极高且各向异性的载流子迁移率,有利于加速光生电子-空穴对的迁移和实现它们的分离。另外,随着二维黑磷的实验合成,二维磷材料及其同素异形体已成为当前的材料研究热点。通过旋转二维黑磷中的磷原子,褶皱结构的二维黑磷转变为对称性更高的二维六方磷材料蓝磷,已证明蓝磷具有良好的稳定性。值得注意的是,蓝磷与 M_2CO_2 等 MXene 具有相同的六方结构及相近的晶格常数,这预示着由它们构建范德瓦耳斯异质结的可能性。下面通过构建 M_2CO_2/蓝磷异质结,探索如何将 Type-Ⅰ 型转换为 Type-Ⅱ 型异质结,并且从异质结的电子结构、光学性能和力学性能等方面深入研究异质结类型转换的微观机理以及对其性能的调控方法。

本节所有计算均以密度泛函理论为基础,使用基于平面波基组赝势的 VASP 软件包完成。在结构优化时,利用广义梯度近似赝势来处理电子和原子核间的交换-关联效应,其中赝势采用了 GGA-PBE 泛函。基于密度泛函微扰理论,利用 PHONOPY 软件包计算声子谱。由于 GGA-PBE 会低估半导体材料的带隙,这里采用更精确的 HSE06 杂化泛函,使用 GGA-PBE 泛函优化的结构来计算电子结构。另外,为了得到更精确的介电函数,我们使用了含时 Hartree-Fock(time-dependent Hartree-Fock,TDHF)方法来计算包括激子效应的响应函数。

7.6.2　Zr_2CO_2(Hf_2CO_2)/蓝磷范德瓦耳斯异质结及电子结构

首先利用 GGA-PBE 优化二维单体材料的晶格结构,优化后的二维 Zr_2CO_2、Hf_2CO_2 和蓝磷的晶格常数分别为 3.294 Å、3.253 Å 和 3.250 Å,与之前的文献报道一致。基于这些晶格常数数值,Zr_2CO_2(Hf_2CO_2)与蓝磷的晶格错配度仅为 1.33%(0.09%),表明由它们构成的异质结界面处匹配很好。然后,基于 Zr_2CO_2(Hf_2CO_2)与蓝磷间不同的旋转角度 0°、60°、120°、180°、240° 和 300°,分别构建六种 Zr_2CO_2(Hf_2CO_2)/蓝磷异质结的构型(图 7-39)。在此基础上,优化所有异质结的结构,再通过系统总能的计算,由以下异质结的形成能来评估其热力学稳定性:

$$E_{form} = E_{M_2CO_2/BlueP}^{total} - E_{M_2CO_2}^{total} - E_{BlueP}^{total} \tag{7-12}$$

其中,$E_{M_2CO_2/BlueP}^{total}$、$E_{BlueP}^{total}$ 和 $E_{M_2CO_2}^{total}$ 分别为 Zr_2CO_2(Hf_2CO_2)/蓝磷异质结、蓝磷和 Zr_2CO_2(Hf_2CO_2)的总能。表 7-7 列出了各种构型的 Zr_2CO_2(Hf_2CO_2)/蓝磷异质结的形成能和层间距,其中层间距的定义如图 7-39(a)所示。由表中数据可知,Zr_2CO_2(Hf_2CO_2)/蓝磷异质结的所有构型的形成能都是负值,表明从能量的角度,它们的结构都是可行的。在这六种构型中,构型 b 的形成能最低,远低于其他构型的形成能,因此构型 b 是 Zr_2CO_2(Hf_2CO_2)/蓝磷异质结构的最可能结构。需要指出的是,若再考虑异质结的界面构型,b 构型 Zr_2CO_2(Hf_2CO_2)/蓝磷异质结的形成能为 −25.1(−24.9)meV/Å^2,低于大部分范德瓦耳斯材料的层间剥离能,说明 Zr_2CO_2(Hf_2CO_2)/蓝磷异质结的层间以范德瓦耳斯力结合。

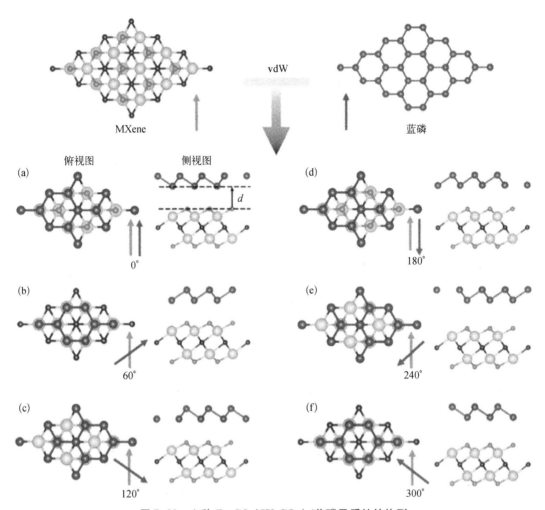

图7-39 六种 $Zr_2CO_2(Hf_2CO_2)$/蓝磷异质结的构型

表7-7 不同构型 $Zr_2CO_2(Hf_2CO_2)$/蓝磷异质结的形成能 E_{form} 和层间距 d

异 质 结	构 型	a	b	c	d	e	f
Zr_2CO_2/蓝磷	E_{form}/meV	-224	-235	-207	-207	-141	-143
	d/Å	2.71	2.68	2.88	2.84	3.38	3.37
Hf_2CO_2/蓝磷	E_{form}/meV	-219	-229	-205	-204	-146	-148
	d/Å	2.79	2.74	2.92	2.90	3.40	3.38

基于 $Zr_2CO_2(Hf_2CO_2)$/蓝磷异质结的稳定结构,我们使用 HSE06 计算单体二维材料 Zr_2CO_2、Hf_2CO_2、蓝磷以及 Zr_2CO_2/蓝磷和 Hf_2CO_2/蓝磷异质结的能带结构。计算结果示于图7-40(a)~(e),由图可见,二维 Zr_2CO_2、Hf_2CO_2 和蓝磷均为间接带隙,其带隙宽度分别为 1.75 eV、1.79 eV 和 2.7 eV,显然蓝磷较大。与二维 M_2CO_2 的能带结构类似,Zr_2CO_2 (Hf_2CO_2)/蓝磷异质结的能带结构展现出导带底和价带顶分别位于 M 点和 Γ 点的间接带隙特征。根据能带的投影结构 $Zr_2CO_2(Hf_2CO_2)$/蓝磷异质结的导带底和价带顶都源自

二维 Zr_2CO_2(Hf_2CO_2)的能带,表明这两种异质结是典型的 Type-I 型范德瓦耳斯异质结。图 7-40(f)展示了 Zr_2CO_2/蓝磷异质结中组成二维材料的能带带边位置关系,由图可知,Zr_2CO_2 的导带底能级低于蓝磷的导带底,而其价带顶能级高于蓝磷的价带顶。由光激发产生的载流子倾向于沿着能量降低的方向迁移,所以在这种 Type-I 型异质结中,光激发的电子和空穴容易在同一种材料上聚集并复合,从而降低了其光电转换效率。因此,将 Type-I 型异质结转换为 Type-II 型对于促进光电器件中载流子的分离进而提高器件效率至关重要。

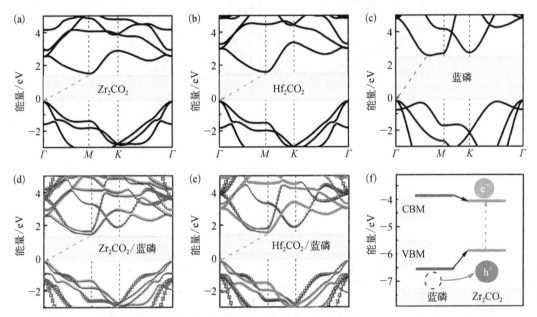

图 7-40 (a~e) HSE06 泛函计算的能带结构,其中图(d)和(e)中的红色圆点和蓝色方块分别代表二维 M_2CO_2 和蓝磷在能带中的权重。(f) Zr_2CO_2/蓝磷异质结的能带带边位置关系示意图

7.6.3 应变调控 Zr_2CO_2/蓝磷范德瓦耳斯异质结的 Type-I 与 Type-II 转变

已有工作表明施加应力或应变是调控二维材料性能的一种重要方法。下面通过施加应变来调控 Zr_2CO_2/蓝磷异质结的能带结构。为了保持 Zr_2CO_2/蓝磷异质结的晶格对称性不变,我们首先研究双轴应变对其性能的调控作用。图 7-41(a)展示了 Zr_2CO_2/蓝磷异质结在 5% 的压缩应变(-0.05)和 3% 的拉伸应变(0.03)下的投影能带结构。显然,在 5% 的压缩应变下,Zr_2CO_2/蓝磷异质结的导带底和价带顶分别来自 Zr_2CO_2 和蓝磷,而在 3% 的拉伸应变下,导带底和价带顶则分别由蓝磷和 Zr_2CO_2 贡献。也就是说,在这两种应变下,Zr_2CO_2/蓝磷异质结都由 Type-I 型转变为 Type-II 型异质结。为了更直观地展示应变下 Zr_2CO_2/蓝磷异质结的电子结构信息,我们进一步计算了导带底和价带顶的能带投影电荷密度[图 7-41(b)]。从图中分解能带电荷密度的位置可以清楚地看到,在压缩应变下,Zr_2CO_2/蓝磷异质结的价带顶是由蓝磷贡献的,导带底是二维 Zr_2CO_2 贡献的。而拉伸应变下的情况则相反:Zr_2CO_2/蓝磷异质结的价带顶来自二维 Zr_2CO_2,导带底则源自蓝磷。这种改变应变方向而导致 VBM 与 CBM 反转的现象表明,Zr_2CO_2/蓝磷异质结中任一组成成

分都可以作为电子的施主或受主,从而实现一些比较奇异的性能,如通过施加应变来改变光伏器件的电场方向。

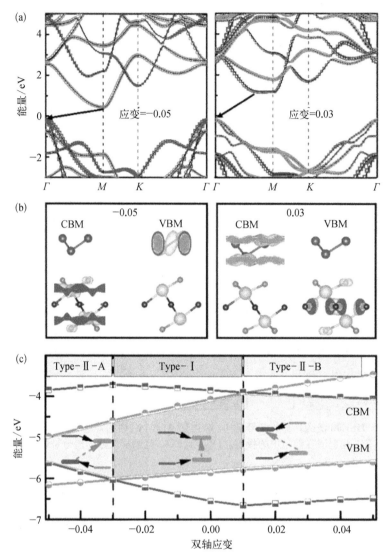

图 7-41 (a) HSE06 泛函计算的应变下 Zr_2CO_2/蓝磷异质结的投影能带结构,其中红色圆圈和蓝色方块分别代表 Zr_2CO_2 和蓝磷在能带中的权重;(b)分解能带电荷密度;(c)应变下异质结中 Zr_2CO_2(红色)和蓝磷(蓝色)的带边能级的演变

为阐明 Zr_2CO_2/蓝磷异质结中应变调控类型转换的机制,我们可以详细计算不同应变下异质结中二维 Zr_2CO_2 和蓝磷的带边能级的演变,计算结果展示于图 7-41(c)。由图可知,在应变从-0.05 变到 0.05 的过程中,异质结中二维 Zr_2CO_2 的导带底和价带顶的能级位置均逐渐升高,而二维蓝磷导带底和价带顶能级位置的演变则比较复杂,因此,可以根据蓝磷带边位置的变化划分为三个区域。在-0.05~-0.03 应变范围内,Zr_2CO_2 的导带底和价带顶位置均低于蓝磷,此时的异质结为 Type-Ⅱ-A 型;在-0.03~0.01 应变范围内,蓝磷

导带底和价带顶的能级位置均缓慢降低,此时蓝磷导带底和价带顶的能级位置分别高于和低于 Zr_2CO_2,异质结为 Type-I 型;在 $0.01\sim0.05$ 应变范围内,二维 Zr_2CO_2 的导带底和价带顶均高于蓝磷,此时异质结为 Type-II-B 型。

7.6.4　应变对 Zr_2CO_2/蓝磷范德瓦耳斯异质结的光学性能的调控

材料的光吸收性能对其在光电器件中的应用至关重要,下面通过计算 Zr_2CO_2/蓝磷异质结的介电常数来研究其光吸收性能。如图 7-42(a)所示,蓝磷在 $200\sim300\ nm$ 波段具有良好的光吸收性能;而二维 Zr_2CO_2 的光吸收波段范围主要集中在 $300\sim500\ nm$ 波段;由它们形成的异质结则结合两种单体材料的光吸收性能,在 $200\sim500\ nm$ 波段都展现出良好的光吸收性能。对异质结施加微小的压应变,如图 7-42(b)所示,Zr_2CO_2/蓝磷异质结的光吸收扩展到可见光波段;而施加拉伸应变,计算结果如图 7-42(c)所示,Zr_2CO_2/蓝磷异质结的光吸收范围移向紫外波段。上述计算结果展示了施加应变可以调控 Zr_2CO_2/蓝磷异质结的光学性能。

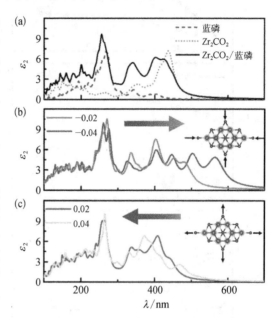

图 7-42　无应变(a)、双轴压缩(b)、双轴拉伸(c)的二维 Zr_2CO_2、蓝磷和 Zr_2CO_2/蓝磷异质结的介电常数虚部

7.6.5　$Zr_2CO_2(Hf_2CO_2)$/蓝磷范德瓦耳斯异质结的力学性能

为了评估施加应变调控 $Zr_2CO_2(Hf_2CO_2)$/蓝磷异质结性能的可行性,本节系统研究了 M_2CO_2/蓝磷异质结在变形下的力学性质,即应力-应变曲线。通过应力-应变曲线可以确定材料所能承受的最大应力(屈服应力)以及此时的形变量(屈服应变)。二维蓝磷、Zr_2CO_2、Hf_2CO_2 及异质结 Zr_2CO_2/蓝磷和 Hf_2CO_2/蓝磷的计算应力-应变曲线展示于图 7-43(a)。由图中的应力-应变曲线可以得出,二维蓝磷、Zr_2CO_2、Hf_2CO_2 及异质结 Zr_2CO_2/蓝磷和 Hf_2CO_2/蓝磷所能承受的最大应变分别为 0.16、0.18、0.19、0.16 和 0.17,这些应变值都显著大于上述用于调控异质结性能所施加的最大应变(0.05),表明施加应变来调控 M_2CO_2/蓝磷异质结的性能是可行的。另外,应力-应变曲线弹性阶段的斜率即为该材料的杨氏模量,由图 7-43(a)显见,MXene 的模量最大,蓝磷的模量最小,而由它们构成的异质结的模量则介于两者之间。这意味着在相同应力作用下 MXene 的变形程度会小于蓝磷。因此,在施加较小应变时,应该将 MXene 材料作为柔性衬底,进而通过层间范德瓦耳斯力来驱动蓝磷的变形。相关的实验结果也表明,通过范德瓦耳斯力可以给异质结施加的最大变形为 2%。而在较大变形时,则需要施加一些额外的手段,如固定材料的边缘,以保证异质结中组成材料的变形量一致。

为了阐明 $Zr_2CO_2(Hf_2CO_2)$/蓝磷异质结的微观变形机制,图 7-43(b)和(c)总结

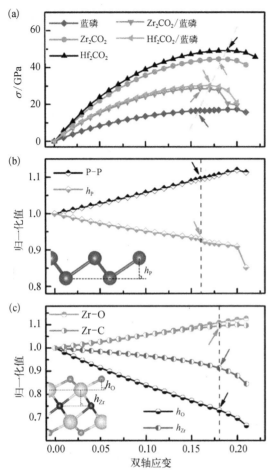

图 7-43 （a）二维蓝磷、Zr_2CO_2、Hf_2CO_2、Zr_2CO_2/蓝磷、Hf_2CO_2/蓝磷异质结的应力-应变曲线。（b）蓝磷中 P-P 键长和 P 原子的表面高度（h_P）随着应变的变化。（c）Zr_2CO_2 中 Zr-O、Zr-C 键长和 O、Zr 原子的表面高度（h_O、h_{Zr}）随着应变的变化

了应变下 Zr_2CO_2/蓝磷异质结中化学键键长和原子位置的演变。由图 7-43（b）可见，对于蓝磷，P-P 键长随着应变的增加而逐渐增大，而相邻两个 P 原子层间的垂直距离（h_P）则逐渐减小；达到屈服应变时，h_P 突然显著地减小，从而导致 P-P 键长增长减缓，进而导致体系内应力的松弛。类似地，对于二维 Zr_2CO_2〔图 7-43（c）〕，Zr-C 和 Zr-O 的键长均随应变的增加而逐渐增大，但单原子层间距即 h_O 和 h_{Zr}，则随应变的增加而降低；同样地，应变至屈服时，由于 h 突然以更快的速度减小而导致 Zr-C 键长由增大转变为减小，因此，应力也相应地逐渐减小〔图 7-43（a）〕。总体而言，Zr_2CO_2（Hf_2CO_2）/蓝磷异质结展现出了良好的机械柔性，这使它们在应变调控过程中能保持良好的稳定性，所以 Zr_2CO_2（Hf_2CO_2）/蓝磷异质结在柔性器件中有巨大的应用潜力。

概况而言，施加应变可以将 Type-Ⅰ 型 MXene/蓝磷转变为 Type-Ⅱ 型，且通过施加压缩或者拉伸应变还可以实现对 MXene/蓝磷异质结光学性能的调控。同时，MXene/蓝磷的应力-应变曲线展现出这种异质结具有良好的机械柔性，有望应用于柔性光电子器件中。

7.7　Type-Ⅱ 型 MoS_2/AlN（GaN）半导体范德瓦耳斯异质结

以半导体为光催化剂的光催化技术受到了国际科学研究领域和工业领域的广泛关注，为我们提供了一种生产清洁能源和治理环境污染的实际可行技术。光催化技术利用大自然中储量丰富的太阳能，应用于太阳能电池、降解有机污染物、杀菌、制氢等领域。其中，光催化制氢被认为是最有发展前景的新型清洁能源，有望解决当今的能源和环境问题。半导体光催化剂在太阳光的照射下激发产生电子-空穴对，迁移到半导体催化剂表面的电子-空穴对参与在半导体表面发生的光催化水分解反应，产生 H_2 和 O_2。在光催化过程中，影响半导体光催化剂活性的主要因素包括半导体材料的带隙大小、价带顶和导带底的带边位置以及对可见光的有效吸收。对于半导体光催化剂直接催化水分解，它的导带

底应比 H^+/H_2(0 V *vs.* NHE)的还原势偏负;而它的价带顶应比 H_2O/O_2(1.23 eV)的氧化势偏正,即半导体的导带底和价带顶应分别在水的氧化还原势的两侧。因此,半导体光催化剂的带隙应大于 1.23 eV。另外,由于可见光占据了近一半的太阳光谱,因此满足半导体光催化剂在可见光照射下直接分解水的能带间隙还应小于 3 eV。满足以上条件的半导体材料才有可能充分地吸收可见光,产生电子跃迁而生成电子-空穴对以用于光催化水分解过程。然而,这仍然是最具挑战性的任务之一。此外,最大限度地降低电子-空穴对的复合概率,提高它们的迁移率,以及材料的稳定性都是影响半导体催化活性的关键因素。迄今为止,尽管研究人员已做了巨大的努力,但仍未开发出满足上述要求的单一材料体系。

二维单层 MoS_2 是带隙为 1.9 eV 的直接带隙半导体,具有优异的电子结构、光学性能,在光催化分解水制氢领域具有很好的应用前景。然而,MoS_2 需要共催化剂才能实现在太阳光下光催化水分解制备氢气。构建 MoS_2 基异质结是实现共催化有效且可行的办法,它不仅可以让载流子有效分离,还可以提高光催化效率,对光催化材料领域的研究有重要意义。由两个或者更多不同的晶体结合在一起构成异质结的材料,可以获得比单一材料更多优异的性能。把二维晶体材料结合在一起构成多层范德瓦耳斯异质结,为创造高性能的功能材料和器件开启了新篇章。最近研究发现,ⅢA 族氮化物 AlN、GaN 的单层结构带隙在可见光的范围内,而且已有理论工作预测单层 AlN、GaN 在光催化剂领域具有很好的前景。我们发现,单层 AlN、GaN 与 MoS_2 具有相同的六方结构,而且单层 AlN、GaN 的晶格常数与单层 MoS_2 的晶格常数的错配度都很小(约 2%),可能形成高质量范德瓦耳斯异质结。基于此,我们构建了 MoS_2/AlN(GaN)范德瓦耳斯异质结,然后采用基于密度泛函理论的第一性原理方法研究其结构和性质,发现它们可以作为高效的光催化剂在可见光下光催化水分解制取氢气。

7.7.1　MoS_2/AlN(GaN)异质结的构型及稳定性

在预测 MoS_2/AlN(GaN)范德瓦耳斯异质结的结构构型和稳定性之前,首先利用 PBE-D2 方法计算单层 MoS_2、AlN 和 GaN,得到优化的晶格常数分别为 3.187 Å、3.126 Å 和 3.258 Å,这与可获得的文献值是非常吻合的。为了构建优质的 MoS_2 基范德瓦耳斯异质结,首先要求与之匹配的单层材料与 MoS_2 在晶格常数上的错配度要越小越好。单层 AlN、GaN 与单层 MoS_2 晶格常数的错配度分别为 -1.9%、+2.3%,这两个错配度都非常小,因此都是与 MoS_2 构建范德瓦耳斯异质结的好选择。然后再精准计算这三个单层的能带结构,看其带隙大小是否合适。这里使用 10%Hartree-Fock 交换能的杂化密度泛函方法计算得到单层 MoS_2、AlN 和 GaN 的能带带隙大小分别为 1.92 eV、3.39 eV、2.48 eV,这些计算的带隙值与文献中的实验和理论结果都非常吻合。接下来就可以考虑范德瓦耳斯异质结的结构构型了。对于 MoS_2/AlN(GaN)范德瓦耳斯异质结的结构构型,我们主要考虑六种最可能的构型(图 7-44),若定义结构(a)中 AlN(GaN)层相对于 MoS_2 的旋转角为 0°,那么结构(b)、(c)、(d)、(e)、(f)的旋转角分别为 60°、120°、180°、240°、300°,然后将这些结构进行弛豫后再进行总能的计算。表 7-7 给出了结构优化后,不同构型之间的能量差、最稳定的一种结构、MoS_2 与 AlN(GaN)的层间距以及 MoS_2/AlN(GaN)范德瓦耳斯异质结的 Mo-S 键长和 Al(Ga)-N 键长。不同结构之间能量差 ΔE_i 定义为

$$\Delta E_i = E_i - E_0 \qquad (7-13)$$

其中, E_0 是最稳定结构的总能; E_i 是其他各种结构的总能。对于 MoS_2/AlN 范德瓦耳斯异质结,最稳定结构是图 7-44(b) 的构型;而对于 MoS_2/GaN 范德瓦耳斯异质结,最稳定结构是图 7-44(c) 的构型。分析表 7-8 可见,两种最稳定结构的范德瓦耳斯异质结的层间距是所有结构中最小的。这些结构的层间距随着总能的增大而增大,从 2.722 Å 逐渐增大到 3.457 Å。在 MoS_2/AlN 范德瓦耳斯异质结中,所有结构的 Mo-S 键长都小于单层 MoS_2,而 Al-N 键长却比单层 AlN 的大。在 MoS_2/GaN 范德瓦耳斯异质结中,所有结构的 Mo-S 键长都大于单层 MoS_2,而 Ga-N 键长却比单层 GaN 的小。在异质结中这些键长相对于单层的变化是由于各原子为适应较小晶格错配度所产生的应力而做的微小调整。总体来说,这些键长的改变都非常小,表明在异质结中原子的重新排列是非常小的。

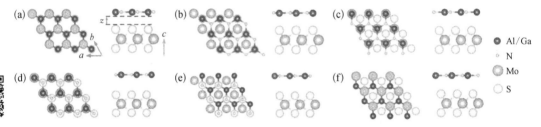

图 7-44 $MoS_2/AlN(GaN)$ 范德瓦耳斯异质结的六种结构示意图。其中,$AlN(GaN)$ 层相对于 MoS_2 层的旋转角分别为 0°(a)、60°(b)、120°(c)、180°(d)、240°(e) 和 300°(f)。绿色小球是 N 原子,蓝色中球是 Al 或 Ga 原子,品红色和黄色大球分别代表 Mo 和 S 原子

表 7-8 $MoS_2/AlN(GaN)$ 范德瓦耳斯异质结的不同结构的能量差 ΔE_i,最低能量的构型,层间距 d,单层、异质结体系的 Mo-S 键长 L_{Mo-S} 和 Al(Ga)-N 键长 $L_{Al(Ga)-N}$

体 系	构 型	ΔE_i/eV	d/Å	L_{Mo-S}/Å	$L_{Al(Ga)-N}$/Å
MoS_2				2.412	
AlN					1.805
GaN					1.88
MoS_2/AlN	a	0.006	2.776	2.406	1.825
	b	0	2.722	2.408	1.827
	c	0.055	2.99	2.406	1.823
	d	0.135	3.457	2.405	1.821
	e	0.136	3.454	2.405	1.82
	f	0.056	3.05	2.407	1.823
MoS_2/GaN	a	0.018	2.989	2.422	1.865
	b	0.019	2.975	2.423	1.867
	c	0	2.972	2.422	1.864
	d	0.087	3.411	2.421	1.863
	e	0.092	3.422	2.421	1.863
	f	0.008	3.054	2.421	1.864

为了研究 $MoS_2/AlN(GaN)$ 范德瓦耳斯异质结的最稳定结构的热力学稳定性,我们计算了它们的形成能,可表示为

$$E_{form} = E_{total}^{MoS_2/AlN(GaN)} - E_{total}^{MoS_2} - E_{total}^{AlN(GaN)} \tag{7-14}$$

其中,$E_{total}^{MoS_2/AlN(GaN)}$、$E_{total}^{MoS_2}$ 和 $E_{total}^{AlN(GaN)}$ 分别代表 $MoS_2/AlN(GaN)$ 异质结、MoS_2 和 AlN (GaN)单层的总能。计算得到 MoS_2/AlN、MoS_2/GaN 范德瓦耳斯异质结的形成能分别为 -247 meV、-218 meV。这两种异质结形成能均为负值,表明它们的能量稳定性好,而且也有望通过实验制备出来。此外,我们又计算了这两种异质结中单层 MoS_2 与单层 AlN (GaN)之间单位面积内的键能。MoS_2/AlN 范德瓦耳斯异质结的键能为 28.52 $meV/Å^2$,MoS_2/GaN 范德瓦耳斯异质结的键能为 24.14 $meV/Å^2$,这两个数值均与典型的范德瓦耳斯键能($20\ meV/Å^2$)非常接近,因此我们构建的 $MoS_2/AlN(GaN)$ 异质结都是属于范德瓦耳斯异质结。

7.7.2　$MoS_2/AlN(GaN)$ 范德瓦耳斯异质结的电子结构

接下来计算并分析单层 MoS_2、AlN、GaN、MoS_2/AlN 和 MoS_2/GaN 范德瓦耳斯异质结的电子能带结构(图 7-45 和图 7-46)。单层 MoS_2 是直接带隙半导体,其价带顶和导带底均位于布里渊区的 K 点;而单层 AlN 和 GaN 是间接带隙半导体,价带顶和导带底分别位于布里渊区的 K 点和 Γ 点;$MoS_2/AlN(GaN)$ 范德瓦耳斯异质结都是直接带隙半导体,它们的价带顶和导带底均位于布里渊区的 K 点。显然,$MoS_2/AlN(GaN)$ 范德瓦耳斯异质结保留了单层 MoS_2 的能带特征。布里渊区的 K 点的直接带隙保证了太阳能的高效转换而不涉及任何晶格振动行为。采用杂化泛函方法计算的 MoS_2/AlN 和 MoS_2/GaN 范德瓦耳斯异质结的带隙分别为 1.62 eV 和 1.52 eV。异质结的带隙明显小于相应的单层体系,表明形成范德瓦耳斯异质结倾向于减小原有二维材料的带隙。通过理论计算,类似的现象也在 MoS_2/WS_2 异质结中发现,这归因于形成异质结对能带的调控。重要的是,MoS_2/AlN 与 MoS_2/GaN 范德瓦耳斯异质结的带隙值比半导体光催化剂所需带隙最小值(1.23 eV)要大,表明它们有望应用于光催化水分解。

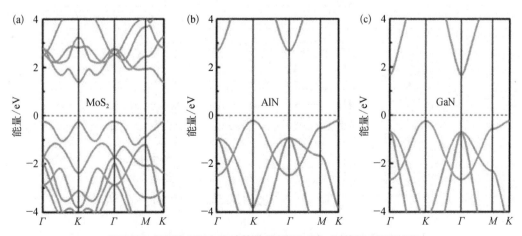

图 7-45　DFT-D2 方法计算的单层 MoS_2(a)、单层 AlN(b)和单层 GaN(c)的能带结构。费米能级设为 0 eV

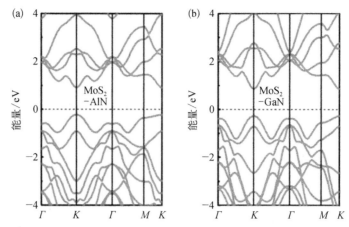

图 7-46 DFT-D2 方法计算得到的 MoS₂/AlN(a)和 MoS₂/
GaN(b)的能带结构。费米能级设为 0 eV

7.7.3 MoS₂/AlN(GaN)范德瓦耳斯异质结的光催化性质

下面需要分析这两种范德瓦耳斯异质结作为光催化剂的相对于水的氧化还原势的带边位置(图7-47)。导带底与水的还原势能之差称为还原能,价带顶与水的氧化势能之差称为氧化能。从图7-47可以看出,单层 MoS₂ 具有合适的光催化水分解的带边位置,与已有的研究结论是一致的。而单层 AlN 和 GaN 的价带顶比水的氧化势偏负,导带底比氢气还原势偏负,不适合分解水。由于两个单层之间存在弱的范德瓦耳斯相互作用,这两种范德瓦耳斯异质结的价带顶和导带底重新排列。对于 MoS₂/AlN(GaN)范德瓦耳斯异质结,价带顶比水的氧化势偏正,导带底比氢气还原势偏负。而且,MoS₂/AlN 范德瓦耳斯异质结的氧化能和还原能非常接近,这可以使水分解的氧化还原反应持续进行。而 MoS₂/GaN 范德瓦耳斯异质结的价带顶非常接近水的氧化势,具有非常小的氧化能力。为了改善 MoS₂/GaN 的氧化性能,我们提出了两种可行性方法。第一种,改变 pH。因为水的氧化还

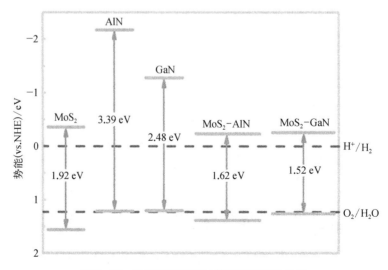

图 7-47 杂化密度泛函计算得到的带边位置

原势和 pH 有关,改变 pH 可以使水的氧化势向上移动。O_2/H_2O 的标准氧化势可以用如下方程式表示:

$$E^{ox}_{O_2/H_2O} = -5.67\ eV + pH \times 0.059\ eV \tag{7-15}$$

根据式(7-15),我们可以调节氧化势和还原势,使氧化反应和还原反应保持化学平衡。由此,MoS_2/GaN 作为光催化剂在光催化过程中,我们可以把 pH 调节为 2.1,改善其氧化能力。第二种方法是使用共催化剂。对 MoS_2/GaN 范德瓦耳斯异质结加上一个共催化剂,提升它的氧化能力,提高催化效率。总而言之,这两种范德瓦耳斯异质结的导带底位置相对于水的还原势是相似的,而 MoS_2/AlN 的价带顶位置相对于水的氧化势比 MoS_2/GaN 偏正。这表明 MoS_2/AlN 比 MoS_2/GaN 具有更好的光催化性能。

接下来通过分析能带特征,证实了导带底和价带顶分别位于范德瓦耳斯异质结的不同层。导带底来源于单层 MoS_2 中 Mo 原子的 d_{z^2} 态,而价带顶来源于由单层 AlN(GaN)中的 N 原子 p_z 态。为了理解 $MoS_2/AlN(GaN)$ 范德瓦耳斯异质结在光催化水分解过程中每个单层所发挥的作用,我们计算了 $MoS_2/AlN(GaN)$ 范德瓦耳斯异质结的最低未占据分子轨道(lowest unoccupied molecular orbital, LUMO)和最高占据分子轨道(highest occupied molecular orbital, HOMO)的能带分解电荷密度(图 7-48)。从图中可以看出,两种范德瓦耳斯异质结的最低未占据分子轨道主要是由 Mo 原子的 d_{z^2} 轨道构成,而最高占据分子轨道主要由 N 原子的 p_z 轨道构成。这种能带特征表明 $MoS_2/AlN(GaN)$ 范德瓦耳斯异质结在光催化过程中,光激发电子将会从位于 AlN(GaN)的电子态转移到位于 MoS_2 的电子态,其中 MoS_2 起到电子受体的作用,AlN(GaN)是电子供体,从而达到电子和空穴的有效分

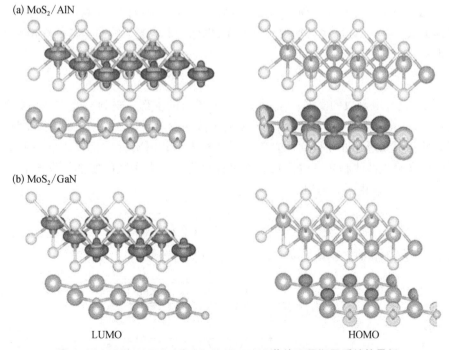

(a) MoS_2/AlN

(b) MoS_2/GaN

LUMO　　　　　　　　　　　　　　　　HOMO

图 7-48　$MoS_2/AlN(a)$ 和 $MoS_2/GaN(b)$ 范德瓦耳斯异质结的最低未占据分子轨道和最高占据分子轨道的能带分解电荷密度

离。基于上述分析,光能驱动 $MoS_2/AlN(GaN)$ 范德瓦耳斯异质结作用于水分解的过程可以用图 7-49 表示。因此,在光催化水分解的过程中,产生 H_2 的过程发生在单层 MoS_2 上,而产生 O_2 的过程发生在单层 AlN(GaN)。

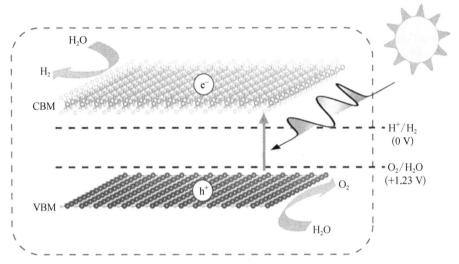

图 7-49 MoS_2/AlN 和 MoS_2/GaN 范德瓦耳斯异质结光催化分解水的原理示意图

7.7.4 $MoS_2/AlN(GaN)$ 范德瓦耳斯异质结的光吸收性质

半导体催化剂对太阳光的吸收率影响着催化剂的效率,本节通过计算响应函数研究 $MoS_2/AlN(GaN)$ 范德瓦耳斯异质结的光吸收性质。介电函数描述了材料的电子结构与光谱之间的关联,能够充分反映材料的光学性质,也称为宏观光学响应函数。介电函数可以用下式表示:

$$\varepsilon(\omega) = \varepsilon_1(\omega) + i\varepsilon_2(\omega) \tag{7-16}$$

其中,$\varepsilon_1(\omega)$ 是介电函数的实部;$\varepsilon_2(\omega)$ 是介电函数的虚部。材料对光的响应过程体现在光吸收系数、光反射系数、消光系数、光损失函数和折射率等,这些光响应系数都可以用介电函数的实部和虚部推导得到。光吸收系数对光催化材料的催化效率至关重要,这里将主要讨论光吸收系数和光反射系数。通过计算得出介电函数的实部与虚部后,材料的光吸收谱 $I(\omega)$ 可以由下式得出:

$$I(\omega) = \sqrt{2\omega^2\sqrt{\varepsilon_1^2(\omega) - \varepsilon_2^2(\omega)} - \varepsilon_1(\omega)} \tag{7-17}$$

光折射系数 $n(\omega)$ 和消光系数 $k(\omega)$ 由以下公式得出:

$$n(\omega) = \sqrt{\frac{\varepsilon_1(\omega) + \sqrt{\varepsilon_1^2(\omega) + \varepsilon_2^2(\omega)}}{2}} \tag{7-18}$$

$$k(\omega) = \sqrt{-\frac{\varepsilon_1(\omega) - \sqrt{\varepsilon_1^2(\omega) + \varepsilon_2^2(\omega)}}{2}} \tag{7-19}$$

获得 $n(\omega)$ 和 $k(\omega)$ 后,光反射系数由下式得出:

$$R = \frac{(n-1)^2 + k^2}{(n+1) + k^2} \tag{7-20}$$

图 7-50(a)展示了单层 MoS_2、AlN、GaN 以及由其构成的范德瓦耳斯异质结的光吸收谱,从图中可以看出,单层 AlN 和 GaN 在可见光波段几乎没有吸收,仅在紫外光波段展现出吸收谱。而单层 MoS_2、MoS_2/AlN 和 MoS_2/GaN 范德瓦耳斯异质结在紫外光和可见光波段都有大量吸收,尤其是这两个范德瓦耳斯异质结,在从紫外到可见光较宽的波段展现出较大的光吸收。这是因为 MoS_2/AlN 和 MoS_2/GaN 这两种范德瓦耳斯异质结在布里渊区的 K 点具有合适的直接带隙,这与 $g-C_3N_4$/MoS_2 纳米复合材料类似。由图 7-50(b)展示的光反射谱来看,在这两个范德瓦耳斯异质结的吸收波长所对应的能量范围内,即从 2.34 eV 到 3.87 eV,MoS_2/GaN 范德瓦耳斯异质结的反射率比单层 MoS_2 的更小,且 MoS_2/AlN 的反射率发生部分蓝移。

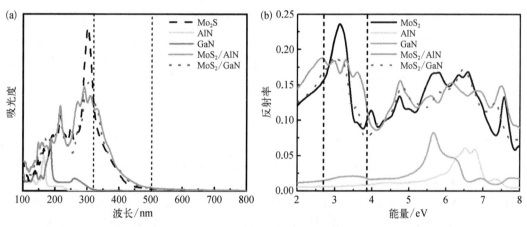

图 7-50　单层 MoS_2、AlN、GaN 以及范德瓦耳斯异质结:(a)光吸收图;(b)光反射谱

我们可以通过计算并分析异质结的分波态密度来进一步理解 MoS_2/AlN(GaN)范德瓦耳斯异质结的光吸收机理。如图 7-51 所示,对于 MoS_2/AlN(GaN)这两种范德瓦耳斯异质结,N 2p 和 Mo 4d 的轨道电子态在费米能级以下的价带处发生重叠。先前曾有研究提出通过轨道重叠改变轨道可以加强光吸收,因此 MoS_2/AlN(GaN)范德瓦耳斯异质结增强的光吸收可以归因于 N 2p 和 Mo 4d 的轨道重叠。另外,相比于 MoS_2/AlN 范德瓦耳斯异质结,MoS_2/GaN 范德瓦耳斯异质结在可见光范围内呈现相对更窄的光吸收谱,从这方面来看,MoS_2/AlN 范德瓦耳斯异质结的光催化性能可能比 MoS_2/GaN 更优异。总体而言,MoS_2/AlN(GaN)范德瓦耳斯异质结相较于单层 MoS_2 的优势是显而易见的。这种 MoS_2/AlN(GaN)范德瓦耳斯异质结不仅可以显著地提高光催化性能,而且可以在不同单层上分别产生氢气和氧气,有利于氢气和氧气的分离,这也是实际光催化过程中所需的理想光催化性能。

综上所述,MoS_2 与 AlN(GaN)之间良好的晶格匹配、负的异质结形成能表明 MoS_2/AlN(GaN)范德瓦耳斯异质结是有望实验制备出来的。这两种异质结不仅具有合适的直接带隙,而且带边位置符合光催化剂的条件。相较于已有的其他光催化剂,MoS_2/AlN(GaN)

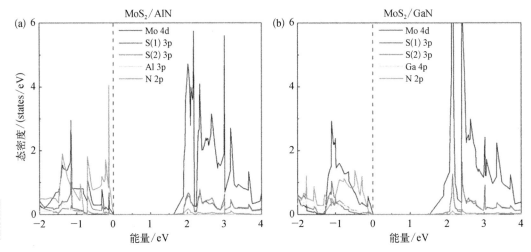

图 7-51　范德瓦耳斯异质结 MoS_2/AlN(GaN) 的分波态密度

范德瓦耳斯异质结可以在不同单层表面产生氢气和氧气,在光催化的过程中,光激发电子从 AlN(GaN) 转移至 MoS_2,其中 MoS_2 是电子受体,而 AlN(GaN) 是电子供体,从而达到电子和空穴的有效分离。MoS_2/AlN(GaN) 范德瓦耳斯异质结可以作为高效的光催化剂分解水制取氢气,并且也有望用于其他光电子器件中。

主要参考文献

Chen J, He X, Sa B, et al. 2019. Ⅲ-Ⅵ van der Waals heterostructures for sustainable energy related applications. Nanoscale, 11: 6431-6444.

Guo Z, Miao N, Zhou J, et al. 2017. Strain-mediated type-Ⅰ/type-Ⅱ transition in MXene/Blue phosphorene van der Waals heterostructures for flexible optical/electronic devices. J. Mater. Chem. C, 5: 978-984.

Liao J, Sa B, Zhou J, et al. 2014. Design of high-efficiency visible-light photocatalysts for water splitting: MoS_2/AlN(GaN) heterostructures. J. Phys. Chem. C, 118: 17594-17598.

Li J, Peng Q, Zhou J, et al. 2019. MoS_2/Ti_2CT_2(T=F, O) heterostructures as promising flexible anodes for lithium/sodium Ion batteries. J. Phys. Chem. C, 123: 11493-11499.

Peng Q, Si C, Zhou J, et al. 2019. Modulating the Schottky barriers in MoS_2/MXenes heterostructures via surface functionalization and electric field. Appl. Surf. Sci., 480: 199-204.

Si C, Lin Z, Zhou J, et al. 2017. Controllable Schottky barrier in GaSe/graphene heterostructure: the role of interface dipole. 2D Materials, 4: 015027.

Wang H, Si C, Zhou J, et al. 2017. Vanishing Schottky barriers in blue phosphorene/MXene heterojunctions. J. Phys. Chem. C, 121: 25164-25171.

You J, Si C, Zhou J, et al. 2019. Contacting MoS_2 to MXene: vanishing p-type Schottky barrier and enhanced hydrogen evolution catalysis. J. Phys. Chem. C, 123: 3719.

Yu Y, Zhou J, Sun Z. 2019. Modulation engineering of 2D MXene-based compounds for metal-ion batteries. Nanoscale, 11: 23092-23104.

Zhan X, Si C, Zhou J, et al. 2020. MXene and MXene-based composites: synthesis, properties and environment-related applications. Nanoscale Horizons, 5: 235-258.

第8章 新型光电子材料设计

An idea that is developed and put into action is more important than an idea that exists only as an idea.

——Buddha

材料的光、电、磁等物理性质基本都是由其电子能带结构决定的。例如,当光催化剂的带隙大于 1.23 eV 且带边位置合适时,光照激发的电子和空穴可以满足分解水所需的电势差,从而实现光催化分解水制氢气;而通过对材料施加微小应变或者构建异质结等,可以调节半导体的带隙大小和带边位置,使其在可见光范围具有较强的光吸收,进而提高在光催化和光电子学中的应用潜力。显然,电子结构计算为理解材料现象、预测材料性能和设计新材料提供了坚实可靠的理论基础。第一性原理方法结合了原子尺度分辨率的基本预测能力,为新材料的研究和描述提供了定量且精确的第一步,能够以前所未有的控制分子结构精确描述某些尺度(数百到数千个原子)的材料性质,设计出那些最有前途的和未被发现的性质。总之,在目前控制和设计新型分子、材料和器件特性的工作中,第一性原理方法提供了一种独特且非常强大的工具。本章以几个翔实的案例展示第一性原理方法在设计新材料、发现新性质和优化材料性能中的强大作用。

8.1 单层三磷化铟

原子厚度的二维材料凭借其卓越的性质和诱人的应用前景而受到广泛关注。本节通过第一性原理计算,预测了一种拥有多种优异功能性质的新型二维半导体材料:单层三磷化铟(InP_3)。结果表明,二维 InP_3 晶体稳定性较高,且在实验上容易制备;它是间接带隙半导体,带隙宽度为 1.14 eV,电子迁移率高达 1919 $cm^2/(V \cdot s)$,并且还可以通过施加应变进一步调节。值得一提的是,通过空穴掺杂或缺陷工程可以调控单层 InP_3 的磁性和半金属性,这归因于其电子结构中新颖的类墨西哥帽(Mexican-hat-like)能带和范霍夫奇点(van Hove singularities)。通过电子掺杂,还可实现二维 InP_3 的半导体-金属转变。此外,单层 InP_3 在整个可见光区域展现出极好的光吸收性能。以上这些优异的性质使得二维 InP_3 在电子器件、自旋电子学和光电子器件等多个领域具有广阔的应用前景。

8.1.1 研究背景与计算方法

自从石墨烯被发现以来,原子厚度的单层二维纳米材料凭借其出色的性质、丰富的现象及在纳米器件中的广阔应用前景,获得了前所未有的瞩目。二维材料家族正在迅速扩展,目前已发现的二维材料家族包括硅烯、锗烯、磷的同素异构体、MXene 及过渡金属硫属化合物等。迄今为止,这些二维材料在场效应晶体管、发光器件、光伏太阳能电池和光催化等领域的应用前景受到了广泛关注。另外,自旋电子器件高度需求磁性可控的半金属性二维材料,然而,这类二维材料仍然非常稀缺。这是因为尽管发展了多种方法,但是在二维晶体中引入磁性或调控磁性依旧都非常困难。除此之外,高效光伏和光电子领域的进一步发展亟须光学性质及禁带宽度都与硅接近(约 1.16 eV)的二维晶体材料,即可覆盖从 380 nm 到 750 nm 整个可见光波段且具有足够大吸收系数(10^5 cm^{-1})的二维晶体。综上可见,研发具有优异电学和光学性质并可用在光伏太阳能电池中的新型二维半导体具有重要意义。

大量研究表明,通过范德瓦耳斯力结合的层状材料很容易被剥离为二维纳米材料,且获得的二维材料物性也与其体材料的性质之间具有显著区别。InP$_3$ 是 In-P 体系中的一种层状化合物,20 世纪 80 年代,InP$_3$ 在高压下合成并快速降至常压保存而得。InP$_3$ 的空间群为 $R\bar{3}m$,如图 8-1(a) 和(b)所示,其结构非常接近单质砷:将单质砷中每隔 3 个 As 原子替换为 In,然后余者都换成 P 便可得到 InP$_3$。在 InP$_3$ 的晶体结构中,沿着 c 轴方向的原子层间是通过范德瓦耳斯力结合的,因此,与其他从体材料的晶体中剥离出层状二维材料类似,单层 InP$_3$ 也应该可以通过这种剥离方式获得。然而,令人意外的是,单层 InP$_3$ 尚未被实验制备,且对其单层晶体的基本认识和研究也十分匮乏。

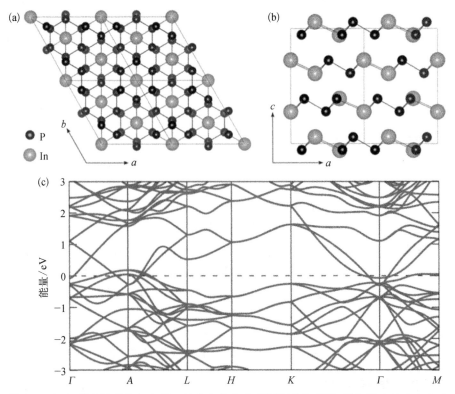

图 8-1 InP$_3$ 的晶体结构(a) 沿 c 轴方向的 2×2 平面层的俯视图;(b) 沿 b 轴方向 2×1 超胞侧视图;(c) 计算出的块体 InP$_3$ 的电子能带结构图,费米能级设置为零

本节通过基于密度泛函理论的第一性原理计算和分子动力学模拟预测了一种新型二维半导体材料：单层 InP$_3$。首先系统研究了单层 InP$_3$ 在本征状态和应变后的电子性质。然后展示了如何通过载流子掺杂和缺陷工程（如掺杂 Ge）来调节单层 InP$_3$ 的磁性质和电子结构。此外，还将单层 InP$_3$ 光学吸收系数与本征硅和单层 MoS$_2$ 进行了比较，并探索了这种新型二维半导体在光电子、自旋电子学和光伏等领域的应用前景。单层 InP$_3$ 的稳定性是通过声子色散曲线和分子动力学模拟来评估。最后，本节将从理论上探究将 InP$_3$ 体材料剥离为二维晶体的可行性及具体方法。

本节的 DFT 计算都是通过采用投影缀加平面波方法的 VASP 软件包来实现的。交换-关联泛函采用了 Perdew-Burke-Ernzerhof 形式的广义梯度近似（GGA-PBE），层间的范德瓦耳斯相互作用是通过密度泛函色散校正（D3-Grimme）方法来描述的。电子结构通过 GGA-PBE（如非特别声明）计算得到，并且与 HSE06 杂化泛函的结果进行了比较。声子色散曲线的计算是根据有限位移法采用 4×4×1 超胞进行的。其他具体计算参数的设置详见参考文献。

载流子迁移率（μ）是基于形变势理论（deformation potential theory）计算的，该理论已在很多二维材料中获得了成功的应用。相应地，二维材料中的载流子迁移率可以表述为

$$\mu = \frac{2e\hbar^3 C}{3k_B T \mid m^* \mid^2 E_{DP}^2} \tag{8-1}$$

其中，C 为弹性模量，其定义为 $C = (\partial_\varepsilon / \partial_\delta) \times V_0 / S_0$，其中 ε 是对材料施加单轴应变 δ 时的应力，V_0 / S_0 是优化后的二维结构的体积与表面积之比。m^* 是电子和空穴的有效质量，其数值可通过电子能带的导数求出。E_{DP} 是形变势系数（deformation-potential constant），其定义为 $\Delta E = E_{DP}(\Delta l / l_0)$，其中 ΔE 是带边（band edge）位置沿着正交晶胞的之字形方向与扶手椅方向相对于晶格扩张 $\Delta l / l_0$ 的偏移量。载流子的弛豫时间可以通过公式 $\tau = \mu m^* / e$ 来估算。

介电函数是通过基于 HSE06 杂化泛函的 TDHF 方法计算的，并充分考虑了激子效应。介电函数的基本公式为：

$$\alpha(\omega) = \sqrt{2}\omega \left[\sqrt{\varepsilon_1^2(\omega) + \varepsilon_2^2(\omega)} - \varepsilon_1(\omega) \right]^{1/2} \tag{8-2}$$

介电函数的虚部 $\varepsilon_2(\omega)$ 可通过对空态（empty states）求和获得，而实部 $\varepsilon_1(\omega)$ 则是根据常用的 Kramers-Kronig 变换计算得出的。最后，可以得到所有的光学吸收谱和相关光学变量。

此外，采用 4×4×1 超胞在 300 K 下进行了第一性原理分子动力学模拟来研究单层 InP$_3$ 的热稳定性。第一性原理分子动力学模拟采用了正则系综（NVT）和 Nosé-Hoover 恒温算法。第一性原理分子动力学模拟共持续 10 ps，步长为 2 fs。在第一性原理分子动力学模拟的退火过程中，超胞的所有原子都可以远离其平衡位置自由运动；对于超胞的结构，保留了平移对称性，解除了其他对称性的限制，以使原子拥有所有自由度。

8.1.2　InP$_3$ 体材料的晶体结构和电子性质

如图 8-1（a）和（b）所示，InP$_3$ 体材料是一种天然的层状晶体，（001）面的褶皱蜂巢亚结构在 c 方向以范德瓦耳斯力结合。表 8-1 总结了分别用 D3-Grimme、GGA-PBE 和 LDA 泛函计算得出的 InP$_3$ 晶体的结构参数。在晶格常数和原子位置的计算中，D3-Grimme 计算

结果与实验结果吻合得最好。GGA-PBE 显著高估了晶格常数 c,预示 c 轴方向上存在范德瓦耳斯相互作用;而 LDA 计算结果虽然与实验数据在一定程度上吻合得较好,但这得益于误差抵消(LDA 常低估晶格常数但是没有考虑范德瓦耳斯力)。通过 D3-Grimme 优化得到的 InP_3 的晶格常数为 $a = 7.521$ Å、$c = 9.975$ Å,与实验数值 $a = 7.449$ Å、$c = 9.885$ Å 吻合得较好。此外,D3-Grimme 方法优化后的原子位置也与实验结果一致,表明计算结果是准确且可靠的。

表 8-1　利用不同泛函计算得到的 InP_3 体材料的晶格常数(Å)和原子位置

	D3-Grimme	GGA-PBE	LDA	实验值
a/Å	7.5213	7.5406	7.4121	7.4490
c/Å	9.9754	10.1955	9.7543	9.8850
$P(x)$	0.5190	0.5188	0.5182	0.5183
$P(y)$	0.4810	0.4812	0.4818	0.4817
$P(z)$	0.2782	0.2800	0.2769	0.2780
$In(x)$	0.0000	0.0000	0.0000	0.0000
$In(y)$	0.0000	0.0000	0.0000	0.0000
$In(z)$	0.2748	0.2710	0.2740	0.2755

注:P 和 In 分别位于六方晶胞中的 18h 和 6c Wyckoff 位置。

　　根据以往实验结果,InP_3 体材料是金属性的导体,这与人们对它是半导体的预期相违背。InP_3 体材料中的 In 与 P 之间是稳定的八电子结构,不含第四个价电子。这与 GeP_3 和 SnP_3 不同,Ge 和 Sn 的第四个电子可以贡献金属的导电性。如图 8-1(c)所示,InP_3 体材料的能带穿过费米能级,展现出典型的金属性特征。

8.1.3　单层 InP_3 的电子结构

　　首先在 InP_3 体材料晶体结构的基础上,通过剥离构建了单层 InP_3 的晶体结构,然后将这个晶体进行弛豫,优化后的结构信息列于表 8-2 中。显然,优化后,单层 InP_3 的晶格常数与体材料的差别很小,但是其键角与块状晶体相差较大,说明由体材料剥离成单层后原子组态发生了较大的重构。为了阐明结构弛豫对单层 InP_3 电子性质的影响,计算了弛豫前后单层 InP_3 的总电子态密度(图 8-2)。显然,弛豫前单层 InP_3 依然展示为金属导电性,而完全弛豫后则表现为半导体性。也就是说,结构弛豫打开了一个带隙,而不是量子限制效应(quantum confinement effect)导致的带隙,这归因于单层和块体在键角上的显著差异(表 8-2)。但是,当增加层厚至二层和三层时,二维 InP_3 材料则表现出与块体晶体相似的金属导电性,如图 8-3 所示,这说明二维 InP_3 的电子性质对层厚很敏感。

表 8-2　D3-Grimme 计算得出的块体和单层 InP_3 的晶格常数 a、键长 d 和键角 φ

	a/Å	d(P-P)/Å	d(In-P)/Å	φ_1(P-P-P)/(°)	φ_2(P-In-P)/(°)
块体	7.521	2.215	2.671	97.512	103.300
单层	7.557	2.233	2.580	92.599	114.021

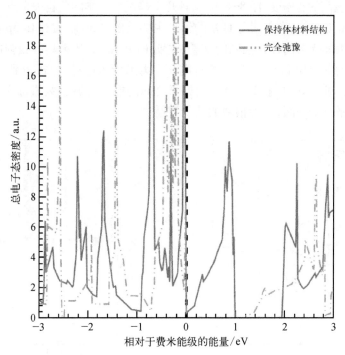

图 8-2　弛豫前后单层 InP₃ 的总电子态密度。费米能级设置为 0 eV

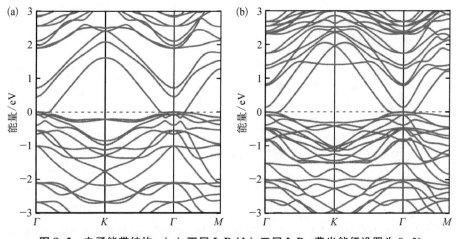

图 8-3　电子能带结构：（a）双层 InP₃（b）三层 InP₃，费米能级设置为 0 eV

图 8-4(a)展示了单层 InP₃ 晶体的电子能带结构,显然单层 InP₃ 是一种间接带隙半导体,导带底位于 Γ 点,而价带顶位于 Γ 点和 M 点之间,其能量只比 Γ 点的略高一点。这种较弱的间接带隙特性可能会有益于光伏方面的应用(详见下文),可以兼顾强吸收性和长载流子寿命,这与有潜力的杂化钙钛矿太阳能材料类似。需要指出的是,GGA-PBE 泛函计算得出单层 InP₃ 的带隙值是 0.62 eV,而精确的 HSE06 泛函得出的带隙值是 1.14 eV,这与实验测定的块体硅的带隙值(约 1.16 eV)非常接近,这对其在光伏和光电子等方面的应用很有意义。此外,费米能级附近比较高的几条价带都很平坦,Γ 点附近的价带形状类似墨西

哥帽,这导致了较高的态密度[图8-4(b)],且几乎是类似一维的范霍夫奇点。由图8-4(b)的分波电子态密度可知,类似墨西哥帽的价带主要是由 P 3p 轨道和 In 5p 轨道贡献的,这些轨道在整个能量范围内存在强烈的交叠,说明 P-P 和 In-P 键具有较强的共价键特征。单层 InP₃晶体的共价键特征可以通过对电子局域函数的拓扑分析得到进一步确认,如图8-4(c)所示,对于 In-P 和 P-P 键,两原子之间的电子局域函数值都大于0.75,说明价电子共享于相邻原子之间,呈现很强的共价键特性。

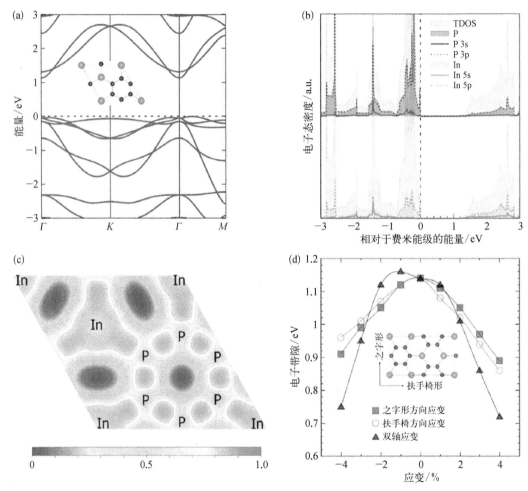

图8-4 单层 InP₃的能带结构(a)、电子态密度(b)、电子局域函数(c),费米能级设置为 0 eV;(d) HSE06 泛函计算得到的不同应变下正交晶胞的电子能带间隙

应变工程是调控块体和二维半导体的电子结构和输运性质的有效方法之一。为此,这里构建了单层 InP₃(图8-5a)的正交晶胞并计算了在不同应变下单层 InP₃的带隙。如图8-5(b)所示,单层 InP₃的带隙会随着压缩应变或拉伸应变的增大而逐渐减小,不像黑磷和很多其他二维材料那样从压缩应变到拉伸应变只发生单调的变化。这一反常的行为可以归因于费米能级附近平坦的类似墨西哥帽的价带结构。这种类似一维的电子态导致价带顶对不同应变的响应不像导带底那样单调变化,这意味着单层 InP₃在未来的柔性电子器件领域具有重要的应用价值。

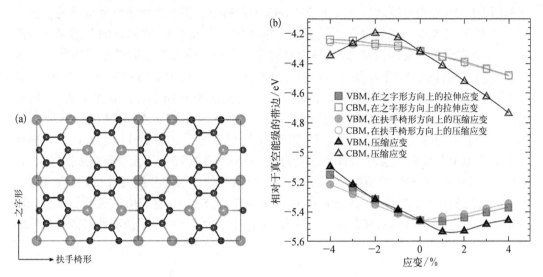

图 8-5　(a) 单层 InP$_3$的正交结构平面视图；(b) 不同应变下单层 InP$_3$的相对于真空的带边

8.1.4　单层 InP$_3$的载流子迁移率

从单层 InP$_3$的能带结构可以清楚地看到导带是色分散的,这预示着较高的电子迁移率。表 8-3 列出了正交晶胞的计算形变势系数、面内刚度、有效质量、载流子迁移率和弛豫时间。除了刚度 C 外,单层 InP$_3$的大部分电子性质沿着之字形和扶手椅方向的值都比较大,并且呈现较大的各向异性。不同方向的二维面内刚度相差较小,这可能源于单层 InP$_3$中平面褶皱的六原子环结构。计算得到的电子有效质量比空穴有效质量小一个数量级,这归因于单层 InP$_3$的价带较平坦而导带色散大,而前者还导致空穴的迁移率在两个方向上都极低。在 300 K 下,沿着扶手椅方向单层 InP$_3$的最大电子迁移率约为 1919 cm^2/(V·s)(表 8-3),这个值大约是单层 MoS$_2$纳米薄片的[约 400 cm^2/(V·s)]近五倍,展示了单层 InP$_3$在纳米电子器件中的巨大应用潜力。

表 8-3　计算的 300 K 下单层 InP$_3$在之字形和扶手椅方向上的形变势系数(E_{DP})、二维面内刚度(C)、有效质量(m^*)、载流子迁移率(μ)和弛豫时间(τ)

载流子类型	E_{DP}/eV	C/(N/m)	m^*	M/[cm^2/(V·s)]	τ/ps
电子(之字形)	4.118	43.280	0.259	540	0.080
空穴(之字形)	6.618	43.280	1.536	6	0.005
电子(扶手椅形)	2.404	42.402	0.233	1919	0.254
空穴(扶手椅形)	0.846	42.402	4.017	52	0.119

8.1.5　单层 InP$_3$的磁性

费米能级附近的高电子态密度往往预示着电子不稳定性及可能的相转变,如磁和超导等。如上面所述,单层 InP$_3$在费米能级附近存在很罕见的类墨西哥帽能带以及一维范霍夫奇点,这种现象只在石墨烯条带、单层 GaS、GaSe 和 α-SnO 等二维材料中被观察到。

在单层 InP_3 中,发现可以通过空穴掺杂和缺陷工程的交换相互作用来驱动电子的不稳定性。首先,对二维 InP_3 晶体掺杂不同载流子浓度的空穴或电子,将掺杂的晶胞完全弛豫后,再计算磁矩和磁能,后者的数值是通过将非磁态和铁磁态的总能做差获得的($E_{Mag} = E_{NM} - E_{FM}$)。同样也测试了单层 InP_3 的反铁磁序,以空穴浓度为 1.25×10^{14} cm^{-2} 为例,计算了不同反铁磁(AFM)构型的总能,各种 AFM 构型如图 8-6 所示。计算结果表明,所有 AFM 构型的总能都高于铁磁构型的总能。例如,在图 8-6(c)所示的 AFM 模型中,最近邻的 P 原子有不同的自旋方向,即上(↑)和下(↓),而 In 原子的磁矩被设定为 0,因为磁性质是由 P 原子主导的。这种 AFM 状态的总能($-131.362\ 375\ 5$ eV)几乎与非磁性(NM)状态($-131.362\ 375\ 6$ eV)的相等,其极微小的差异是在计算误差范围内的;但 AFM 和 NM 状态的总能都高于铁磁(FM)状态的总能(-131.457 ,表 8-4)。这表明铁磁态是单层 InP_3 能量最低的基态。类似地,在其他空穴掺杂情况下,计算结果也显示铁磁性是能量最低的基态。

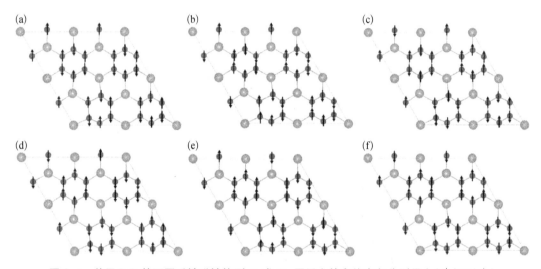

图 8-6　单层 InP_3 的不同反铁磁性构型,P 或 Ge 原子上的自旋方向分别用上(↑)下(↓)箭头表示;由于磁性质主要来源于 P 或 Ge 原子,In 原子的磁矩设定为 0

表 8-4　D3-Grimme 泛函计算得到的单层 InP_3 ($2\times2\times1$ 超胞)的磁性与结构参量:载流子数量 N_C (空穴/超胞,负值表示电子/超胞)、优化后的晶格常数 a (Å)、载流子密度 ρ (10^{13} cm^{-2})、总磁矩 μ_{Total} (μ_B)、平均磁矩 μ (μ_B /载流子)、非磁态(E_{NM})和铁磁态(E_{FM})的总能(eV/超胞)、磁能 $E_{Mag.} = E_{NM} - E_{FM}$ (meV/载流子)以及状态,P/Ge 表示超胞中有一个 P 被 Ge 取代

N_C	a	ρ	μ_{Total}	μ	E_{NM}	E_{FM}	E_{Mag}	状　态
0.0	15.114	0.00	0.00	0.00	-145.825	-145.825	0.00	无磁性半导体
0.5	15.078	2.54	0.00	0.00	-143.668	-143.668	0.00	无磁性半导体
1.0	15.142	5.04	1.00	1.00	-141.100	-141.116	16.05	铁磁性半金属
1.5	15.165	7.53	1.50	1.00	-138.206	-138.242	23.87	铁磁性半金属
2.0	15.191	10.01	2.00	1.00	-134.959	-135.022	31.21	铁磁性半金属
2.5	15.222	12.46	2.50	1.00	-131.362	-131.457	37.68	铁磁性半金属
3.0	15.258	14.88	3.00	1.00	-127.421	-127.527	35.18	铁磁性半金属

（续表）

N_C	a	ρ	μ_{Total}	μ	E_{NM}	E_{FM}	E_{Mag}	状 态
3.5	15.303	17.26	3.50	1.00	−123.128	−123.223	27.05	铁磁性半金属
4.0	15.349	19.61	2.20	0.55	−118.528	−118.547	4.73	铁磁性金属
5.0	15.459	24.16	0.00	0.00	−108.371	−108.371	0.00	无磁性金属
−0.5	15.138	−2.52	0.00	0.00	−147.220	−147.220	0.00	无磁性金属
−1.0	15.158	−5.03	0.00	0.00	−148.211	−148.211	0.00	无磁性金属
P/Ge	15.199	5.01	1.00	1.00	−144.038	−144.125	87.38	铁磁性半金属

由图 8-7(a) 和表 8-4 可以清楚地看到，空穴掺杂将无磁性的单层 InP$_3$ 半导体转变为铁磁性的半金属，且即使一个很小的载流子浓度 5.04×10^{13} cm^{-2} 也可以将单层 InP$_3$ 半导体转变铁磁半金属，且其磁能高达 16.05 meV/载流子，平均磁矩为 1.00 μ_B/载流子。在空穴掺杂时，单层 InP$_3$ 的铁磁态可以维持到高达 1.96×10^{14} cm^{-2} 的载流子密度，此时磁矩为 0.55 μ_B/载流子。磁能的峰值（37.68 meV/载流子）出现在载流子为 1.25×10^{14} cm^{-2} 处，平均磁矩高达 1.00 μ_B/载流子。根据平均场理论，基于计算的磁能，估算得出空穴掺杂浓度为 1.25×10^{14} cm^{-2} 时的居里温度为约 45.5 K。与单层 GaSe 相比（磁能 3 meV/载流子），单层 InP$_3$ 的最高磁能高了大约 10 倍，这表明单层 InP$_3$ 非常适用于自旋电子学器件。为了获得二维铁磁半金属 InP$_3$ 晶体，在实验上，可以通过电解质和液体门控（electrolyte and liquid gatings）的方法实现 $5.04 \times 10^{13} \sim 1.72 \times 10^{14}$ cm^{-2} 的空穴掺杂浓度，在此空穴掺杂浓度范围内，单层 InP$_3$ 均展现为铁磁半金属性。但是，随着空穴浓度的增大，单层 InP$_3$ 先转变为铁磁性金属（载流子浓度为 19.61×10^{13} cm^{-2}）随后转变为无磁性金属态［表 8-4 和图 8-7(a)］。另外，电子掺杂并未在单层 InP$_3$ 中引起任何磁性，却导致了半导体到金属的转变（表 8-4），这种特性预示着单层 InP$_3$ 在纳米传感器上有应用价值。

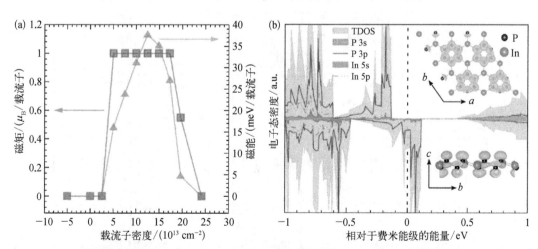

图 8-7 （a）单层 InP$_3$ 的磁矩和磁能随载流子浓度的变化函数，其中负值和正值分别对应电子和空穴的掺杂浓度；磁能是根据非磁性和铁磁性态的总能做差来计算的，正值表示铁磁性状态能量更稳定；（b）空穴浓度为 1.25×10^{14} cm^{-2} 时的区分自旋的投影电子态密度，其中的插图绘制的是其对应的自旋密度等值面，费米能级由 0 eV 处的虚线标识

空穴掺杂导致单层 InP_3 的半金属性主要归因于磷原子的 3p 轨道,如图 8-7(b)所示,自旋磁矩主要来自磷原子沿面外方向的电荷密度。单层 InP_3 晶体在其能带中展现了明显的电子不稳定性,即费米能级附近的类墨西哥帽平带和范霍夫奇点,因此可通过掺杂或外加场来改变其磁/电子态。当空穴掺杂时,自旋向上/下的态分别沿着低/高能级反向移动,如图 8-7(b)及其插图所示,这是由 P 原子的 3p 轨道构成的,很大程度上贡献了面外的自旋电荷密度。与 GaSe 的情况类似,空穴掺杂导致磁性的原因也可以通过 Stoner 机制来理解,其中磁性可以通过掺杂浓度来调节,这在空穴掺杂的单层 InP_3 中也是存在的。

另外,单层 InP_3 中的铁磁态还可以通过缺陷工程引入。例如,将单层 InP_3 中的一个 P 替换为 Ge[图 8-8(a)],就可以将其转变为铁磁性。如表 8-4 所示,在一个 2×2×1 的超胞中替换一个 P 原子为 Ge 原子将产生 $1.00\,\mu_B$/晶胞的磁矩,相应的磁能是 87.38 meV/载流子,这表明其临界温度不算太高。与空穴掺杂的单层 InP_3 不同,Ge 掺杂单层 InP_3 的磁矩来自 Ge 原子引起的费米能级附近的缺陷态,如图 8-8(b)和(c)所示,In、P、Ge 等原子的 p 轨道的贡献显然易见。其他ⅣA 族元素掺杂,如 C、Si 和 Sn 可能也会导致单层 InP_3 的铁磁半金属性转变。综上,缺陷工程或空穴掺杂可以实现单层 InP_3 在二维自旋电子学器件领域的应用。

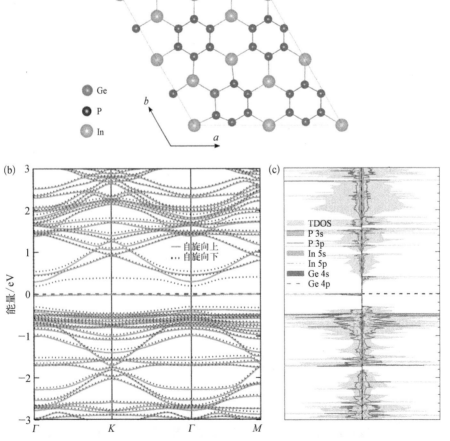

图 8-8　(a) Ge 掺杂单层 InP_3 的超胞;(b) 不同自旋的投影电子态密度;
(c) Ge 掺杂单层 InP_3 的能带结构;费米能级设置为 0 eV

8.1.6　单层 InP$_3$的光吸收性能

基于上述计算与分析,由杂化泛函 HSE06 精确预测的单层 InP$_3$是间接带隙,带隙宽度为 1.14 eV,这与单晶硅的约 1.16 eV 非常接近,是光伏和光电子应用的理想带隙值。为了评估单层 InP$_3$晶体的光学性能,通过 DFT/TDHF(排除/包含激子效应)方法,采用精确的 HSE06 杂化泛函计算了吸收系数,并且将计算结果与实验测量的本征硅的吸收系数进行了比较,计算结果展示于图 8-9。由图可见,单层 InP$_3$在面内($xx=yy$)的总吸收系数较大(10^5 cm^{-1}),并且与有机钙钛矿太阳能电池的数值相当,而沿面外方向的分量(zz)则很小。值得一提的是,在大部分波段,单层 InP$_3$在平面内的吸收系数显著大于本征硅;另外,硅的光吸收在约 400 nm 以上便急剧下降,而单层 InP$_3$的吸收系数在整个可见光范围内则缓慢降低,从这个角度来看,单层 InP$_3$优于硅。总之,不同于硅和其他二维材料只能在很窄的波长范围内高效地吸收光,单层 InP$_3$晶体的光吸收能力在 380~750 nm 整个可见光波段都很强,这与单层 MoS$_2$的数值接近[图 8-9(b)]。如此出色的光吸收性能显示单层 InP$_3$晶体在光伏太阳能电池和光电子器件领域很有应用前景。

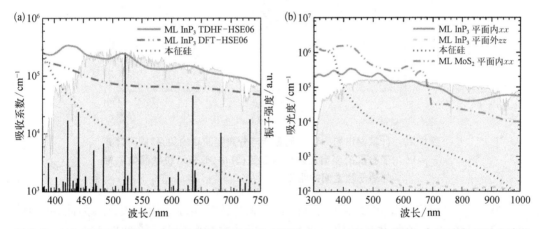

图 8-9　(a) DFT 和 TDHF 方法计算的单层 InP$_3$平面内($xx=yy$)的吸收系数,本征硅在可见光波段(380~750 nm)的实验光谱也列入作为参照,归一化的无量纲振子强度(oscillator strength)(右 y 轴)以黑色实线绘制,灰色背景描述的是用于参照的太阳辐射光谱(Air Mass 1.5, ASTM G173-03);(b) TDHF-HSE06 计算得到的单层 InP$_3$在面内和面外的吸收系数,本征硅和单层 MoS$_2$的实验数据也列入作为对比

另外,如图 8-9(a)所示,TDHF-HSE06 计算得出的光吸收系数显著高于 DFT-HSE06,表明在很多波长都有激子效应,从而提高了吸收系数。单层 InP$_3$中的强激子效应可能会进一步诱导振子强度从"带到带转变"成为高光学转变概率的"基础激发态"。单层 InP$_3$中较大的振子强度同样导致了强烈的光-物质相互作用。除此之外,单层 InP$_3$电子态密度中的范霍夫奇点保证了强烈的光-物质相互作用,这同样也增强了光子吸收。这与过渡金属二硫化物/石墨烯异质结中观察到的情况相似,这使得开发量子效率~30%的超高效柔性光伏器件成为可能。

8.1.7　单层 InP$_3$的剥离和稳定性

为了探究将层状块体晶体 InP$_3$剥离为单层 InP$_3$的可能性,这里模拟了剥离过程并预测了剥离能;同时也计算了石墨的剥离能以作为参照,计算结果示于图 8-10。由图 8-10 可以清楚地看到,石墨的计算剥离能为 0.31 J/m²,这与实验测量值[(0.32±0.03)J/m²]和先前的理论值(0.32 J/m²)非常吻合。InP_3 的计算剥离能是 1.32 J/m²,尽管比石墨的高,但是在同一数量级,这说明 InP_3 可以通过机械剥离或液相剥离等制备石墨烯的类似方法从晶体 InP_3 中获得。而与 Ca_2N(1.08 J/m²)和 GeP_3(1.14 J/m²)等的剥离能相比,单层 InP_3 的剥离能在典型二维材料的范围内,并且其范德瓦耳斯力比较适中,表明单层 InP_3 可构建用于纳米电子器件的范德瓦耳斯异质结。

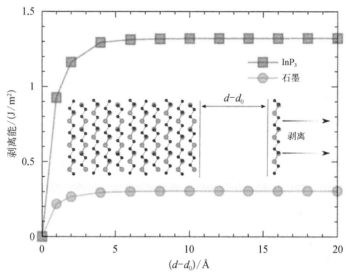

图 8-10 计算得出的 InP_3 的剥离能与分离距离 d 的关系,同时计算了石墨的剥离能以作为参照;其中,d_0 表示块状晶体中相邻原子层之间的距离

另外,二维材料的稳定性是决定其能否实验制备和实际应用的关键。为此,我们计算了单层 InP_3 的声子色散谱曲线以评估其晶格动力学稳定性,如图 8-11(a)所示,显然,声子谱中没有出现虚频,表明单层 InP_3 在晶格动力学上是稳定的。此外,单层 InP_3 光学模式的最高频率达到了 450 cm⁻¹,这与黑磷的数值接近,这暗示 P-P 之间是共价键结合的。为了进一步研究单层 InP_3 在室温下的热稳定性,这里构建了一个 4×4×1 超胞并采用第一性原理分子动力学方法模拟了单层 InP_3 在 300 K 下的退火过程。在第一性原理分子动力学模拟过程中,晶胞中所有原子都在平衡位置附近振动,且在 300 K 没有发生相变。如图 8-11(b)所示,从第一性原理分子动力学模拟过程中的快照结构图可以看出,退火 10 ps 之后平面褶皱的砷型蜂巢网格仍然完好地存在,表明单层 InP_3 在室温下是稳定的。然后,通过体系总能随着时间的演化进一步确认了单层 InP_3 的热稳定性,由图 8-11(b)可见,总能随着时间的演化仅在一个很小的范围内波动,表明了单层 InP_3 的室温稳定性。

综上所述,本节预测了一种新型二维半导体材料 InP_3,它拥有诸多优异的电子性质。单层 InP_3 具有弱的间接带隙(1.14 eV),同时拥有较高的电子迁移率[1919 cm²/(V·s)]。有趣的是,单层 InP_3 晶体的能带结构显示了电子的不稳定性,即费米能级附近类似墨西哥

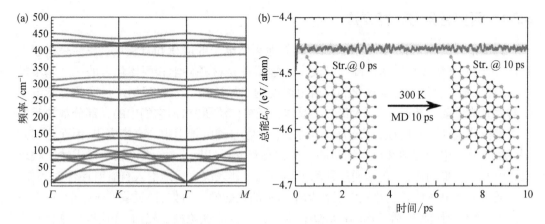

图 8-11　（a）单层 InP_3 的声子色散谱；（b）第一性原理分子动力学模拟的
总能演化曲线，以及单层 InP_3 在 0 ps 和 10 ps 时的结构图

帽的平带和范霍夫奇点，这导致单层 InP_3 对压缩和拉伸应变的非单调的电子响应。得益于新颖的能带特征，通过 p 型掺杂（空穴浓度为 $5.04 \times 10^{13} \sim 1.72 \times 10^{14}\ cm^{-2}$）或缺陷工程（用 Ge 取代 P）可以在单层 InP_3 中实现并调控稳定的铁磁性和半金属态。这些能够实现 100% 自旋极化电流的铁磁性半金属态可以很容易地通过电解质和液体门控或用 Ge 取代 P 原子来实现。电子或高浓度空穴掺杂也可以实现单层 InP_3 中的半导体-金属转变。除此之外，单层 InP_3 还拥有卓越的光吸收性质（$10^5\ cm^{-1}$），且在整个可见光光谱范围内，单层 InP_3 都展现出显著的激子效应，这比本征硅更优秀，而与单层 MoS_2 相近。这种新型的单层 InP_3 具有良好的晶格动力学稳定性和热稳定性，且有望可以通过层状大块晶体的剥离法来制备。这些优异的特性使得二维 InP_3 在纳米电子学、光电和自旋电子学等领域具有广阔的应用前景。因此，相信在不远的将来，本节的工作将激励二维 InP_3 的制备与性能研究。最后，值得一提的是，燕山大学田永君院士团队实验合成了少层的二维 InP_3，实验验证了本节理论预测的新型二维材料（Chang et al.，2019）。

8.2　二维半导体 CrOX

　　二维本征铁磁半导体对于纳米尺度的自旋电子学至关重要，因而备受关注。目前二维本征铁磁半导体只能从铁磁性体相晶体中得到，而从其体相反铁磁体中获得二维本征铁磁体的可能性仍然未知。基于第一性原理计算，我们在一系列新型单层二维半导体 CrOX（CrOCl 和 CrOBr）中发现了本征铁磁性，从而证实了从体相反铁磁体中获得二维本征铁磁半导体的可行性。二维 CrOX 单层表现出稳定的铁磁有序性、大的自旋极化和高的居里温度。这些二维晶体具有很好的动力学和热力学稳定性，并且易于从它们的反铁磁体体相通过剥离等实验方法获得。二维 CrOCl 的居里温度为 160 K，超过了稀磁 GaMnAs 材料的记录（155 K），并且还可以通过施加适当的应变进一步提高 CrOCl 的居里温度。本节研究为从反铁磁体相中制备二维本征铁磁体提供了新思路，也为二维 CrOX 材料在未来自旋电子学中的应用提供了理论基础。

8.2.1 研究背景与计算方法

为了下一代信息技术的发展,如何有效地利用电子的电荷和自旋双重属性来研制能耗低、运行速度快和存储密度高的自旋电子学器件是材料科学和固体化学的一个基本挑战。因此,研发兼具强自旋极化和高居里温度的二维铁磁材料对于纳米尺度的自旋电子学器件尤为重要。然而,尽管大量二维晶体已经被广泛研究,但它们中的大部分都缺乏本征自旋极化或铁磁有序性,这极大地阻碍了它们在自旋电子学中的直接应用,因而迫切需要寻找具有理想的磁学和电学性质的二维铁磁材料。实际上,二维单层中铁磁性的缺乏已经引发了大量的研究,包括通过缺陷工程或磁近邻效应人为地引入自旋有序性。例如,可以通过外加电场或磁场来控制石墨烯纳米带的铁磁性。再如,通过载流子掺杂,可以将无磁性二维半导体(包括 $GaSe$、$\alpha-SnO$ 和 InP_3),转变为铁磁性。然而,在这些二维材料中引入长程自旋有序性仍然非常困难。直到最近,第一种发展本征铁磁性二维半导体的方法在二维 CrI_3($T_C = 45$ K)和 $Cr_2Ge_2Te_6$($T_C = 20$ K)中被证实,即让二维半导体继承其层状铁磁体相晶体的本征铁磁性,这为基于低温二维铁磁半导体的自旋电子学器件打开了大门。但是,这些二维铁磁半导体的居里温度远远低于液氮温度(77 K),严重限制了它们的实际应用。尽管研究者已经做了很多努力,但是发展具有稳定长程自旋有序性和高居里温度的铁磁性二维晶体,仍然是非常必要且极具挑战性的。此外,能否通过反铁磁体的体相制备本征铁磁性半导体也是一个悬而未决的开放问题。

本节通过第一性原理计算、第一性原理分子动力学和蒙特卡罗模拟,探索从具有反铁磁性的体相中获得本征铁磁性二维半导体。本节的计算基于自旋密度泛函理论,采用投影缀加波的方法,利用 Perdew-Burke-Ernzerhof 参数化的广义梯度近似(GGA-PBE)描述交换-关联泛函、Dudarev 方法修正 3d 电子的强关联(GGA+U)和密度泛函扩散修正(D3-Grimme)范德瓦耳斯力。其他计算参数详见参考文献。在垂直于超胞的平面上设置了 20Å 厚的真空层。此外,除非有特别说明,以下讨论的电子能带结构、态密度、电荷密度和磁学性质是利用 GGA+U 计算得到的。所预测二维材料的稳定性是通过声子谱计算和第一性原理分子动力学模拟来阐明的。声子谱的计算采用有限位移法,使用了 $6\times6\times1$ 的超胞。在 300 K 下的第一性原理分子动力学模拟采用 Nosé-Hoover 恒温器控制温度,单步时长为 2 fs,总时长是 20 ps。居里温度是通过蒙特卡罗模拟得出的,蒙特卡罗模拟基于伊辛自旋哈密顿量,对 $50\times50\times1$ 的超胞使用伍尔夫(Wolff)算法。计算热学性质时,首先对不同应变下的每个二维晶体进行结构优化,然后分别计算最近邻的交换耦合常数作为蒙特卡罗模拟的输入参数。

8.2.2 体相 MOX 的晶体结构与电子性质

过渡金属卤氧化物 MOX($M = Cr, V, Ti$; $X = Cl, Br$)的体材料是反铁磁半导体,呈现出有趣的自旋-佩尔斯(spin-Peierls)效应。MOX 属于正交晶系(空间群:$Pmmn$),在 xy 二维平面上呈现矩形的亚点阵[图 8-12(a)],如图 8-12(b)所示,氧原子围绕在金属原子周围形成锥体结构,即过渡金属原子被 4 个氧离子和 2 个卤素离子配位,形成扭曲的 MO_4Cl_2 八面体;而在 z 轴方向上二维平面夹在 Cl 原子层中间,具有大的范德瓦耳斯间隙。

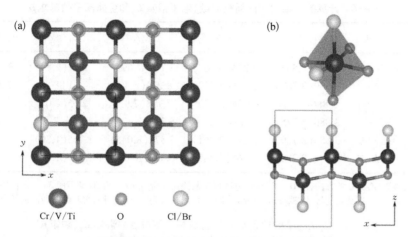

图 8-12　过渡金属氧化物的晶体结构:(a)俯视图(2×2 超胞结构),
(b)侧视图(沿 y 轴方向)和扭曲的 MO_4Cl_2 八面体

　　首先使用 GGA-PBE 研究了 MOX 的晶格常数和电子性质,结果列于表 8-5 中,显然,GGA 泛函不能重现实验数据,尤其是能带带隙和磁矩偏差较大。因此,采用 GGA+U 重新计算了 MOX 晶格常数和电子性质,结果见表 8-6。对比表 8-5 和表 8-6 中的结果,可以清楚地看出,与 GGA 方法相比,使用 GGA+U 方法得到的物理性质与实验数据更加吻合,这说明需要考虑 3d 电子的强关联,其中的 U 值可以通过与带隙和磁矩的实验值进行比较得出。这里的计算结果也表明采用 GGA+U($U-J=7\ eV$) 方法能够更好地重现相邻原子层中 Cr 离子磁矩相反的体相 CrOX 晶体的基态,即体相 CrOCl 和 CrOBr 的铁磁和反铁磁态的能量差分别为-1.1 meV 和-2.6 meV。也就是说采用 GGA+U($U-J=7\ eV$) 得出 CrOX 晶体的基态是反铁磁,与实验相吻合。此外,先前的研究还表明,只有通过 GGA+U 方法计算的态密度才能很好地拟合出 CrOX 发射光谱的主要特征。因此,以下关于 MOX 体相和单层的研究,所有计算均采用 GGA+U 方法,除非另有说明。此外,从表 8-7 中计算得到的晶格常数来看,单层卤氧化物晶格常数 a 和 b 的值与其相应体相的非常接近,表明层间范德瓦耳斯力和表面原子的弛豫都非常微弱。

表 8-5　体相晶体的计算晶格常数、能带带隙 E_g 和过渡金属离子的磁矩 μ

晶 体	方 法	$a/Å$	$b/Å$	$c/Å$	E_g/eV	$\mu/(\mu_B/TM)$
CrOCl	GGA	3.882(3.863)	3.193(3.182)	7.635(7.694)	1.07(2.8)	2.82(3.68)
CrOBr	GGA	3.879(3.863)	3.288(3.232)	8.180(8.36)	0.85	2.83(3.74)
VOCl	GGA	3.850(3.78)	3.290(3.3)	7.427(7.91)	0(2.0)	1.71
VOBr	GGA	3.764(3.775)	3.420(3.38)	8.269(8.425)	0	1.9
TiOCl	GGA	4.007(3.786)	3.220(3.361)	7.511(8.045)	0(1.80)	0
TiOBr	GGA	4.022(3.785)	3.347(3.485)	7.990(8.525)	0(1.65)	0

　　注:使用的是广义梯度近似 GGA,用 D3-Grimme 方法修正范德瓦耳斯力;TM 表示过渡金属原子,可获得的实验数据列在括号中作为对比。

表 8-6 计算的体相晶体的晶格常数，电子带隙 E_g 和金属离子的磁矩 μ

晶 体	方 法	$a/\text{Å}$	$b/\text{Å}$	$c/\text{Å}$	E_g/eV	$\mu/(\mu_B/\text{TM})$
CrOCl	GGA+U	3.947(3.863)	3.264(3.182)	7.711(7.694)	2.71(2.8)	3.22(3.68)
CrOBr	GGA+U	3.949(3.863)	3.356(3.232)	8.274(8.36)	1.88	3.27(3.74)
VOCl	GGA+U	3.886(3.78)	3.347(3.3)	7.793(7.91)	2.05(2.0)	2.01
VOBr	GGA+U	3.880(3.775)	3.454(3.38)	8.392(8.425)	1.77	2.02
TiOCl	GGA+U	3.889(3.786)	3.475(3.361)	7.877(8.045)	1.765(1.80)	0.99
TiOBr	GGA+U	3.889(3.785)	3.568(3.485)	8.432(8.525)	1.699(1.65)	0.99

注：使用的是 GGA+U 的方法，用 D3-Grimme 方法修正范德瓦耳斯力；Cr、V 和 Ti 离子的 3d 电子使用的 U 值分别为 7 eV、4 eV 和 3 eV，这是通过与可获得的电子带隙的实验值对比得到的；可获得的实验数据列在括号中作为对比。

表 8-7 优化的晶格常数 a 和 b、上自旋和下自旋的带隙 E_g、磁矩 μ、铁磁态（FM）和反铁磁态（AFM）之间的能量差 $E_{\text{FM-AFM}}$、最近邻的交换耦合常数 J、基态构型（G.S.）和动力学稳定性

二维晶体	$a/\text{Å}$	$b/\text{Å}$	E_g/eV	μ/μ_B	$E_{\text{AFM-FM}}/$ (meV/TM)	$J_{\text{NN}}/$ (kB·K)	G.S.	稳定性
CrOCl	3.942	3.256	2.38, 5.37	3.24	−12.1	70.3	FM	稳定
CrOBr	3.942	3.356	1.59, 4.69	3.30	−9.7	56.3	FM	稳定
VOCl	3.870	3.346	2.29	2.03	3.7	−21.2	AFM	不稳定
VOBr	3.758	3.480	1.91	2.05	4.0	−23.1	AFM	不稳定
TiOCl	3.893	3.444	1.69	0.97	10.8	−62.5	AFM	不稳定
TiOBr	3.884	3.558	1.60	0.98	5.1	−29.5	AFM	不稳定

注：TM 表示过渡金属原子。

8.2.3 单层 CrOCl 和 CrOBr 的剥离能和稳定性

与将石墨剥离为石墨烯相类似，利用弱范德瓦耳斯力结合的层状晶体制备二维材料的最常用方法是机械剥离和液相剥离。因此，通过模拟剥离过程，以石墨为基准，就可以预测剥离法制备二维材料的可能性。计算得出的剥离能如图 8-13 所示，石墨的计算剥离能为 0.31 J/m^2，与实验测量值[(0.32±0.03) J/m^2] 和理论预测值(0.32 J/m^2) 非常接近。由图 8-13 可以清楚地看到，过渡金属卤氧化物的计算剥离能比石墨的小很多，说明单层 MOX 应该易于通过类似制备石墨烯的方法得到。尤其是，CrOCl 的剥离能只有 0.208 J/m^2 左右，仅仅是石墨剥离能的三分之二，表明单层 CrOCl 很容易通过剥离法制备出来。鉴于 MOX 晶体中微弱的范德瓦耳斯力，这些单层材料是构建用于纳米电子学的范德瓦耳斯异质结的优质候选材料。

下面通过声子谱计算和分子动力学模拟评估单层 MOX 的稳定性。由计算的声子谱来看[图 8-14(a) 和 (c)]，单层 CrOCl 和 CrOBr 都没有虚频，表明二维 CrOX 晶体都是动力学稳定的。然而，其他几种单层 MOX(M = V、Ti；X = Cl、Br)的声子谱中则出现了虚频，表明了它们具有晶格动力学不稳定性。因此，此后的研究都集中在二维 CrOX 晶体上。此外，单层 CrOX 的最大光学频率大约为 700 cm^{-1}，这是强共价 O—O 键的显著特征。为了进一步阐明单层 CrOCl 和 CrOBr 的热力学稳定性，采用第一性原理分子动力学模拟了它

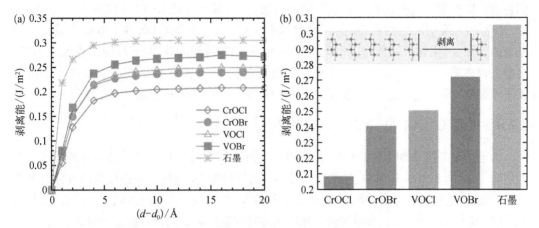

图 8-13　（a）计算得出的 **MOX** 与石墨的机械剥离能随层间分离距离 $d-d_0$ 的变化，其中 d_0 是体相晶体相邻层的范德瓦耳斯间距；（b）计算的剥离能和剥离过程（插图）

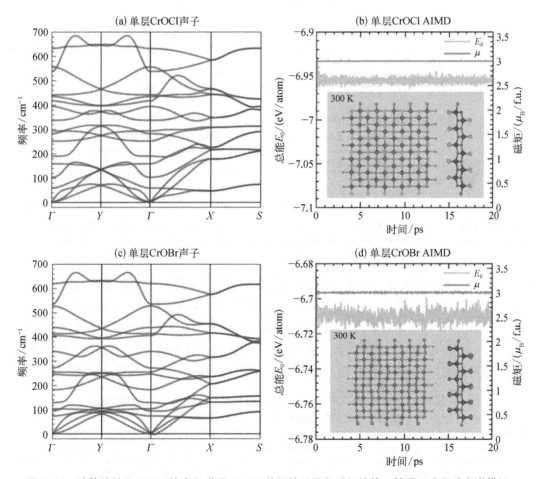

图 8-14　计算的单层 **MOX** 的声子谱及 **CrOX** 单层的总能和磁矩的第一性原理分子动力学模拟，（b）、（d）中的插图展示了单层 CrOX 在 300 K 下退火 20 ps 后的快照结构图

们在 300 K 温度下退火过程中总能和结构的演化,结果示于图 8-14(b)和(d)。显然,单层 CrOX 的二维平面结构在 20 ps 内依然保存完好,表明单层 CrOX 在 300 K 下是热力学稳定的。另外,由体系总能量随时间的变化看,总能随时间波动很小,且磁矩也保持不变。也就是说在第一性原理分子动力学模拟的退火过程中,超胞内的所有原子都在其平衡位置附近振动,没有发生相转变,表明二维 CrOCl 和 CrOBr 晶体在室温下都很稳定。

8.2.4 单层 CrOCl 和 CrOBr 的磁学性质

为了研究二维 CrOCl 和 CrOBr 晶体的磁学性质,这里首先研究了其晶格自旋排列。在构建的 2×2×1 的 MOX 超胞中,考虑了六种不同的磁性构型,包括一种铁磁态和五种反铁磁态。有趣的是,在所有考虑的单层 MOX 的磁性构型中,单层 CrOX 的铁磁态能量最低,是基态结构(表 8-7),而其他几种单层卤氧化物则都是以能量最低的反铁磁态为基态。此外,二维 CrOX 晶体的净磁矩大约为 3 μ_B/f.u.,展现了其较大的自旋极化。为了进一步理解低温下二维 CrOX 铁磁有序性的基本特征,我们在考虑自旋-轨道耦合的情况下计算了其磁晶各向异性能(magnetocrystalline anisotropy energy,MAE)。计算结果列于表 8-8,可以看到,二维 CrOX 晶体的易磁化方向是沿着 z 轴的,表明它们具有长程铁磁有序性。因此,二维 CrOCl 和 CrOBr 的自旋都沿着平面外方向排列。这与前面关于单层 CrOX 铁磁基态的讨论是一致的。而且,计算得到的单层 CrOCl 和 CrOBr 的磁晶各向异性能都相当大(0.03~0.29 meV),这与 Pt(111)基底上的铁单层[(0.10±0.05)meV]和 Co 单层[(0.15±0.02)meV]的磁晶各向异性能是同一个量级,表明二维 CrOX 晶体在磁性器件中颇具应用潜力。

表 8-8 计算的居里温度 T_C、总磁矩 μ_{total}、磁晶各向异性能 $E_{[100]}-E_{[001]}$ 和 $E_{[010]}-E_{[001]}$、易磁化轴(EMA)和沿不同轴磁化的总能量 E

二维晶体	T_C/ K	μ_{Total}/ μ_B	($E_{[100]}-E_{[001]}$)/ (meV/Cr)	($E_{[010]}-E_{[001]}$)/ (meV/Cr)	EMA	$E_{[100]}$/ (eV/cell)	$E_{[010]}$/ (eV/cell)	$E_{[001]}$/ (eV/cell)
CrOCl	160	3.0	117.185	74.87	[001]	−35.324 658	−35.324 742	−35.324 892
CrOBr	129	3.0	290.265	30.25	[001]	−34.046 368	−34.046 888	−34.046 948

注:[001]是平面外方向。

此外,为了阐明 d 电子的强关联作用,我们还研究了不同 U 值和交换-关联泛函对单层 CrOCl 和 CrOBr 的磁性基态的影响。为此,采用 GGA+U 和 LDA+U 方法进行了多个密度泛函理论的计算。如表 8-9 所示,使用 U 值为 3 eV、5 eV 和 7 eV 的 GGA+U 方法计算时,单层 CrOCl 和 CrOBr 能量最低的基态都是铁磁态,并且不同 U 值下 E_{FM-AFM} 的偏差在 1 meV/TM 的范围内,表明 U 值对总能差 E_{FM-AFM} 的影响较小。通过 LDA+U 方法的计算也

表 8-9 不同 U 值下用 GGA+U 方法和 LDA+U 方法计算的铁磁态和反铁磁态之间的能量差 E_{FM-AFM}(meV/TM)

晶 体	GGA+3 eV	GGA+5 eV	GGA+7 eV	LDA+7 eV
CrOCl	−12.8	−13.0	−12.1	−15.1
CrOBr	−9.9	−10.2	−9.7	−11.7

得出铁磁性的基态,这与 GGA+U 方法是一致的。综上可见,所有的计算都表明二维 CrOX 是稳健的本征铁磁态,并且计算结果是可靠的。

8.2.5　单层 CrOCl 和 CrOBr 的电子结构与波函数

单层 CrOX 晶体的磁学性质可以通过分析电子结构来进一步理解。计算的单层 CrOCl 包含自旋的能带结构和电子态密度展示于图 8-15(a)~(c)(单层 CrOBr 与其类似),显然,单层 CrOCl 是铁磁性半导体,带隙宽度为 2.38 eV,总磁矩为 3 μ_B/f.u.;它们的导带底和价带顶都来源于上自旋电子态,分别主要源自 Cr 3d 和 Cl 2p 轨道的贡献,图 8-15(d)的上自旋电荷密度图也证实了这一点。而下自旋的最高占据能带主要包括 Cl 2p 和 O 2p 轨道,这与下自旋电荷密度图[图 8-15(e)]的结果一致。另外,正如其他一些二维材料,在二维 CrOX 晶体的态密度图中,费米能级附近呈现了剧烈变化的一维范霍夫奇点。此外,我们注意到单层 CrOCl 中的自旋极化电子来自铬离子,这导致了相对较大的磁矩 3.22 μ_B/Cr。分析如图 8-15(f)所示的局域自旋波函数图,可以很好地理解铬离子的强磁性,由图可以清楚地看到,净自旋极化沿着 z 轴方向,表明长程铁磁有序性的二维 CrOX 的易磁化轴是[001]。

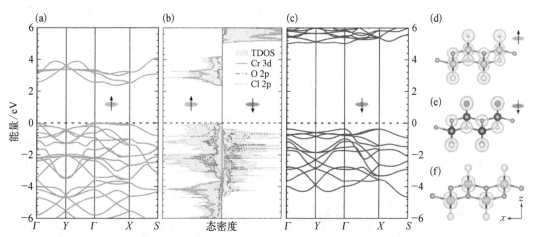

图 8-15　单层 CrOCl 的上自旋(a)和下自旋(c)的能带结构,(b) 包含自旋的投影态密度,费米能级设置为 0 eV;(d)(e) 包含自旋的电荷密度;(f) 自旋波函数

8.2.6　单层 CrOCl 和 CrOBr 的居里温度

理解磁性与温度的关系对于将二维 CrOX 晶体应用于自旋电子学器件是至关重要的。下面利用伍尔夫算法进行了蒙特卡罗模拟来研究二维 CrOX 自旋动力学。计算是基于二维伊辛模型的自旋哈密顿量:

$$H = - \sum_{i,j} J_{i,j} S_i^z S_j^z \tag{8-3}$$

其中,$J_{i,j}$ 是近邻交换耦合常数;S 是平行或反平行于 z 轴的自旋。通过对自旋哈密顿量的精确求解,我们可从单层 CrOCl 和 CrOBr 的热力学比热容的峰值中准确提取居里温度,如图 8-16(a)所示。很明显,单层 CrOX 的居里温度都超过了液氮温度(77 K)。因

为单层 CrOCl 的铁磁态与反铁磁态的能量差更大,所以其居里温度比单层 CrOBr 的高。基于上述计算,二维 CrOCl 的居里温度是 160 K,远高于已报道的二维 CrI_3($T_C = 45$ K)与 $Cr_2Ge_2Te_6$($T_C = 20$ K)的居里温度,且接近已知稀磁半导体 GaMnAs(约 155 K)的最高居里温度[图 8-16(b)]。

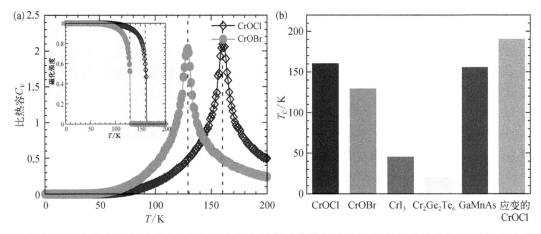

图 8-16 单层 CrOCl 和 CrOBr:(a)比热容 C_V 随温度的变化,插图显示了相应的磁性,居里温度用虚线表征;(b)与二维 CrI_3(45 K)、$Cr_2Ge_2Te_6$(20 K)、GaMnAs(155 K)及 5% 双轴应变下 CrOCl 单层的居里温度的对比

另外,单层 CrOX 的居里温度还可以通过施加适当的应变进一步提高。如图 8-17 所示,施加压缩(−5%)和拉伸(+5%)应变对单层 CrOX 的居里温度影响很大,且其居里温度的变化趋势相同。在双轴应变和沿 y 轴的从压缩到拉伸的单轴应变下,二维晶体的居里温度单调增加。而在沿 x 轴的单轴应变下,其居里温度则缓慢降低。这种行为可以通过 Cr 在 x 和 y 方向的各向异性磁相互作用和单层 CrOX 的不同磁晶各向异性能(表 8-8)来进一步理解。沿 y 轴方向更强的 Cr-Cr 磁相互作用导致了单层 CrOX 对应变的响应更敏感,而在 x 轴方向的弱磁相互作用致使其对变形不太敏感,这与图 8-17 中居里温度对应变的反应是一致的。总体而言,对于单层 CrOX,它们的居里温度在应变下可以在 50~

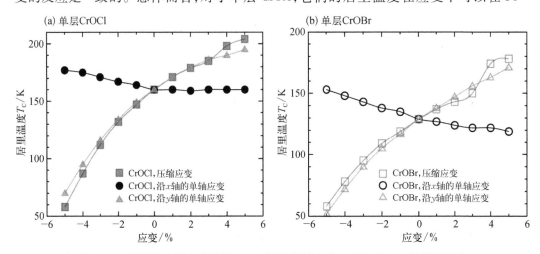

图 8-17 计算的双轴应变和沿 x 和 y 轴的单轴应变下单层 CrOX 的居里温度

204 K 之间灵活地调控,应变极大地改变了体系的磁能。在 5% 双轴拉伸应变下,单层 CrOCl 的居里温度增加到 204 K,超过了稀磁半导体(DMS)的先前记录(190 K),展现出在未来自旋电子学中的巨大应用潜力。

　　总之,本节预测了一种可以从体相范德瓦耳斯反铁磁体中制备出的二维本征铁磁性半导体材料。所预测的本征铁磁半导体——单层 CrOCl 和 CrOBr 的带隙宽度分别为 2.38 eV 和 1.59 eV,且都是动力学和热力学稳定的。它们的剥离能远小于石墨,表明可以通过与类似石墨烯的机械剥离方法得到。二维 CrOX 具有大的自旋极化和磁晶各向异性能,其长程铁磁有序性是沿着平面外方向的,这也是其易磁化轴的方向。单层 CrOCl 和 CrOBr 的预测居里温度分别为 160 K 和 129 K,远高于最近报道的二维 CrI_3 和 $Cr_2Ge_2Te_6$ 的居里温度。并且在适当的应变下,单层 CrOX 的居里温度还可以进一步提高到 204 K。本节对二维本征铁磁性 CrOX 晶体的研究,开辟了一条从反铁磁体相晶体中制备二维本征铁磁性半导体的新途径,也为未来自旋电子学在原子厚度下的研究和应用提供了新的可能。值得一提的是,本节理论预测的二维 CrOCl 材料已经被实验证实(Zhang et al., 2019)。

8.3　MXene 水分解光催化剂

8.3.1　研究背景与计算方法

　　光催化分解水制氢气是实现太阳能清洁使用的一个重要渠道,也是解决能源危机和环境问题的重要途径甚至是终极解决方案。光催化分解水制氢气的基本原理概括如下:光照激发半导体材料的价带电子跃迁到导带上成为自由电子,相应地在价带产生了空穴;这些自由电子和空穴迁移到材料表面,并分别发生水的还原和氧化反应而生成氢气和氧气。因此,从热力学的角度看,这类半导体材料(也称光催化剂)的带隙应该大于 1.23 eV,这样所激发出的电子和空穴才有可能满足分解 H_2O 所需的电势差。但是,光催化剂的带隙也不能过大,这是因为太阳光谱中可见光占据的能量比例较大,若光催化剂的带隙过大会致使其不能吸收可见光,从而影响光吸收的效率。根据光子能量计算方法,材料带隙为 1.8~2.1 eV 时,主要对应于太阳光谱中能量比例最大的可见光波段,此时光催化剂对太阳光谱能量的吸收效率最高。同时,光催化制氢气对半导体材料的导带底和价带顶的位置还有要求,即导带底的能级应高于水的还原电势(H^+/H_2),价带顶的能级应低于水的氧化电势(H_2O/O_2),从而保证一定过电势的存在,进而有足够的能量差来促进水的氧化还原反应的进行。此外,光激发产生的电子和空穴很可能会复合,严重影响光催化剂的催化效率。研究人员进行了大量探索来提高现有光催化剂的催化效率,例如,通过调制带隙和构建异质结构来减少光激发电子和空穴的复合。然而,这些方法都比较复杂,并且成本较高。因此,设计出满足所有以上标准(合适的带隙、较快的载流子迁移率及光激发电子和空穴可分离)的单催化剂尤为重要。但是采用传统试错-纠错的研究方法,从众多材料中筛选出综合性能优异的光催化剂是令人挫败的。幸运的是,随着高性能计算能力和计算方法的飞速发展,且光催化剂的筛选条件清楚,高通量第一性原理方法毫无疑问能够极大加速光催化半导体材料的筛选和设计。

本节的目的是利用第一性原理方法从最大的二维材料家族(即过渡金属碳化物)中筛选并设计性能优异的光催化半导体材料。二维过渡金属碳化物,被称作 MXene,是近年发现的一种新型的二维材料,在锂离子电池电极材料、超级电容器和电子器件等方面展示了巨大的应用潜力。MXene 是通过化学方法剥离一类三元层状六方过渡金属碳/氮化物 MAX 相中的 A 层而合成,这里 M 是过渡金属, A 主要是 Al 或 Si, X 是 C 或 N。此外,MXene 的性能还可以通过表面官能化进行调控。例如,表面官能团 O 或者 F 可以将金属性 MXene 转变为半导体性,且带隙的大小也可以进一步调控。迄今为止,研究者已经制备了至少 10 种 MXene,并且作者团队的理论研究结果表明还有更多 MXene 可以被制备出来。另外,关于 MXene 的实验研究主要集中在电池和储能领域的应用,而其他可能的应用包括光催化分解水制氢气还未涉及。本节利用第一性原理方法,从 48 种 MXene 中筛选出两种半导体材料,即 Zr_2CO_2 和 Hf_2CO_2,可用于光催化分解水制氢气。更重要的是 Zr_2CO_2 和 Hf_2CO_2 具有极高且各向异性的载流子迁移率,不仅能够加速光激发产生的电子和空穴的迁移,而且能够实现电子和空穴的有效分离。同时,这两种 MXene 在 300 nm 和 500 nm 波段具有良好的光吸收性能。此外,通过模拟水分子在 Zr_2CO_2 表面的吸附、解离与氢气分子的形成和释放,可以获得关于 MXene 光催化分解水制氢气微观过程的清晰图像。

本节所有的计算均基于密度泛函理论,通过基于平面波基组赝势的 VASP 软件包完成,具体计算细节和参数设置见参考文献。二维 MXene 的结构模型是通过移除 MAX 相中的 A 原子层,并在沿 z 轴方向外加一个 20 Å 厚的真空层构建得到的。为了得到更为精确的介电函数,利用 TDHF 计算考虑了激子效应。由于 GGA-PBE 交换-关联泛函往往会低估半导体材料的带隙值,因此本节还采用 HSE06 杂化关联泛函来计算 MXene 材料的电子结构和带隙(E_g)。此外,密度泛函理论在形式上能够准确计算确定材料带隙中心位置(E_{BGC}),基本不受所采用交换-关联泛函的影响。本节将通过 GGA-PBE 计算 MXene 材料的带隙中心位置并与真空能级位置进行标对,然后通过以下两个公式确定 MXene 材料的带边位置:

$$E_{VBM} = E_{BGC} - \frac{1}{2}E_g, \ E_{CBM} = E_{BGC} + \frac{1}{2}E_g \quad (8-4)$$

对于二维半导体材料,声子散射决定了载流子迁移速率的大小。因此,MXene 载流子迁移率的计算可以通过形变势理论描述为以下公式:

$$\mu_{2D} = \frac{2e\hbar^3 C_{2D}}{3k_BT \mid m^* \mid^2 E_i^2} \quad (8-5)$$

其中,C_{2D} 是材料在沿载流子传输方向的单轴应变(ε)下的弹性模量,可以通过公式 $C_{2D} = (\partial^2 E_{total}/\partial \varepsilon^2)/S_0$ 求得;E_{total}、S_0、T、e、$\hbar$ 和 k_B 分别为体系的总能、晶体晶胞的截面积、温度、电子电荷、约化普朗克常数和玻尔兹曼常数;m^* 是载流子在传输方向上的有效质量,其基本计算表达式为 $m^* = \hbar^2[\partial^2 E(k)/\partial k^2]^{-1}$;$E_i$ 是形变势常数,可以通过公式 $E_i = \partial E_{edge}/\partial \varepsilon$ 求得,这里的 E_{edge} 是体系的价带顶(空穴)和导带底(电子)相对于真空能级的能量。晶格动力学稳定性是通过计算体系的声子振动谱来评估。声子振动谱的计算是基于密度泛函微扰理论,使用了 PHONOPY 软件包。MXene 在水中的稳定性是利用超胞法模拟 MXene 在水溶液中的状态,通过第一性原理分子动力学模拟对 MXene 和水进行退火处理,然后利用径向分布函数等表征 MXene 的结构演变来考察 MXene 在服役环境下的稳定性。

8.3.2　MXene 的晶体结构及电子结构

为了全面研究 MXene 材料的光催化性能,本节的计算涵盖了三种类型的二维过渡金属碳化物,即 M_2C、M_3C_2 和 M_4C_3。鉴于 XPS 和 EDS 的实验结果表明 MXene 在合成过程中表面会吸附官能团(O、OH、F),因此,本节除了计算 Sc_2C、Ti_2C、Zr_2C、Hf_2C、V_2C、Nb_2C、Ta_2C、Mo_2C、Ti_3C_2、Ti_4C_3、V_4C_3、Nb_4C_3 等本征相外,还计算了相应表面官能化的 MXene 材料。在这些 MXene 材料中,Ti_2C、V_2C、Nb_2C、Mo_2C、Ti_3C_2、Nb_4C_3 已在实验室合成出来,其余的也可以通过相应母体 MAX 相制备出来。筛选 MXene 光催化剂的第一步是基于电子结构将其分为金属性和半导体性。计算结果表明以上本征 MXene 相都是金属性的,只有表面官能化的 M_2C 型 MXene 中,Ti_2CO_2、Zr_2CO_2、Hf_2CO_2、Sc_2CF_2、Sc_2CO_2、$Sc_2C(OH)_2$、Mo_2CF_2 是半导体性。然后再根据带隙大小(须大于 1.23 eV),排除带隙过小的 MXene。计算结果表明只有 $Sc_2C(OH)_2$ 和 Mo_2CF_2 的带隙过小,分别为 0.74 eV 和 0.84 eV。因此,按照上述标准,我们筛选出可能的 MXene 光催化剂为 Ti_2CO_2、Zr_2CO_2、Hf_2CO_2、Sc_2CF_2 和 Sc_2CO_2。

图 8-18 展示了 Hf_2CO_2 和 Sc_2CO_2 的晶体结构示意图,Ti_2CO_2、Zr_2CO_2、Sc_2CF_2 与 Hf_2CO_2 晶体结构相同。表 8-10 列出了结构优化后的晶格常数,与之前文献报道值符合得较好。图 8-19 展示了 Ti_2CO_2、Zr_2CO_2、Hf_2CO_2、Sc_2CF_2 和 Sc_2CO_2 的态密度,显然,这五种 MXene 材料的带隙都大于 1.23 eV,能够满足光催化水分解所需要的最低能量(1.23 eV)。此外,对于这五种 MXene 材料,表面官能团的 p 轨道和过渡金属的 d 轨道杂化程度较高,说明表面官能团与 MXene 中的过渡金属之间具有较强的共价属性。

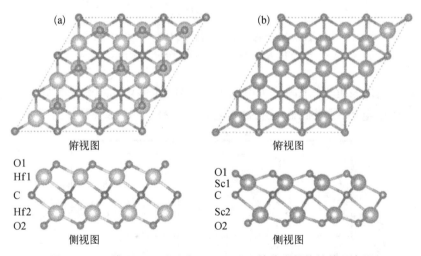

图 8-18　二维 Hf_2CO_2(a)和 Sc_2CO_2(b)的稳定晶体结构示意图

表 8-10　Ti_2CO_2、Zr_2CO_2、Hf_2CO_2、Sc_2CF_2、Sc_2CO_2 的晶格常数　　　　　(单位:Å)

计　算　方　法	Ti_2CO_2	Zr_2CO_2	Hf_2CO_2	Sc_2CF_2	Sc_2CO_2
GGA-PBE(本节)	3.032	3.307	3.266	3.266	3.42
GGA-PBE(文献)	3.035	3.319	3.273	3.286	3.44

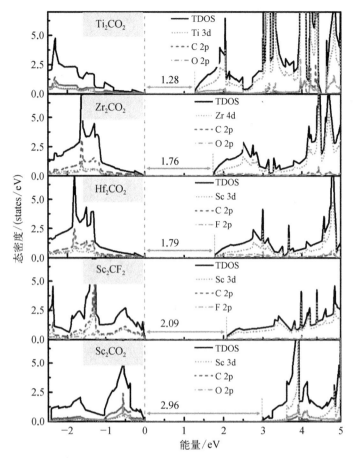

图 8-19　HSE06 计算得到的二维 Ti_2CO_2、Zr_2CO_2、Hf_2CO_2、Sc_2CF_2、Sc_2CO_2 总态密度和分波态密度

从能带结构的角度,除了满足带隙的大小之外,光催化剂还需要半导体材料的价带顶高于氢的还原电势,导带底低于水的氧化电势。图 8-20 展示了二维 Ti_2CO_2、Zr_2CO_2、

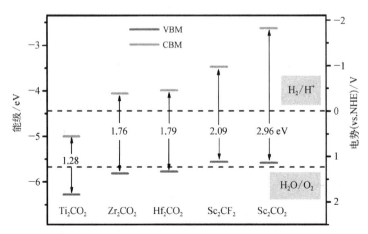

图 8-20　二维 Ti_2CO_2、Zr_2CO_2、Hf_2CO_2、Sc_2CF_2、Sc_2CO_2 价带顶和导带底的能级与水的氧化还原电势的相对位置关系示意图

Hf_2CO_2、Sc_2CF_2、Sc_2CO_2 的价带顶和导带底的能级与水的氧化还原电势的相对位置关系。由图可知,Ti_2CO_2、Sc_2CF_2 和 Sc_2CO_2 虽然具有足够大的带隙,但是其带边位置却不能同时匹配水的氧化还原电势,表明它们只能用于水的还原或者氧化反应的 Z 型光催化剂。而 Zr_2CO_2 和 Hf_2CO_2 与水的氧化还原电势匹配较好,即水的氧化和还原反应在热力学上都是可行的。并且 Zr_2CO_2 和 Hf_2CO_2 的导带底远高于水的还原电势,能够为水的还原反应提供较大的能量驱动。综上可知,由于具备合适的带隙大小和带边位置,Zr_2CO_2 和 Hf_2CO_2 是可以作为催化分解水制氢气的光催化剂。

8.3.3　MXene 的光吸收性能和载流子分离机制

除了带隙大小和带边位置外,高效率的光催化剂材料还需要较高的可见光吸收效率以及光激发电子/空穴的快速扩散和有效分离。首先通过计算二维 Zr_2CO_2 和 Hf_2CO_2 的介电常数来评估其光吸收性能。如图 8-21 所示,Zr_2CO_2 和 Hf_2CO_2 在可见光和紫外光波段都具有良好的光吸收性能。需要注意的是,相比于 Hf_2CO_2,Zr_2CO_2 在可见光波段呈现出更好的光吸收性能,这源于其较小的带隙。鉴于太阳光谱中可见光波段所占的能量比例最大,这两种筛选出的光催化剂材料均具有较大的太阳能吸收效率。

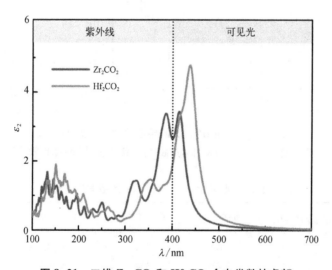

图 8-21　二维 Zr_2CO_2 和 Hf_2CO_2 介电常数的虚部

光激发产生的电子/空穴的快速迁移和机理是目前光催化研究领域的难点,也是限制光催化剂效率的一个关键因素。本节通过计算二维 Zr_2CO_2 和 Hf_2CO_2 的载流子迁移率(μ)来探索光激发电子/空穴的迁移和分离机理。这里,为了对 MXene 施加单轴应变,将六方 MXene 的晶格转换为正交晶格[图 8-22(a)]。图 8-22(b)展示了杂化关联泛函 HSE06 方法计算得出的二维 Zr_2CO_2 和 Hf_2CO_2 的能带结构,其导带底和价带顶的能带特征决定了相应载流子的有效质量(m^*),即离散能带对应较小的载流子有效质量,反之则对应较大的载流子有效质量。然后,我们计算了材料体系的总能和带边位置随着单轴应变的变化[图 8-22(c)和(d)],并得到了体系的弹性模量(C_{2D})和形变势常数(E_i)。表 8-11 总结了 m^*、C_{2D}、E_i 和 μ。由表 8-11 的结果可知,二维 Zr_2CO_2 和 Hf_2CO_2 都具有较大且各向异性的载流子迁移率。

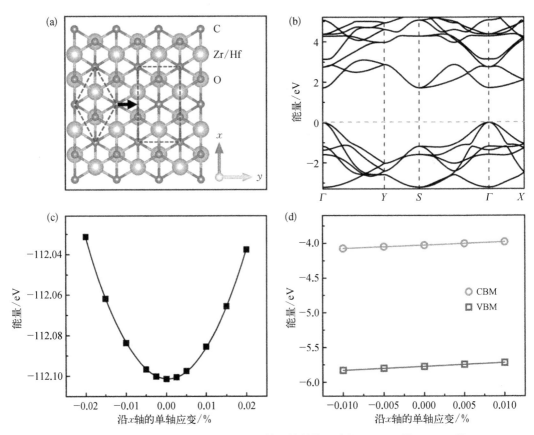

图 8-22 （a）二维 Zr_2CO_2 和 Hf_2CO_2 的晶格结构示意图；（b）二维 Zr_2CO_2 的
能带结构；二维 Zr_2CO_2 的总能（c）和带边位置（d）随单轴应变的变化

表 8-11 二维 Zr_2CO_2 和 Hf_2CO_2 的载流子迁移率

二维晶体	载流子类型	m^*/m_0	$C_{ZD}/(N/m)$	E_i/eV	$\mu/[cm^2/(V \cdot s)]$
Zr_2CO_2	电子(x)	1.600	334.15	4.748	82.59
	空穴(x)	0.259	334.15	5.557	2299.98
	电子(y)	0.196	334.46	10.63	1096.46
	空穴(y)	0.299	334.46	5.608	1695.65
Hf_2CO_2	电子(x)	1.218	329.48	4.999	126.72
	空穴(x)	0.262	329.48	5.587	2192.11
	电子(y)	0.167	330.31	8.623	2270.53
	空穴(y)	0.296	330.31	5.799	1598.01

为了更形象地描述二维 Zr_2CO_2 和 Hf_2CO_2 载流子迁移率的各向异性特征，我们绘制了
载流子迁移率与方向的关系示意图[图 8-23（a）]。由图可见，电子沿 y 方向的迁移率约
是 x 方向的 10 倍，这主要归因于电子沿 y 方向的有效质量较小；而空穴沿着 x 方向的迁
移率则显著大于 y 方向。也就是说，二维 Zr_2CO_2 和 Hf_2CO_2 各向异性的载流子迁移率可描

述为：电子倾向于沿着 y 方向迁移，而空穴则主要沿着 x 方向迁移。因此，当 Zr_2CO_2 和 Hf_2CO_2 用作光催化剂时，光激发产生的电子和空穴将会沿着不同方向迁移，从而进一步加速了电子和空穴的有效分离[图 8-23(b)]。基于以上结果，二维 Zr_2CO_2 和 Hf_2CO_2 较大且各向异性的载流子迁移率能够实现电子和空穴的快速扩散和有效分离，这保证了太阳能到化学能的有效转换，从而提高其光催化分解水的效率。这一电子和空穴的分离机制将为光催化剂的设计提供理论基础和新思路。

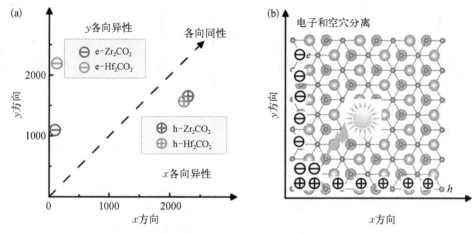

图 8-23 （a）二维 Zr_2CO_2 和 Hf_2CO_2 的载流子迁移率；（b）二维 Zr_2CO_2 和 Hf_2CO_2 对光激发电子和空穴的分离机理

8.3.4 MXene 的稳定性和催化反应机理

光催化剂的稳定性是其能够实际应用的重要前提。下面首先通过计算二维 Zr_2CO_2 和 Hf_2CO_2 的声子振动谱来研究体系的晶格稳定性（图 8-24）。由图 8-24 可见，在 Zr_2CO_2 和 Hf_2CO_2 的声子谱均没有出现虚频，表明这两种材料在晶格动力学上是非常稳定的。然后，为了进一步确定它们在实际应用时的稳定性，利用第一性原理分子动力学模拟了二维 Zr_2CO_2 和 Hf_2CO_2 在水溶液中的结构演化。结果表明在 300 K 温度下退火 10 ps 的过程中，二维 Zr_2CO_2 和 Hf_2CO_2 的原子位置均在其平衡位置附近振动，且晶体结构保持良好

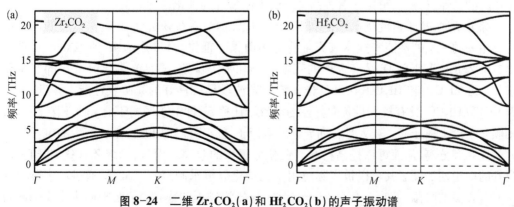

图 8-24 二维 Zr_2CO_2(a)和 Hf_2CO_2(b)的声子振动谱

［图 8-25（a）］。图 8-25（b）展示了分子动力学模拟过程的径向分布函数,可以清楚地看到,径向分布函数主要由一些孤立的单峰组成,展示了典型的周期性特征,这表明室温下二维 Zr_2CO_2 和 Hf_2CO_2 在水溶液环境中的晶体结晶性保持良好。综合上述结果可知,二维 Zr_2CO_2 和 Hf_2CO_2 良好的稳定性确保其可以被实际应用于光催化分解水制氢气。

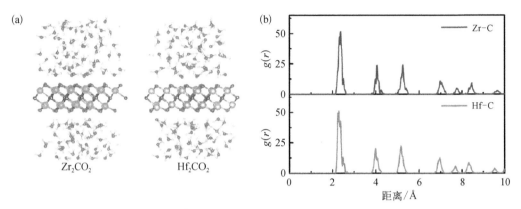

图 8-25　**（a）二维 Zr_2CO_2 和 Hf_2CO_2 分子动力学晶体结构模型；**
（b）二维 Zr_2CO_2 和 Hf_2CO_2 的径向分布函数

　　最后,为了进一步理解 MXene 催化分解水制氢气的微观机理,我们模拟了水分子在 MXene 表面的氧化还原反应过程。鉴于二维 Zr_2CO_2 和 Hf_2CO_2 具有相同的晶体结构,这里选取二维 Zr_2CO_2 作为研究体系。光催化分解水制氢气开始于水分子在催化剂表面的吸附和分解,计算结果见图 8-26。这里首先计算得到 H、OH 和 H_2O 在二维 Zr_2CO_2 表面的吸附能分别是 −3.37 eV、−2.47 eV 和 −1.01 eV［图 8-26（a）］。吸附能为负值意味着 H、OH 和 H_2O 从能量上倾向于吸附在二维 Zr_2CO_2 的表面（放热反应）。而接下来的水分解过程是吸热反应,需克服 1.22 eV 的能量势垒。并且计算模拟结果显示,分解后得到的氢原子将会继续吸附在二维 Zr_2CO_2 表面。对于随后的氢分子的形成过程,计算结果表明,分散在二维 Zr_2CO_2 表面的氢原子从能量上倾向于相互迁移靠近并形成氢分子［图 8-26（b）］。而且,只需要克服 0.06 eV 的能量势垒便可以光催化生成氢气并从二维 Zr_2CO_2 表面释放出来。此外,与体相光催化剂相比,二维 Zr_2CO_2 和 Hf_2CO_2 具有极高的比表面积可作为催化反应的活性点,从而可以显著提高其分解水制氢气的催化活性。

　　综上所述,基于密度泛函理论和形变势理论,本节系统研究了 MXene 材料的电子结构及相关的一系列性能来探索其光催化应用前景。首先,通过筛选 48 种 MXene 材料得出二维 Zr_2CO_2 和 Hf_2CO_2 具有合适的带隙大小和带边位置,满足光催化分解水的能量要求。二维 Zr_2CO_2 和 Hf_2CO_2 在可见光和紫外光波段具有良好的光吸收性能。并且,二维 Zr_2CO_2 和 Hf_2CO_2 具有较大且各向异性的载流子迁移率,即电子倾向于沿 y 轴迁移,而空穴则倾向于沿 x 轴迁移。较大且各向异性的载流子迁移率能够加速光激发产生的电子和空穴的迁移和分离,从而可以提高材料光催化分解水的效率。而且,二维 Zr_2CO_2 和 Hf_2CO_2 良好的稳定性保证了其可以被实际应用于光催化分解水制氢气。最后,通过对水分子在 Zr_2CO_2 表面的吸附、解离和氢气分子的形成与释放过程的模拟,清晰地阐明了 MXene 材

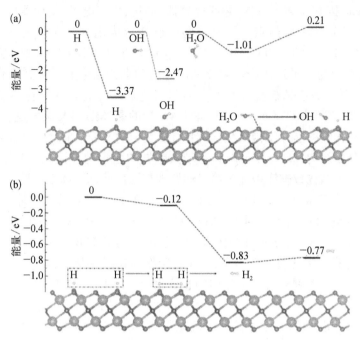

图 8-26 （a）H、OH 和 H_2O 在 MXene 表面上吸附以及 H_2O 分解的
机理；（b）氢气分子在 MXene 表面形成与释放的过程

料光催化分解水制氢气的微观机理。本节的理论计算预测指导了 MXene 在光催化领域
的研究，对于新型光催化剂材料的开发具有重要的示范和指导意义。

8.4 二维过渡金属硼化物

8.4.1 研究背景与计算方法

二维材料（如石墨烯、单层 BN 和单层过渡金属硫化物等）在众多领域展现了巨大的
应用潜力。这些二维材料的体相普遍存在较弱的范德瓦耳斯力，从而可以通过剥离（甚至
是机械剥离）母体材料来获得二维晶体材料。与这些范德瓦耳斯层状材料不同，有些层状
材料如层状六方过渡金属碳/氮化物 MAX 相的亚晶格是通过较强的金属/共价/离子键结
合的，这意味着难以用剥离石墨烯的方法来制备这类二维过渡金属碳/氮化物。MAX 相
的基本化学式是 $M_{n+1}AX_n$，其中 M 是过渡金属，A 是ⅢA 或ⅣA 元素，X 是 C 或者 N，$n=$
$1\sim3$。MAX 相的结构可以描述为 $M_{n+1}X_n$ 亚晶格与 A（通常为 Al）层交替堆垛排列而成。
MAX 相中的 M—X 键兼具化学/金属/离子键的混合特性，且键强较大；M—Al 键则为强度
相对较弱的金属键。最近的研究表明，可以利用 M—X 和 M—Al 的键合强度的显著差异，
通过化学方法在酸性溶液中选择性地刻蚀掉 A 层原子而获得二维过渡金属碳/氮化物。
这类过渡金属碳/氮化物被称作 MXene，在超级电容器和电子器件等多个领域具有广阔的
应用前景。

目前,MXene 因其在离子电池、超级电容器、催化、自旋电子、柔性器件等领域的诱人应用潜力成为当前的研究热点。尽管实验中已经合成出了一系列的 MXene 材料,如 Ti_2C、Nb_2C、V_2C、Mo_2C、$(Ti_{0.5}Nb_{0.5})_2C$、$(V_{0.5}Cr_{0.5})_3C_2$、Ti_3C_2、Ti_3CN、Ti_4N_3、Nb_4C_3 等,但是目前仍然没有类似的二维过渡金属硼化物的实验和理论报道。考虑到硼化物与碳化物及氮化物的相似性,我们猜想应该存在二维过渡金属硼化物。为了探索新型二维过渡金属硼化物材料,首先从 MXene 及其母体 MAX 相的晶体结构及化学键特征,得出母体材料过渡金属硼化物的晶体结构及化学键特征作为筛选标准,即:① 母体材料具有层状堆垛排列的亚晶格结构;② 母体材料具有较大差异的化学键和键能。基于这两个标准,我们在已有的晶体结构数据库中通过第一性原理高通量计算筛选出一类过渡金属硼化物 $(MB)_2Al_y(MB_2)_x$(简称 MAB,其中 M 为 Cr、Mo、W、Fe、Mn 或者其固溶体)。通过计算发现,MAB 材料的结构和化学键键能与 MAX 材料非常相似。MAB 材料中的 MB 层与 Al 层交替堆垛排列,且 M—Al 键强显著弱于 M—B 键强。虽然 MAB 材料的单晶生长、机械性质、磁性、抗氧化等性质已被广泛研究,且在磁制冷、高温等领域展现了一定的应用潜力,但是目前仍然没有将其剥离为二维晶体的相关报道。因此,本节致力于研究通过化学剥离 MAB 中的 A 层而得到二维过渡金属硼化物的可能性及其微观机理;发现通过化学剥离 MAB 可以获得一类新型的二维过渡金属硼化物晶体,并率先将这类材料命名为 MBene,并探索了 MBene 在锂离子电池和电催化方面的应用。

本节的计算基于密度泛函理论,通过基于平面波基组赝势的 VASP 软件包完成。利用 Perdew、Burke 和 Ernzerhof 提出的广义梯度近似,即 GGA-PBE 泛函来处理交换-关联效应。其他计算参数见参考文献。体系的声子谱是基于密度泛函微扰理论,使用 PHONOPY 软件包计算的。锂离子在 MBene 表面的扩散势垒是通过基于过渡态理论的爬坡弹性带方法计算得到。H 原子在 MBene 材料表面的吸附能是通过计算 H 原子在 MBene 表面吸附前后(分别定义为状态 1 和 2)体系的吉布斯自由能的变化得到的,所采用的基本计算公式如下:

$$\Delta G_{21} = \Delta E_{DFT\text{-}21} + \Delta ZPE_{21} - T\Delta S_{21} \tag{8-6}$$

其中,$\Delta E_{DFT\text{-}21}$ 是体系基态下能量的变化,可通过第一性原理方法直接计算得到;ΔZPE_{21} 为体系零点自由能的变化,通过第一性原理方法计算体系的振动频率换算得到;$T\Delta S_{21}$ 中的 T 为反应温度,ΔS_{21} 为体系熵的变化,可通过查询相关的热力学数据库得到。

8.4.2 MBene 的合成机理

鉴于 MAB 材料具有相似的结构性质,本节使用 M_2AlB_2 型 MAB 相,包括 Cr_2AlB_2、Mo_2AlB_2、W_2AlB_2 和 Fe_2AlB_2 来研究其剥离成二维材料的可能性。表 8-12 列出了计算得到的 M_2AlB_2 型 MAB 的晶格常数,作为对比,表中也给出了实验数据,显然计算结果与实验结果非常吻合。图 8-27 展示了以上四个 MAB 材料的键能;作为对比,这里选取了两个已经通过化学剥离获得二维材料 MXene 的 MAX 相,并计算了其相关键能,结果也展示于图 8-27。由图 8-27 可知,在 MAB 相中,Mo—Al 的键能远小于 Mo—B 的键能,这种显著的各向异性与 MAX 相的情况类似。再通过电子局域函数计算与分析,发现 MAB 中的键强度差异主要在于 M—A 是金属键,而 M—B 则混合了共价/金属/离子键的特征。此外,进一步的研究结果表明,对于 MAlB 型 MAB 相,包括 CrAlB、MoAlB、WAlB 和 FeAlB,M—Al 和

Al-Al 的键能也远低于 M-B 的键能,显示出较大的各向异性。因此,基于 MAB 中 M-Al 和 M-B 键强度的显著差异这一特征,我们提出可以通过化学方法,选择性蚀刻掉 MAB 中的 Al 层来得到二维过渡金属硼化物。

表 8-12　计算得到的"M_2AlB_2"型 MAB 相材料和 MBene 的
晶格常数(Å)以及实验数据

材　料	a(计算)	a(实验)	b(计算)	b(实验)	c(计算)	c(实验)
Cr_2AlB_2	2.918	2.937	2.926	2.968	11.027	11.051
2D Cr_2B_2	2.884		2.968			
Mo_2AlB_2	3.078	—	3.148	—	11.551	—
2D Mo_2B_2	3.045		3.047			
W_2AlB_2	3.091	—	3.140	—	11.593	—
2D W_2B_2	3.043		3.044			
Fe_2AlB_2	2.909	2.922	2.838	2.856	10.999	10.991
2D Fe_2B_2	2.830		2.800			

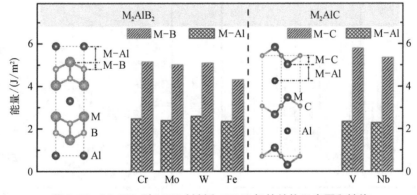

图 8-27　M_2AlB_2 型 MAB 材料和 MAX 相的结构示意图和键能

为了进一步研究利用 HF 剥离 MAB 材料的微观机理,这里在 MAB 晶胞的 x 和 z 方向上插入了 20Å 厚的真空层来研究 HF 分子与 MAB 材料边缘的相互作用。如图 8-28 所示,一个 HF 分子吸附到 MAB 材料的边缘后,首先会解离为 H 原子和 F 原子,然后分别吸附在边缘处的 B 原子和 Al 原子上,使相邻两层 MBene 的距离从 3.328 Å 增大到 3.558 Å。随着吸附 HF 分子的增多,相邻两层 MBene 的距离会进一步增大,最终导致 MBene 从 MAB 中剥离出来。更重要的是,当 3 个 HF 分子插入 Mo_2AlB_2 边缘时,生成了 AlF_3 和 H_2 分子。类似的实验现象也发生在剥离 MAX 相合成 MXene 的过程中,说明体材料的 Al 原子正逐步被刻蚀掉,Al 原子层的蚀刻显著削弱了 MBene 层之间的相互作用,最终导致 MBene 的分离。因此,通过化学剥离 MAB 相合成 MBene 的微观机理如下:Al 原子被刻蚀后会显著降低 MAB 材料中 MBene 层间的相互作用力,从而最终获得二维晶体 MBene。此外,通过声子谱和弹性模量的计算以及第一性原理分子动力学的退火模拟,进一步验证了 MBene 晶格的动力学稳定性、热力学稳定性和机械稳定性。另外,对 MBene 力学性能的计算结果表明,这类二维材料还具有较大且各向同性的杨氏模量。

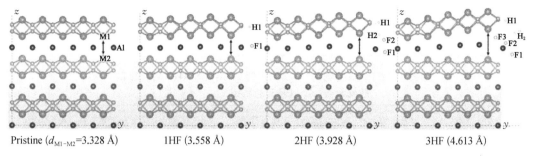

Pristine (d_{M1-M2}=3.328 Å)　　　1HF (3.558 Å)　　　2HF (3.928 Å)　　　3HF (4.613 Å)

图 8-28　二维过渡金属硼化物 Mo_2B_2 MBene 的微观剥离机理

8.4.3　MBene 的电子结构

为了研究 MBene 的电子结构,这里计算了 Mo_2B_2 和 Fe_2B_2 MBene 的电子态密度和能带结构。如图 8-29(a)所示,基于 PBE 和 HSE06 泛函的计算结果均表明,Mo_2B_2 MBene 的费米能级处于一个连续的电子态密度中,展示了其良好的金属导电性。需要指出的是,

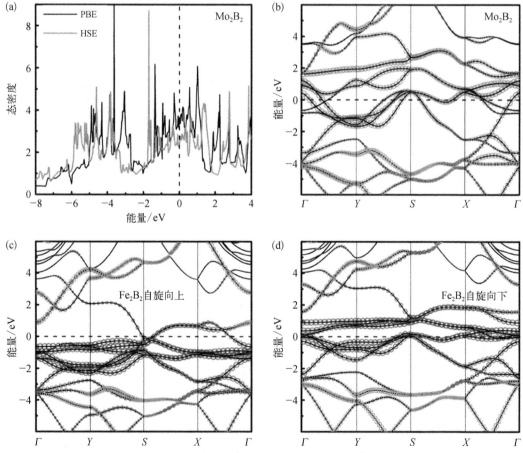

图 8-29　(a) Mo_2B_2 MBene 的电子态密度;(b)~(d) Mo_2B_2 和 Fe_2B_2 MBene 的能带结构,其中红色/蓝色圆点和绿色方框的大小分别表示来自 Mo/Fe 的 d 轨道和来自 B 原子的 p 轨道的投影权重

HSE06 泛函只是稍微增大了能级的展宽,而没有任何其他显著的影响。因此,接下来基于 PBE 泛函的计算结果讨论 MBene 的电子结构。由图 8-29(b)中 Mo_2B_2 MBene 的解析能带结构可知,Mo_2B_2 展现出典型的金属导电性,费米能级附近的能带主要来自 Mo 4d 轨道的贡献。而对于 Fe_2B_2 MBene,通过计算并对比其铁磁性体系和一系列反铁磁构型的总能,得出 Fe_2B_2 MBene 从能量上倾向于铁磁性的基态。由图 8-29(c)和(d)所示的能带结构可以看出,Fe_2B_2 MBene 展现出金属磁性,其磁性来自 Fe 原子的 3d 轨道。此外,Cr_2B_2 和 W_2B_2 MBene 展现出金属性特征,具有优异的电子传导性质。与半导体或绝缘性的二维过渡金属氧化物和硫化物相比,MBene 出色的电输运性能将使其更适用于锂离子电池和电催化等领域。

8.4.4　MBene 在锂离子电池和电催化领域中的应用

为了探索 MBene 作为锂离子电池电极材料的应用潜力,这里系统研究 Li 原子在 MBene 表面的吸附和扩散行为。首先评估并确定锂原子在 MBene 表面的最优吸附位置。MBene 的晶体结构和对称性决定了 Li 原子在材料表面具有四个不同的吸附位点,即图 8-30(a)中标记的 S1～S4。由图 8-30(b)所展示的 Li 原子在这一系列位点上的吸附能可以得出,Li 原子优先占据具有最低吸附能的 S1 位点。对于 Mo_2B_2 和 Fe_2B_2 MBene,Li 原子在 S1 位点的吸附能分别为 -0.81 eV 和 -1.12 eV,吸附能为较大负值表明 Li 原子与 MBene 之间存在强烈的相互作用,有利于防止 Li 原子形成团簇,从而提高锂离子电池的安全性和充放电循环特性。此外,基于 Li 原子在 MBene 表面吸附前后的差分电荷密度可以得出,Li 原子与 MBene 之间的强相互作用主要源于从 Li 原子到 MBene 的大量的电荷转移。

在实际应用中,锂离子电池的一个关键特性是充放电速率,主要取决于吸附 Li 原子的扩散行为。由 Li 原子优先占据 S1 位点,Li 原子在最近邻的低能吸附位点之间存在三种可能的扩散途径,即 S1-S4-S1(Path-Ⅰ)、S1-S2-S1(Path-Ⅱ)和 S1-S3-S1(Path-Ⅲ),如图 8-30(a)所示。图 8-30(c)和(d)分别展示了 Li 原子在 Mo_2B_2 和 Fe_2B_2 MBene 表面沿着这三条途径迁移的能量变化,显然,对于这两种 MBene 材料,Path-Ⅰ 和 Path-Ⅱ 的扩散能垒都远低于 Path-Ⅲ。Li 原子在 Mo_2B_2 和 Fe_2B_2 MBene 表面的最低扩散能垒分别为 0.27 eV 和 0.24 eV,这与目前广泛研究的锂离子电池的电极材料相当,如石墨(0.4 eV)、石墨烯(0.277 eV)、MoS_2(0.22 eV)和 Ti_3C_2 MXene(0.28 eV)。另外,值得注意的是,Path-Ⅰ 和 Path-Ⅱ 的扩散能垒非常接近,表明锂离子在 MBene 表面具有多种的扩散路径,这有利于进一步提高锂离子电池的充放电速率。

接下来计算了 Mo_2B_2 和 Fe_2B_2 MBene 作为锂离子电池电极材料时的理论比容量,分别为 444 mA·h/g 和 665 mA·h/g,均优于其他的一些二维材料,如 Ti_3C_2 MXene(约 320 mA·h/g),Ca_2N(约 320 mA·h/g),以及当前应用中的石墨(约 372 mA·h/g)。Mo_2B_2 和 Fe_2B_2 MBene 的平均开路电压分别计算为约 0.41 V 和约 0.33 V。此外,考虑到表面官能化基团将显著降低比容量并增加二维材料(如 V_2C_3 和 Ti_3C_2)的 Li 原子扩散能垒这一实验报道,这里又详细研究了表面官能化对 MBene 比容量的影响。研究结果表明,Mo_2B_2 MBene 表面官能化后仍然具有良好的比容量保持能力,并展现出更低的 Li 原子扩散能垒(0.066 eV),表明 MBene 作为锂离子电池的电极材料具有极大的应用价值。

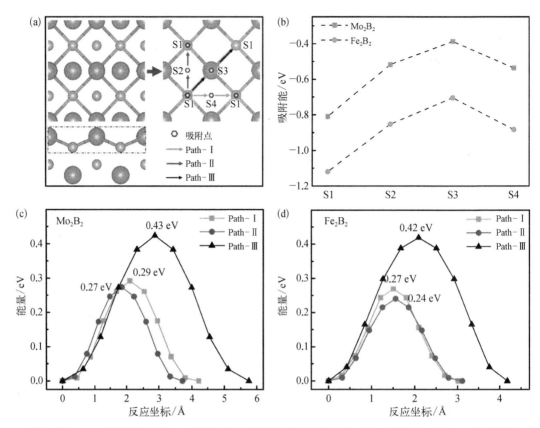

图 8-30 （a）锂离子在 MBene 表面可能的吸附位置和迁移路径；（b）锂离子在 MBene 表面不同吸附位置的吸附能；（c,d）锂离子在 Mo_2B_2 和 Fe_2B_2 MBene 表面迁移的能量势垒

  另外，探索不含贵金属的电催化材料替代贵金属来催化析氢反应（HER）也是研究热点。然而，目前研究的电催化材料如 MoS_2、g-C_3N_4、磷化物和纳米碳等，大多数是半导体性的，电输运性能受限，并且其催化活性位点大多在材料的边缘或缺陷原子处，缺乏足够的催化活性位点。因此，探索具有优异电输运性能和足够活性位点的新型二维HER 电催化剂具有重要意义。一般来讲，析氢反应过程包括：初态的 $H^+ + e^-$、中间态为吸附催化剂表面的 H^* 和产物 $1/2H_2$。因此，H^* 的吉布斯自由能 ΔG_{H^*} 被广泛认为是催化剂对析氢反应催化能力的重要指标，ΔG_{H^*} 越接近于零意味着催化剂的催化性能越好。例如，Pt 是目前最优的 HER 催化剂，其 ΔG_{H^*} 为 -0.09 eV。我们系统计算了 H 原子在 Mo_2B_2 和 Fe_2B_2 MBene 表面不同覆盖度时的吸附吉布斯自由能 ΔG_{H^*}，计算结果展示于图 8-31。对于二维 Mo_2B_2 MBene，H 原子在 $1/8$、$1/4$、$3/8$ 和 $1/2$ 覆盖度时的 ΔG_{H^*} 分别为 -0.417 eV、-0.398 eV、-0.360 eV 和 -0.300 eV，这些结果表明 H 与 Mo_2B_2 表面的 Mo 原子之间有很强的相互作用，是不利于析氢反应进行的；对于二维 Fe_2B_2 MBene，H 原子在 $1/8$、$1/4$、$3/8$ 和 $1/2$ 覆盖度时的 ΔG_{H^*} 分别为 -0.007 eV、-0.001 eV、0.038 eV 和 0.059 eV，比 Pt （-0.09 eV）、MoS_2（0.14 eV/0.06 eV）和 WS_2（0.22 eV）等更接近于零，这意味着二维 Fe_2B_2 MBene 在热力学上更适合用作析氢反应的电催化剂。而且，Fe_2B_2 MBene 所有的表面 Fe 原子都可以作为催化析氢反应的活性位点，进一步确保了 Fe_2B_2 可以实现较高的电催

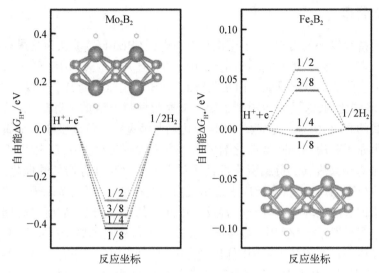

图 8-31　H 原子在 Mo_2B_2 和 Fe_2B_2 MBene 表面不同
覆盖度时的吸附吉布斯自由能 ΔG_{H^*}

化效率。

　　综上所述,基于第一性原理计算,本节首次预测了一类新型的二维过渡金属硼化物 MBene,它们可以通过化学剥离其母体 MAB 材料中的 A 层而获得,并探索了通过 MAB 相材料合成 MBene 的基本思路和微观机理。本节研究结果表明:MBene 具有较好的稳定性、较大且各向同性的弹性性质和良好的电子输运性能;Mo_2B_2 和 Fe_2B_2 MBene 对锂离子具有较小且各向同性的迁移能量势垒和较大的理论比容量,是潜在的锂离子电池电极材料;Fe_2B_2 MBene 对析氢反应具有卓越的催化性能。本节的研究将不仅促进新型二维晶体材料 MBene 的实验制备和应用研究,同时也展示了第一性原理高通量计算对加速对新材料设计的重要作用。值得指出的是,本节的理论工作发表后,美国宾州州立大学 Raymond Schaak 教授课题组实验制备出了 MBene,且实验结果表明二维 MBene 是能够制备出来并且稳定存在的(Alameda et al.,2018)。

8.5　Ti_2CO_2 表面负载 Cu 单原子催化剂

　　尽管碳基单原子催化剂(尤其是 Fe-N-C)已被实验和理论证实为碱性介质中最有前景的氧还原反应(ORR)的电催化剂,但是它们在酸性介质的质子交换膜燃料电池中的应用仍然面临巨大挑战。本节将采用高通量第一性原理计算方法,探索 MXene 表面负载过渡金属单原子的高效 ORR 电催化剂。具体而言,首先将 3d、4d 和 5d 过渡金属单原子锚定在 Ti_2CO_2、Ti_3CNO_2 和 $Ti_3C_2O_2$ MXene 表面作为催化活性位点;然后通过高通量第一性原理计算筛选出 MXene 表面负载过渡金属单原子的高效 ORR 催化剂;并基于计算数据得出原子尺度的结构与催化活性之间的构效关系,为设计高效率的 MXene 表面负载过渡金属单原子的 ORR 电催化剂提供理论基础。

8.5.1　研究背景

为满足可持续发展的需求,质子交换膜燃料电池(PEMFC)被认为是最有前途的汽车动力源之一。其中,质子交换膜燃料电池阴极的氧还原反应(ORR, $O_2 + 4H^+ + 4e^- \Longrightarrow 2H_2O$)是至关重要的半电池反应。但是阴极的 ORR 反应速率通常非常缓慢,且严重依赖于贵金属 Pt 基催化剂,这极大地限制了质子交换膜燃料电池的实际应用。因此,设计能够替代贵金属的高效、价廉且稳定的 ORR 催化剂尤为重要。负载型非贵金属单原子催化剂在获得最大原子利用率和降低催化剂成本等方面展现出巨大优势,因而正成为非均相催化研究领域的新兴热点。负载型非贵金属单原子催化剂具有均匀的催化活性位点,有助于识别反应机理,并且对特定反应表现出较高的选择性。此外,单原子活性中心的独特电子结构和不饱和配位环境有利于改善反应中间体的吸附强度,从而提高催化活性。在负载型非贵金属单原子催化剂中,氮掺杂多孔石墨碳负载铁单原子(Fe-N-C)催化剂,已发展为碱性介质中最有前景的 ORR 催化剂之一,且其 ORR 性能优于商用 Pt/C 催化剂。然而,在酸性介质中,由于 Fe 的溶解和活性位点的减少,Fe-N-C 催化剂的性能低于Pt/C,限制了其在质子交换膜燃料电池中的应用。因此特别需要设计耐酸特性更优秀的负载型单原子催化剂,以实现高效氧还原反应。

受单原子催化剂概念的启发,本节研究将金属原子固定在二维 Ti_2CO_2、$Ti_3C_2O_2$ 和 Ti_3CNO_2 等 MXene 表面作为催化活性位点,采用第一性原理计算方法理性设计高效 ORR 催化剂,并进一步提出合理且方便的组分描述符以表征原子结构与催化活性之间的构效关系。关于 MXene 的背景,前面章节已经进行了详细介绍,此处不再赘述。简而言之,MXene 为设计高效价廉稳定的电催化剂带来了新机遇,这是因为 MXene 具有:① 出色的力学性能有助于提高催化耐久性;② 良好的金属导电性可促进电子传输;③ 优异的热导率可加速反应热的释放。此外,大量的实验和理论研究表明,MXene 表面通常会覆盖 O官能团,O 官能团有效保护了 MXene 中的金属原子,使其免于暴露于外界环境,从而增强了 MXene 的稳定性和抗氧化性,但同时也限制了 ORR 反应中间体($^*O$、$^*OH$、$^*OOH$)在其表面的吸附能力。研究者已初步尝试了将 MXene 与 $g-C_3N_4$(或 N 掺杂的石墨烯)纳米片组装以催化氧还原反应,但还有待于进一步的深入研究。另外,构建将催化活性和活性中心的本征特性关联起来的合理的描述符,对于加速新型 ORR 催化剂的设计具有重要意义。

8.5.2　计算方法与模型

本节利用自旋极化 DFT 方法进行单原子催化剂的第一性原理计算。GGA-PBE 泛函被用来描述电子交换-关联作用,具有强关联 d 电子体系的电子结构计算考虑了 DFT+U校正。例如,对于 3d 过渡金属 Ti 和 Cu,相应的 U-J 值分别设置为 2.58 和 3.87。其他计算参数设置具体见参考文献。对于 Ti_2CO_2 表面负载过渡金属单原子的模型,经初步测试发现 3×3×1 与 4×4×1 的超胞模型之间的结合能差异小于 0.01 eV,因此我们选取了 3×3×1 超胞模型来进行后续计算。此外,过渡金属单原子在 MXene 表面的扩散路径和扩散能垒是采用 NEB 方法研究的。

为了评估 MXene 表面吸附过渡金属原子的热力学稳定性,吸附物的结合能(E_b)定

义为

$$E_b = E_{tot} - E_{adsorbate} - E_{substrate} \tag{8-7}$$

其中，E_{tot}、$E_{adsorbate}$ 和 $E_{substrate}$ 分别代表优化后整个吸附体系、孤立的吸附物和 MXene 基底的总能。因此，E_b 值越负，整个吸附体系的热力学稳定性越高。此外，为了进一步研究被吸附物与基底之间的相互作用，由下式计算得出差分电荷密度 $\Delta\rho$：

$$\Delta\rho = \rho_{tot} - \rho_{adsorbate} - \rho_{substrate} \tag{8-8}$$

其中，ρ_{tot}、$\rho_{adsorbate}$ 和 $\rho_{substrate}$ 分别表示整个吸附体系和各单独部分的电荷密度。

在质子交换膜燃料电池中，阴极发生的是氧还原反应，其总反应式为 $O_2(g) + 4H^+ + 4e^- \rightarrow 2H_2O$。这个反应由四个基本步骤组成：

$$O_2(g) + H^+ + e^- + ^* \rightarrow {}^*OOH \tag{8-9}$$

$$^*OOH + H^+ + e^- \rightarrow {}^*O + H_2O(l) \tag{8-10}$$

$$^*O + H^+ + e^- \rightarrow {}^*OH \tag{8-11}$$

$$^*OH + H^+ + e^- \rightarrow H_2O(l) + ^* \tag{8-12}$$

这里的 $*$ 代表催化剂表面的活性位点，(g)和(l)分别代表气相和液相。在 $U = 0$ V 和 $p = 1$ bar 的条件下，在可逆氢电极(reversible hydrogen electrode，RHE)模型下，可以将质子-电子对($H^+ + e^-$)的化学势替换为氢分子化学势的一半，即 $\mu(H^+ + e^-) = 0.5\mu(H_2)$。根据化学势的定义 $\mu = E + ZPE - T \times S$，其中 E 为 DFT 计算的系统总能，ZPE 是零点能，S 是在 298 K 时的熵。ORR 中间体的吸附自由能(ΔG_{*OOH}、ΔG_{*O} 和 ΔG_{*OH})可以根据下述公式计算得出。

$$\begin{aligned}
\Delta G_{*OOH} &= \Delta G(2H_2O(g) + {}^* \longrightarrow {}^*OOH + 1.5H_2(g)) = \mu_{*OOH} + 1.5\mu_{H_2} - 2\mu_{H_2O} - \mu_* \\
&= (E_{*OOH} + 1.5E_{H_2O} - E_*) + (ZPE_{*OOH} + 1.5ZPE_{H_2} - 2ZPE_{H_2O} - ZPE_*) \\
&\quad - T(S_{*OOH} + 1.5S_{H_2} - S_*)
\end{aligned} \tag{8-13}$$

$$\begin{aligned}
\Delta G_{*O} &= \Delta G(H_2O(g) + {}^* \longrightarrow {}^*O + H_2(g)) = \mu_{*O} + \mu_{H_2} - \mu_{H_2O} - \mu_* \\
&= (E_{*O} + E_{H_2} - E_{H_2O} - E_*) + (ZPE_{*O} + ZPE_{H_2} - ZPE_{H_2O} - ZPE_*) \\
&\quad - T(S_{*O} + S_{H_2} - S_{H_2O} - S_*)
\end{aligned} \tag{8-14}$$

$$\begin{aligned}
\Delta G_{*OH} &= \Delta G(H_2O(g) + {}^* \longrightarrow {}^*OH + 0.5H_2(g)) = \mu_{*OH} + 0.5\mu_{H_2} - \mu_{H_2O} - \mu_* \\
&= (E_{*OH} + 0.5E_{H_2} - E_{H_2O} - E_*) + (ZPE_{*OH} + 0.5ZPE_{H_2} - ZPE_{H_2O} - ZPE_*) \\
&\quad - T(S_{*OH} + 0.5S_{H_2} - S_{H_2O} - S_*)
\end{aligned} \tag{8-15}$$

每种吸附物和气态分子的 ZPE 可以通过振动频率计算得出，载体的 ZPE 可以忽略不计。值得注意的是，对于在不同载体上的相同吸附物，ZPE 具有相近的值。自由分子的熵值可以从标准热力学表中获取，而吸附物和载体的熵可被忽略。此外，由于 DFT 计算易于处理气相 H_2O 和 H_2，因此在自由能推导过程中，气相 H_2O 和 H_2 被用作参考态。相比之下，DFT 计算不能被很好地描述 O_2 的高自旋基态，因此 $O_2(g)$ 的自由能根据公式 $G_{*O_2} = $

$2G_{\mathrm{H_2O(l)}} - 2G_{\mathrm{H_2}} + 4.92 \text{ eV}$ 计算得到。$\mathrm{OH^-}$ 的自由能通过公式 $G_{*\mathrm{OH^-}} = G_{\mathrm{H_2O(l)}} - G_{\mathrm{H^+}}$ 计算得出。气态 $\mathrm{H_2O(g)}$ 的自由能是在 0.035 bar 下计算得到的,这是因为在 298 K 时 0.035 bar 是 $\mathrm{H_2O}$ 的平衡压力。在此状态下,气态 $\mathrm{H_2O(g)}$ 的自由能等于液态 $\mathrm{H_2O(l)}$ 的自由能。

从初态到末态化学反应的自由能变化定义为

$$\Delta G = \Delta E + \Delta ZPE - T\Delta S + \Delta G_{\mathrm{pH}} + \Delta G_U \tag{8-16}$$

其中,ΔE 是 DFT 计算的反应物和产物的总能变化。ΔZPE 和 ΔS 分别是反应引起的零点能和熵的变化。表 8-13 列出了本节所涉及体系的 DFT 总能(E_{tot})、零点能量(ZPE)和熵($T\times S, T = 298.15$ K)。$\Delta G_{\mathrm{pH}} = -kT\ln[\mathrm{H^+}] = kT\ln 10 \times \mathrm{pH}$,源于电解液中 pH 的影响。$\Delta G_U = -neU$,$U$ 是施加的电极电势,n 是转移的电子数。因此 ORR 四个基本步骤的反应自由能(ΔG_1、ΔG_2、ΔG_3 和 ΔG_4)最终可以由以下 4 个公式推导得到:

$$\begin{aligned}
\Delta G_1 &= \mu_{*\mathrm{OOH}} + \mu_{\mathrm{OH^-}} - \mu_{\mathrm{H_2O}} - \mu_* - \mu_{\mathrm{O_2}} - \mu_{\mathrm{e^-}} \\
&= \mu_{*\mathrm{OOH}} + (\mu_{\mathrm{H_2O}} - \mu_{\mathrm{H^+}}) - \mu_{\mathrm{H_2O}} - \mu_* - (2\mu_{\mathrm{H_2O}} - 2\mu_{\mathrm{H_2}} + 4\times 1.23) - \mu_{\mathrm{e^-}} \\
&= \mu_{*\mathrm{OOH}} + 1.5\mu_{\mathrm{H_2}} - 2\mu_{\mathrm{H_2O}} - \mu_* - 4.92 = \Delta G_{*\mathrm{OOH}} - 4.92
\end{aligned} \tag{8-17}$$

$$\begin{aligned}
\Delta G_2 &= \mu_{\mathrm{O}*} + \mu_{\mathrm{OH^-}} - \mu_{*\mathrm{OOH}} - \mu_{\mathrm{e^-}} \\
&= \mu_{*\mathrm{O}} + (\mu_{\mathrm{H_2O}} - \mu_{\mathrm{H^+}}) - \mu_{*\mathrm{OOH}} - \mu_{\mathrm{e^-}} = \mu_{*\mathrm{O}} + \mu_{\mathrm{H_2O}} - 0.5\mu_{\mathrm{H_2}} - \mu_{*\mathrm{OOH}} \\
&= (\mu_{*\mathrm{O}} + \mu_{\mathrm{H_2}} - \mu_{\mathrm{H_2O}} - \mu_*) - (\mu_{*\mathrm{OOH}} + 1.5\mu_{\mathrm{H_2}} - 2\mu_{\mathrm{H_2O}} - \mu_*) \\
&= \Delta G_{*\mathrm{O}} - \Delta G_{*\mathrm{OOH}}
\end{aligned} \tag{8-18}$$

$$\begin{aligned}
\Delta G_3 &= \mu_{*\mathrm{OH}} + \mu_{\mathrm{OH^-}} - \mu_{*\mathrm{O}} - \mu_{\mathrm{H_2O}} - \mu_{\mathrm{e^-}} \\
&= \mu_{*\mathrm{OH}} + (\mu_{\mathrm{H_2O}} - \mu_{\mathrm{H^+}}) - \mu_{\mathrm{O}*} - \mu_{\mathrm{H_2O}} - \mu_{\mathrm{e^-}} = \mu_{*\mathrm{OH}} - 0.5\mu_{\mathrm{H_2}} - \mu_{*\mathrm{O}} \\
&= (\mu_{*\mathrm{OH}} + 0.5\mu_{\mathrm{H_2}} - \mu_{\mathrm{H_2O}} - \mu_*) - (\mu_{*\mathrm{O}} + \mu_{\mathrm{H_2}} - \mu_{\mathrm{H_2O}} - \mu_*) \\
&= \Delta G_{*\mathrm{OH}} - \Delta G_{*\mathrm{O}}
\end{aligned} \tag{8-19}$$

$$\begin{aligned}
\Delta G_4 &= \mu_{\mathrm{OH^-}} + \mu_* - \mu_{*\mathrm{OH}} - \mu_{\mathrm{e^-}} = (\mu_{\mathrm{H_2O}} - \mu_{\mathrm{H^+}}) + \mu_* - \mu_{*\mathrm{OH}} - \mu_{\mathrm{e^-}} \\
&= \mu_{\mathrm{H_2O}} - 0.5\mu_{\mathrm{H_2}} + \mu_* - \mu_{*\mathrm{OH}} = -(\mu_{*\mathrm{OH}} + 0.5\mu_{\mathrm{H_2}} - \mu_{\mathrm{H_2O}} - \mu_*) \\
&= -\Delta G_{*\mathrm{OH}}
\end{aligned} \tag{8-20}$$

表 8-13　自由分子和 ORR 中间体的 DFT 计算总能(E_{tot})、零点能(ZPE)校正和熵($T\times S, T = 298.15$ K)

种　类	E_{tot}/eV	ZPE/eV	$T\times S$/eV
$\mathrm{H_2O}$	−14.220	0.569	0.670
$\mathrm{H_2}$	−6.770	0.273	0.404
$\mathrm{O_2}$	−9.857	0.098	0.634
$^*\mathrm{O_2}$	—	0.160	—
$^*\mathrm{O}$	—	0.070	—
$^*\mathrm{OH}$	—	0.360	—
$^*\mathrm{OOH}$	—	0.420	—

注:对于相同的吸附物,ZPE 取相同的值,这是因为在即使不同载体上它们也具有相当接近的值。

8.5.3　模型结构和 O₂ 活化

本节首先研究 MXene 负载单原子催化剂的原子构型。对于表面覆盖 O 官能团的 Ti_2C、Ti_3C_2 和 Ti_3CN，即 Ti_2CO_2、$Ti_3C_2O_2$ 和 Ti_3CNO_2，作为 MXene 的代表性材料体系，它们已被广泛研究，其最稳定的构型如图 8-32(a)所示。这里将 3d、4d 和 5d 过渡金属单原子锚定在这三种典型 MXene 表面(记为 M-MXene)作为 ORR 活性位点，并测试了三种可能的金属原子锚定位置。为了简化起见，这里以 Ti_2CO_2 表面负载 Cu 单原子(Cu-Ti_2CO_2)为例，确定金属原子锚定构型和 O₂ 吸附构型。如图 8-32(b)所示，由于 Cu 原子锚定在 Ti_2CO_2 表面的 fcc 位置时体系具有最负的总能，因此 fcc 位置被确定为 MXene 表面锚定金属原子的最佳位点。然后，为评估 Cu 活性位点捕获反应物的能力，我们评估了 O₂ 与 Cu-Ti_2CO_2 之间的相互作用。图 8-32(c)展示了 O₂ 吸附在 MXene 表面的最佳构型(即最负的体系总能)，计算得出其结合能 E_b 为 -0.79 eV，负值表示吸附是自发的放热过程，表明从热力学上 O₂ 很容易吸附在 Cu 原子上。值得注意的是，结构优化后，吸附 O₂ 的 O-O 键长从初始的 1.23 Å 变为 1.28 Å，这与 Fe-N-C 单原子催化剂 Fe 位点上吸附 O₂ 的 O-O 键长相当(1.29 Å)，表明 Cu-Ti_2CO_2 的 Cu 活性位点可以有效吸附并活化 O₂。

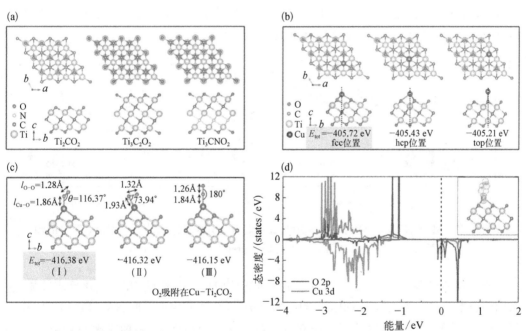

图 8-32　(a) 三种典型 MXene(Ti_2CO_2、$Ti_3C_2O_2$、Ti_3CNO_2)的结构模型；(b) Ti_2CO_2 表面负载 Cu 单原子的构型与系统总能；(c) O₂ 在 Cu-Ti_2CO_2 表面的吸附构型与系统总能，其中粉色背景标记的是优化后最佳吸附构型的总能(E_{tot})；(d) O₂ 吸附的投影态密度和差分电荷密度(插图)，费米能级设置在 0 eV，插图中黄色和青色分别表示电荷的累积和耗尽，其中等值面设置为 0.0025 e/Bohr³

为了从原子尺度上揭示 O₂ 的活化机理，这里又研究了 O₂ 吸附后体系的态密度和差分电荷密度。如图 8-32(d)所示，在费米能级以下 -3~-1 eV 的价带区域，吸附 O₂ 的 2p 轨道与活性位点 Cu 的 3d 轨道之间有明显的轨道杂化，表明 Cu 与吸附 O 之间有较强的相互作用。此外,由图 8-32(d)中插图的差分电荷密度可以清楚地看到,O_2 从 Cu 活性位点获得了电子,从而可以促进后续的 ORR 进程。

8.5.4 结构与催化活性之间的构效关系

对于给定构型的 MXene 负载单原子催化剂,为了快速评估它们的催化性能,这里设计了一个简便的描述符来阐明原子结构与活性之间的关系。尽管 ORR 反应中间体的吸附自由能(ΔG_{*O}、ΔG_{*OH}、ΔG_{*OOH})与催化活性密切相关,但是通过吸附-活性关系将它们调至最优值是极具挑战的,这是因为在实际电催化条件下很难准确测量中间体的吸附强度。因此,阐明催化活性中心的本征性质并设计描述符以关联 ORR 中间体吸附强度(尤其是 ΔG_{*O})至关重要。ΔG_{*O} 是 ORR 活性判断的常用能量描述符,与 ΔG_{*OH} 和 ΔG_{*OOH} 相比,ΔG_{*O} 相对容易计算。据报道,过渡金属的价电子数($\varphi_M^{anchored}$)是影响 ΔG_{*O} 的关键因素,但不是唯一的影响因素。此外,吸附的 O 原子(χ_O^{ads})与锚定的金属原子($\varphi_M^{anchored}$)之间的电负性差(即 $\chi_O^{ads}/\chi_M^{ads}$)越大,它们的相互作用就越强,相应的 ΔG_{*O} 就越负。综合以上两个因素,这里先尝试用组分描述符 $\varphi_M^{anchored} \times \chi_O^{ads}/\chi_M^{anchored}$ 将 ΔG_{*O} 与催化剂活性中心的本征性质关联起来。图 8-33(a)展示了描述符 $\varphi_M^{anchored} \times \chi_O^{ads}/\chi_M^{anchored}$ 与 M-Ti_2CO_2 表面 O 中间体吸附自由能 ΔG_{*O} 的关系。从图中线性拟合的情况可以看出,ΔG_{*O} 数据点的分布比较分散,这表明 $\varphi_M^{anchored} \times \chi_O^{ads}/\chi_M^{anchored}$ 不是好的描述符。

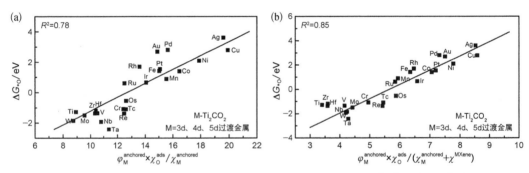

图 8-33　M-Ti_2CO_2 上 *O 的吸附自由能(ΔG_{*O})与组分描述符 $\varphi_M^{anchored} \times \chi_O^{ads}/\chi_M^{anchored}$(a)和 $\varphi_M^{anchored} \times \chi_O^{ads}/(\chi_M^{anchored} + \chi_M^{anchored})$(b)的分布图

金属单原子与不同 MXene 基底之间的协同效应可能会影响 ORR 催化反应性能,这是因为合适的基底将有利于 ORR 过程中的电子转移,从而促进中间体的吸附和反应动力学。因此,我们可以将金属单原子与支撑基底一起作为活性中心,即考虑 MXene 的平均元素电负性,上述组分描述符可以改进如下:

$$\xi = \varphi_M^{anchored} \times \frac{\chi_O^{ads}}{\chi_M^{anchored} + \chi^{MXene}} \qquad (8-21)$$

其中,MXene 基底的平均元素电负性定义为

$$\chi^{MXene} = \frac{n_M^{MXene} \times \chi_M^{MXene} + n_{C(or\,N)}^{MXene} \times \chi_{C(or\,N)}^{MXene} + n_O^{MXene} \times \chi_O^{MXene}}{n_M^{MXene} + n_{C(or\,N)}^{MXene} + n_O^{MXene}} \qquad (8-22)$$

这里 $n_{\mathrm{M}}^{\mathrm{MXene}}$、$n_{\mathrm{C\,(or\,N)}}^{\mathrm{MXene}}$ 和 $n_{\mathrm{O}}^{\mathrm{MXene}}$ 分别代表 MXene 基底中金属元素、C 元素和 O 元素的原子个数；$\chi_{\mathrm{M}}^{\mathrm{MXene}}$、$\chi_{\mathrm{MC\,(or\,N)}}^{\mathrm{MXene}}$ 和 $\chi_{\mathrm{O}}^{\mathrm{MXene}}$ 则代表相应的元素电负性,这些参数都是周期表中元素的基本参数,很容易获取。由图 8-33(b) 可以看到,改进后的描述符能更好地体现与 $\Delta G_{*\mathrm{O}}$ 的关联,两者之间呈更好的线性关系。

为进一步评估这个描述符的有效性,我们通过增加 MXene 基底的原子层厚度(即 $\mathrm{Ti_2CO_2}\longrightarrow\mathrm{Ti_3C_2O_2}$)和改变基底的组成元素(即 $\mathrm{Ti_3C_2O_2}\longrightarrow\mathrm{Ti_3CNO_2}$)来研究这些体系中 $\Delta G_{*\mathrm{O}}$、$\Delta G_{*\mathrm{OH}}$ 和 $\Delta G_{*\mathrm{OOH}}$ 与组分描述符 ξ 之间的关系图,结果示于图 8-34 (a)~(c)可见,与 M-$\mathrm{Ti_2CO_2}$ 的情况类似,对于 M-$\mathrm{Ti_3C_2O_2}$ 和 M-$\mathrm{Ti_3CNO_2}$,其 $\Delta G_{*\mathrm{O}}$ 和 $\Delta G_{*\mathrm{OH}}$ 与描述符 ξ 也呈现近似线性的关系。尽管由于 $^*\mathrm{OOH}$ 的原子结构复杂,$\Delta G_{*\mathrm{OOH}}$ 的数据分布相对描述符比较分散,但总体来说其拟合曲线也近似线性关系。总之,这些 ORR 中间体的吸附自由能 $\Delta G_{*\mathrm{O}}$、$\Delta G_{*\mathrm{OH}}$ 和 $\Delta G_{*\mathrm{OOH}}$ 与组分描述符 ξ 密切相关,它们之间近乎线性的关系表明增加 ξ 对应着 ORR 中间体吸附强度的降低。根据 ξ 的表达式,在 MXene 表面负载同一周期的过渡金属原子时,较高的 ξ 值主要归因于更多的价电子数和更大的元素电负性,这些本征性质决定了被吸附物与催化位点之间较弱的相互作用,反之亦然。最后,综合上述结果可以得出,式(8-21)是描述 $\Delta G_{*\mathrm{O}}$、$\Delta G_{*\mathrm{OH}}$ 和 $\Delta G_{*\mathrm{OOH}}$ 变化趋势的有效表达式,且可以将 ORR 催化活性与活性中心的本征性质关联起来,这为快速评估单原子催化剂的催化活性和设计高效 ORR 催化剂提供了重要理论基础。

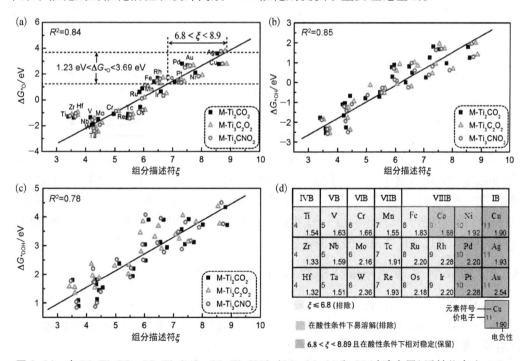

图 8-34　在 M-$\mathrm{Ti_2CO_2}$、M-$\mathrm{Ti_3C_2O_2}$、M-$\mathrm{Ti_3CNO_2}$(M = 3d、4d 和 5d 过渡金属)活性位点上 $\Delta G_{*\mathrm{O}}$ (a)、$\Delta G_{*\mathrm{OH}}$(b)和 $\Delta G_{*\mathrm{OOH}}$(c)相对于组分描述符 ξ 的分布图;(d)组分描述符里采用的价电子数和元素负电性等参数,其中橙色区域表示用描述符筛选出来的 ORR 催化剂

根据 Sabatier 原理,当中间体吸附强度适中时,活性中心将具有最佳的催化活性,即合适的吸附强度不仅可以促进反应物活化,还可促进产物脱附。因此,在设计优异 ORR 催化剂时,确定 ΔG_{*O} 的适合范围是非常重要的。对于酸性介质中的理想 ORR 催化剂,在零电势下($U=0$ V),四个电子转移步骤的反应自由能应该相同,即 4.92 V/4 = 1.23 V *vs.* RHE(可逆氢电极)。因此,ΔG_{*OOH}、ΔG_{*O} 和 ΔG_{*OH} 的理想值应该分别为 3.69 eV、2.46 eV 和 1.23 eV。此外,对于自发的 ORR 反应,在 $U=0$ V 的自由能图中,所有电子转移步骤都应该是能量下降的。这意味着 ΔG_{*O} 应该位于 ΔG_{*OOH} 和 ΔG_{*OH} 之间。基于此,对于设计潜在的 ORR 催化剂,初始筛选标准应该确定为 1.23 eV$<\Delta G_{*O}<$3.69 eV(pH=0 和 $U=0$ V *vs.* RHE)。这个标准可以通过文献报道的 ORR 催化剂的数据(表 8-14)得以验证,其中,Pt(111)催化剂的 ΔG_{*O} 为 1.62 eV;显然,表 8-14 中 ΔG_{*O} 的数据均符合 1.23 eV $<\Delta G_{*O}<$ 3.69 eV 的条件。对于 MXene 负载过渡金属单原子催化剂,根据 8-34(a),在 1.23 eV$<\Delta G_{*O}<$3.69 eV 范围内的组分描述符为 6.8$<\xi<$8.9,因此这个标准可以用来快速评估和筛选有应用前景的 MXene 基 ORR 催化剂。此外,尽管负载 Co 和 Ni 时的 ξ 值大于 6.8,符合筛选标准,但是它们在酸性条件下很容易被溶解掉。而负载非贵金属 Cu 和贵金属 Pd、Ag、Pt 和 Au 的材料体系都同时满足 6.8$<\xi<$8.9 和耐酸性的双重标准[图 8-34(d)中橘色涵盖的元素],因此它们是初步筛选出的可用于酸性 PEMFC 的潜在 ORR 催化剂。

表 8-14　文献中具有与商业 Pt/C 相媲美的 ORR 催化剂的 *O 吸附自由能

体　　系	ΔG_{*O}/eV	文　　献
Pt(111)	1.62	Xu et al., 2018
Fe-Pc	1.88	Wang et al., 2015
PtTe	1.89	Wang et al., 2018
Fe-pyridine-N_4-C	1.90	Xu et al., 2018
Co-pyridine-N_4-C	2.59	Xu et al., 2018
Fe-pyrrole-N_4-C	2.05	Xu et al., 2018
Tc-pyrrole-N_4-C	1.73	Xu et al., 2018
Os-pyrrole-N_4-C	2.31	Xu et al., 2018

值得一提的是,不同于常用的能量描述符或 d 带中心,本节研究提出的描述符所需参数(如组成元素的价电子数和元素电负性)可以方便地从元素周期表中读取,这也是这种描述符的一大优势。上述这些重要的本征性质参数总结于图 8-34(d)中。这种简便的组分描述符可以扩展到其他不同组分的 MXene 材料或其他类型的电催化剂,可以为实验设计高效 ORR 催化剂提供重要的方向指导。

8.5.5　MXene 基单原子催化剂的 ORR 活性评估

接下来针对上面筛选出来的 MXene 负载 Cu、Pd、Ag、Pt、Au 的单原子催化剂,全面评估它们的 ORR 催化活性。通常,在酸性介质中氧还原反应有两种可能的反应机理,即缔合路径[方程式(8-23)]和解离路径[方程式(8-24)]:

$$O_2 \longrightarrow {}^*O_2 \longrightarrow {}^*OOH \longrightarrow {}^*O + H_2O \ (or \ H_2O_2) \longrightarrow {}^*OH + H_2O \longrightarrow 2H_2O$$

$$(8-23)$$

$$O_2 \longrightarrow {}^*O_2 \longrightarrow {}^*O + {}^*O \longrightarrow {}^*O + {}^*OH \longrightarrow {}^*O + H_2O \ (or \ H_2O_2)$$
$$\longrightarrow {}^*OH + H_2O \longrightarrow 2H_2O$$
$$(8-24)$$

其中 ＊表示催化活性位点。这里为更清楚直观起见,上式中都省略了质子和电子。由方程式(8-23)和方程式(8-24)可见,氧还原反应的机理取决于活性位点上吸附的 O_2 分子能否解离为两个单独的 O 原子:如果可以,就是解离途径,否则就是缔合途径。通过计算 O_2 分子在 $Cu-Ti_2CO_2$ 和 $Ti-Ti_2CO_2$ 表面上的解离能垒,得出所吸附的 O_2 分子分解为两个独立 O 原子需要克服的能垒分别为 3.02 eV 和 1.26 eV,都远远高于在 Pt(111) 表面(0.48 eV) 和 MnN_4 表面(0.51 eV) 上 O_2 的解离能垒。这表明不同于 Pt(111) 表面上 O_2 的解离路径,在 M-MXene 表面上,解离的 ORR 路径是不可行的。这种 ORR 反应机理的不同可能归因于 Pt(111) 表面上存在很多相邻的可容纳解离 O 原子的 Pt 活性位点,而在 $Cu-Ti_2CO_2$ 表面,Cu 位点附近没有可容纳解离 O 原子的额外活性位点。因此,下面采用缔合路径(即非解离路径)来探索优异的 MXene 基 ORR 催化剂。图 8-35(a) 展示了 PEMFC 中氧还原反应 $[O_2(g) + 4H^+ + 4e^- \longrightarrow 2H_2O]$ 的四电子(4e)缔合路径,它由四个基元步骤组成。根据缔合的 ORR 路径,计算得出每个基元反应的反应自由能 $\Delta G_i(i=1,2,3,4)$,结果总结于表 8-15 中。可见,对于筛选出的 MXene 表面负载 Cu、Pd、Ag、Pt、Au 的单原子催化剂,其 ΔG_i 均小于零,表明在这些催化剂表面,氧还原反应的所有电子转移步骤都是放热的。以 $Cu-Ti_2CO_2$ 的 ORR 自由能图为例[图 8-35(b)],各基元反应在零电势($U_{RHE}=0$ V)下呈现下坡状态。从热力学角度看,在这些催化剂表面,ORR 的各个基元反应是可以自发进行的。

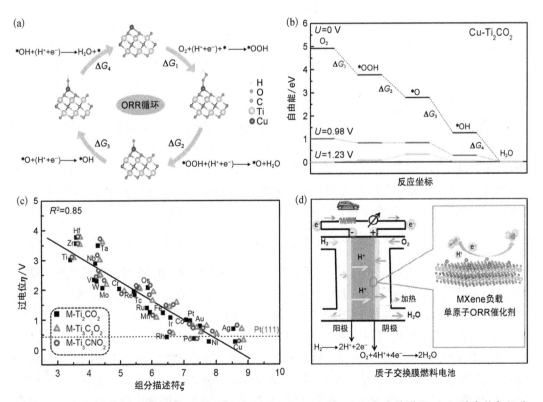

图 8-35　(a) 四电子的 ORR 机理示意图;(b) $Cu-Ti_2CO_2$ 上的 ORR 自由能谱图;(c) 过电位与组分描述符 ξ 的关系,其中水平虚线表示 Pt(111) 的过电位(0.43 V);(d) MXene 负载的单原子催化剂催化质子交换膜燃料电池阴极中氧还原反应的示意图

表 8-15　中间体吸附自由能 ΔG_{*OOH}、ΔG_{*O}、ΔG_{*OH} 和各基元反应的
反应自由能 ΔG_1、ΔG_2、ΔG_3、ΔG_4 以及 ORR 过电位 η

活性中心	$\Delta G_{*OOH}/$ eV	$\Delta G_{*O}/$ eV	$\Delta G_{*OH}/$ eV	$\Delta G_1/$ eV	$\Delta G_2/$ eV	$\Delta G_3/$ eV	$\Delta G_4/$ eV	$\eta/$ (V vs. RHE)
理想的	3.69	2.46	1.23	−1.23	−1.23	−1.23	−1.23	0
Pt/C[Ref1]	—	—	—	—	—	—	—	0.40
Pt(111)[Ref2]	4.10	1.62	0.80	−0.82	−2.48	−0.82	−0.80	0.43
Cu-Ti$_2$CO$_2$	3.76	2.78	1.25	−1.16	−0.98	−1.53	−1.25	0.25
Pd-Ti$_2$CO$_2$	4.05	2.80	1.81	−0.87	−1.25	−0.99	−1.81	0.36
Ag-Ti$_2$CO$_2$	4.37	3.60	1.79	−0.55	−0.78	−1.81	−1.79	0.68
Pt-Ti$_2$CO$_2$	3.28	1.53	1.26	−1.64	−1.75	−0.27	−1.26	0.96
Au-Ti$_2$CO$_2$	3.14	2.69	1.68	−1.78	−0.45	−1.01	−1.68	0.78
Cu-Ti$_3$C$_2$O$_2$	3.72	2.79	1.42	−1.20	−0.93	−1.37	−1.42	0.30
Pd-Ti$_3$C$_2$O$_2$	3.91	2.59	1.95	−1.01	−1.32	−0.64	−1.95	0.59
Ag-Ti$_3$C$_2$O$_2$	4.34	3.79	2.00	−0.58	−0.54	−1.79	−2.00	0.69
Pt-Ti$_3$C$_2$O$_2$	3.04	1.44	0.94	−1.88	−1.61	−0.49	−0.94	0.74
Au-Ti$_3$C$_2$O$_2$	3.12	2.69	1.71	−1.80	−0.43	−0.97	−1.71	0.80
Cu-Ti$_3$CNO$_2$	3.76	2.81	1.30	−1.16	−0.95	−1.51	−1.30	0.28
Pd-Ti$_3$CNO$_2$	3.81	2.50	1.64	−1.11	−1.31	−0.87	−1.64	0.36
Ag-Ti$_3$CNO$_2$	4.50	3.76	1.96	−0.42	−0.74	−1.80	−1.96	0.81
Pt-Ti$_3$CNO$_2$	2.88	1.33	0.81	−2.04	−1.55	−0.51	−0.81	0.72
Au-Ti$_3$CNO$_2$	3.17	2.66	1.70	−1.75	−0.52	−0.96	−1.70	0.71

注：Ref1 来自 Chen et al., 2018；Ref2 来自 Nørskov et al., 2004。

此外,从图 8-35(b)中还可以得出 ORR 的速率限制步骤。根据 Sabatier 理论分析, 基元反应的活化能与反应自由能呈线性关系,因此,ORR 限速步骤由最正的反应自由能决定,这对应着自由能图上具有最小间距($\min\{|\Delta G_1, \Delta G_2, \Delta G_3, \Delta G_4|\}$)的步骤。就 Cu-Ti$_2CO_2$ 催化剂而言,其 ORR 限速步骤是从 *OOH 到 *O(ΔG_2),相应的间距值是 0.98 eV。ORR 过电位 η 等于理想值 1.23 减去这个最小间距值,即

$$\eta = 1.23 - \min\{|\Delta G_1, \Delta G_2, \Delta G_3, \Delta G_4|\}/e \tag{8-25}$$

图 8-35(c)总结了 Ti$_2$CO$_2$、Ti$_3$C$_2$O$_2$ 和 Ti$_3$CNO$_2$ 表面负载 3d、4d 和 5d 过渡金属单原子催化剂的 ORR 过电位。有趣的是,过电位与组分描述符 ξ 也呈现近乎线性的关系,进一步表明这种描述符可以有效地将 ORR 活性与活性中心的本征性质关联起来,也更清楚地表征了 MXene 基单原子催化剂的构效关系。其中,非贵金属 Cu 单原子催化剂锚定在 Ti$_2$CO$_2$、Ti$_3$C$_2$O$_2$、Ti$_3$CNO$_2$ 表面上的过电位分别为 0.25 V、0.30 V 和 0.28 V,都低于相同配位环境中的贵金属 Pd、Ag、Pt、Au 单原子催化剂[图 8-35(c),表 8-15]。值得一提的是,与商用 Pt/C 催化剂(过电位 η 为 0.4 V)相比,MXene 负载 Cu 单原子催化剂(Cu-MXene)的过电位(0.25~0.3 V)更低,PEMFC 阴极的氧还原反应非常需要这种具有超低过电位和四电子路径选择性的 ORR 催化剂。综上可见,MXene 负载 Cu 单原子催化剂是高效催化氧还原

的潜在催化剂,其在 PEMFC 中的应用如图 8-35(d)所示。

　　下面通过计算和分析电子结构性质来理解 Ti_2CO_2 基底与 Cu 单原子催化剂的协同催化效应。图 8-36(a) 和(b)展示了 Ti_2CO_2 的态密度和电子局域函数,显然,未负载 Cu 原子时,Ti_2CO_2 是带隙为 0.57 eV 的半导体,这与文献中使用与本节相同方法 DFT+U 计算的结果(0.56 eV)非常吻合;Ti_2CO_2 的半导体性源于 Ti 原子周围原本巡游的 d 电子被表面 O 原子饱和而形成了 Ti-O 键[图 8-36(b)]。将 Cu 单原子锚定在 Ti_2CO_2 表面($Cu-Ti_2CO_2$)后,Cu 3d 轨道和 O 2p 轨道发生了明显的杂化,如图 8-36(c)中的态密度所示;并且 $Cu-Ti_2CO_2$ 展现出金属导电性,费米能级处的电子态主要来自 Ti 3d 和 O 2p 轨道的贡献。$Cu-Ti_2CO_2$ 的金属导电性使得电荷易于迁移到活性位点而驱动氧化还原反应。再由图 8-36(d)中 $Cu-Ti_2CO_2$ 的电子局域函数可以看出,表面锚定 Cu 原子没有显著影响 Ti_2CO_2 的电子局域函数分布,但 Cu 原子周围呈现严重缺失电子的状态,Cu 与 O 之间的电子局域函数值仅为约 0.1,这表明 Cu 与 O 原子之间形成了离子键作用。为了进一步确认这一点,需要计算并分析 $Cu-Ti_2CO_2$ 的差分电荷密度,计算结果示于图 8-36(e)。从图中可以清楚地看到,Cu 原子周围严重缺失电荷,而其近邻的 O 原子周围则呈现大量电荷累积的状态,表明电荷从 Cu 原子转移到邻近的 O 原子上,形成了较强的 Cu-O 离子键,而这种强相互作用有助于 Cu 单原子稳定地锚定在 Ti_2CO_2 表面上。总体而言,MXene 负载 Cu 单原子催化剂的优异 ORR 活性源自反应中间体合适的吸附强度和显著的表面电荷转移。

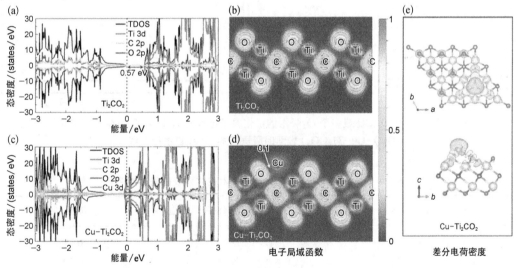

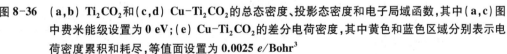

图 8-36　(a,b) Ti_2CO_2 和(c,d) $Cu-Ti_2CO_2$ 的总态密度、投影态密度和电子局域函数,其中(a,c)图中费米能级设置为 0 eV;(e) $Cu-Ti_2CO_2$ 的差分电荷密度,其中黄色和蓝色区域分别表示电荷密度累积和耗尽,等值面设置为 0.0025 $e/Bohr^3$

　　另外,考虑到实际应用环境中可能还存在其他小分子,例如 H_2O、CO 或多个 O_2 被吸附在 MXene 表面而对 Cu 位点的催化活性产生影响,下面阐明这些小分子吸附的影响。H_2O、CO 或多个 O_2 等小分子吸附在 $Cu-Ti_2CO_2$ 表面的原子结构构型(优化后的)示于图 8-37(a),相应计算的结合能总结于表 8-16 中。通过比较这些分子在 $Cu-Ti_2CO_2$ 表面的结合能,可以看到,Cu 原子对 H_2O 和 O_2 分子展现出相近的吸附能力。由图 8-37(b)中的 ORR 自由能图可见,当 H_2O 吸附在 $Cu-Ti_2CO_2$ 表面时,ORR 的四个基元步骤仍然可以在零电势下自发进行($\Delta G_i < 0$),其中电势确定步骤是从 O_2 到 $^*OOH$,对应的 $U = 0.70\ V$。虽然该限制电势低于 O_2 吸附在 $Cu-Ti_2CO_2$ 表面的值($U = 0.98\ V$),但与铁-酞菁单层催化剂(Fe-Pc,$U = 0.68\ V$)相当。铁-酞菁是理论报道的一种在燃料电池中具有良好应用前景的 ORR 催化剂。总之,H_2O 分子的吸附会稍微降低 Cu 位点的 ORR 活性,但是影响并不显著。因此,保持 $Cu-Ti_2CO_2$ 良好催化性能的有效措施是及时释放 ORR 的最终产物水。而对于多个 O_2 分子吸附在 Cu 位点的情况[图 8-37(a)],由表 8-16 中的计算数据可以发现,Cu 原子吸附第二个 O_2 分子的结合能极大降低(接近于零),表明每个 Cu 位点都倾向于一个个地吸附和活化 O_2 分子,而不能同时吸附和活化多个 O_2 分子。另外,需要特别注意的是,由于 CO 和 Cu 之间有很强的相互作用($E_b = -1.55\ eV$),吸附 CO 后将显著降低反应物 O_2 的吸附能力($E_b = 0.06\ eV$),从而导致 Cu 位点失去催化活性,因此,还应该尽可能除掉 ORR 反应物中的 CO。最近的一项实验研究表明,CO 可以通过优先氧化反应而选择性地被 100% 完全去除。

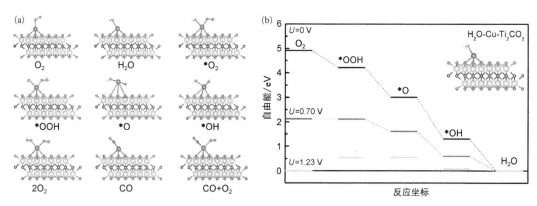

图 8-37　(a) H_2O、CO 或多个 O_2 吸附的优化原子结构;(b) H_2O 吸附在 $Cu-Ti_2CO_2$
($H_2O-Cu-Ti_2CO_2$)表面时所进行的 ORR 自由能曲线

表 8-16　H_2O、CO 和 O_2 等小分子吸附在体系表面时的结合能

体　系	吸附分子	结合能 E_b/eV
$Cu-Ti_2CO_2$	O_2	-0.79
	H_2O	-0.82
	CO	-1.55
$H_2O-Cu-Ti_2CO_2$	O_2	-0.35
$CO-Cu-Ti_2CO_2$	O_2	0.06
$O_2-Cu-Ti_2CO_2$	O_2	-0.05
	H_2O	-0.37
	CO	-0.69

8.5.6　过渡金属原子锚定在 MXene 表面的稳定性及扩散行为

单原子催化剂在酸性介质中的稳定性同样是至关重要的。为了评估过渡金属单原子锚定在 MXene 表面的热力学稳定性,这里计算了其结合能 E_b,如图 8-38(a)所示,其中横坐标为金属原子的价电子数,用以展示结合能的周期性特征。由图 8-38(a)可以清楚地看到,几乎所有体系的结合能均为负值;从热力学的角度,结合能为负值表明过渡金属原子锚定在 MXene 表面是稳定的。Au 锚定在 MXene 表面的结合能最小,几乎为零;而同一主族的 Cu 单原子锚定在 Ti_2CO_2(Cu-Ti_2CO_2)表面时,其结合能达到-1.64 eV,表明从热力学 Cu 原子锚定在 Ti_2CO_2 是很稳定的。另外,我们又采用第一性原理分子动力学模拟进一步验证了 Cu-Ti_2CO_2 在室温下的热稳定性。使用第一性原理分子动力学将 Cu-Ti_2CO_2 在 300 K 下退火 10 ps,由图 8-38(b)可见,退火过程中 Cu-Ti_2CO_2 的总能随时间只有微小的波动,且其体系的二维平面网络仍然完好,没有观察到晶格相变,展现出良好的热稳定性。

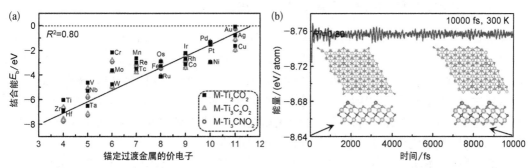

图 8-38　(a) M-Ti_2CO_2、M-$Ti_3C_2O_2$ 和 M-Ti_3CNO_2 的结合能 E_b;(b) 第一性原理分子动力学模拟退火过程中系统(含有 184 个原子的 Cu-Ti_2CO_2)随时间的变化,插图为初态和模拟 10 ps 后的原子构型

为了研究金属原子在 MXene 表面的扩散行为,以 Cu 原子锚定在 Ti_2CO_2 表面为例,研究了 Cu 原子的最优扩散路径和迁移势垒,计算结果展示于图 8-39(a)。Cu 单原子从初始位点迁移到最终位点需要克服 0.25 eV 的能垒,虽然迁移势垒较低,但正的迁移势垒进一步表明,Cu 原子可以稳定锚定在 Ti_2CO_2 表面。另外,考虑到 Cu 原子锚定在 Ti_2CO_2 表面上可能会发生 Cu 原子的团聚,又研究了 Cu 团簇锚定在 Ti_2CO_2 表面的 ORR 催化活性。如图 8-39(b)所示,ORR 各基元反应步骤在零电势的自由能图中也都是下坡的,表明 Cu 团簇或纳米颗粒锚定在 Ti_2CO_2 表面也有潜在的催化活性。

值得一提的是,在酸性介质中,Cu 单原子催化剂具有固有的耐酸性。这是因为在金属活动性顺序里,Cu 位于氢(H)之后,也就是说在酸性介质中 Cu^+ 和 Cu^{2+} 离子都倾向于还原为零价 Cu。特别是在质子交换膜燃料电池中,阴极存在大量电子,这有助于 Cu^+ 和 Cu^{2+} 离子的还原反应。此外,Cu 单原子催化剂还展现出类似贵金属(如 Au 或 Ag)的抗氧化能力。因此,MXene 负载 Cu 单原子催化剂有望替代商业 Pt/C 催化剂,突破质子交换膜燃料电池中的技术瓶颈。

最后,关于 Cu 单原子催化剂的制备,实验科学家提出了几种创新的合成策略,以避免

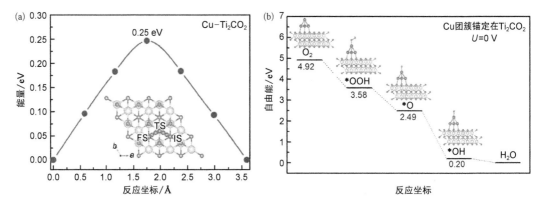

图 8-39　（a）Cu 单原子在 Ti₂CO₂ 表面上的最优扩散路径和迁移势垒,其中 IS、TS 和 FS 表示分别 Cu 原子迁移的初态(即 Cu 原子位于三个相邻的 O 原子之间、C 原子的顶部位置)、过渡态 (Cu 原子位于 Ti 原子的顶部位置)和末态(Cu 原子位于三个相邻的 O 原子之间、C 原子的顶部位置);（b）Ti₂CO₂ 表面上 Cu 团簇的 ORR 自由能图,其中优化后的各反应中间体 (*OOH、*O 和 *OH)的原子结构也标注在图中

金属团聚并获得丰富的 Cu 单原子活性位点。这包括:① 从双氰胺中引入 N 以确保安全地捕获和保护 Cu 原子,成功地合成了均匀分布在超薄氮碳化合物纳米片上的 Cu 单原子催化剂(Cu-N-C)。通过控制前驱体/双氰胺的比例,Cu-N-C 催化剂中 Cu 单原子的含量可以高达 20.9%;② 通过 NH₃ 辅助的气体迁移方法在氮掺杂碳上大规模合成分散的 Cu 单原子催化剂。总之,随着先进制备方法的快速发展,预期在不久的将来,可制备出 Ti₂CO₂ 负载 Cu 单原子催化剂并用于燃料电池的氧还原反应中。

综上所述,本节研究将 3d、4d 和 5d 过渡金属单原子锚定在 Ti₂CO₂、Ti₃C₂O₂ 和 Ti₃CNO₂ 等 MXene 材料表面作为催化活性位点,采用第一性原理计算方法,深入研究了它们的 ORR 催化活性并获得了几个高效的 ORR 单原子催化剂。基于计算结果,还提出了一个简便的组分描述符来表征催化活性中心与 ORR 活性之间的构效关系。不同于常用的能量描述符或 d 带中心,该组分描述符的主要优点在于其所涉及的参数都可以从元素周期表获取,这将有利于快速评估不同 MXene 基单原子催化剂对特定电催化反应的催化活性。更重要的是,锚定在 Ti₂CO₂ 表面的非贵金属 Cu 单原子具有非常优异的 ORR 活性,其过电位(0.25 V)仅为商用 Pt/C(0.4 V)的 63%,并且还具有良好的结构稳定性和耐酸性。基于本节的研究结果,MXene 负载 Cu 单原子催化剂有望解决质子交换膜燃料电池中的瓶颈问题,并且可为促进可再生能源的发展做出贡献。

主要参考文献

Alameda L T, Moradifar P, Metzger Z P, et al. 2018. Topochemical deintercalation of Al from MoAlB: stepwise etching pathway, layered intergrowth structures, and two-dimensional MBene. J. Am. Chem. Soc., 140: 8833-8840.

Chang Y K, Wang B C, Huo Y J, et al. 2019. Layered porous materials indium triphosphide InP₃ for high-performance flexible all-solid-state supercapacitors. Journal of Power Sources, 438: 227010.

Chen Y J, Ji S F, Zhao S, et al. 2018. Enhanced oxygen reduction with single-atomic-site iron catalysts for a zinc-air battery and hydrogen-air fuel cell. Nat. Commun., 9: 5422.

Guo Z, Zhou J, Sun Z. 2017. New two-dimensional transition metal borides for Li ion batteries and electrocatalysis.J. Mater. Chem. A, 5: 23530−23535.

Guo Z, Zhou J, Zhu L, et al. 2016. MXene: a promising photocatalyst for water splitting. J. Mater. Chem. A, 4: 11446−11452.

Liu B, Liu W L, Li Z, et al. 2020. Y-doped Sb_2Te_3 phase-change materials: toward a universal memory. ACS Appl. Mater. Interfaces, 18: 20672−20679.

Miao N, Xu B, Bristowe N, et al. 2017. Tunable magnetism and extraordinary sunlight absorbance inindium triphosphide monolayer. J. Am. Chem. Soc., 139: 11125−11131.

Miao N, Xu B, Zhu L, et al.2018. 2D intrinsic ferromagnets from van der Waals antiferromagnets. J. Am. Chem. Soc.,140: 2417−2420.

Nørskov J K, Rossmeisl J, Logadottir A, et al. 2004. Origin of the overpotential for oxygen reduction at a fuel-cell cathode. J. Phys. Chem. B, 108: 17886−17892.

Peng Q, Zhou J, Chen J, et al. 2019. Cu single-atom on Ti_2CO_2 as high efficient oxygen reduction catalyst in proton exchange membrane fuel cell. J. Mater. Chem. A, 7: 26062−26070.

Wang Y, Li Y F, Heine T, et al. 2018. PtTe monolayer: two-dimensional electrocatalyst with high basal plane activity toward oxygen reduction reaction. J. Am. Chem. Soc., 140: 12732−12735.

Wang Y, Yuan H, Li Y F, et al. 2015. Two-dimensional iron-phthalocyanine (Fe−Pc) monolayer as a promising single-atom-catalyst for oxygen reduction reaction: a computational study. Nanoscale, 7: 11633−11641.

Xu H, Cheng D, Cao D, et al. 2018. A universal principle for a rational design of single-atom electrocatalysts. Nat. Catal., 1: 339−348.

Zhang B, Zhou J, Guo Z, et al. 2020. Two-dimensional chromium boride MBenes with high HER catalytic activity. Appl. Surf. Sci., 500: 144248.

Zhang T L, Wang Y M, Li H X, et al. 2019. Magnetism and optical anisotropy in van der Waals antiferromagnetic insulator CrOCl. ACS Nano, 13(10): 11353−11362.